Backe | Hiese

Baustoffkunde

Prof. Dipl.-Ing. Wolfram Hiese
begründet von:
Prof. Dr. Dipl.-Ing. Hans Backe

BAUSTOFFKUNDE

für Ausbildung und Praxis

10., neu bearbeitete und erweiterte Auflage 2004

Werner Verlag

1. Auflage 1959
2. Auflage 1969
3. Auflage 1973
4. Auflage 1976
5. Auflage 1983
6. Auflage 1990
7. Auflage 1993
8. Auflage 1997
9. Auflage 2001
10. Auflage 2004

Bibliografische Information Der Deutschen Bibliothek
Die Deutsche Bibliothek verzeichnet diese Publikation in der Deutschen Nationalbibliografie; detaillierte bibliografische Daten sind im Internet über **http://dnb.ddb.de** abrufbar.

ISBN 3-8041-4459-4

www.werner-verlag.de

Umschlag: Andreas Ruers, futurweiss kommunikationen, Wiesbaden
Satz: WVG, Werbe- und Verlagsgesellschaft mbH, Grevenbroich
Druck: Betz-Druck GmbH, Darmstadt
Printed in Germany, Oktober 2004

Archiv-Nr.: 358/10–10.2004

Vorwort zur 10. Auflage

Das vorliegende Buch ist 1959 unter dem Titel „Baustoffkunde für Berufs- und Technikerschulen“ von Prof. Backe begründet und von diesem bis zur 4. Auflage im Jahre 1976 bearbeitet worden. Seit der 1983 erschienenen 5. Auflage wird das Werk im Auftrag des Werner Verlags von mir betreut. Die von Prof. Backe gewählte Konzeption für sein Buch ist von ihm im Vorwort zur 4. Auflage dargelegt worden. Dieses Vorwort ist wie bisher auch in der vorliegenden 10. Auflage abgedruckt (siehe Seite VI). Seit der 9. Auflage trägt das Buch den Titel „Baustoffkunde für Ausbildung und Praxis“ und wendet sich damit an einen größeren Benutzerkreis.

Das Buch gibt einen Überblick über Arten und Eigenschaften der heute in der Praxis angewendeten Baustoffe. Es soll ein Nachschlagewerk sowohl für den Lernenden, zur Vertiefung seines Lernstoffes, als auch für den in der Praxis stehenden Bauschaffenden sein, sich aber auch zum Selbststudium eignen. Diesem Zweck dienen insbesondere die jedem Kapitel nachfolgenden Fragen und Aufgaben sowie die erstmalig im Kapitel 19 angegebenen Lösungen der Rechenaufgaben. Gegenüber der 9. Auflage sind einige Änderungen vorgenommen worden. Die Themen Wärmeschutz, Schallschutz, Brandschutz und Abdichtung gegen Feuchtigkeit sind unter der Überschrift „Grundlagen des Bautenschutzes – Dämmstoffe“ im Kapitel 12 zusammengefasst worden. Die Baustoffe Bitumen und Asphalt wurden in einem gesonderten Kapitel 13 ausführlicher behandelt. Wichtige Aussagen werden nicht wie bisher durch seitliche Balken, sondern durch einen einrahmenden Kasten hervorgehoben.

Bei der Bearbeitung des Buches sind die aktuellen Normen und Vorschriften (s. a. den Abschnitt „Einleitung“ auf Seite XXV und das Kapitel 16) berücksichtigt worden. Der Benutzer des Buches ist aber stets gehalten, sich über die jeweiligen Neuausgaben, z. B. unter www.beuth.de, zu informieren und bei seiner Arbeit die entsprechenden aktuellen Texte zu beachten.

Ich hoffe, dass die 10. Auflage des Buches die bisherigen Freunde wieder zufrieden stellt und neue hinzugewinnt. Für Kritiken und Anregungen zu Verbesserungen bin ich dankbar. Sie helfen mir bei der Arbeit an dem Buch, und ich bin auch weiterhin daran interessiert. Den Mitarbeiterinnen und Mitarbeitern des Verlages in Neuwied und Düsseldorf danke ich für die bewährte Zusammenarbeit und für die gute Gestaltung des Werkes.

Minden, im September 2004 Wolfram Hiese

Vorwort zur 4. Auflage

Die neuzeitliche Entwicklung unseres Bauwesens trägt einige besonders stark hervortretende Kennzeichen: zahlreichere und zum Teil neuartige Baustoffe, die von verschiedenen Werken geliefert werden; mehr Baustoffsorten für ein und denselben Zweck, d. h. größere Auswahl- und Anpassungsmöglichkeit; steigende Verwendung der Leichtbauweise, um Werkstoffe zu sparen; verstärkte Beachtung des Schallschutzes neben dem Feuchtigkeits- und Wärmeschutz; Mechanisierung, d. h. stärkerer Einsatz von Baumaschinen; Großblockbauweise und Verwendung von Beton-Fertigteilen.

Alle diese Techniken ändern nicht nur die Arbeit des Architekten und Baumeisters, sondern sie zwingen auch den Baufacharbeiter zu einer neuen Einstellung, die von der alten, handwerklichen Arbeitsweise merklich abweicht. Das mehr formale und auf einen verhältnismäßig kleinen Umfang beschränkte Wissen wird zwangsläufig ersetzt durch eine größere Überschau über das ganze Bauwerk und zugleich durch ein wesentlich vertieftes Verständnis für Art und Wirkung des einzelnen Baustoffes. Der Baufacharbeiter muß den in seinen Eigenschaften wechselnden Baustoff selbst richtig einschätzen und entsprechend verwenden können; er muß wissen, welche Aufgaben ein Baustoff im Rahmen des Ganzen erfüllen soll, ob und warum er sie erfüllen kann.

Die Erfüllung dieser Forderungen setzt eine Betrachtungsweise voraus, welche die Dinge ihrem Wesen und ihrem Wirken nach erkennt; sie verlangt, daß der Facharbeiter verknüpft, d. h. in Ursache und Wirkung sowie in Zusammenhängen, denken kann. Die Technik – in unserem Falle die Bautechnik – funktional, d. h. in ihren Wirkungszusammenhängen, zu erfassen führt mit Sicherheit auf die Gesetze der Naturwissenschaft, die in der mathematischen Form einer Gleichung dargestellt werden. Oder anders gesagt: Wer technisch schaffen will, muß naturwissenschaftlich denken können; denn es gibt keinen technischen Vorgang und keinen technischen Zustand, der nicht ausschließlich mit naturwissenschaftlichen (vorwiegend physikalischen) Begriffen darstellbar ist.

Diese Erkenntnis ist eine Forderung unserer Zeit; an ihr dürfen auch die berufsbildenden Schulen nicht vorübergehen. Das Wissen von den physikalischen und chemischen Vorgängen vermittelt nicht nur das tiefere Verständnis für die Baustoffe und führt über die Kenntnisse hinaus zu Erkenntnissen, sondern es verbindet auch methodisch die einzelnen Stoffe zu einem zusammenhängenden Ganzen; das ist zugleich für das Einprägen vorteilhaft.

Von der Seite der allgemeinbildenden Schule her gesehen, ist das Problem der Verbindung von Naturwissenschaft und Technik nicht weniger wichtig. Die Stimmen mehren sich – und es sind solche bedeutender Pädagogen darunter –, die eine Vermittlung naturwissenschaftlicher Gegebenheiten „an sich“ ablehnen und eine gewisse Bezogenheit vor allem der Fächer Physik und Chemie zur Gegenwart, eine „Lebensnähe“, fordern, die den Schüler allgemein für seine technische Umwelt aufschließen und den Volksschüler im besonderen besser auf seine anschließende Berufsausbildung vorbereiten soll. Das bedeutet keine Technisierung der Schule, sondern ein besseres und heute immer mehr nötiges Verständnis des Schülers für technische Dinge und Zusammenhänge, die ihn umgeben. In diesem Sinne gehören zu den großen Chemiethemen Calcium, Silicium, Metalle, Kunststoffe usw. entsprechende Ausblicke auf die Anwendungen in der industriellen und handwerklichen Praxis, in diesem Falle im gesamten Bauwesen. Diese Erweiterungen beanspruchen nicht zuviel Zeit, bieten aber zusätzlich in methodischer Hinsicht erfreuliche Anregungen sowohl im Fachunterricht an berufsbildenden Schulen (einschließlich der Berufsaufbauklassen) als auch für den lebensnahen Unterricht an allgemeinbildenden Schulen (als fallweise Ergänzung zu den entsprechenden Themen der Chemie und Physik). Das vorliegende Buch versucht, nach diesen Gesichtspunkten eine kurze Einführung in die Baustofflehre zu geben. Es ist vor allem für die Hand des Schülers bestimmt, der sein Wissen damit auch über den Unterrichtsbereich hinaus erweitern kann.

Um den Preis des Buches in den notwendigen Grenzen zu halten, kann sein Inhalt leider nur kurz gefaßt sein; insbesondere der Gewerbelehrer wird daher diesen Inhalt von Fall zu Fall durch Text, Lehrmittel und Lehrversuche erweitern, wo im Rahmen des Lehrplanes oder in Schülerübungen und Arbeitsgemeinschaften eine vertiefte Erarbeitung und Einprägung möglich ist. Die für die Baustoffkunde wichtigsten physikalischen und chemischen Wissenselemente erscheinen für eine Berufsschule in zwei einleitenden Abschnitten als – erfahrungsgemäß oft noch notwendige – Ergänzung oder Wiederholung des entsprechenden Stoffes aus der allgemeinbildenden Schule.

Müssen die Baustoffe noch als Anhängsel an andere Fachkundestunden behandelt werden, soll das Buch die Möglichkeit geben, trotzdem eine gewisse Systematik beim Erarbeiten zu erreichen. Nach der Lehre soll es außerdem ein kleines Nachschlagewerk sein.

Das Buch ist in sich so weit abgeschlossen, daß es auch zum Selbststudium geeignet ist; zahlreiche Fachbücher zeigen den Weg zu vertieften Kenntnissen und Erkenntnissen auf den einzelnen Gebieten.

Ich danke auch an dieser Stelle sehr herzlich den Fachkollegen, Verbänden und Firmen, die mich in ebenso liebenswürdiger wie großzügiger Weise mit Hinweisen und Material unterstützten, sowie dem Verlag für seine verständnisvolle Art, auf neue Vorschläge einzugehen. Für alle Verbesserungsvorschläge, vor allem aus den Kreisen der Gewerbelehrer, zum Inhalt dieses Buches werde ich stets dankbar sein.

Herbst 1975 *Hans Backe*

Inhaltsübersicht

Inhaltsverzeichnis

Einleitung

Die Natur bietet dem Menschen **Naturstoffe**. Diese werden zu **Rohstoffen**, wenn sie durch menschliche Arbeit gewonnen werden (Beispiele: Erze, Kies). Bearbeitet man diese Rohstoffe industriell, so werden sie zu **Werkstoffen**. Beispiele sind Bindemittel, Metalle, Schnittholz, Glas. Werkstoffe sind also bereits bis zu einem gewissen Grade veredelt und stehen zum weiteren, endgültigen Verarbeiten bereit. Die Werkstoffe, die in der Bau-Industrie verwendet werden, bezeichnet man als **Baustoffe**. Aus den Baustoffen wird durch menschliche Arbeitskraft mit Hilfe von Werkzeugen, Geräten und Maschinen das **Bauwerk** errichtet.

Man soll nicht von guten oder schlechten Baustoffen sprechen, sondern von richtig oder falsch behandelten bzw. verwendeten Baustoffen. Jeder Baustoff soll an der richtigen Stelle eingesetzt werden. Das bedeutet, dass er die Anforderungen erfüllt, die an ihn in dem Bauwerk gestellt werden. Dem müssen die **Eigenschaften des Baustoffes** entsprechen. Sie dürfen nicht schlechter sein, denn dann würde das Bauwerk mangelhaft werden; sie sollen aber auch nicht besser sein, denn in solchen Fällen werden die guten Eigenschaften nicht ausgenutzt und das Bauwerk wird unnötig teuer.

Um beurteilen zu können, welche Baustoffe von Fall zu Fall die richtigen sind, ist die Lehre von den Baustoffen, die **Baustoffkunde**, entstanden. Sie umfasst ein riesengroßes Gebiet, das ständig wächst und wegen seines großen Umfangs immer mehr in Einzelgebiete (siehe Inhaltsverzeichnis) unterteilt wird.

Die Festlegung der **Anforderungen an die Baustoffe** und ihre Eigenschaften sowie die Beschreibung der Verfahren für die Prüfung dieser Eigenschaften finden sich in den einschlägigen Normen und Richtlinien. **Normen** werden in Deutschland vom DIN Deutsches Institut für Normung e. V. in Berlin herausgegeben. Sie stellen zum Zeitpunkt ihres Erscheinens den Stand der Technik dar und gelten als „anerkannte Regeln der Technik". Werden sie von den obersten Baubehörden der Bundesländer als **Technische Baubestimmungen** mit einem dazugehörigen Einführungserlass amtlich veröffentlicht, gilt für sie Anwendungspflicht. Die Technischen Baubestimmungen werden vom Deutschen Institut für Bautechnik in Berlin (DIBt Berlin; siehe Abschn. 18.0) als amtliches Verzeichnis geführt (siehe Abschn. 18.16, z. B. Gottsch/Hasenjäger).

Im Zusammenhang mit der Einführung des europäischen Binnenmarktes gewinnt die **europäische Normung** eine immer größere Bedeutung. Die gemeinsame europäische Normeninstitution ist das Europäische Komitee für Normung (CEN = Comité Européen de Normalisation). Im CEN sind die nationalen Normungsinstitute aller EG-Länder und EFTA-Länder Mitglieder, aus Deutschland das DIN. Diese Normungsinstitute sind gleichzeitig auch Mitglieder in der Internationalen Organisation für Normung (ISO = International Organization for Standardization). Europäische Normen (EN) sollten mit den entsprechenden internationalen Normen (ISO) übereinstimmen. In der Bundesrepublik erscheinen Europäische Normen als DIN-EN-Normen, internationale Normen als DIN-ISO-Normen. Nach ihrem Erscheinen sind die entsprechenden nationalen Normen dann zurückzuziehen. Das gilt nicht für europäische Vornormen (EN V), die neben nationalen Normen zur vorläufigen Anwendung kommen können (s. a. Abschn. 16.3).

Im Bauwesen existieren neben den EN und EN V sog. **Eurocodes (EC)**, die einheitliche Regeln für den Entwurf, die Bemessung und die Ausführung von Gebäuden und Ingenieurbauwerken enthalten. Als Eurocodes im Bauwesen existieren z. Z. EC 1 (Lastannahmen), EC 2 (Stahlbetonbau), EC 3 (Stahlbau), EC 4 (Verbundbau), EC 5 (Holzbau) und EC 6 (Mauerwerksbau). Die in den Eurocodes formulierten Regeln werden in entsprechenden Normen konkretisiert. Konstruktionen können aber bereits jetzt nach diesen Eurocodes gerechnet und konstruiert werden (siehe z. B. Prof. Dr.-Ing. Steffen Kind unter www.fbb.fh-darmstadt.de). Die **Bauprodukten-**

Richtlinie, die Ende 1988 von den Mitgliedstaaten der EG verabschiedet worden und in Deutschland als Gesetz erschienen ist, legt die Bedingungen fest, unter denen Bauprodukte ungehindert innerhalb der EG verwendet werden können (s. a. Abschn. 16.2). Sie gelten für Bauprodukte, die im Wesentlichen für die Standsicherheit, den Brandschutz, den Umweltschutz sowie den Schall- und Wärmeschutz wichtig sind. Die Übereinstimmung eines Bauproduktes mit den Festlegungen in der entsprechenden europäischen Norm oder europäischen Technischen Zulassung, die sog. **Konformität**, wird mit dem EG-Konformitätszeichen CE, dem Certificat Européen, bescheinigt. Um Baustoffe, die das CE-Zeichen tragen, beurteilen zu können, ist es wichtig, die europäischen Prüf- und Herstellungsverfahren zu kennen (siehe auch Abschnitt 16).

1 Grundbegriffe der Baustoffphysik

Viele Eigenschaften der Baustoffe sind physikalischer Natur. Unter „Baustoffphysik“ wollen wir die Teile der Physik verstehen, die zum Verständnis der physikalischen Baustoffeigenschaften nötig sind. Dazu gehören: Festigkeit, Dichte, Kapillarität, Wärme- und Schallübertragung. Heute wird auch der Umweltverträglichkeit der Baustoffe große Bedeutung beigemessen.

1.1 Physikalische Einheiten

Zum Messen der Baustoffeigenschaften benötigt man die folgenden **physikalischen Einheiten:**

die Länge (l)	1 Meter (1 m)
die Masse (m)	1 Kilogramm (1 kg)
die Zeit (t)	1 Sekunde (1 s)
die Temperatur (T)	1 Kelvin (1 K)
	1 Grad Celsius (1 °C)[1)]
die Kraft (F)	1 Newton (1 N) (gesprochen „’nju:ton“)

Die ersten vier Einheiten gehören zu den 7 Basiseinheiten[2)] des seit 1. 1. 1978 verbindlichen internationalen Einheitensystems (SI-Einheiten = franz. Système International d’Unités). Sie sind so gewählt, dass die Einheiten aller messbaren Größen aus ihnen abgeleitet werden können. Das Meter ist die Länge des Weges, den das Licht im Vakuum im 1/299 792 458-ten Teil einer Sekunde zurücklegt. Das Kilogramm ist die Masse eines Platin-Iridium-Zylinders, der im BIPM in Sèvres bei Paris aufbewahrt wird. Die Sekunde wird aus der Strahlung eines Cs^{133}-Atoms abgeleitet. Kelvin- und Celsius-Skala haben gleich große Skalenschrittlängen. Der Schmelzpunkt des Wassers liegt bei 0 °C bzw. bei 273,16 K. Zur Kraft von 1 Newton siehe Abschn. 1.3.

1.2 Statistische Auswertung von Messergebnissen

Die Eigenschaften der Baustoffe werden in Versuchen (Baustoffprüfungen) sorgfältig untersucht. Die dabei anfallenden Messergebnisse werden mit einer Zahl und der dazu gehörigen Einheit ausgedrückt:

Messgröße = physikalische Größe = Zahlenwert × Einheit.

Jeder Stoffwert (siehe z. B. Tafel 1.2) und jeder für die Eigenschaft eines Baustoffes angegebene Wert ist eine solche Messgröße. Sie ist stets mit einem Messfehler behaftet. Werden z. B. während der Betonherstellung eines Bauwerkes in gleichmäßigen Zeitabständen aus verschiedenen Mischerfüllungen Betonwürfel hergestellt und geprüft (Anzahl n), so „streuen“ die Messwerte (z. B. Betondruckfestigkeiten f_{ci}) in Form einer bestimmten Kurve (Gaußsche

1) Für Angaben der Tagestemperatur usw.; Temperaturdifferenzen werden stets in Kelvin angegeben, z. B. $T_1 = 20$ °C; $T_2 = -15$ °C; $T_1 - T_2 = 20 - (-15) = 35$ K.

2) Länge, Masse, Zeit, Temperatur, elektr. Stromstärke (Ampere: A), Stoffmenge (Mol: mol), Lichtstärke (Candela: cd).

f_{ci}	Zufallsgröße, hier Druckfestigkeit in N/mm² von Beton (c = concrete = engl. Beton)
n	Stichprobenumfang = Anzahl der gemessenen Werte f_{ci} der Zufallsstichprobe. Für eine statistische Auswertung sollten wenigstens 35 Messwerte vorliegen.
$\bar{f}_{cm}$	$= \frac{\Sigma f_{ci}}{n}$ = arithmetischer Mittelwert der Zufallsstichprobe in N/mm². Für die Grundgesamtheit wird der auf gleiche Weise berechnete Mittelwert mit $\bar{f}_c$ bezeichnet. Unter der Grundgesamtheit versteht man diejenige Menge der Würfel, die sich aus dem für das betreffende Bauwerk insgesamt hergestellten Beton herstellen lassen würde.
s	$= \sqrt{\frac{\Sigma (f_{ci} - \bar{f}_{cm})^2}{n-1}}$ = Standardabweichung der Zufallsstichprobe in N/mm². Für die Grundgesamtheit wird die auf gleiche Weise berechnete Standardabweichung mit σ bezeichnet.
v	$= \frac{s}{\bar{f}_{cm}} \cdot 100$ = Variationskoeffizient oder Variationszahl in %.
$f_{c5\%}$	= 5%-Quantil = diejenige Festigkeit in N/mm², die von 5 % aller gemessenen Werte f_{ci} unterschritten wird. Sie ist bei ≥ 35 angenähert gleich $f_{cm} - 1{,}64 \cdot s$ und muss ≥ der charakteristischen Druckfestigkeit f_{ck} sein, z. B. bei C 20/25 $\geq f_{ck,cyl} = 20$ N/mm² (Zylinder) bzw. $\geq f_{ck,cube} = 25$ N/mm² (15-cm-Würfel).
$\bar{f}_{cm} \pm (t/\sqrt{n}) \cdot s$	= Vertrauensbereich des Mittelwertes, in dem der unbekannte „wahre“ Mittelwert $\bar{f}_c$ liegt. t ist eine dimensionslose Zahl, die in Tabellenwerken zur Statistik zu finden ist (sog. *Student*-Verteilung). Sie ist abhängig von der Anzahl n der Messwerte und von der gewählten Aussagewahrscheinlichkeit P für den Vertrauensbereich, in der Technik üblicherweise 90 %.

Im Bereich $\bar{f}_c \pm \sigma$ liegen 2/3 aller Messwerte.

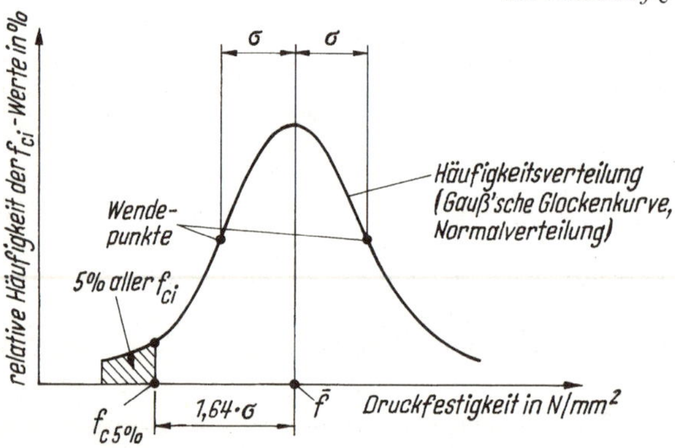

Abb. 1.1 Statistische Auswertung von Messergebnissen (hier: Betondruckfestigkeiten)

Glockenkurve) um einen Mittelwert $\overline{f}_{cm}$ (siehe Abb. 1.1). Die Streuung der Messwerte rührt von Ungenauigkeiten während der Versuchsdurchführung (Prüfstreuung) und von Unterschieden der Messproben (Qualitätsstreuung) her. Sie wird durch eine statistische Auswertung der Messwerte ermittelt (siehe Beispiel zu Abb. 1.1). Je schmaler die Gaußsche Glockenkurve, d. h., je kleiner die Streuung (Standardabweichung s) ist, umso „besser“ ist der Mittelwert. Jeder Mittelwert $\overline{f}_{cm}$ hat einen sog. Vertrauensbereich, in dem sein unbekannter „wahrer“ Wert f_c liegt. Die Breite des Vertrauensbereiches hängt ab von der Anzahl der Messwerte (Stichprobenumfang n) und der sog. Aussagewahrscheinlichkeit P. In der Technik begnügt man sich üblicherweise mit einer Aussagewahrscheinlichkeit P von 90 %.

Das folgende Beispiel ist eine statistische Auswertung von Würfeldruckfestigkeiten von Beton.

Beispiel zu Abb. 1.1

1) Messwerte (auf Einer gerundete Festigkeiten in N/mm²): 33 37 43 47 39 – 37 40 40 41 41 – 39 42 39 42 38 – 38 44 39 41 36 – 42 42 38 41 35 – 39 40 39 45 39 – 42 41 38 40 41
2) Ordnet man die Festigkeiten in Klassen von 2 N/mm² Breite (31/32 33/34 35/36 usw. bis 49/50) und trägt die Häufigkeiten in den einzelnen Klassen (absolut oder in %) jeweils z. B. über dem ersten Wert der Klasse auf, kann man die Häufigkeitsverteilung gemäß Abb. 1.1 angenähert zeichnen.
3) Setzt man die Messwerte in die Formeln der Abb. 1.1 ein oder benutzt man das Statistik-Programm eines Taschenrechners, so erhält man folgende Kennwerte: $\overline{f}_{cm} = 39{,}9$ N/mm²; $s = 2{,}7$ N/mm². Angenähert gilt: $f_{c5\%} = \overline{f}_{cm} - 1{,}64 \cdot s = 39{,}9 - 4{,}4 = 35{,}5$ N/mm². Das entspricht einem C 25/30 (siehe Tafel 7.6).
4) Vertrauensbereich des Mittelwertes: Für $n = 35$ und eine Aussagewahrscheinlichkeit P von 90 % ist $t = 1{,}692$. Somit ergibt sich: $(t/\sqrt{n}) \cdot s = (1{,}692/\sqrt{35}) \cdot 2{,}7 = 0{,}8$, d. h., der Vertrauensbereich ist $39{,}9 \pm 0{,}8$ N/mm². Der „wahre“ Mittelwert f_c liegt also in einem Bereich von 39,1 bis 40,7 N/mm².

1.3 Kraft, Masse, Gewicht, Spannung

Die **Kraft** ist eine abgeleitete Größe: 1 Newton ist diejenige Kraft, die der Masse 1 kg die Beschleunigung 1 m/s² erteilt. Unter Beschleunigung versteht man die Zunahme der Geschwindigkeit (m/s) in der Sekunde (s), d. h. m/s je Sekunde = m/s². Die Einheit Newton ist zu Ehren des großen englischen Physikers Isaac Newton (1643-1727) gewählt worden, der die Grundgleichung der Mechanik aufgestellt hat: Kraft = Masse mal Beschleunigung ($F = m \cdot g$). Setzt man auf beiden Seiten dieser Gleichung die Einheiten ein, so ergibt sich 1 N = 1 kg · m/s². Auf die Masse 1 kg wirkt auf der Erde die Erdbeschleunigung (= 9,80665 m/s²), d. h. die Kraft 9,80665 N ≈ 10 N (s. u.).

Jeder Körper hat eine **Masse** und diese Masse bleibt *unverändert* – ganz gleich, wo sich der Körper befindet. Sie ist die Ursache dafür, dass der Körper von anderen, z. B. von der Erde, angezogen wird und auch selber andere Körper anzieht (Massenanziehung, Gravitation). Das Gravitationsgesetz, das die Anziehungskraft F_g zweier Körper aufeinander beschreibt, lautet:

$F_g = G \cdot m_1 \cdot m_2/r^2$.

F_g ist die Anziehungskraft in N(ewton), G die Gravitationskonstante $= 6{,}672 \cdot 10^{-11}$ N · m²/kg², m_1 und m_2 die Massen der beiden Körper in kg und r ist ihr gegenseitiger Abstand in m.

Die Masse ist ferner die Ursache dafür, dass der Körper träge ist, das heißt, dass er bei Bewegung seine Geschwindigkeit und Richtung beibehalten will (Trägheit der Masse).

Das **Gewicht** eines Körpers ist diejenige Kraft, mit der der Körper von der Erde angezogen wird. Diese Kraft nimmt mit steigender Entfernung vom Erdmittelpunkt wegen der schwächer wirkenden Erdanziehung ab. Das Gewicht eines Körpers hängt also von dem Ort ab, an dem sich der Körper befindet.

Im technischen Maßsystem setzt man Masse und Gewicht einander gleich. Bei 45° geographischer Breite hat eine Masse 1 kg (1 Liter Wasser) gerade die Gewichtskraft 10 N. Zu den Polen hin wird ein Körper infolge der Abplattung der Erde schwerer, auf dem Wege zum Äquator oder beim Besteigen eines hohen Berges wird er leichter. Entfernt sich ein Körper gar von der Erde, so wird seine Gewichtskraft immer geringer. Seine Masse bleibt jedoch unverändert.

Wir müssen im Übrigen streng unterscheiden zwischen Kraft und **Spannung**. Die Kraft hat die Einheit N. Wirkt diese Kraft senkrecht auf eine Fläche, so ist der Quotient aus Kraft und Fläche die Spannung σ (Sigma):

$$\text{Spannung} = \frac{\text{Kraft}}{\text{Fläche}} \qquad \sigma = \frac{F}{A} \text{ in N/mm}^2$$

Die Einheit der Spannung ist N/mm², bar oder Pa (Pascal)[3)].

Je nachdem, ob es sich bei der Kraft um eine Druckkraft oder eine Zugkraft handelt, spricht man von Druckspannung (–) oder Zugspannung (+).

1.4 Dichte, Porigkeit, Hohlraum

In der Praxis muss man wissen, welche Masse ein Bauteil hat und wie schwer es ist; erst dann kann man Fundamente, Auflager usw. ausreichend bemessen.

Nun können aber zwei Bauteile gleichen Volumens sehr verschieden große Massen haben; ein Teil aus Schwerbeton hat eine erhebliche größere Masse als ein gleich großes Teil aus Leichtbeton.

Um diese Tatsache rechnerisch zu erfassen, stellen wir grundsätzlich fest, wie groß die Masse (in kg) von 1 Liter (1 dm³) des betreffenden Stoffes ist. Diese Zahl nennt man die **Dichte** ϱ (griech. Rho) des Stoffes. Ein Stoff ist um so dichter, je mehr Masse in 1 dm³ enthalten ist. Die Dichte wird bestimmt, indem man die Masse eines Körpers in kg misst und durch das Volumen des Körpers in dm³ teilt.

$$\text{Dichte} = \frac{\text{Masse des Körpers in kg}}{\text{Volumen des Körpers in dm}^3}\,; \qquad \varrho = \frac{m}{V}\,; \qquad m = V \cdot \varrho$$

Die Dichte ϱ ist das Verhältnis der Masse eines Körpers zu seinem Volumen. Sie gibt an, wieviel Masse in kg in der Volumeneinheit 1 dm³ (1 Liter) enthalten ist. Die Dichteangabe ist, genau genommen, nur dann vollständig, wenn alles genannt wird, was ihren Wert merkbar beeinflusst, z. B. Temperatur, Druck, Feuchte (DIN 1306, 1984-06: Dichte; Begriffe, Angaben). Dichtewerte siehe Tafel 1.2 und 12.3.

Die meisten Waagen messen die Masse über die Kraft, die die Masse durch die Erdbeschleunigung erfährt, d. h. über das Gewicht (siehe Abschn. 1.3). Gemessen wird die Kraft bei elektrischen Waagen durch Federkörper, die mit elektrischen Dehnungsmessstreifen versehen sind, oder nach dem Prinzip der elektromagnetischen Kraftkompensation.

[3)] 1 N/mm² = 1 MN/m², 1 MN = 1 Mega-Newton = 10^6 N; 1 kp (Kilopond; veraltet) ≈ 10 N;
1 bar = 0,1 N/mm² = 0,1 MN/m² = 10^5 Pa = 1 at (techn. Atmosphäre; veraltet);
1 Pa = 1 N/m² = 10^{-6} N/mm² = 10^{-5} bar. Pa und N/m² sind SI-Einheiten.

Das in Abb. 1.2 schematisch dargestellte Konstruktionsprinzip wird für Waagen von 2 g mit 1-µg-Auflösung bis zu höherlastigen Waagen von etwa 60 kg und einer Auflösung von 1 g verwendet. Es arbeitet wie folgt:

Die Last von 5 kg wird von der Waagschale (3) über den Lastaufnehmer (2) und von diesem über das Koppelband (9) auf den linken (kurzen) Arm des Übersetzungshebels (5) übertragen. Dadurch würde sich der rechte (lange) Arm des Übersetzungshebels nach oben bewegen. Der Lagensensor (8) spricht jedoch auf diese Bewegung an und regelt über den elektrischen Mess- und Regelkreis den Strom durch die Spule des Spulenkörpers (7) so, dass die durch den Strom entstehende Magnetkraft den Übersetzungshebel in seiner Mittellage festhält. Die Parallelführung (4) verhindert ein Verkippen des Lastaufnehmers und der Waagschale. Die digitale Anzeige des Gewichts (bzw. der Masse) wird durch die Höhe des Stroms gesteuert.

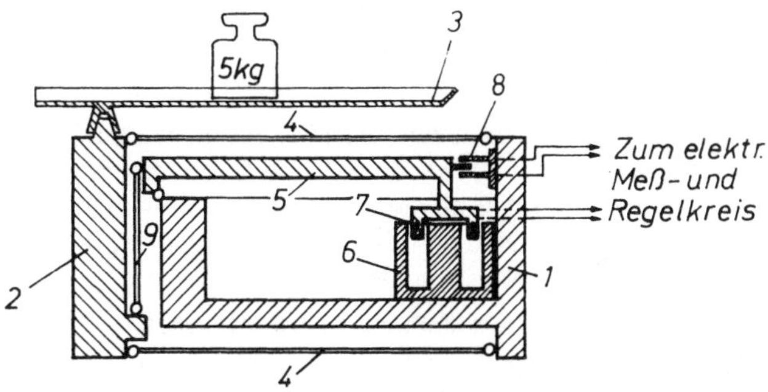

Abb. 1.2 Prinzip einer Waage mit elektromagnetischer Kraftkompensation, Parallelführung und Hebelübersetzung [1].
1: Systemträger (fest verbunden mit dem Gehäuse der Waage), 2: Lastaufnehmer, 3: Waagschale, 4: Parallelführung, 5: Übersetzungshebel, 6: Permanentmagnet, 7: Spulenkörper mit Spule, 8: Lagensensor, 9: Koppelband

Bei Höchstlasten über 100 kg werden als Kraftaufnehmer am häufigsten zylindrische Federkörper mit Messstreifen verwendet.

Die in der DIN 1055 (Lastannahmen für Bauten) angegebenen Eigenlasten haben die Einheiten kN/m^2 bzw. kN/m^3. Hierbei ist die Masse 1 kg dem Gewicht (Eigenlast) von 10 N = 0,01 kN gleichgesetzt (1 t = 1000 kg ≘ 10 000 N = 10 kN).

Viele Baustoffe, z. B. Bims, Ziegel, Beton, Dämmstoffe, Holz, enthalten in ihrem Innern Poren. Diese werden beim Bestimmen des Volumens mitgemessen und mitgerechnet. So erhalten wir die **Rohdichte**, die sich auf das Volumen der eigentlichen Substanz (Feststoff) und das Porenvolumen bezieht. In der Praxis beziehen sich die Angaben über die Dichte eines Körpers meist auf die Rohdichte.

Um die **Feststoffdichte** ϱ eines Stoffes zu erhalten, müssen wir den Quotienten aus der reinen, porenfreien Substanz eines Körpers und ihrem Volumen (Feststoffvolumen) bilden. Porenfreie Stoffe, z. B. die Metalle, ergeben bei der Messung stets die Feststoffdichte; wir sprechen in solchen Fällen einfach von ihrer Dichte. Um die Feststoffdichte eines *porigen* Stoffes, z. B. eines Ziegels, zu bestimmen, muss man diesen so fein zermahlen, dass die Körnchen keine Poren mehr enthalten, und von diesen Körnern, z. B. durch Wasserverdrängung in einem Pyknometer (siehe Abb. 1.4), das Kornvolumen und damit die Kornrohdichte bestimmen.

Den **Porenanteil *P*** eines Stoffes in Vol.-% **(Porigkeit, Porosität)** berechnet man nach der Formel

$$P = \left(1 - \frac{\text{Rohdichte}}{\text{Feststoffdichte}}\right) \cdot 100 = \frac{\text{Porenvolumen}}{\text{Gesamtvolumen}} \cdot 100$$

Unter der **Kornrohdichte** ϱ_k eines körnigen Stoffes, z. B. Sand oder Kies, versteht man den Quotienten aus Masse m_k und Volumen V_k der Körner: $\varrho_k = m_k/V_k$. Das Volumen V_k kann man durch Wasserverdrängung bestimmen, und zwar bis zu Korngrößen von 4 mm mit einem Messzylinder (siehe Abb. 1.3) oder nach DIN EN 1097-6 (01.01) bis 31,5 mm Korngröße mit einem Pyknometer. Das Volumen gröberen Materials > 31,5 mm wird in einem Drahtkorb mit Hilfe des archimedischen Prinzips durch Unterwasserwägung ähnlich Abb. 1.5 bestimmt. Nach dem Einfüllen der Körner und des Wassers in den Messzylinder oder in das Pyknometer müssen die zwischen den Körnern haftenden Luftblasen durch Schütteln und/oder Klopfen ausgetrieben werden. Das archimedische Prinzip besagt: Unter Wasser wird ein Körper um das Gewicht des von ihm verdrängten Wassers leichter. Siehe Beispiele zu Abb. 1.3 bis 1.5.

Körnige Stoffe, z. B. Sand oder Kies, besitzen im geschütteten Zustand zwischen den Körnern Hohlräume. Werden sie beim Bestimmen des Volumens (Schüttvolumen) mitgemessen und mitgerechnet, erhält man die **Schüttdichte** ϱ_S. Die Schüttdichte wird bestimmt, indem man ein Gefäß mit bekanntem Volumen (Schüttvolumen V_S) bündig mit Körnern füllt und ihre Masse m_k bestimmt: $\varrho_S = m_k/V_S$. ϱ_S ist natürlich kleiner als ϱ_k. Allgemein gilt: $\varrho \geq \varrho_k \geq \varrho_S$.

Den **Hohlraumanteil** zwischen den Körnern in Vol-% erhält man nach der Formel

$$H = \left(1 - \frac{\text{Schüttdichte}}{\text{Kornrohdichte}}\right) \cdot 100 = \frac{\text{Hohlraumvolumen}}{\text{Schüttvolumen}} \cdot 100$$

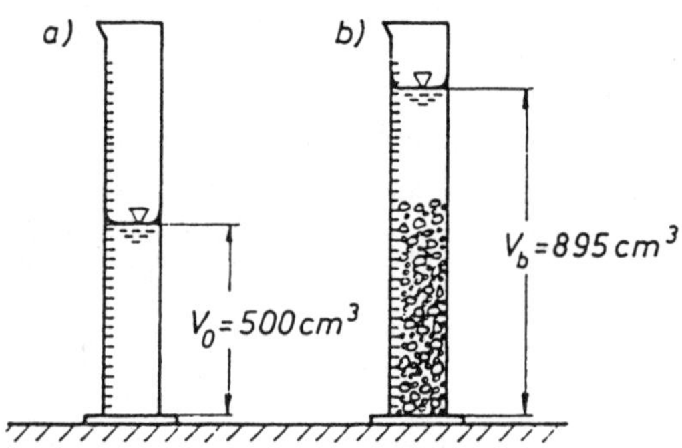

Abb. 1.3 Kornrohdichtebestimmung mit dem Standzylinder

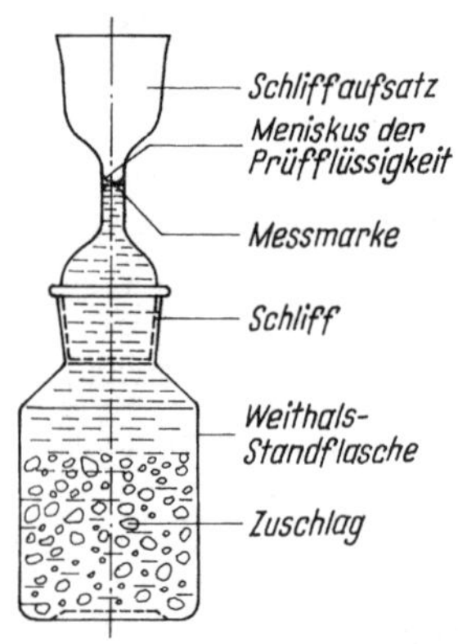

Abb. 1.4 Kornrohdichtebestimmung mit dem Glaspyknometer nach DIN EN 1097-6 (01.01)

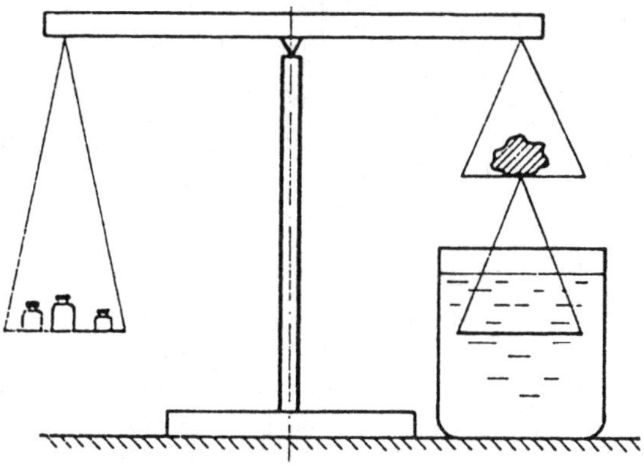

Abb. 1.5 Bestimmung der Rohdichte von Gestein durch Unterwasserwägung (archimedisches Prinzip)

Beispiel zu Abb. 1.3 (Sand)

Masse des eingefüllten Sandes = 1024 g

Volumen des eingefüllten Sandes = 895 – 500 = 395 cm³

$$\text{Kornrohdichte } \varrho = \frac{1024}{395} = 2{,}59 \text{ g/cm}^3$$

Beispiel zu Abb. 1.4 (Kies)

Volumen des Pykn. bis zur Messmarke	V_P =	1 322 cm³
Masse des leeren Pykn.	m_1 =	715 g
Masse des Pykn. + Kies	m_2 =	1 717 g
Masse des Pykn. + Kies + Wasser	m_3 =	2 641 g
Temperatur des Wassers	T_w =	18,5 °C
Dichte des Wassers (siehe Tafel 1.1)	ϱ_w =	0,9985 g/cm³

$$\text{Pyknometerformel } \varrho_k = \frac{m_2 - m_1}{V_P - \dfrac{m_3 - m_2}{\varrho_w}} = \frac{1717 - 715}{1322 - \dfrac{2641 - 1717}{0{,}9985}} = 2{,}526 \text{ g/cm}^3$$

Beispiel zu Abb. 1.5 (grobes Gestein)

Masse des Steins
auf der oberen Waagschale = 600,9 g
nach Umlegen auf die untere Waagschale = 360,1 g
Differenz = 240,8 g (≘ cm³)

$$\text{Rohdichte } \varrho = \frac{600{,}9}{240{,}8} = 2{,}50 \text{ g/cm}^3$$

Um zu verhindern, dass poriges Untersuchungsmaterial während der Versuche Wasser aufsaugt, ist es zuvor mit einem wasserabweisenden Stoff zu besprühen, z. B. Petroleum, Kerosin oder Cyclohexan. Man kann das Material auch eine Zeit lang, bis zu 24 Stunden, unter Wasser lagern und es vor dem Einfüllen in den Messzylinder bzw. das Pyknometer oder vor der Unterwasserwägung oberflächlich mit einem Tuch abtrocknen.

Tafel 1.1 Dichte von Wasser bei verschiedenen Temperaturen

T_w	ϱ_w	T_w	ϱ_w
°C	g/cm³	°C	g/cm³
0,0	0,99984	17,0	0,99880
0,5	0,99987	17,5	0,99871
1,0	0,99990	18,0	0,99862
1,5	0,99992	18,5	0,99853
2,0	0,99994	19,0	0,99843
2,5	0,99995	19,5	0,99833
3,0	0,99996	20,0	0,99823
3,5	0,99997	20,5	0,99813
4,0	**0,99997***)	21,0	0,99802
4,5	0,99997	21,5	0,99791
5,0	0,99996	22,0	0,99780
5,5	0,99995	22,5	0,99786
15,0	0,99913	23,0	0,99757
15,5	0,99905	23,5	0,99745
16,0	0,99897	24,0	0,99732
16,5	0,99888	24,5	0,99720
		25,0	0,99707

*) Diese „Dichteanomalie des Wassers“ bewirkt, dass Oberflächenwasser von 4,0 °C wegen seiner größeren Dichte durch andere Wasserschichten hindurch bis auf den Seegrund absinkt und so den Fischen auch im Winter eine Überlebensmöglichkeit eingeräumt wird.

1.5 Stoffwerte

Tafel 1.2 Stoffwerte von festen, flüssigen und gasförmigen Stoffen nach [15] (s. a. Tafel 12.3);
Dichte: bei festen Stoffen bei + 20 °C, bei flüsigen Stoffen bei + 20 °C und 1,0132 bar, bei Gasen bei 0 °C und 1,0132 bar;
Schmelz- und Siedetemperatur: bei 1,0132 bar; **spezifische Wärme:** bei festen und flüssigen Stoffen zwischen 0 und 100 °C, bei Gasen c_p/c_v (konstanter Druck/konstantes Volumen) bei 0 ° C und 1,0132 bar; **Wärmeleitfähigkeit** siehe Tafel 12.3

Stoff	Dichte kg/dm³	Schmelz-Temperatur °C	Siede-Temperatur °C	Spezifische Wärme kJ/(kg · K)	Lineare Wärmedehnzahl mm/(m · K)
1. Feste Stoffe					
Aluminium	2,7	658	≈ 2200	0,879	0,021...0,024
Beton	≈ 2,3	–	–	0,88	0,010
Basalt	2,0. . .3,0	–	–	0,86	0,029
Blei	11,3	327,4	1740	0,13	0,028
Bronze	8,8	910	2300	0,37	0,017...0,019
Chrom	7,1	1800	2700	0,452	0,008
Diamant	3,5	–	3540 1)	0,52	–
Eis	0,92	0	100	2,09 2)	–
Eisen, rein	7,86	1530	3070	0,456	0,012
Gips	2,3	1200	–	1,1	–

Stoff	Dichte kg/dm³	Schmelz-Temperatur °C	Siede-Temperatur °C	Spezifische Wärme kJ/(kg · K)	Lineare Wärme-dehnzahl mm/(m · K)
Glas	≈ 2,5	≈ 700	–	0,84	0,009
Gold	19,29	1063	2700	0,13	0,014
Graphit	2,24	≈ 3800	≈ 4200	0,71	–
Hartgummi	≈ 1,4	–	–	1,42	–
Holz[3]: Ahorn	0,7/0,9	–	–	1,6	–
Birke	0,75/0,9	–	–	1,9	–
Buche	0,72/1,1	–	–	2,1	–
Eiche	0,9/1,1	–	–	2,4	–
Erle	0,55/0,88	–	–	1,4	–
Esche	0,7/0,86	–	–	1,6	–
Fichte	0,45/0,8	–	–	2,1	–
Kiefer	0,55/0,8	–	–	1,4	–
Linde	0,5/0,75	–	–	–	–
Pappel	0,45/0,80	–	–	1,4	–
Kalkstein	2,75	–	–	0,909	–
Kautschuk	0,95	125	–	–	–
Kies[4]	1,4	–	–	–	–
Kochsalz	2,15	802	1440	0,92	–
Kohlenstoff	3,51	≈ 3600	3540[1]	0,854	–
Kork	0,2. . .0,3	–	–	2,0	–
Kreide	1,8. . .2,6	–	–	0,84	–
Kupfer	8,8. . .8,93	1083	–2500	0,394	0,016
Leder	0,9. . .1,0	–	–	1,5	–
Lehm, frisch	2,1	–	–	–	–
Lehm, trocken	1,5	–	–	–	–
Magnesium	1,74	657	1110	1,05	0,026
Marmor	2,6. . .2,8	–	–	0,84	–
Messing	8,4	900	≈ 1100	0,385	0,019
Natrium	0,98	97,5	880	1,26	0,072
Neusilber[5]	8,7	1020	–	0,398	0,018
Nickel	8,9	1452	2730	0,46	0,013
Papier	0,7...1,1	–	–	1,336	–
Paraffin	0,9	52	300	3,26	–
Platin	21,5	1770	4400	0,13	0,009
Porzellan	2,2...2,5	≈ 1650	–	≈ 1	0,004
Quarz	2,5	1500	2230	0,80	–
Roheisen	7,0...7,8	1560	2500	0,54	–
Sand, trocken[4]	1,4...1,6	1550	2230	0,80	–
Schamotte	1,8...2,3	≈ 2000	–	0,80	–
Schiefer	2,6...2,7	≈ 2000	–	0,76	–
Schmirgel	4	2200	3000	0,96	–
Schnee	0,125...0,95	0	100	4,187	–

Stoff	Dichte kg/dm³	Schmelz-Temperatur °C	Siede-Temperatur °C	Spezifische Wärme kJ/(kg · K)	Lineare Wärme-dehnzahl mm/(m · K)
Schwefel, krist.	2,0	115	445	0,70	–
Silber	10,5	960	2170	0,234	0,020
Stahl, unlegiert	7,9	1460	2500	0,49	0,011
Steinkohle	1,35	–	–	1,02	–
Ton	1,8...2,1	≈ 1600	–	0,88	–
Wismut (Bismut)	9,8	271	1560	0,13	0,012
Wolfram	19,2	3410	5900	0,13	0,005
Zementstein	2,0...2,2	–	–	1,13	–
Zink, gewalzt	7,15	419	906	0,40	0,030
Zinn, gewalzt	7,28	232	2500	0,24	0,021
2. Flüssigkeiten					
Azeton	0,791	–95	56	2,22	–
Benzin	≈ 0,73	–30...–50	25...210	2,02	–
Benzol	0,879	5,5	80	1,70	–
Diesel	0,83	–30	150...300	2,05	–
Essigsäure	1,04	16,8	118	–	–
Ethanol	0,79	–110	78,4	2,38	–
Glycerin	1,26	19	290	2,37	–
Heizöl	≈ 0,83	–10	> 175	2,07	–
Leinöl	0,93	–15	316	1,88	–
Methanol	0,8	–98	66	2,51	–
Perchlorethylen	1,62	–20	119	0,904	–
Petroleum	0,81	–70	> 150	2,16	–
Quecksilber	13,55	–38,9	357	0,138	–
Salpetersäure, konzentr.	1,51	–41	84	1,72	–
Salzsäure, 40 %	1,20	–	–	–	–
Schwefelsäure, konzentr.	1,83	≈ 10	338	1,42	–
Trichlorethylen	1,463	–86	87	0,93	–
Toluol	0,867	–95	110	1,67	–
Wasser	0,998	0	100	4,187	–
3. Gase				c_p/c_v	
Ammoniak	0,77	–77,9	–33,4	2,056/1,568	–
Azetylen (Ethin)	1,17	–83	–81	1,616/1,300	–
Chlor	3,17	–100,5	–34	0,473/0,36	–
Ethylen (Ethen)	1,26	–169,5	–103,7	1,47/1,173	–
Gichtgas	1,28	–210	–170	1,05/0,75	–
Kohlendioxid	1,97	–78,2	–56,6	0,816/0,627	–
Kohlenmonoxid	1,25	–205	–191,6	1,038/0,741	–
Luft, trocken	1,293	–213	–192,3	1,005/0,718	–
Methan	0,72	–182,5	–161,5	2,19/1,672	–
Ozon	2,14	–251	–112	–	–

Stoff	Dichte kg/dm^3	Schmelz-Temperatur °C	Siede-Temperatur °C	Spezifische Wärme kJ/(kg · K)	Lineare Wärme-dehnzahl mm/(m · K)
Propan	2,01	–187,7	–42,1	1,549/1,36	–
Sauerstoff	1,43	–218,8	–182,9	0,909/0,649	–
Stickstoff	1,25	–210,5	–195,7	1,038/0,741	–
Wasserdampf[6]	0,77	0	100	1,842/1,381	–
Wasserstoff	0,09	–259,2	–252,8	14,05/9,934	–

[1] bei Sublimation, d. h. bei unmittelbarem Übergang von fest in gasförmig
[2] bei $t = -20$ °C
[3] Dichtewerte: trocken/frisch
[4] Schüttdichte
[5] Cu-Ni-Zn-Legierung
[6] bei 100 °C

1.6 Festigkeitsarten

Jeder Werkstoff setzt einer durch äußere Belastung hervorgerufenen Verformung einen Widerstand entgegen. Diejenige Belastung, bei der der Bruch eintritt, nennt man die Festigkeit eines Werkstoffes. Damit diese Festigkeit in Baukonstruktionen keinesfalls erreicht oder überschritten wird, wird eine kleinere *zulässige* Festigkeit festgelegt, die eine bestimmte, z. B. 2fache, Sicherheit gegen Bruch enthält.

Je nach Art der Belastung unterscheidet man die folgenden Festigkeiten: Zugfestigkeit, Druckfestigkeit, Biegefestigkeit, Scherfestigkeit und Schlagfestigkeit. Ferner die Dauerfestigkeit, und zwar bei schwingender Belastung die Dauerschwingfestigkeit, bei ruhender Belastung die Dauerstandfestigkeit. Bei zeitlich begrenzter Belastungsdauer spricht man von Zeitschwingfestigkeit bzw. Zeitstandfestigkeit.

1.6.1 Zugfestigkeit, Zugversuch

Eine wichtige Festigkeitsprüfung ist der **Zugversuch** (z. B. für metallische Werkstoffe, Prüfung bei Raumtemperatur: DIN EN 10 002-1 (2001-12)). Er prüft den Werkstoff auf seine Zugfestigkeit, das heißt seinen Widerstand gegen eine äußere Belastung (Verformung) auf Zug. Man spannt einen Probestab aus dem zu prüfenden Werkstoff in eine Zug-Prüfmaschine (s. Abb. 1.6) und verformt ihn immer stärker auf Zug. Dabei wird beobachtet, wie sich der Werkstoff verhält bzw. verändert und bei welcher Belastung der Probestab reißt. Die Widerstandskraft in jedem Quadratmillimeter des Querschnittes bewirkt im Körper eine Spannung; ihre Einheit ist N/mm^2. Entsprechend wird auch – bei Baustählen zum Beispiel – die Zugfestigkeit in N/mm^2 angegeben; sie ist für die Querschnittsberechnung bei Bauten sehr wichtig. Der Zusammenhang zwischen Verformung (Dehnung ε in %) und Widerstandskraft (Spannung σ in N/mm^2) wird in Kraft-Verformungs-Linien bzw. Spannungs-Dehnungs-Linien (σ-ε-Diagramm) dargestellt (siehe Abb. 1.7).

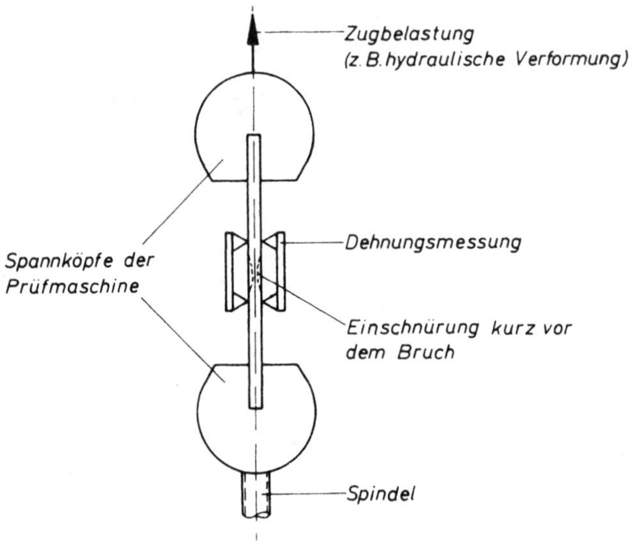

Abb. 1.6 Zugversuch mit einem Stahlstab

1.6.2 Druckfestigkeit

Künstliche und natürliche Steine, Mörtel, Beton usw. müssen sorgfältig daraufhin geprüft werden, welcher Belastung, i. d. R. bei Druckbeanspruchung, sie standhalten. Dazu werden Probekörper in eine Prüfmaschine zwischen zwei Druckplatten gelegt und einer allmählich sich steigernden Druckbelastung (Stauchung) ausgesetzt, bis sie zerbrechen. Die Größe der Bruchlast F_{max} in N(ewton) hängt in erster Linie von der Festigkeit des geprüften Materials ab, aber auch von der Probekörperform. Je kleiner z. B. ein Betonwürfel ist, umso größer ist F_{max}. Ein Zylinder (Durchmesser 150 mm, Höhe 300 mm) hat eine kleinere Bruchlast als ein Würfel mit der Kantenlänge 150 mm. Die Druckfestigkeit β_D in N/mm² wird nach der Formel $\beta_D = F_{max}/A$ berechnet. A ist die Querschnittsfläche in mm² in der Mitte der Probekörperhöhe (siehe Abb. 1.8).

1.6.3 Biegefestigkeit

Wenn äußere Kräfte auf einen Körper senkrecht zu seiner Längsrichtung einwirken, so versucht der Körper auszubiegen, und es entstehen Biegespannungen. Man untersucht sie im Biegeversuch. Der Probebalken wird auf zwei Stützen gelagert und in der Mitte oder in den Drittelspunkten belastet. Dabei wird seine Biegefestigkeit festgestellt, d. h., wie weit er sich bei verschiedenen Belastungen durchbiegt und bei welcher Belastung der Probebalken durchbricht. Die Biegefestigkeit wird in N/mm² angegeben.

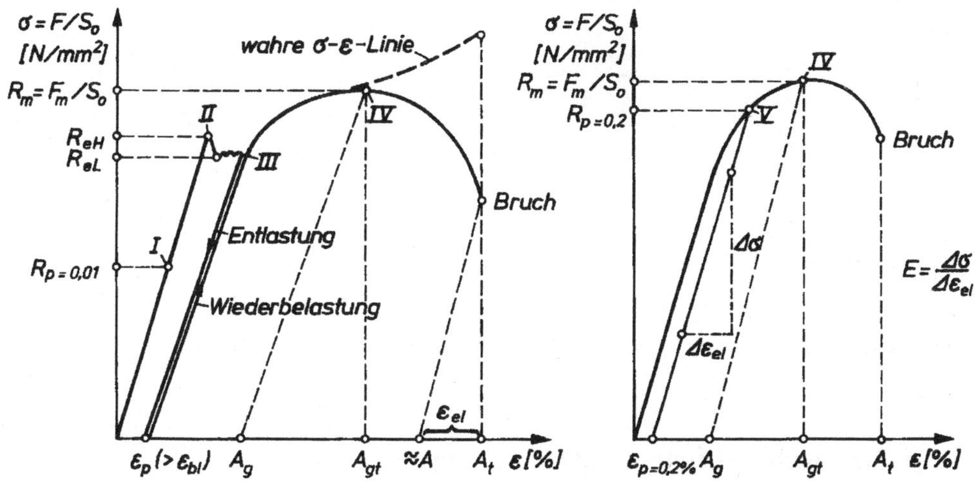

Abb. 1.7 Spannungs-Dehnungs-Linien von naturhartem (links) und kaltverformtem (rechts) Stahl [2] Das geradlinige Anfangsstück, der elastische Bereich (*Hooke*sche Gerade) und die Entlastungs- und Winkelbelastungskurve verlaufen in Wirklichkeit wesentlich steiler als im Bild.

In Abb. 1.7 bedeuten:

$\sigma = F/S_0$	Spannung in N/mm^2 Kraft/Anfangsquerschnittsfläche des Probestabes
$\varepsilon = \Delta/L_0$	Dehnung; dimensionslos oder % (· 100) bzw. ‰ (· 1000) Längenänderung/Anfangsmesslänge des Probestabes
ε_{el}	elastische Dehnung; geht bei Entlastung zurück
ε_{bl}	plastische oder bleibende Dehnung; geht nach Entlastung nicht zurück. Die tatsächliche Entlastungslinie verläuft im unteren Bereich leicht gekrümmt nach links, so dass ε_{bl} in Wirklichkeit etwas kleiner wird.
ε_p	nichtproportionale Dehnung bei geradliniger Entlastungslinie: $\varepsilon_{bl} < \varepsilon_p$
ε_{ges}	Gesamtdehnung = $\varepsilon_{el} + \varepsilon_{bl}$
A	Bruchdehnung: bleibende Dehnung nach dem Bruch in %
A_g	nichtproportionale Dehnung in % bei Höchstkraft F_m
A_{gt}	gesamte Dehnung in % bei Höchstkraft F_m
A_t	gesamte Dehnung beim Bruch in %
Punkt I	0,01-Grenze = $R_{0,01}$ = Technische Elastizitätsgrenze = diejenige Spannung in N/mm^2, bei der nach Entlastung eine bleibende (bzw. nichtproportionale) Dehnung von 0,01 % auftritt
Bereich II bis III	Fließbereich; R_e (natürliche) Streckgrenze in N/mm^2. Man unterscheidet R_{eH} (obere S.) und R_{eL} (untere S.)
Punkt IV	höchster Punkt der Spannungs-Dehnungs-Linie (max F); R_m Zugfestigkeit in N/mm^2 = max $F/S_0 = F_m/S_o$
Punkt V	0,2-Dehngrenze = $R_{p0,2}$ = diejenige Spannung in N/mm^2, bei der nach Entlastung eine bleibende (bzw. nichtproportionale) Dehnung von 0,2 % auftritt (≙ Streckgrenze)
$E = \Delta\sigma/\Delta\varepsilon_{el}$	Elastizitätsmodul (E-Modul) in N/mm^2 = Verhältnis von $\Delta\sigma/\Delta\varepsilon$ im elastischen Bereich; bei Stahl: E = 210 000 N/mm^2

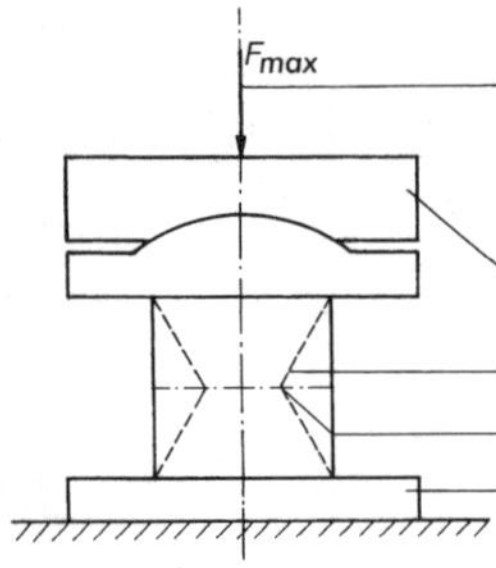

Abb. 1.8 Druckversuch mit einem Betonwürfel: Druckfestigkeit $f_c = \frac{F_{max}}{A}$ in N/mm^2

1.6.4 Kerbschlagbiegeversuch, Schlagfestigkeit

Muss man damit rechnen, dass der Werkstoff später plötzlich hohen Belastungen durch Schlag oder Stoß ausgesetzt ist, so führt man einen Schlagversuch durch.

Bei **Baustahl** fällt ein Pendelhammer aus einer bestimmten Höhe von einer Seite gegen das mit einer Kerbe versehene Probestück (**Kerbschlagbiegeversuch** metallischer Werkstoffe nach DIN EN 10 045-1, 1991-04), durchschlägt dieses und steigt auf der anderen Seite wieder mehr oder weniger hoch hinauf – je nachdem, ob zum Zertrümmern des Probestücks weniger oder mehr Kerbschlagarbeit nötig war. Die Schlagarbeit wird in Joule gemessen. Spröde Stoffe verbrauchen wenig Schlagarbeit (plötzlicher Trennbruch), zähe Stoffe verbrauchen viel Schlagarbeit (Verformungsarbeit).

Die **Schlagfestigkeit** von Schotter und Splitt im Straßenbau wird nach DIN 52 115 (06.97) geprüft, indem ein 50 kg schwerer Fallbär 20-mal aus etwa 40 cm Höhe auf das in einem Mörser befindliche körnige Prüfgut der Kornklasse 35,5/45 fällt.[1)] Durch Absieben bestimmt man danach den prozentualen Anteil an abgesplitterten Körnern < 10 mm (Schlagzertrümmerungswert *SZ*).

1.7 Härte *(Mohs, Brinell)*

Mineralien und gleichmäßig dichte Natursteine prüft man nach der „Ritzhärte" mit Hilfe der *Mohs*schen **Härteskala** in 10 Härtegraden:

Talk – Härte 1	mit Fingernagel schabbar
Gips – Härte 2	mit Fingernagel ritzbar
Kalkspat – Härte 3	mit Kupfermünze ritzbar
Flussspat – Härte 4	mit Glas ritzbar
Apatit – Härte 5	mit Taschenmesser noch ritzbar
Feldspat – Härte 6	mit Taschenmesser schwer ritzbar
Quarz – Härte 7	ritzt Fensterglas
Topas – Härte 8	ritzt Quarz leicht
Korund – Härte 9	schneiden Glas
Diamant – Härte 10	

[1)] Techniche Prüfvorschriften für Mineralstoffe im Straßenbau (TP Min-StB, 1999-10; DIN 52115-2, 1997-06)

Mit diesen Mineralen versucht man der Reihe nach das zu untersuchende Probestück zu ritzen. Wird z. B. ein unbekanntes Mineral von Apatit (Härte 5) geritzt und vermag es selbst den Flußspat (Härte 4) noch zu ritzen, so besitzt es die ***Mohs*-Härte** 4-5.

Für metallische Werkstoffe wird häufig die **Härteprüfung nach Brinell** (Brinellhärte HB nach DIN EN ISO 6506-1; 1999-10) durchgeführt. Dabei wird z. B. eine gehärtete Stahlkugel (HBS) oder eine polierte Hartmetallkugel (HBW) von 10 mm Durchmesser mit einer Druckkraft von 29 420 N 10 Sekunden lang in den zu prüfenden Stoff gepresst. Aus dem Verhältnis der Druckkraft zur erzielten Eindrucksfläche (Kugelschale) wird die Brinellhärte bestimmt. 350 HBS 10/3000 bedeutet z. B.: Brinellhärte = 350 N/mm^2 unter den o. a. Bedingungen. Herrschen andere Prüfbedingungen, müssen diese im Ergebnis angegeben werden. 120 HBS 5/250/30 bedeutet z. B.: Brinellhärte 120 N/mm^2, Kugeldurchmesser 5 mm, Prüflast 2450 N, Belastungsdauer 30 Sekunden.

1.8 Zähigkeit

Die Zähigkeit ist die Fähigkeit eines festen Körpers (z. B. des Baustahls) oder eines flüssigen Körpers (z. B. des Schmieröls), einer Belastung nachzugeben, ohne zu brechen oder zu reißen. Bei Baustählen spricht man in diesem Zusammenhang von der Sprödbruchempfindlichkeit. Sie wird durch den Kerbschlagbiegeversuch bestimmt (siehe Abschnitt 1.6.4).

Bei Betonstahl wird die Versprödung infolge Alterns durch den Rückbiegeversuch nach DIN 488-3 bestimmt. Eine Betonstahlprobe wird um einen Dorn (Ø etwa 5- bis 7-mal Stab-Ø; BiegerollenØ siehe Tafel 9.8) bis etwa 90° gebogen, eine halbe Stunde lang auf einer Temperatur von +250 °C gehalten (künstliches Altern) und nach dem Abkühlen um mindestens 20° zurückgebogen. Dabei dürfen auf der Außenseite des Stahlstabs keine Anrisse auftreten.

Zähe Stoffe haben große, bleibende Verformungen, bevor sie unter Belastung zu Bruch gehen (Verformungsbruch). Spröde Stoffe gehen plötzlich zu Bruch, ohne vorherige warnende Ankündigung durch bleibende Verformungen (Trennbruch).

1.9 Kapillarität

Taucht man ein sehr enges Röhrchen, ein sog. Haarröhrchen, mit dem unteren offenen Ende senkrecht in Wasser, so steigt dieses im Röhrchen empor, und zwar umso höher, je enger das Röhrchen ist. Diese Erscheinung nennt man **Kapillarität** (lateinisch pilus = Haar), sie ist auf die Adhäsion (Haftkraft der Wassermoleküle an der Wandung des Röhrchens) zurückzuführen. In porigen Baustoffen, z. B. Ziegel, Beton, Holz, Ton, kann durch Kapillarität Wasser aufsteigen, wenn sehr kleine Poren so miteinander verbunden sind, dass sie ein zusammenhängendes Röhrensystem bilden. Die „kapillaren Steighöhen“ betragen bis zu mehreren Metern, bei Holz wesentlich mehr.

Poren, die nicht miteinander verbunden, sondern in sich geschlossen sind (Porenbeton, Styropor), können nicht kapillar wirken, ebensowenig Reihen von großen Poren, aus denen das Wasser ausläuft.

1.10 Aus der Wärmelehre

1.10.1 Wärme, Temperatur, spezifische Wärme

Unter **Wärme** oder Wärmeenergie versteht man in der Physik die kinetische Energie (Bewegungsenergie) der ungeordneten Molekülbewegung eines Stoffes. Die Temperatur ist ein Maß für die mittlere kinetische Energie der Moleküle einer bestimmten Stoffmenge (fester Körper, Flüssigkeit, Gas).

Die **Temperatur** wird mit Hilfe zweier Temperatur-Skalen angegeben. Die Temperaturspanne von 1 °C (*Celsius*-Skala) ist dieselbe wie die Temperaturspanne von 1 K (*Kelvin*-Skala; absolute Temperatur). Beide Skalen unterscheiden sich nur durch ihre Nullpunkte. 0 K ist dasselbe wie –273,15 °C (absoluter Nullpunkt; Moleküle in absoluter Ruhe). Will man °C auf K umrechnen, so zählt man 273,15° hinzu. Der Eispunkt des Wassers (0 °C ist 0° + 273,15° = 273,15 K, der Dampfpunkt des Wassers (100 °C) ist 100° + 273,15° = 373,15 K. Temperatur*differenzen* werden stets in Kelvin angegeben.

Starke Wärmezufuhr lässt feste Körper schmelzen und flüssige sieden. Die zugehörigen Temperaturen heißen **Schmelz- und Siedepunkte**. Für das Bauwesen sind die Schmelzpunkte wichtig, z. B. für reines Eisen: 1530 °C, Zink: 420 °C, Kupfer: 1083 °C, Blei: 327 °C, Aluminium: 658 °C. Weitere Werte siehe Tafel 1.2. Die Schmelz- und Siedepunkte steigen mit zunehmendem und fallen mit abnehmendem Luftdruck.

Die Wärmemenge, die erforderlich ist, um 1 kg eines Stoffes um 1 Kelvin (K) zu erwärmen, wird **spezifische Wärme** oder spezifische Wärmekapazität genannt (siehe Tafel 1.2). Die Wärmemenge wird in Kilo-Joule (kJ) gemessen. Die Wärmemenge, die erforderlich ist, um 1 kg (1 Liter) Wasser um 1 Kelvin (K) zu erwärmen (genauer: von +14,5 °C auf +15,5 °C), beträgt 4 187 Joule (J, gesprochen „dschul“), früher 1 Kilo-Kalorie (1 kcal = 4,187 kJ).

1.10.2 Wärmedehnung

Alle Werkstoffe dehnen sich bei steigender Temperatur aus.

Das muss bei Bauwerken, z. B. Brücken, Stahlträgern und Dampfheizungen, berücksichtigt werden. Die verschiedenen Werkstoffe dehnen sich verschieden stark aus, eingehende physikalische Messungen ergaben für jeden Werkstoff einen bestimmten Längenausdehnungskoeffizienten (lineare Wärmedehnzahl) α_T, der die jeweilige Ausdehnung eines 1 m langen Stabes infolge 1 K Temperaturänderung angibt. α_T wird häufig in der Einheit 10^{-6}/K angegeben, das ist dasselbe wie 0,001 mm/(m · K). Stahl hat z. B. ein $\alpha_T = 12 \cdot 10^{-6}$/K = 0,012 mm/(m · K). Ein 5 m langer Stahlträger dehnt sich also bei Temperaturerhöhung um 20 K um 0,012 · 5 · 20 = 1,2 mm aus.

1.10.3 Wärmeübertragung

Bei der Wärmeübertragung sind drei Arten zu unterscheiden:

1. **die Wärmeleitung** (innerhalb eines Körpers und Wärmeübertragung von einem Körper zu einem unmittelbar angrenzenden),
2. **die Wärmeströmung** (strömende Flüssigkeiten und Gase führen Wärme mit; Konvektion),
3. **die Wärmestrahlung** (Abstrahlung in den freien Raum).

a) **Wärmeleitung**

Soll die Wärme-Energie möglichst schnell und verlustlos weitergeleitet werden, wählt man Werkstoffe mit großer **Wärmeleitfähigkeit.** Das ist z. B. der Fall bei Kesseln und Heizrohren aus Metall, wo die Wärme der Feuerung möglichst schnell und gründlich auf das Kesselspeisewasser übertragen werden soll.

Will man die Wärmeleitung dagegen verhindern, so umgibt man die Wärmequelle mit Werkstoffen, die eine geringe Wärmeleitfähigkeit und daher eine möglichst große **Wärmedämmung** haben. Beispiele sind die **Wärmedämmstoffe** (Schaumstoffe, Glasfasern, Hohlziegel), Doppelfenster (ruhende Luft als Dämmstoff), Thermosflasche (luftverdünnter Raum als Dämmstoff). Siehe auch Abschnitt 12.2.

b) **Wärmeströmung**

Die Wärmeströmung nutzen wir bei der Raumheizung aus. Durch die Ofenwärme wird ein Teil der Luft wärmer und steigt nach oben. Da kalte Luft nachströmt, entsteht bald ein ständiger Luftumlauf **(Konvektion),** der allmählich den ganzen Raum erwärmt. Bei der Warmwasserheizung ist es entsprechend: Man erhitzt in einem Röhrensystem einen Teil des Wassers (im Heizungskessel); das erwärmte Wasser steigt in den Steigröhren aufwärts, und kaltes Wasser strömt in den Kessel nach. Es entsteht ein Wasserumlauf, unterstützt durch eine im Kreislauf befindliche, durch Wärmefühler gesteuerte Pumpe.

c) **Wärmestrahlung**

Die Wärmestrahlung, z. B. der Sonne oder eines glühenden elektrischen Heizkörpers, kann von einem anderen Körper hindurchgelassen, zurückgeworfen (reflektiert) oder verschluckt (absorbiert) werden. Dunkle und raue Körper absorbieren, d. h. nehmen Wärmestrahlung stärker auf als helle und glatte (daher helle Bekleidung im Sommer und in den Tropen). Bauteile, die keine Wärme aufnehmen, sondern sie zurückwerfen sollen, müssen deshalb hell, möglichst weiß und glatt sein.

Anders als bei der Wärmeleitung und Wärmeströmung, wo der Energietransport an Stoffteilchen gebunden ist (Luft, Flüssigkeit oder fester Baustoff), benötigt die Wärmestrahlung keinen Träger. Sie ist eine sich mit Lichtgeschwindigkeit ausbreitende **elektromagnetische Schwingung,** die luftleere und gasgefüllte Räume durchdringt. Ihre Wellenlänge liegt etwa zwischen 400 und 800 nm (1 Nanometer = 10^{-9} Meter).

Bei Temperaturmessungen wurde festgestellt, dass sich eine der Sonnenbestrahlung ausgesetzte weiße Wandfläche nur um wenig mehr als die Außenluft erwärmte (33 °C); eine schwarzgestrichene Fläche hatte unter den gleichen Bedingungen Temperaturen von 65 °C erreicht (Asphalt!).

Das Gleiche gilt von der Abstrahlung: Dunkle und raue Flächen strahlen die Wärme gut, helle und blanke Flächen dagegen schlecht ab. Öfen und Heizkörper sollen daher dunkel und rau sein.

1.11 Aus der Lehre vom Schall

Beim Erzeugen von Schall setzt ein schwingender Körper die umgebende Luft in gleiche Schwingungen; diese breiten sich als Schallwellen in festen, flüssigen und gasförmigen Stoffen aus. Die Geschwindigkeit, mit der das geschieht, ist abhängig von der Art des betreffenden Stoffes. Sie ist in festen Körpern am größten und in Gasen am kleinsten. Die Schallgeschwindigkeit ist in Glas 5500 m/s, in Stahl 5000 m/s, in Holz 4000 m/s, in Mauerwerk 3500 m/s, in Wasser 1500 m/s und in der Luft 340 m/s (bei 20 °C). Die Schallgeschwindigkeit v in Luft bei der Temperatur T °C beträgt: $v \approx (331{,}6 + 0{,}6\,T)$ m/s.

Die Stärke des Schalls wird in Dezibel angegeben. Dezibel (dB) ist die Einheit des Schallpegels (Schalldruck, Schallintensität), der physikalisch mit Schallpegel-Messgeräten gemessen wird. Phon ist die heute nicht mehr gebräuchliche Einheit der Lautstärke = Schallempfindung, also eine subjektive Größe. Einzelheiten siehe Abschn. 12.3.

1.12 Fragen und Aufgaben zur Baustoffphysik

1) Erläutern Sie die zum Messen von Baustoffeigenschaften wichtigen physikalischen Einheiten.
2) Was versteht man unter dem Gravitationsgesetz und wie lautet es?
3) Erläutern Sie die Begriffe Masse und Gewicht.
4) In welcher Weise verändert sich das Gewicht eines Körpers auf dem Wege vom Äquator zu den Polen und beim Aufstieg auf einen Berg? Im Abschnitt 1.3 wird gesagt, dass auf der Erde auf die Masse 1 kg die Gewichtskraft von etwa 10 N (genau 9,81 N) wirkt. Prüfen Sie das an Hand des Gravitationsgesetzes nach. Wieviel würde die Masse 1 kg auf dem Mond wiegen?
   Rechnen Sie mit folgenden Werten (Lösung siehe Kap. 19):
   Erde: Masse = $5{,}97 \cdot 10^{24}$ kg; Radius = $6{,}37 \cdot 10^{6}$ m.
   Mond: Masse = $7{,}35 \cdot 10^{22}$ kg; Radius = $1{,}74 \cdot 10^{6}$ m.
5) Erläutern Sie die Begriffe Messgröße (geben Sie einige Beispiele) und Messfehler.
6) Führen Sie mit den folgenden Würfeldruckfestigkeiten von Beton eine statistische Auswertung durch:
   34 33 34 29 31 – 37 34 33 35 33 – 35 34 33 29 33 – 32 33 35 37 31 – 33 35 33 33 37 – 33 39 32 29 27 – 28 36 30 32 31 – 26 31 36 35 38.
   Zeichnen Sie die Häufigkeitsverteilung und bestimmen Sie den Mittelwert $\overline{f}_{cm}$, die Standardabweichung s, die Variationszahl υ, das 5%-Quantil $f_{c5\%}$ und den Vertrauensbereich des Mittelwertes ($t = 1{,}684$). Lösung siehe Kapitel 19.
7) Erläutern Sie die verschiedenen Dichte-Begriffe.
8) a) Beschreiben Sie die verschiedenen Verfahren zur Dichtebestimmung unregelmäßig geformter Körper (Kies, Gesteinsbrocken). Was ist bei porigen Stoffen (z. B. Bims, Porenbeton) zu beachten? Erklären Sie die Pyknometerformel in Beispiel 1.4!
   b) Berechnen Sie die Kornrohdichte ρ_k von Kies der Kornklasse 8/16. Mit dem Pyknometer wurden folgende Werte gemessen (Lösung siehe Kap. 19):
   $V_P = 1313{,}2\ \text{cm}^3$; $m_1 = 716{,}7$ g; $m_2 = 1516{,}4$ g; $m_3 = 2510{,}0$ g; $T_W = 20{,}2$ °C
9) Was versteht man unter dem archimedischen Prinzip?

10) Was versteht man unter Dichteanomalie des Wassers? Welche Bedeutung hat sie für Lebewesen im Wasser?

11) Erläutern Sie die verschiedenen Arten von Festigkeiten.

12) Zeichnen Sie die Spannungs-Dehnungs-Linien von naturhartem und kaltverformtem Stahl. Tragen Sie die wichtigen Kenngrößen ein und erläutern Sie dieselben. Wie kommt die wahre σ-ε-Linie zustande?

13) Warum muss beim Druckversuch an festen Körpern die obere Druckplatte kugelgelenkig gelagert sein? Fertigen Sie eine Skizze an.

14) Können Sie erklären, warum beim Druckversuch die Größe der Bruchlast auch von der Probekörperform abhängt?

15) Beschreiben Sie die Verfahren zur Bestimmung der Härte von Mineralien, Gesteinen und Metallen. Was versteht man unter der Bezeichnung 120 HBS 5/250/30?

16) Beschreiben Sie den Rückbiegeversuch von Betonstahl. Wozu dient er?

16) Welche Bedeutung hat die Kapillarität für Eigenschaften und Anwendung von Baustoffen? Welche bei lebendem Holz?

16) Was ist der Unterschied zwischen der Celsius- und der Kelvin-Temperaturskala?

19) Erläutern Sie den Begriff der spezifischen Wärmekapazität c eines Stoffes. Welcher Stoff hat den größten c-Wert?

20) Welche Bedeutung hat bei der Konstruktion von Bauwerken die unterschiedliche Wärmedehnung der verwendeten Baustoffe?

21) Beschreiben Sie die verschiedenen Arten der Wärmeübertragung.

22) Durch welche Vorgänge erwärmt sich ein Raum durch einen Heizkörper?

23) Welche Bedeutung hat die Farbe von Baustoffen auf ihre Erwärmung (Asphalt, Bitumendach, Fassadenbekleidungen, Wärmereflexion etc.)?

24) Beschreiben Sie die Fortpflanzung von Schall in den verschiedenen Materialien. Wie groß ist die Schallgeschwindigkeit im Weltall?

2 Grundbegriffe der Baustoffchemie

Während sich die Physik mit den Gesetzen beschäftigt, denen die unbelebten Körper bei unveränderter Zusammensetzung unterworfen sind, befasst sich die **Chemie** mit dieser Zusammensetzung der Stoffe, mit ihrem Aufbau aus den verschiedenen Elementen und mit den Veränderungen dieses Aufbaues.

Die **chemischen Bezeichnungen** sind vielfach der griechischen und lateinischen Sprache entnommen, um sie international verständlich zu machen. Das Symbol O für Sauerstoff ist z. B. der erste Buchstabe von „Oxygenium", das wörtlich „Säurebildner" heißt. „Mono" bedeutet in Wortzusammensetzungen „eins", „di" heißt „zwei", „tri" „drei", „tetra" „vier", „hexa" „sechs" usw. „Thermo" ist vom griechischen Wort für „warm" abgeleitet (Beispiel: die warmhaltende Thermosflasche). „Reduktion" (vom lateinischen „reducere" = „zurückführen") bedeutet wörtlich: Zurückführung (auf den sauerstoffärmeren Zustand).

2.1 Atomaufbau, Periodisches System der Elemente

Alle Stoffe bestehen aus kleinsten Teilchen, entweder Atomen (Elemente) oder Molekülen (chemische Verbindungen). Die **Atome** bestehen aus einem Kern (Protonen und Neutronen) und der Elektronen-Hülle. Die Protonen sind positiv geladene Teilchen (elektrische Ladung $e = +1{,}6021 \cdot 10^{-19}$ Amperesekunden, A · s; Masse = $1{,}6725 \cdot 10^{-24}$ g), die Neutronen sind neutral (Masse = $1{,}6748 \cdot 10^{-24}$ g). Die Hülle besteht aus bis zu 7 konzentrischen Kugelschalen (*Bohr*sches Atommodell), auf denen die negativ geladenen Elektronen (elektrische Ladung $e = -1{,}6021 \cdot 10^{-19}$ A · s; Masse = $9{,}11 \cdot 10^{-28}$ g, also etwa 1/1800 eines Protons) den Kern umkreisen. Die Anzahl der Protonen und Elektronen im Atom ist gleich groß, sodass das Atom nach außen hin elektrisch neutral wirkt. Der Kerndurchmesser beträgt etwa 10^{-15} m, der Außendurchmesser der Hülle etwa 10^{-10} m. Er hängt von der Stellung des Elementes im Periodensystem ab und ob es sich um ein Ion handelt. Beispiele für Außendurchmesser in 10^{-10} m: H = 0,60; Li = 3,04, Li^{1+} = 1,20; F = 1,28, F^{1-} = 2,72; Na = 3,72, Na^{1+} = 1,90; Cl = 1,98, Cl^{1-} = 3,62; K = 4,62, K^{1+} = 2,66; Br = 2,28, Br^{1-} = 3,90. Das Verhältnis von Kern- und Schalendurchmesser beträgt also etwa 1 cm : 1 km (!). Auf der innersten Schale kreisen maximal 2 Elektronen (Wasserstoff: 1, Helium: 2), auf den anderen Schalen bis maximal 32, auf der Außenschale jedoch stets höchstens 8 (Edelgase).

Ein **chemisches Element** ist ein Stoff, der aus Atomen gleicher Protonen- und Elektronen-Anzahl besteht. Die Anzahl der Neutronen kann bei einem Element allerdings verschieden sein. Man spricht dann von den Isotopen des Elements, die alle die gleichen chemischen Eigenschaften haben. Chlor z. B. besteht aus Atomen, die stets je 17 Protonen und Elektronen besitzen, aber zu 75,4 % aus Atomen mit 18 Neutronen und zu 24,6 % aus Atomen mit 20 Neutronen. Die Anzahl der Protonen bezeichnet man auch als Ordnungszahl, weil sie die Stellung eines Elementes im **Periodischen System** bestimmt (siehe Abb. 2.1).

Die **relative Atommasse** (früher Atomgewicht) ist eine Vergleichszahl und gibt an, wievielmal die Masse eines Atoms eines *Elementes* schwerer ist als 1/12 der Masse des Kohlenstoff-Isotops ^{12}C (6 Protonen und 6 Neutronen). Die relative Molekülmasse (früher Molekülgewicht) ist die Summe der relativen Atommassen der in einem Molekül enthaltenen Atome.

Abb. 2.1 Periodensystem der Elemente (PSE; Kurzform)

Perioden	Haupt-Gruppen								Äußere Elektronenschale (in Klammern: max. Elektronenanzahl)[1]
	I	II	III	IV	V	VI	VII	VIII	
1	1 H							2 He	K (2)
2	3 Li	4 Be	5 B	6 C	7 N	8 O	9 F	10 Ne	L (8)
3	11 Na	12 Mg	13 Al	14 Si	15 P	16 S	17 Cl	18 Ar	M (18)
4	19 K	20 Ca	31 Ga	32 Ge	33 As	34 Se	35 Br	36 Kr	N (32)
5	37 Rb	38 Sr	49 In	50 Sn	51 Sb	52 Te	53 I	54 Xe	O (32)
6	55 Cs	56 Ba	81 Tl	82 Pb	83 Bi	84 Po	85 At	86 Rn	P (12)
7	87 Fr	88 Ra	–	–	–	–	–	–	Q (–)

Alkalimetalle (I)
Erdalkalimetalle (II)
Chalkogene (VI)
Halogene (VII)
Edelgase (VIII)

Erläuterungen:

└┐ Trennungslinie zwischen Metallen (darunter) und Nichtmetallen (darüber)

Gruppen I bis VIII:
Die Elemente einer Gruppe besitzen in der äußeren Schale dieselbe Anzahl von Elektronen und haben daher ähnliche chemische Eigenschaften.

Perioden 1 bis 7:
In den Perioden 2 bis 7 wächst die Zahl der Elektronen auf der äußeren Schale von links nach rechts von 1 auf 8, z. B. in Periode 3 von Na (1 Elektron) bis Ar (8 Elektronen).
In den Perioden 4 bis 7 gibt es einige Plätze mit Elementen, die allesamt auf der äußeren Schale dieselbe Anzahl von Elektronen besitzen (i. d. R. 2), und die Zahl der Elektronen jeweils auf inneren Schalen um 1 wächst, und zwar:

Periode 4: 10 Elemente zwischen Ca und Ga, und zwar: Sc, Ti, V, Cr, Mn, Fe, Co, Ni, Cu, Zn.

Periode 5: 10 Elemente zwischen Sr und In, und zwar: u. a. Zr, Mo, Ag, Cd.

Periode 6: 24 Elemente zwischen Ba und Tl, und zwar: u. a. W, Pt, Au, Hg und die 14 sog. Lanthanoide oder seltenen Erden, wie z. B. La, Ce.

Periode 7: In dieser Periode folgen auf das Radium (88) die Elemente Ac (89), Th (90), Pa (91) und U (92). Die darauf folgenden Elemente sind bisher nur künstlich hergestellt und heißen Transurane, und zwar bis zur Ordnungszahl 105 (Hahnium Ha).

---

[1] Solange eine Schale Außenschale ist, kann sie max. nur 8 Elektronen aufnehmen (Edelgaskonfiguration).

Die Werte der relativen Atommassen einiger wichtiger Elemente siehe Tafel 2.1. In dieser Tafel hat das Proton die relative Masse 1,0073, das Neutron die relative Masse 1,0087. Man kann nun feststellen, dass die relative Atommasse eines stabilen Atoms kleiner ist als die Summe der relativen Massen der Protonen und Neutronen, aus denen das Atom besteht. Beispiel: Kohlenstoff-Isotop ^{12}C hat die relative Atommasse 12,000. Summe der 6 Protonen und Neutronen = $6 \cdot 1{,}0073 + 6 \cdot 1{,}0087 = 12{,}096$. Die Differenz gegenüber 12,000 von 0,096 (sog. Massendefekt) ist die Verschmelzungsenergie, die bei der Bildung des Isotops aus 6 Protonen und 6 Neutronen frei geworden sein muss.

Nach der *Einstein*schen Gleichung (siehe Abschn. 2.2) sind das:

$$E = 0{,}096 \cdot (3 \cdot 10^{10})^2 \text{ g} \cdot \text{cm}^2/\text{s}^2 = 8{,}64 \cdot 10^{12} \text{ J (Joule; } 1 \text{ g} \cdot \text{cm}^2/\text{s}^2 = 10^{-7} \text{ J)}$$

Die von der Sonne ausgestrahlte gewaltige Energiemenge rührt von der Verschmelzung von Wasserstoff- zu Heliumatomen im Inneren der Sonne her. In Fusionsreaktoren wird die Energie ebenfalls durch Kernverschmelzung gewonnen. Zur Erwärmung von 1 Liter Wasser um 1 K werden 4187 J benötigt (siehe Tafel 1.2).

1 Gramm-Atom (1 g-Atom eines Elements) ist seine relative Atommasse in g, 1 Gramm-Molekül (1 g-Molekül) die relative Molekülmasse in g. Beide enthalten stets dieselbe Anzahl von Atomen bzw. Molekülen, nämlich $6{,}022 \cdot 10^{23}$ (*Loschmidt*sche Zahl oder *Avogadro*-Konstante). Die Stoffmenge von $6{,}022 \cdot 10^{23}$ Teilchen (Atome oder Moleküle) nennt man auch 1 mol eines Stoffes. In gasförmigem Zustand nimmt diese Stoffmenge unter Normalbedingungen (Normaldruck = 1,013 bar und 0 °C) stets das gleiche Volumen von 22,415 Liter ein (sog. Molvolumen).

Beispiel:

Sauerstoff (O):	relative Atommasse	= 15,999;	g-Atom	= 15,999 g
Wasserstoff (H):	relative Atommasse	= 1,008;	g-Atom	= 1,008 g
Wasser (H_2O):	relative Molekülmasse	= 18,015;	g-Molekül	= 18,015 g

2.2 Chemische Prozesse

Bei **chemischen Prozessen** (Umsetzungen, Reaktionen) werden die Stoffe in ihre Bestandteile zerlegt (Analyse) oder aus einzelnen Bestandteilen zusammengesetzt (Synthese); dabei ordnen sich die Atome zu anderen Gruppen, und neue Stoffe mit völlig anderen Eigenschaften entstehen. Beispiel: Kohlenstoff (C) verbrennt, d. h., er verbindet sich mit Sauerstoff (O) der Luft zu Kohlendioxid (CO_2).

Beim chemischen Vereinigen von Elementen entsteht eine Verbindung, die nur auf chemischem Wege wieder zu lösen ist.[1)] Dazu wird entweder Wärme von außen aufgenommen **(endotherme Umsetzung)** oder Wärme nach außen abgegeben **(exotherme Umsetzung)**. Eine exotherme Umsetzung ist z. B. jede Verbrennung (**Oxidation**), der verbrennende Stoff verbindet sich unter Wärmeabgabe mit Sauerstoff (O). Auch die gefürchtete Korrosion, bei Eisen „Rosten“ genannt, ist ein solcher Oxidationsvorgang; er verläuft freilich sehr langsam. Das Vereinigen mehrerer Stoffe zu einer Verbindung wird oft dadurch in Gang gesetzt, dass man zu Beginn Wärme zuführt. Beispiel: Anzünden eines brennbaren Stoffes. In der chemischen Technologie – auch der Baustoffe – spielen die **Oxidationen** eine so große Rolle, dass sie eine besondere Gruppe bilden. Das Gegenstück dazu bildet die Gruppe der **Reduktionen**, d. h. die Umsetzungen, bei denen sauerstoffhaltigen Verbindungen der Sauerstoff entzogen wird.

[1)] Im Gegensatz dazu steht das physikalische Gemenge, dessen Bestandteile durch physikalische Verfahren zu trennen sind: durch Sieben, Absetzen, Filtern, Abdampfen, Destillieren, Schleudern, magnetisch Aussortieren usw.

Die kleinste Menge einer chemischen Verbindung ist ein **Molekül.** Ein Molekül Kohlendioxid enthält die Elemente Kohlenstoff und Sauerstoff. Die kleinste Menge eines Elementes ist ein **Atom**. Es gibt daher ebenso viele Atomarten wie Elemente. Ein Molekül besteht aus zwei oder mehreren Atomen verschiedener Elemente oder auch desselben Elementes; das Sauerstoffmolekül O_2 ist z. B. eine Verbindung aus zwei gleichen Sauerstoffatomen. Die nur aus einem einzigen Element bestehenden Gase treten stets als Molekül, niemals als Atom auf: O_2, H_2 (Ausnahme: Edelgase). Die unterschiedliche Neigung von Elementen, sich miteinander zu verbinden und damit eine neue chemische Verbindung einzugehen, nennt man **Affinität** oder chemisches Bindevermögen. Für die Bildung von chemischen Verbindungen gelten 3 Grundgesetze:

1. Gesetz der konstanten Proportionen
Die Elemente vereinigen sich stets nach bestimmten, festliegenden Massenverhältnissen, d. h. in **konstanten Proportionen** zu chemischen Verbindungen (von *Proust* 1799 entdeckt).

Beispiele: 8 Masseteile Sauerstoff (O) verbinden sich stets mit 1 Masseteil Wasserstoff (H) zu Wasser (H_2O); 7 Masseteile Eisen (Fe) verbinden sich stets mit 4 Masseteilen Schwefel (S) zu Schwefeleisen (FeS).

2. Gesetz der multiplen (vielfachen) Proportionen
Wenn sich eine bestimmte Menge eines chemischen Elementes A mit verschiedenen Mengen eines Elementes B verbinden kann, so verhalten sich diese Mengen zueinander wie kleine ganze Zahlen, d. h. in **multiplen Proportionen** (1803 von *Dalton* entdeckt).

Beispiel: 2 Masseteile Wasserstoff verbinden sich mit 16 Masseteilen Sauerstoff zu Wasser H_2O bzw. mit 32 Masseteilen Sauerstoff zu Wasserstoffperoxid H_2O_2, d. h. die Sauerstoffmengen, die auf 1 Wasserstoffatom entfallen, verhalten sich wie 8 zu 16. In Verhältnisgleichungen (Proportionen) ausgedrückt:

Wasser (H_2O)	Wasserstoff : Sauerstoff = 2 : 16 = 1 : 8
Wasserstoffperoxid (H_2O_2)	Wasserstoff : Sauerstoff = 2 : 32 = 1 : 16

3. Gesetz von der Erhaltung der Masse
Bei chemischen Umsetzungen bleibt die Gesamtmasse der beteiligten Stoffe unverändert (um die Mitte des 18. Jahrhunderts unabhängig voneinander von *Lomonossow* und *Lavoisier* entdeckt).

Die Wärme, die bei exothermen Prozessen frei wird, hängt zwar mit einem Masseverlust zusammen, der allerdings so klein ist, dass er vernachlässigt werden kann. Nach *Einstein* besteht zwischen der Masse m und der Energie E die Beziehung $E = m \cdot c^2$ (c = Lichtgeschwindigkeit = 300 000 km/s).

2.3 Stöchiometrische Berechnungen

Mit Hilfe der relativen Atom- und Molekülmassen kann man in sog. stöchiometrischen Berechnungen die Stoffmengen in g oder kg ermitteln, die an einer chemischen Umsetzung beteiligt sind.

Beispiel (*Bildung von 100 g Schwefeleisen FeS*):

Chemische Gleichung $\quad Fe + S \rightarrow FeS$

Atom- bzw. Molekülmassen $\quad 56\ g + 32\ g = 88\ g$

Verhältnisgleichungen $\quad \frac{x\ g\ Fe}{100\ g\ FeS} = \frac{56\ g\ Fe}{88\ g\ FeS}$

$$x = \frac{56 \cdot 100}{88} = 63{,}6 \text{ g Fe}$$

$$\frac{y \text{ g S}}{100 \text{ g FeS}} = \frac{32 \text{ g S}}{88 \text{ g FeS}}$$

$$y = \frac{32 \cdot 100}{88} = 36{,}4 \text{ g S}$$

$$x + y = 63{,}6 + 36{,}4 = 100 \text{ (Kontrolle)}$$

2.4 Chemische Bindungsarten, Wertigkeit

Gehen 2 Elemente eine chemische Verbindung ein, so nehmen sie dabei in der äußeren Elektronenschale Elektronen (Valenzelektronen) auf oder geben welche ab. Dabei entsteht die sehr stabile „Edelgaskonfiguration“, d. h. 2 (Helium) oder 8 (alle übrigen Edelgase) Elektronen auf der Außenschale. Diese Art der Bindung nennt man **Ionenbindung**, weil dabei die Atome zu positiven (bei Elektronen-Abgabe) bzw. negativen (bei Elektronen-Aufnahme) **Ionen** werden. Ein Kochsalzkörnchen oder -kristall z. B. besteht aus einem regelmäßigen räumlichen Gitter von positiven Na^+-Ionen und negativen Cl^--Ionen, die durch die elektrischen Anziehungskräfte zusammengehalten werden (siehe Abb. 2.2). Bei der **Atombindung** umkreisen ein (z. B. beim Chlorgas Cl_2) oder mehrere (z. B. beim Sauerstoffgas O_2) Elektronen*paare* gemeinsam die beiden Atome und verleihen ihnen dadurch Edelgaskonfiguration. Bei der **Metallbindung** geben Metallatome Außenelektronen ab und bilden ein räumliches Gitter von Metallionen, das von einem frei beweglichen Elektronengas erfüllt ist.

Jedes Element hat eine bestimmte **Wertigkeit (Valenz)**. Sie gibt an, welche Anzahl Valenzelektronen ein Atom abgeben oder aufnehmen kann. Die Verbindung der Stoffe wird durch die Verbindungselektronen (Außenelektronen, Valenzelektronen) bewirkt. Manche Elemente haben mehrere Wertigkeiten, z. B. Eisen, Phosphor, Stickstoff. In diesem Fall nehmen auch Elektronen der inneren Schalen an der Verbindungsbildung teil.

Wasserstoff (H) kann stets nur 1 Elektron abgeben, er ist daher immer einwertig. Man kann daher auch sagen:

Ein Element ist *n*-wertig, wenn sich 1 Atom dieses Elementes mit *n* Atomen Wasserstoff oder eines anderen einwertigen Elementes verbindet oder sie in einer Verbindung ersetzt.

Beispiele: Chlor (Cl) ist einwertig, denn es bindet nur ein einziges Atom Wasserstoff (H) bei der Bildung von Salzsäure (HCl); Kohlenstoff ist vierwertig: CH_4.

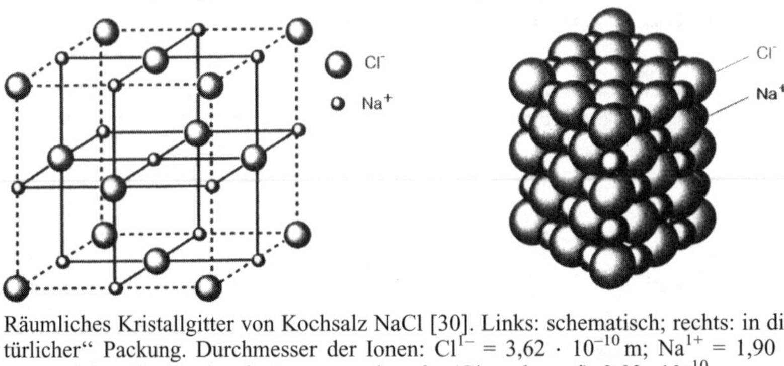

Abb. 2.2 Räumliches Kristallgitter von Kochsalz NaCl [30]. Links: schematisch; rechts: in dichter „natürlicher“ Packung. Durchmesser der Ionen: $Cl^{1-} = 3{,}62 \cdot 10^{-10}$ m; $Na^{1+} = 1{,}90 \cdot 10^{-10}$ m; Abstand der Mittelpunkte der Ionen voneinander (Gitterabstand): $2{,}82 \cdot 10^{-10}$ m.

2.5 Wichtige chemische Grundstoffe (Elemente)

Die **chemischen Kurzzeichen (Symbole)** der Elemente, den lateinischen oder griechischen Namen entnommen, erlauben eine übersichtliche Schreibweise von Verbindungen als Formel und von chemischen Prozessen als Gleichung. Die Gleichungen enthalten statt des (in der Mathematik üblichen) Gleichheitszeichens einen Pfeil. Er zeigt die Richtung an, in der die Umsetzung vor sich geht; ein Doppelpfeil ($\leftrightarrows$) deutet an, dass die Umsetzung umkehrbar ist, d. h., auch in umgekehrter Richtung ablaufen kann. Dies hängt ab von den äußeren Bedingungen der Umsetzung, z. B. Druck und Temperatur. Beispiele für Umsetzungen siehe unten, Zusammenstellung der chemischen Zeichen einiger wichtiger Elemente in der Tafel 2.1.

Tafel 2.1 Einige für die Technik wichtige chemische Elemente

Name	Ordnungszahl	Chemisches Zeichen	Relative Atommasse[1)]	Wertigkeit[2)]
Aluminium	**13**	**Al**	**26,982**	**3**
Antimon	51	Sb	121,750	**3**; 5
Arsen	33	As	74,922	**3**; 5
Bismut	83	Bi	208,980	**3**; 5
Blei	82	Pb	207,190	**2**; 4
Bor	5	B	10,811	**3**
Chlor	**17**	**Cl**	**35,453**	**1**; 3; 5; 7
Chrom	24	Cr	51,996	2; **3**; 6
Eisen	**26**	**Fe**	**55,847**	2; **3**
Fluor	9	F	18,998	**1**
Gold	79	Au	196,967	1; **3**
Helium	2	He	4,003	0
Iridium	77	Ir	192,220	2; 3; **4**; 6
Kadmium	48	Cd	112,400	**2**
Kalium	19	K	39,098	**1**
Calcium	**20**	**Ca**	**40,080**	**2**
Kobalt	27	Co	58,933	**2**; 3;
Kohlenstoff	**6**	**C**	**12,011**	2; **4**
Kupfer	**29**	**Cu**	**63,546**	1; **2**
Lithium	**3**	**Li**	**6,639**	**1**
Magnesium	**12**	**Mg**	**24,305**	**2**
Mangan	25	Mn	54,938	**2**…7
Molybdän	42	Mo	95,940	2…**6**
Natrium	11	Na	22,990	**1**
Nickel	28	Ni	58,710	**2**; 3
Phosphor	15	P	30,974	3; 4; **5**
Platin	78	Pt	195,090	**2**; 4
Quecksilber	80	Hg	200,590	1; **2**
Sauerstoff	**8**	**O**	**15,999**	**2**
Schwefel	16	S	32,060	2; 4; **6**
Silber	47	Ag	107,868	**1**
Silicium	**14**	**Si**	**28,086**	**4**

Name	Ordnungszahl	Chemisches Zeichen	Relative Atommasse[1)]	Wertigkeit[2)]
Stickstoff	7	N	14,007	2; **3**; 4; 5
Thorium	90	Th	232,038	**4**
Titan	22	Ti	47,900	3; **4**
Uran	92	U	238,029	3...6
Vanadium	23	V	50,941	2; 4; **5**
Wasserstoff	**1**	**H**	**1,008**	**1**
Wismut (siehe Bismut)				
Wolfram	74	W	183,850	2...**6**
Zink	**30**	**Zn**	**65,380**	**2**
Zinn	50	Sn	118,690	2; **4**

1) Bezogen auf 1/12 der absoluten Atommasse des Kohlenstoffisotops ^{12}C, d. h. auf $1{,}660566 \cdot 10^{-24}$ g. Diesen Wert nennt man auch atomare Masseneinheit *u*. Das Kohlenstoffisotop ^{12}C hat damit die relative Atommasse 12,000.

2) Die häufig vorkommenden Wertigkeiten sind fett gedruckt.

2.6 Säuren, Basen, Salze

a) Säuren entstehen, wenn Nichtmetalloxide mit Wasser in Berührung kommen. Sie haben einen sauren Geschmack (Essig) und färben Lackmuspapier rot.

Beispiele:

Schwefeltrioxid + Wasser → Schwefelsäure

$$SO_3 + H_2O \rightarrow H_2SO_4 \leftrightharpoons 2\,H^+ + SO_4^{2-} \qquad (1)$$

Kohlendioxid + Wasser → Kohlensäure

$$CO_2 + H_2O \rightarrow H_2CO_3 \leftrightharpoons 2\,H^+ + CO_3^{2-} \qquad (2)$$

Chlor ist in der Lage, unmittelbar mit Wasserstoff eine Säure zu bilden (heftige Reaktion, Chlorknallgas!):

Chlor + Wasserstoff → Salzsäure

$$Cl_2 + H_2 \rightarrow 2\,HCl \leftrightharpoons 2\,H^+ + 2\,Cl^- \qquad (3)$$

b) Basen entstehen, wenn Metalloxide mit Wasser in Berührung kommen. Sie haben einen ätzenden Geschmack, färben Lackmuspapier blau und Phenolphthalein rot.

Beispiele:

Natriumoxid + Wasser → Natronlauge

$$Na_2O + H_2O \rightarrow 2\,NaOH \leftrightharpoons 2\,OH^- + 2\,Na^+ \qquad (4)$$

Calciumoxid (gebrannter Kalk) + Wasser → Calciumhydroxid (Kalkhydrat)

$$CaO + H_2O \rightarrow Ca(OH)_2 \leftrightharpoons 2\,OH^- + Ca^{2+} \qquad (5)$$

Säure- und Basenmoleküle spalten in wässriger Lösung, wie in den Reaktionsgleichungen (1) bis (5) dargestellt, in Ionen auf **(Dissoziation)**. Die Doppelpfeile bedeuten, dass die Ionenspaltung ein umkehrbarer Vorgang ist und dass nicht alle Moleküle in Ionen aufgespalten sein müssen (unterschiedlicher Dissoziationsgrad). Im reinen Wasser ist die Konzentration der H^+- und OH^--Ionen gleich groß. In Säuren überwiegen die H^+-Ionen, in Laugen die OH^--Ionen. Je stärker die H^+-Ionen bzw. die OH^--Ionenkonzentration, umso stärker ist die Säure bzw. die Lauge.

Tafel 2.2 Einige wichtige Salze und die an ihrer Entstehung beteiligten Säuren und Basen (nach *Wricke*)
a) nach der Genfer Nomenklatur, b) chemische Formel, c) Trivial- oder Mineralname

Säuren → Basen ↓	Hydrogen- chlorid HCl Salzsäure 40,4	Hydrogen- nitrat HNO_3 Salpetersäure 69,2	Dihydrogen- sulfat H_2SO_4 Schwefelsäure 98	Dihydrogen- carbonat a) H_2CO_3 b) Kohlensäure c) 0,1
Kaliumhydroxid KOH **Kalilauge** 52,8	Kaliumchlorid KCl **Sylvin** 25,6	Kaliumnitrat KNO_3 **Kalisalpeter** 24,1	Kaliumsulfat K_2SO_3 9,9	Kaliumcarbonat a) K_2CO_3 b) **Pottasche** c) 53,1
Natriumhydroxid $NaOH$ **Natronlauge** 52,1	Natriumchlorid $NaCl$ **Kochsalz** 26,4	Natriumnitrit $NaNO_3$ **Natronsalpeter** 46,8	Natriumsulfat Na_2SO_4 **Glaubersalz** 16	Natriumcarbonat a) Na_2CO_3 b) **Soda** c) 18
Bariumhydroxid $Ba(OH)_2$ **Barytwasser** 3,8	Bariumchlorid $BaCl_2$ 26,3	Bariumnitrat $Ba(NO_3)_2$ 8,3	Bariumsulfat $BaSO_4$ **Schwerspat** 0,0022	Bariumcarbonat a) $BaCO_3$ b) **Barytspat** c) 0,0016
Calcium- hydroxid $Ca(OH)_2$ **Kalkwasser** 0,2	**Calcium- chlorid** $CaCl_2$ 42,7	Calcium- nitrat $Ca(NO_2)_2$ **Kalksalpeter** 54,5	**Calcium- sulfat** $CaSO_4$ **Gips, Anhydrit** 0,204	Calcium- carbonat a) $CaCO_3$ b) **Kalkstein** c) 0,0014
Magnesium- hydroxid $Mg(OH)_2$ sehr schwer wasserlöslich	**Magnesium- chlorid** $MgCl_2$ 35,3 Chloride	Magnesium- nitrat $Mg(NO_3)_2$ ca. 25 Nitrate	Magnesium- sulfat $MgSO_4$ **Bittersalz** 30,0 Sulfate	Magnesium- carbonat a) $MgCO_3$ b) **Bitterspat** c) 0,005 Carbonate

Die Zahlen bedeuten Masse-% des jeweiligen Stoffes in gesättigter wässriger Lösung (bei 20 °C).

Die Stärke einer Säure oder einer Lauge (Base) lässt sich durch den **pH-Wert** charakterisieren:

reines Wasser, neutrale Lösung:	pH = 7
Säure:	pH = 6 (schwach) bis 0 (sehr stark)
Lauge (Base):	pH = 8 (schwach) bis 14 (sehr stark)

pH-Wert = negativer Exponent (zur Basis 10) der Wasserstoffionen-Konzentration einer Lösung. Es gibt Indikatorpapier, mit dem man den pH-Wert einer Lösung auf Zehntel bestimmen kann.

c) Salze können auf verschiedene Art und Weise entstehen:

1) Säure + Base → Salz + Wasser (Neutralisation)

$$HCl + NaOH \leftrightharpoons NaCl + H_2O$$

2) Säure + Metall → Salz + Wasserstoff

$$H_2SO_4 + Zn \leftrightharpoons ZnSO_4 + H_2$$

Schwefelsäure löst Zink unter lebhafter Wasserstoffgasentwicklung und Bildung von wasserlöslichem Zinksulfat auf.

3) Lauge + Metall → Salz + Wasserstoff

$$2\,KOH + Zn \leftrightharpoons K_2ZnO_2 + H_2$$

$$Ca(OH)_2 + 2\,Al \leftrightharpoons Ca(AlO_2)_2 + H_2 + H_2O$$

Zink und Aluminium werden von Kalilauge bzw. Calciumhydroxid allmählich aufgelöst.

4) Schwache Säuren bzw. Basen werden aus ihren Salzen von starken Säuren bzw. Basen vertrieben:

$$CaCO_3 + 2\,HCl \leftrightharpoons CaCl_2 + H_2CO_3 \begin{cases} CO_2\text{-Gas} \\ H_2O \end{cases}$$

Calciumcarbonat (Kalkstein) wird durch Salzsäure unter starkem Aufbrausen (CO_2-Gas) aufgelöst (Erkennen von Kalkstein mit 10%-iger Salzsäure!).

5) Beim Aufeinandertreffen von 2 Salzlösungen bilden sich u. U. neue, schwer lösliche Salze:

$$Na_2SO_4 + BaCl_2 \leftrightharpoons BaSO_4 + 2\,NaCl$$

Schwerlösliches Bariumsulfat kristallisiert aus (Nachweis von schädlichen Sulfationen!).

$$Na_2SO_4 + CaCl_2 \leftrightharpoons CaSO_4 + 2\,NaCl$$

Schwerlösliches Calciumsulfat kristallisiert als Gips $CaSO_4 \cdot 2\,H_2O$ aus.

Zur Benennung der Salze siehe Tafel 2.2. Die Löslichkeit der Salze im Wasser steigt in der Regel mit der Temperatur an. Bei Kochsalz NaCl allerdings ist die Löslichkeit ziemlich unabhängig von der Temperatur: bei 20 °C 350 g in 1 Liter Wasser, bei 100 °C 390 g. Bei Gips $CaSO_4 \cdot 2\,H_2O$ und Calciumhydroxid $Ca(OH)_2$ wird die Löslichkeit mit steigender Temperatur geringer.

2.7 Technisch wichtige Stoffe

Wir unterscheiden die Chemie der anorganischen Stoffe und die der organischen Stoffe: anorganische und organische Chemie. In der **anorganischen Chemie**, die bei den Baustoffen die Hauptrolle spielt, werden die Elemente und ihre Verbindungen mit Ausnahme fast aller Verbindungen des Kohlenstoffs behandelt. Die weitaus größte Zahl der Kohlenstoffverbindungen ist Gegenstand der **organischen Chemie.** Sie spielt bei den Kunststoffen eine wichtige Rolle. Man kennt heute etwa 100 000 anorganische und 4 Millionen organische Verbindungen; Beispiele siehe Tafel 2.3 und 2.4.

Tafel 2.3 Gewerbliche und chemische Benennung einiger technisch wichtiger Stoffe (nach [19])

Gewerbliche Benennung	Chemische Benennung	Chemische Formel
Aceton	Propanon (Dimethylketon)	CH_3COCH_3
Acetylengas	Ethin	C_2H_2
Alkohole (Weingeist, Spiritus)	Ethanol, Methanol	C_2H_5OH
Ameisensäure	–	HCOOH
Anhydrit	Calciumsulfat	$CaSO_4$
Asbest (Bergflachs)	Ca-Mg-Silicate (Minerale)	–
Benzol	Benzol(-Ring)	C_6H_6
Borax	Natriumtetraborat	$Na_2B_4O_7 \cdot 10\,H_2O$

Gewerbliche Benennung	Chemische Benennung	Chemische Formel
Carbolsäure	Phenol	C_6H_5OH
Chlorkalk	Calciumchloridhypochlorit	$CaCl(OCl)$
Eisenchlorid	Eisen(III)-chlorid	$FeCl_3$
Eisenrost	Eisen(III)-hydroxid	$Fe(OH)_3$, $FeOOH$
Essigsäure	Ethansäure	$CH_3COOH\ (+\ H_2O)$
Flussspat	Calciumfluorid	CaF_2
Gips	Calciumsulfat-Dihydrat	$CaSO_4 \cdot 2\ H_2O$
Glaubersalz	Natriumsulfat-Decahydrat	$Na_2SO_4 \cdot 10\ H_2O$
Glyzerin	Propantriol	$C_3H_5(OH)_3$
Harnstoff	Carbamid	$CO(NH_2)_2$
Kalisalpeter	Kaliumnitrat	KNO_3
Kalk, gebrannter	Calciumoxid	CaO
Kalkhydrat	Calciumhydroxid	$Ca(OH)_2$
Karbid	Calciumcarbid	CaC_2
Kochsalz (Steinsalz)	Natriumchlorid	$NaCl$
Kohlenoxid	Kohlenmonoxid	CO
Kohlensäure	Kohlendioxid (Gas)	$CO_2 + H_2O\ (H_2CO_3)$
Korund (Schmirgel)	Aluminiumoxid	Al_2O_3
Kreide, Kalkstein	Calciumcarbonat	$CaCO_3$
Kupfervitriol	Kupfersulfat-Pentahydrat	$CuSO_4 \cdot 5\ H_2O$
Lötsalz (in Lösung Lötwasser)	Zinkchlorid mit Salzsäure	$ZnCl_2 + H_2O + HCl$
Magnesia	Magnesiumoxid	MgO
Mauersalpeter	Calciumnitrat	$Ca\ (NO_3)_2$
Mennige	Blei(II,IV)-oxid	Pb_3O_4
Methan (Sumpfgas)	–	CH_4
Methanol	Methylalkohol	CH_3OH
Natronlauge	Natriumhydroxid	$NaOH\ (+\ H_2O)$
Per	Perchlorethen, Tetrachlorethen	CCl_2CCl_2
Pottasche	Kaliumcarbonat	K_2CO_3
Quarz	Siliciumdioxid	SiO_2
Salmiak	Ammoniumchlorid	$NH_4Cl\ (+H_2O)$
Salmiakgeist	Ammoniak (Gas)	NH_3
	Ammoniumhydroxid	$NH_3 + H_2O\ (NH_4OH)$
Salpetersäure	Salpetersäure	$HNO_3\ (+\ H_2O)$
Salzsäure	Chlorwasserstoff (Gas)	$HCl\ (+\ H_2O)$
Schwefelsäure	Schwefelsäure	$H_2SO_4\ (+\ H_2O)$
Schwerspat	Bariumsulfat	$BaSO_4$
Soda (kristallisiert)	Natriumcarbonat	$Na_2CO_3 \cdot 10\ H_2O$
Spiritus	Ethanol	C_2H_5OH
Tetra	Tetrachlormethan (flüssig)	CCl_4
Tri	Trichlorethen (flüssig)	$CHCl = CCl_2$
Wasser	Wasser(stoffoxid)	H_2O
Wasserstoffsuperoxid	Wasserstoffperoxid	H_2O_2

Tafel 2.4 Erläuterungen zu Tafel 2.3 (ϱ = Dichte in g/cm^3; T_p = Siedepunkt in °C) nach [19]

Aceton Acetylen Alkohol	Erfrischend riechende, farblose, brennbare Flüssigkeit; $\varrho = 0{,}791$; $T_p = 56{,}1$. Lösungsmittel. Angenehm riechendes, brennbares Gas: $\varrho = 1{,}171$; $T_p = -83{,}6$. Brenngas zum Schweißen und Brennschneiden. Wasserklare, brennbare Flüssigkeit; $\varrho = 0{,}7892$; $T_p = 78{,}3$. Lösungs- und Konservierungsmittel, Motorkraftstoff.
Ammoniak (Salmiakgeist) Benzol Essigsäure	Farbloses, stechend riechendes Gas (NH_3); $\varrho = 0{,}7714$; $T_p = -33{,}4$. Ausgangsstoff vieler stickstoffhaltiger Verbindungen, wie z. B. Dünger, Farbstoffe. $NH_3 + H_2O \rightarrow NH_4(OH)$ (Base; Ammoniumhydroxid). Farblose, brennbare Flüssigkeit mit typischem Geruch, giftig; $\varrho = 0{,}879$; $T_p = 80{,}15$. Zusatz zu Kraftstoffen (Antiklopfmittel). Wasserklare Flüssigkeit mit stechendem Geruch; $\varrho = 1{,}0492$; $T_p = 117{,}9$. Schwache Säure.
Glycerin Karbid Kochsalz	Farblose, zähflüssige, geruchlose, süß schmeckende, hygroskopische Flüssigkeit; $\varrho = 1{,}261$; $T_p = 290$; Frostschutz- und Gleitmittel. Weißgraue, kristalline Masse; $\varrho = 2{,}2$. Reagiert mit Wasser zu Acetylen: $CaC_2 + 2\,H_2O \rightarrow C_2H_2 + Ca(OH)_2$. Ausgangsstoff für die Acetylenherstellung. CM-Gerät! Weißer, kristalliner Stoff, aus dem durch Elektrolyse Natronlauge, Chlor und Wasserstoff gewonnen werden.
Kohlensäure Kohlenmonoxid Lötwasser	Schwache Säure: $H_2CO_3 + H_2O$. Enthält CO_2-Gas (Kohlendioxid), das leicht ausgast und geruchlos ist. In Druckflaschen oder gefroren als „Kohlensäureschnee" (–80 °C) im Handel. Farbloses, geruchloses, sehr giftiges Gas; $\varrho = 1{,}25$; $T_p = -191{,}5$. Wässrige Lösung von Zinkchlorid mit Salzsäure: $ZnCl_2 + H_2O + HCl$. Desoxidationsmittel der Metalloberfläche an Lötstellen, wodurch das flüssige Lot die Metalloberfläche benetzen kann.
Mennige Natronlauge Salpetersäure	Bleimennige $2PbO \cdot PbO_2$; rote, pulvrig-körnige Substanz. $\varrho = 9{,}19$. Wird als feines Pulver in Leinöl oder flüssigem Kunstharz dispergiert (Rostschutzfarbe). Stark ätzend wirkende Lauge. Wird in der Technik zum Reinigen, Ätzen und Beizen verwendet. Natriumhydroxid (Ätznatron) ist ein eisartig aussehender Feststoff. Farblose bis gelbliche, stechend riechende, an der Luft rauchende Flüssigkeit. Starke Säure, die außer Gold und Platin alle Metalle auflöst und organische Stoffe zerstört. Vorsicht!
Salzsäure Schwefelsäure	Wässrige Lösung von Chlorwasserstoff: $HCl + H_2O$. Starke Säure, die unedle Metalle, wie Eisen und Zink, stark angreift. Wird in der Metalltechnik zum Ätzen und Beizen verwendet. Sehr starke Säure, die unedle Metalle auflöst und organische Substanzen zerstört. Konzentrierte Säure sehr aggressiv (Schutzhandschuhe und -brille!).
Tetra Tri	Wasserklare, giftige, nicht brennbare, fettlösende Flüssigkeit mit süßlichem Geruch. Technisches Reinigungsmittel (Kaltreiniger) und Lösungsmittel. Wasserklare, fettlösende Flüssigkeit mit typischem Geruch. Technisches Reinigungsmittel (Kaltreiniger; Bitumen!) und Lösungsmittel.

2.8 Fragen und Aufgaben zur Baustoffchemie

1) Erläutern Sie den Aufbau des Atoms (*Bohr*sches Atommodell) und des Periodensystems der chemischen Elemente (PSE).
2) Versuchen Sie die Unterschiede der Atomdurchmesser zwischen den linken und rechten Gruppen des PSE und zwischen einem Atom und seinem Isotop zu erklären.
3) Was versteht man unter Isotopen, relativer Atommasse und Gramm-Atom der chemischen Elemente?
4) Warum enthalten die Gramm-Atome/Gramm-Moleküle der verschiedenen chemischen Elemente/Verbindungen stets die gleiche Anzahl von Teilchen? Wie groß ist diese Zahl und wie heißt sie?
5) Wie lautet die *Einstein*sche Energie-Masse-Beziehung?
6) Wie erklärt man sich den Unterschied, der beim Kohlenstoffisotop ^{12}C zwischen seiner relativen Atommasse und der Massensumme seiner Protonen und Neutronen besteht? Wie groß ist er und welcher Energie entspricht er?
7) Berechnen Sie stöchiometrisch die Wassermenge, die zum vollständigen Ablöschen von 25 kg Branntkalk zu trockenem Löschkalkpulver erforderlich ist. Wie viel CO_2 ist erforderlich, damit diese Löschkalkmenge sich vollständig in Kalkstein verwandelt? Wie viel kg Wasser werden dabei frei (Baufeuchte)? Chemische Gleichungen siehe Abschn. 4.5.2.
8) Erläutern Sie die Begriffe Ionen-, Atom- und Metallbindung sowie den Begriff Wertigkeit.
9) Erläutern Sie Enstehungsmöglichkeiten von Säuren, Basen und Salzen sowie den Begriff pH-Wert.
10) Wie kann ich die Stärke von Säuren und Basen überprüfen?
11) Welche in der Luft befindlichen Gase bilden Säuren, die auf Baustoffe zerstörend wirken?

3 Bausteine

Im Kapitel Bausteine werden behandelt

- Naturstein im Bauwesen (Abschn. 3.1)
- keramische Baustoffe (Abschn. 3.2)
- mineralisch gebundene Baustoffe (Abschn. 3.3).

Naturstein findet in unbearbeiteter und in bearbeiteter Form Anwendung im Bauwesen. Zu den keramischen Baustoffen gehören die verschiedenen Ziegelarten (Mauerziegel und -klinker, Dach- und Deckenziegel und Klinker für Straßen- und Wasserbau), Steinzeugrohre und Sanitärkeramik. Mineralisch gebundene Baustoffe sind Kalksand- und Hüttensteine, Betonsteine und -rohre, Porenbeton und Faserzement.

3.1 Naturstein im Bauwesen

Naturstein besitzt im Bauwesen vielfältige Anwendungsgebiete. Bearbeitet (siehe Abschn. 3.1.6) wird Naturstein als Natur*werk*stein auf verschiedene Art und Weise verwendet: Massiv- und Verblendmauerwerk (siehe Abschn. 3.1.7 b), Fassadenbekleidungen (siehe Abschn. 3.1.7 c), Bodenbeläge (siehe Abschn. 3.1.7 d), Fensterbänke, Treppenstufen, Dachdeckung etc. sowie im Wasserbau als Ufer- und Küstenbefestigung und im Wegebau als Pflaster- und Bordsteine. Am häufigsten werden dabei Granite, Sandsteine und Kalksteine, auch in Form von Kalktuff und Travertin, verwendet, daneben von den Magmatiten Basalt und Basalttuff, Gabbro, Diorit und Trachyt, von den Sedimentgesteinen Dolomit und Tonschiefer und von den Metamorphiten echter Marmor und Serpentinit. In Deutschland gibt es etwa 60 Granit- und 120 Sandstein-Steinbrüche (Stand 1996).

Unbearbeitet findet Naturstein in noch größerem Maße Anwendung: Zuschlag (Gesteinskörnungen) für Mörtel und Beton; Frostschutzmaterial im Straßenbau, Schotter, Splitt, Brechsand, Kies und Sand für Beton- und Asphaltstraßen; Gleisbettungsstoffe für Bahnanlagen. Naturstein ist auch Ausgangsmaterial für die Herstellung anderer Baustoffe: Schmelzen und Verspinnen zu Steinwolle; Brennen von Kalkstein, Kalkmergel und Gipsstein zu Baukalk, Zement und Baugips; Brennen von Ton zu Ziegeln und anderen keramischen Baustoffen. Beschreibungen der einzelnen Gesteinsarten siehe Abschn. 3.1.4.

3.1.1 Stofflicher Aufbau der Erde

Gesteine entstanden vor ca. 2 Milliarden Jahren. Es bildete sich die erste zusammenhängende Erdkruste aus dem ursprünglichen heißen, schmelzflüssigen Zustand, dem Magma. Die Erde erstarrte an der Oberfläche und erkaltete durch Wärmeabstrahlung in den Weltraum. In ständiger Wechselwirkung zwischen Kraftquellen außerhalb der Erde und solchen, die in der Erde selbst lagen, entstanden die mannigfachen Gesteine, aus denen die Erdrinde heute zusammengesetzt ist. Zum Aufbau des Erdkörpers siehe Abb. 3.1.

> Ein Gestein ist ein natürlich entstandenes Gemenge von Mineralen. Minerale sind stofflich einheitliche, kleinste Teile der Gesteine und in der Regel kristallin.
>
> Es gibt Gesteine, die nur aus einer einzigen Mineralart (z. B. Kalkstein, Gipsstein) bestehen. Die meisten Gesteine sind aus mehreren verschiedenen Mineralen zusammengesetzt.

Es gibt sehr viele **Minerale** (etwa 2600), aber nur ein verhältnismäßig kleiner Teil von ihnen bildet Gesteine (s. Abschn. 3.1.2). Ein Mineral ist eine anorganische chemische Verbindung aus mehreren Elementen in Form eines Kristalls. Einige Minerale, wie z. b. das Gipsmineral, enthalten chemisch gebundenes, nicht flüssiges Wasser, sog. Kristallwasser.

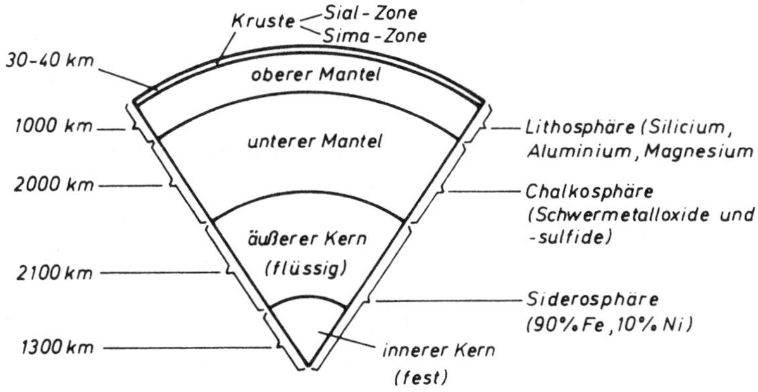

Abb. 3.1 Aufbau des Erdkörpers

Sial = Silicium/Aluminium, Sima = Silicium/Magnesium (die Simazone reicht weit in den oberen Mantel hinein);
mittlere Dichte der Gesamterde = 5,5 g/cm^3;
Kruste = 2,7 bis 2,8 g/cm^3; Kern bis etwa 13 g/cm^3.

In einem **Kristall** sind die Bausteine (Atome, Ionen, Moleküle) regelmäßig angeordnet und haben bestimmte feste Abstände voneinander. Beispiel: Im Kochsalz (NaCl) sitzen positive Na^+-Ionen und negative Cl^--Ionen an den Ecken eines Würfels (Kantenlänge = 0,28 nm)[1)] und bilden ein räumliches Gitternetz.

Können sich Minerale unbehindert entwickeln, z. B. in Gesteinsspalten oder Drusen, bilden sie von ebenen Flächen begrenzte, *regelmäßig* geformte Kristalle (Bergkristall, Amethyst, Calcit usw.). Die Winkel zwischen zwei gleichen Flächen (Kantenwinkel) an Kristallen ein und desselben Minerals sind stets gleich (Gesetz von der Winkelkonstanz; *Nikolaus Steno*, 1638 bis 1686). Beim Erstarren des Magmas, einer heißflüssigen Schmelze, bilden sich *unregelmäßig* geformte Kristallkörner (Kristallite), wie man sie z. B. im Granit mit bloßem Auge gut erkennen kann (rötlicher Feldspat, heller Quarz und dunkler Glimmer). Auf frischen Bruchflächen eines Gesteins erkennt man jedoch ebene, glitzernde Spaltflächen (z. B. Glimmer und Feldspat im Granit).

Die beiden wichtigsten physikalischen Eigenschaften eines Minerals sind seine Härte und seine Spaltbarkeit. Zum Beurteilen der **Härte** dient die *Mohs*sche Härteskala (s. Abschn. 1.7), die auf zehn Mineralen mit steigender Härte aufgebaut ist. Jedes dieser Minerale ritzt das nächst weichere und wird vom nächst härteren geritzt (Ritzhärte). Die Härtegrade sind nicht gleichmäßig abgestuft; am größten ist der Härteunterschied zwischen 9 (Korund) und 10 (Diamant).

Die **Spaltbarkeit** eines Minerals ist von der Molekularkraft (Kohäsion) abhängig. Es gibt schwer spaltbare und leicht spaltbare Minerale; manche lassen sich nach einer Richtung, andere nach mehreren Richtungen spalten, d. h., ohne große Kraft zerkleinern. Sehr gut spaltbar sind z. B. Glimmer und Kalkspat.

Chemische Zusammensetzung der Erdkruste: Nur 8 Elemente bilden 98,5 Gew.-% der erforschten Teile der Erdkruste (siehe Abb. 3.1). An der Spitze steht der (stets chemisch

[1)] nm = Nanometer = 10^{-9} m

gebundene) Sauerstoff (O) mit 46,6 %; dann folgen Silicium (Si) mit 27,7 %, Aluminium (Al) mit 8,1 %, Eisen (Fe) mit 5,0 %, Calcium (Ca) mit 3,6 %, Natrium (Na) mit 2,8 %, Kalium mit 2,6 % und Magnesium mit 2,1 %. Im Rest sind der (stets chemisch gebundene) Wasserstoff (H) mit 0,14 % und Kohlenstoff (C) mit 0,03 % enthalten.

Mineralische Zusammensetzung der Erdkruste: 91,5 % Silicate; 3,5 % Eisenerze; 1,5 % Calcit; 0,1 % Dolomit und Magnesit. Alle übrigen Minerale bilden den Rest von ca. 3,4 %. Zur großen Gruppe der Silicate gehören u. a. die Feldspäte (58 %); die Ca-Mg-Fe-Silicate wie z. B. Augit und Hornblende (16,5 %); der Quarz (12,5 %); Glimmer (3,5 %) und die Tonmineralien (1,0 %).

Die **Silicate** sind allesamt aufgebaut aus $(SiO_4)^{4-}$-Tetraedern (4fach negativ geladene Anionen) und anderen, meist positiv geladenen Ionen, wie z. B. K^+, Na^+, Ca^{2+}, Mg^{2+}, Fe^{2+}, Fe^{3+}, Al^{3+}, OH^-, F^-. Die SO_4-Tetraeder enthalten im Inneren ein Si-Atom und an den 4 Ecken je 1 O-Atom, an denen sie miteinander verbunden sind. Im Kristall treten sie entweder einzeln auf (Inseln) oder bilden unterschiedlich große Gruppen, Ringe, Ketten bzw. Bänder, Schichten bzw. Blätter oder Gerüste, die durch die dazwischen gelagerten positiven Ionen K^+, Na^+, Ca^{2+} usw. zusammengehalten werden. Im **Quarz** bilden die Tetraeder ein besonders fest zusammenhängendes Gerüst (Gerüstsilikat), was der Grund für seine Härte und Witterungsbeständigkeit ist.

Erze sind Mineralgemenge, in denen Metalle (Fe; NE-Metalle; Edelmetalle) rein (= gediegen) oder in Form von Erzmineralien (metallhaltige Mineralien) in so großem Prozentsatz enthalten sind, dass sie durch Verhüttung daraus gewonnen werden können. Die übrigen im Gemenge enthaltenen Mineralien, z. B. Kalk oder Silicate, bezeichnet man als Gangart des Erzes.

3.1.2 Die wichtigsten gesteinsbildenden Minerale

Quarz (Siliciumdioxid SiO_2) ist ein sehr häufiges und für das Bauwesen bedeutendes Mineral. Es tritt z. B. in den Sanden als wichtigster Gemengeteil auf und ist farblos; durch Spuren von Schwermetallen kann es auch verschieden gefärbt sein (weißlich, rot, braun, schwarz usw.). Quarz ist sehr säurefest und durchlässig für ultraviolette Strahlen (Verwendung des aus ihm erschmolzenen Glases in Quarzlampen). Er ist sehr hart und witterungsbeständig, ferner grundsätzlich spröde, von muscheligem Bruch ohne ebene Spaltflächen. Er ist der wichtigste Rohstoff für die allgemeine Glasherstellung.

Feldspäte (Al-Gerüstsilicate mit K-, Na- und Ca-Ionen) sind gut in drei Richtungen spaltbar, sehr hart, jedoch verhältnismäßig wenig wetterfest. Man unterscheidet Kalifeldspat (Orthoklas) und Kalknatronfeldspäte (Plagioklase mit unterschiedlichen Gehalten an Natrium und Calcium; z. B. Albit: nur mit Na, Anorthit: nur mit Ca; Labradorit mit 40 % Na und 60 % Ca). Die Farbe ist sehr verschieden, oft schmutzig gelb, rötlich oder weiß.

Augit und **Hornblende** (Ketten- bzw. Bändersilicate mit Ca-, Mg- und Fe-Ionen, auch Al) sind sehr hart, spröde, wetterfest und gut spaltbar, gewöhnlich dunkelgrün bis braunschwarz. Eine weiße, biegsame und faserig verwitterte Hornblende ist der Asbest, feuerfest und wärmedämmend.

Olivin (Inselsilicat mit Mg- und Fe-Ionen) ist durchscheinend grün, gut spaltbar, sehr hart, jedoch nicht wetterfest. Durch Verwitterung entsteht daraus **Serpentin**.

Muskovit, heller Glimmer (Al-Blattsilicat mit K-, OH- und Fe-Ionen) ist vorzüglich spaltbar und ziemlich wetterfest; seine Farbe ist hellgrau oder braun.

Biotit, dunkler Glimmer (Al-Blattsilicat mit K-, Mg-, Fe- und OH-Ionen) ist weniger wetterfest als Muskovit-, seine Farbe ist dunkelbraun bis schwarz. Wegen ihrer ausgezeichneten Spaltbarkeit können die Glimmer leicht in dünne, glänzende, durchsichtige Blättchen gespalten werden. Gesteine, die in größeren Mengen Glimmer lagenweise enthalten, verwittern leicht.

Talk (Steatit, Blattsilicat mit Mg- und OH-Ionen) ist weißlich, weich und blättrig spaltbar.

Kalkspat (Calcit, Calciumcarbonat $CaCO_3$) ist meist farblos. Er ist ausgezeichnet spaltbar, jedoch nur von geringer Härte. Er ist außerdem nicht säurefest, sondern zersetzt sich z. B. in Salzsäure unter starkem Aufbrausen, dabei entweicht Kohlendioxid CO_2 (Nachweis mit 10%-iger Salzsäure).

Tafel 3.1 Entstehung der natürlichen Gesteine (mit Beispielen)

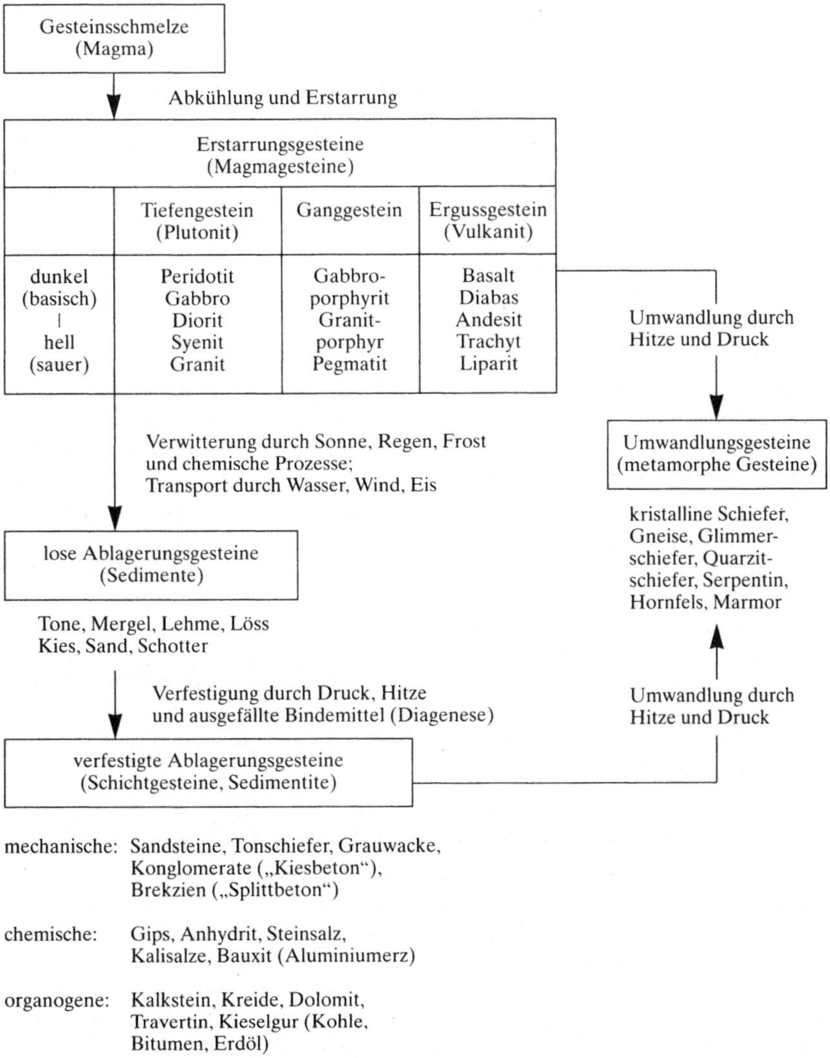

Dolomit ist ein Doppelsalz aus Calciumcarbonat und Magnesiumcarbonat: $CaCO_3 \cdot MgCO_3$. Er ist nur wenig härter als Kalkspat und ebenfalls nicht säurefest. Er ist meist grau oder weißlich gefärbt.

Gips (wasserhaltiges Calciumsulfat $CaSO_4 \cdot 2\,H_2O$) ist sehr weich und in einer Richtung ausgezeichnet spaltbar (Marienglas!); er ist so weich, dass man ihn mit dem Fingernagel ritzen kann. Er ist farblos, grau oder weiß. Wir dürfen dieses wasserhaltige Mineral Gips nicht mit dem wasserfreien „Anhydrit"-Gestein und dem gebrannten Gips in Pulverform verwechseln, der durch das Brennen sein Kristallwasser teilweise oder ganz verliert (s. Abschn. 4.2.2).

Schwefelkies (Pyrit, Eisensulfid FeS_2) ist goldgelb glänzend und sehr hart (härter als Bauglas). Er ist nicht spaltbar und verwittert an der Luft (unter Bildung von Schwefelsäure) zu Brauneisenerz (Limonit), das zu Zerstörungen und bräunlichen Verfärbungen von Gesteinen führt.

3.1.3 Die drei Gesteinsgruppen (s. Tafel 3.1)

Wir unterscheiden nach ihrer Entstehungsart die drei großen Gruppen Magmagesteine (Magmatite), Sedimentgesteine (Sedimente) und metamorphe Gesteine (Metamorphite). **Magmagesteine** (früher Eruptivgesteine genannt) sind **Erstarrungsgesteine** (lateinisch: eruptio = das Hervorbrechen); sie wurden als flüssige Schmelze (Magma) aus dem Erdinnern in die Erdkruste gepresst und teilweise darüber hinaus in vulkanischen Ausbrüchen auf die Erdoberfläche geschleudert.

Hinsichtlich des Mineralbestandes unterscheidet man helle („saure") Magmatite, die mehr Quarz und Feldspat enthalten, und die dunkleren bis schwarzen („basischen") Magmatite mit einem höheren Anteil von Hornblende, Olivin und Augit. Saure (helle) Gesteine enthalten viel SiO_2 (Kieselsäure), basische (dunkle) wenig.

Die in der Erdrinde in größeren Tiefen stecken gebliebenen Erstarrungsgesteine heißen **Tiefengesteine** (Plutonite; Pluto = Gott der Unterwelt); sie kühlten in der Wärme haltenden Erdkruste nur langsam ab und bildeten dabei ein grobkörniges Gefüge. Hierzu gehören Granit, Diorit, Syenit, Gabbro, Peridotit und Dunit.

Der Teil des Schmelzflusses, der bis an die Erdoberfläche durchstoßen konnte (Lava), erstarrte dort schnell und bildete ein feinkörniges, zum Teil glasiges, stellenweise blasig-schaumiges Material (**Ergussgesteine**, Vulkanite). Oft sind in der feinkörnigen Grundmasse der Ergussgesteine einzelne größere Kristalle eingebettet, die sich bereits in der Tiefe vor Erstarren der Grundmasse gebildet hatten. Diese Struktur heißt porphyrische Struktur („Blutwurst"-Struktur). Sie ist ein wesentliches Merkmal der meisten Ergussgesteine. Zu dieser Gruppe der Ergussgesteine gehören z. B. die Basalte, Porphyre, Porphyrite, Diabas und Melaphyr. Blieb der Schmelzfluss beim Aufsteigen an die Erdoberfläche in Gesteins- und Erdspalten (Gängen) stecken, so entstanden die **Ganggesteine**, die oft eine Fließstruktur aufweisen. Hierzu gehören ebenfalls die Porphyre und Porphyrite.

Sedimentgesteine (lateinisch: sedimentum = Niederschlag, Bodensatz, das Abgelagerte) sind abgelagerte Verwitterungsprodukte verschiedener Gesteine. Sie entstanden auf drei Arten:

1. **Klastische Sedimente** entstehen durch physikalische Verwitterung der Gesteine, z. B. durch Zerkleinern und Zerreiben in Wasser und Wind, Sprengen durch Frost und Eisdruck, Hitze und Salzdruck. Die Teilchen, die meist durch Wind, Wasser oder Eis umgelagert wurden, setzten sich ab, und zwar zusammen mit „Zwischenmitteln" wie Ton, Lehm, Kalk, Kies und Eisenoxid. Das geschah oft in Schichten von großer Mächtigkeit. Die oberen Schichten drückten auf die darunter liegenden und pressten die Gesteinsteilchen fest zusammen, diese wurden „verkittet" (Diagenese-, griechisch: danach entstanden). Die wichtigsten so entstandenen Gruppen von „mechanischen Sedimentgesteinen" sind Sandstein, Tonschiefer, Grauwacke, Konglomerate („Kiesbeton") und Brekzien („Splittbeton"). Die unverkitteten klastischen Sedimente sind Geröll, Schotter, Kies, Sand, Schluff, Lehm und Ton.
2. **Chemische Sedimente** entstehen durch chemische Verwitterungsprozesse. So können wasserlösliche Mineralien, wie z. B. Gips, gelöst, durch das Wasser an andere Orte transportiert und beim Verdunsten des Wassers wieder ausgeschieden und abgelagert werden. Durch Hydrolyse können Silicate aufgespalten werden (Aufnahme von H^+-Ionen und Ab-

gabe von Ca^{2+}-, Mg^{2+}-, K^+- und Na^+-Ionen). So entstehen z. B. bei der Verwitterung von Granit durch Hydrolyse der Feldspäte Tonmineralien sowie aus dem Na, K und Ca Steinsalz, Kalisalze, Gips und Kalkstein, außerdem aus dem unverwitterbaren Quarz Sand. Kohlensäure H_2CO_3 wandelt den schwer wasserlöslichen Kalkstein $CaCO_3$ in das leichter lösliche Calciumhydrogencarbonat $Ca(HCO_3)_2$ um. Rauch- und Abgase wirken auf Gesteine chemisch ein und können sie allmählich zerstören.

3. **Organische Sedimente** (organogene S.) entstehen unter Beteiligung von Organismen. So werden im Meerwasser gelöste Anteile von Kalk $CaCO_3$ und Kieselsäure SiO_2 von dort lebenden Organismen zu Hartteilen verarbeitet und nach ihrem Absterben wieder abgelagert. So entsteht aus Kalk z. B. Muschelkalk, Kreide (Insel Rügen) und Korallenkalk und aus Kieselsäure über Kleinstorganismen Kieselgesteine, z. B. aus Diatomeen (Kieselalgen) Kieselgur und Diatomeenerde.

Die **metamorphen Gesteine** (**Metamorphite**; griechisch: Metamorphose = Umwandlung; umgewandelte Steine) sind in größerer Tiefe der Erdrinde durch sehr hohe Drücke oder Temperaturen oder durch beides entstanden, und zwar aus magmatischen Gesteinen oder aus Sedimentgesteinen. Sie haben sehr oft ein schieferiges Gefüge (nicht zu verwechseln mit Schichtung!). Wichtige metamorphe Gesteine sind die kristallinen Schiefer, Glimmerschiefer, die Gneise, Hornfelse, Quarzite und die Marmore.

3.1.4 Übersicht über die wichtigsten Gesteine

Die Beschreibung der Gesteine erfolgt in folgender Reihenfolge:

Gesteinsgruppe: mineralische Bestandteile / Farbe / Rohdichte in kg / dm^3 / Druckfestigkeit in N / mm^2 / sonstige Eigenschaften / Vorkommen (Auswahl)

A. Magmagesteine (Erstarrungsgesteine)

1. Granit: Quarz, Feldspäte, Glimmer / hell- bis dunkelrot, grau-weiß, grau-grün, blau-grün / 2,6 bis 2,8 / 160 bis 240 / häufigstes Gestein der Erdrinde (60 %), sehr hart (durch Quarz) und wetterfest, schwer zu bearbeiten, gleichmäßig mittel- bis feinkörnig, je feinkörniger umso härter, gut schleif- und polierbar / Schwarzwald, Odenwald, Thüringen, Sachsen, Bayern, Schweden, Österreich, Schweiz, Italien, Polen, Tatra.

2. Syenit: Feldspäte, dazu Hornblende oder Augit oder Biotit, geringe Menge an Quarz / grünlich-schwarz, braunrot / 2,6 bis 2,8 / 160 bis 240 / weniger hart als Granit, da weniger Quarz und mehr Feldspat, daher besser zu bearbeiten, gleichmäßig körnig, wetterfest / Schwarzwald, Odenwald, Thüringen, Sachsen, Schweden, Italien.

3. Diorit, Gabbro: Kalknatronfeldspat, Augit oder Biotit, Gabbro bisweilen auch Olivin / grau bis schwarz / 2,8 bis 3,0 / 170 bis 300 / hart, sehr zäh, schwer polierbar, wetterfest, körnig, äußerlich dem Granit ähnlich / **Diorit**: Harz, Sachsen, Thüringen, Odenwald, Fichtelgebirge, Schwarzwald, Tschechien, Slowakei, Schweden, Norditalien, Belgien; **Gabbro**: Vogesen, Sachsen, Harz, Schweden, Italien, Polen.

4. Quarzporphyr (Porphyr), Andesit, Porphyrit: feinkörnige Grundmasse aus Feldspäten, darin große Einsprenglinge aus Quarz und Feldspäten / grau bis schwarz, rötlich, grünlich / 2,55 bis 2,8 / 180 bis 300 / sehr hart und zäh, polierfähig, wetterfest; Porphyre mit Einsprenglingen = Andesite; durch Verwittern veränderte Andesite = Porphyrite / Odenwald, Schwarzwald, Sachsen, Thüringen, Vogesen, Norditalien.

5. Basalt, Melaphyr, Diabas: Kalknatronfeldspat, Augit oder Hornblende, gelegentlich auch Olivin (wie bei Gabbro); die leicht zerfallenden „Sonnenbrenner" sind Basaltstückchen mit nicht wetterfesten Mineralbestandteilen / bläulich bis grau-schwarz bis schwarz / 2,8 bis 3,0 / 180 bis 400 / sehr hart, außerordentlich druckfest, meist säulenförmiges Wachstum; dichtes Gefüge, daher muscheliger Bruch; schwer zu bearbeiten, polierfähig, wetterfest; verwitterte feinkörnige Basalte = Melaphyre bzw. grobkörnige dunkelgrüne Diabase; wegen des hohen Gewichts wird Basalt häufig im Küstenschutz eingesetzt / **Basalt**: Siebengebirge, Rhön, Ahrtal, Hessen, England, Polen; **Melaphyre** und **Diabase**: Fichtelgebirge, Thüringen, Sachsen, Harz, Westfalen, Lahntal, Norwegen.

6. Trachyt: wie Syenit, Einsprenglinge in der dichten Grundmasse sind Kalifeldspäte / hell- bis dunkelgrau / 2,4 bis 2,8 / 60 bis 70 (selten bis 150) / hart, gut zu bearbeiten, wetterfest, bleibt rau; kühlt schmelzflüssiger Trachyt schnell ab, entsteht der feste, glasartige, dunkle **Obsidian**; Trachyt in schaumiger Form = **Bims/**Siebengebirge, Italien.

B. Sedimentgesteine (Ablagerungsgesteine)

7. Sandstein: vorwiegend Quarz, aber auch andere Mineralien, die durch natürliche Bindemittel, wie z. B. Kieselsäure, Eisenoxide, Kalk und / oder Ton miteinander verkittet sind / 2,0 bis 2,7 / Festigkeit: s. u. / in bergfeuchtem Zustand gut zu bearbeiten, schleifbar, gut mörtelbindend / Rheinpfalz, Ruhrgebiet, Wesergebirge, Deister, Württemberg, Bayern, Thüringen, Sachsen, Karpaten, Schweiz, Polen.

7a) Kieseliger Sandstein: weißlich, gelblich, grau / 120 bis 150 / hart, schwer zu bearbeiten, wetterfest.

7b) Eisenschüssiger Sandstein: zusätzlich Eisenoxide / gelblich rotbraun, rot, oft geflammt / 100 bis 130 / ziemlich hart, wetterfest.

7c) kalkiger Sandstein: gelblich bis grünlich-grau / 60 bis 100 / wenig fest und wetterbeständig (säurehaltige Luft zerstört den Stein), nicht feuerfest, leicht zu bearbeiten, braust in verdünnter Salzsäure auf.

7d) Toniger und/oder mergeliger Sandstein: gelblich, bräunlich / weich, meist nicht wetterfest, minderwertige Sandsteinart.

8. Grauwacke: wie Sandstein / grau, rötlich / 2,6 / 150 bis 300 / sehr hart, wetterfest, feuerbeständig / Thüringen, Harz, Lausitz, Rheinisches Schiefergebirge, Sachsen, Polen.

9. Kalkstein: Kalkspat $CaCO_3$, mineralische Beimengungen beeinflussen Färbung und Festigkeit / weiß bis grau, gelblich, bräunlich, rötlich bis rot, auch geädert / 1,7 bis 2,85 / 20 bis 160 / dichte und reine Kalke sind sehr witterungsbeständig, Tongehalt mindert die Wetterbeständigkeit; polierfähig, enthält oft Fossilien (Schnecken, Ammoniten, Belemniten) / Münstersche Bucht, Rheinisches Schiefergebirge, Schwäbische Alb, Mainzer Becken, Thüringen, Franken, Hannover, Harz (Iberg), Berlin (Rüdersdorf), Bernburg(Saale), südl. Schleswig-Holstein, Kalkalpen (Wetterstein), Rügen (**Kreide** = sehr feinkörniger, weißer, abfärbender Kalkstein, hauptsächlich aus Schalen winziger Meerestierchen, wie z. B. Foraminiferen, Muscheln), Polen, Österreich, Rumänien, Italien, Tirol, Frankreich, Belgien, Griechenland, Kleinasien, Ägypten.

9a) Marmor: Handelsbezeichnung für alle polierbaren Kalksteine. „Echter" Marmor dagegen ist durch Metamorphose aus Kalkstein entstanden, hat durchscheinende Bruchkanten, enthält keine Fossilien / in Deutschland: Juramarmor in Bayern (Altmühltal), in Italien: Carrara.

9b) Solnhofener Platten: fälschlich auch Solnhofener Schiefer genannt, sehr dichter, leicht spaltbarer Jurakalkstein, Verwendung in geschliffenem oder poliertem Zustand für Wand-, Abdeck- und Bodenplatten / gelblich, enthält oft Dendriten (farnartige Absonderungen) von Eisenerz (braun) oder Manganerz (schwarz).

9c) Kalktuffe: Ausscheidung von Kalk aus Süßwasser / gelblich, rötlich / 2,7 / 20 bis 30 / sehr porös, weich; Verwendung z. B. als Ausfachung von Fachwerkwänden.

9d) Travertin: wie Kalktuff / hellgelb bis dunkelgrau, meist gebändert, polierfähig, im Allg. wetterfest, enthält oft Versteinerungen (Schnecken, Blätterabdrücke). Verwendung häufig für Wandbekleidungen und Bodenbeläge / Cannstatt bei Stuttgart, Gauingen (Schwäbische Alb), Bad Langensalza, Weimar, Sabinerberge nordöstl. von Rom.

10. Dolomit: Dolomit $CaCO_3 \cdot MgCO_3$ und Kalkspat $CaCO_3$ / grau-gelblich / 2,9 / 50 bis 150 / dem Kalkstein ähnlich, etwas schwerer und härter, braust nur in *warmer* verdünnter Salzsäure auf / Westfalen, Fränkische Schweiz, Thüringen, Polen, Norditalien.

11. Gipsstein, Anhydritgestein: $CaSO_4 \cdot 2H_2O$ (Gipsstein) bzw. $CaSO_4$ (natürlich entwässerter Gipsstein) / weiß oder hell, auch marmoriert / 2,3 (Gipsstein) bzw. 2,9 bis 3,0 (Anhydrit) / **Gipsstein**: geringe Druckfestigkeit und Härte (Härte 2 nach Mohs, mit Fingernagel ritzbar),nicht wetterfest, wasserlöslich; **Anhydrit** ist dichter und körniger; **Alabaster**: reinster, gut polierfähiger Gipsstein; Marienglas: durchsichtiger kristalliner Gips / Süddeutschland, Thüringen, Harz, Niedersachsen, Elsass, Polen.

12. Vulkanische Tuffe: großenteils glasige Gesteinsmasse aus verkitteten vulkanischen Porphyr-, Trachyt- und / oder Basaltsanden / rot, grau-gelb, grau-braun, grünlich, rot / 1,8 bis 2,0 / 20 bis 30 / porös, wärmedämmend, bergfeucht leicht zu bearbeiten, später hart, polierfähig, wetterfest / Sachsen (roter Rochlitzer Porphyrtuff), Eifel, Siebengebirge (Trachyttuff; aufgeschäumt: Bims), Habichtswald (graubrauner Basalttuff), Nettetal.

C. Metamorphe Gesteine (Umwandlungsgesteine)

13. Tonschiefer, Dachschiefer: Tonschiefer ist durch Druck, teilweise Entwässerung sowie chemische Umbildungen und Umkristallisationen (Diagenese) verfestigter Ton, Mergel und / oder Lehm. Dachschiefer ist aus Tonschiefer im Laufe sehr langer geologischer Zeiträume durch weiteren Druck, Hitze und Silikatisierung entstanden / blaugrau, dunkelgrau bis schwarz, grünlich, rötlich (durch Eisenoxide) / 2,7 bis 2,8 / Biegezugfestigkeit 50 bis 80 / Dachschiefer ist bei höherem Quarzgehalt hart, wetter- und feuerfest sowie in den Schicht- bzw. Schieferungsflächen besonders gut spaltbar / Rheinischer Schiefer bei St. Goar, im Moselgebiet, Hunsrück und Westerwald; Sauerland (Nuttlar), Waldeck im Harz bei Goslar, Frankenwald (südl. von Saalfeld), Lehesten bei Jena; Frankreich, Belgien, England.

14. Gneis, Granitgneis: Gneise sind umgewandelte Magma- oder Sedimentgesteine; Granitgneis enthält die gleichen Minerale wie Granit / grau bis schwarz, rötlich / 2,65 bis 3,0 / 160 bis 180 / leicht in Platten spaltbar; Gneise mit viel Quarz und wenig Glimmer sehr druck- und wetterfest / Schwarzwald, Odenwald, Thüringen, Sachsen, Bayern, Schweden, Österreich, Schweiz, Polen.

15. Serpentingestein (Schlangenstein): enthält fast nur Serpentin / hell- bis dunkelgrün, geadert, meliert / 2,6 bis 2,75 / 140 bis 250 / feinkörnig bis dicht, bergfeucht leicht zu bearbeiten, später sehr hart, polierbar, wenig wetterfest, feuerbeständig / Erzgebirge (Zöblitz), Fichtelgebirge, Tschechien (Böhmen), Slowakei, Elsass, Oberitalien, Polen.

16. Glimmerschiefer: durch Umwandlung aus Ton und Schieferton entstanden, viel Quarz und Glimmer (Biotit, Muskovit), etwas Feldspat / grau, dunkel- bis silbrig-grau / 2,65 bis 3,0 / 100 / leicht spaltbar, Verwendung für Dach- und Bodenplatten / deutsche Mittelgebirge, Zentralalpen, Skandinavien.

D. Weitere Sedimentgesteine

Tone sind Gemenge sehr verschiedener Minerale in feinster Korngröße ($\leq$ 0,002 mm). Gemengeteile sind: Quarz, Feldspäte, Glimmer, Chlorit und Tonminerale (z. B. Kaolinit = Porzellanerde, Al-Blattsilicat mit OH-Ionen; Montmorillonit = wasserhaltiges Al-Blattsilicat mit Na-, Mg- und OH-Ionen;). Manche Tone enthalten auch carbonatische Bestandteile, die für die Ziegelherstellung ebenso unerwünscht sind wie die gleichfalls oft vorkommenden Sulfide

(Pyrit) oder Sulfate (Gips). Der Ton ist in feuchtem Zustand plastisch, d. h. formbar. Beim Trocknen und Brennen „schwindet“ er, das bedeutet, er verringert sein Volumen. Die Brennprodukte der Tone sind sehr hitzebeständig. Die Farbe der Tone ist grau, gelb und rot.

Bentonit (Bleicherde) ist ein durch Verwitterung vulkanischer Aschen und Tuffe entstandener montmorillonitreicher Ton, der ein hohes Wasseraufnahmevermögen besitzt (5- bis 6-fache Menge Wasser). Suspensionen von Bentonit zeigen thixotropes Verhalten: im Ruhezustand sind sie fest, bei mechanischer Beanspruchung werden sie flüssig bzw. weich. Sie werden z. B. als Stützflüssigkeit bei der Herstellung von Schlitzwänden verwendet.

Lehm ist ein Gemenge aus Ton und sehr feinen Quarzkörnern (Sand und Schluff) und fast immer durch Verwitterung braungelb gefärbt, in feuchtem Zustand knetbar. Die Braunfärbung entsteht durch Umwandlung (Oxidation) der vorhandenen Eisenverbindungen zu Brauneisenstein.

Mergel sind eine Mischung aus Ton und Kalk. Viele Mergel enthalten auch einen merklichen Sandanteil (Sandmergel). Im Tonmergel ist überwiegend Ton, im Kalkmergel überwiegend Kalk vorhanden. Mergel sind ein wichtiger Rohstoff für die Herstellung von Zement und hydraulischen Kalken; als Baustein sind sie meist unbrauchbar.

Aus Lehm, Ton oder Tonmergel und besonderen Zusätzen (Magerungsmitteln zum Verringern des Schwundes, z. B. Sand) werden Ziegel und Tonwaren gebrannt.

Löss ist ein von eiszeitlichen und nacheiszeitlichen Winden zusammengewehtes, mehlfeines (Korngröße hauptsächlich 0,02 bis 0,06 mm), loses oder durch Kalk verkittetes Sedimentgestein, durch Eisenhydroxyd gelb gefärbt.

Lösslehm ist umgelagerter, entkalkter Löss. Er ist weniger porös als dieser und hat geringe Festigkeit.

Kies und Sand sind chemisch und mechanisch widerstandsfähige klastische Sedimente, die bei der Verwitterung zurückbleiben. Sie werden verwendet als Gesteinskörnungen (Zuschlag) für die Herstellung von Mörtel und Beton (siehe Kapitel 5 bis 7). Flusssand ist dazu besser geeignet als der häufig lehmhaltige Grubensand. Reiner Quarzsand wird zur Glasherstellung verwendet (siehe Kapitel 15). Korngrößen im Erdbau (DIN 18 196): Sand 0,06 bis 2 mm, Kies 2 bis 63 mm. Korngrößen > 63 mm werden als **Schotter** bzw. Steine oder Blöcke bezeichnet. Die Korngrößen im Betonbau lauten anders (siehe Tafel 5.1). **Schluff** ist ein staubfeiner Sand (Korngrößen 0,002 bis 0,06 mm). Er enthält Quarz, Glimmer, Feldspate und Karbonate, etwas Ton, z. T. auch Huminstoffe.

Bimskies und Bimssand sind vulkanischen Ursprungs mit den oben genannten Korngrößen. Er ist ziemlich fest, leicht und infolge seiner Porigkeit (Porosität) ein schlechter Wärmeleiter, außerdem gut mörtel- und zementbindend. Er wird verwendet zu besonders leichten Bausteinen (rheinischen Schwemmsteinen), Dämmsteinen, Leichtbeton und Leichtmörtel.

Findlinge. Die Findlinge (meist Silicatgesteine) sind von den Gletschern während der Eiszeit aus Skandinavien in die Norddeutsche Tiefebene transportiert worden. Sie werden zu Grundmauern und Straßenpflaster verwendet.

3.1.5 Abbau der Gesteine

Massengewinnung von Naturstein als Straßenbaumaterial oder als Ausgangsstoff für die Herstellung von Zement, Kalk, Gips usw. wird durch Sprengen und Brechen durchgeführt, wobei bereits beim Sprengen möglichst kleinteiliges Bruchgut anfallen soll.

Der **Abbau von Naturwerkstein** für die Herstellung von massiven Werkstücken (Dicke > 80 mm) für Mauerwerk und von Platten (Dicke ≤ 80 mm) für Fassadenbekleidungen, Treppenstufen, Fensterumrahmungen usw. erfolgt demgegenüber sehr behutsam, um das Gefüge des

Tafel 3.2 Anwendung der natürlichen Gesteine im Bauwesen (außer Natur*werk*stein)

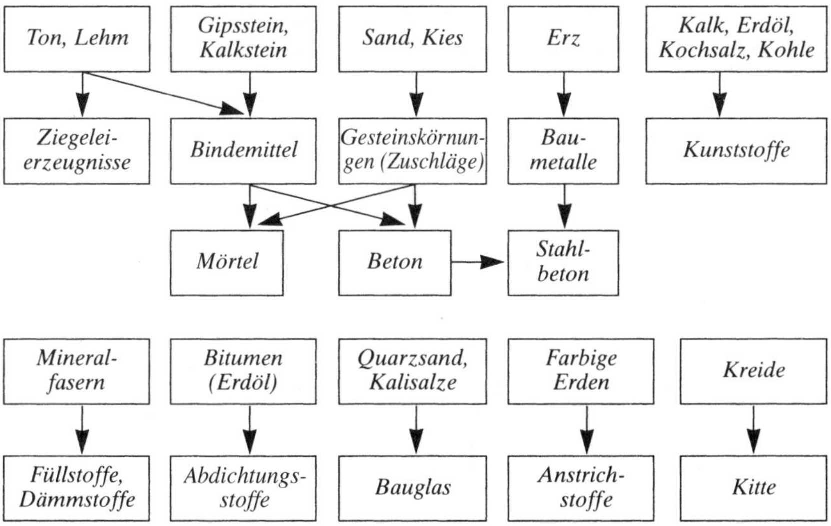

Gesteinsvorkommens nicht zu zerstören. Dabei macht man sich soweit wie möglich bei magmatischem und metamorphem Gestein die Klüftung, bei Sedimentgestein die Schichtung des Gesteins zunutze. Der Abbau aus dem Verband erfolgt durch Bohren, Keilen, Sprengen, Seilsägen, Sauerstofflanzen oder Wasserschneiden (Hochdruckwasserstrahlen). Kalkstein und Marmor werden mit diamantbestückten Seilsägen oder mit umlaufenden diamantbestückten Ketten (Schrämmmaschinen) abgebaut. Bei magmatischen und metamorphen Gesteinen, z. B. Granit, werden mehrere Kubikmeter große Blöcke, die unverwittert, fest, rissefrei und witterungsbeständig sein sollen, i. d. R. durch Bohren aus dem Gesteinsverband herausgelöst. In die Bohrlöcher werden kleine Sprengladungen gefüllt und gezündet. Die Blöcke werden später durch weitere, engerständige Bohrungen in kleinere Maßblöcke zerlegt, die durch Kreissägen (Sägeblattdurchmesser bis 4,5 m) oder Gattersägen zu Platten der gewünschten Dicke und Größe weiterverarbeitet werden.

3.1.6 Bearbeitung von Naturstein

Die **maschinelle Bearbeitung** der Oberfläche von natürlichem Gestein mit Steinbearbeitungsmaschinen und -werkzeugen umfasst im Allgemeinen die folgenden Arten: gesägt (stahlsand- oder diamantgesägt), besonders bei Basaltlava; geschurrt; gefräst, besonders bei Hartgesteinen wie z. B. Granit, Syenit, Diorit, Diabas, Gabbro, Porphyr o. Ä.; gesandelt; abgerieben, besonders bei Sand- und Tuffstein; geschliffen und poliert, besonders bei Hartgesteinen sowie bei Travertin, Kalken, Marmor, Serpentin u. Ä. Bei Hartgestein kann die Oberfläche auch kurzzeitig mit einer heißen Flamme bestrichen werden (beflammt). Je feiner die Bearbeitungsart, um so prägnanter erscheint das „Innenleben“ des Gesteins (Grabsteine!).

Bei der **manuellen Bearbeitung** werden Bruchsteine nur roh mit dem Maurerhammer behauen („bruchrau“, „spaltrau“), die Werksteine (Hausteine, Quader) dagegen genau maßgerecht steinmetzmäßig bearbeitet. Mit Bossierhammer und Zweispitz gibt man die rohe Form. Die Hartgesteine werden dann „gespitzt“ oder mit dem Stockhammer auf feines, gleichmäßiges Korn „gestockt“, oft noch geschliffen und poliert. Allgemein gebräuchlich sind folgende Arten der manuellen Oberflächenbearbeitung: bruchrau; bossiert (bevorzugtes manuelles Bearbeitungsverfahren); gespitzt; gestockt, besonders bei Hartgesteinen und Basaltlava; gebeilt; gekrönelt, besonders bei Sand- und Tuffstein; aufgeschlagen; scharriert oder abgerieben, nicht bei Hartgesteinen; gesandelt, geflächt oder gezahnt, besonders bei Sand- und Tuffstein, Travertin, Kalkstein, Marmor, Serpentin o. Ä. Die bei der manuellen Steinbearbeitung verwendeten Werkzeuge siehe Abb. 3.2.

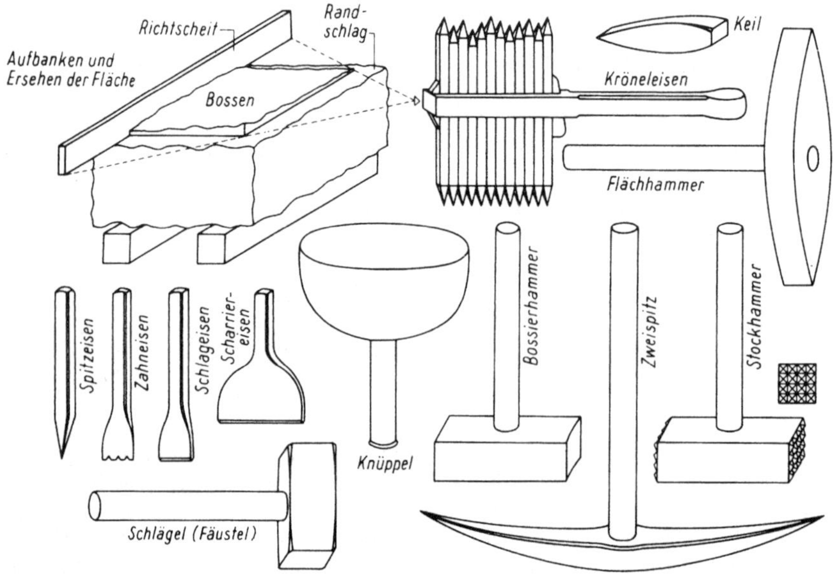

Abb. 3.2 Werkzeuge zur manuellen (steinmetzmäßigen) Bearbeitung von Naturstein [2]

3.1.7 Verarbeitung von Naturwerkstein (DIN 18 332 (2000-12))

a) **Versetzen von Naturwerkstein**
Das Versetzen von Naturwerkstein soll nicht „auf Spalt“ oder schräg (querflächig bzw. schrägflächig), sondern „auf Lager“ (lagerhaft) geschehen. Das lagerhafte Versetzen hindert das Wasser, in die Schichtflächen einzudringen; außerdem haben die Werksteine ihre größte Druck- und Biegefestigkeit senkrecht zur natürlichen Schichtung. Um einen guten Wasserablauf zu sichern, sind nur abgeschrägte, niemals waagerechte Flächen (auch nicht mit Kunststoff- oder Metallabdeckung) am Werksteingesims zulässig. Freitreppen, Terrassen und dergleichen müssen ausreichendes Gefälle haben.

b) **Mauerwerk aus Naturwerkstein** nach DIN 1053-1 (1996-11)
Massivmauerwerk aus Naturwerkstein (siehe Abb. 3.3) in Form von Trocken-, Zyklopen- oder Bruchsteinmauerwerk sowie hammerrechtem Schichtenmauerwerk wird heute vorwiegend nur noch bei Restaurierungsarbeiten und im Landschafts- und Gartenbau angewendet, unregelmäßiges und regelmäßiges Schichtenmauerwerk auch bei Neubauten. Verblendmauerwerk wird im Brückenbau oder bei Stützmauern i. d. R. *ohne* Luftschicht (siehe Abb. 3.4), im Hochbau meist *mit* Luftschicht ohne oder mit Wärmedämmschicht ausgeführt. Die Mauerwerksschalen sind dabei durch Anker aus nichtrostendem Stahl (DIN EN 10 088-3) miteinander zu verbinden (siehe Abb. 3.5).

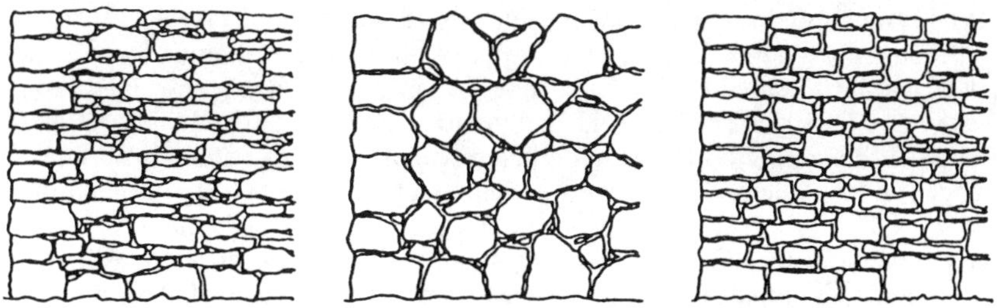

a) Trockenmauerwerk　　b) Zyklopenmauerwerk　　c) Bruchsteinmauerwerk

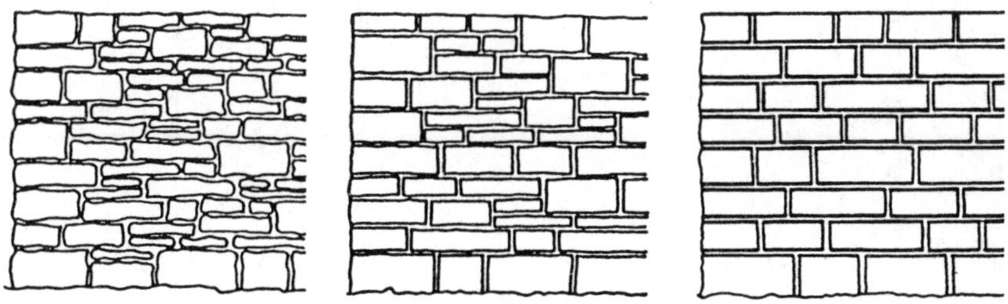

d) Hammerrechtes Schichtenmauerwerk　　e) Unregelmäßiges Schichtenmauerwerk　　f) Quadermauerwerk

Abb. 3.3 Arten von Natursteinmauerwerk nach DIN 1053-1, 1996-11

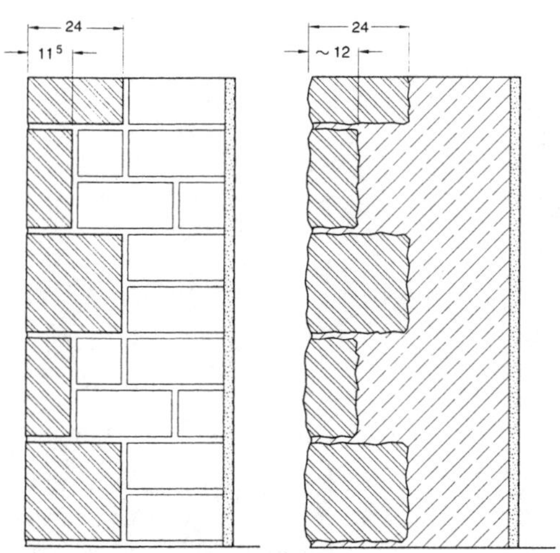

Abb. 3.4 Mittragendes Mischmauerwerk mit Naturwerkstein [29]
links: mit Hintermauerung;
rechts: mit Betonhinterfüllung

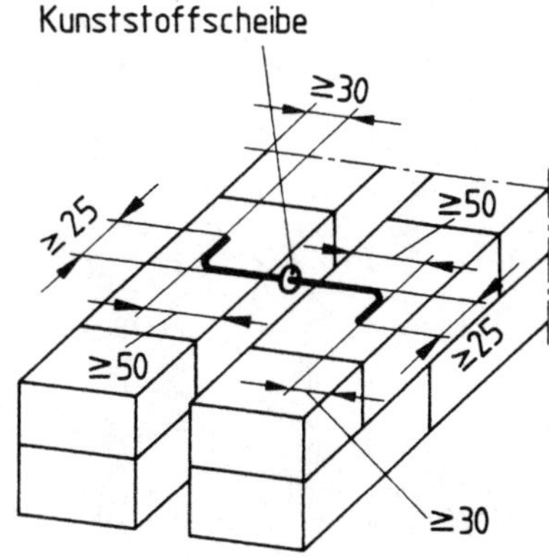

Abb. 3.5 Verbindung der Mauerwerksschalen von zweischaligem Mauerwerk nach DIN 1053-1 mit Drahtankern aus nichtrostendem Stahl (DIN EN 10 088-3)
Die Kunststoffscheibe soll das Eindringen von Feuchtigkeit aus der Außen- in die Innenscheibe verhindern.

c) **Fassadenbekleidungen aus Naturwerkstein** nach DIN 18 516-1 und -3 (1999-12)
Fassadenbekleidungen werden i. d. R. als hinterlüftete Außenwandbekleidung mit Wärmedämmschicht ausgeführt. Plattendicke ≥ 3 cm, freier Luftspalt zwischen Platte und Wärmedämmschicht ≥ 2 cm. Die Anker müssen aus nichtrostendem Stahl nach DIN EN 10 088-3 bestehen. Bei der Befestigung der Natursteinplatten am Untergrund werden vier Befestigungsarten angewendet: Anker- oder Steckdorn, Schraubanker und Profilsteg. Ankerdorne und Profilstege greifen in vorgebohrte Löcher in den Platten*stirn*flächen am Seiten- oder unteren Rand ein (siehe Abb. 3.6), Schraubanker in die Platten*sicht*fläche (siehe Abb. 3.7). Im Regelfall werden die Platten an vier, mindestens jedoch an drei Punkten befestigt.

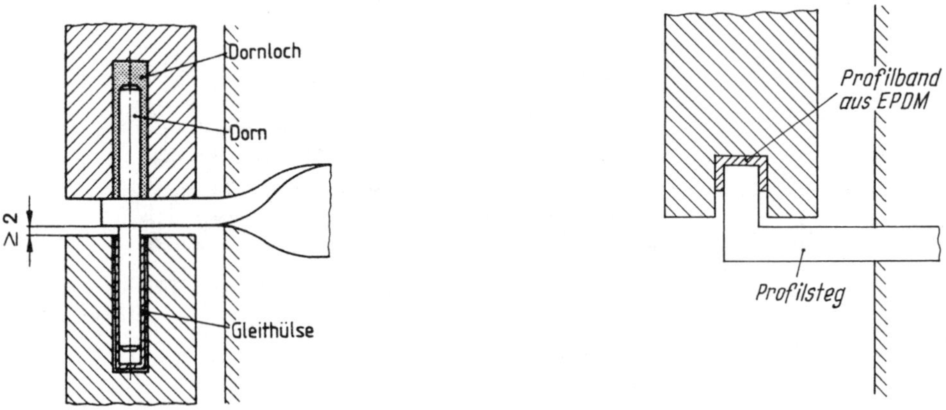

Abb. 3.6 Befestigung von Naturwerksteinplatten am Untergrund nach DIN 1053-1
links: mit Ankerdorn am Plattenseitenrand,
rechts: mit Profilsteg am unteren Plattenrand
(EPDM = Ethylen-Propylen-Dien-Kautschuk)

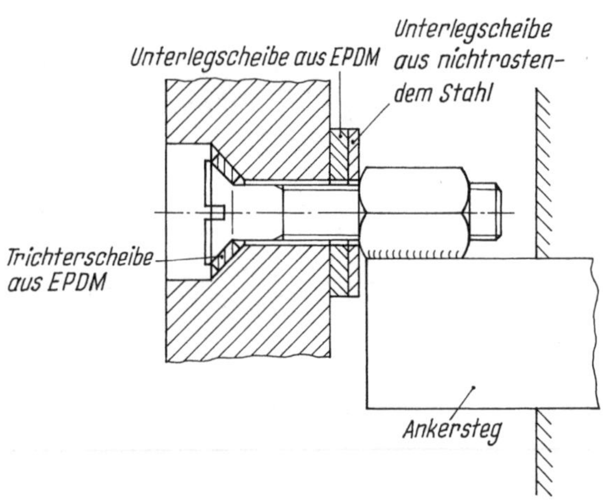

Abb. 3.7 Befestigung von Naturwerksteinplatten am Untergrund mit Schraubanker nach DIN 1053-1 (EPDM = Ethylen-Propylen-Dien-Kautschuk)

d) **Bodenbeläge aus Naturwerkstein**
Bodenbeläge aus Naturwerkstein sind *starre* Beläge, weswegen die Unterkonstruktion besonders sorgfältig ausgeführt werden muss. Im **Innenbereich** werden die Platten i. d. R. *mit* Verbund auf Beton oder Estrich oder *ohne* Verbund auf Dämmschicht verlegt. Heizestriche müssen vor dem Verlegen vorschriftsmäßig auf- und abgeheizt werden. Für den **Außenbereich** muss das verwendete Natursteinmaterial abriebfest, frostsicher und tausalzbeständig sein. Die Platten (Größe ≥ 0,16 m^2, Kantenlänge ≥ 30 cm, Dicke ≥ 30 mm) sind mit ausreichendem Gefälle zu verlegen und die Fläche mit zweilagigen Gullys zu versehen. Als Abdichtung unter den Platten gegen Oberflächenwasser wie auch gegen Wasser aus dem Unterbau kommen Bitumenbahnen, Kunststoff-Dichtungsbahnen und Asphaltmastix in Frage. Der Unterbau kann aus Dick- oder Dünnbettmörtel, Splitt- oder Kiesbett oder Stelzlagern bestehen.

3.1.8 Verwitterung und Verwitterungsschutz von Naturstein

Verwitterungsschäden entstehen durch die Einwirkung der Luft, durch Temperaturwechsel und Frost sowie durch organische Substanzen.

Die in der **Luft** befindlichen Abgase enthalten u. a. Kohlendioxid CO_2, Schwefeldioxid SO_2 und Stickoxide. Zusammen mit Feuchtigkeit bilden sie Säuren, die besonders stark poröse Kalksteine und kalkig gebundene Sandsteine angreifen. Staub und Ruß setzen sich auf der Oberfläche und in oberflächennahen Poren fest. Sie behindern dadurch die Wasserdampfdiffusion und hindern so das durch Fugen und Risse eingedrungene Wasser am Wiederaustritt. Hierdurch kann es zu Frostschäden kommen. Starke **Temperaturwechsel** sind mit unterschiedlichen Längenänderungen der Mineralbestandteile der Gesteine verbunden und können so zu Verwitterungserscheinungen führen. Bei **Frost** gefriert das in Risse und Poren eingedrungene Wasser und schädigt durch seine Sprengkraft besonders glimmerreiches oder poriges Gestein. **Organische Substanzen** wie Pilze, Flechten, Moose und Gräser dringen in Poren und Haarrisse ein und schädigen das Gestein durch die sich mit dem Wachstum allmählich entwickelnde Sprengkraft ihrer verschiedenen Bestandteile. Bestimmte Bakterien bilden Schwefel- oder Salpetersäure und führen in Gegenwart von Feuchtigkeit zu Gesteinsschäden. Auch Algenbewuchs, der sich besonders auf der Nord- und Wetterseite bildet, kann das Gestein chemisch angreifen.

Gesundes Naturgestein besitzt i. d. R. eine ausreichende Wetterbeständigkeit. Ein zusätzlicher **Verwitterungsschutz** kann durch Behandlung mit Siliconharzen oder Silanen erreicht werden, die das Wasser von der Oberfläche fernhalten (Hydrophobierung), oder z. B. durch Behandlung mit Kieselsäureester, das in den Oberflächenporen $SiO_2 \cdot nH_2O$ als verfestigendes Bindemittel abscheidet.

Die **Reinigung** verschmutzter Werksteinfassaden durch Sandstrahlen oder Kaltabsäuern ist problematisch, da stets auch die Gesteinssubstanz angegriffen wird. Gut bewährt hat sich das Dampfstrahlen (3 bis 8 bar), ggf. unter zusätzlicher Verwendung eines von der Industrie angebotenen Reinigungsmittels auf Säurebasis (Vorsicht bei polierten oder kalkhaltigen Gesteinen!) oder auf Alkalibasis. Wichtig ist hierbei stets das intensive Vornässen und Nachspülen mit reichlich Wasser.

3.1.9 Fragen und Aufgaben zu Naturstein:

1) Geben Sie einen Überblick über die verschiedenen Arten von Bausteinen und ihre Anwendungsmöglichkeiten und Einsatzgebiete.
2) Nennen Sie die verschiedenen Anwendungsgebiete von Naturstein im Bauwesen.
3) Beschreiben Sie den Aufbau des Erdkörpers (Skizze).
4) Erläutern Sie den Unterschied von Mineralen und Gesteinen.
5) Beschreiben Sie Arten, Entstehung und Aufbau der drei verschiedenen Hauptgruppen der Natursteine.
6) Beschreiben Sie Arten und Eigenschaften der wichtigsten gesteinsbildenden Mineralien.
7) Warum ist Quarz so besonders witterungsbeständig und welche Folge hat diese Tatsache?
8) Beschreiben Sie an Hand einer Skizze Arten und Entstehung der natürlichen Gesteine.
9) Beschreiben Sie Arten und Eigenschaften der verschiedenen Sedimentgesteine.
10) Beschreiben Sie die verschiedenen Abbauverfahren von Naturstein.
11) Was ist beim Versetzen von Naturstein zu beachten?
12) Beschreiben Sie die verschiedenen Arten von Massiv- und Verblendmauerwerk aus Naturwerkstein (Skizzen).
13) Beschreiben Sie die verschiedenen Arten der Anbringung von Fassadenplatten aus Naturwerkstein.
14) Was ist beim Verlegen von Bodenplatten aus Naturwerkstein zu beachten?
15) Erläutern Sie Verwitterung, Verwitterungsschutz und Reinigungsmöglichkeiten von Natursteinfassaden.

3.2 Keramische Baustoffe

Keramische Baustoffe entstehen durch Brennen von Ton oder Lehm. Nach der Struktur des Scherbens und der Reinheit und Mahlfeinheit der Rohstoffe teilt man keramische Baustoffe in verschiedene Gruppen ein (siehe Tafel 3.3) Bei der Herstellung der keramischen Baustoffe unterscheidet man die folgenden Prozesse: Aufbereiten der Rohstoffe, Formgebung und Brennen.

Tafel 3.3 Einteilung der keramischen Baustoffe [2]

	Grobkeramik	**Feinkeramik**
Irdengut mit porösem Scherben (unterhalb der Sintergrenze gebrannt)	Mauerziegel Deckenziegel Dachziegel	Irdengutfliesen (farbig) Steingutfliesen und -geschirr (weiß) mit Glasur
Sinterzeug mit dichtem Scherben (bis zur Sinterung gebrannt)	Klinker Riemchen Spaltplatten Steinzeug	Steinzeugfliesen Porzellan mit und ohne Glasur (einschl. Sanitärporzellan)
Feuerfeste Steine (oberhalb der Sintergrenze gebrannt)	Steine Formstücke	

3.2.1 Rohstoffe

Rohstoffe für die Herstellung von Tonwaren sind Lehm, Löss und Tonmergel. Sie bestehen im Wesentlichen aus Ton, Quarzsand, Eisenoxiden und Kalkstein (s. a. Abschn. 3.1.4). Chemisch gesehen ist **Ton** ein hydratwasserhaltiges Aluminiumsilicat mit der Formel $Al_2O_3 \cdot 2SiO_2 \cdot 2H_2O$, das aus der Verwitterung von Feldspat hervorgegangen ist. Die blättchenförmige Struktur der Tonminerale (Korngröße ≤ 0,002 mm) ist in Verbindung mit der Wasserzugabe die Ursache für die Plastizität des feuchten Tons und die Standfestigkeit der Formlinge. Besonders wertvoller Ton ist das weißliche Kaolin, das zur Herstellung von Porzellan verwendet wird (Porzellanerde).

Zur Herstellung von Ziegelwaren wird hauptsächlich **Lehm** verwendet. Er enthält neben Ton auch unterschiedliche Anteile von Quarzsand. Ton allein ist zur Herstellung von Tonwaren nicht geeignet, da er beim Trocknen und Brennen zu stark schwindet. Durch „Magerungsmittel", wie Schamotte (gebrannter und gemahlener Ton) und/oder **Sand**, wird das Schwinden zwar verringert, muss aber beim Herstellungsprozess stets berücksichtigt werden. Ein zu hoher Sandanteil verringert die zur Formgebung notwendige Plastizität der Tonmasse und die Festigkeit und Dichte der fertigen Ziegelwaren. Durch Zugabe von „Flussmitteln" wie Kalk, Eisenoxide und Feldspat kann die Brenntemperatur herabgesetzt werden.

Ein zu hoher Anteil an **Kalk**, vor allem größerer Kalkkörner über 1 mm, kann später bei Feuchtigkeitseinwirkung zum Ablöschen des beim Brennen der Ziegel entstehenden Branntkalkes und damit zu Rissen und Absprengungen führen (s. a. Abschn. 4.5.2). Daher ist auch die Feinmahlung der Rohstoffe besonders wichtig. **Wasserlösliche Salze**, insbesondere sulfathaltige Verbindungen, können später zu Ausblühungen und ebenfalls zu Abblätterungen führen. Sie werden durch Schlämmen der Rohstoffe beseitigt oder durch Zugabe von Bariumcarbonat in wasserunlösliches Bariumsulfat überführt. **Eisenverbindungen** bewirken die rotbraune, kalkhaltige Tone die mehr gelbliche Farbe der Ziegel. Sehr hohe Brenntemperaturen führen zu blau-schwarzer, Zugabe von Mangan zu schwarzbrauner und von Graphit zu grauer Färbung. Künstlich zugegebene **organische Stoffe**, wie Sägemehl (Unipor) und/oder Styroporkügelchen (Poroton) hinterlassen beim Brennprozess im Ziegel zusätzliche Poren, die seine Wärmedämmfähigkeit erhöhen (Leichthochlochziegel; siehe Abschn. 3.2.5 c).

3.2.2 Aufbereitung der Rohstoffe und Formgebung

Die **Aufbereitung** dient dazu, eine homogene Tonmasse gleichmäßiger Zusammensetzung und Feuchtigkeit zu erzeugen. Dazu werden die Rohstoffe aus verschiedenen Bereichen der Tongrube gemischt. Danach wird bei der Nassaufbereitung der grubenfeuchte Ton in Kollergängen und Walzwerken durchgearbeitet, wobei gröbere Bestandteile, wie Steine und Kalkstücke, zerkleinert und verteilt, schädliche Bestandteile entfernt und notwendige Zusätze beigegeben werden. Bei der Trockenaufbereitung wird der Ton zunächst mit Heißluft getrocknet, danach gemahlen und wieder mit der für die Formgebung notwendigen Wassermenge versetzt. Um die gleichmäßige Durchfeuchtung und die Verarbeitbarkeit zu verbessern, wird die fertig gemischte Tonmasse vor der Formgebung längere Zeit in sog. Mauktürmen oder Sumpfhäusern gelagert.

Die **Formgebung** geschieht weitgehend vollautomatisch. In Strangpressen (Prinzip Fleischwolf) wird die Tonmasse durch ein Mundstück zu einem Tonstrang geformt und durch einen mitlaufenden gespannten Draht auf Länge geschnitten. Zur Herstellung von gelochten Ziegeln enthält das Mundstück einen entsprechend ausgebildeten Kern. Auf Drehtisch-Stempelpressen werden insbesondere zweiseitig gefalzte Dachziegel hergestellt.

3.2.3 Trocknen und Brennen der Tonprodukte

Durch das **Trocknen** wird den Tonrohlingen das dem Ton zur Formgebung zugegebene Wasser wieder entzogen. Es geschieht in Trockenkammern oder -kanälen bei Temperaturen von bis zu 80 °C. Dabei verringern die Rohlinge das erste Mal ihr Volumen (Trockenschwinden). Nach dem Trocknen werden die Rohlinge ggf. durch Auftragen oder Tauchen mit Glasuren oder Engoben versehen (s. a. Abschn. 3.2.4f und g).

Das **Brennen**, bei dem ein zweiter Schwindprozess stattfindet, geschieht heute in bis über 100 m langen Tunnelöfen (siehe Abb. 3.8). Dabei durchwandern Gleiswagen mit den getrockneten Rohlingen drei Temperaturzonen: Vorwärm-, Brenn- und Abkühlzone. Die Brenndauer beträgt Stunden bis Tage. Bei den früher üblichen Ringöfen wanderte das Feuer über die in den einzelnen Segmenten des Ofens aufgebauten Ziegel. Die Brenntemperatur hängt von der Zusammensetzung der Tonmasse und der gewünschten Scherbenrohdichte ab:

900 bis 1100 °C	Ziegelwaren (Mauer-, Dach-, Deckenziegel)
1150 bis 1300 °C	Steinzeug, Klinker
1100 bis 1300 °C	Steingut
1300 bis 1450 °C	Porzellan
1300 bis 1800 °C	feuerfeste Steine.

Folgende Vorgänge laufen in der Tonmasse beim Erhitzen ab:

bis 120 °C	Austreiben des Wassers
450 bis 600 °C	Umwandlung der Tonminerale unter Abspaltung des Hydratwassers
800 °C	Verfestigung durch Reaktion an den Grenzflächen der Mineralkörner
1000 bis 1500 °C	Beginnendes Schmelzen mit Verdichtung der Tonmasse (Sintern)
ab 1200 °C	Schmelzen.

Unterhalb der Sintergrenze entsteht ein Scherben, der durch das ausgetriebene Wasser Poren enthält, die später eine hohe Wasseraufnahme ermöglichen. Die Kristallstruktur der Tonminerale bleibt jedoch erhalten. Enthält die Tonmasse künstlich zugegebene organische Bestandteile wie Sägemehl oder Styroporkügelchen, steigt der Porenraum und damit die Wärmedämmfähigkeit stark an. Wird beim Brennen die Sintergrenze erreicht, entsteht ein mehr glasartiger Scherben. Sein Porenraum und damit seine Wasseraufnahme sind entsprechend geringer.

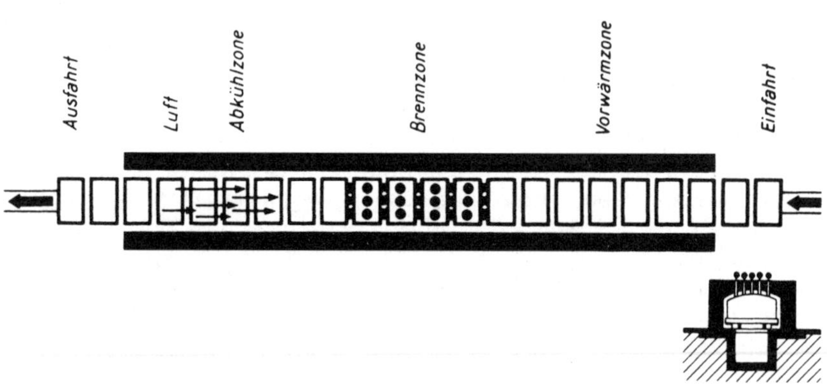

Abb. 3.8 Tunnelofen für die Ziegelherstellung, Anordnung der Zonen und Schnitt

3.2.4 Allgemeine Eigenschaften von Ziegeln

Zu den Eigenschaften Druckfestigkeit, Rohdichte und Wärmedämmung sowie Frost- und Wetterbeständigkeit siehe auch die Abschnitte 3.2.5 bis 3.2.9.

a) Zur Bestimmung der **Druckfestigkeit** werden Vollziegel der Formate DF und NF vor der Druckprüfung halbiert und gegenläufig aufeinander gemauert, bei Lochziegeln dieser Formate werden zwei ganze Ziegel aufeinander gemauert. Alle übrigen Ziegelformate werden einzeln als ganze Ziegel geprüft. Die gemessenen Festigkeitswerte sind mit einem Formfaktor f zu multiplizieren: $f = 1{,}0$ bei Ziegelhöhen $h < 175$ mm, $f = 1{,}1$ bei $175 \leq h < 238$ mm und $f = 1{,}2$ bei $h > 238$ mm.

b) Zur Bestimmung der **Rohdichte** werden die Steine getrocknet und das äußere Volumen einschließlich der Grifflöcher und Mörteltaschen mit einem Messschieber gemessen, dessen Schenkel über den *ganzen* Ziegel reichen müssen. Unter der Scherbenrohdichte versteht man die Rohdichte des getrockneten Ziegel*materials* ohne Löcher, aber einschließlich der Poren. Dazu muss der Ziegel zerschlagen werden.

c) Die **Härte** ist von der Herstellung abhängig: ob der Rohling bis zum Sintern gebrannt wird oder nicht. Harte Ziegel in diesem Sinne sind Klinker. **Frostbeständigkeit** wird bei Klinkern und Vormauerziegeln gefordert und nach DIN 52 253 (Beiblatt 1, Ausgabe 1990–04; zurückgezogen) geprüft.

d) Durch den **Klang** des Ziegels kann man in gewissen Grenzen auf dessen Dichte schließen. Je heller der Klang, umso größer ist seine Dichte und umso höher sind die damit verbundenen Eigenschaften Festigkeit, Härte und Frostbeständigkeit. Ein Klinker „klingt“ heller als ein Mauerziegel. Ein dumpfer Klang deutet auf zu schwachen Brand oder schlechte Stellen im Ziegel.

e) Die **Porigkeit** (Porosität) ist das Verhältnis zwischen dem Porenvolumen und dem Gesamtvolumen des Ziegels. Sie beeinflusst den Grad der Wasseraufnahme, Frostbeständigkeit und Wärmedämmung des Ziegels.

f) Zum Auftragen einer **Engobe** werden die Rohlinge vor dem Brand in eine mit anderer Farbe brennende Tonschlämme, die färbende Metallionen enthält, getaucht. Nach dem Brennen hat der Ziegel eine gleichmäßige oder geflammte, farbige, dichte Haut, die zugleich gegen Wettereinflüsse schützt.

g) Um eine deckende **Glasur** zu erhalten, bringt man aufgeschlämmtes Glasurpulver auf den gebrannten Ziegel und brennt mit niedriger Temperatur nach. Bei dieser Glasur muss man darauf achten, dass die Glasur genau das gleiche Schwindmaß wie der Scherben (Dachziegel, Verblender oder Klinker) hat; andernfalls springt die Glasur ab.

h) Die **Wasseraufnahmefähigkeit** wird durch den Gewichtsunterschied zwischen dem trockenen und dem mit Wasser gesättigten Ziegel ermittelt; sie wird in Gewichtsprozenten bezogen auf das Trockengewicht ausgedrückt.

$$\text{Wasseraufnahmefähigkeit in Gew.-\%} = \frac{(\text{Nassgewicht} - \text{Trockengewicht}) \cdot 100}{\text{Trockengewicht}}$$

i) Eine Unterscheidung zwischen Klinkern und Vormauerziegeln ist durch das unterschiedliche **Wasseraufsaugevermögen** möglich: Die Steine werden bei 105 °C getrocknet und nach dem Abkühlen 1 Minute lang mit ihrer Lagerfläche 1 cm tief in Wasser getaucht. Bei Klinkern liegt der Wert i. Allg. unter 20 g/dm^2.

$$\text{Wasseraufsaugevermögen in g/dm}^2 = \frac{\text{Nassgewicht} - \text{Trockengewicht}}{\text{Lagerfläche}}$$

k) Die **Wärmedehnung** (s. a. Abschnitt 1.10.2) muss man stets beachten, wenn man zwei verschiedene Baustoffe miteinander verbindet, z. B. Ziegel und Putz. Dehnen sich beide verschieden stark aus, so besteht die Gefahr, dass der Außenputz abplatzt. Kalk- und Kalkzementmörtel haben z. B. einen Längenausdehnungskoeffizienten von $\alpha_T = 11 \cdot 10^{-6}$ 1/K, Gips- und Kalkgipsmörtel $25 \cdot 10^{-6}$ 1/K, Mauerwerk aus Klinkern $4 \cdot 10^{-6}$ 1/K, aus Ziegeln, hochfesten Ziegeln und Leichtziegeln $5 \cdot 10^{-6}$ 1/K.

Die Längenänderung Δl von Ziegelmauerwerk von $l = 1$ m Länge bei einer Temperaturänderung ΔT ergibt sich zu:

$\Delta T = 1$ K: $\Delta l = \alpha_T \cdot l \cdot \Delta T = (5 \cdot 10^{-6} \cdot 1/\text{K}) \cdot (1000\ \text{mm/m}) \cdot (1\ \text{K}) = 0{,}005\ \text{mm/(m} \cdot \text{K)}$,
$\Delta T = 20$ K: $\Delta l = (0{,}005\ \text{mm/m}) \cdot (20\ \text{K}) = 0{,}1\ \text{mm/m}$.

3.2.5 Mauerziegel und Klinker

(Siehe auch [17], [18])

Normen

DIN V 105-1 und -2	(2002-06)	Vollziegel, Wärmedämmziegel, Hochlochziegel der Rohdichte-Klassen ≥ 1,2 und ≤ 1,0
DIN 105-3 bis –5	(1984-05)	Hochfeste Ziegel und hochfeste Klinker, Keramikklinker, Leichtlangloch-Ziegel und -Ziegelplatten
DIN V 105-6	(2002-06)	Planziegel
DIN EN 771-1	(2003-08)	Festlegungen für Mauersteine; Teil 1: Mauerziegel
DIN EN 772-1 bis -22		Prüfverfahren für Mauersteine

a) Allgemeines

Die in den folgenden Abschnitten, insbesondere in b) bis d), beschriebenen Ziegel dienen zur Herstellung von Mauerwerkswänden. Sie können an den Stirnflächen (Stoßflächen) mit Nuten und Federn oder bei Ziegelbreiten ≥ 175 mm mit Mörteltaschen versehen sein. Die Seitenflächen der Mauerziegel sind i. d. R. zur besseren Putzhaftung flächenhaft profiliert. Maße und Formate siehe Tafel 3.4 und 3.5. In Tafel 3.4 (Maße) sind die Fußnoten besonders zu beachten. Rohdichte- und Festigkeitsklassen siehe Tafel 3.6 und 3.7. Großformatige Steine > 25 kg werden mit Versetzgeräten vermauert. Steine ≤ 25 kg besitzen, wo zur Handhabung erforderlich, Grifflöcher (siehe Abb. 3.9). Ziegel mit einer Breite von 115 mm (1 DF, NF, 2 DF; siehe Tafel 3.5) besitzen i. d. R. zwei mittig angeordnete Daumenlöcher ≤ 16 cm^2. Der Querschnitt der Grifflöcher ist dem Gesamtlochquerschnitt hinzuzurechnen.

b) Vollziegel und Hochlochziegel der Rohdichteklassen ≥ 1,2 nach DIN V 105-1

Vollziegel (Mz) sind Ziegel, deren Querschnitt durch Lochung senkrecht zur Lagerfläche bis 15 % gemindert sein darf, Einzellochquerschnitt ≤ 6 cm^2. Die Löcher sollen möglichst gleichmäßig über die Lagerfläche verteilt sein, ihr Querschnitt kann rechteckig (kleinere Seite ≤ 15 mm), rund (∅ ≤ 20 mm) oder elliptisch (kleinere Diagonale ≤ 18 mm) sein.

Hochlochziegel (HLz; siehe Abb. 3.9) sind senkrecht zur Lagerfläche gelochte Ziegel mit einem Lochquerschnitt von 15 bis 50 % der Lagerfläche. Je nach dem Einzellochquerschnitt unterscheidet man HLzA (≤ 2,5 cm^2), HLzB ≤ 6 cm^2) und HLzC (≤ 16 cm^2).

Mauertafelziegel (HLzT) sind Ziegel mit der Lochung A oder B, die für die Erstellung von bewehrtem Mauerwerk oder von Mauertafeln geeignet sind. Ziegellängen: 247, 307, 372 oder 497 mm. Die Mauertafelziegel müssen im mittleren Bereich mindestens einen Lochkanal und dürfen an den Stoßflächen Aussparungen aufweisen (siehe Abb. 3.9), die im Mauerwerk senkrecht durchlaufende Vergusskanäle ergeben.

Vormauer-Vollziegel (VMz) und **Vormauer-Hochlochziegel** (VHLz), sind Ziegel, deren Frostbeständigkeit durch Prüfung nachgewiesen ist. Vormauerziegel werden auch als Verblender bezeichnet (s. u.).

Formziegel sind Vollziegel und Hochlochziegel, in einer nicht *nur* von Rechtecken begrenzten Form. *Hand*formziegel sind Ziegel mit unregelmäßiger Oberfläche, deren Gestalt von der prismatischen Form geringfügig abweicht.

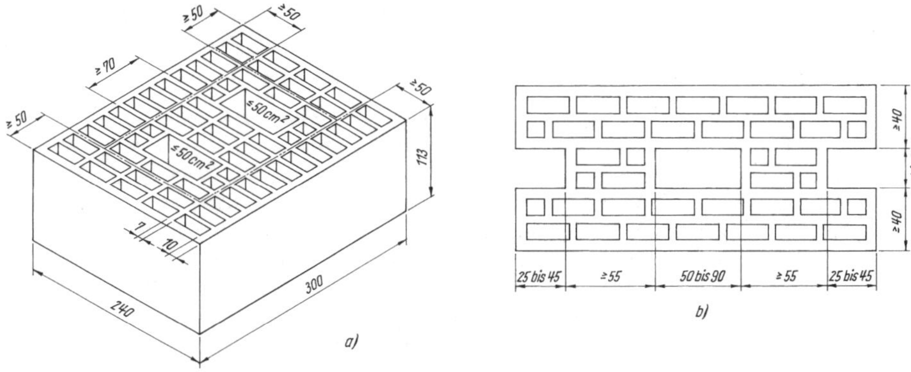

Abb. 3.9 Beispiele für Ziegel nach DIN V 105-1 (Maße in mm)
a) Hochlochziegel HLz, Format 5 DF mit Grifflöchern
b) Mauertafelziegel HLzT mit Aussparung an den Stoßflächen

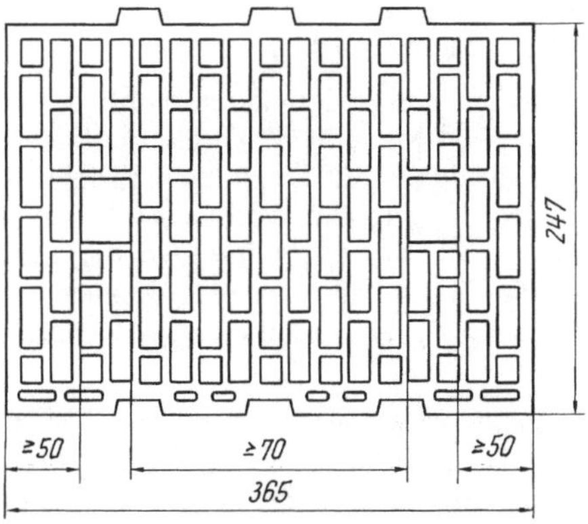

Abb. 3.10 Hochlochziegel W (HLzW) nach DIN V 105-2 (Maße in mm)

Klinker (KMz bzw. KHLz) sind oberflächig gesinterte, frostbeständige Ziegel mit einer Scherbenrohdichte ≥ 1,90 kg/dm^3 und einer Wasseraufnahme bis etwa 7 Gew.-%. Sie müssen mindestens der Festigkeitsklasse 28 (s. Tafel 3.7) angehören.

Als **Verblender** bezeichnet man Vollziegel (VMz), Klinker (KMz) und Hochlochziegel (VHLz) der Abmessungen 240 × 115 × 52 mm (DF) und 240 × 115 × 71 (NF) sowie als Sondermaß auch 240 × 115 × 65 (RF), die als Vormauerziegel nicht verputzt zu werden brauchen. Als Sparverblender Ziegel der Abmessungen 240 × 55 × 52 mm. Die Oberfläche kann glatt (Glattformziegel) oder strukturiert (Handformziegel, Wasserstrichziegel) sein.

Die Farbpalette ist groß: sehr viele Rot-Nuancen, sowohl einfarbig als auch gefleckt bzw. geflammt, aber auch rot-gelb, rot-blau-bunt, grau.

Als **Riemchen** oder Sparverblender bezeichnet man Ziegel der Formate 240 × 25 × 52 mm (DF) und 240 × 25 × 71 mm (NF). Sie sind ebenfalls in den verschiedensten Färbungen lieferbar. Als Außenschalen gelten sie als Bekleidungen und werden entsprechend DIN 18 515-1 bis -3 (Außenwandbekleidungen) verarbeitet.

Die **Bezeichnung** eines Vollziegels (Mz) lautet z. B.

Ziegel DIN 105 Mz 12 – 1,8 – 2 DF,

dabei bedeutet 12 die Festigkeitsklasse und 1,8 die Rohdichteklasse, 2 DF das Format (siehe Tafel 3.5).

c) Wärmedämmziegel und Hochlochziegel der Rohdichteklassen ≤ 1,0 nach DIN 105-2

Viele dieser bisher und auch im Folgenden vereinfacht als *Leichtziegel* bezeichneten Steine besaßen bisher vom DIBt Berlin eine besondere Zulassung und werden von den Herstellern i. d. R. mit einer Kurzbezeichnung gemäß der Wärmeleitfähigkeit λ_R versehen, z. B. T 12 oder GZP 12 bei $\lambda_R = 0{,}12$ W/(m · K). Bei der **Herstellung der Leichtziegel** werden dem Ton Sägemehl (Unipor) und/oder Styroporkügelchen (Poroton) zugegeben, die beim Brennen im Ziegelmaterial gleichmäßig verteilt kleine Poren hinterlassen. Außerdem besitzt der Ziegelquerschnitt zur Erzielung besonders niedriger Wärmeleitzahlen spezielle Lochungen und möglichst dünne Stege, um das Luftkammervolumen zu erhöhen. Zur Erzielung eines besonders niedrigen λ_R-Wertes können die Hohlkammern bei der Herstellung der Ziegel mit Perlite gefüllt werden.

Leichtziegelarten nach DIN 105-2 sind Hochlochziegel HLzW der Lochung B mit besonderen Anforderungen an die Lochung (siehe Abb. 3.10), Wärmedämmziegel WDz mit engeren Rohdichtegrenzen und erhöhten Anforderungen an die Wärmedämmung, sowie außerdem wie in DIN 105-1 Vormauer-Hochlochziegel VHLz und Mauertafelziegel HLzT. Leichtziegel gibt es als Blockziegel oder als Planziegel (s. a. Abb. 3.11).

Blockziegel werden in der Lagerfuge (Dicke 12 ± 3 mm) und in der glatten Stoßfuge mit Leichtmörtel LM 21 oder LM 36 gemauert. Bei Mittelbett-Mauerwerk beträgt die Lagerfugendicke 6 ± 2 mm, was eine bessere Mauerwerksfestigkeit zur Folge hat. Mit LM 21 werden Wärmedämmzahlen $\lambda_R = 0{,}14$ bis 0,37 W/(m · K) erreicht. Wichtig ist der vollflächige Auftrag des Mörtels (i. d. R. mit Mörtelschlitten), wobei der Mörtel so steif sein muss, dass er nicht in die Löcher läuft. Besitzen die Ziegel Mörteltaschen, können sie knirsch gestoßen werden. Leichtziegel sind im Verband zu mauern mit einem Mindest-Überbindemaß von 0,4 × Ziegelhöhe.

Ziegelwände können unter Verwendung von Flachstahlankern oder faserarmierten Kunststoffbändern stumpf gegeneinander gestoßen werden. Die Stirnfuge (≥ 1,5 cm) an der Stoßstelle ist dann vollflächig bzw. zug- und druckfest zu vermörteln. Leichtziegel können mit hartmetallbestückten Sägeblättern gesägt und mit Hartmetallbohrern (ohne Schlagen!) gebohrt werden. Für Lochziegel gibt es eine ganze Reihe spezieller Dübelsysteme. Aus Leichtziegeln kann auch **Kellermauerwerk** hergestellt werden, auch als bewehrtes Mauerwerk nach DIN 1053-3, mit gitterförmiger Bewehrung in den Lagerfugen versehen. Außerdem gibt es Deckenelemente und geschosshohe Wandelemente aus Leichtziegeln und für Zwischenwände **Ziegelwandplatten** (siehe Abb. 3.11) mit Dicken von 11,5 – 17,5 – 24,0 cm, Längen von 373 und 498 mm und Höhen von 238 mm bei Block- bzw. 249 mm bei Planziegeln.

d) Planziegel nach DIN 105-6

Leichtziegel werden heute vorwiegend als Planziegel hergestellt. Sie haben plangeschliffene Lagerflächen und können daher in Dünnbettmörtel in einer Lagerfugendicke von 1-3 mm versetzt werden, wodurch eine kürzere Verarbeitungszeit und eine bessere Wärmedämmung mit Wärmedämmzahlen $\lambda_R = 0{,}09$ bis 0,18 W/(m · K) erreicht wird. Planziegel gibt es als Voll-, Hochloch-, Mauertafel- und Vormauerziegel sowie als Planklinker. Die Kurzzeichen lauten PMz, PHLz, PKLzT, PVMz und PKMz. Wegen der geringen Lagerfugendicke kann bewehrtes Mauerwerk mit Planziegeln nicht hergestellt werden. Beispiele für heute übliche Planziegel siehe Abb. 3.11.

Die **Verarbeitung der Planziegel** geschieht wie folgt: Die erste Ziegellage wird stets auf einer Ausgleichsschicht aus Normalmörtel MG III (i. d. R. mit eingebetteter Sperrschicht), exakt lot- und waagerecht ausgerichtet, versetzt. Die nächsten Steinschichten werden in Dünnbettmörtel gemauert. Dazu werden die Steine zunächst über die gesamte Wandlänge, Stoßfuge an Stoßfuge, ohne Vermörtelung jeweils in die Verzahnung (Nut und Feder) des Nachbarziegels gesetzt. Der Mörtel wird dann auf jede gesetzte Schicht in einem Arbeitsgang über die gesamte Wandlänge mit einer Mörtelrolle aufgetragen. Zur Verbesserung der Statik und des Schallschutzes kann dabei ein Vliesband von der Breite des Ziegels mit geführt werden, das dabei voll in den Mörtel eingebettet wird. Gemauert wird im Verband mit einem Überbindemaß von ca. 10 cm (0,4 × Ziegelhöhe).

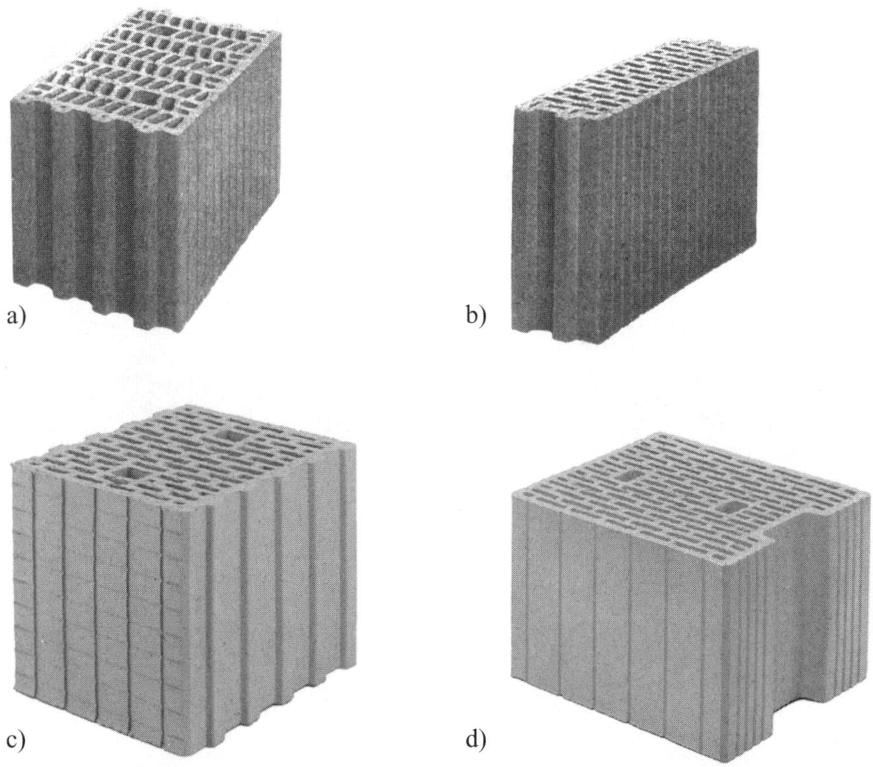

Abb. 3.11 Beispiele für Leichtziegel nach DIN V 105-2 und -6
a) Block- bzw. Planziegel 24,0 cm [17]
b) Ziegelwandplatte 11,5 cm [17]
c) Planziegel 30,0 cm mit Flachverzahnung [18]
d) Wärmedämmziegel WDz 30,0 cm mit einseitiger Mörteltasche [18]

Schallschutzziegel werden als Planziegel mit großen rechteckigen Hohlräumen als sog. Verfüllziegel hergestellt (siehe Abb. 3.12). Sie werden zunächst mit Dünnbettmörtel im Verband versetzt und anschließend in einem Arbeitsgang geschosshoch mit Beton ≥ B 15 (C 12/15), Körnung 0/16, verfüllt, zweckmäßigerweise zusammen mit dem Vergießen der aufliegenden Geschossdecke. Schallschutzziegel gibt es auch als Schwerziegel HLzB ohne Betonverfüllung in den Rohdichteklassen 1,4 bis 2,0, die mit Normalmörtel verarbeitet werden.

Als **Ziegel-Systemergänzungen** gibt es u. a. (s. a. Abb 3.12):

1) Anschlagziegel für Fenster- und Türlaibungen
2) U- und L-förmige Ziegel, auch mit integrierter Wärmedämmschicht, für die Herstellung von Ringbalken, als Ummauerung von Massivdecken, zur Überbrückung von Maueröffnungen, und hochkant gestellt als vertikale Schlitze für Installationsleitungen
3) Ziegelstürze und -bögen mit wärmedämmender Innenschicht und bewehrtem Betonkern
4) Ziegelrollladenkästen, gerade, ein- und mehreckig (für Erker)
5) Verschiebeziegel zum Schließen von Mauerwerkslücken von 106 bis 256 mm Breite.

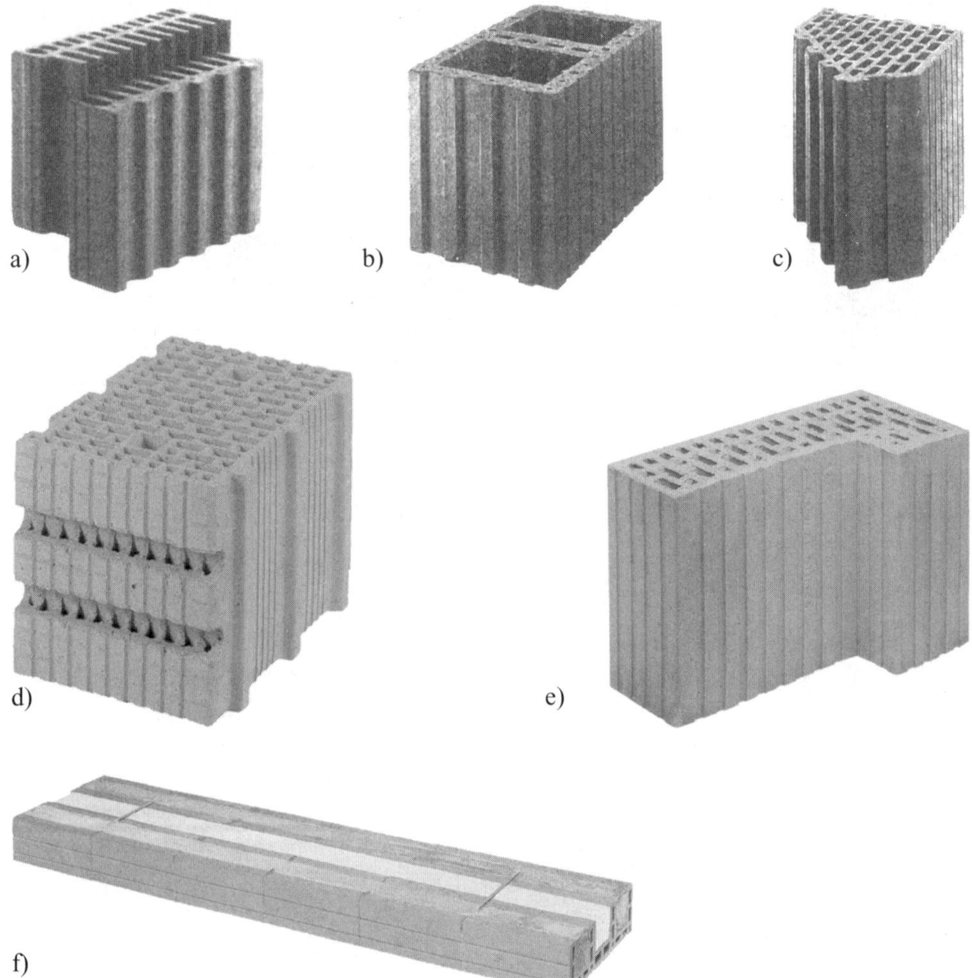

Abb. 3.12 Beispiele für Systemergänzungen von Leichtziegeln
a) Verschiebeziegel für Mauerwerkslücken von 10 bis 25 cm [17]
b) Schallschutz-Verfüllziegel für geschosshohe Verfüllung [17]
c) Winkelziegel für 135 °- und 45 °-Eckausbildung
d) Elektroinstallationsziegel [18]
e) Fensteranschlagziegel [18]
f) Ziegelflachsturz mit innen liegender Wärmedämmung [18]
Länge 1000 bis 3000 mm; Breite 300, 365 mm; Höhe 113 mm

Tafel 3.4 Ziegelmaße[1] nach DIN V 105-1, -2 und -6 (Auszug)

	Länge[2] und Breite in mm								Höhe[3] in mm					
Nennmaß	90	115	145	175	240	300	365	490	52	71	113	155	175	238
Kleinstmaß	85	110	139	168	234	290	355	480	50	68	108	150	170	233
Größtmaß	95	120	148	178	245	308	373	498	54	74	118	160	180	243
Maßspanne[4]	5	6	7	8	10	12	12	12	3	4	4	5	5	6

[1] Ziegel dürfen auch in den Breiten 60, 80, 100, 150, 200, 225, 250 und 275 mm und in den Längen 190, 210, 290 und 390 mm hergestellt werden.
Bei Vormauerziegeln und Klinkern, die für nichttragende Verblendschalen verwendet werden, sind auch Werkmaße möglich, die in folgenden Grenzen (in mm) liegen müssen: Länge 190 bis 390, Breite 90 bis 120, Höhe 40 bis 240 mm.

[2] Bei Ziegeln mit Mörteltaschen, die ohne sichtbar vermörtelte Stoßfuge versetzt werden sollen, ist das Nennmaß um 5 mm, bei Ziegeln mit Nut und Feder um 7 mm größer als der angegebene Tafelwert.

[3] Bei Planziegeln ist das Nennmaß um 11 mm größer als der angegebene Tafelwert.

[4] Unterschied zwischen den Maßen der größten und der kleinsten Ziegel innerhalb der Lieferung für *ein* Bauwerk.

e) **Hochfeste Ziegel und hochfeste Klinker** DIN 105-3 (1984-05) werden als Vollziegel Mz, Hochlochziegel HLz und Mauertafelziegel HLzT hergestellt. Sie sind besonders geeignet für hochbeanspruchte Außen- und Innenwände. Vollklinker und Hochlochklinker werden mit KMz bzw. KHLz bezeichnet. Maße und Formate s. Tafel 3.4 und 3.5, Rohdichten (≥ 1,00 kg/dm^3) und Druckfestigkeit (≥ 36 N/mm^2) siehe Tafel 3.6 und 3.7. Scherbenrohdichte ≥ 1,90 kg/dm^3.

Tafel 3.5 Ziegelformate (Auswahl) nach DIN 105 (nach [2])

	Vollziegel Hochlochziegel				Hochlochziegel				
Formatkurzzeichen	DF	NF	2 DF	3 DF	5 DF	6 DF	10 DF	12 DF	16 DF
Länge in mm	240	240	240	240	300	240	300	365	490
Breite in mm	115	115	115	175	240	365	240	240	240
Höhe in mm	52	71	113	113	113	113	238	238	238

f) **Keramikklinker** DIN 105-4 (1984-05) gibt es als Vollklinker (KK) sowie als Hochlochklinker mit Lochung A, B oder C (KHKA, KHKB, KHKC). Sie werden vorwiegend für die Herstellung von Fassaden verwendet sowie überall dort, wo aggressive Stoffe wirken oder die Oberfläche besonders stark mechanisch beansprucht wird. Die Druckfestigkeit muss mindestens 60 N/mm^2, die Scherbenrohdichte mindestens 1,9 kg/dm^3 und die Wasseraufnahme darf höchstens 6 Gew.-% betragen. Maße, Formate und Rohdichten s. Tafel 3.4 bis 3.6.

g) **Leichtlanglochziegel** (LLz) und **Leichtlangloch-Ziegelplatten** (LLp) DIN 105-5 (1984-05) sind parallel zur Lagerfläche gelochte Ziegel. Sie werden vorwiegend für Innenwände verwandt, LLp nur für nichttragende Wände. Für die Leichtlanglochziegel (s. Abb. 3.13) gelten Maße, Formate, Rohdichten und Druckfestigkeiten entsprechend Tafel 3.4 bis 3.6.

Tafel 3.6 Rohdichteklassen für Ziegel nach DIN 105 (nach [2])

Ziegelart	Rohdichteklasse									
Wärmedämmziegel	0,55	0,60	0,65	0,70	0,75	0,80	0,85	0,90	0,95	1,00
Hochlochziegel ≤ 1,0		0,6		0,7		0,8		0,9		1,0
Vollziegel und Hochlochziegel ≥ 1,2		1,2	1,4	1,6	1,8	2,0	2,2	2,4		
Hochfeste Ziegel und Klinker		1,2	1,4	1,6	1,8	2,0	2,2			
Keramikklinker			1,4	1,6	1,8	2,0	2,2			
Leichtlanglochziegel und -ziegelplatten	0,5	0,6	0,7	0,8	0,9	1,0				

Tafel 3.7 Druckfestigkeitsklassen von Ziegeln nach DIN 105[1)] (nach [2])

Festigkeitsklasse nach				Druckfestigkeit in N/mm^2		Farbkennzeichnung
Teil 1	Teil 2 + Teil 6	Teil 3	Teil 5	Mittelwert	kleinster Einzelwert	
–	2	–	2	2,5	2,0	grün
4	4	–	4	5,0	4,0	blau
6	6	–	6	7,5	6,0	rot
8	8	–	–	10,0	8,0	Stempel schwarz
12	12	–	12	15,0	12,0	ohne
16	16	–	–	20,0	16,0	Stempel schwarz
20	20	–	–	25,0	20,0	gelb
28	28	–	–	35,0	28,0	braun
–	–	36	–	45,0	36,0	violett
–	–	48	–	60,0	48,0	2 schwarze Streifen
–	–	60	–	75,0	60,0	3 schwarze Streifen

1) Keramikklinker nach DIN 105-4 gehören zur Festigkeitsklasse 60.

Leichtlangloch-Ziegelplatten (s. Abb. 3.14) haben folgende Abmessungen: Länge l = 330, 495 und 995 mm; Höhe h = 175, 238 und 320 mm; Dicke s = 40, 50, 60, 70, 80, 100 und 115 mm. Die Format-Kurzzeichen lauten LLp 50s[1], LLp 60s usw. Da Leichtlangloch-Ziegelplatten nur für nichttragende Wände verwendet werden, gibt es keine Anforderungen an die Druckfestigkeit. Eine flach liegende Platte muss allerdings eine mittig aufgebrachte Schneidenlast von mindestens 500 N vertragen.

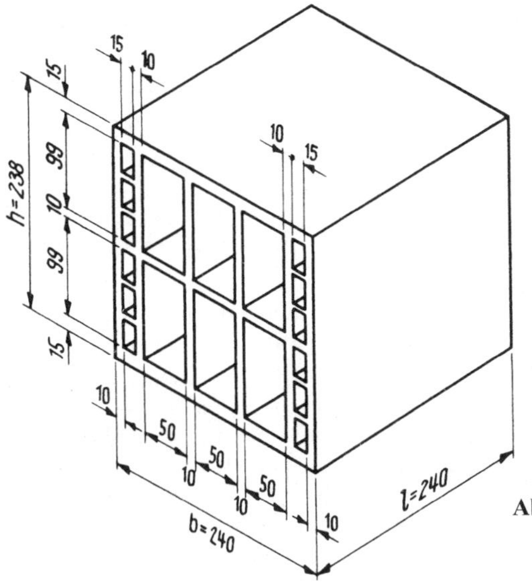

Abb. 3.13 Leichtlanglochziegel (LLz) 8 DF mit doppelter Außenwand nach DIN 105-5 (1984-05)

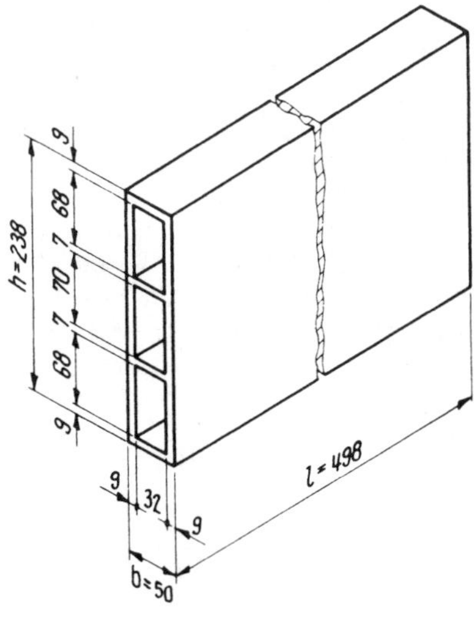

Abb. 3.14 Leichtlangloch-Ziegelplatte (LLp 50s) nach DIN 105-5 (1984-05)

[1] Der Zusatz s zur Plattendicke erfolgt bei einer Ziegellänge von 330 mm und einer Ziegelhöhe von 238 mm; andernfalls ist die vollständige Angabe von $l \times b \times h$ erforderlich.

h) **Kanalklinker** (DIN 4051 (2002-04)) gibt es im normalen Klinkerformat bzw. in 3 Keilformaten A, B und C. Sie werden zum Mauern von Gewölben und Schächten verwendet. Sie sind besonders druckfest (≥ 45 N/mm^2) und abriebfest, ihre Wasseraufnahme darf höchstens 6 Masse-% betragen. Ähnliche Anforderungen werden an Klinker im Tunnelbau und Wasserbau (Kanäle, Schleusen, Brücken) gestellt (β_D > 50 N/mm^2). Kanalklinker müssen besonders verschleißfest sowie frost- und säurebeständig sein.

j) **Pflasterziegel** nach DIN EN 1344 (2002-07) (früher Pflaster*klinker* nach DIN 18 503) werden flach oder hochkant entweder im Sandbett mit schmalen sandgefüllten Fugen oder im Mörtelbett mit Fugenmörtel verlegt. Es gibt eine große Zahl unterschiedlicher Formen (z. B. Reichsformat RF 25 × 12 × 6,5 cm; Oldenburger Format OF 22,5 × 10,5 × 5,2 cm; Normal- und Dünnformat; auch gelocht zur Regenwasserversickerung) und Farbtönungen.

Die Norm schreibt keine bestimmten Maße vor, Nenndicken sollen ≥ 40 mm (Sandbett) bzw. ≥ 30 mm (Mörtelbett) , Länge : Dicke < 6, sein. Sie können abgeschrägt oder abgerundet gefast sein (Tiefe ≤ 7 mm). Je nach der Beanspruchung (z. B. Innen- oder Außenverlegung) werden unterschiedliche Anforderungen an Abrieb- und Kantenfestigkeit, Rutsch- und Gleitsicherheit sowie Säure- Frost- oder Frost-Tausalz-Beständigkeit gestellt.

k) **Fertigteile aus Leichthochlochziegeln**
Geschosshohe, mit Tür- und Fensteröffnungen versehene **Wandtafeln** (bis 7 m Breite), die in ein auf der Decke vorbereitetes Mörtelbett und ggf. auf Nivellierungskeilstücke aufgesetzt und mit schrägen Montagestützen in der vertikalen Lage gehalten werden. In den Drittelspunkten der Wandhöhe ragen in die vertikalen Fugen schlaufenförmige VHA-Anker hinein, in die vor dem Verpressen der Fugen mit Leichtmauermörtel Bewehrungsstahl (Durchmesser z. B. 8 mm) eingelegt wird. **Ziegel-Elementdecken** aus speziell geformten Deckenziegeln, Baustahlbewehrung und Vergussbeton und fertigem Verputz auf der Unterseite, Breite bis 2,5 m. Die Deckenelemente werden auf Zwischenlagen aus unbesandeter Bitumenpappe auf die Mauerwerksoberkante aufgelegt und sind sofort begehbar.

l) **Ziegelwandaufbau**
Wände aus Ziegeln werden ein- oder zweischalig hergestellt. **Einschalige Wände** (siehe Abb. 3.15) können außen einen einfachen Leichtputz, eine geputzte Zusatzdämmung (Wärmedämmverbundsystem WDVS) oder eine Bekleidung aus aufgemauerten keramischen Riemchen oder Sparverblendern (5,5 cm dicke Verblendziegel) besitzen. Das WDVS besteht häufig aus Polystyrol-Hartschaumplatten, die mit kunststoffmodifizierten Zementmörteln oder Dispersionskleber auf das Mauerwerk geklebt (ggf. mit Verdübelung) und außen einen armierten (Glasseiden-Gittergewebe) Außenputz besitzen. Darauf kommt i. d. R. ein Kunstharz-, Silicat- bzw. Siliconputz oder eine Flachverblenderschicht als Wetterschutz. **Zweischalige Wände** (siehe Abb. 3.16) bestehen aus einer äußeren, mit rostfreien Stahlankern mit dem Hintermauerwerk verbundenen Verblendschale (9 oder 11,5 cm dick) aus frostsicheren Vormauerziegeln oder Klinkern. Der Zwischenraum zwischen den beiden Schalen kann bestehen aus einer reinen Luftschicht, aus Luftschicht + Dämmmaterial auf der Hintermauerschale oder ganz aus Dämmmaterial (sog. Kerndämmung; wegen der fehlenden Luftschicht aus *dauernd* wasserabweisendem Dämmstoff).

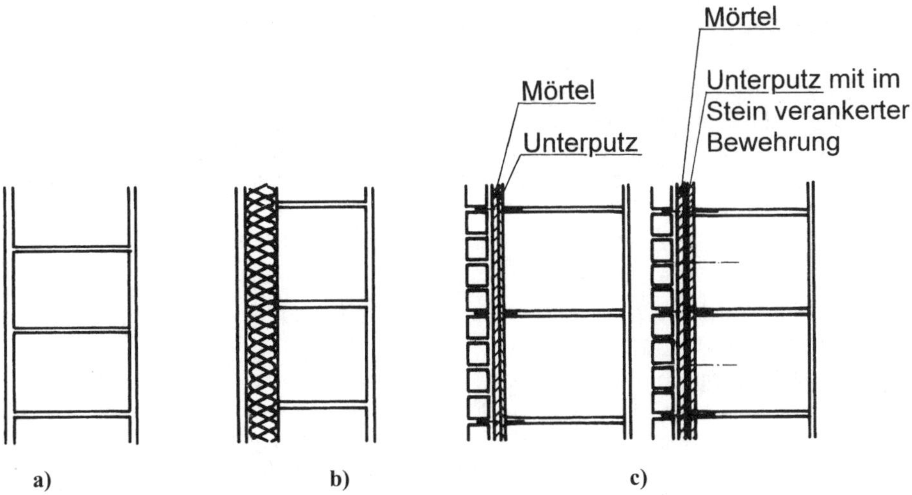

Abb. 3.15 Einschalige Ziegelwände aus Leicht-Hochlochziegeln (Beispiele nach [28]) (Wandaufbau von außen nach innen)

a) Einschalige Wand mit Leichtputz
Beispiel 1: Leichtputz 2 cm; HLz-Mauerwerk 36,5 cm, $\lambda = 0{,}14$ W/(m · K); Kalkputz 1,5 cm; Gesamtdicke 40 cm, $k = 0{,}35$ W/(m^2 · K).
Beispiel 2: Wärmedämmputz 6 cm, $\lambda = 0{,}07$ W/(m · K); HLz-Mauerwerk 30 cm, $\lambda = 0{,}16$ W/(m · K); Kalkputz 1,5 cm; Gesamtdicke 37,5 cm, $k = 0{,}34$ W/(m^2 · K).

b) Einschalige, zusatzgedämmte Wand (WDVS: Wärmedämmverbundsystem)
Zweischichtiger Außenputz 1,5 bis 2,5 cm; Dämmmaterial 8 bis 12 cm, z. B. aus Polystyrol-Hartschaumplatten; HLz-Mauerwerk 17,5 oder 24 cm; Kalkputz 1,5 cm; Gesamtdicke 27 bis 38,5 cm, $k = 0{,}3$ bis 0,2 W/(m^2 · K).

c) Wände mit Bekleidung aus angemauerten Sparverblendern
Bekleidung (Riemchen) 5,5 cm; Mörtel 1,5 cm; Unterputz (links ohne, rechts mit Bewehrung) 2,0 cm; HLz-Mauerwerk 36,5 cm, $\lambda = 0{,}16$ W/(m · K); Kalkputz 1,5 cm; Gesamtdicke 47 cm, $k = 0{,}39$ W/(m^2 · K).

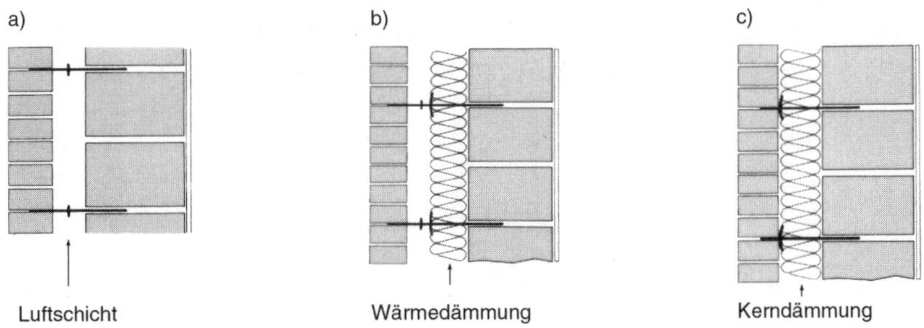

Abb. 3.16 Zweischaliges Verblendmauerwerk (Beispiele nach [28]) (Wandaufbau von außen nach innen)

a) Verblendmauerwerk mit Luftschicht
Vormauerschale 11,5 oder 9 cm (auch 24 cm); Luftschicht 6 bis 15 cm; HLz-Mauerwerk 17,5 bis 30 cm (auch 36,5 cm); Innenputz 1,5 cm; Gesamtdicke 34 bis 58 cm, $k = 0{,}64$ bis 0,40 W/(m^2 · K).

b) Verblendmauerwerk mit Luftschicht + Dämmmaterial
Vormauerschale 11,5 oder 9 cm; Luftschicht 6 bis 15 cm, darin Dämmmaterial einer Dicke, dass stets eine restliche Luftschichtdicke von 4 cm verbleibt; HLz-Mauerwerk 17,5 bis 30 cm (auch 36,5 oder 49 cm); Innenputz 1,5 cm; Gesamtdicke 34 bis 58 cm, $k \geq 0{,}20$ W/(m^2 · K).

c) Verblendmauerwerk mit Kerndämmung
Vormauerschale 11,5 oder 9 cm; Kerndämmmaterial 6 bis 15 cm; HLz-Mauerwerk 17,5 bis 30 cm (auch 36,5 oder 49 cm); Innenputz 1,5 cm; Gesamtdicke 34 bis 58 cm, $k \geq 0{,}16$ W/(m^2 · K).

3.2.6 Ziegel für Decken und Vergusstafeln (DIN 4159, 4160)

Diese Ziegel werden für die Herstellung von Ziegeldecken, Stahlbetonrippendecken nach DIN 1045 (Plattenbalkendecken; siehe Abb. 3.19) und Vergusstafeln nach DIN 1053-4 (liegend hergestellte vorgefertigte Wandtafeln) verwendet und dienen der Gewichtsersparnis, bei Decken als verlorene Schalung und guter Putzgrund sowie bei statisch mitwirkenden Ziegeln zur Kraftübertragung. Zu den Ziegeldecken gehören Stahlsteindecken nach DIN 1045 und liegend hergestellte vorgefertigte Stahlstein-Deckenplatten nach DIN 1053-4.

a) **Statisch mitwirkende Deckenziegel** nach DIN 4159 (1999-10)

Rohdichten (Mittelwerte): 0,60 bis 1,40 kg/dm^3; Druckfestigkeiten (Mittelwerte): 20 bis 45 N/mm^2; Nennfestigkeiten f_k (kleinste Einzelwerte): 16,0 bis 36,0 N/mm^2.

Ziegel für Ziegeldecken (ZD) nach DIN 1045 und DIN 1053-4, siehe Abb. 3.17:
a) mit teilvermörtelbaren Stoßfugen (ZDT);
Maße: b = 250 mm; l = 166 bis 500 mm; s_o = 115 bis 340 mm; $a \geq 25$ mm
b) mit vollvermörtelbaren Stoßfugen (ZDV; für negative Momente);
Maße: b = 250 mm; l =166 bis 500 mm; s_o = 90 bis 340 mm; $a \geq 25$ mm.

Ziegel für Stahlbetonrippendecken (ZR) nach DIN 1045, siehe Abb. 3.17:
a) mit teilvermörtelbaren Stoßfugen (ZRT)
b) mit vollvermörtelbaren Stoßfugen (ZRV; für negative Momente);
Maße: b = 250 bis 625 mm; l = 166 bis 500 mm; s_o = 115 bis 340 mm; $a \geq 25$ bis 40 mm.

Ziegel als Zwischenbauteile (ZZ) für Stahlbetonrippendecken nach DIN 1045, siehe Abb. 3.18:
a) mit teilvermörtelbaren Stoßfugen (ZZT)
b) mit vollvermörtelbaren Stoßfugen (ZZV; für negative Momente);
Maße für a) und b): l = 166 bis 500 mm; s_o = 115 bis 340 mm; Rippenachsabstände: 333 bis 750 mm; Auflagertiefen auf vorgefertigten Rippen ≥ 25 mm.

Ziegel für Vergusstafeln (ZV) nach DIN 1053-4, siehe Abb. 3.17:
a) mit teilvermörtelbaren Stoßfugen (ZVT);
Maße: b = 250 mm; l = 166 bis 500 mm; s_o = 115 bis 365 mm; $a \geq 20$ mm
b) mit vollvermörtelbaren Stoßfugen (ZVV; für negative Momente);
Maße: b = 250 mm; l = 166 bis 500 mm; s_o = 90 bis 365 mm; $a \geq 20$ mm.

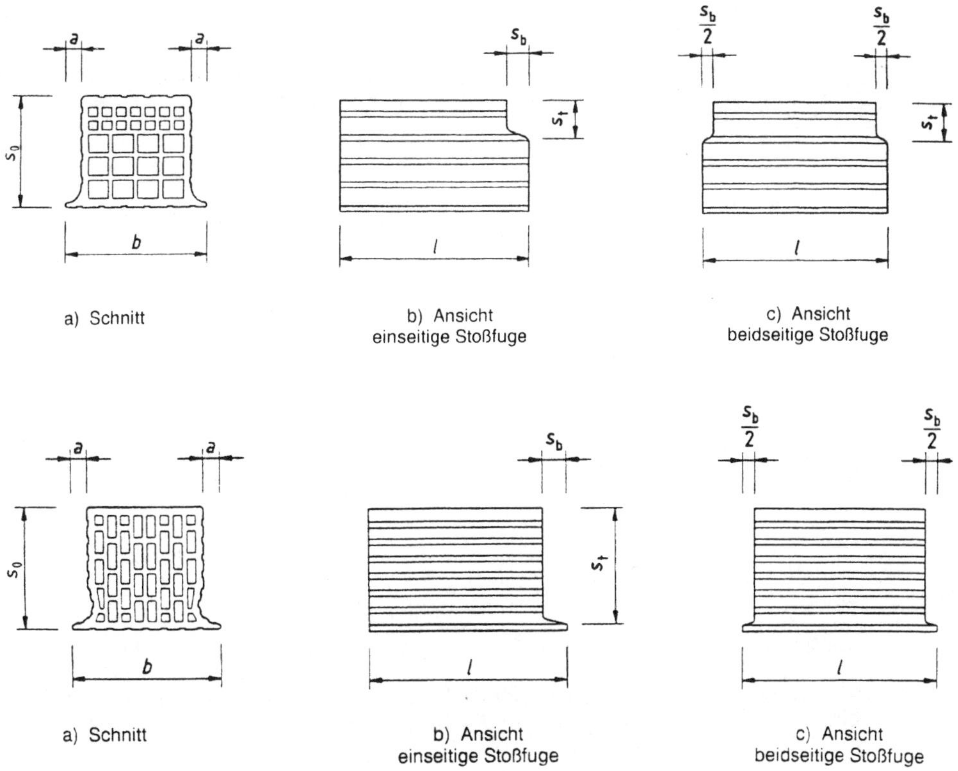

Abb. 3.17 Statisch mitwirkende Deckenziegel (Beispiele) nach DIN 4159 für die Herstellung von Ziegeldecken (ZD), Stahlbetonrippendecken (ZR) und Vergusstafeln (ZV) nach DIN 1045 und DIN 1053-4
oben: für teilvermörtelbare Stoßfugen (ZDT, ZRT, ZVT)
unten: für vollvermörtelbare Stoßfugen (ZDV, ZRV, ZVV)

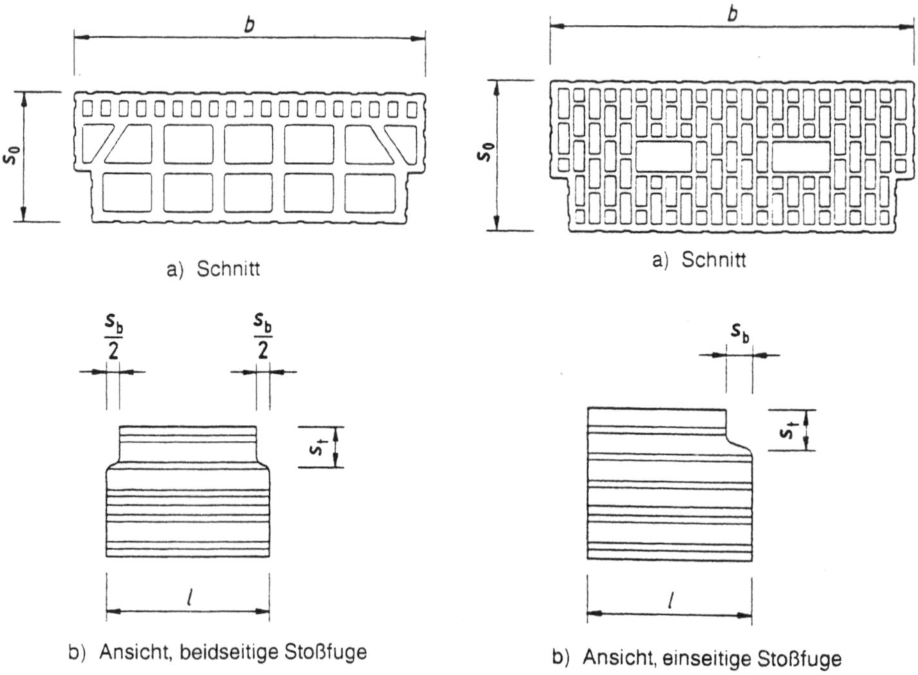

Abb. 3.18 Statisch mitwirkende Deckenziegel (Beispiele) für Zwischenbauteile (ZZ) nach DIN 4159 für die Herstellung von Stahlbetonrippendecken nach DIN 1045
links: für teilvermörtelbare Stoßfugen (ZZT)
rechts: für vollvermörtelbare Stoßfugen (ZZV)

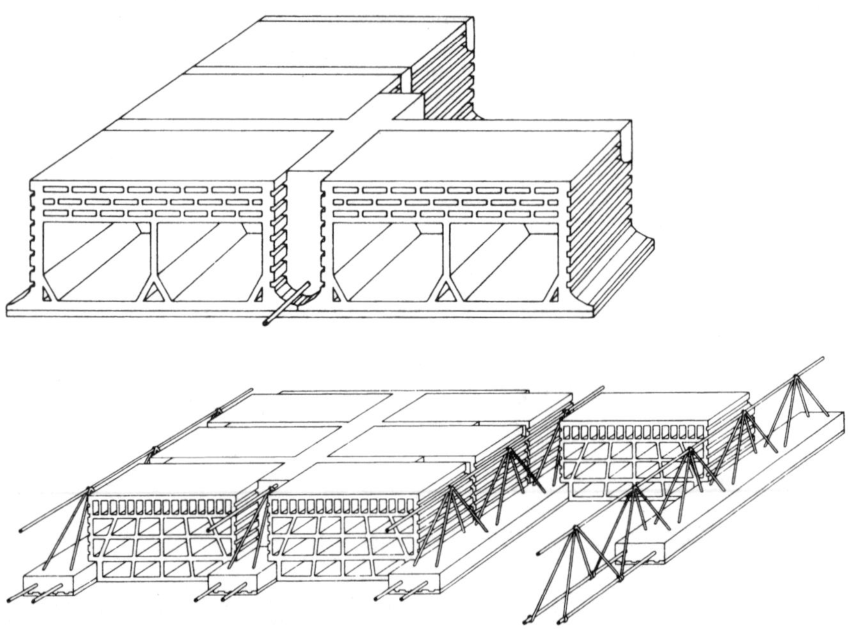

Abb. 3.19 Stahlbetonrippendecken (Plattenbalkendecken; Beispiele) mit statisch mitwirkenden Ziegeln ZRT (oben) und Zwischenbauteilen ZZT auf vorgefertigten Rippen (unten) [2]

b) **Statisch nicht mitwirkende Deckenziegel** nach DIN 4160 (2000-04) werden verwendet (s. Abb. 3.20):
- als Ziegel für Stahlbetonrippendecken mit Ortbetonrippen (Form A)
- als Zwischenbauteile für Stahlbetonrippen- und Plattenbalkendecken mit ganz oder teilweise vorgefertigten Rippen (Form B)
- als Ziegel für Balkendecken mit Ortbetonrippen (Form C)
- als Zwischenbauteile für Balkendecken mit ganz oder teilweise vorgefertigten Rippen (Form D).

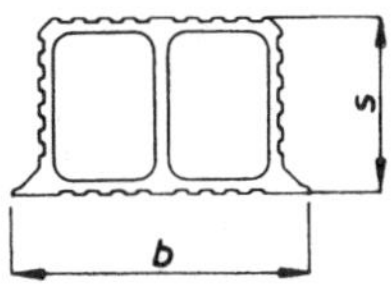

Form A

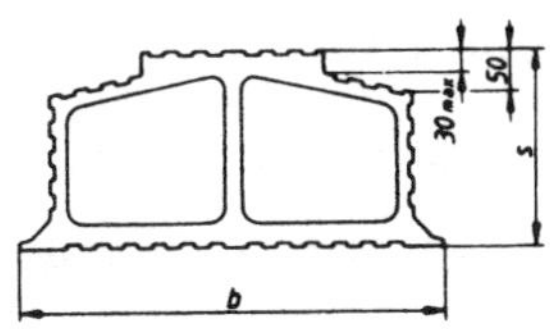

Form C

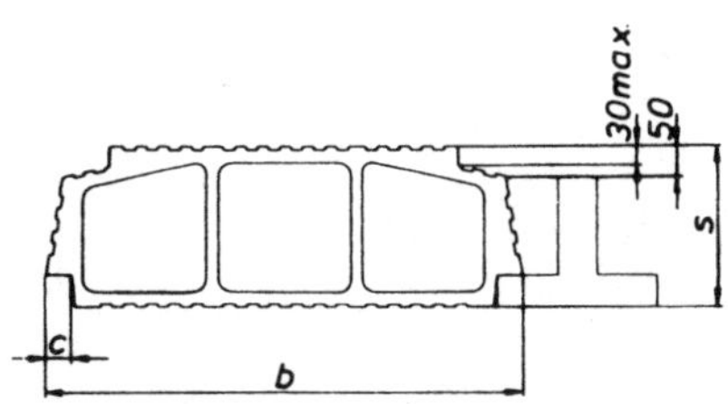

Form D

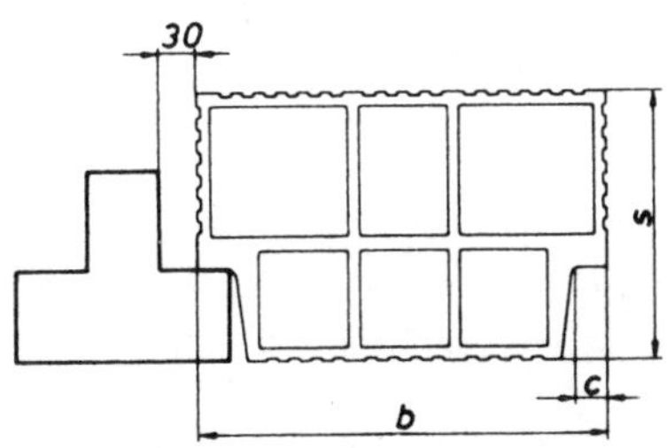

Form Bs (s = senkrechte Flanke)

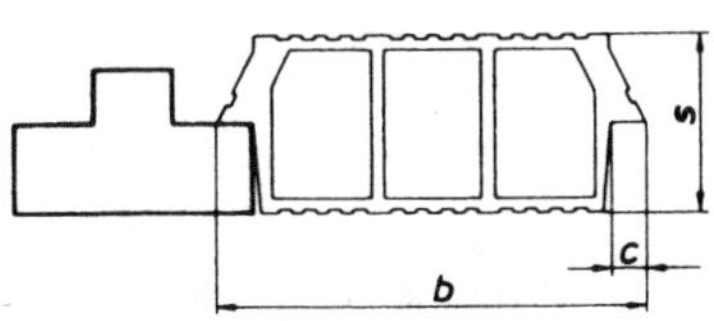

Form Bn (n = geneigte Flanke)

Abb. 3.20 Statisch nicht mitwirkende Deckenziegel nach DIN 4160 (Beispiele)

3.2.7 **Tonhohlplatten** (DIN 278)

Tonhohlplatten, auch Hourdis genannt (DIN 278 (1978-09)), werden als lastabtragende Zwischenbauteile zwischen Deckenträgern aus Stahl, Stahlbeton, Spannbeton oder Holz (Kurzbezeichnung HD) sowie als Langlochziegel für leichte Trennwände (HT) verwendet. Ihr Trockengewicht (Masse) liegt zwischen 48 und 130 kg (s. Abb. 3.21). Ebenfalls in DIN 278 genormt sind Hohlziegel für vorgefertigte Wandtafeln (Verbundtafeln HV), s. a. DIN 1053-4, Mauerwerk; Bauten aus Ziegelfertigbauteilen.

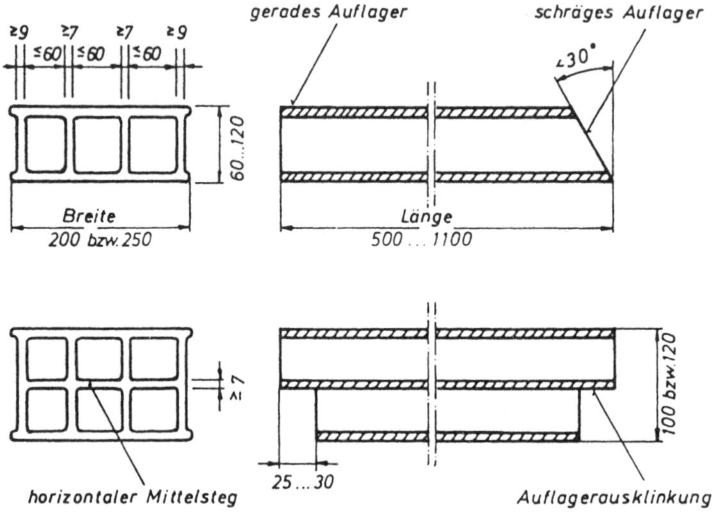

Abb. 3.21 Tonhohlplatten HD nach DIN 278 (Maße in mm)

3.2.8 Dachziegel DIN EN 1304 (2000-07), (Entw. 2003-10) liegt vor (Siehe auch [9a])

Dachziegel sind flächige oder profilierte grobkeramische Bauelemente für Dacheindeckungen. Für Außenwandbekleidungen werden die Dachziegel wie auf dem Dach mit ihren Nasen auf Latten aufgehängt, müssen allerdings gelocht sein und zusätzlich, wie stets bei Dachneigungen ≥ 65°, durch Schrauben, Klammern o. Ä. gesichert werden. Dachziegel werden aus tonigen Massen durch Strangpressen oder Stempelpressen geformt und anschließend gebrannt (s. a. Abschn. 3.2.2 und 3.2.3).

a) **Arten** (s. a. Abb. 3.22 bis 3.24)

1. Strangdachziegel. a) ohne Falz: Biberschwanz-Dachziegel, Hohlziegel. b) mit Falz nur im seitlichen Überdeckungsbereich: Strangfalzziegel, Hohlfalzziegel o. Ä.

2. Pressdachziegel. a) ohne Falz: Mönch- und Nonnen-Dachziegel, Krempziegel. b) mit Falz (diese Ziegel besitzen Ober- und Unterseitenverfalzung, sog. Ringverfalzung): Falzziegel, z. B. Doppelmuldenfalzziegel, Reformziegel (auch als Verschiebeziegel für variable Lattweiten, besonders als Umdeckziegel geeignet) u. Ä.; Flachdachziegel.

3. Formziegel (gibt es als Zubehör i. d. R. für alle Dachziegelarten), z. B.: Ortgangziegel rechts und links bei Verwendung von Ortgangplatten, Doppelkremper bei Verwendung von Ortgangbrettern, Ortgangziegel mit verlängerten Lappen; ein- oder zweiteilige Durchgangsziegel für Sanitär- oder regensichere Dunstrohre; First- bzw. Walmdachziegel, First-Walm-Kappen; Kehlziegel, Lüftungsziegel; Turmfalzziegel (kleinformatig mit Löchern für Schraubbefestigung); Dachziegel für die Anbringung von Sicherheitstrittstufen und Schneefanggittern, auch aus Aluminium.

4. Solarwärme-Systeme
Solarwärme-Systeme gibt es als Thermokollektoren oder als Photovoltaik-System. Die Thermokollektoren sind großflächige vorgefertigte Dachelemente bis über 10 m^2 Größe, die sich in Farbe und Größe den Dachpfannen anpassen. Sie werden per Kran auf die Dachlatten aufgelegt und können an die marktüblichen Solarregler und Warmwasserspeicher ange-

schlossen werden. Mindestdachneigung beträgt 16°. Photovoltaiksysteme bestehen aus Solarmodulen (Flächenelemente von etwa 1200 × 380 mm Größe) mit 18 polykristallinen Solarzellen und einer Abdeckung aus spezialgehärtetem Glas. Die Module werden anstelle von Dachziegeln in die Dachfläche eingebaut. Der von den Solarzellen produzierte Gleichstrom wird über einen Wechselrichter ins öffentliche Stromnetz eingespeist und entsprechend dem Erneuerbare-Energie-Gesetz (EEG) vergütet.

b) Die **Anforderungen** an Dachziegel sind in der DIN EN 1304 (2000-07) – Tondachziegel für überlappende Verlegung – genormt. Sie beziehen sich auf Biegetragfähigkeit (DIN EN 538; je nach Ziegelart 600 bis 1200 N pro Ziegel); Wasserundurchlässigkeit (DIN EN 539-1; Anforderungsstufe 1: ≤ 0,5 $cm^3/(cm^2 \cdot Tag)$, Anforderungsstufe 2: ≤ 0,8 $cm^3/(cm^2 \cdot Tag)$; Frostwiderstandsfähigkeit (DIN EN 539-2; mind. 150 Frost-Tau-Wechsel); Toleranzen der geometrischen Kennwerte (DIN EN 1024): Ebenheit und Geradlinigkeit der Ziegel, Gleichförmigkeit der Querprofile, Abmessungen der Einzelziegel, Deckmaße (siehe Abb. 3.25). Die geometrischen Kennwerte selbst sind nicht genormt, sondern werden vom Hersteller angegeben. Die Normtoleranzen (i. d. R. ≤ 2 %) beziehen sich auf diese Herstellerangaben.

Bezüglich der **Oberfläche** eines Ziegels sind zulässig: geschlossene blasenförmige Erhebungen mittl. ∅ ≤ 10 mm, kleine Krater und Absplitterungen mittl. ∅ ≤ 7 mm, Haarrisse im Oberflächenbereich, produktionsbedingte Farbnuancen, Reibungsspuren und Schleierbildungen (Ausblühungen, die allmählich durch Niederschlag verschwinden). Das **Gewicht** der üblichen Dachziegel beträgt etwa 3 bis 3,5 kg, der **Bedarf** pro m^2 14 bzw. 15 Stück, Großformatziegel bis 4 kg und ca. 11 Stück/m^2.

c) Die natürliche **Farbe** der Dachziegel durch Brennen bei ca. 1000 bis 1100 °C ist rot. Durch Aufbringen von Tonschlämmen (Engoben) oder Glasuren vor dem Brand können praktisch auch alle anderen Farben erreicht werden: blau, grün, braun, schwarz usw., uni oder geflammt. Durch intensive Reduktion beim Brennprozess ergibt sich eine grau-schwarze Farbe.

d) Die **Güteüberwachung** (Nachweis der Konformität mit DIN EN 1304) geschieht durch laufende Eigenüberwachung (Qualitätskontrolle) des Herstellers und teilweise durch freiwillige Fremdüberwachung (mind. 1 × jährlich) durch eine amtliche Materialprüfanstalt. Der Hersteller kann zur Güteüberwachung auch ein Qualitäts-Management-System nach DIN EN ISO 9000 anwenden. Zur **Kennzeichnung** (kodiert oder im Klartext) sind mind. 50 % aller Dachziegel mit Angaben über Herstellfirma und -zeitpunkt (Jahr und Monat) sowie Herkunftsland zu versehen.

e) Das **Verlegen** der Dachziegel geschieht nach den Regeln des Deutschen Dachdeckerhandwerks (siehe Abschn. 18.13). Zur Gewährleistung der Regensicherheit dürfen bestimmte **Regeldachneigungen** (RDN) nicht unterschritten, sondern sollen möglichst überschritten werden (siehe Tafel 3.8). Bei erhöhten Anforderungen, z. B. Unterschreitung der RDN, stark gegliederten Dachflächen, besonderen klimatischen Verhältnissen oder Nutzung des Dachgeschosses zu Wohnzwecken, sind Zusatzmaßnahmen erforderlich, wie z. B. Unterspannungen, Unterdeckungen oder Unterdächer (siehe Abb. 3.26). Deckmaße siehe Abb. 3.25.

Tafel 3.8 Regeldachneigung von Ziegeldächern [31]

	Form	Deckungsart	Regeldachneigung
Dachziegel mit Verfalzung			
Mehrfache Ringverfalzung	Flachdachziegel	Einfachdeckung	22°
Unterbrochene Ringverfalzung	Doppelmuldenfalz-/ Reformziegel		30°
Verschiebefalz			30°
Seitenverfalzung			35°
Dachziegel ohne Verfalzung			
Seitenaufkantung	Krempziegel	Einfachdeckung	35°
gewölbt	Hohlpfanne	Aufschnittdeckung	35°
	Hohlpfanne	Vorschnittdeckung	40°
	Mönch- und Nonne	Einfachdeckung	40°
eben	Biberschwanzziegel	Doppel- und Kronendeckung	30°
		Einfachdeckung mit Spließen	40°

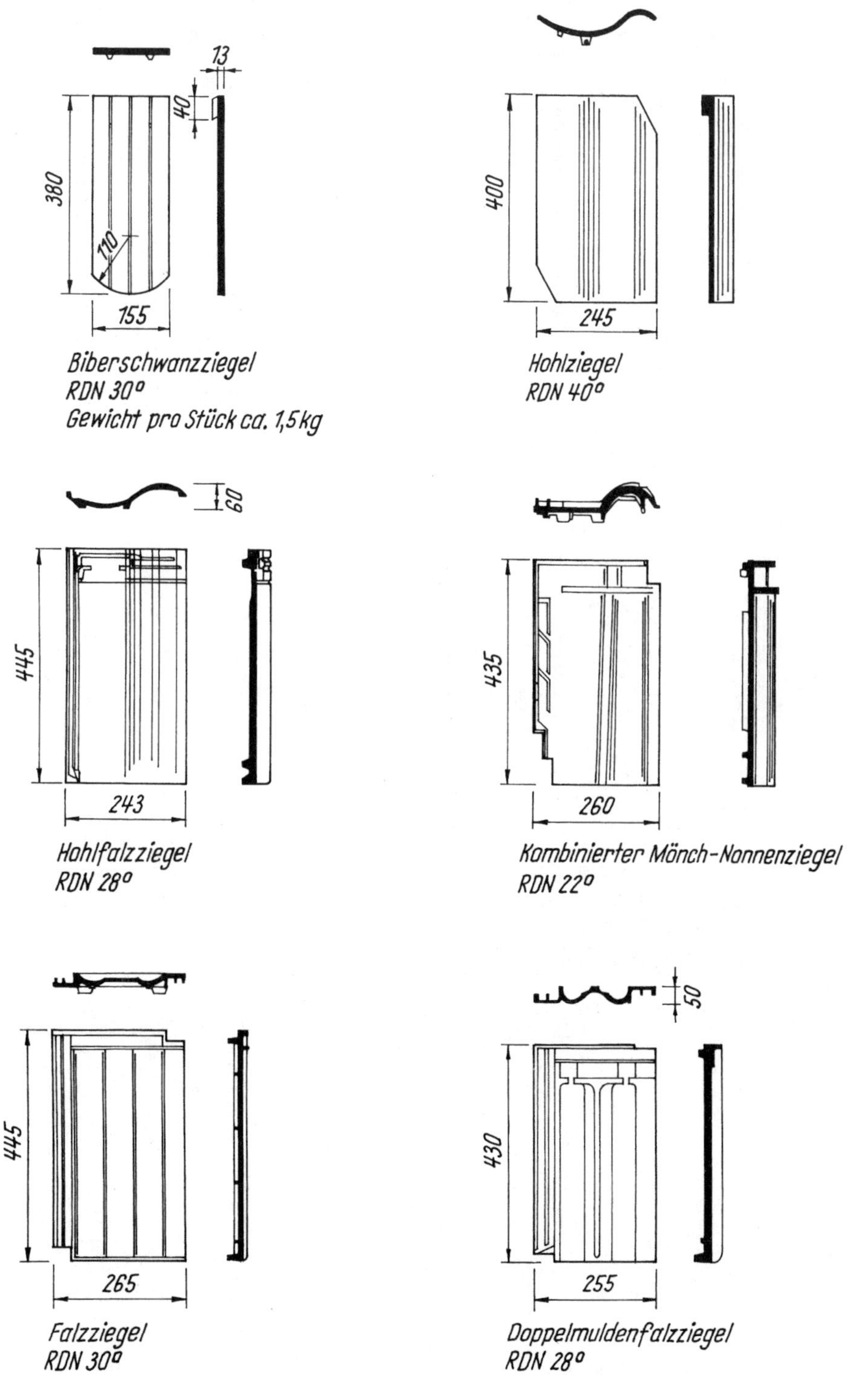

Abb. 3.22 Beispiele für Dachziegel [9a]

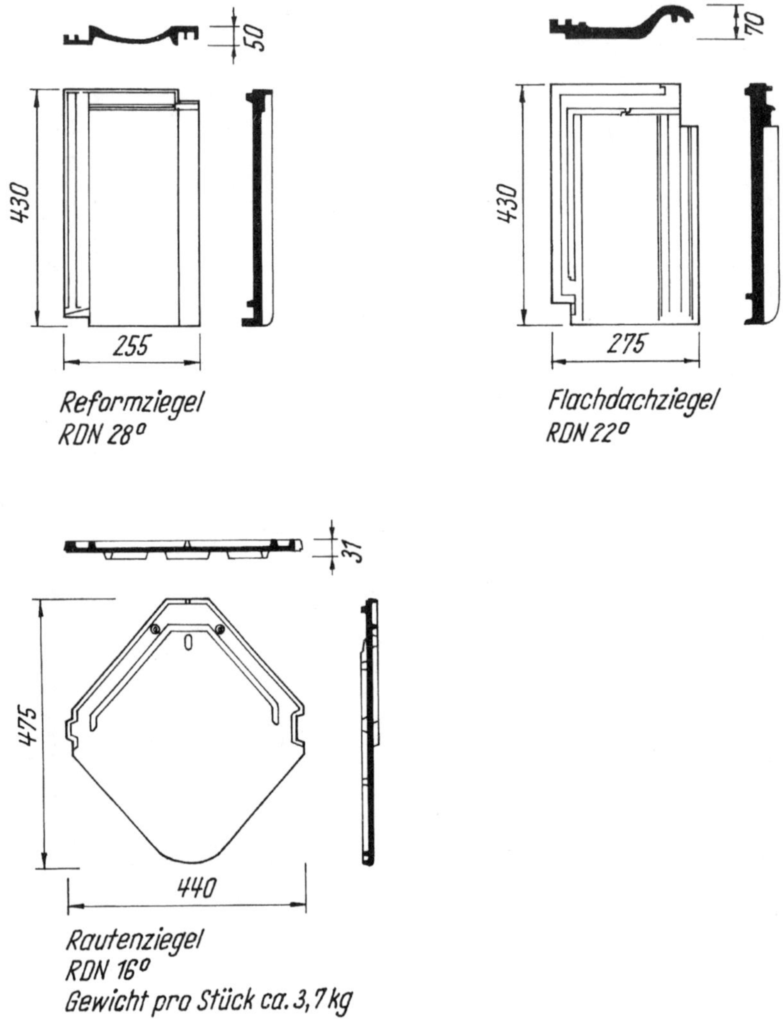

Abb. 3.23 Beispiele für Dachziegel [9a]

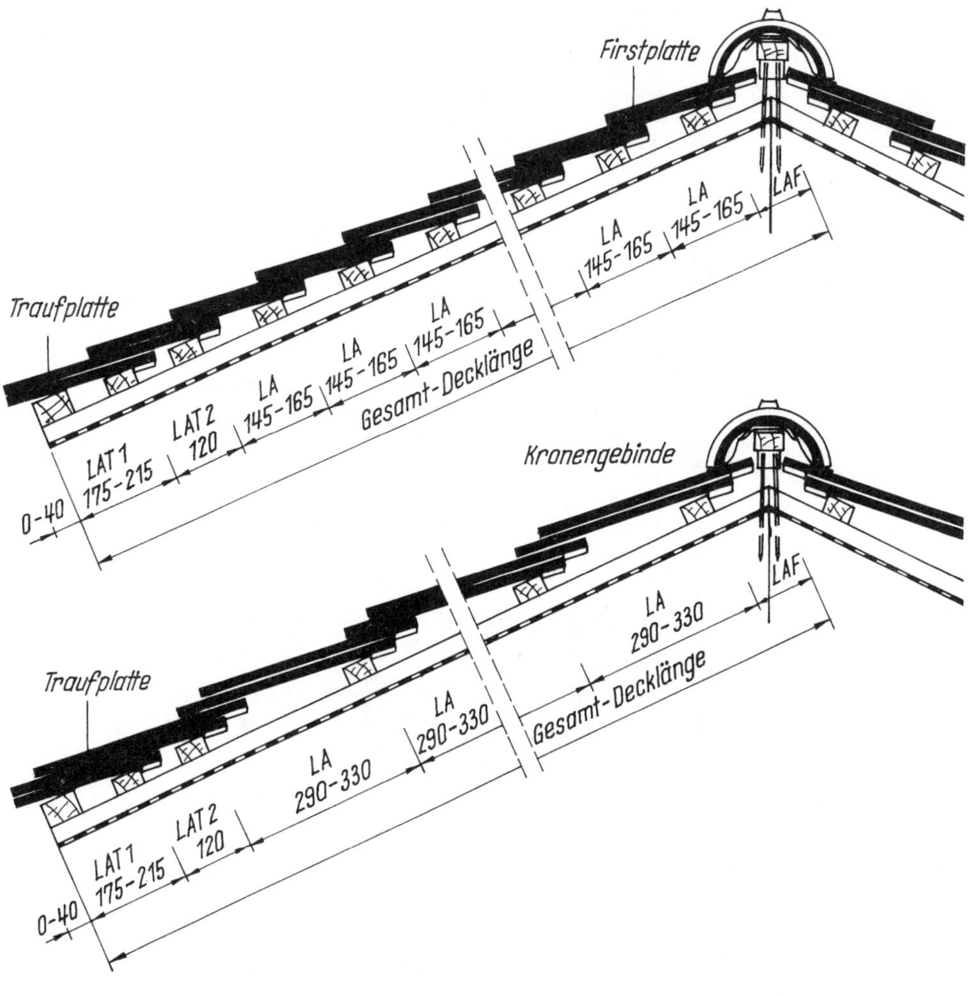

Abb. 3.24 Deckungsarten von Biberschwanzziegeln (Trockenfirst) [9a]
LA = Lattenabstand; LAT = LA Traufe; LAF = LA First
Gesamtlänge = LAT1 + LAT2 + LAF + LA × Anzahl der Reihen

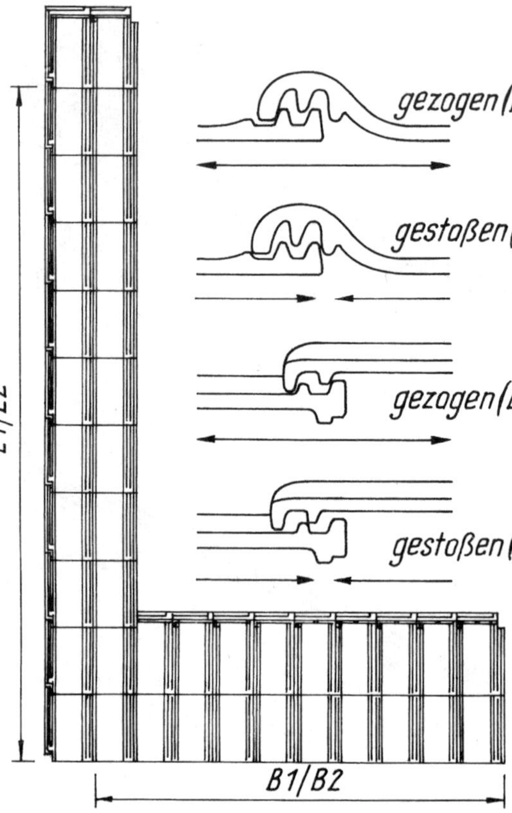

Abb. 3.25 Bestimmung der mittleren Deckmaße von Dachziegeln nach DIN EN 1024 [9a]

24 Dachziegel werden längs bzw. quer in zwei Reihen mit der Oberseite nach unten nebeneinander gelegt. Beim ersten Zusammenfügen werden die Ziegel einzeln gezogen, beim zweiten einzeln gestoßen. Danach werden jeweils die Längen (L_1/L_2) bzw. Breiten (B_1/B_2) gemessen. Dann gilt:

Mittlere Decklänge = $(L_1 + L_2)/20$ Mittlere Deckbreite = $(B_1 + B_2)/20$.

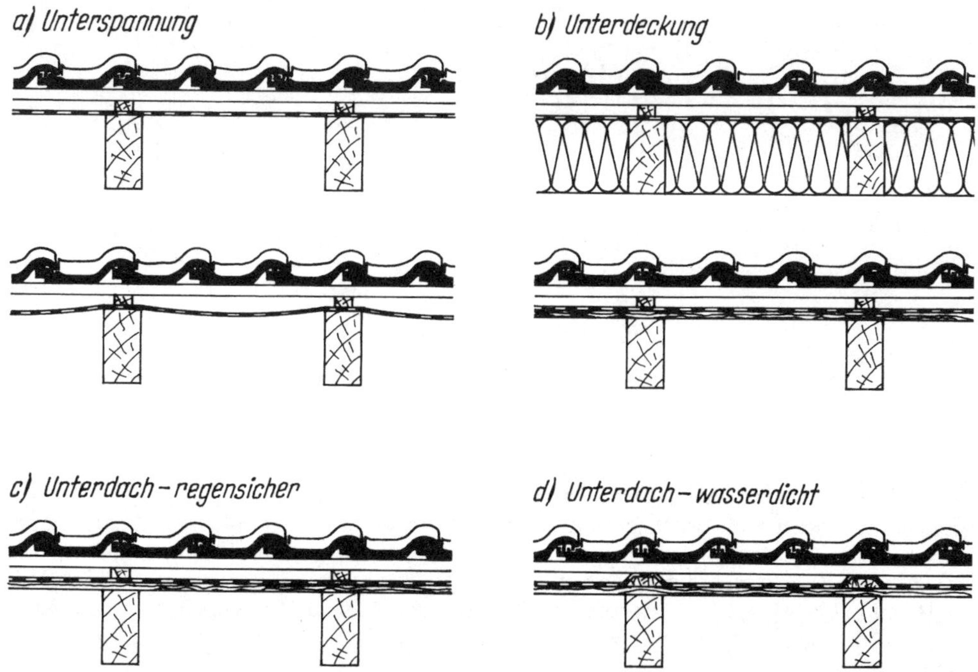

Abb. 3.26 Zusatzmaßnahmen zur Regensicherheit von Dachdeckungen [9a]

a) Unterspannung mit Unterspannbahnen ohne oder mit (ca. 2 cm) Durchhang. Unterspannungen werden als belüftete Konstruktion ausgeführt.
b) Unterdeckung (regensicher) mit überdeckenden und aufliegenden Bahnen. Die Konterlattung ist nicht eingebunden.
c) Unterdach (regensicher). Die Konterlattung ist i. d. R. nicht eingebunden. Lüftungsöffnungen sind zulässig.
d) Unterdach (wasserdicht). Naht- und Stoßverbindungen der Unterspannbahnen müssen wasserdicht sein. Die Konterlattung ist wasserdicht eingebunden.

3.2.9 Schornsteinziegel DIN 1057-1 (1985-07)

Schornsteinziegel für frei stehende massive Schornsteine nach DIN 1056 können Klinker, Ziegel oder Kalksandsteine als Vollsteine ohne oder mit Lochung (≤ 15 % der Lagerfläche) sein und müssen frostbeständig sein. **Radialziegel** sind Mauerziegel im Radialformat (Abmessungen siehe Abb. 3.27) und für Schornsteinaußenradien von 500 bis 4500 mm ausgelegt. Es gibt Radialvollziegel (Rz) bzw. Radialklinker (R) in den Rohdichteklassen 1,8 bzw. 2,0 und Druckfestigkeitsklassen 12 bis 36 bzw. 28 und 36 (siehe Tafeln 3.6 und 3.7).

Die Bezeichnung für einen Radialvollziegel der Druckfestigkeitsklasse 20, Rohdichteklasse 2,0, Höhe 71 mm und Form-Kurzzeichen 2403 (l = 240 mm, b = 100 mm, r_a = 700 mm für Schornsteinaußenradien von 600 bis 800 mm; siehe Abb. 3.30) lautet:

Radialziegel DIN 1057 – Rz 20 – 2,0 – 71 – 2403

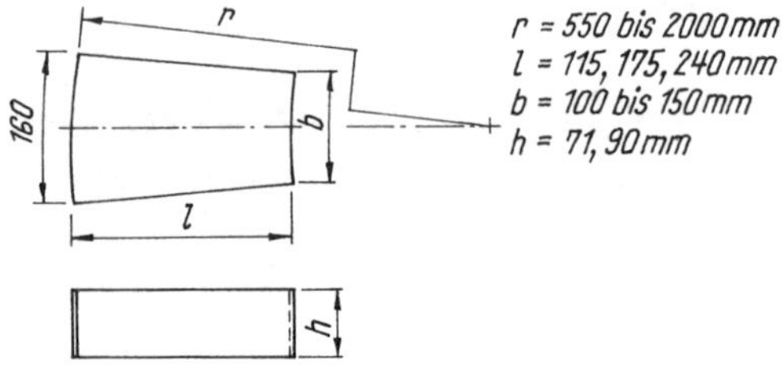

Abb. 3.27 Radialziegel nach DIN 1057 (Schornsteinziegel)

3.2.10 Keramische Fliesen und Platten DIN EN 87

Keramische Fliesen und Platten werden aus einem Gemisch aus Ton, Kaolin, Sand und anderen mineralischen Rohstoffen stranggepresst oder unter hohem Druck in Stahlformen geformt und bei über 900 °C gebrannt. Sie werden im Dickbett-Verfahren mit Zementmörtel (DIN 18 352, VOB Teil 2 (1992-12)) oder nach neueren Verfahren im Dünnbett-Verfahren mit hydraulischen Mörteln oder Dispersions- bzw. Epoxidharz-Klebstoffen (DIN 18 156/18 157) mit dem Untergrund verbunden.

Für keramische Fliesen und Platten gilt die DIN EN 87 (Keramische Fliesen und Platten für Bodenbeläge und Wandbekleidungen (1992-01)). Sie ist die Grundlagennorm und regelt Begriffe, Klassifizierung, Gütemerkmale und Kennzeichnung von keramischen Fliesen und Platten.

Man unterscheidet:

a) **Trockengepresste keramische Fliesen und Platten** (Verfahren B)

a.1) mit einer Wasseraufnahme $E > 10\,\%$ (Gruppe B III) nach DIN EN 159 (1991-12). Maße: 108×108 bis 400×400 mm. Oberfläche (s. u.) GL. Anwendung: Wand- und Bodenbeläge vorwiegend im Innenbereich, da nicht frostbeständig.

a.2) mit einer Wasseraufnahme $E \leq 3\,\%$ (Gruppe B I) nach DIN EN 176 (1992-01). Maße: 100×100 bis 400×300 mm. Oberfläche (s. u.) GL oder UGL. Anwendung: Wand- und Bodenbeläge im Innen- und Außenbereich.

Die Oberfläche der keramischen Fliesen und Platten kann eben, profiliert, wellig, dekoriert oder auf anderere Weise gestaltet sein, außerdem glänzend, matt oder halbmatt glasiert (GL) oder unglasiert (UGL).

b) **Stranggepresste keramische Fliesen und Platten** (Verfahren A) mit niedriger Wasseraufnahme $E \leq 3\,\%$ (Gruppe A I) nach DIN EN 121 (1991-12). Sie werden als Doppelplatten geformt und nach dem Brennen gespalten (Spaltplatten; siehe Abb. 3.28) oder als einzeln gezogene Platten vom gezogenen Strang abgeschnitten und vielfach nachgepresst. Bevorzugte Maße: 240×115, 240×73, 220×110, 219×66, 217×105 mm. Die Oberfläche kann eben oder profiliert sowie glasiert (GL) oder unglasiert (UGL) sein. Anwendung: Wand- und Bodenbeläge im Innen- und Außenbereich.

c) **Bodenklinkerplatten** nach DIN 18 158 (1986-09). Sie haben ein dichtes Gefüge und sind abriebfest sowie widerstandsfähig gegen Frost sowie Witterungs- und chemische Einflüsse. Ansichtsfläche eben oder profiliert, Kanten gefast oder ungefast. Maße: 100×200 bis 300×300 mm, Dicke 10 bis 40 mm.

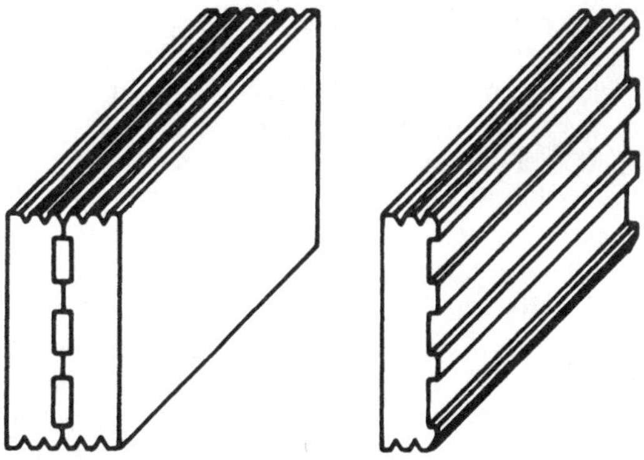

Abb. 3.28 Keramische Spaltplatte nach DIN EN 121 (Beispiel)

3.2.11 Feuerfeste Steine

Feuerfeste Steine haben einen höheren Schmelzpunkt als Mauerziegel (bei 1580 °C noch keine Verformung) und werden daher zum Ausmauern von Feuerungsanlagen (z. B. Hochöfen, Stahlkonverter) verwendet. Normen sind u. a. DIN 51 060 (Definition der Begriffe feuerfest und hochfeuerfest), DIN 1081 und 1082-1 bis -4 (Maße von keramischen feuerfesten Werkstoffen) sowie DIN 1089-1 bis -3 (Feuerfeste Werkstoffe für Koksöfen: Silicasteine, Schamottesteine, Mörtel).

Schamottesteine werden aus feuerbeständigem Ton unter Zusatz von Schamottemehl scharf gebrannt. Schamottemehl ist gemahlener (gekörnter), gebrannter, feuerfester Ton.

Schamotterohre für Rauch- und Abgasschornsteine werden als Vierkantrohre von 10,5/14 cm bis 60/60 cm oder als Rundrohre bis 60 cm Durchmesser hergestellt (Baulänge 50 cm). Anstelle von Rohren nimmt man auch Einzelplatten mit Nut und Feder, aus denen die Querschnitte zusammengesetzt werden können.

Silica- und Dinassteine werden aus Quarzsand oder zerkleinertem Quarzsandstein (Dinassand) mit Quarzmehl und wenig Ton gebrannt. Wird außerdem Schamottemehl zugefügt, so erhält man den **Quarzschamottestein.**

Magnesitsteine sind hochfeuerbeständig und zum Ausfüttern von Schmelzöfen usw. geeignet. Magnesit ($MgCO_3$) wird bei 1500 °C bis zur Sinterung gebrannt.

Weitere Arten: Forsteritstein (Magnesiumsilicat), Dolomitstein, Chrom-Magnesitstein, Sillimanitstein (Schm.-Pkt. 1800 °C), Korundstein (Al_2O_3), Kohlenstoffsteine, Siliciumcarbidsteine.

3.2.12 Steinzeug für Abwassersysteme

(Siehe auch [4])

Steinzeug war früher in der DIN 1230 genormt. Heute gilt für Steinzeug die DIN EN 295 (Steinzeugrohre und Formstücke sowie Rohrverbindungen für Abwasserleitungen, -kanäle und -schächte, Teil 1 bis 7; 1995 und 1999).

a) **Herstellung**: Die Rohmasse besteht aus einem Gemisch aus verschiedenen Tonarten, dem als Magerungsmittel Schamotte zugesetzt wird. Aus dem Ringspalt am Mundstück einer Schneckenpresse mit Unterdruckkammer werden Muffe und Schaft der Rohre in einem Arbeitsgang geformt. Dabei wird in den noch weichen Ton die Kennzeichnung eingeprägt: DIN EN 295, Hersteller, Nennweite, Tragfähigkeit, Verbindungssystem. Die Rohre werden auf der Muffe stehend bei 80 °C getrocknet und im Tunnelofen bis zur Sintertemperatur von 1250 °C gebrannt (Brenndauer etwa 3 Tage). Vor dem Brennen wird der Rohling in einen Glasurschlicker (Lehm, Ton, Kalk, Dolomit, Quarz, Metalloxide) eingetaucht, der sich mit dem Rohr fest verbindet und ihm die Glasoberfläche gibt.

b) **Arten** (siehe Abb. 3.29): **b.1)** Steinzeugrohre mit Nennweiten von DN 100 bis 200 (Baulängen 1 bis 2,50 m). Sie haben eine mit der Muffe fest verbundene Lippendichtung aus Kautschuk-Elastomer-Kunststoff: einseitige Steckmuffe L nach dem Verbindungssystem F. **b.2)** Rohre ab DN 200 bis 1200 (Baulänge 2 bzw. 2,5 m). Sie besitzen in der Muffe harte und am Spitzende weiche Dichtelemente aus Polymerwerkstoff: zweiteilige Steckmuffe K nach dem Verbindungssystem C. Bei Steinzeugrohren mit der Steckmuffe S nach dem Verbindungssystem C, Baulänge 2,5 m, werden Muffe und Spitzende nach dem Brennen der Rohre präzisionsgeschliffen. Anschließend wird auf dem Spitzende ein Kautschuk-Elastomer-Dichtring aufgebracht. **b.3)** Für die Aufnahme von Sickerwasser gibt es gelochte Steinzeugrohre DN 100 bis 300 mit Steckmuffe L nach Verbindungssystem F.

Vortriebsrohre DN 150 bis 1000, Baulängen 1 bis 2 m, ermöglichen wie bei den Stahlbetonrohren (siehe Abschn. 3.3.10) die geschlossene Bauweise ohne Baugrube. Die Kupplung besteht bei DN 150 aus glasfaserverstärktem Polypropylen, sonst aus V4A-Edelstahl (ähnlich Abb. 3.29c). Für den Vortrieb gibt es auch Schachtanschlussstücke DN 200 bis 1000 für den Einbau in vorhandene Ortbeton- oder gemauerte Schächte.

c) **Zubehör und Sonderbauteile**: **c.1)** Gelenkstücke zum Anschluss an Gebäude, DN 150 bis 1200; Bögen DN 100 bis 300 (15 bis 90°); Abzweigungen DN 100 bis 300 (45° und 90°); Übergangsstücke zwischen Rohren mit unterschiedlichen Nennweiten DN_1/DN_2 100/125 bis 250/300; Anschlussstutzen DN 150 bis 200, die in vorgebohrte Scheitellöcher eingeklebt werden; Verschlussteller DN 100 bis 300. **c.2)** Schächte DN 800 bis 1200, ähnlich Abb. 3.55. **c.3)** Halbschalen (180°; DN 100 bis 400); Sohlschalen (90° und 120°; DN 250 bis 600); Steinzeugteile für den Stallbau, wie Schalen, Platten, Tröge (DIN 18 902).

d) **Eigenschaften**: Die Tragfähigkeit der Rohre reicht je nach Nennweite (DN 100 bis 1200) von 34 kN/m bis 60 kN/m bei der Normallastreihe N bzw. bis 96 (auf Anfrage 128) kN/m bei der Hochlastreihe H mit verstärkter Wanddicke. Außerdem erfüllen die Rohre die Normanforderungen u. a. an chemische Beständigkeit, Wasser- und Luftdichtheit, Wandrauheit und Abriebfestigkeit, die Muffenverbindungen an Dichtheit, Wurzelfestigkeit, biologische, chemische und Alterungs-Beständigkeit.

e) **Anwendung**: Steinzeugrohre werden als Freispiegel- und Niederdruckleitungen in der Abwassertechnik verwendet. Besonders wichtig ist hierbei ihre Dichtheit in Wassereinzugsgebieten und Trinkwasserschutzzonen.

f) **Montage**: **f.1)** Rohre DN 100 bis 200 (einseitige Lippendichtung L): Muffe und Spitzende werden vor dem Zusammenschieben gesäubert und mit Gleitmittel eingerieben. **f.2)** Rohre mit Steckmuffe K und S: die Muffendichtung wird mit Gleitmittel eingerieben. Dann wird das nächste Rohrstück mit einer Brechstange über ein gegen die Muffe gelegtes waagerechtes Kantholz in die Muffe eingeschoben. **f.3)** Das Kürzen von Rohren bis DN 300 geschieht mit der Schneidkette. Die verloren gegangene Dichtung am Spitzende wird durch Aufsetzen eines Passrings ersetzt.

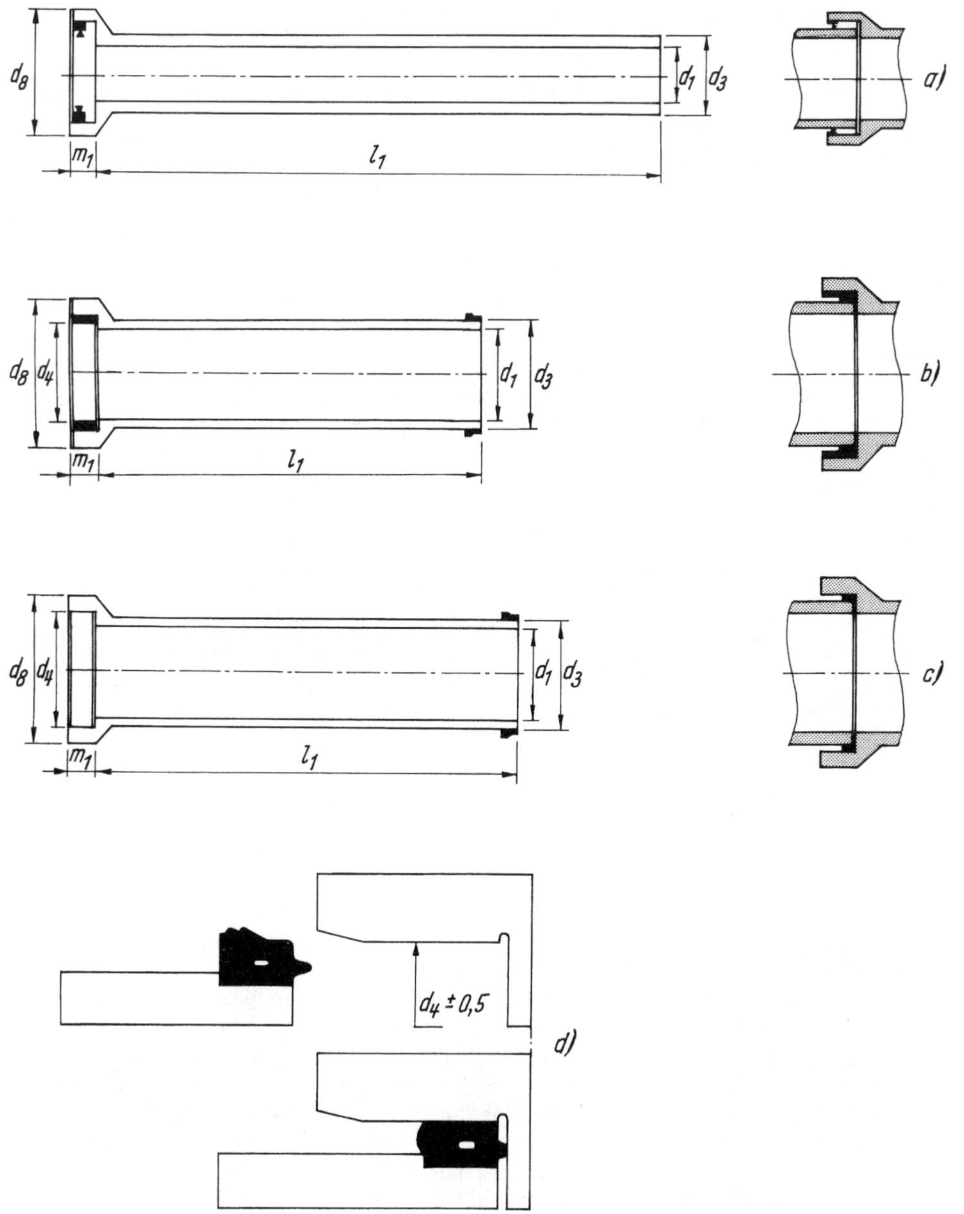

Abb. 3.29 Steinzeugrohre nach DIN EN 295 (schematisch) [4]

a: einteilige Steckmuffe L (Lippendichtung) nach Verbindungssystem F.

b: zweiteilige Steckmuffe K nach Verbindungssystem C aus Polymerwerkstoff: weich am Spitzende und hart in der Muffe.

c: einteilige Steckmuffe S nach Verbindungssystem C. Spitzende und Muffe werden nach dem Brennen präzisionsgeschliffen. Danach wird auf dem Spitzende ein Kautschuk-Elastomer-Dichtring aufgebracht.

d: Funktionszeichnung der Steckmuffe S nach Verbindungssystem C.

3.2.13 Ziegelfehler

Als Fehler an Ziegeln sind insbesondere Abplatzungen und Ausblühungen auf der Ziegeloberfläche zu betrachten.

a) **Abplatzungen** entstehen durch sog. Kalkknollen, kleine Calciumcarbonat-Stückchen ($CaCO_3$), im plastischen Ton. Sie werden beim Ziegelbrennen zu Branntkalk (CaO). Sobald Feuchtigkeit an und in den Ziegel gelangt, bilden die Branntkalkstücke mit dem Wasser gelöschten Kalk [Calciumhydroxid $Ca(OH)_2$]; ihr Volumen vergrößert sich dabei, und Teile des Ziegels werden dadurch abgesprengt. Es ist daher wichtig, dass der Kalk bei der Aufbereitung des Ziegeltons gut zerkleinert (Korngröße höchstens 1 mm) und in der Tonmasse fein verteilt wird. Ein gewisser Kalkgehalt (bis etwa 25 Gew.-%) ist unter diesen Umständen zulässig.

b) Helle **Ausblühungen** können dadurch entstehen, dass im gebrannten Ziegel enthaltene Salze durch eingedrungenes Wasser aufgelöst werden und beim Austrocknen wieder auskristallisieren. Die Salze sind vor allem Glaubersalz (Natriumsulfat $Na_2SO_4 \cdot 10\ H_2O$), ferner Gips (Calciumsulfat $CaSO_4 \cdot H_2O$) und kohlensaurer Kalk (Calciumcarbonat $CaCO_3$), nur selten echter Mauersalpeter = Calciumnitrat $Ca(NO_3)_2$. Das Entfernen der Ausblühungen geschieht am besten durch trockenes Abbürsten. Bei *nassem* Abbürsten gehen die ausgeblühten Salze zurück in Lösung und werden teilweise wieder vom Stein aufgesogen. Bei *Carbonat*ausblühungen nach dem Abbürsten ggf. Absäuern mit 5- bis 6%-iger Essigsäure oder Salzsäure (1 : 10 verdünnt für Mauerflächen, 1 : 50 verdünnt für Putzflächen). Dabei ist ausgiebiges Vornässen und kräftiges Nachwaschen der Mauerfläche wichtig, damit zunächst die Ziegelporen mit Wasser gefüllt und anschließend die löslichen Chloride abgewaschen werden.

3.2.14 Lehmbau

(Siehe auch [8])

a) **Allgemeines**
Lehmbau ist eine der ältesten Bautechniken der Menschheit und wurde bereits in historischen Städten, wie z. B. Jericho in Jordanien oder Mohenjo Daro am Indus, für den Hausbau verwendet. Lehmbauweisen gewinnen in Deutschland wieder an Bedeutung. Als Baulehm wird heute ein Lehm verwendet, der sich nach eingehender Untersuchung für Bauzwecke eignet. Seine Bindekraft beruht auf der Anziehungskraft zwischen den flächigen Seiten der plättchenförmigen Tonkristalle (siehe Abschn. 3.1.4 D). Durch Wasserzugabe wird der Ton in eine verarbeitbare steife bis flüssige Konsistenz gebracht. Die Erhärtung geschieht dann durch Austrocknung. Ton ist wasserempfindlich und muss gegen Wasser, insbesondere gegen Schlagregen, geschützt werden. Baulehm lässt sich durch Zerkleinerung und erneute Wasserzugabe wieder aufbereiten und erneut als Baustoff verwenden (Recycling!).

b) **Lehmbaustoffe**
Lehmbaustoffe werden aus Baulehm und faserförmigen organischen und mineralischen Zuschlägen hergestellt, die zur Magerung dienen, d. h. die Trockenschwindung verringern, und seine Festigkeit und Wärmedämmung optimieren sollen. Sie sind als Fertigmischung trocken oder erdfeucht, aber auch verarbeitungsfertig plastisch bis nass lieferbar. Zwecks besserer Trocknung sollte der Einbau nasser Lehmbaustoffe auf die Sommermonate beschränkt werden. Andernfalls sind besondere Trocknungsmaßnahmen vorzusehen. Man unterscheidet folgende Arten von Lehmbaustoffen:

- **Stampflehm**: Rohdichte ca. 2000 kg/m^3. Er wird in erdfeuchter Konsistenz in Schalungen gestampft oder zu Steinen oder Blöcken gepresst und ist für tragende Wände geeignet. Steine und Blöcke, die zusätzlich mit Zement stabilisiert werden, sind der weltweit verbreitetste Lehmbaustoff (compressed blocs).
- **Stroh- oder Faserlehm**: weichplastische Mischung aus Baulehm und pflanzlichen Faserstoffen, i. d. R. Stroh. Er wird verwendet für Fachwerkausfachungen, z. B. auf einem Geflecht aus Staken und Ruten (siehe Abb. 3.30). Strohlehm dient auch zur Verfüllung historischer Stakendecken (siehe Abb. 3.31).
- **Leichtlehm**: Rohdichte ≤ 1200 kg/m^3. Er wird breiig bis flüssig mit Holzhackschnitzeln (Holzleichtlehm), Stroh (Strohleichtlehm) oder mineralischen Leichtzuschlägen angemacht und vor allem für Ausfachungen von Tragskeletten (meist Holzfachwerke) und für die Herstellung wärmedämmender Innenschalen im Altbau verwendet. Aus Leichtlehm werden auch Steine (Leichtlehmsteine) und Platten hergestellt.
- **Lehmschüttungen**: Rohdichte 400 bis 2000 kg/m^3. Mischung aus erdfeuchtem Baulehm und organischen oder mineralischen Zuschlägen. Dient z. B. für die Verfüllung waagerechter Balkendecken.
- **Lehmsteine** werden aus Lehmbaustoffen im Handstrich-, Press- oder Strangpressverfahren hergestellt. Sie werden für die Ausfachung von Fachwerk und als Außenputzträger (siehe Abb. 3.32) verwendet und sind bei ausreichender Festigkeit auch für tragende Wände geeignet. Sie werden auch für nicht tragende Innenwände, Stapelschalen (siehe Abb. 3.33) und Deckenfüllungen verwendet. Hierfür kommen auch ungebrannte Strangziegel aus Ziegeleien, sog. Grünlinge, zum Einsatz.
- **Lehmbauplatten** bestehen aus Baulehm mit einer zusätzlichen Einlage aus Schilfrohr und Jute. Bevorzugte Abmessung: 1500×625×20 mm. Sie werden z. B. im Innenausbau als Trockenbauplatten verwendet (siehe Abb. 3.34).
- **Lehmmörtel** wird als Mauer-, Putz- und Spritzmörtel verwendet. Er enthält neben dem Baulehm Sand oder Leichtzuschläge und Fasern. Die mineralischen Zuschläge dienen der Abmagerung, die Fasern auch der Armierung. Im Außenbereich muss Lehmmörtel gegen Regen geschützt werden, z. B. mit Kalkdeckputzen. Putzoberflächen im Innenausbau können mit einem dünnen Kalkmörtel überzogen werden. Meistens jedoch werden die Putzoberflächen unmittelbar mit einem Anstrich versehen, z. B. mit Kalkkasein-, Naturdispersions- oder Leimfarben oder in ihrer natürlichen Färbung sichtbar belassen. Eine Besonderheit sind Lehmmörtel für reinweiße oder farbige Lehmputze. Sie sind entweder mit Pigmenten eingefärbt oder haben ausgesuchte farbige Tone als Bindemittel. Lehmstreichputze sind mit Feinkorn gefüllte Anstrichstoffe. Die ausreichende Anhaft- und Abriebfestigkeit wird durch die Zugabe von z. B. Stärke oder Zellulose erreicht.

c) **Lehmbauregeln**

Die bereits 1944 als „Lehmbauordnung“ erlassene und 1951 bauaufsichtlich eingeführte DIN 18 951 sowie die darauf folgenden Vornormen 18 952 bis 18 956 wurden 1971 zurückgezogen, galten aber weiterhin als Stand der Lehmbautechnik. Seit 1999 gibt es die vom „Dachverband Lehm“ herausgegebenen „Lehmbau Regeln“ (siehe Abschn. 18.3.2b), die vom Deutschen Institut für Bautechnik Berlin als technische Regel anerkannt sind und in den meisten Ländern der BRD bauaufsichtlich eingeführt wurden.

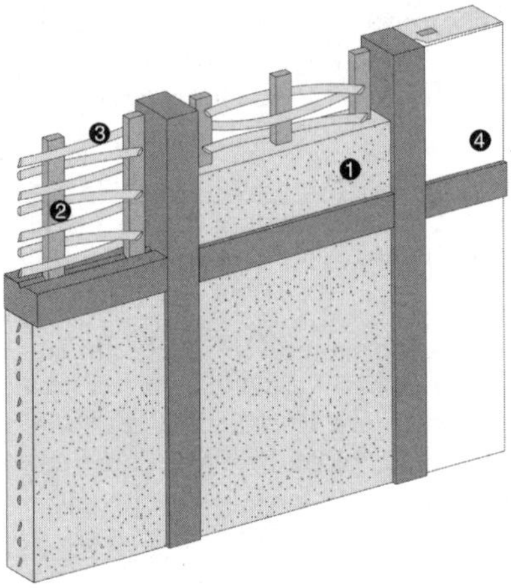

Abb. 3.30 Fachwerk-Ausfachung mit Strohlehm [8]
(1) Strohlehm
(2) Eichenstaken 26×60 mm
(3) Weidenruten ∅ ca. 25 mm
(4) Außenputz, Dicke 15 mm

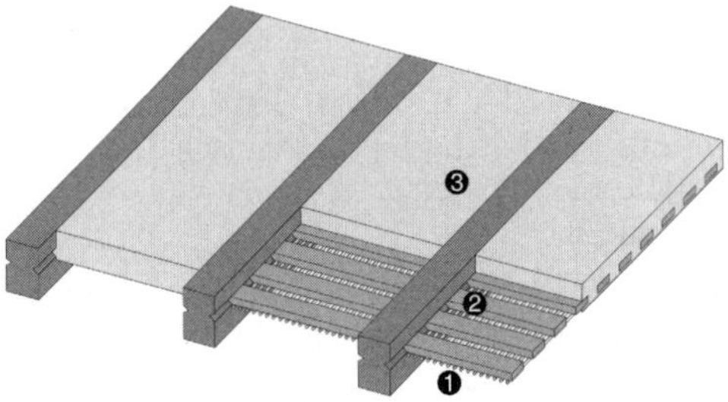

Abb. 3.31 Stakendecke mit Strohlehm [8]
(1) Rohrgewebe als Putzträger
(2) angespitzte und gesägte Eichenstaken 26×60 mm
(3) Strohlehm

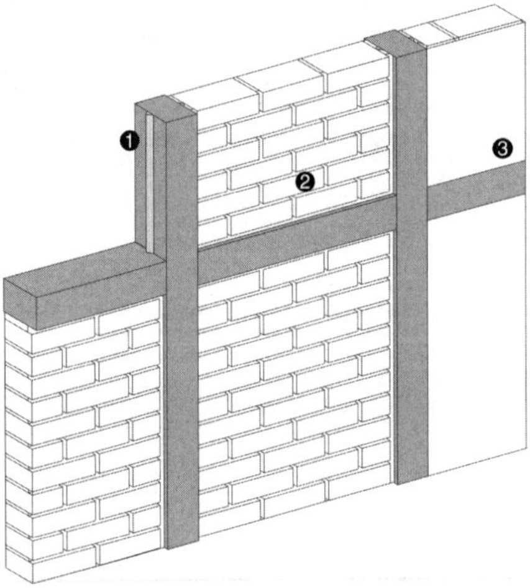

Abb. 3.32 Ausfachung von Holzfachwerk mit Lehmsteinen [8]
(1) Dreikantleisten
(2) Leichtlehmsteine, Dicke z. B. 115 mm
(3) Außenputz, z. B. magerer Trasskalkmörtel, Dicke 15 mm

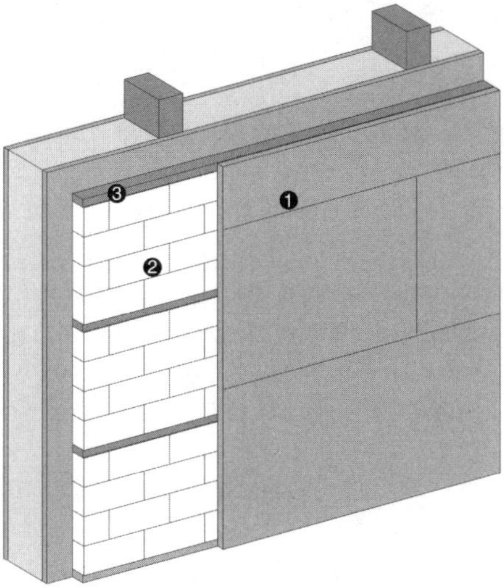

Abb. 3.33 Wärmespeichernde Innenschale in Stapeltechnik (Stapelschale) vor Leichtbau-Außenwand [8]
(1) Lehmbauplatte, Dicke 25 mm
(2) Lehmsteine oder Grünlinge, Dicke 5,2 bis 7,1 mm
(3) Klemmlatten 24×48 mm

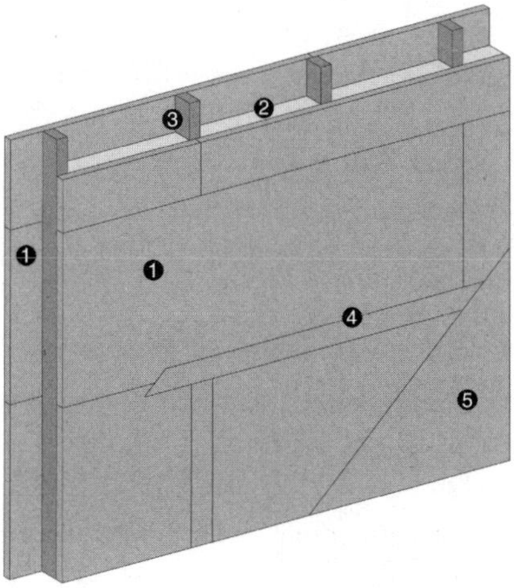

Abb. 3.34 Innenwand mit Lehmbauplatten [8]
(1) Lehmbauplatte Dicke 25 mm
(2) Dämmstoff
(3) Unterkonstruktion
(4) Fugenarmierung Breite 80 oder 120 mm
(5) Lehm-Feinputz

3.2.15 Fragen und Aufgaben zu keramischen Baustoffen

1) Wie werden die keramischen Baustoffe eingeteilt?
2) Beschreiben Sie die Herstellung der keramischen Baustoffe! Welche Rolle spielt dabei der zur Tonmasse zugegebene Sand?
3) Beschreiben Sie beiden wichtigsten Arten von Ziegelfehlern und ihre Vermeidung bzw. Beseitigung!
4) Beschreiben Sie die Vorgänge beim Brennen der keramischen Baustoffe!
5) Beschreiben Sie die verschiedenen Arten von Ziegeln, ihre unterschiedlichen Eigenschaften und Anwendungsgebiete!
6) Was versteht man unter der Rohdichte und der Scherbenrohdichte von Ziegeln und wie bestimmt man sie?
7) Warum werden bei den flachen Ziegelformaten DF und NF vor der Druckfestigkeitsprüfung die Ziegel halbiert und aufeinander gemauert?
8) Was ist bei Leichtziegeln der Unterschied zwischen Block- und Planziegeln und wie werden sie verarbeitet?
9) Auf welche Weise wird bei Leichtziegeln und dem daraus hergestellten Mauerwerk die hohe Wärmedämmung erreicht?
10) Warum und auf welche Weise wird bei Hochlochziegeln erreicht, dass kein Mauermörtel in die Löcher gelangt?
11) Wie werden Maueröffnungen bei Leichtziegel-Mauerwerk überbrückt?
12) Was versteht man bei Mauerziegeln unter der Maßspanne?
13) Was versteht man bei Mauerziegeln unter der Rohdichteklasse (z. B. 1,0) und der Festigkeitsklasse (z. B. 12)?
14) Beschreiben Sie die verschiedenen Arten des Wandaufbaus bei Leichtziegel-Mauerwerk!
15) Bescheiben Sie Arten und Anwendung von Deckenziegeln! Wann werden *teil*- und wann *voll*vermörtelbare Stoßfugen angewendet?
16) Beschreiben Sie die verschiedenen Arten von Dachziegeln!
17) Wovon hängt bei Dachziegeln die Regeldachneigung ab? Aus welchen Gründen müssen u. U. sog. Zusatzmaßnahmen bei der Dachdeckung ergriffen werden?
18) Beschreiben Sie das Prinzip der Solardachziegel!
19) Wie bestimmt man bei Dachziegeln die Decklänge und -breite?
20) Welche Aufgabe hat die Glasur bei keramischen Fliesen und Platten?
21) Welche Arten von feuerfesten Steinen gibt es und wo finden sie Verwendung?
22) Beschreiben Sie die verschieden Arten und Anwendungsmöglichkeiten von Lehmbaustoffen.
23) Welches sind die Vorzüge von Lehmbaustoffen?
24) Was ist bei der Verwendung von Lehmbaustoffen besonders zu beachten?
25) Skizzieren sie die beiden Deckungsarten von Biberschwanzziegeln!

3.3 Mineralisch gebundene Baustoffe

Mineralisch gebundene Baustoffe werden aus körnigen Mineralstoffen und einem anorganischen Bindemittel hergestellt. Sie erfordern zu ihrer Herstellung weniger Wärmeenergie als die keramischen Baustoffe.

3.3.1 Kalksandsteine DIN 106
(Siehe auch [5])

Kalksandsteine sind Mauersteine, die aus Kalk und kieselsäurehaltigen Zuschlägen durch Dampfhärtung hergestellt werden. Die Beigabe von Wirkstoffen und Farbstoffen ist zulässig. Die Steine haben nach dem Härten und Abkühlen ihre endgültige Festigkeit erreicht und sind gebrauchsfertig.

Normen

DIN V 106-1 (2003-02)	Kalksandsteine; Teil 1: Voll-, Loch-, Block- Hohlblock-, Plansteine, Planelemente, Fasensteine, Bauplatten, Formsteine
DIN V 106-2 (2003-02)	Kalksandsteine; Teil 2: Vormauersteine und Verblender

a) **Herstellung**
Sand und Kalk (CaO) werden im Verhältnis von etwa 12 : 1 maschinell gut gemischt. Durch Zugabe von Wasser wird der Kalk in Reaktoren gelöscht ($CaO + H_2O \rightarrow Ca(OH)_2$) und das Gemisch im Nachmischer auf Pressfeuchte gebracht. Mit vollautomatischen Pressen werden die Steinrohlinge geformt. Diese kommen auf Transportwagen in Härtekessel (Autoklaven), wo sie in 4 bis 8 Std. bei 160 bis 220 °C unter Wasserdampfdruck von etwa 16 bar Druck aushärten. Dabei bilden sich an den Oberflächen der Zuschlagkörner kristalline Calciumsilicathydrate, die zu einer sehr festen dauerhaften Verkittung führen.

b) **Arten:** Nach DIN V 106 Teil 1 unterscheidet man **Voll- und Blocksteine** (KS) mit Lochquerschnitt ≤ 15 % und Höhen ≤ 123 mm (Vollsteine) oder > 123 mm (Blockstein) sowie **Loch- und Hohlblocksteine** (KS L) mit Lochquerschnitt > 15 und ≤ 55 % der Lagerfläche und Höhen wie vorstehend. Die Voll-, Block-, Loch- und Hohlblocksteine sind fünfseitig geschlossen und besitzen ab 2 DF Griffhilfen, und zwar entweder durchgehende Grifföffnungen oder seitliche Griffhilfen, die in den Mörteltaschen angebracht sein dürfen. Sie werden mit Normalmörtel gemauert mit einer Stoßfuge von 10 mm und einer Lagerfuge von 12 mm.

KS-R-Steine besitzen an den Stirnseiten ein Nut-Feder-System, sodass die Stoßfugen dann nicht vermörtelt werden (R steht für rationell). Blocksteine KS-R und Hohlblocksteine KS L-R werden mit 12 mm dicker Lagerfuge gemauert.

KS-Plansteine KS-R (P) und KS L-R (P) sind Voll-, Loch-, Block- und Hohlblocksteine, an die erhöhte Anforderungen an die Maßgenauigkeit gestellt werden. Sie haben Lagerfugen aus 2 mm dickem Dünnbettmörtel. **Fasensteine** KS F sind KS-Plansteine mit abgefasten Kanten und werden an den Stirnseiten mit einem Nut- und Federsystem hergestellt.

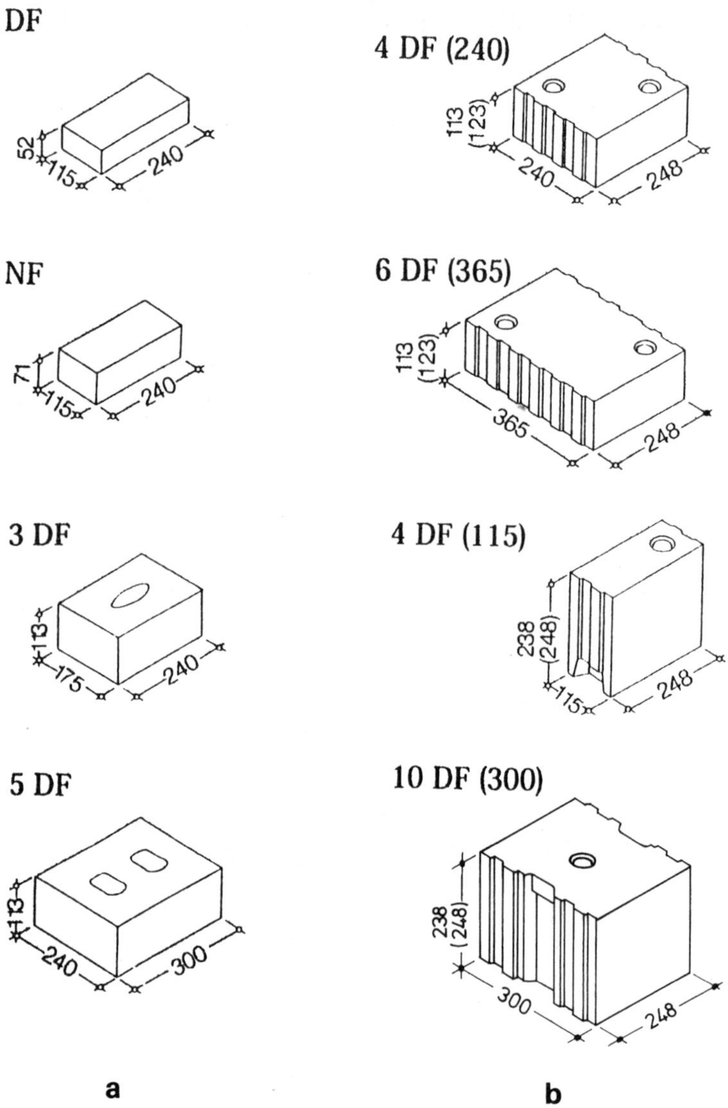

Abb. 3.35 Beispiele von Kalksandstein-Formaten für Handvermauerung [5]
a: Vollsteine KS und Lochsteine KS L als Verblender oder Hintermauersteine, Steinhöhe ≤ 113 mm, Stoßfugen vermörtelt, 3 DF und 5 DF mit durchgehenden Griffschlitzen.
b: KS-R-Steine mit Nut und Feder, Daumenlöcher nicht durchgehend, Stoßfugen unvermörtelt.

Die Klammerwerte hinter den Formatbezeichnungen sind die Wanddicken, die Klammerwerte unter den Höhen beziehen sich auf Plansteine. Die Löcher von Lochsteinen (im Bild nicht eingezeichnet) sollen gleichmäßig über die Lagerfläche verteilt und annähernd gleich groß sein.

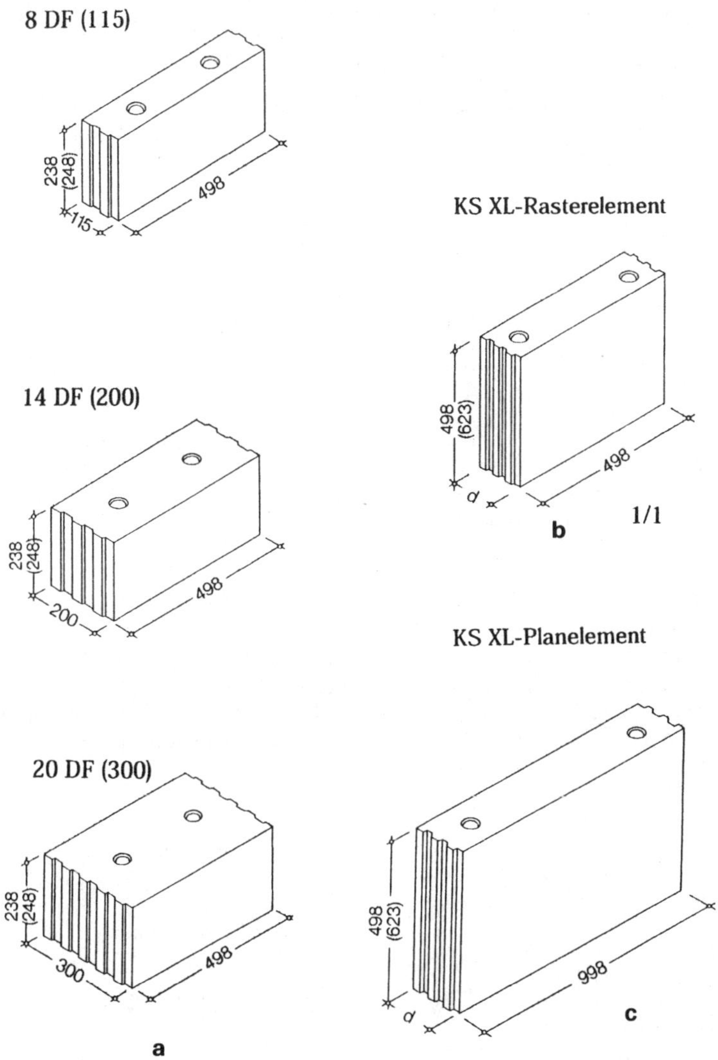

Abb. 3.36 Beispiele von Kalksandstein-Formaten für Vermauerung mit dem Versetzgerät [5]
a: KS-R-Steine mit Nut und Feder, Stoßfugen unvermörtelt, die Klammerwerte unter den Höhen gelten für Plansteine; die Löcher von Lochsteinen sind nicht eingezeichnet.
b: Rasterelement KS XL-RE (z. B. KS-Quadro); Wanddicken $d = 100$ (nur für nichttragende Wände) bis 365 mm; Längen auch 373 und 248 mm, Höhen auch 248 und 123 mm als Systemergänzung.
c: Planelement KS XL-PE (z. B. KS Plus); Wanddicken $d = 100$ (nur für nichttragende Wände) bis 365 mm.

c) Die **Formate** (siehe Abb. 3.35 und 3.36) der KS-Steine entsprechen den Ziegelformaten in Tafel 3.5, die **Maße** der Tafel 3.4. Zusätzlich sind weitere Formate lieferbar. Üblich sind die folgenden Formate und Maße: Vollsteine KS: bis 6 DF, Höhe 52, 71, 113 mm; Blocksteine KS-R und Plansteine KS-R(P): 4 bis 24 DF, Höhe 238 mm bzw. 248 mm (P); Lochsteine KS L: bis 6 DF, Höhe 113 mm; Hohlblocksteine KS L: 10 und 12 DF, Höhe 238 mm; Hohlblocksteine KS L-R und KS L-R(P): 4 bis 24 DF, Höhe 238 mm (6 DF auch 113 mm) bzw. 248 mm (P). Regionale Lieferprogramme sind zu beachten.

Tafel 3.9 Nennmaße von Kalksandsteinen nach DIN V 106-1 (2003-02): Voll-, Loch-, Block-, Hohlblock-, Plan- und Fasensteine

Maße in mm		
Länge[1),3)]	Breite[2)]	Höhe[2),4)]
	115	
240 (248)	150	52
300 (308)	175	71
365 (373)	200	113 (123)
490 (498)	240	155
(623)	300	238 (248)
	365	

1) Bei Steinen mit Nut- und Feder-System gelten die Maße als Abstand zwischen der Außenfläche der einen Stirnseite und der Nutengrundfläche der anderen Stirnseite.
2) Steine dürfen auch in den Breiten 123, 140, 190, 214, 248, 265 und 298 mm und in den Höhen 175, 190 und 198 mm sowie in den für Sanierungen erforderlichen historischen Steinabmessungen hergestellt werden.
3) Für Steine mit Nut-Feder-System gelten zusätzlich die Klammerwerte.
4) Die Klammerwerte gelten nur für Plan- und Fasensteine.

d) Die **Rohdichte- und Druckfestigkeitsklassen** sowie die Prüfverfahren (siehe Abschn. 3.2.4) entsprechen in etwa denen der Mauerziegel (siehe Tafeln 3.6 und 3.7) Rohdichteklassen: 0,6 bis 2,2, bevorzugt 1,4 bis 2,0; Druckfestigkeitsklassen 4 bis 60, bevorzugt 12 bis 28. Die Kennzeichnung der Steine erfolgt zweckmäßig durch Stempelung in der Reihenfolge Werkkennzeichen, Druckfestigkeits- und Rohdichteklasse oder durch Farbkennzeichnung ähnlich den Mauerziegeln (siehe Tafel 3.7). Kurzbezeichnung eines Kalksandsteins siehe Abb. 3.37.

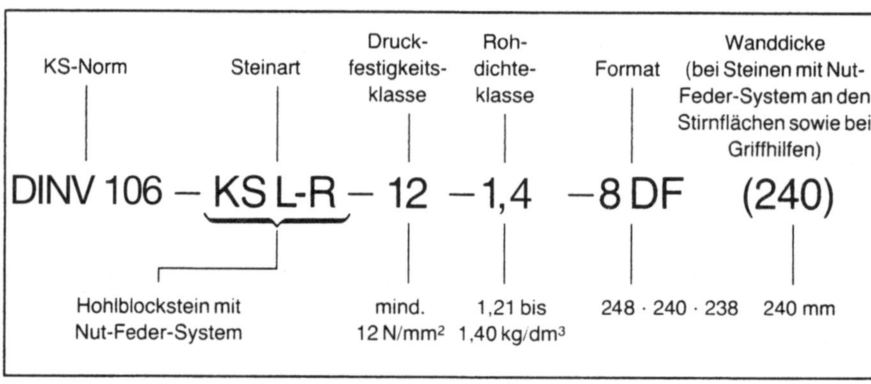

Abb. 3.37 Kurzbezeichnung eines Kalksandsteins (Beispiel) [5]

e) **Arten** nach DIN V 106-2 sind frostbeständige Kalksandsteine, die für witterungsbeanspruchtes Mauerwerk geeignet und in allen Steinformaten erhältlich sind. Man unterscheidet **KS-Vormauersteine** KS Vm, Druckfestigkeitsklassen 10 bis 28, und **KS-Verblender** KS Vb, Druckfestigkeitsklassen 16 bis 28 und höhere Anforderungen an Maßgenauigkeit und Frostwiderstand als KS Vm. Rohdichteklassen für beide Arten 1,0 bis 2,2. KS-Verblender sollen je eine kantensaubere Kopf- und Läuferseite besitzen. Sie sind i. d. R. weiß, können regional aber auch andere Farbtöne aufweisen. **Riemchen** sind KS-Verblender mit einer Steinbreite d von $10 < d < 90$ mm und werden für Fassadenbekleidungen verwendet.

f) **KS XL-Steine** sind bauaufsichtlich zugelassene großformatige Kalksandsteine mit Nut-Feder-System, die grundsätzlich mit Dünnbettmörtel und Versetzgerät verarbeitet werden. Rohdichteklassen 1,8 und (bevorzugt) 2,0, Festigkeitsklassen 12 und (bevorzugt) 20, Höhen 498 und 623 mm. **KS XL-Planelemente** KS XL-PE (Maße siehe Abb. 3.39c) werden auf der Basis von Architektenzeichnungen als komplette Wandsätze inklusive aller Passelemente zusammen mit EDV-Versetzplänen geliefert (bekannt als KS Plus). **KS-XL-Rasterelemente** KS XL-RE (Maße siehe Abb. 3.36c) sind auf das oktametrische Raster ausgelegt, sodass übliche Wandlängen in beliebigen Vielfachen von 12,5 cm möglich sind.
KS-Bauplatten KS-P für 70 und 100 mm Wanddicke gibt es für nichttragende Zwischenwände in den Standardabmessungen 498 × 248 mm.

g) Bauteile zur Systemergänzung sind z. B.: **KS-Kimmsteine** mit Nut-Feder-System in unterschiedlichen Höhen dienen beim Mauern mit DM zum Anlegen einer genau einnivellierten horizontalen ersten Ausgleichsschicht auf NM der MG III am Wandfuß oder zum Höhenausgleich am Wandkopf. **KS-ISO-Kimmsteine** (grau gefärbt; $\lambda_R \leq 0{,}33$ W/(m · K), Festigkeitsklasse 12 bzw. 20) werden mit natürlichen Leichtzuschlägen hergestellt und sind Kimmsteine für Wandpunkte mit geometrisch bedingten Wärmebrücken, z. B. über nichtbeheizten Kellern oder auf Fundamentplatten. Bewehrte **KS-Stürze** in verschiedenen Breiten gibt es als Flachstürze bis 3 m Länge zur Übermauerung oder als KS-Fertigteilstürze (Höhe 248 bis 498 mm, Länge 1 bis 2 m). **KS-U-Schalen**, z. B. für Ringbalken oder horizontale Installationsleitungen. **KS-E-Steine** mit durchgehenden vertikalen Installationskanälen (Ø 60 mm) im Abstand von 12,5 und 25 cm.

h) **Zubehör und Hilfsmittel**: Versetzgeräte, Mörtelschlitten, Steintrennsägen, Wandschlitzfräsen, Edelstahlflachanker oder für KS-Bauplatten gewinkelt, Drahtanker für zweischaliges Mauerwerk, Luftschichtanker für Dämmschichtbefestigung.

i) Für die Herstellung von **KS-Mauerwerk** ist wie bei jedem Mauerwerk das Merkblatt „Handhaben von Mauersteinen" (1991) der Bauberufsgenossenschaft zu beachten. Die max. zulässigen Gewichte von Einhandsteinen betragen 6 kg (Greifspanne ≥ 115 mm) bzw. 7,5 kg (Greifspanne 40 bis 70 cm). Steine, die mehr als 25 kg wiegen, müssen mit Versetzgeräten verarbeitet werden. Die Länge von KS-R-Blocksteinen beträgt vorzugsweise 25 cm. **Sichtmauerwerk** ist besonders sorgfältig zu mauern: Einloten von Köpfen und Fugen, die übereinander liegen sollen; gleichmäßige Fugendicke; beschädigte Steine aussondern; Mauerwerk gegen Mörtelspritzer oder andere Verschmutzungen durch Abhängen mit Folie schützen; Fugenglattstrich oder nachträgliches Verfugen (15 mm tief auskratzen und anschließend verfugen). Es empfiehlt sich, für Sichtmauerwerk zunächst Musterflächen anzulegen. Deckende **Beschichtungen** (z. B. Dispersions-Silicatfarben) und farblose Imprägnierungen (z. B. Silicon-, Silan- oder Siloxan-Imprägniermittel) vermindern die Feuchtigkeitsaufnahme der KS-Steine durch Regen und Schlagregen und wirken dadurch der Verschmutzung entgegen. Regen wäscht imprägnierte Fassaden leichter sauber. **Putze** für KS-Mauerwerk müssen den allgemeinen Anforderungen nach DIN 18 550 genügen. Die Steine sollen je nach Witterung ausreichend vorgenässt werden.

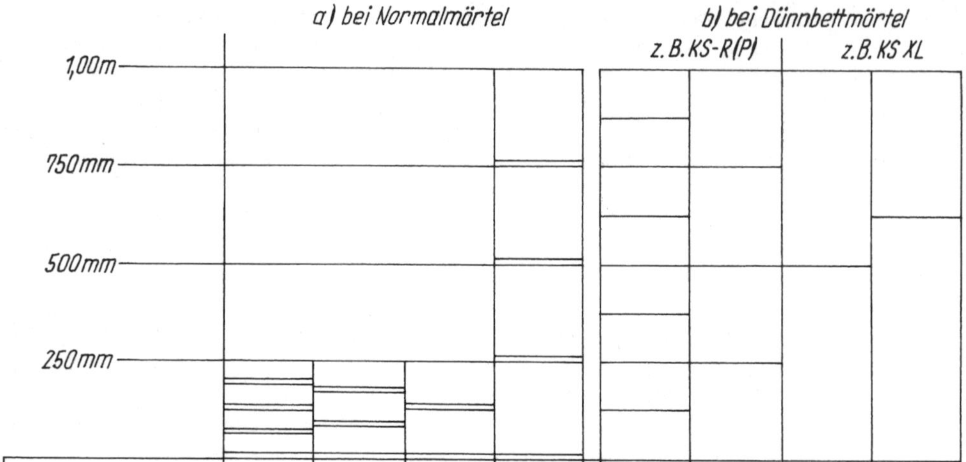

	a)				b)			
Steinhöhe in mm	52	71	113	238	123	248	498	623
Lagerfugendicke in mm	10,5	12,3	12	12	2	2	2	2
Schichthöhe in mm	62,5	83,3	125	250	125	250	500	625
Schichten pro m	16	12	8	4	8	4	2	1,6

Abb. 3.38 Gegenseitige Abhängigkeit der Steinhöhenmaße bei Vermauerung nach DIN 1053-1 [5]

3.3.2 Hüttensteine DIN 398 (1976-06)

Hüttensteine sind nach DIN 398 Mauersteine, die aus künstlich gewonnenen Zuschlägen, wie z. B. Hüttensand (siehe Abschn. 4.6.2), und mineralischen Bindemitteln bestehen, durch Pressen oder Rütteln verdichtet werden und an der Luft oder in kohlensäurehaltigen Abgasen oder unter Dampf erhärten.

Es gibt ähnlich den Kalksandsteinen (siehe Abb. 3.35 und 3.36) Hütten-Vollsteine HSV (Lochquerschnitt ≤ 25 % der Lagerfläche) sowie Hütten-Lochsteine HSL und großformatige Hütten-Hohlblocksteine HHbl, die fünfseitig geschlossen sind, mit entsprechenden Lochungen bzw. Hohlräumen ≥ 25 % der Lagerfläche. Grifföffnungen gehen durch.

Druckfestigkeitsklassen: 6 bis 28 N/mm^2 (siehe Tafel 3.7). Rohdichteklassen: 1,00 bis 2,00 (siehe Tafel 3.6). Werden Hüttensteine der Druckfestigkeitsklasse 12, 20 und 28 als frostbeständige Vormauersteine verwendet, bezeichnet man sie z. B. wie folgt:
Hütten-Vollstein VHSV 1,6 – 15 DF DIN 398.

Hüttensteine (außer Vormauersteine) sind auf jedem 200. Stein durch Farbmarkierung zu kennzeichnen: 6 N/mm² rot, 12 N/mm² schwarz oder ohne, 20 N/mm² weiß, 28 N/mm² braun.

3.3.3 Bauteile aus Leichtbeton

a) **Allgemeines**

Bauteile aus Leichtbeton bestehen zumeist aus haufwerkporigem Leichtbeton. Verwendet werden Gesteinskörnungen nach DIN 4226-2 (siehe Abschn. 5; außer Blähglas) und als Bindemittel Zement nach DIN EN 197-1 und DIN 1164 oder hydraulische Bindemittel, die zu diesem Zweck bauaufsichtlich zugelassen sind. Es dürfen auch Gesteinskörnungen mit dichtem Gefüge nach DIN 4226-1 bis max. 25 Vol.-% zugegeben werden. Als Zusatzstoffe können Kalk, Gesteinsmehl, Trass, Steinkohlenflugasche und anorganische Farbstoffe beigegeben sein, außerdem Zusatzmittel nach DIN EN 12 878.

Bauteile aus Leichtbeton gibt es in folgenden **Arten**: Vollsteine und Vollblöcke nach DIN 18 152, Hohlblöcke nach DIN 18 151, *unbewehrte* Wandplatten nach DIN 18 148 (Hohlwandplatten (2000-10)) und DIN 18 162 (Wandbauplatten, unbewehrt (2000-10)) sowie vorgefertigte *bewehrte* Bauteile nach DIN EN 1520 (2003-07), wie z. B. Dach- und Deckenbauteile, Wandbauteile, Balken und Pfeiler. Daneben gibt es eine Reihe von bauaufsichtlich zugelassenen neuen Steinformaten. Gemauert wird i. d. R. mit Leichtmörtel LM 21. Wände mit diesen Steinarten erreichen Wärmeleitzahlen λ_R = 0,24 bis 0,12 W/(m·K), Schalldämm-Maße R_w = 40 bis 50 dB (je nach Rohdichte und Wanddicke) und stets die Feuerwiderstandsklasse F 180 A (s. u. Abschn. b).

Da Leichtbeton-Steine i. d. R. haufwerkporig sind, haftet der Putz gut und kann ohne Vorspritzen und Vornässen (außer bei heißer Witterung) aufgebracht werden. Es können auch andere Oberflächenbehandlungen vorgenommen werden. Zum Beispiel können Naturschieferplatten ohne Unterkonstruktion direkt mit Schiefernägeln aufgebracht oder Fliesen angemörtelt werden. Die Steine können aber auch als Sichtmauerwerk stehen bleiben, auch in Außenflächen, da sie frostbeständig sind.

Als **Sonderformen** gibt es u. a.: Endsteine mit *einer* glatten Stirnseite für Gebäudeecken und Fensterlaibungen; Anschlagsteine, Erkersteine, Dränsteine; U-Steine für Ringanker; statisch tragende Rollladenkästen aus LB 35 mit integrierter Wärmedämmung bis 4,75 m Länge, Gurtwicklerkästen; Schallschutz-Vollsteine. Stürze aus vorgespanntem Leichtbeton LB 35.

b) **Vollsteine und Vollblöcke aus Leichtbeton** (DIN V 18 152 (2003-10))[1)]

Steine und Blöcke aus Leichtbeton werden vorwiegend für die Herstellung von tragenden und nichttragenden Außen- und Innenwänden nach DIN 1053-1 verwendet. Es gibt kleinformatige Vollsteine ohne Schlitze (V), Vollblöcke (Vbl), Vollblöcke mit Schlitzen (Vbl S). Vollblöcke mit Schlitzen und besonderen Wärmedämmeigenschaften (Vbl S-W) werden mit Naturbims und/oder mit Blähton hergestellt. Die Steine werden sämtlich mit Dickbettmörtel (i. d. R. Leichtmörtel LM 21) der Fugensollhöhe 12 mm verarbeitet. **Plansteine** haben planparallel geschliffene Lagerflächen, die mit Dünnbettmörtel („Kleber") der Sollfugenhöhe 1 bis 3 mm verarbeitet werden und die die Bezeichnungen V-P, Vbl-P, Vbl S-P usw. tragen. Die Stirnflächen der Steine bzw. Blöcke können ebenflächig oder entsprechend Abb. 3.39 ausgebildet sein. Stirnflächen mit Nut und Feder werden knirsch gestoßen.Die Anwendung von Plansteinen und Planblöcken bedarf einer Allg. bauaufsichtlichen Zulassung.

---

1) Siehe auch DIN EN 771-3 (2004-01).

Tafel 3.10 Steindruckfestigkeiten und Kennzeichnung von Vollsteinen und Vollblöcken aus Leichtbeton nach DIN V 18 152 (2003-10)

Stein-festig-keits-klasse	Anforderungen an die Druckfestigkeit		Kennzeichnung	
	Mittelwert N/mm²	kleinster Einzelwert N/mm	Anzahl der lotrechten Nuten auf einer Längsseite	Farb-zeichen
2 4	2,5 5,0	2,0 4,0	– 1	grün blau
6 8	7,5 10,0	6,0 8,0	2 –	rot a)
12 20[1)]	15,0 25,0	12,0 20,0	3 –	schwarz gelb

[1)] Nur V, Vbl und Vbl-P.

a) Keine Farbkennzeichnung. Kennzeichnung erfolgt durch Aufstempelung der Festigkeitsklasse und Rohdichteklasse in schwarzer Farbe.

Tafel 3.11 Maße und Formate von Leichtbetonsteinen nach DIN V 18152 (2003-10) (Maße in mm)

	Format	Systemlänge l_S[1)]	Breite b	Höhe h	
			± 3	V ± 3	V-P ± 1,0
Vollsteine V	DF	250	115	52	60
	NF	250	115	71	81
	2DF	250	115	113	123[2)]
	2NF bis 3DF	250	140; 150; 175	113	123[2)]
	3,5 bis 7DF	250	200 bis 425	115	123[2)]
	8 und 10DF	500	240; 300	115	123[2)]
Vollblöcke Vbl	5DF bis 16DF	250	150 bis 490	Vollblöcke: 238 ± 4 mm Planblöcke: 238 ± 1,0 mm 248 ± 1,0 mm[2)]	
	10DF	310	240		
	7,5 bis 24DF	375	150 bis 490		
	10 bis 24DF	500	150 bis 365		

[1)] Die Steinlänge l ergibt sich aus der Systemlänge l_S je nach Ausbildung der Stirnseiten wie folgt:
Stirnseite ebenflächig: $l = l_S - 10$ (Vbl); $l = l_S - 2$ (Vbl-P);
Stirnseiten-Nut (SN) bzw. Stirnseiten-Nut mit Nut und Feder (SN/N+F): $l = l_S - 5$ (Vbl);
nur Nut und Feder ohne Stirnseitennut (N+F): $l = l_S - 3$.

[2)] Auch 1 mm größere Höhe zulässig, innerhalb eines Werks jedoch nur eine Höhe.

Die Nuten zur Kennzeichnung laufen lotrecht über eine Längsseite; sie sind etwa 70 bis 200 mm breit und 20 mm lang. Die Steinrohdichten liegen je nach Art der Zuschläge zwischen 0,45 und 2,00 kg/dm³. Die Abmessungen sind in Tafel 3.11 angegeben, die Druckfestigkeiten in Tafel 3.12. Beispiele siehe Abb. 3.39.

Bezeichnung von Leichtbetonsteinen (Beispiele):
Vollstein DIN 18 152 – V6 – 1,2 – 2 DF – 240/115/113
Vollblock DIN 18 152 – Vbl SW – P 2 – 0,50 – 20 DF – 497/300/248 – N+F
Im zweiten Beispiel bedeutet N+F: Stirnflächen mit Nut und Feder.

c) **Hohlblöcke aus Leichtbeton** (DIN V 18 151 (2003-10))

Hohlblöcke (Hbl) und Plan-Hohlblöcke (Hbl-P) aus Leichtbeton sind großformatige, fünfseitig geschlossene Mauersteine mit Kammern senkrecht zur Lagerfläche (s. Abb. 3.40) für tragendes und nichttragendes Mauerwerk, vorwiegend für einschalige Außen- und Innenwände nach DIN 1053-1, die wie Steine nach DIN V 18 152 (s. o. Abschn. b) verarbeitet werden.

Festigkeitsklassen s. Tafel 3.12. Rohdichteklassen: 0,45 bis 1,6; Maße siehe Tafel 3.13. Die Anwendung von Plan-Hohlblöcken bedarf einer Allgemeinen bauaufsichtlichen Zulassung.

Bezeichnung eines Zweikammer-Hohlblocks:
Hohlblock DIN 18 151 – 2 K Hbl 2 – 0,7 – 16 DF – 497/240/238 – SN
SN = Stirnseiten-Nut

Tafel 3.12 Druckfestigkeiten und Kennzeichnung von Hohlblöcken aus Leichtbeton nach DIN V 18 151 (2003-10)

Festigkeitsklasse	Anforderungen an die Druckfestigkeit		Kennzeichnung	
	Mittelwert N/mm²	kleinster Einzelwert N/mm²	Anzahl der lotrechten Nuten auf einer Längsseite	Farbzeichen
2	2,5	2,0	–	grün
4	5,0	4,0	1	blau
6	7,5	6,0	2	rot
8	10,0	8,0	–	[1]
12	15,0	12,0	3	schwarz

[1] Keine Farbkennzeichnung. Kennzeichnung erfolgt durch Aufstempelung der Festigkeitsklasse und Rohdichteklasse in schwarzer Farbe.

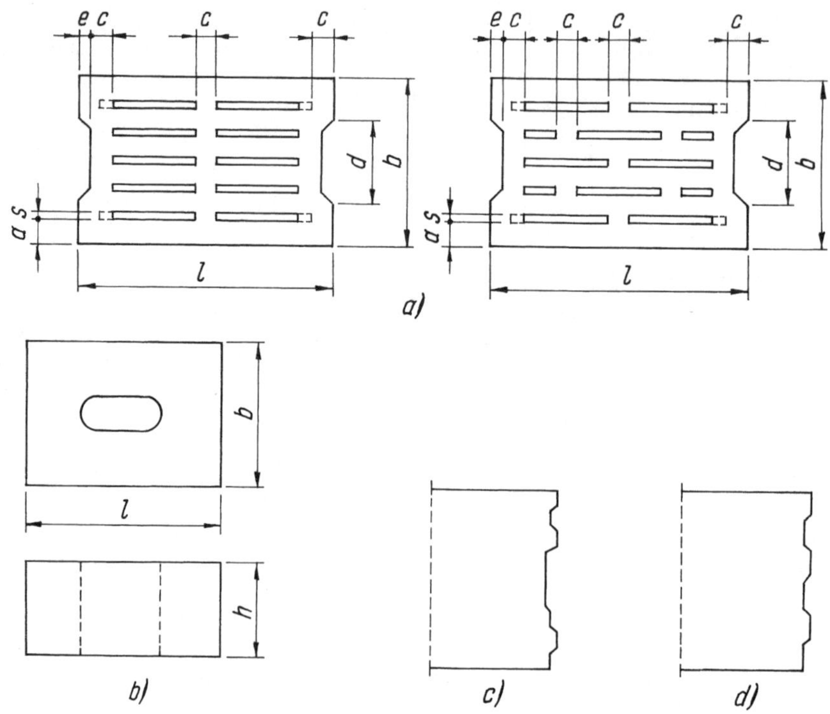

Abb. 3.39 Leichtbetonsteine nach DIN V 18 152 (2003-10)
a) Vollblöcke mit Schlitzen (Vbl S) und Stirnseiten-Nut (SN)
b) Vollstein (V) mit Griffloch
c) Stirnseiten-Nut mit Nut und Feder (SN/S+F)
d) nur Nut und Feder (N+F; Labyrinthverzahnung) (*l* Länge; *b* Breite; *h* Höhe)

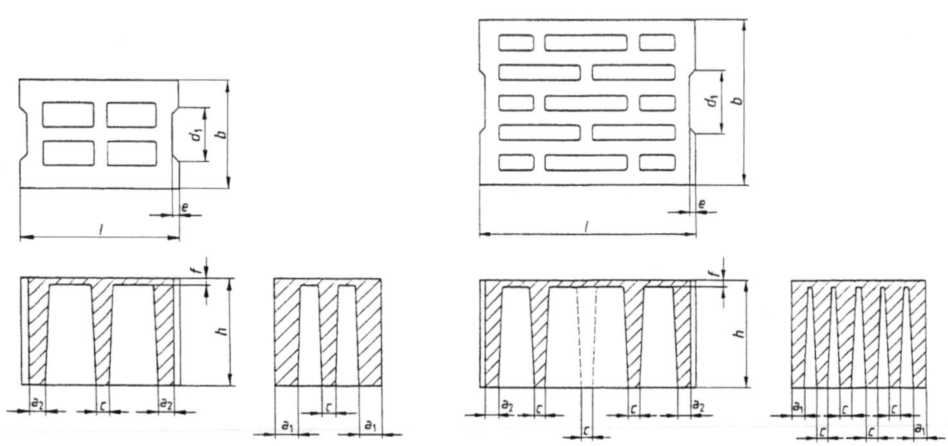

Abb. 3.40 Hohlblöcke aus Leichtbeton nach DIN V 18 151 bzw. Normalbeton nach DIN V 18 153 (beide 2003-10)
links: Zweikammer-Hohlblock 2 K Hbl bzw. 2 K Hbn (Beispiel)
rechts: Fünfkammer-Hohlblock 5 K Hbl bzw. 5 K Hbn (Beispiel)
(*l* Länge; *b* Breite; *h* Höhe)
Zur Ausbildung der Stirnflächen siehe Abb. 3.39.

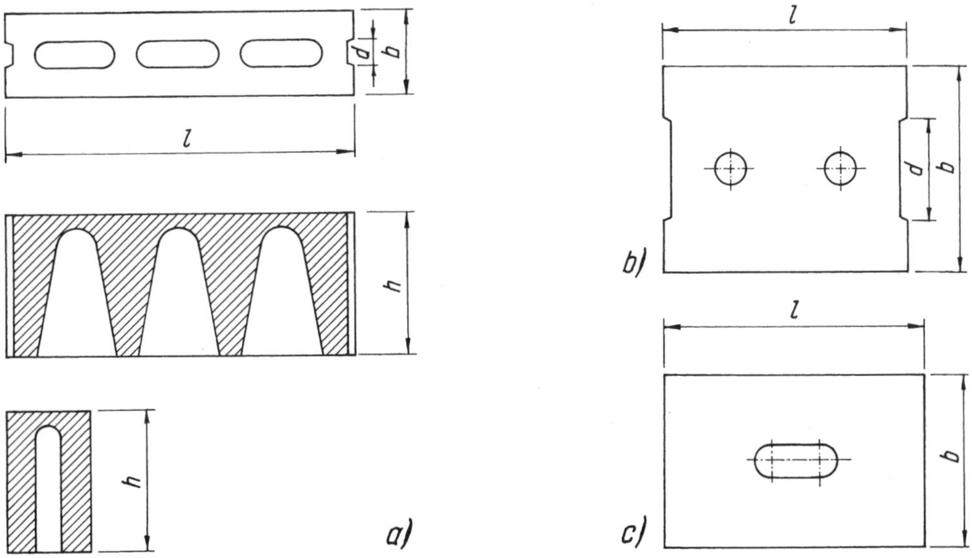

Abb. 3.41 Mauersteine aus Normalbeton (Beispiele) nach DIN V 18 153 (2003-10)
a) Vormauerblock (Vbm), Form C
b) Vollblock (Vbn)
c) Vollstein (Vn) mit Griffloch
(*l* = Länge; *b* Breite; *h* Höhe)
Die Stirnseiten können wie in Abb. 3.39 ausgebildet sein.

Tafel 3.13 Maße und Formate von Hohlblöcken aus Leichtbeton nach DIN V 18151 (2003-10) (Maße in mm)

Form	Format	Systemlänge l_S [1]	Breite *b*	Höhe *h*	
			± 3	Hbl ± 4	Hbl-P ± 1,0
1 und 2 K Hbl	9, 10, und 12DF	500; 375	150; 175; 200	238[3]	238 oder 248[2]
2, 3, 4 und 5 K Hbl	10, 15 und 20DF	250; 375; 500	300		
3, 4, 5, und 6 K Hbl	12, 18 und 24DF		365		
5 und 6 K Hbl	14 und 16DF	250	425; 490		

[1] und [2] siehe entsprechende Fußnoten in Tafel 3.11.
[3] Regional auch 175 und 190 mm.

d) **Wandplatten aus Leichtbeton (unbewehrt)**

Man unterscheidet Hohlwandplatten Hpl nach DIN 18 148 (2000-10) und Wandbauplatten Wpl (ohne Hohlräume) nach DIN 18 162 (2000-10).

Hpl: Länge 490 mm; Breite 100 und 115 mm; Höhe 175 und 238 mm (siehe Abb. 3.42); Rohdichteklassen 0,6 bis 1,4 kg/dm^3.
Bezeichnung (Beispiel): Hohlwandplatte aus Leichtbeton DIN 18 148 – Hpl 0,8 – 11,5.

Wpl: Länge 490 (497) und 990 (997) mm; Dicke (Breite) 50 bis 100 mm; Höhe 240 und 320 mm; Rohdichteklassen 0,80 bis 1,40 kg/dm^3 (Klammerwerte: Wpl mit Nut und Feder).
Bezeichnung (Beispiel): Wandbauplatte aus Leichtbeton DIN 18 162 Wpl 1,2 – 6 – 990; 6 = Formatbezeichnung

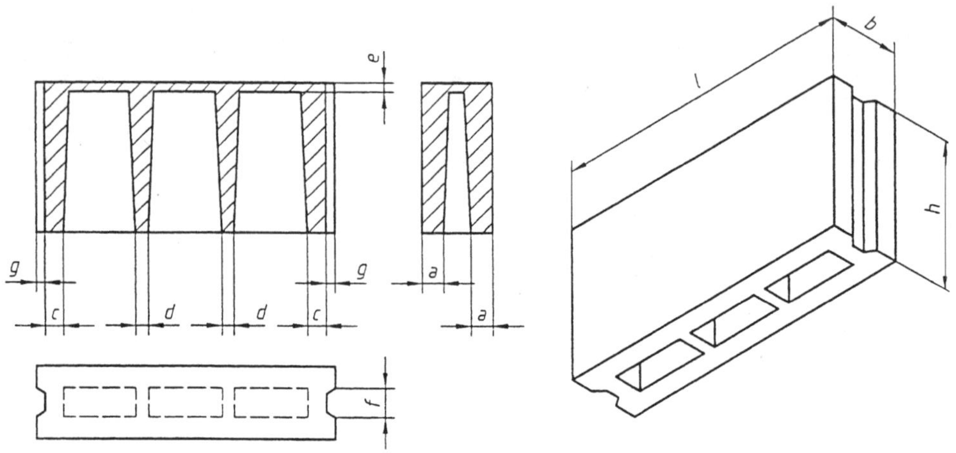

Abb. 3.42 Leichtbeton-Hohlwandplatte Hpl mit Stirnseitennut nach DIN 18 148 (Beispiel) (*l* Länge; *b* Breite; *h* Höhe)

3.3.4 Mauersteine aus Beton (Normalbeton)

nach DIN V 18 153 (2003-10)[1)]

Steine und Blöcke aus Normalbeton (siehe Abb. 3.40. und 3.41) sind ähnlich geformt wie die entsprechenden Steine und Blöcke aus Leichtbeton und werden wie diese verwendet (siehe Abschn. 3.3.3). Es gibt sie als Hohlblöcke (1K Hbn bis 6K Hbn), Vollblöcke (Vbn) und Vollsteine (Vn) sowie als Vormauersteine ohne Kammern (Vm) und Vormauerblöcke mit Kammern (Vmb). Planblöcke (Hbn-P und Vbn-P) und Plan-Vollsteine (Vn-P) bedürfen zur Verarbeitung mit Dünnbettmörtel einer allg. bauaufsichtl. Zulassung.

Die Maße entsprechen denen der Leichtbetonsteine (siehe Tafeln 3.11 und 3.13), desgleichen die Ausbildung der Stirnflächen (siehe Abb. 3.39). Rohdichteklassen: 0,8 bis 2,4); Druckfestigkeitsklassen: 2 bis 12 (Hbn), 4 bis 28 (Vbn und Vn), 6 bis 48 (Vm und Vmb).

Die **Kennzeichnung** der Festigkeitsklassen geschieht durch Farbmarkierung auf dem Steinpaket oder mind. auf jedem 50. Stein (auch durch Nuten). Klasse 2: grün; Klasse 4: 1 Nut, blau; Kl. 6: 2 Nuten, rot; Kl. 8: schwarzer Stempel „8“; Kl. 12: 3 Nuten, schwarz; Kl. 20: gelb; Kl. 28: braun; Kl. 36: violett; Kl. 48: 2 schwarze Streifen.

Bezeichnung (Beispiele):
Vormauerblock DIN 18 153 – Vmb 6 – 1,6 – 4 DF – 115 – SN
Hohlblock DIN 18 153 – 4 K Hbn 4 – 1,4 – 15 DF – 370/300/238 – SN/N + F
Vollstein DIN 18 153 – Vn – P 20 – 1,8 – 6 DF – 240/365/123

3.3.5 Bauteile aus Porenbeton

(Siehe auch [6])

Normen

DIN V 4165	(2003-06)[2)]	Porenbetonsteine – Plansteine und Planelemente
DIN 4166	(1997-10)	Porenbeton-Bauplatten und Porenbeton-Planbauplatten
DIN 4223	(2003-12)	Bewehrte Bauteile aus dampfgehärtetem Porenbeton

1) Siehe auch DIN EN 771-3 (2004-01).
2) Siehe auch DIN EN 771-4 (2003-10).

Porenbeton (früher als Gasbeton bezeichnet) ist ein feinkörniger Leichtbeton mit einem Porenvolumen bis zu 80 Vol.-%. Er wird zu werkmäßig hergestellten bewehrten und unbewehrten Bauteilen verarbeitet. Grunddaten der Porenbeton-Bauteile siehe Tafeln 3.14 und 3.15.

a) **Herstellung**

Rohstoffe sind: quarzhaltiger Sand, der frei von Verunreinigungen sein muss; gemahlener Branntkalk und/oder Zement (Portlandzement CEM I, aber auch andere Zemente); feines Aluminiumpulver oder -paste; ggf. Zusatzstoffe wie z. B. Flugasche, Gips oder Anhydrit; daneben auch Porenbeton-Recyclingmaterial. Beispiel für eine Rezeptur für 1 m^3 Porenbeton: 350 kg Sand, 100 kg Branntkalk, 25 kg Zement, 0,5 kg Al-Pulver, 330 kg Wasser; Rohdichte 500 kg/m^3.

Der Sand wird zementfein gemahlen, mit den übrigen Komponenten zu einem sämigen Brei (Suspension) gemischt und in Gießformen gefüllt. Das Wasser löscht den Branntkalk, das Aluminium reagiert mit dem $Ca(OH)_2$-haltigen Wasser und bildet gasförmigen Wasserstoff H_2, der im Brei Kugelporen von ca. 0,5 bis 1,5 mm Durchmesser erzeugt (siehe Abb. 3.43). Der Brei treibt dabei zu einem standfesten, die ganze Form ausfüllenden Kuchen auf, der mit gespannten Stahldrähten in die gewünschten Formate geschnitten wird. Für bewehrte Bauteile werden vorher in die Formen Bewehrungskörbe oder -matten eingelegt, die zum Schutz gegen Korrosion mit einem Überzug aus Bitumen, Zementschlämme o. Ä. versehen worden sind.

Der fertig geschnittene Rohblock wird in Härtekesseln in einer Sattdampf-Atmosphäre (190 °C, 12 bar) gehärtet. Die Wände der kugelförmigen Makroporen bestehen im Wesentlichen aus hochdruckfesten Calcium-Silicat-Hydraten (siehe Abschn. 4.7.5 a). Die in den Wänden befindlichen Mikroporen sind verantwortlich für den guten Feuchtigkeitsausgleich mit der umgebenden Luft.

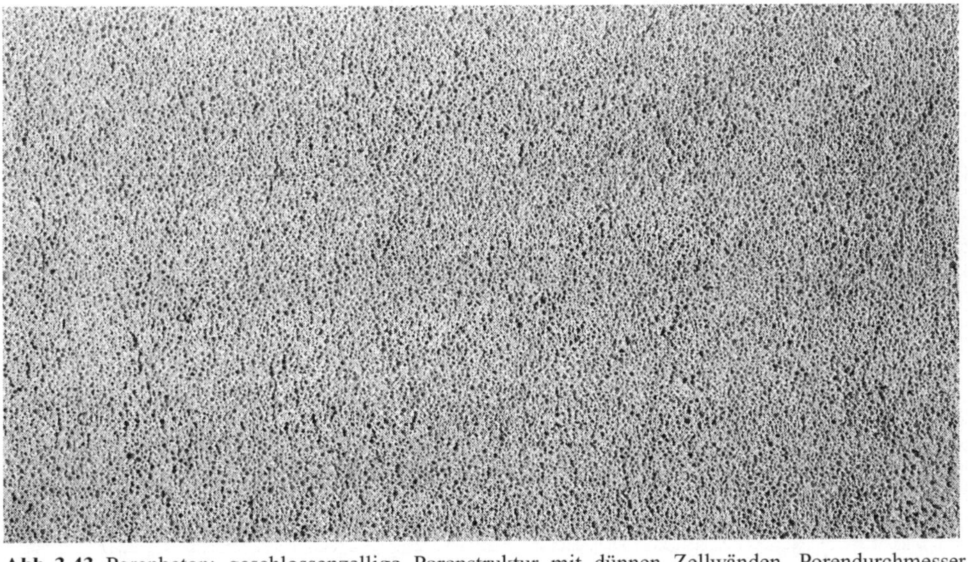

Abb. 3.43 Porenbeton: geschlossenzellige Porenstruktur mit dünnen Zellwänden. Porendurchmesser ca. 0,5 bis 1,5 mm [6]

b) **Allgemeine Eigenschaften**
Porenbeton ist ein Baustoff, der wegen seiner hohen Wärmedämmung (λ = 0,08 bis 0,21 W/(m · K)) und seiner guten Druckfestigkeit ohne zusätzliche Wärmedämmschichten als tragendes Wandbaumaterial für Wohngebäude bis zu 9 Geschossen eingesetzt werden kann. Porenbeton besitzt ein gutes, die Luftfeuchtigkeit regulierendes Verhalten, d. h., er nimmt bei hoher Luftfeuchte Wasser auf und gibt dieses bei trockener Luft wieder ab. Zum Schutz gegen Regen und Frost muss Porenbeton geputzt bzw. beschichtet werden, z. B. mit Dünnspachtel auf Acrylharzbasis. Es lassen sich jedoch auch hinterlüftete Wandbekleidungen anbringen: Trapezprofile aus Stahl- oder Aluminiumblech mit Dübeln oder kleinformatige Elemente aus Schiefer- oder Faserzementplatten auf einem Gitter aus Lattung und Konterlattung.

Porenbeton ist ein nicht brennbarer Stoff (Baustoffklasse A 1) und besitzt einen guten Schallabsorptionsgrad. Bauteile aus Porenbeton lassen sich leicht durch Sägen, Bohren und Fräsen bearbeiten, weitgehend mit Werkzeugen, die auch zur Holzbearbeitung dienen.

Weitere Eigenschaften (in Abhängigkeit von der Rohdichte s. a. Tafel 3.14/3.15): Elastizitätsmodul 1200 bis 2500 N/mm^2, Schwindmaß nach DIN 1053-1 0,2 mm/m, spez. Wärmekapazität bei hygroskopischer Ausgleichsfeuchte 1,00 kJ/(kg·K), lineare Wärmedehnzahl zwischen 20 und 100 °C 0,008 mm/(m·K), Wasserdampf-Diffusionswiderstandszahl 5 bis 10, Wärmespeicherzahl 350 bis 800 kJ/(m^3·K). Im eingebauten Zustand gibt Porenbeton auch ohne Oberflächenbehandlung weder feste (staub- oder faserförmige) noch gasförmige Emissionen ab. Die natürliche radioaktive Strahlung liegt im unteren Bereich der üblichen Baustoffe.

Tafel 3.14 Grunddaten für unbewehrte Porenbetonbauteile [6]

Porenbeton-produkte	Festigkeits-klasse (Farbkenn-zeichnung)	Mindestdruckfestigkeit (Steinfestigkeit)		Rohdichte-klasse [2)]
		Mittelwert N/mm^2	kleinster Einzelwert N/mm^2	kg/dm^3
DIN V 4165 und Zulassung: Plansteine PP Planelemente PPE	2 (grün)	2,5	2,0	0,35; 0,40; 0,45; 0,50
	4 (blau)	5,0	4,0	0,50; 0,55; 0,60; 0,65; 0,70; 0,80
	6 (rot)	7,5	6,0	0,65; 0,70; 0,80
	8 (ohne)	10,0	8,0	0,80; 0,90; 1,00
DIN 4166: Bauplatten Ppl[1)] Planbauplatten PPpl	–	–	–	0,35 bis 1,00 (Schritte wie oben)

1) Bauplatten Ppl werden heute nicht mehr hergestellt.
2) Rohdichteklasse 0,40 bedeutet z. B.: der Mittelwert der Trockenrohdichte liegt zwischen > 0,35 bis 0,40.

c) **Unbewehrter Porenbeton** (Grunddaten siehe Tafel 3.14) wird zu folgenden Bauteilen verarbeitet (siehe Abb. 3.44 und 3.45):

Plansteine PP nach DIN V 4165 für tragendes Mauerwerk; **Planbauplatten** PPpl nach DIN 4166 für nichttragende leichte Trennwände; **Planelemente** PPE nach DIN V 4165 und nach Zulassung für tragende und nichttragende Wände; geschosshohe **Wandtafeln** (mit Transportbewehrung) nach Zulassung für tragende Wände: Höhe bis 3500 mm, Breite bis 1500 mm (oder bis 2800 mm Höhe und 6000 mm Breite), Dicke bis 375 mm. Alle genannten Pb-Bauteile besitzen eine Maßgenauigkeit von ± 1,0 mm in der Höhe und ± 1,5 mm in der Länge und Breite und werden in Dünnbettmörtel mit einer Lagerfugenhöhe von 1 bis 3 mm versetzt, die Planelemente mit leichten, die Wandtafeln mit schweren Hebewerkzeugen.

Blocksteine PB nach DIN 4165 und **Bauplatten** Ppl nach DIN 4166, die mit konventioneller 10-mm-Lagerfuge und i. d. R. mit Leichtmauermörtel LM vermauert wurden, werden nur noch selten hergestellt und verwendet.

Sonderbauteile: U-Steine (siehe Abb. 3.45) und U-Schalen als verlorene Schalung für Ringanker, Stürze oder auch Mauerpfeiler sowie für senkrechte Schlitze im Mauerwerk. Mehrzweck-Steine, bei denen durch Herausbrechen einzelner Scheiben U-Schalen entstehen (s. Abb. 3.45). Verblendsteine für Deckenauflager oder Ringanker.

Die **Stirnflächen** der Porenbetonbauteile können verschieden ausgebildet sein: glatt, mit Nut und Feder, vereinzelt auch mit beidseitiger Vergussnut oder mit gefasten Kanten (s. a. Abb. 3.47). Die Stoßfugen werden i. d. R. nicht vermörtelt, das Versetzen erfolgt knirsch gemäß DIN 1053-1. Ausnahme: der Stoß der geschosshohen Wandtafeln wird mit Dünnbettmörtel vermörtelt. Trockenmauerwerk aus Porenbeton-Plansteinen ohne Vermörtelung der Stoß- und Lagerfuge ist nach Zulassung möglich.

Die **Bezeichnung** der Steine und Platten geschieht z. B. wie folgt:
Porenbeton-Planstein DIN 4165 – PP2 – 0,50 – 499 × 300 × 249
Porenbeton-Planbauplatte DIN 4166 – PPpl – 0,50 – 499 × 100 × 249
Porenbeton-Planelement DIN 4165 – PPE4 – 0,60 – 999 × 300 × 499
Die Zahlen in PP2 und PPE4 bedeuten die Festigkeitsklasse.

d) **Bewehrter Porenbeton** nach DIN 4223 (2003-12) und bauaufsichtlicher Zulassung kann auf Biegung beansprucht werden und dient zur Herstellung von (Grunddaten siehe Tafel 3.15):

Wandplatten, die z. B. zur Ausfachung von Skelettbauten aus Stahl, Stahlbeton oder auch Holz verwendet werden. Länge bis 7500 mm, Breite 750 mm, Dicke 300 mm. Horizontale Fugen (Lagerfugen) glatt oder mit Nut und Feder ausgebildet, Stirnseiten glatt oder mit Nut zum Mörtelverguss (siehe Abb. 3.46).

Geschosshohe tragende **Wandtafeln**, die auch horizontale Lasten, z. B. Erddruck, aufnehmen können. Maße wie unbewehrte Wandtafeln. Sie werden in Mörtel versetzt und an den Stirnseiten knirsch gestoßen. Die vertikalen Fugen werden mit Dünnbettmörtel (Nut und Feder) oder mit Zementmörtel (Vergussnut) miteinander verbunden (s. a. Abb. 3.46);

Decken- und Dachplatten mit bis zu 7500 mm Länge und 750 mm Breite, Dicken 100 bis 300 mm. Ausbildung der Plattenlängsränder siehe Abb. 3.47.

Sonderbauteile, z. B. Stürze und Treppenstufen.

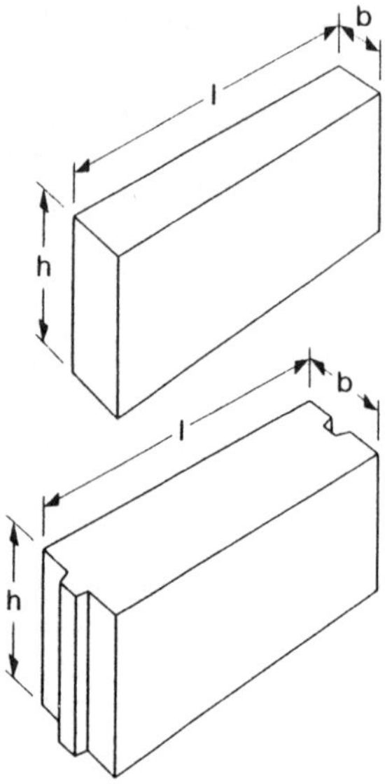

a

Länge: 499, 599, 624, 749 mm
Höhe: 249 mm
Dicke/Breite: 50 bis 150 mm

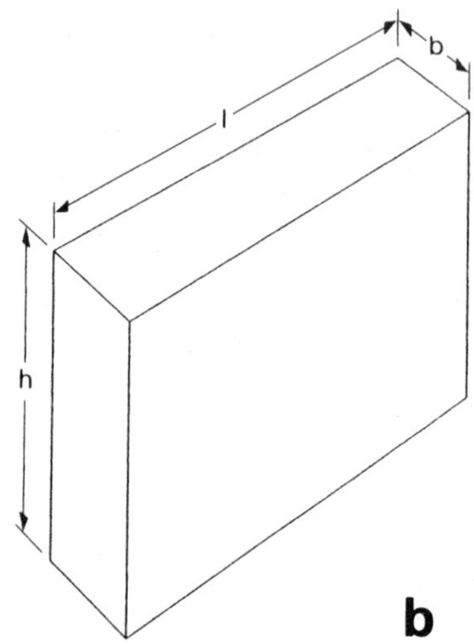

b

Länge: 499, 599, 624, 749, 999, 1499, 1999, 2499, 2999 mm
Höhe: 374, 499, 599, 624, 749 mm
Dicke/Breite: 100 bis 400 mm

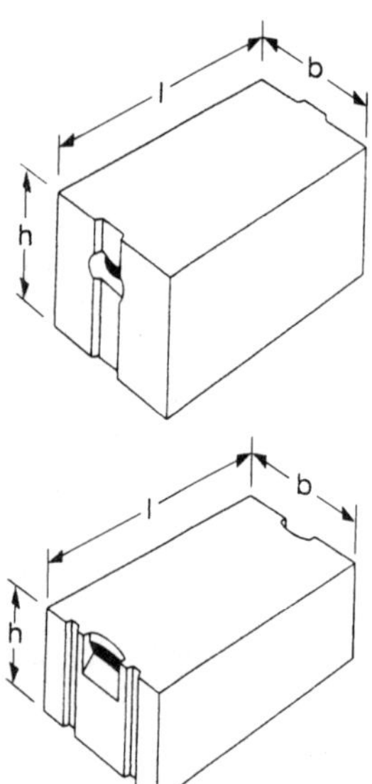

c

Länge: 332, 399, 499, 599, 624 mm
Höhe: 249 mm
Dicke/Breite: 175 bis 365 mm

Abb. 3.44 Unbewehrte Porenbeton-Bauteile [6]
a: Planbauplatten PPpl nach DIN 4166
b: Planelemente nach DIN V 4165 und Zulassung
c: Plansteine PP nach DIN V 4165

Abb. 3.45 U-Steine (links) und flexibel anpassbare Mehrzwecksteine (rechts) aus Porenbeton zur Herstellung von Ringankern, Stürzen, senkrechten Schlitzen und Aussteifungen in Porenbeton-Mauerwerk [6]

Tafel 3.15 Grunddaten für bewehrte Porenbetonbauteile [6]

Porenbeton-Produkte	Festigkeits-klasse	Mindestdruckfestigkeit		Rohdichte-klasse[1]
		Mittelwert N/mm²	kleinster Einzelwert N/mm²	kg/dm³
DIN 4223 und Zulassung: Bauteile mit statisch anrechenbarer Bewehrung	2,2	2,2	2,1	0,40; 0,45; 0,50
	3,3	3,3	3,2	0,45; 0,50; 0,55; 0,60
	4,4	4,4	4,2	0,55; 0,60; 0,65; 0,70; 0,75; 0,80
DIN 4223 und Zulassung: Bauteile mit statisch nicht anrechenbarer Bewehrung	2	2,5	2,0	0,35; 0,40; 0,45; 0,50; 0,55
	4	5,0	4,0	0,55; 0,60; 0,65; 0,70; 0,80; 0,90; 1,00
	6	7,5	6,0	0,65; 0,70
	8	10,0	8,0	0,80; 0,80; 1,00
Zulassung: Stürze	4,4	5,0	4,4	0,55; 0,60; 0,65; 0,70

[1] Rohdichteklasse 0,60 bedeutet:
Mittelwert der Trockenrohdichte liegt zwischen > 0,50 bis 0,60.
[2] Nur für unbewehrte geschosshohe Wandtafeln.

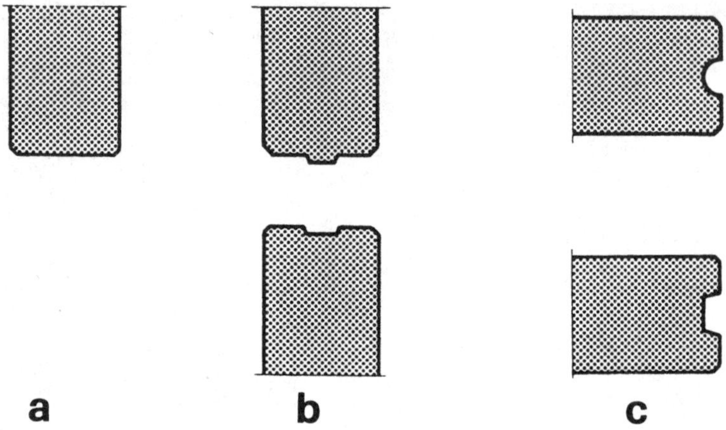

Abb. 3.46 Ausbildung der Längs- und Stirnseiten von bewehrten Wandplatten und Wandtafeln aus Porenbeton (schematisch) [6]
a: glatt; b: Nut und Feder; c: Vergussnuten

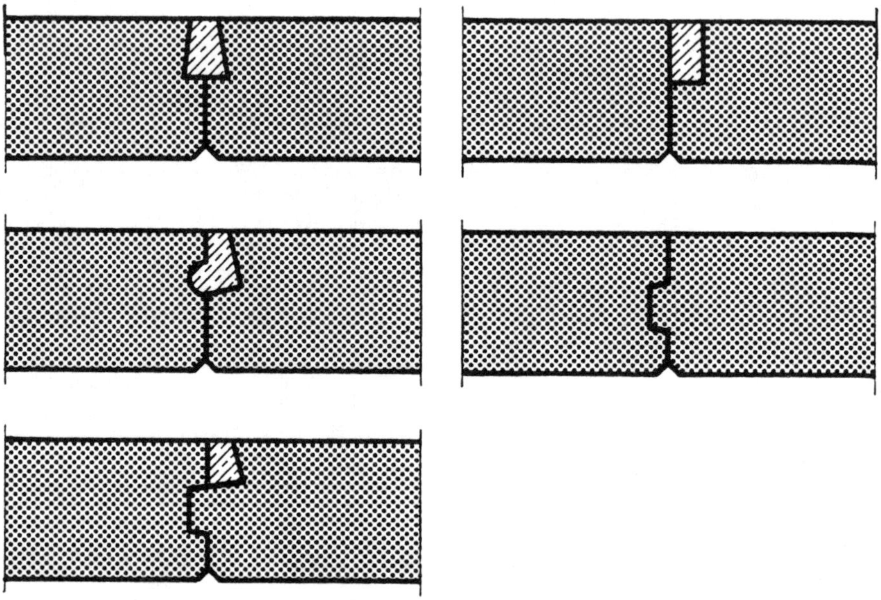

Abb. 3.47 Ausbildungsbeispiele der Plattenlängsränder (schematisch) von bewehrten Dachplatten aus Porenbeton als Vergussnut oder als Nut und Feder [6]

3.3.6 Zwischenbauteile aus Beton für Stahlbeton- und Spannbetondecken DIN 4158 (1978-05)

Die Zwischenbauteile aus Beton sind mit Hohlräumen versehene Körper und plattenförmige Bauteile aus Normalbeton ($\varrho > 2{,}0\,kg/dm^3$) oder aus Leichtbeton ($\varrho \leq 2{,}0\,kg/dm^3$) mit offenem oder geschlossenem Gefüge, hergestellt unter Verwendung hydraulischer Bindemittel und mineralischer Zuschläge nach DIN 4226-1 und -2.

Sie werden als statisch nicht mitwirkend für Balken- und Rippendecken sowie als statisch mitwirkend für Rippendecken benutzt, mit Rippen aus Ortbeton oder mit teilweise vorgefertigten Stahlbetonrippen (entsprechend Abb. 3.19).

a) **Statisch nicht mitwirkende Zwischenbauteile** gibt es in sechs Formen: A (für Stahlbetonrippendecken aus Ortbeton), B (für Stahlbetondecken aus Ortbeton mit verbreiterter Druckzone), C (für Stahlbetonbalkendecken mit verbreiterter Druckzone mit ganz oder teilweise vorgefertigten Balken), D, E und F (für Stahlbetonbalken- oder Rippendecken mit ganz oder teilweise vorgefertigten Balken oder Rippen). Abb. 3.48 zeigt einige dieser Formen.

   Die **Breiten** b werden so gewählt, dass sich für die jeweiligen Decken die Balken- und Rippenachsmaße 333, 500, 625 oder 750 mm ergeben; bei bewehrten Zwischenbauteilen (für Stahlbetonbalkendecken) auch 1000 oder 1250 mm. Die **Regellängen** sind 250 und 333 mm; bewehrte Zwischenbauteile dürfen länger sein. Die **Dicken** s_0 werden so bemessen, dass sich Dicken der Rohdecken ab 120 mm in Stufen von je 20 mm ergeben. Weiterhin sind die Maße für Auflagetiefe, Flankenneigung, Innenstege und Auflageflächen festgelegt, desgleichen die Maße für plattenförmige Zwischenbauteile.

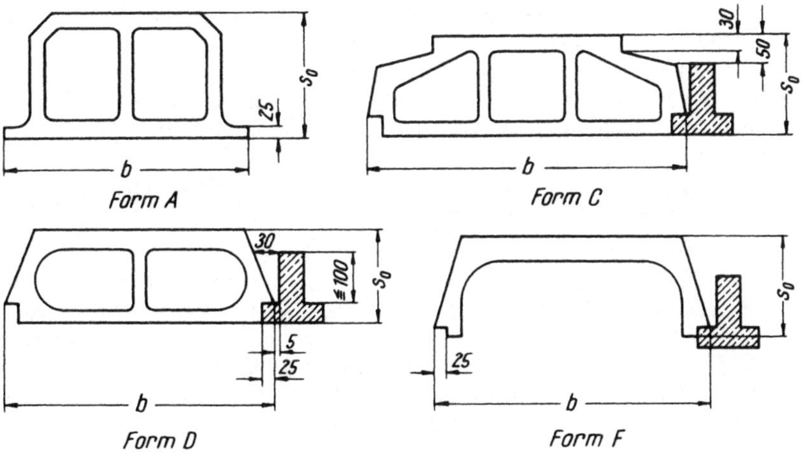

Abb. 3.48 Statisch nicht mitwirkende Zwischenbauteile aus Beton nach DIN 4158 für Decken, Form A, C, D und F

b) **Statisch mitwirkende Zwischenbauteile** haben dieselben Maße wie unter a) genannt. Sie haben jedoch vier andere Formen: DM, EM, FM und GM (für Stahlbetonrippendecken mit teilweise oder ganz vorgefertigten Rippen, Abb. 3.49).

   Bei mitwirkenden Bauteilen müssen die Außenwandungen mindestens 30 mm, notwendige Innenstege (Form DM) mindestens 25 mm und Platten (Abb. 3.49, Schnitt A-B) mindestens 50 mm dick sein.

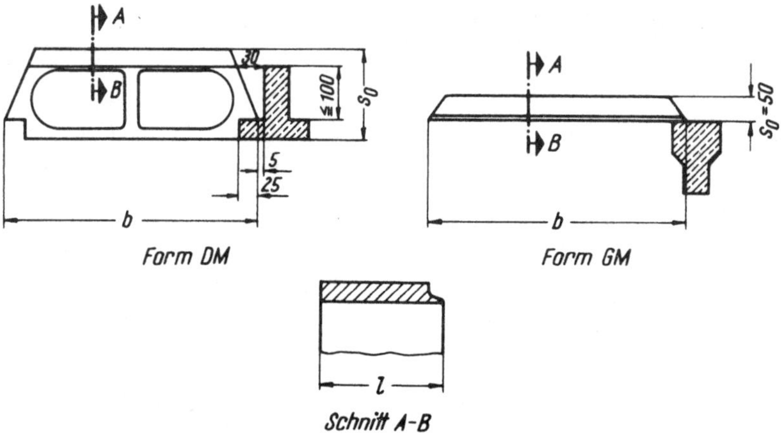

Abb. 3.49 Statisch mitwirkende Zwischenbauteile aus Beton für Decken, Form DM und GM

3.3.7 Betonwerksteine

a) **Betonwerkstein** nach DIN 18 500 (1991-04) ist der Sammelbegriff für vorgefertigte Bauteile (Werkstücke) aus bewehrtem oder unbewehrtem Beton, z. B. Bodenplatten, Stufen und Stufenbeläge, Fassadenplatten und -elemente, deren Oberflächen werksteinmäßig bearbeitet oder die in besonders ausgebildeten Formen oder Schalungen hergestellt sind.

Bearbeitungsarten sind z. B. Spalten (bruchraue Oberfläche), Bossieren, Spitzen, Stocken, Scharrieren, Sand- und Flammstrahlen, Absäuern, Auswaschen (s. u. Waschbeton), Schleifen und Polieren (Schleifen mit feinstem Schleifmittel bis zum Glanz). Als Oberflächenbehandlung kann Polierwachs, Versiegelungsmasse oder Fluat aufgetragen werden. Betonwerkstein kann ein- oder mehrschichtig aus Kern- und Vorsatzbeton ausgeführt werden. Die Dicke des Vorsatzbetons muss mindestens 8 mm, bei Stufen und Stufenbelägen mindestens 15 mm betragen. Als Bindemittel wird Zement nach DIN 1164 verwendet. Die Zuschläge müssen DIN 4226 genügen und u. U. frostbeständig sein.

Bodenplatten, Stufen und Stufenbeläge müssen bei Auslieferung, spätestens 28 Tage nach Herstellung, eine mittlere Biegezugfestigkeit von mindestens 5 N/mm^2 (kleinster Einzelwert ≥ 4 N/mm^2) aufweisen. Für alle übrigen Bauteile gilt entweder die genannte Biegezugfestigkeit oder eine mittlere Druckfestigkeit von ≥ 30 N/mm^2 (kleinster Einzelwert ≥ 25 N/mm^2). Schleifverschleiß siehe Tafel 3.16. Weitere Anforderungen der DIN 18 500 beziehen sich z. B. auf Maße und Maßtoleranzen, Beschaffenheit (z. B. zulässige Beschädigungen) und Wasseraufnahme für Teile im Freien (max. 15 Vol.-%).

b) Bei **Platten aus Waschbeton**, die z. B. als Fassadenelemente Verwendung finden, bleibt das grobe Zuschlagkorn an der Oberfläche sichtbar, ist aber fest im Mörtelbett verankert. Dies kann z. B. erreicht werden

- durch Auswaschen des oberflächlichen Mörtels mit Bürste und Wasser aus dem noch frischen Beton, oder
- durch Auftragen einer die Zementerhärtung verzögernden Paste auf die Schalung, sodass der Feinmörtel nach Abnehmen der Schalung ausgespült werden kann, oder
- durch Einsetzen einzelner gröberer Körner in das noch frische Mörtelbett, ohne dass sie vom Mörtel voll umschlossen werden.

c) **Terrazzo**, der z. B. als Fußbodenplatten oder Treppenstufen Verwendung findet, besitzt in der Vorsatzschale Zuschlagkörner (meist aus Kalkstein) besonderer Farbe oder Größe und/ oder mit Steinmehl eingefärbten Feinmörtel. Die Oberfläche ist geschliffen.

Tafel 3.16 Härteklassen und Schleifverschleiß von Betonwerkstein, der schleifender Beanspruchung ausgesetzt ist

Härteklasse	Bei Prüfung nach DIN 52 108[1]			
	Volumenverlust $cm^3/50\,cm^2$		Dickenverlust mm	
	Mittelwert max.	Einzelwert max.	Mittelwert max.	Einzelwert max.
I	15	18	3	3,6
II	26	30	5,2	6

[1] Prüfung mit der *Böhme*-Schleifscheibe.

3.3.8 Pflastersteine aus Beton DIN EN 1338 (2003-08)

a) **Allgemeines:** Pflastersteine aus Beton (siehe Abb. 3.51) mit oder ohne Vorsatzbeton (Dicke ≥ 4 mm) werden aus frostbeständigen Zuschlägen nach DIN 4226-1, Zement nach DIN 1164-1 sowie ggf. Zusatzmitteln bzw. Zusatzstoffen hergestellt. Sie dienen der Befestigung von Straßen, Wegen und Plätzen. Neben der o.a. Norm darf bis März 2005 noch die bisherige DIN 18 501 (1982-11) angewendet werden. Für den Bau von Pflasterdecken und Plattenbelägen sind die ZTV P-StB 2000 und die DIN 18 318 ((2000-12); VOB Teil C, ATV) maßgebend.

b) Nach der **Form** werden Quadrat-, Rechteck- und Sechseckpflastersteine unterschieden. Es gibt aber auch zahlreiche andere Formen, wie z. B. S-, H- oder winkelförmige Verbundsteine (siehe Abb. 3.51). Die Steine werden häufig in ca. 1 m² großen Einheiten mit Hydraulik-Klammer und Kleinbagger oder Handverlege-Karren mechanisch verlegt. Die Höhe beträgt vorzugsweise 60, 80 und 100, die Länge bis 200 mm, Verhältnis Gesamtlänge : Dicke ≤ 4:1. Die übrigen Maße richten sich nach Verlegeart und Fugenraster. Zulässige Maßabweichungen: max ± 3 mm bei Länge und Breite bzw. ± 4 mm bei der Höhe. Die Differenz zwischen den Diagonalen eines rechtwinkligen Pflastersteins darf 5 mm (Klasse J) bzw. 3 mm (Klasse K) nicht überschreiten. Ausbuchtungen in Seitenflächen bzw. -kanten dürfen nicht tiefer als 3 mm sein. Die Kanten der Nutzflächen können gefast, die Flächen selbst betonwerksteinmäßig bearbeitet, profiliert, getrommelt, wasser- oder kugelgestrahlt sowie eingefärbt sein, z. B. anthrazit, basalt, dkl.-braun, ziegel- und dkl.-rot, rotbraun und geflammt, sandsteinfarben.

c) Besondere Bedeutung hat **Ökopflaster** zur Entsiegelung großer gepflasterter Flächen. Hierfür gibt es eine ganze Reihe von Steinarten: Steine mit vertikalen Rippen an zwei Flanken, die im verlegten Pflaster Fugen hinterlassen für begrünte Parkflächen. Denselben Effekt erreicht man mit T-förmigen Abstandhaltern aus Kunststoff, die zwischen normale Rechtecksteine gelegt werden. Durch solche Maßnahmen erreicht man Fugenanteile bis etwa 20 % der Gesamtfläche. Oder man verwendet sog. Rasenplatten mit bis zu 30 % Grünflächenanteil. Schließlich werden heute auch Steine wasserdurchlässig aus haufwerkporigem Dränbeton hergestellt, die auch mit kleinrädrigen Einkaufswagen befahren werden können.

Für Tankstellen gibt es spezielle flüssigkeitsdichte (Wasser, Kraftstoff) Pflasterelemente, z. B. 400 × 400 mm, mit seitlichen Verzahnungen in den Fugen. Diese werden nach dem Verlegen mit speziellem, ebenfalls flüssigkeitsdichtem und dauerelastischem Fugenmaterial geschlossen.

d) **Anforderungen** werden u. a. an folgende Eigenschaften der Pflastersteine gestellt:

1) **Witterungswiderstand:** Klasse A keine; Klasse B Wasseraufnahme ≤ 6 Masse-%; Klasse C Masseverlust bei der Frost-Tausalz-Prüfung ≤ 1 kg/m^2. – 2) **Festigkeit:** Spaltzugfestigkeit im Mittel ≥ 3,6, Einzelwerte ≥ 2,9 MPa (≙ N/mm^2); Bruchlast ≥ 250 N pro mm Spaltflächenlänge. – 3) **Abriebwiderstand** gemessen mit der Böhme-Schleifscheibe: Klasse F keine; Klasse H ≤ 20 cm^3/50 cm^2; Klasse I ≤ 18 cm^3/50 cm^2. – 4) Ausreichender **Gleit- und Rutschwiderstand**. – 5) **Äußere Beschaffenheit**: Nach den vorgeschriebenen Prüfungen dürfen sich an den Steinen keine Schäden, wie z. B. Abplatzungen oder Risse, zeigen, und bei zweischichtigen Steinen darf kein Ablösen der Schichten voneinander eintreten. Die Prüfverfahren sind im Anhang zur DIN EN 1338 beschrieben.

e) Zur **Kennzeichnung** der Steine sind die o. a. Klassen, die Norm und die Produkt-Identifikation anzugeben.

f) Für die **Pflasterverlegung** ist neben der o. a. Norm die ZTV P-StB 2000 und die DIN 18 318 (VOB Teil C, ATV (2000-12)) zu beachten. Pflasterflächen haben folgenden Schichtaufbau (s. a. Abb. 3.50): Frostschutzschicht (bis etwa 80 cm unter Pflasteroberkante) und Tragschicht aus Kies oder Hartsteinschotter 0/32, 0/45 oder 0/56; Tragschicht: Dicke für Terrassen, Gehwege oder Garagenzufahrten 20 bis 30 cm, Einrütteln mit Flächenrüttler (ca. 300 kg); Pflasterbett: Sand 0/2, 0/4 oder Hartsteinsplitt 1/3 oder Brechsand-Splitt-Gemisch 0/5, Dicke nach dem Einrütteln 3 bis 5 cm; Pflaster: Fugenabstand 3 bis 5 mm, Fugenmaterial Sand 0/2, 0/4 oder Hartsteinsplitt 1/3, Abrütteln mit leichtem Flächenrüttler (130 bis 200 kg), danach Einfegen von Fugenmaterial bis zum Fugenverschluss. Bei Ökopflaster sind besondere Bedingungen zu beachten.

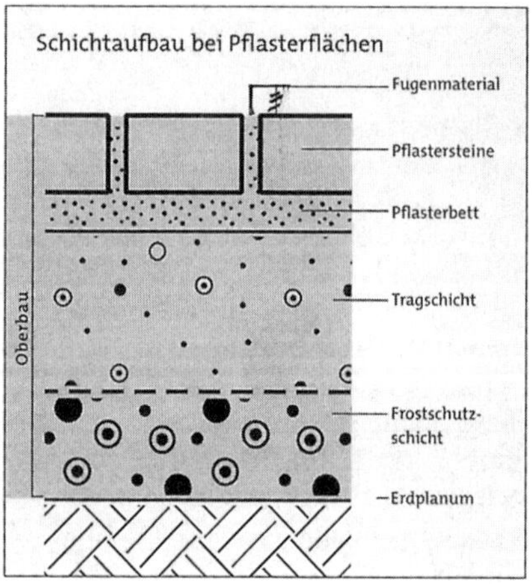

Abb. 3.50 Schichtaufbau von Pflasterflächen aus Betonsteinen [10]

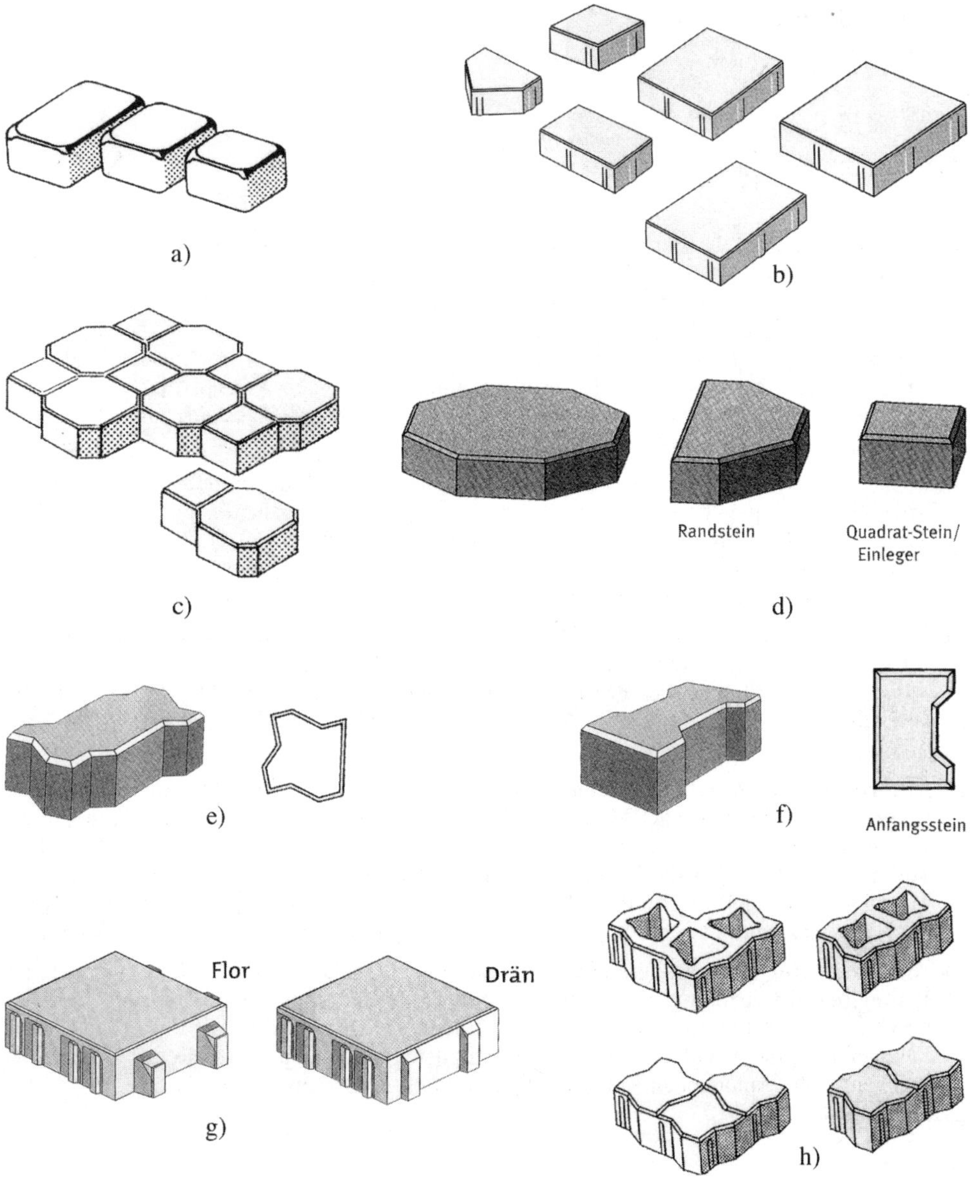

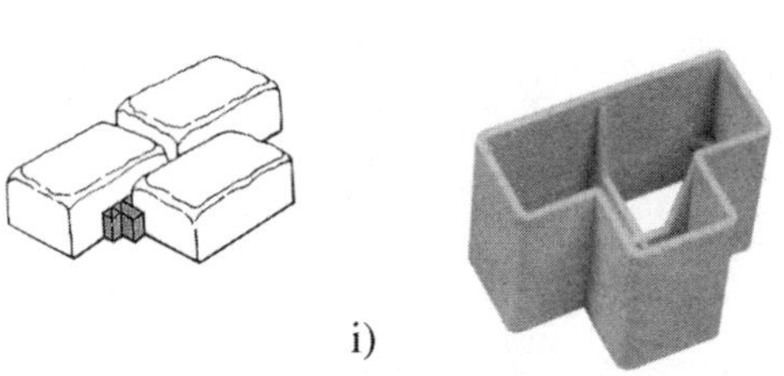

Abb. 3.51 Pflastersteine aus Beton (Beispiele) [10]
a bis d: ohne Verbund; e, f: Verbundsteine
g: Ökosteine, Flor 20 %, Drän 8 % Fugenfläche
h: Ökostein, auch für Wirtschaftswege, 30 % Rasenanteil
i: Kunststoff-Abstandhalter für 3 cm Rasenfuge, Höhe ca. 4 cm, 30 % Rasenanteil

3.3.9 Betondachsteine
(Siehe auch [9b])

Normen

DIN EN 490	(1994-05)	Dach- und Formsteine aus Beton; Produktanforderungen
DIN EN 491	(1994-05)	–; Prüfverfahren

a) Betondachsteine sind in der **Form** (siehe Abb. 3.52) den Dachziegeln ähnlich, haben jedoch größere Abmessungen als diese und sind daher schwerer. Häufig anzutreffende und altbewährte Modelle sind die Frankfurter Pfanne und die Doppel-S-Pfanne, jüngere Modelle die Taunus- und Harzer Pfanne sowie der ebene Dachstein Tegalit. Bei der Verlegung der Dachsteine sind wie bei Dachziegeln die Regeln des Deutschen Dachdeckerhandwerks einzuhalten, insbesondere die die Dachneigung betreffenden Vorschriften zu beachten (siehe Abschn. 3.2.8 und [31]). Dachsteine werden im Strangpressverfahren hergestellt und besitzen daher keinen Kopffalz.

b) Ausgangsstoffe bei der **Herstellung** sind: Zuschlag aus natürlichen und/oder künstlichen Mineralstoffen (ungebrochen oder gebrochen); ggf. Zusatzstoffe (siehe Abschn. 7.2.5), darunter i. d. R. Farbpigmente); ggf. Zusatzmittel (siehe Abschn. 7.2.4). Die Oberfläche der Betondachsteine ist i. d. R. glatt, gelegentlich auch granuliert. Farben: vornehmlich Schattierungen von rot und braun sowie grau und granit, auch blau und grün.

c) **Herstellerangaben** müssen enthalten: Hängelänge und Rechtwinkligkeit (Abweichung ≤ ± 4 mm); mittlere Deckbreite (Abw. ≤ 5 mm; siehe Abb. 3.25); Masse in kg (Abw. ≤ 10 %). Meist werden auch Angaben gemacht zu: Regeldachneigung RDN (22°, 25°, 30°), Dachlattenabstand und -dicke (meist 21,2 bis 34,5 mm; 24/48 mm) und zum Bedarf in Stück/m^2 (meist 10 bis 15).

d) **Anforderungen** an Betondachsteine sind: Ebenheit (Abw. ≤ 3 mm); Tragfähigkeit (unter Biegebeanspruchung; je nach Modell 500 bis 2000 N); Wasserundurchlässigkeit (unter einer Wasserauflast von 10 bis 15 mm dürfen Wassertropfen an der Unterseite frühestens nach 20 Stunden auftreten); Frostbeständigkeit (25 Frost-Tau-Wechsel zwischen ± 20 °C dürfen die Tragfähigkeit und Wasserundurchlässigkeit nicht beeinträchtigen); Funktionstüchtigkeit der Hängenase (darf bei senkrechter Aufhängung frühestens nach 1 Minute abrutschen).

e) Als **Formsteine** und Systemteile gibt es u. a.: Pult-, Winkel-, Giebel- und Ortgangsteine, Walmglocken (Übergang zwischen First und Grat bei Walmdächern), Biegekehlen aus beschichtetem Aluminium; halbe Steine, Lüftersteine; Standsteine mit Sicherheitsstufen; Schneefangsteine, Rundholzhalter, Schneestoppsteine; Durchgangssteine für Sanitärlüfter und Dunstrohr, Antennenaufsatz und Abgaskalotte; Lichtpfannen.

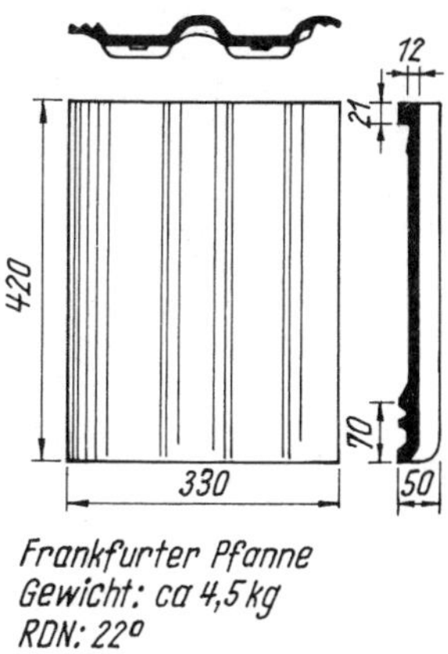

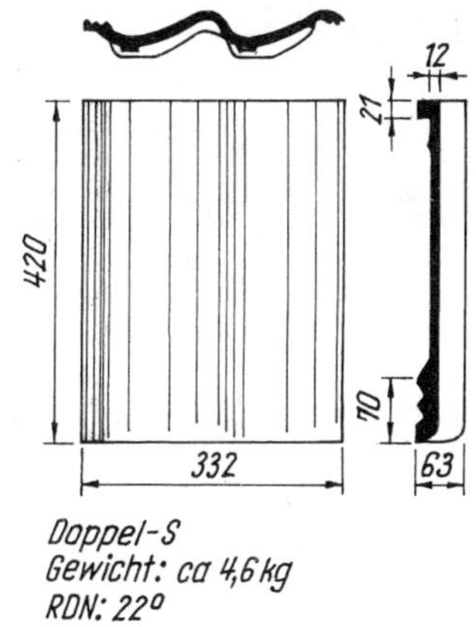

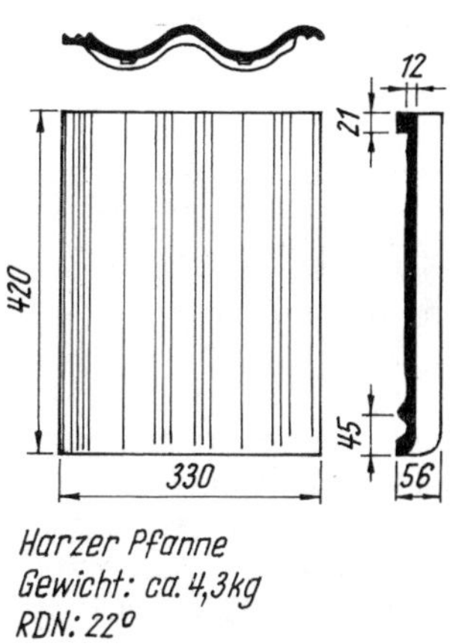

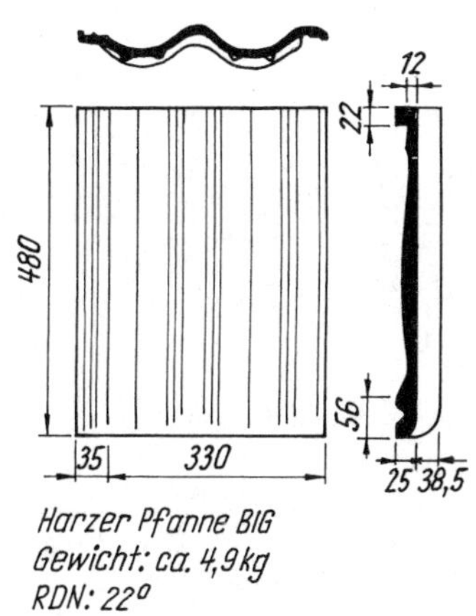

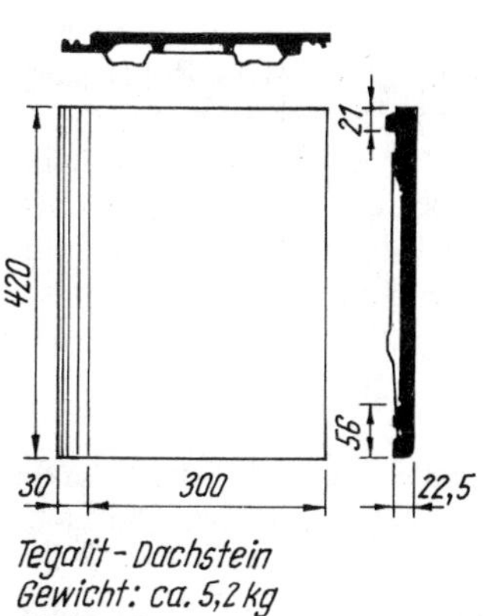

Abb. 3.52 Beispiele für Betondachsteine [9b]

3.3.10 Rohre aus Beton
(s. a. [3])

Normen

DIN EN 1916	(2003-04)	Rohre und Formstücke aus Beton, Stahlfaserbeton und Stahlbeton
DIN V 1201	(2003-04)	–; für Abwasserleitungen und -kanäle
DIN EN 1917	(2003-04)	Einstieg- und Kontrollschächte aus Beton, Stahlfaserbeton und Stahlbeton
DIN V 4034-1	(2004-04)	Schächte aus Beton-, Stahlfaserbeton- und Stahlbetonfertigteilen

Gültig sind die DIN EN 1916 und 1917 *gemeinsam* mit den beiden nationalen Ergänzungsnormen DIN V 1201 und 4034-1.

a) **Allgemeines**

Vorgefertigte Rohre und Formstücke aus Beton, Stahlfaserbeton und Stahlbeton werden im Wesentlichen für den Transport von Abwasser, Regenwasser und Oberflächenwasser in Form von in der Erde verlegten Freispiegelleitungen (gelegentlich auch unter geringem Überdruck) verwendet. Sie besitzen an den Enden flexible Verbindungen in Form von im Bauteil eingebauten oder getrennt mitgelieferten Dichtungen aus vulkanisiertem Gummi nach DIN EN 681-1 (Elastomer-Dichtungen).

Neben den o. a. Normen gibt es eine Reihe weiterer Normen: DIN EN 639 (Druckrohre aus Beton), DIN EN 640 (Stahlbeton-Druckrohre) und DIN EN 642 (Spannbeton-Druckrohre); DIN V 4034-1, DIN EN 476 und DIN EN 1917 (Schächte). Daneben gibt es ATV-DVWK-Richtlinien der Gesellschaft zur Förderung der Abwassertechnik e.V. (siehe Abschn. 18.3.3).

b) **Herstellung**

Die Verdichtung des in die Stahlschalungen mit Kern eingebrachten wasserundurchlässigen steifen Betons (Wasserzementwert 0,37 bis 0,45) erfolgt stehend durch Stampfen, Pressen und/oder Rütteln (Außenrüttler, Flaschenrüttler oder Vibrationstische) oder liegend durch Schleudern oder Walzen. Die Erhärtung erfolgt zur Feuchtigkeits- und Wärmezufuhrregelung i. d. R. in Klimakammern frei stehend (Entschalung unmittelbar nach dem Verdichten), bei großformatigen Stahlbetonrohren auch liegend in der Schalung.

c) **Arten** (s. a. Abb. 3.53 und 3.54)

Man unterscheidet: Beton-, Stahlbeton- und Vortriebsrohre (B, Sb, VT); Rohre mit Kreisquerschnitt ohne oder mit Fuß (K, KF); Rohre mit Eiquerschnitt mit Fuß (EF); Rohrverbindungen in Form von Glockenmuffe (GM), Falzmuffe (FM) oder Vortriebsrohr-Muffe (VM). Vortriebsrohre werden hydraulisch durch das Erdreich getrieben. Sie haben eine größere Wanddicke und flexible Rohrverbindungen aus Stahl oder bewehrtem Kunststoff *innerhalb* der Wanddicke (siehe Abb. 3.54 d). Die Rohre können bei der Herstellung Abzweige und Zuläufe erhalten, außerdem gibt es ringförmige Bauteile zur Herstellung von Einstieg- und Kontrollschächten (Abb. 3.55).

d) **Maße**

Kreisförmige Betonrohre: DN 100 bis DN 1500 (DN Nennweite = Rohr-Innen ∅). Kreisförmige Stahlbetonrohre: DN 250 bis DN 4000. Eiförmige Beton-, Stahlbeton- und Stahlfaserbetonrohre: WN/HN 300/450 bis 1400/2100 (WN/HN = innere Breite/Höhe). Rohre mit fest in der Muffe eingebauter Dichtung: DN 300 bis 1500. Normale Baulängen sind je nach Nennweite 2000 bis 3000 mm, Wanddicken je nach Nennweite und Querschnittsform 60 bis 235 mm. Es gibt auch Rohre mit größeren Weiten und anderen als kreis- oder eiförmigen Querschnitten.

e) **Anforderungen**

Rohre Typ 1: Beton C35/45, Expositionsklasse XA1, widerstandsfähig gegen chemisch *schwach* angreifende Umgebung, eignen sich vorwiegend für Regenwasser. **Rohre Typ 2:** Beton C40/50, Expositionsklasse XA2 und XM2, widerstandsfähig gegen chemisch *mäßig* angreifende Umgebung und gegen starke Verschleißbeanspruchung, eignen sich besonders für Misch- und Schmutzwasser. Die Rohre erhalten als Kennzeichnung das CE-Zeichen sowie DIN V 1201 und Typ 1 oder Typ 2 (s. a. Abb. 3.53).

Die Betonoberfläche muss von gleichmäßiger und geschlossener Beschaffenheit sein. Die Scheiteldruckkräfte betragen je nach Querschnittsform 20 bis 540 kN/m (kreisförmig) bzw. 75 bis 189 kN/m (eiförmig). Zur Prüfung der Wasserdichtheit werden 2 Rohrteile zusammengefügt, verschlossen und leicht abgewinkelt. Dann dürfen unter einem 15 Minuten lang andauernden Prüfdruck von 0,5 bar keine Undichtigkeiten oder andere sichtbare Mängel auftreten. Betonrohre müssen eine geringe Wandrauheit besitzen, ausreichend abriebfest und für ständige Wassertemperaturen von 45 °C (bis DN 200) bzw. 35 °C (über DN 200) geeignet sein. Der Fasergehalt von Stahlfaserbetonrohren richtet sich nach dem DBV-Merkblatt „Stahlfaserbeton". Die Betondeckung (Nennmaß) von Stahlbetonrohren muss je nach Umweltbedingungen 25 mm (XC2), 30 (XC4 oder XA1) oder 35 mm (XA2) betragen.

Vortriebsrohre werden hydraulisch durch das Erdreich getrieben. Sie erfordern eine größere Wanddicke und eine besondere Ausbildung der Rohrverbindung mit einer Manschette aus normalem oder nichtrostendem Stahl (s. Abb. 3.54 d).

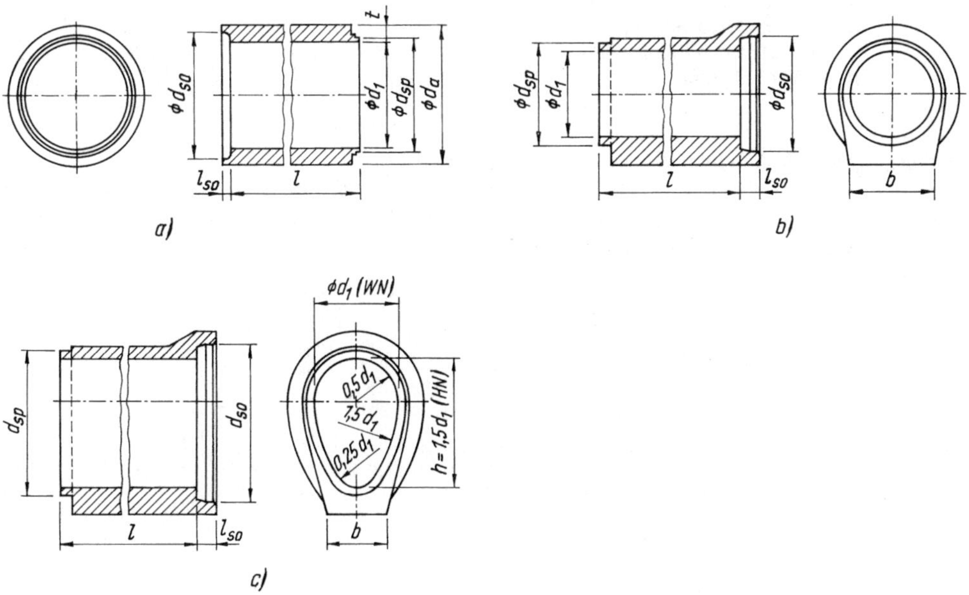

Abb. 3.53 Betonrohre (Beispiele) nach DIN V 1201 (2003-04):
a) Stahlbeton DIN V 1201 – Typ 2 – SB – K – FM – 1800 × 3000
b) Betonrohr DIN V 1201 – Typ 2 – B – KF – GM – 300 × 2500
c) Betonrohr DIN V 1201 – Typ 2 – B – EF – GM WH/HN 500/700 × 200

(K = Kreis ohne Fuß; FM = Falzmuffe; KF = Kreis mit Fuß; GM = Glockenmuffe; EF = Ei mit Fuß)

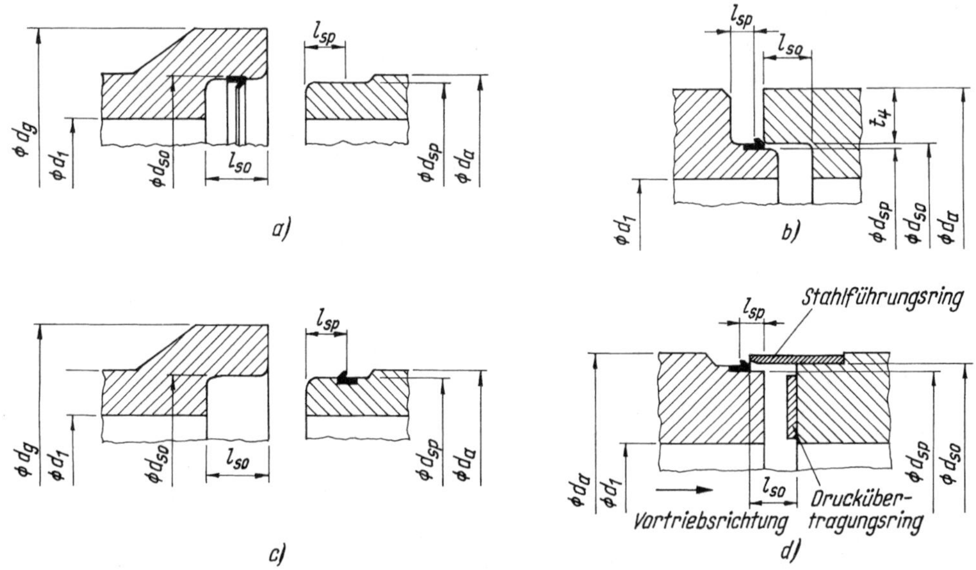

Abb. 3.54 Gleitringdichtungen (Beispiele für Betonrohre nach DIN V 1201 (2003-04))
a) fest in der Muffe eingebaut
b) mit Kammerausbildung
c) mit Stufenausbildung
d) für Vortriebsrohre

Bedeutung der Kleinbuchstaben in Abb. 3.53 und 3.54:
d_1 = Rohr-Innen∅ (DN); d_a = Rohr-Außen∅; d_{so} = Innen∅ der Muffe; d_{sp} = Außen∅ am Spitzende; d_g = Außen∅ der Glocken-Muffe; l_{so} = Muffenlänge; d_1 und h im Eiquerschnitt = WN/HN = innere Breite/Höhe; l = Baulänge.

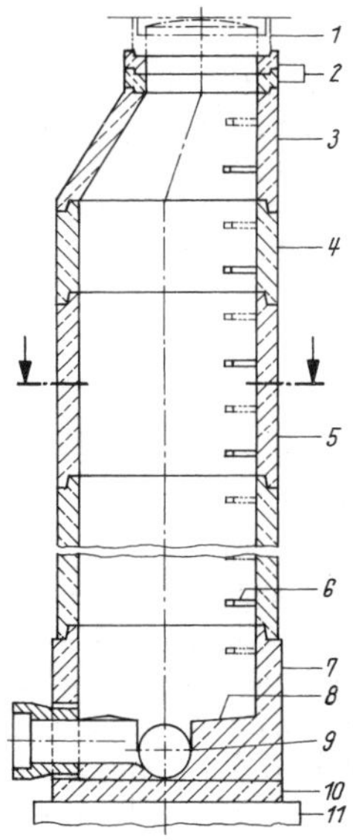

Abb. 3.55 Einstiegschacht aus Betonfertigteilen [3]
1 Schachtabdeckung; 2 Auflagerringe; 3 Schachthals (Konus) mit Muffe; 4, 5 Schachtringe mit Muffe; 6 Steigeisen; 7 Schachtunterteil; 8 Auftritt; 9 Gerinne; 10 Sohlplatte; 11 Sauberkeitsschicht

3.3.11 Bauteile aus Faserzement
(Siehe auch [7], [11])

Normen

DIN EN 492	(1999-07)	Faserzement-Dachplatten und Formteile (Entw. 2003-10)
DIN EN 494	(1999-07)	Faserzement-Wellplatten (Entw. 2003-10)
DIN EN 12 467	(2000-09)	Faserzement-Tafeln (Entw. 2003-10)

Für Bauteile aus Faserzement gibt es neben den o. a. Normen eine ganze Reihe von bauaufsichtlichen Zulassungen des Deutschen Instituts für Bautechnik Berlin. Abmessungen, Formen und Verarbeitungshinweise richten sich nach den Fachregeln des Deutschen Dachdeckerhandwerks [31] bzw. nach den Produktregeln der Hersteller (siehe [7], [11]).

a) **Herstellung**
Bauteile aus Faserzement werden aus einer Mischung von Kunststoff- und Zellstofffasern, Portlandzement (CEM I) nach DIN 1164 und Wasser hergestellt. Die Kunststofffasern bestehen aus Polyacrylnitril oder Polyvinylalkohol und dienen der Armierung. Die Zellstofffasern dienen als sog. Prozessfasern der gleichmäßigen Verteilung der Zementteilchen im wässrigen Zement-Faser-Brei. Nach 28 Tagen Erhärtungszeit besteht Faserzement zu rd. 40 % aus Portlandzement, 11 % feinen Zusatzstoffen (z. B. Kalksteinmehl und gemahlener Faserzement), 2 % Kunststofffasern, 4 bis 6 % Zellstofffasern und bis zu 12 % Wasser (trägt zur weiteren Erhärtung bei). Die %-Zahlen sind Vol.-%. Mikroluftporen (ca. 30 %) in feiner Verteilung machen den Baustoff dampfdurchlässig und trotzdem wasserdicht sowie frostbeständig. Oberflächenbeschichtungen bieten Schutz gegen sauren Regen, Abwitterung und UV-Strahlung und dienen der farblichen Gestaltung.

b) **Eigenschaften**

Baustoffklasse A2 (nichtbrennbar nach DIN 4102); Wasseraufnahmefähigkeit 18 bis 23 Masse-%; Gleichgewichtsfeuchte bei Raumklima 6-10 Masse-%; Wasserdampfdiffusionswiderstandszahl: Wellplatten ohne/mit Beschichtung $\mu = 70/130$, Fassadenplatten je nach rel. Luftfeuchte $\mu = 140$ bis 350; Wärmeleitfähigkeit $\approx 0{,}6$ W/(m · K); Temperaturdehnzahl 0,010 bis 0,014 mm/(m · K); Rohdichte $\geq 1{,}65$ g/cm^3; chemische und Alterungs-Beständigkeit ähnlich wie C 35/45.

Faserzementbauteile gibt es in folgenden Arten:

c) **Dachplatten** nach DIN EN 492 für kleinformatige Dacheindeckungen und Wandbekleidungen, i. d. R. 4 mm dick, sind hochgepresst und besitzen eine Reinacrylat-Beschichtung. Farben (Beispiele): dunkelgrau und -braun, ziegel- und klassikrot, lichtgrau, kristallweiß, dunkelblau, blauschwarz.

Lieferformen (Beispiele) siehe Abb. 3.56, Deckungsbilder (Beispiele) Abb. 3.57, Befestigung an den Dachlatten Abb. 3.58. Als Wandbekleidung können Dachplatten z. B. auf Lattung aufgebracht werden (siehe Abb. 3.59). Faserzementplatten gibt es auch als diffusionsoffene Unterdeckplatten (Maße: 2830 bzw. 2530 × 1280 × 4 mm) zur Herstellung regensicherer Unterdächer. Dämmstoffe können ohne zusätzlichen Belüftungszwischenraum unter den Unterdeckplatten angebracht werden, sodass die Sparrenhöhe voll für die Wärmedämmung ausgenutzt werden kann.

Als **Formstücke** gibt es z. B. Fuß-, Kehl-, First- und Gratplatten, Windfederwinkel; aus Kunststoff außerdem Entlüfterstutzen, Antennendurchgang, Dachfenster.

d) **Wellplatten** nach DIN EN 494 naturbelassen zementgrau oder farbig beschichtet (Farben wie Dachplatten). Es gibt Wellplatten mit 5, 6 oder 8 Wellen, Dicke 6,0 bzw. 6,5 mm, Breite 920, 1097 bzw. 1000 mm, Längen 625 bis 2500 mm. Die Befestigung auf Dächern erfolgt z. B. nach Abb. 3.60. Für Dacheindeckung und Fassadenbekleidung. Auch für Wellplatten gibt es für An- und Abschlüsse, Übergänge, Belichtung und Belüftung entsprechende Form- und Passstücke.

e) **Ebene Tafeln** nach DIN EN 12 467 naturbelassen zementgrau. Dicke 6 bis 20 mm; Länge 2030, 2530 und 3130 mm; Breite 1280 mm. Anwendung innen und außen vielfältig: Wände auf tragenden Metall- und Holzkonstruktionen, Außenwand- und Balkonbekleidungen, Gesimsabdeckungen, Fensterlaibungen, Tischplatten, abgehängte Decken, Regalbau, Behälterbau in der Landwirtschaft, Gleitlager (Deckenauflager). Bei Bewitterung wird als Oberflächenschutz ein Anstrich empfohlen. Beim Schneiden und Bohren etc. sind entsprechende Arbeitsschutzvorschriften einzuhalten. **Großformatige Fassadentafeln** nach bauaufsichtlicher Zulassung, farbbeschichtet, lasierend beschichtet oder durchgefärbt ähnlich Dachplatten in großer Farbauswahl für Fassadenbekleidung. Dicke 8 und 12 mm; Länge 2530, 2850 und 3030 mm; Breite 1250 und 1500 mm.

f) **Rohre** aus Faserzement werden nicht mehr hergestellt.

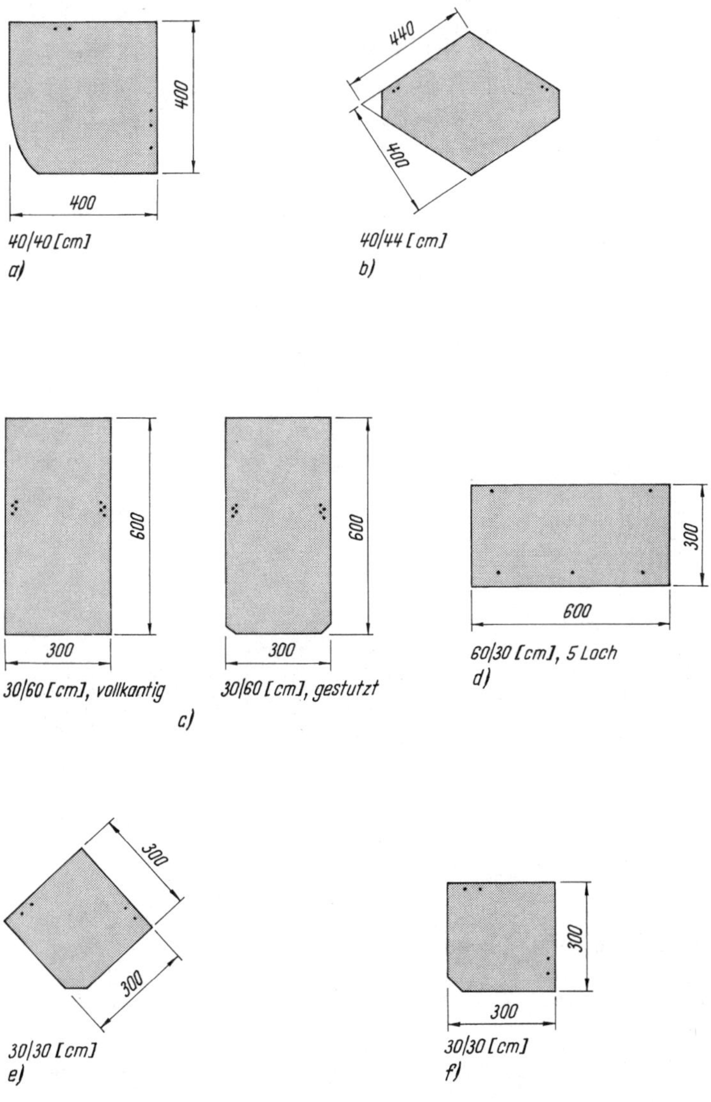

Abb. 3.56 Faserzement-Dachplatten (Beispiele; Maße in cm) [7]
Platten verlegefertig vorgelocht, LochØ 3,5 mm, Plattendicke 4 mm

a) Deutsche Deckung, außerdem 30/40, 30/30, 25/25, 20/20
b) Rhombus-Deckung
c) Doppeldeckung, außerdem 20/40
d) Waagerechte Deckung, außerdem 60/30 (2 Loch), 40/20, 30/20
e) Wabendeckung, außerdem 20/20
f) Geschlaufte Deckung, außerdem 20/20

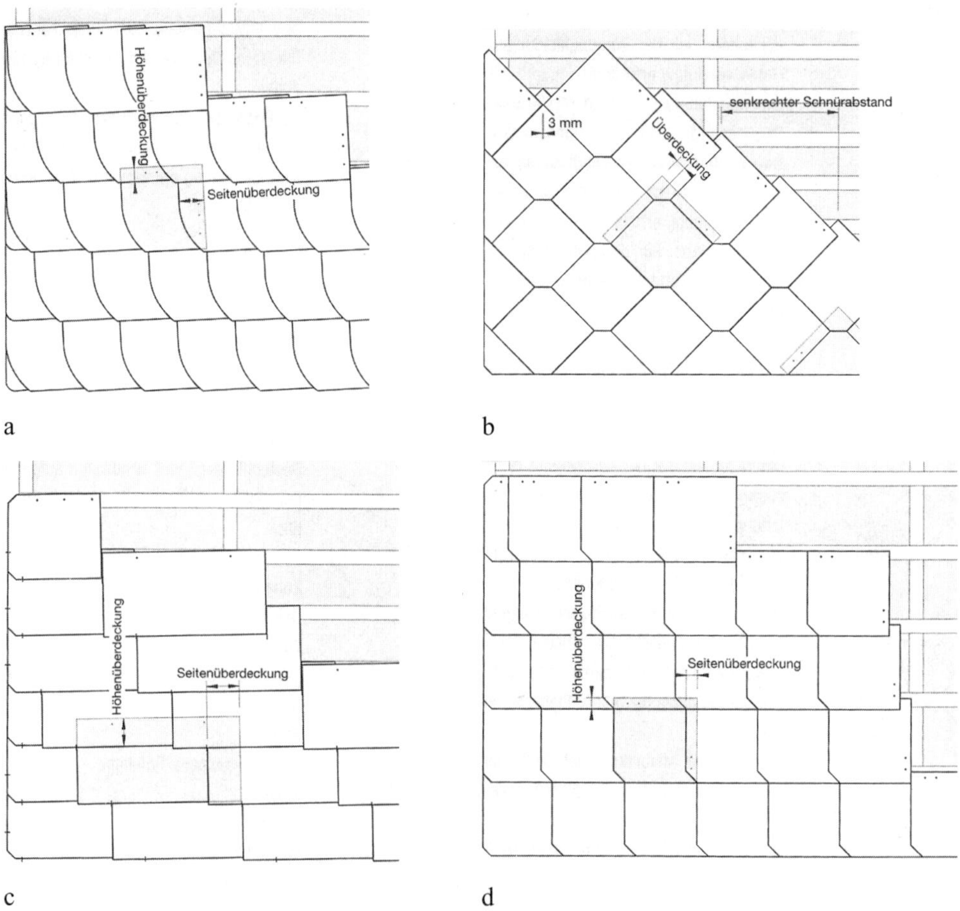

Abb. 3.57 Deckungsbilder von Faserzement-Dachplatten (Beispiele) [7]
a) Deutsche Deckung
b) Wabendeckung
c) Waagerechte Deckung
d) Geschlaufte Deckung

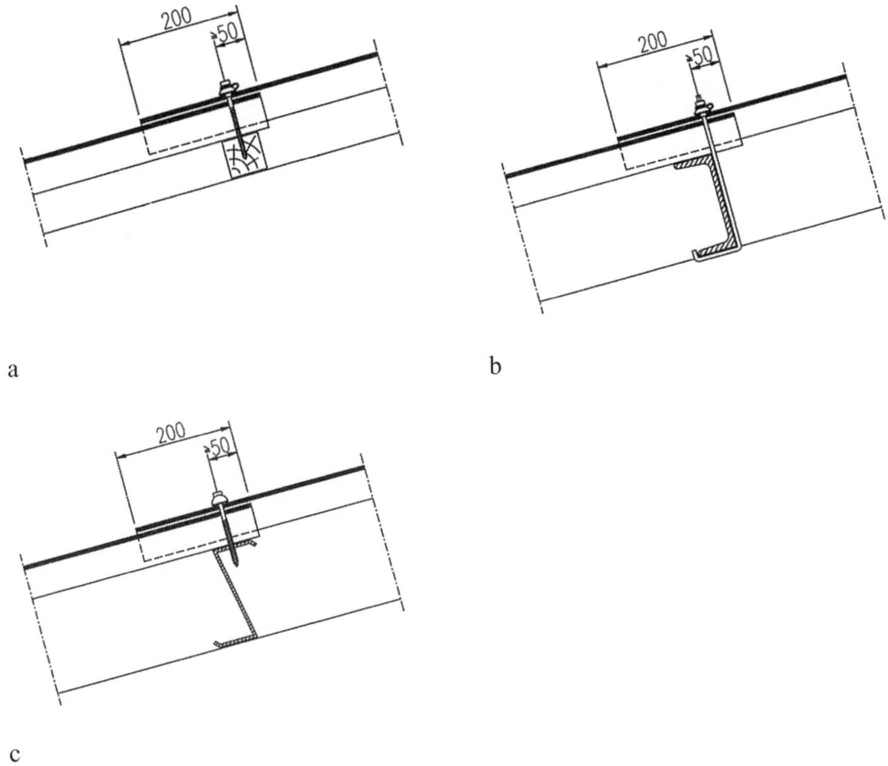

Abb. 3.58 Befestigung von Faserzement-Wellplatten auf Dächern (Beispiele) [7]
a) mit verzinkten Sechskant-Holzschrauben auf Holzlatten oder Holzpfetten
b) mit Stahlhaken nach DIN EN 20 025 auf Stahlpfetten
c) mit gewindefurchenden Stahlschrauben auf Stahl-Blechträgern (Z-Pfetten)

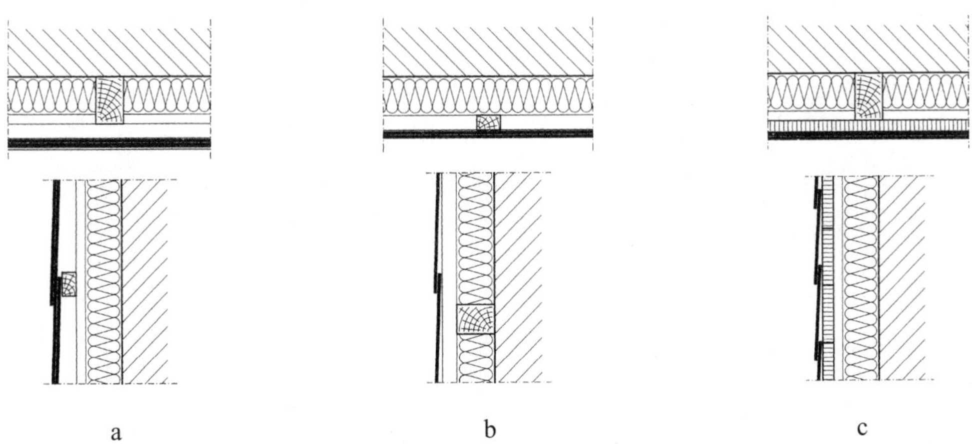

Abb. 3.59 Unterkonstruktionen für Wandbekleidungen aus kleinformatigen Faserzement-Dachplatten (Beispiele) [7]
a) Waagerechte Tragplattung auf senkrechter Konterlattung
b) Senkrechte Traglattung auf waagerechter Konterlattung
c) Holzschalung auf senkrechter Konterlattung

g) **Asbesthaltige Baustoffe**

Bei Beurteilung der Gesundheitsgefährdung durch eingebaute asbesthaltige Baustoffe, wie z. B. Asbestose (Lungenkrankheit, die als Berufskrankheit bei Arbeitern in Asbest herstellenden und verarbeitenden Betrieben auftrat) und Asbestkrebs, ist zu unterscheiden zwischen *schwach gebundenen* asbesthaltigen Produkten (meist im Innenausbau) mit Rohdichten unter 1 kg/dm^3 einerseits (z. B. Spritzasbest, Leichtbauplatten), bei denen eine erhöhte Gefahr der Faserfreisetzung besteht, und Asbestzementbaustoffen für Bedachungen und Außenwandbekleidungen andererseits, bei denen eine wesentlich geringere Faserfreisetzung auftritt. Für erstere gelten die Asbest-Richtlinien (1996-01), herausgegeben vom Deutschen Institut für Bautechnik Berlin. Des Weiteren sind zu beachten: Merkblatt „Entsorgung asbesthaltiger Abfälle" (1996-01) der Länderarbeitsgemeinschaft Abfall (LAGA) und des Umweltbundesamtes sowie die Techn. Regeln für Gefahrstoffe „Asbest: Abbruch-, Sanierungs- und Instandhaltungsarbeiten" TRGS 519.

Durch natürliche Bewitterung von Asbestzementbaustoffen im Freien entstehen nach heutiger Auffassung keine gesundheitsgefährdenden Konzentrationen der Luft mit asbesthaltigem Feinstaub (in den alten Bundesländern 1994 etwa 100 Fasern pro m^3 Luft; Faserlänge > 5 µm). Insofern ist hier eine Sanierung nicht generell erforderlich.

3.3.12 Fragen und Aufgaben zu mineralisch gebundenen Baustoffen

1) Geben Sie einen Überblick über die verschiedenen Arten von mineralisch gebundenen Baustoffen.
2) Was ist der Unterschied zwischen keramischen und mineralisch gebundenen Baustoffen?
3) Beschreiben Sie die Herstellung von Kalksandsteinen und Bauteilen aus Porenbeton!
4) Wodurch ergibt sich die große Härte der Kalksandsteine und die Porenstruktur von Porenbeton?
5) Welche verschiedenen Kalksandstein-Formate gibt es und wie werden sie verarbeitet?
6) Erläutern Sie die Schreibweise „DIN 106 – KS L-R – 12 – 1,4 – 8 DF (240)“.
7) Was versteht man unter KS XL-PE und KS XL-RE?
8) Was sind KS-Kimmsteine bzw. KS-ISO-Kimmsteine und wie werden sie verwendet?
9) Was ist der Unterschied von KS-Vormauersteinen bzw. KS-Verblendern zu normalen KS-Steinen?
10) Wie kann KS-Verblendmauerwerk gegen Witterungseinflüsse geschützt werden?
11) Beschreiben Sie Aufbau und Arten von Bauteilen aus Leichtbeton.
12) Erläutern Sie die Schreibweise „DIN 18 151 – 2 K Hbl 2 – 0,7 – 20 DF – 300“.
13) Beschreiben Sie die Eigenschaften von Porenbeton.
14) Welche verschiedenen Arten von Porenbeton-Bauteilen gibt es und wie werden sie verarbeitet?
15) Welche Verwendung finden U-Schalen und Mehrzwecksteine aus Porenbeton?
16) Skizzieren Sie die Verbindungsmöglichkeiten von bewehrten Porenbeton-Dachplatten.
17) Beschreiben sie Arten und Aufgaben von Zwischenbauteilen aus Normalbeton. Skizzieren Sie einige Beispiele.
18) Was ist bei Betonsteinen der Unterschied zwischen Hbl und Hbn?
19) Beschreiben Sie Arten und Anwendungsmöglichkeiten von Betonwerkstein.
20) Beschreiben Sie Arten und Verwendungsmöglichkeiten von Pflastersteinen aus Beton. Skizzieren Sie einige Verlegebeispiele.
21) Beschreiben Sie die verschiedenen Arten von Betonwerkstein.
22) Was ist der Unterschied zwischen Dachziegeln und Dachsteinen?
23) Beschreiben Sie Arten und Anwendungsmöglichkeiten von Betonrohren.
24) Beschreiben Sie Arten und Herstellung von Bauteilen aus Faserzement. Was ist der Unterschied zu den früher hergestellten Faserzementrohren?
25) Skizzieren Sie Faserzement-Dachplatten, ihre Deckungsbilder und ihre Befestigung an den Dachlatten.
26) Skizzieren Sie die Anbringung von Faserzement-Dachplatten bei Wandbekleidungen.
27) Beschreiben Sie Herstellung und Verwendung von Faserzementrohren.
28) Skizzieren Sie Verbindungsmöglichkeiten von Faserzementrohren.
29) Welche Gefahren bestanden bei Verwendung und bestehen bei Entsorgung von Asbestzement-Baustoffen?

4 Anorganische Bindemittel

Bei den Bindemitteln unterscheidet man im Bauwesen anorganische Bindemittel, die hauptsächlich zur Herstellung von Mörtel und Beton verwendet werden, bituminöse Bindemittel, die im Straßenbau und in der Dichtungstechnik Anwendung finden, und Bindemittel auf Kunstharzbasis, die z. B. zur Herstellung von sehr abriebfesten Kunstharzputzen oder von schnell erhärtenden Reparaturmörteln verwendet werden. Im Kapitel 4 werden die anorganischen Bindemittel behandelt, die mit Wasser angemacht nach dem Erhärten die Körner des Zuschlags im Mörtel und Beton fest miteinander verbinden. Sie erhärten aufgrund chemischer und physikalischer Vorgänge.

4.1 Nichthydraulische und hydraulische Bindemittel

1. Bindemittel, die nur an der Luft erhärten, dürfen während des Erhärtens nicht mit Wasser (griechisch: hydro) zusammenkommen und heißen daher nichthydraulische Bindemittel.

   Zu den nichthydraulischen Bindemitteln gehören Weißkalk und Dolomitkalk (Graukalk). Das sind Baukalke, die nur an der Luft, jedoch nicht unter Wasser erhärten, so genannte Luftkalke. Zu den nichthydraulischen Bindemitteln rechnet man ferner Gips, Carbidkalk, Magnesiabinder und Anhydrit.

2. Bindemittel, die sowohl an der Luft als auch unter Wasser erhärten, z. T. erst *nach* einer gewissen Erhärtungszeit an der Luft, und die nach dem Erhärten „wasserfest" sind, d. h. in Wasser unlöslich, werden hydraulische Bindemittel genannt.

   Zu den hydraulischen Bindemitteln gehören die hydraulischen Kalke, Putz- und Mauerbinder sowie die Zemente. Nichthydraulische Bindemittel können durch Zugabe von hydraulischen Zusätzen hydraulisch gemacht werden, z. B. Luftkalk durch Zugabe von Trass (Trasskalk).

4.2 Baugips DIN 1168-1 (1986-01) und -2 (1975-07)

Gips ist ein nichthydraulisches Bindemittel. Er erhärtet nur an der Luft. Er wird – teilweise mit Zusätzen und Zuschlägen – vor allem verwendet zu Stuckarbeiten, Rabitzwänden, Putz, Estrich und zur Herstellung von Platten: Gipskartonplatten, Wandbauplatten und Gipsfaserplatten. Erhärteter Gips (z. B. von Modellen) kann unter bestimmten Bedingungen wieder regeneriert, d. h. erneut gebrannt und verwendungsfähig gemacht werden.

4.2.1 Rohstoffe

Der Rohstoff für das Bindemittel Gips ist der **Gipsstein** (siehe Abschn. 3.1.4.11). Er kommt z. B. im Harz vor und ist ein Calciumsulfat mit zwei Molekülen Kristallwasser (Doppelhydrat $CaSO_4 \cdot 2\,H_2O$).

Als Rohstoff kommt für die Herstellung von Gipsbaustoffen auch **REA-Gips** in Frage. Er fällt in den **R**auchgas-**E**ntschwefelungs-**A**nlagen von Kohlekraftwerken an, in Deutschland mengenmäßig etwa 50 % des verbrauchten Rohgipses. Beim Nassverfahren werden in die Rauchgase $Ca(OH)_2$-Suspension eingesprüht. Dabei entsteht ein Schlamm aus sehr reinem $CaSO_4 \cdot 2H_2O$ (99 %), der auf 7 bis 10 % Feuchtigkeit entwässert und danach zu α- oder β-Halbhydrat (siehe Abschn. 4.2.2) weiter verarbeitet wird. Das Endprodukt ist ein feinkörniger, sehr reiner Gips (ca. 95 % $CaSO_4 \cdot 2\,H_2O$). Er ist gesundheitlich unbedenklich und kann wie natürlicher Gipsstein zu Baugips weiterverarbeitet werden.

4.2.2 Herstellung aus Gipsstein

Der Gipsstein $CaSO_4 \cdot 2\,H_2O$ wird in Brechern und in Mühlen zerkleinert, und zwar für das Brennen von Stuckgips (Niederbrandgips) in Drehöfen (siehe Abb. 4.1a) auf eine Korngröße bis 60 mm, für das Brennen in Groß-Kochern (siehe Abb. 4.1b) auf Korngrößen bis 2 mm. Beim Brennen entsteht bei Temperaturen von 120 bis 190 °C das sog. β-Halbhydrat $CaSO_4 \cdot {}^1/_2H_2O$. Bei höheren Temperaturen (ca. 500 °C) wird der Gipsstein total entwässert. Es entsteht Anhydrit $CaSO_4$ in den Modifikationen I, II und III (Hochbrandgips). Je mehr Anhydrit der gebrannte Gips enthält, umso langsamer erhärtet er, wird aber auch härter und fester.

Hochbrandgips wird aus auf Korngrößen von 5 bis 60 mm zerkleinertem Rohgips z. B. in Rostbandöfen hergestellt. Gemischt mit Stuckgips ergibt er den sog. Mehrphasengips (Putzgips). Beim Autoklav-Verfahren wird der Rohgips unter Dampfdruck bei 4 bar und Temperaturen von 100 bis 150 °C gebrannt. Dabei entsteht das sog. α-Halbhydrat $CaSO_4 \cdot {}^1/_2H_2O$. Es besteht aus kompakt ausgebildeteten Gipskristallen und ergibt etwa 3-mal so hohe Festigkeiten wie das β-Halbhydrat. α-Halbhydrat-Gips dient z. B. für die Herstellung von Formgips, Gipsbaustoffen und Spezialgipsen.

4.2.3 Anmachen und Erhärten

Beim **Anmachen** ist der Gips langsam und gleichmäßig in das Wasser einzustreuen, nie umgekehrt (siehe Abb. 4.2), bis auf der Wasseroberfläche kleine trockene Gipsinseln entstehen. Man lässt ihn etwa 1 Minute stehen und rührt dann gut durch, am besten mit dem Motorquirl. Nur mit sauberen Gefäßen arbeiten, da alte Gipsreste als Kristallisationskeime wirken und den Gips zu schnell erhärten lassen.

Das **Erhärten** des Gipses geht verhältnismäßig schnell vor sich, und zwar durch Wiederaufnahme des beim Brennen ausgetriebenen Kristallwassers. Es entsteht dabei wieder das Ausgangsprodukt $CaSO_4 \cdot 2\,H_2O$. Nach dem Versteifen braucht Gips nicht wie Kalk oder Zement längere Zeit feucht gehalten zu werden, sondern kann sofort getrocknet werden.

Gips bindet 21 % seines Gewichtes an Kristallwasser. Das beim Anmachen verwendete Überschusswasser verdunstet und hinterlässt im Gipsputz einen Porenraum von etwa 50 bis 65 Vol.-%. Dadurch ist Gipsputz ein atmungsaktiver und feuchtigkeitsregulierender Baustoff. Die Ausgleichsfeuchte von Gipsputz ist selbst bei sehr hoher Luftfeuchte sehr gering (unter 1 Vol.-%).

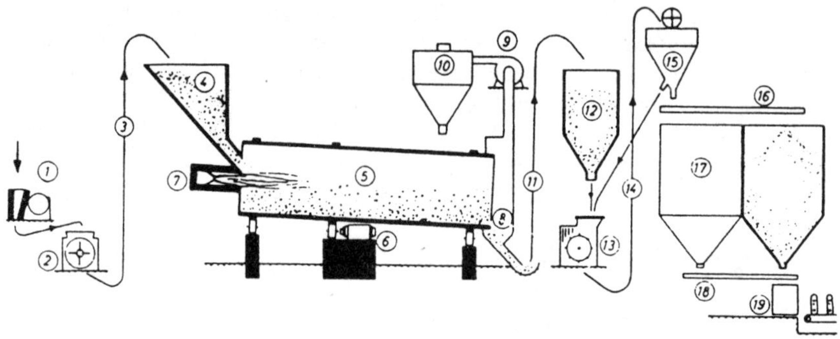

a)
1 Brecher
2 Hammermühle
3 Becherwerk
4 Aufgabesilo
5 Drehofen mit
6 Motor und
7 Feuerung
8 Auslauf
9 Exhaustor
10 Entstaubungsanlage
11 Becherwerk
12 Silo
13 Mühle
14 Becherwerk
15 Windsichter
16 Verteilerschnecke
17 Silo
18 Schnecke
19 Absackmaschine

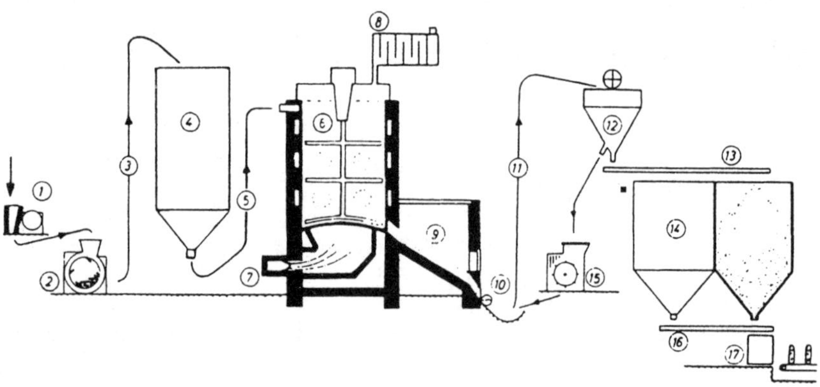

b)
1 Brecher
2 Mühle
3 Becherwerk
4 Silo
5 Becherwerk
6 Groß-Kocher
7 Feuerung
8 Entstaubung
9 Kühlbucht
10 Schnecke
11 Becherwerk
12 Windsichter
13 Verteilerschnecke
14 Silo
15 Mühle
16 Schnecke
17 Absackmaschine

Abb. 4.1 Herstellung von Stuckgips
a) im Drehofen
b) im Groß-Kocher

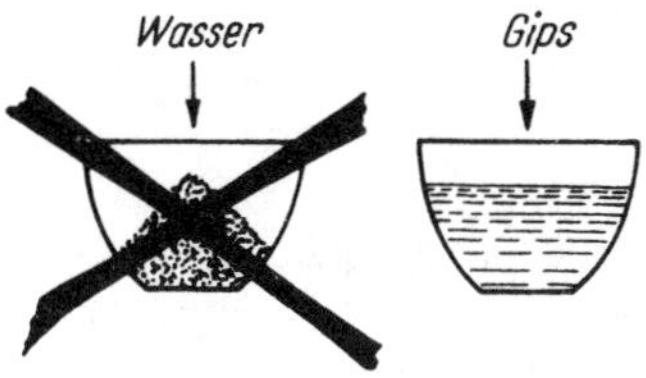

Abb. 4.2 Anmachen von Gips: Gips in das Wasser schütten, niemals umgekehrt!

4.2.4 Eigenschaften

Gipsbaustoffe haben eine hohe **Feuerschutzwirkung**. Im Brandfall wird das im Gips gebundene Kristallwasser (etwa 21 M.-%) frei und bildet einen schützenden Wasserdampfschleier, der die Temperatur des mit Gips bekleideten Bauteils für längere Zeit niedrig hält. 15 mm dicker Gipsputz z. B. macht ein Bauteil feuerhemmend. Gipsputz gehört der Baustoffklasse Al (nicht brennbar) an.

Die Kristallwasseraufnahme beim Abbinden des Gipses bewirkt eine **Volumenvergrößerung** von etwa 1 %, weswegen Gips ohne Sand als Putz verarbeitet werden kann und sich besonders gut zum Ausgießen von Formen eignet.

Gips ist **wasserlöslich** (etwa 2 g pro Liter) und daher nur an trockenen und trocken bleibenden Bauteilen zu verarbeiten. Kurzzeitige Feuchtigkeitsaufnahme, z. B. in Wohnhausküchen und -bädern, ist unproblematisch. Eine dauernde oder oft wiederholte Durchfeuchtung von Gipsputzen mit Wasser muss allerdings vermieden werden, da es durch Umkristallisationen und Gefügeänderungen zu Schädigungen kommt. Wegen der Wasserlöslichkeit ist bei der Verarbeitung von Gipsmörtel auf Beton Vorsicht geboten, wenn der Beton noch nicht abgebunden oder feucht ist oder Feuchtigkeit nach dem Erhärten ausgesetzt wird, da es dann zum sog. Gipstreiben oder Sulfattreiben kommen kann (siehe Abschn. 4.7.2 b). Aus demselben Grunde darf einem Zementmörtel niemals Gips zugesetzt werden oder umgekehrt.

Beim Verlegen von Gussasphaltestrich in Räumen mit Gipsbaustoffen ist für schnelle Wärmeabführung (Lüften) zu sorgen, da sonst Gipsumwandlungen möglich sind.

Der **Versteifungsbeginn** wird geprüft, indem man mit einem spitzen Messer in einen Kuchen aus Gipsbrei schneidet. Fließen die Gipsränder nicht mehr zusammen, so hat die Versteifung begonnen. Der Gipsbrei wird hergestellt, indem man in 100 cm^3 Wasser so lange Gips einstreut (s. Abb. 4.2), bis die Wasseroberfläche verschwunden ist (Einstreumenge!). Der Gipsbrei wird durchgerührt und auf einer Glasplatte zu Kuchen ausgegossen.

Die **Anforderungen** an Baugipse nach DIN 1168-2 sind: Versteifungsbeginn bei Stuckgips zwischen 8 bis 25 Min., bei Putzgips ≥ 3 Min., bei Spachtelgips ≥ 15 Min., bei allen übrigen Gipsen ≥ 25 Min. Die Biegezugfestigkeit beträgt 1 bis 2,5 N/mm^2, die Druckfestigkeit ist ≥ 2,5 N/mm^2, bei Ansetzgips ≥ 6 N/mm^2, bei Fugengips ≥ 3 N/mm^2. Die Festigkeit wird an Prismen 40 × 40 × 160 mm geprüft, die ohne Sand nur aus Gips und Wasser mit dem in der DIN 1168-2 angegebenen Wassergipswert = (100 g Wasser)/(Einstreumenge in g) hergestellt sind. Die Einstreumenge ist diejenige Gipsmenge, die beim Einstreuen in 100 g Wasser völlig durchfeuchtet wird.

Weitere **Eigenschaften** sind: Rohdichte von Stuckgips 800 bis 1200 kg/m^3, E-Modul von Stuck- und Putzgips etwa 5000 N/mm^2, Porenvolumen von Gipsputz ca. 50 bis 60 Vol.-%, Ausgleichsfeuchte von Putzgips 0,1 bis 0,4 Vol.-%, Wärmeleitfähigkeit λ = 0,1 bis 0,4 W/(m·K), Wärmedehnzahl i. M. $20 \cdot 10^{-6}$/K.

4.2.5 Gipssorten (Baugipse)

a) Gipse ohne Zusätze

Stuckgips. Bei 120 bis 180 °C verliert der Gipsstein 1½ Moleküle Kristallwasser, übrig bleibt das weiße „Halbhydrat“ $CaSO_4 \cdot \frac{1}{2} H_2O$, sog. Niederbrandgips, vorwiegend β-Halbhydrat. Er wird aus besonders gut ausgewähltem Gipsstein gebrannt und fein gemahlen. Diese Gipsart ist verhältnismäßig weich und erhärtet schnell. Stuckgips wird zur werkmäßigen Herstellung von Gipskartonplatten, Gipsbauplatten, Innenputzen, wie Gipsputz, Gipskalkputz und Kalkgipsputz, sowie für Stuck-, Form- und Rabitzarbeiten verwendet.

Putzgips wird im Hoch- und Niedertemperaturbereich gebrannt und enthält neben dem β-Halbhydrat auch Anhydrit II. Er wird vor allem, wie der Name schon sagt, zu Putzzwecken verwendet, und zwar wie Stuckgips zu Innenputzen und Rabitzarbeiten. Er beginnt früher zu versteifen als Stuckgips, ist aber an Putzflächen länger als dieser bearbeitbar.

Der Putzgrund muss trocken, staubfrei und frei von losen und mürben Bestandteilen sein. Bei Betonuntergrund stellt man mit einer Benetzungsprobe mittels einer gut angenässten Deckenbürste fest, ob z. B. noch Reste von Schalungstrennmitteln vorhanden sind oder der Beton noch feucht ist.

b) Gipse mit Zusätzen

Dies sind Gipse aus Stuckgips und/oder Putzgips + werkseitig zugegebenen Stellmitteln, wie z. B. Haftmittel (Zellulosederivat) oder Abbindeverzögerer, und/oder Füllstoffen, wie z. B. Perlite, Kalksteinmehl oder Quarzsand.

Maschinenputzgips für den Einsatz von Putzmaschinen; Verarbeitungszeit 120 bis 240 min.
Fertigputzgips (Handputzgips) zur Herstellung einlagiger Innenputze auf Mauerwerk; Verarbeitungszeit 60 bis 120 min.
Haftputzgips (Handputzgips) für einlagige Innenputze auf schwierigen Putzuntergründen, z. B. glattgeschalte Betonflächen; Verarbeitungszeit 60 bis 120 min.
Ansetzgips zum Ansetzen von Gipskarton-Bauplatten und Gipskarton-Verbundplatten an Wände.
Fugengips zum Verbinden von Gipskartonplatten und Gips-Wandbauplatten.
Spachtelgips zum Verspachteln von Fugen von Gipskarton-Bauplatten und anderen ebenen Flächen, z. B. Poren- und Schwerbeton.

Nicht in der DIN 1168 genormt sind:
Estrichgips. Bei 800 bis 1000 °C verliert der Gipsstein sein Kristallwasser völlig; übrig bleiben $CaSO_4$ und CaO. Das CaO wirkt als Anreger zur Hydratation. Estrichgips erstarrt extrem langsam (20 Stunden). Verwendung für die Herstellung von schwimmenden, nicht direkt begangenen Estrichen. Wird in Deutschland nicht mehr hergestellt, ist ersetzt durch Anhydrit-Estrich (siehe Abschn. 4.3.2) bzw. Fließestrich auf α-Halbhydrat-Basis.

Marmorgips entsteht aus Stuckgips, wenn dieser mit Alaun getränkt und nochmals gebrannt wird. Er wird besonders hart (Druckfestigkeit bis 40 N/mm^2) und ist schleif- und polierfähig. Wird verwendet zum Ausfugen von Wandplatten und zur Herstellung von Kunstmarmor: weißer oder gefärbter, mit Leimwasser angemachter Gipsmörtel, nach dem Erstarren geschliffen und poliert. Marmorgips ist lange bearbeitbar, da er erst nach etwa 2 bis 6 Stunden versteift.

Leichtgips (Porengips) wird durch Zusatz von Treibmitteln, z. B. Wasserstoffperoxid H_2O_2, hergestellt.

4.2.6 Gipskartonplatten

a) **Allgemeines**

Gipskartonplatten nach DIN 18 180 (1989-09; Arten, Anforderungen, Prüfung) und DIN 18 181 (1990-09; Grundlagen für die Verarbeitung) sind Platten aus modifiziertem Stuckgips, z. T. mit organischen oder anorganischen Fasern, der mit fest haftendem Karton ummantelt ist. Leicht zu bearbeiten: sägen, bohren, fräsen, schrauben, nageln. Anhängen von Lasten ggf. mit Hilfe von Hohlraumdübeln.

Die i. d. R. bandgefertigten Gipskartonplatten haben kartonummantelte Längskanten, die Querkanten sind nicht ummantelt. Die Kanten sind voll (VK) oder abgeflacht (AK), rund (RK) oder halbrund (HRK). Nach dem Anbringen der Gipskartonplatten sind die Fugen zu verspachteln (z. B. Fugengips), ggf. mit Bewehrungsstreifen aus Papier oder Glasfasergewebe oder mit selbstklebenden Bewehrungs-Gitterstreifen. Auch sichtbare Teile von Befestigungsmitteln sind zu verspachteln.

b) **Arten** von Gipskartonplatten nach DIN 18 180 (s. a. Tafel 4.1):

Gipskarton-Bauplatten (GKB) zum Befestigen auf flächiger Unterlage, zum Ansetzen als Wand-Trockenputz nach DIN 18 181 und zur Herstellung von Gipskarton-Verbundplatten (s. u.); ab 12,5 mm Dicke für die baustellenmäßige Verarbeitung zum Befestigen auf Unterkonstruktion aus Holz und Stahl für Wand- und Deckenbekleidungen nach DIN 18 181, für leichte Unterdecken und Deckenbekleidungen nach DIN 18 168-1; für die Beplankung von Montagewänden nach DIN 18 183 (siehe Abb. 4.3) und von nichttragenden inneren Trennwänden nach DIN 4103-4.

Gipskarton-Bauplatten F (Feuerschutzplatten GKF), Baustoffklasse A2 (nicht brennbar) mit Faserzusatz (z. B. aus Glas).

Wasserabweisend **imprägnierte Platten** (grünliche Farbe des Kartons) haben zur Kennzeichnung den Buchstaben I: GKBI und GKFI. Sie haben eine geringere Wasseraufnahme und eine größere Sicherheit gegen Pilzbefall.

Tafel 4.1 Maße und flächenbezogene Massen von Gipskartonplatten nach DIN 18 180

Dicken mm		Regelbreite	Regellänge	Flächenbezogene Masse kg/m²				
Nennmaß s	Grenzabmaß	mm	mm	GKB	GKBI	GKF[1]	GKFI[1]	GKP
9,5	± 0,5	1250	2000 bis 4000 in Stufen von 250	≤ 9,5	–	8 bis 10	–	–
12,5	± 0,5			≤ 12,5	≤ 12,5	10 bis 13	10 bis 13	–
15	± 0,5			≤ 15	≤ 15	13 bis 16	13 bis 16	–
9,5	≤ 0,5	400	1500 2000	–	–	–	–	≤ 9,5
≤ 18	± 0,9	600 1250	2000 bis 3500 in Stufen von 250	≤ 1,0 · s	–	0,8 · s bis 1,0 · s	–	–

[1] Bei einer Unterschreitung der flächenbezogenen Masse ist das Brandverhalten der Bauteile gesondert nachzuweisen.

Gipskarton-Putzträgerplatten (GKP) als Putzträger auf Unterkonstruktion.

Gipskarton-Verbundplatten nach DIN 18 184 (1991-06) sind Gipskarton-Bauplatten (GKB), die werkmäßig mit Polystyrol (PS)- oder Polyurethan (PUR)-Hartschaum verbunden sind und ggf. dampfbremsende oder dampfsperrende Zwischenschichten besitzen. Die Dämmschichtdicke liegt zwischen 20 und 60 mm.

Gipskartonkassetten 625 mm × 625 mm, glatt, gelocht, mit Kunststoff (Dekor), Aluminiumfolie (Dampfsperre) oder Bleifolie (Strahlenschutz) kaschiert.

4.2.7 Gips-Wandbauplatten

Gips-Wandbauplatten mit glatten Sichtflächen nach DIN EN 12 659 (2001-11) werden werksmäßig aus Stuckgips mit oder ohne Zusatzstoffen (Fasern, Füll- und Zuschlagstoffe) oder auch mit porenbildenden Stoffen (Porengips-Wandbauplatten) hergestellt. Sie dienen hauptsächlich zur Herstellung von nichttragenden Trennwänden (nicht aber Decken), frei stehenden Wand-Vorsatzschalen sowie Brandschutzbekleidungen z. B. von Stützen und Schächten.

Zur Erhöhung der Schalldämmung erhalten Gipsbauplatten röhrenförmige Kanäle, die mit Sand gefüllt werden. Die Platten besitzen an mindest zwei gegenüber liegenden Stoß- und Lagerfugen Nut und Feder. Sie werden im Verband mit Fugengips versetzt. Die Fugen werden abschließend übergespachtelt. Vorzugsmaße sind: Dicke 50, 60, 70, 80, 100 mm; Länge 666 mm; Höhe 5000 mm.

4.2.8 Gips-Faserplatten

(Siehe auch [12].)

Gipsfaserplatten (FERMACELL) sind Bauplatten, die dieselben Anwendungsbereiche wie Gipskarton-Bauplatten besitzen, aber nicht genormt sind. Sie besitzen stattdessen Zulassungsbescheide des Instituts für Bautechnik/Berlin als nichtbrennbarer Baustoff der Baustoffklasse A2 (DIN 4102).

Gipsfaserplatten bestehen aus Gips und Papierfasern, die in einem Recyclingverfahren gewonnen werden. Die beiden Ausgangsstoffe werden mit Wasser versetzt und unter hohem Druck zu Platten gepresst, die auf der einen Seite geschliffen und auf der anderen Seite leicht strukturiert sind.

Maße: Formate (in mm) 1500 × 1000, 2000/2500/2540/2750/3000 × 124,9; Dicken in mm/Flächengewicht in kg/m^2 10/11,5 – 12,5/15 – 15/18 – 18/21. Die 1500 × 1000-Platte und alle 10 mm dicken Platten sind sog. Einmannplatten. Die **Kanten** der Platten sind i. Allg. stumpf. Beim Verarbeiten (Kleben, Schrauben, Nageln) bleibt zwischen den Platten eine Fuge (Breite max. 6 mm), die mit Fugenfüller (Kleber oder Spachtel) ohne Fugendeckstreifen o. Ä. voll ausgedrückt wird. Die 12,5 mm dicken 2000 × 1249- und 2500 × 1249-Platten besitzen eine abgeflachte Kante (sog. Trockenbaukante TK), bei der die Fuge mit einem Bewehrungsstreifen verspachtelt wird.

Verarbeitung: Die glatte Oberfläche der Platten kann nach Erhärten des Fugenspachtels auf verschiedene Weise beschichtet werden: Anstriche mit Latex-, Dispersions- und Lackfarben; Tapeten, auch Raufaser; Struktur-Dünnputz bis 4 mm Dicke, hierbei sind auf die Fugen Glasvliesstreifen mit PVAC-Leim zu kleben; Fliesen aus Keramik oder Kunststoff, in Dünnbettmörtel verlegt. Gipsfaserplatten sind auch in häuslichen Feuchträumen, wie Bädern und Küchen, anwendbar. Neben den normalen Platten gibt es Verbundplatten mit aufkaschierten Dämmstoffen und Estrichelemente (siehe Abb. 4.4).

Anwendungsmöglichkeiten:

- **Ausbau** von Dachgeschossen, Wohn- und Feuchträumen mit Ein-Mann- oder raumhohen Platten auf Unterkonstruktion für Wand und Decke. Es sind Konstruktionen von F 30 bis F 120 möglich.
- **Montagewände** mit raumhohen Platten auf Ständerwerken aus verzinkten U- oder C-Stahlprofilen oder Holz-Ständern (60/60, 50/80) bzw. Querhölzern (40/60, 40/80) mit Zwischenlagen aus Mineralwolle (siehe Abb. 4.3). Es sind Konstruktionen mit F 30 bis F 120 und Schalldämmwerten bis $R_{w,R}$ = 66 dB möglich.

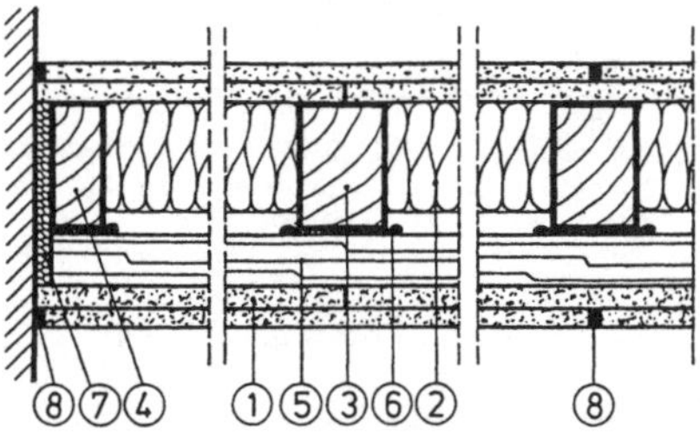

1 FERMACELL-Gipsfaserplatten 12,5 + 10 mm dick
2 Mineralfaserdämmstoff 60 mm
3 Kantholz 50 × 70 mm Fichte Güteklasse II
4 Kantholz 30 × 70 mm Fichte Güteklasse II
5 Lattung 30 × 50 mm Fichte Güteklasse II
6 Weiche Zwischenlage aus Mineralfaser-Randdämmstreifen
7 Mineralfaser-Randdämmstreifen
8 FC-Fugenspachtel (durch Trennstreifen keine Verbindung zur Massivwand)

Abb. 4.3 Holzständerwand mit Gipsfaserplatten (FERMACELL) [12]
Anschluss an Massivwand. Entsprechender Aufbau ist auch mit Gipskartonplatten üblich.

Vorsatzschalen aus Gipsfaserplatten und Mineralwolle, z. B. zur Verbesserung der Schalldämmung.

Verbundplatten (Format 1,0 × 1,5 m) zur nachträglichen Wärmedämmung auf der Innenseite von Außenwänden. Verbundplatten (siehe Abb. 4.4). Sie bestehen aus 10 mm dicken Gipsfaserplatten mit 15 bis 50 mm dickem Polystyrol (PS)-Hartschaum nach DIN 18 164-1. Für Räume mit hoher Luftfeuchtigkeit und dampfdichter Außenwand (Beton, Klinker) wird eine Zwischenschicht aus 0,05 mm dicker Aluminiumfolie eingeklebt. Anbringung der Verbundplatten: auf Mauerwerk direkt durch punktförmiges Kleben mit Spezialkleber oder mit rostgeschützten Schrauben auf Holzlattung oder Metallprofilen. Die durch den umlaufenden Überstand des Schaumstoffs entstehenden 5 bis 7 mm breiten Fugen zwischen den Gipsfaserplatten werden ohne Bewehrungsstreifen verspachtelt.

Estrich-Elemente (Format 1,50 × 0,50 m) bestehen aus zwei 10 oder 12,5 mm dicken Gipsfaserplatten *ohne* Kaschierung oder aus zwei 10 mm dicken Gipsfaserplatten *mit* Kaschierung auf der Unterseite (siehe Abb. 4.4). Die Kaschierung kann sein: hochverdichtete Mineralwolle 11/10 mm (Gesamtdicke 30 mm); Schaumkunststoff 20 bzw. 30 mm oder Hartschaum 60 mm; Holzfaser-Dämmplatte 10 mm. Die beiden Gipsfaserplatten sind versetzt geklebt, sodass ein 50 mm breiter Auflagefalz entsteht. Bei Unebenheiten der Rohdecke wird zunächst eine Ausgleichsschüttung (Körnung 0,2/4) aus Porenbeton-Granulat aufgebracht, bei Holzdielen auf Natron- oder Bitumenpapier (Rieselschutz!) oder dünner dampfdurchlässiger Folie. Zur Verbesserung des Trittschallschutzes gibt es auch Estrich-Elemente mit Mineralwolle und Holzfaser auf einer 30- bzw. 60 mm hohen Wabenplatte mit Schüttung, (Verbesserung auf Leichtdecken ca. 34 bis 36 dB). Für Fußboden-Heizsysteme gibt es spezielle 25 mm dicke FERMACELL-Estrichelemente.

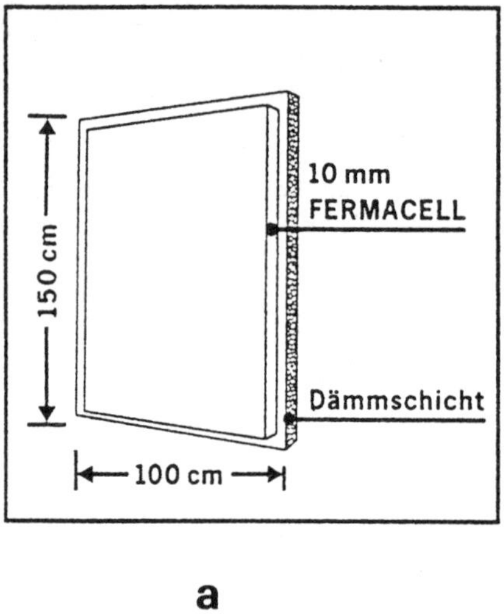

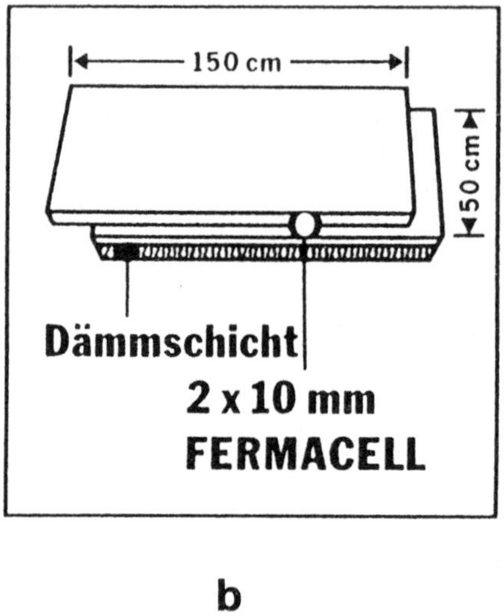

Abb. 4.4 FERMACELL-Gipsfaserplatten (schematisch) [12]
a: Verbundplatte; die Dämmschicht steht ringsum über, die dadurch entstehende 5-7 mm breite Fuge zwischen den Deckplatten wird verspachtelt.
b: Estrichelement; der Auflagefalz dient der festen Verbindung der Elemente untereinander.

4.2.9 Weitere Gipsbaustoffe

Gipsdielen 2 bis 2,5 m lang, enthalten oft Leichtfüllstoffe, wie z. B. Sägespäne, Holzwolle, Bims, Schlacke; für Verkleidungen und Zwischenwände, werden i. d. R. verputzt.

Gipsbausteine, massiv oder mit Hohlräumen, zum Mauern.

Leibungsplatten und Formstücke zum Ummanteln von Stützen, Leitungen o. Ä.

4.3 Anhydritbinder (AB) DIN 4208 (1997-04)

Anhydritbinder sind nichthydraulische Bindemittel, bestehend aus Anhydrit und Anreger. Man unterscheidet natürlichen Anhydrit (NAT) und synthetischen Anhydrit (SYN).

4.3.1 Rohstoff und Herstellung

Rohstoff ist natürlicher (NAT) oder synthetischer (SYN) Anhydrit.

a) **Natürlicher Anhydrit (NAT)** (griechisch: ohne Wasser) ist ein in der Natur vorkommender wasserfreier Gips $CaSO_4$, der sein Kristallwasser durch geologische Vorgänge verloren hat. Er wird meist in Verbindung mit Gips- oder Steinsalzlagern gefunden, z. B. im Südharz.

   Es liegt nahe, diesen natürlichen Anhydrit, d. h. Gips, als Bindemittel zu benutzen, denn er braucht nicht mehr gebrannt zu werden. Er muss zwar fein gemahlen werden; aber die Kosten dafür sind im Verhältnis zu den Brennkosten gering.

Der Anhydrit hat jedoch auch gemahlen noch keine Bindekraft. Er wird erst zum Bindemittel Anhydritbinder, wenn man ihm 3 bis 7 % seines Gewichtes Anreger zusetzt, die ihn zum Binden anregen. Solche Anreger sind Abbindebeschleuniger, z. B. Portlandzement, Baukalk oder salzartige Stoffe, z. B. Sulfate, einzeln oder gemischt (sog. gemischte Anreger).

Das Anhydritgestein wird vorgebrochen und zugleich mit dem Anreger fein gemahlen. Der Anreger bewirkt, dass der Anhydrit erhärtet, d. h., Kristallwasser aufnimmt, sich also wie Gips verhält. Er wird zum Anhydritbinder, einem nichthydraulischen Bindemittel.

b) **Synthetischer Anhydrit (SYN)** fällt an bei der Flusssäureherstellung aus Flussspat: Flussspat CaF_2 + Schwefelsäure H_2SO_4 = Anhydrit $CaSO_4$ + Flusssäure 2 HF.

Synthetischer Anhydrit ist gegenüber dem natürlichen von stets gleich bleibender Qualität. Daher ist er bautechnisch ebenfalls von großer Bedeutung.

4.3.2 Eigenschaften und Verwendung

Eigenschaften: Anhydritbinder wird in 2 Güteklassen (siehe Tafel 4.2) geliefert. Anhydritsäcke sind mit 1 Reihe schwarzer Punkte (AB 5) oder 3 Reihen schwarzer Punkte (AB 20) gekennzeichnet (siehe Abb. 4.5). Anhydritbinder wird auch lose in Silos geliefert. Wird der Anreger getrennt zugegeben, muss der erforderliche Massenanteil in % angegeben werden.

Die Prüfung des Anhydritbinders ist ähnlich der des Zements. AB trocken lagern. Anhydrit ist nur für Bauteile geeignet, die dauernd trocken bleiben oder nur kurzfristig der Feuchtigkeit ausgesetzt sind.

Tafel 4.2 Güteklassen und Festigkeiten des Anhydritbinders nach DIN 4208

Festig-keits-klasse	Mindestfestigkeit in N/mm^2 im Alter von			
	3 Tagen		28 Tagen	
	Biegezug-festigkeit	Druck-festigkeit	Biegezug-festigkeit	Druck-festigkeit
AB 5	0,5	2,0	1,2	5,0
AB 20	1,6	8,0	4,0	20,0

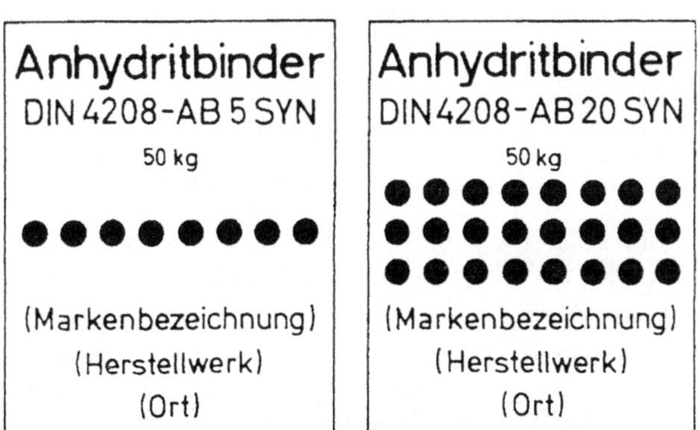

Abb. 4.5 Beispiele für die Sackbeschriftung bei synthetischem Anhydritbinder

Verwendung für Estriche, Innenputzmörtel nach DIN 18 550 und Bauteile, wie z. B. Wandbauplatten und -steine für Innenwände, Deckenplatten. Diese sollen nur mit Anhydritmörtel verarbeitet werden.

Zur Herstellung von **Estrich** verwendet man Binder, die zu mindestens 85 % aus Anhydrit bestehen, daneben aber auch α-Halbhydrat und weitere Zusatzmittel, wie z. B. Anreger, Verzögerer oder Fließmittel, enthalten können. So genannte Compoundmittel enthalten zusätzlich noch Zusatzstoffe, wie z. B. Puzzolane, Kunstharz oder Zement. Der Anhydrit-Anteil beträgt hier mindestens 50 %.

Estriche erfahren beim Abbinden und Trocknen praktisch keine Volumenveränderung, können also auch in großen Flächen fugenlos verlegt werden. Die Wärmeleitfähigkeit beträgt bei erdfeucht verlegtem Estrich ca. 1,2 W/(m · K). Festigkeitsklassen: AE 12, AE 20, AE 30 und AE 40 (Zahl = Mindestdruckfestigkeit, geprüft an Prismen 4 × 4 × 16 cm).

Der Estrich kann mit Bodenbelägen versehen werden, wenn er genügend ausgetrocknet ist, bei Teppichboden (wasserdampfdurchlässig) bei einer Restfeuchte von ≤ 1 Gew.-%, bei PVC-Belag (wasserdampfdicht) ≤ 0,5 Gew.-%. Da Anhydrit- und Gips-Estriche stark saugend sind, müssen sie vor dem Belegen grundiert werden. Messung der Restfeuchte mit dem CM-Gerät (siehe Abschn. 5.7.2 b).

Bei erdfeucht angemachtem Estrich beträgt das Verhältnis Anhydrit : Sand 1: 3 RT. Es können Fließmittel oder Porenbildner zugesetzt werden. Das Wasser-Bindemittel-Verhältnis liegt zwischen 0,35 und 0,40. Nach dem Einbau ist der Estrich mindestens 3 Tage vor Zugluft zu schützen.

Fließestrich aus Anhydrit oder Gips gibt es als vorgemischten Werktrockenmörtel. Er wird nach Vorschrift auf der Baustelle mit Wasser angemacht und mit Pumpen auf den Untergrund aufgebracht. Er ist so dünnflüssig, dass er selbst verläuft und nach dem sog. „Durchschlagen" mit einem Spezialbesen absolut eben ist. Je nach Zusammensetzung der Trockenmörtelmischung und Wasserzugabe ist der Estrich nach 3 bis 24 Stunden begehbar und nach 3 Tagen belastbar. Er eignet sich auch gut für Heizestrich, da er eine gute Wärmeleitfähigkeit zwischen 1,2 und 1,8 W/(m · K) besitzt und wegen seiner weichen Konsistenz die Heizrohre gut umschließt.

Innenputz aus Anhydrit (Mischungsverhältnis 1 oder 1,5 : 0 bis 2,5 RT) hat eine hohe Stoß- und Abriebfestigkeit. Wegen der schnellen Austrocknung und hohen Festigkeit kann Anhydritputz auch bei bevorstehendem Frost verwendet werden.

4.4 Magnesiabinder

Normen

DIN 272	(1986-02)	Prüfung von Magnesiaestrich
DIN 273-1	(1981-05)	Ausgangsstoffe für Magnesiaestriche; Kaustische Magnesia
-2	(1983-07)	–; Magnesiumchlorid
DIN 18 560-1	(1992-05)	Estriche im Bauwesen; Begriffe, Allgemeine Anforderungen, Prüfung

Magnesiabinder ist Bindemittel für Magnesiaestrich, Steinholz und Holzwolle-Leichtbauplatten. Er wurde früher nach seinem Erfinder *Sorel*zement genannt, ist aber kein hydraulisches Bindemittel.

Magnesiaestrich wird aus kaustischer Magnesia MgO (aus $MgCO_3$ gebrannt; kaustisch = griech. ätzend) und i. d. R. wässriger $MgCl_2$-Lösung + Füllstoffen (Sand, Bims, Korund; Sägemehl oder -späne, Weichholzfasern, Kork, Gummi, Textilfasern, Papier) + ggf. Pigmenten hergestellt. Mischungsverhältnis von wasserfreiem $MgCl_2$: MgO in Masseteilen soll 1 : 2 bis 1 : 3,5 betragen. Zunächst MgO mit Füllstoffen trocken mischen, dann $MgCl_2$-Lösung zugeben.

Zu wenig oder zu schwache $MgCl_2$-Lösung: Mörtel erhärtet nicht genügend, staubt ab. Zu viel oder zu starke Lösung: hygroskopische Feuchtigkeitsaufnahme, Quellen. Freies $MgCl_2$ fördert die elektrochemische Korrosion. Vor Verlegung Metallteile, auch verzinkte, durch Bitumen oder Korrosionsschutzbinden abisolieren. $MgCl_2$-Lösung greift Emaille an, das beim Erhärten entstehende $Mg(OH)_2$ außerdem auch Aluminium und Blei.

Magnesiaestrich ist nach dem Verlegen feuchtigkeitsempfindlich und verträgt keine dauerhafte Feuchtigkeitsbeanspruchung. Gegen Feuchtigkeit von unten absperren, von oben mit säurefreien Mineralölen oder durch Bohnern schützen, häufiges Wischen vermeiden. Beim Erhärten schwindet Magnesiaestrich je nach Füllstoff mehr oder weniger stark. Bei Seitenlängen ≥ 8 m unbedingt Fugen anordnen. Festigkeitsklassen: ME 5 bis ME 50 (Mindestdruckfestigkeit an $4 \times 4 \times 16$-cm-Prismen geprüft). Rohdichteklassen: 0,4 bis 2,2.

Als **Steinholz**, auch als Steinholzestrich, wird Magnesiaestrich mit Rohdichten ≤ 1,6 kg/dm^3 bezeichnet, es ist angenehm fußwarm. Für Unterböden: grobes Sägemehl als Füllstoff; MgO : Füllstoff 1 : 4; schwache $MgCl_2$-Lösung. Für Nutzschichten: feineres Holzmehl + anorganische Füllstoffe + Farbpigmente; MgO : Füllstoffe 1 : 2; stärkere $MgCl_2$-Lösung. Der Estrich ist nach 2 Tagen begehbar, höhere Belastung nach 5 Tagen.

Für **Holzwolle-Leichtbauplatten** (s. a. Abschn. 12.4.5) wird anstelle der hygroskopischen und daher rostfördernden $MgCl_2$- lieber $MgSO_4$-Lösung verwendet (geringere Festigkeit!). Trotzdem stets verzinkte oder anderweitig rostgeschützte Nägel verwenden.

4.5 Baukalk

Normen

DIN EN 459-1	(2000-02)	Baukalk; Definitionen, Anforderungen und Konformitätskriterien
-2	(2000-02)	–; Prüfverfahren
-3	(2000-02)	–; Konformitätsbewertung (Güteüberwachung)
DIN 51 043	(1979-08)	Trass; Anforderungen, Prüfung

4.5.1 Rohstoffe und Herstellung

Baukalke werden durch Brennen von Kalkstein hergestellt bei Temperaturen von etwa 1000 bis 1250 °C, d. h. unterhalb der Sintergrenze, und damit bei niedrigeren Temperaturen als Zement. Man unterscheidet Luftkalke und hydraulisch erhärtende Kalke.

Die einzelnen Kalksteinvorkommen enthalten neben dem reinen Kalkstein $CaCO_3$ auch noch Dolomit $MgCO_3$ und Ton (SiO_2, Al_2O_3 und Fe_2O_3, sog. Hydraulefaktoren). Liegt der Tongehalt unter 5 %, werden daraus die Luftkalke (Weißkalk, Dolomitkalk) gebrannt. Bei höheren Tongehalten (etwa bis 35 %) spricht man von mergeligem Kalk bis Kalkmergel. Er ist Ausgangsstoff für die hydraulischen Kalke (siehe Abschn. 4.5.3). Die verschiedenen Kalkarten sind in Tafel 4.4 zusammengestellt. Die dort angegebene Druckfestigkeit wird nach DIN EN 459-2 an Mörtelprismen bestimmt, wie sie auch bei der Zementprüfung verwendet werden (siehe Abschn. 4.7.6 c).

Alle Kalke können untereinander gemischt werden, Luftkalke auch mit Zement, Gips und Anhydrit, hydraulisch erhärtende Kalke jedoch nicht mit Gips und Anhydrit wegen der Gefahr des Sulfattreibens (siehe Abschn. 4.7.6 b).

4.5.2 Luftkalke (CL, DL)

Zu den Luftkalken gehören der **Weiß- und Dolomitkalk**. Durch Brennen des Kalksteins $CaCO_3$ entsteht Branntkalk CaO, der mit Wasser(-Dampf) zu Kalkhydrat $Ca(OH)_2$ = Löschkalk gelöscht wird und durch Aufnahme von Kohlendioxid CO_2 aus der Luft (deshalb Luftkalk), das mit dem Anmachwasser des Mörtels Kohlensäure H_2CO_3 bildet, wieder zu Kalkstein $CaCO_3$ erhärtet. Dolomitkalk wurde früher bei geringem MgO-Gehalt auch als Graukalk bezeichnet, bei höherem MgO-Gehalt als Schwarzkalk.

Carbidkalk fällt als Carbidkalkteig oder Carbidkalkhydrat $Ca(OH)_2$ bei der Gewinnung von Acetylen C_2H_2 aus Calciumcarbid CaC_2 an:

$$CaCO_3 + 4\,C \rightarrow CaC_2 + 3\,CO \qquad CaC_2 + 2\,H_2O \rightarrow C_2H_2 + Ca(OH)_2$$

Carbidkalk ist wegen evtl. vorhandener treibender Carbidrückstände zum Putzen weniger, zum Tünchen und Mauern gut geeignet. Er ist nicht so ergiebig wie Weißkalk.

Das Brennen, Löschen und Erhärten von Luftkalk erfolgt nach den folgenden chemischen Reaktionsgleichungen (sog. **Kalkkreislauf**):

Brennen:	$CaCO_3$ Kalkstein wird gebrannt zu	=	CaO gebranntem Kalk, dabei	+	CO_2 entweicht Kohlendioxid
Löschen:	CaO Gebrannter Kalk wird	+	H_2O mit Wasser gelöscht zu	=	$Ca(OH)_2$ gelöschtem Kalk (Calcium- hydroxid, Kalkhydrat)

Durch die Wasseraufnahme beim Löschen „gedeiht“ der Kalk, d. h., er vergrößert sein Volumen (Sprengwirkung beim Nachlöschen im Bau!).

Erhärten:	$Ca(OH)_2$ gelöschter Kalk mit	+	H_2O Mörtel- wasser nimmt	+	CO_2 Kohlensäure aus der Luft auf	=	$CaCO_3$ Erhärteter Kalk (Kalkstein)	+	$2\,H_2O$ Frei werdende Baufeuchtigkeit verdunstet

$$\underbrace{H_2O + CO_2}_{H_2CO_3}$$

Da bei dem länger andauernden Prozess des Erhärtens zusätzlich Wasser entsteht (Baufeuchtigkeit), bleiben in frisch geputzten Räumen noch monatelang die Wände feucht. Man kann diese Zeit z. B. durch das Aufstellen von Koksöfen verkürzen.

Das Löschen von Weißfeinkalk oder Dolomitfeinkalk (Feinkalk ist gemahlener Branntkalk) und Stückkalk (stückiger ungelöschter Branntkalk) geschieht in bis zu 60 cm hohen Löschpfannen. Dabei entsteht Wärme (exothermer Vorgang), sodass das Wasser anfangs brodelt. Das Nasslöschen von Feinkalk und das anschließende Lagern (Einsumpfen) vor der Weiterverarbeitung zu Mörtel gehörte früher zu den ersten Arbeiten auf der Baustelle, damit der Kalk genügend Zeit zum Gedeihen hatte und später im Putz keine unabgelöschten CaO-Körnchen enthalten waren, die durch Ablöschen zu Absprengungen auf der Putzoberfläche führen konnten (die Bildung von $Ca(OH)_2$ ist mit Volumenvergrößerung verbunden!). Heute werden die Luftkalke fabrikmäßig trocken gelöscht und kommen als Kalkhydrat(-Pulver) auf die Baustelle.

Kälte verzögert das Erhärten des Kalkmörtels, Frost während des Erhärtens zerstört den Mörtel. Zugluft, Sonneneinstrahlung und zu starke Heizung sowie stark saugende Steine entziehen dem Mörtel das Wasser. Dieses ist aber zum Abbinden erforderlich, da ohne Wasser, nur mit CO_2 der Luft allein, ein Erhärten nicht möglich ist.

Tafel 4.3 Klassifizierung und Anforderungen an Baukalke nach DIN EN 459-1 (2002-02)

Baukalkart	Kurzzeichen[2]	Gehalt in Masse-%[1]			Druckfestigkeit in N/mm^2 nach 28 Tagen
		CaO + MgO	MgO	freier Kalk	
Weißkalk 90 Weißkalk 80 Weißkalk 70	CL 90 CL 80 CL 70	≥ 90 ≥ 80 ≥ 69	≤ 5 ≤ 5 ≤ 5	– – –	– – –
Dolomitkalk 85 Dolomitkalk 80	DL 85 DL 80	≥ 85 ≥ 80	≥ 30 ≥ 5	– –	– –
Hydraul. Kalk 2 Hydraul. Kalk 3,5 Hydraul. Kalk 5	HL 2 HL 3,5 HL 5	– – –	– – –	≥ 8[3] ≥ 6[3] ≥ 3	2 bis 7 3,5 bis 10 5 bis 15[4]

[1] Bei Kalkhydrat, Kalkteig und hydraulischen Kalken gelten die Werte für das wasserfreie und das kristallwasserfreie Produkt. Alle Baukalke dürfen geringe Anteile an Zusatzmitteln enthalten, sofern diese die Mörteleigenschaften nicht nachteilig beeinflussen. Bei Anteilen über 0,1 % sind Art und Menge anzugeben.
[2] CL= calcium lime; DL= dolomitic lime; HL= hydraulic lime.
[3] Für die beiden natürlichen hydraulischen Kalke gilt: NHL 2 ≥ 15 %, NHL 3,5 ≥ 9 %.
[4] Druckfestigkeit nach 7 Tagen ≥ 2 N/mm^2.

4.5.3 Hydraulisch erhärtende Kalke (HL)

Die „natürlichen hydraulischen Kalke", bezeichnet als **NHL,** enthalten neben freiem CaO (Gehalt siehe Tafel 4.3), das fabrikmäßig gelöscht wird und wie Luftkalk erhärtet, Hydraulefaktoren (SiO_2, Al_2O_3, Fe_2O_3), die aus dem Ton stammen. Beim Brennen von tonhaltigen Kalken entstehen Verbindungen aus dem CaO des Kalks und diesen Hydraulefaktoren (z. B. Dicalciumsilicat $2\,CaO \cdot SiO_2$, Tricalciumaluminat $3\,CaO \cdot Al_2O_3$). Beim Erhärtungsvorgang nehmen diese Verbindungen wie beim Zement Kristallwasser auf (Hydratbildung, Hydratation). Die gebildeten Hydrate sind in Wasser beständig. Das Wort hydraulisch hat also eine Doppelbedeutung: „wasserbindend" und „wasserfest". Zur anfänglichen Luftkalkerhärtung (auch Carbonathärtung genannt) benötigt Wasserkalk (HL 2) anfänglich etwa 7 Tage Luftzutritt, hydraulischer Kalk (HL 3,5; früher HK) 5 Tage und hochhydraulischer Kalk (HL 5, früher HHK) 1 bis 3 Tage. Danach erhärten diese Kalke auch unter Wasser weiter.

Hydraulisch erhärtende Kalke können auch durch werksmäßiges Mischen von Luftkalk mit bis zu 20 % Hüttensand, Zement oder Trass hergestellt werden. Sie werden mit **NHL-Z** bezeichnet. **Trasskalk,** ein HL 5, ist ein fabrikfertiges Gemisch von Trass mit $Ca(OH)_2$.

Romankalk ist ein aus Kalkmergel gebrannter hochhydraulischer Kalk, der wegen seines hohen Gehalts an Calciumaluminaten bereits nach 15 bis 30 Minuten erstarrt ist. Bis 1967 wurde er in der DIN 1060 als gesonderter Baukalk aufgeführt. Die Römer verwendeten ein dem Romankalk ähnelndes Bindemittel zur Herstellung betonartigen Gussmauerwerks.

4.5.4 Handelsformen der Kalke

Kalk wird heute vorwiegend pulverförmig als Kalkhydrat geliefert. Auf den Verpackungen müssen angegeben werden: Kalksorte, Verarbeitungsvorschrift, Masse, Mindestdruckfestigkeit, ob gelöschter oder ungelöschter Kalk, Hersteller.

Stückkalk ist grobkörniger oder stückiger gebrannter Kalk, Feinkalk feingemahlener gebrannter Kalk; in beiden Fällen ungelöscht (CaO). Kalkhydrat ist im Werk zu Pulver gelöschter Kalk, also $Ca(OH)_2$. Kalkteig ist eine Aufschlämmung von gelöschtem Kalk. Stückkalk und Kalkteig werden heute nur noch selten verarbeitet.

Feinkalke und Stückkalke dürfen erst nach einer bestimmten Einsumpfdauer oder Mörtelliegezeit verarbeitet werden (Raumbeständigkeit!). Kalkhydrate sind im Anlieferungszustand verarbeitbar. Mörtel aus HL 3,5 (HK) bzw. HL 5 (HHK) muss nach dem Anmachen bis zu einem bestimmten Zeitpunkt wegen der hydraulischen Erhärtung verarbeitet sein. Aufschriften auf Kalksäcken siehe Abb. 4.6. Die Zeiten werden vom Hersteller angegeben.

Abb. 4.6 Kennzeichnung von Baukalken (Beispiele)
links: Übereinstimmungszeichen rechts: Gütezeichen

Beispiele für Sackaufschriften:

(Ungelöschte Kalke tragen ein Q, gelöschte ein S, halbgelöschte Dolomitkalke eine S1.)

a) Gelöschter Weißkalk: DIN EN 459-1 Cl 80-S. 20 kg. Im Anlieferungszustand verarbeitbar für Mauermörtel (DIN 1053) und Putzmörtel (DIN 18 550). Für Mörtelgruppe I kein Zusatz weiterer Bindemittel erforderlich. Dieser Mörtel ist mind. 24 Stunden verarbeitbar. Nach den ersten 4 Stunden Liegezeit ist eine erneute Wasserzugabe von max. 5 % der ursprünglichen Wassermenge erforderlich. Chromatarm gemäß TRGS 613 (Technische Regeln für Gefahrstoffe). Chromate gelangen durch die Rohstoffe in den Baukalk. Gefahrhinweis: Xi, reizend (siehe Abb. 14.24).

b) Natürlicher hydraulischer Kalk mit Zusätzen: DIN 459-1 NHL 3,5-Z. 40 kg. Mischanweisung für Mauermörtel (DIN 1053) und Putzmörtel (DIN 18 550): Mischungsverhältnis 1: 3 RT. Im Anlieferungszustand spätestens nach 3 Stunden Mörtelliegezeit zu verarbeiten. Zu Mörtelgruppe II ohne Zusatz weiterer Bindemittel zugelassen. Zusatz von Mischöl und dergleichen nicht erforderlich. Chromatarm nach TRGS 613. Gefahrhinweis: Xi reizend (siehe Abb. 14.24).

4.6 Puzzolane und latent-hydraulische Stoffe

Puzzolane und latent-hydraulische Stoffe erhärten allein mit Wasser nicht. Erst in Verbindung mit Calciumhydroxid $Ca(OH)_2$ oder Zement entstehen wasserunlösliche Calcium-Silicat-Hydrate (CSH-Verbindungen), die zu einer zementartigen Verbindung führen.

4.6.1 Puzzolane

Natürliche Puzzolane sind Trass, Puzzolan- und Santorinerde (vulkanische Tuffe aus Pozzuoli bei Neapel bzw. von der griechischen Insel Santorin). **Künstliche Puzzolane** sind z. B. Steinkohlenflugasche, Silicastaub und Ziegelmehl.

Trass nach **DIN 51 043 (1979-08)** ist ein sehr fein gemahlener Trachyt-Tuff (spezifische Oberfläche nach *Blaine* 6000 bis 10 000 cm^2/g; siehe Abschn. 4.7.2 b), der in Deutschland in der Eifel (Laacher See) und in Neuwied sowie bei Nördlingen in Schwaben (Suevit-Trass) gefunden wird. Er wird in braunen Säcken mit grünem Aufdruck geliefert. Die Druckfestigkeit muss nach 28 Tagen mindestens 5 N/mm^2 betragen. Sie wird an Prismen 40 mm × 40 mm × 160 mm geprüft, die aus 720 g Trass, 180 g Kalkhydrat (mindestens 95 Gew.-% $Ca(OH)_2$), 1350 g Normsand und 450 g Wasser hergestellt werden (wie Zementprüfung).

Beton wird durch die Zugabe von Trass dichter und dadurch widerstandsfähiger gegen chemischen Angriff.

Steinkohlenflugasche (Kurzbezeichnung: **FA** oder **SFA**) nach DIN EN 450 (1995-01) ist ein Nebenprodukt in Steinkohlekraftwerken. Es handelt sich dabei um nichtbrennbare mineralische Bestandteile der Steinkohle. Diese schmelzen beim Brennprozess auf, werden im Rauchgasstrom mitgerissen, erstarren in Form von kleinen glasigen Kügelchen und werden in den Elektrofiltern, die der Rauchgasreinigung dienen, abgeschieden. Flugasche wird daher auch als Elektrofilterasche oder EFA-Füller bezeichnet. Wegen der schnellen Erstarrung der Gesteinspartikel besitzt sie puzzolanische Eigenschaften. Chemische Zusammensetzung in Masse-%: 40 bis 55 % SiO_2, 23 bis 35 % Al_2O_3, 4 bis 17 % Fe_2O_3, daneben geringe Anteile an Mg, K, Na, Ti und S.

Die Farbe von FA ist bräunlich, Rohdichte 2,0 bis 2,5 kg/dm^3; Schüttdichte 0,8 bis 1,1 kg/dm^3; mittlere Korngröße 0,01 bis 0,03 mm, also feiner als Zement. Flugasche wird als Mörtel- und Beton-Zusatzstoff angewendet. Sie verbessert die Verarbeitbarkeit, z. B. die Pumpbarkeit, des Frischbetons und Festbetoneigenschaften, wie z. B. Festigkeit, Dichtigkeit und Widerstand gegen chemischen Angriff, und verringert die Wärmeentwicklung des Betons beim Erhärten. Üblicherweise liegt der Anteil von FA bei 40 bis 80 kg/m^3. Er kann bis zu 40 % seines Gewichts auf den erforderlichen Wasserzement-Wert *w/z* angerechnet werden (siehe auch Abschn. 7.6.1).

Silicastaub SF (Silica-Fume; Microsilica) fällt z. B. bei Aluminiumherstellung als Filterstaub an und ist ein sehr feiner Staub, der zu etwa 90 % aus amorphem SiO_2 besteht. Teilchengröße 0,10-0,15 µm (1 µm = 10^{-6} m), d. h. 50- bis 100-mal feiner als Zement, Dichte 2,16 g/cm^3. Wird als Pulver für Trockenmörtel und Trockenbeton, als Suspension (50 % Feststoffanteil) für Beton geliefert. Durch Zugabe von Silicastaub (≤ 10 %) zu Beton können hohe Betonfestigkeiten erreicht werden (bis B 140), sog. hochfester Beton. Verbessert auch die Haftung von Putzmörtel und Spritzbeton.

Auch **getemperte Gesteinsmehle GG**, wie z. B. getemperter Phonolith (basaltähnliches junges Ergussgestein) oder getempertes Lavamehl, sowie fein gemahlenes **Ziegelmehl** können puzzolanische Eigenschaften haben.

4.6.2 Latent-hydraulische Stoffe

Von den **latent-hydraulischen Stoffen** hat im Bauwesen nur die schnell gekühlte und daher glasig erstarrte Hochofenschlacke **(Hüttensand)** geeigneter Zusammensetzung (45 bis 55 % CaO; 28 bis 40 % SiO_2; 10 bis 23 % Al_2O_3) Bedeutung. In Verbindung mit Anregern wie Kalk, Portlandzement oder Gips erhärtet der Hüttensand zementähnlich.

4.7 Zement

Normen

DIN 1164	(2000-11)	Zemente mit besonderen Eigenschaften
DIN EN 196		Prüfverfahren für Zement; Teil 1 bis 9 und 21
DIN EN 197-1	(2002-01)	Zement; Zusammensetzung, Anforderungen und Konformitätskriterien; Normalzement
-2	(2000-11)	–; Konformitätsbewertung (Güteüberwachung)
-3	(2001-09)	–; –; Normalzement mit niedriger Hydratationswärme

4.7.1 Allgemeines

Zement ist ein fein gemahlenes hydraulisches Bindemittel, das, mit Wasser gemischt, durch Hydratation (siehe Abschn. 4.7.5 a) erhärtet und nach einer bestimmten Zeit eine festgelegte Festigkeit erreicht, i. d. R. nach 28 Tagen 25 N/mm^2, sowie nach dieser Zeit auch unter Wasser fest und raumbeständig bleibt. Der Massenanteil an reaktionsfähigem Calciumoxid (CaO) und Siliciumdioxid (SiO_2) muß mindestens 50 % betragen. Die hydraulische Erhärtung beruht hauptsächlich auf der Hydratation der aus diesen beiden Bestandteilen gebildeten Calciumsilicate.

Die verschiedenen Normzemente unterscheiden sich durch Art und Menge der Hauptbestandteile (siehe Tafel 4.4). Nebenbestandteile (max. 5 Masse-%) sind anorganische mineralische Stoffe, wie z. B. schwach oder latent hydraulische oder puzzolanische Stoffe, die die physikalischen Eigenschaften der Zemente verbessern, wie z. B. die Verarbeitbarkeit oder das Wasserrückhaltevermögen. Außerdem können geringe Zusätze, wie z. B. Mahlhilfen (meist Glykole oder Ethanolamine) und Pigmente, zugegeben werden.

4.7.2 Portlandzementklinker

a) **Rohstoffe und Herstellung** (s. a. Abb. 4.7)

Der Begriff „Portlandzement" geht auf den von dem Engländer *Aspdin* 1824 zum Patent angemeldeten Zement zurück. Dieser ergab im abgebundenen Zustand eine helle Farbe, die dem gelblich-weißen „Portlandstone", einem damals beliebten natürlichen Sandstein (Südküste Englands), sehr ähnlich war.

Rohstoffe für die Herstellung von Portlandzement sind Kalkstein und Ton. Das Verhältnis von Kalkstein $CaCO_3$ zu Ton soll etwa 78 zu 22 % betragen und der Ton etwa aus 66 % SiO_2, 19 % Al_2O_3 und 9 % Fe_2O_3 (Hydraulefaktoren) sowie 7 % gebundenem Wasser bestehen. Das Gestein wird zerkleinert, zu feinem Rohmehl gemahlen und gleichmäßig vermischt. In einem Drehrohrofen, der am unteren Ende mit Kohlenstaub, Öl oder Gas beheizt wird, wird das Rohmehl bei 1400 bis 1450 °C bis zur Sinterung gebrannt. Dabei gibt das $CaCO_3$ zunächst das CO_2 ab, und anschließend verbindet sich das verbleibende CaO mit den Hydraulefaktoren zu dem harten, etwa walnussgroßen Portlandzementklinker, der aus den im Abschn. 4.7.2 b beschriebenen Klinkerphasen besteht (Klinker von hell „klingend").

Tafel 4.4 Zementarten und Zusammensetzung (Massenanteile in %) nach DIN EN 197-1 (2001-02)

Haupt-zement-arten	Bezeichnung der 27 Produkte (Normalzementarten)		Zusammensetzung: (Massenanteile in Prozent)[a]										
			Hauptbestandteile[d]										Neben-bestand-teile
			Portland-zement-klinker	Hütten-sand	Silica-staub	Puzzolane		Flugasche		gebrannter Schiefer	Kalkstein		
						natürlich	natürlich getempert	kiesel-säurereich	kalkreich				
			K	S	D[b]	P	Q	V	W	T	L	LL	
CEM I	Portland-zement	CEM I	95-100	–	–	–	–	–	–	–	–	–	0-5
CEM II	Portland-hütten-zement	CEM II/A-S	80-94	6-20	–	–	–	–	–	–	–	–	0-5
		CEM II/B-S	65-79	21-35	–	–	–	–	–	–	–	–	0-5
	Portland-silicastaub-zement	CEM II/A-D	90-94	–	6-10	–	–	–	–	–	–	–	0-5
	Portland-puzzolan-zement	CEM II/A-P	80-94	–	–	6-20	–	–	–	–	–	–	0-5
		CEM II/B-P	65-79	–	–	21-35	–	–	–	–	–	–	0-5
		CEM II/A-Q	80-94	–	–	–	6–20	–	–	–	–	–	0-5
		CEM II/B-Q	65-79	–	–	–	21-35	–	–	–	–	–	0-5
	Portland-flugasche-zement	CEM II/A-V	80-94	–	–	–	–	6-20	–	–	–	–	0-5
		CEM II/B-V	65-79	–	–	–	–	21-35	–	–	–	–	0-5
		CEM II/A-W	80-94	–	–	–	–	–	6-20	–	–	–	0-5
		CEM II/B-W	65-79	–	–	–	–	–	21-35	–	–	–	0-5
	Portland-schiefer-zement	CEM II/A-T	80-94	–	–	–	–	–	–	6-20	–	–	0-5
		CEM II/B-T	65-79	–	–	–	–	–	–	21-35	–	–	0-5

Tafel 4.4 Fortsetzung

Hauptzementarten	Bezeichnung der 27 Produkte (Normalzementarten)		Zusammensetzung: (Massenanteile in Prozent)[a)]										
			Hauptbestandteile[d)]										Nebenbestandteile
			Portlandzementklinker	Hüttensand	Silicastaub	Puzzolane		Flugasche		gebrannter Schiefer	Kalkstein		
						natürlich	natürlich getempert	kieselsäurereich	kalkreich				
			K	S	D[b)]	P	Q	V	W	T	L	LL	
CEM II	Portlandkalksteinzement[e)]	CEM II/A-L	80-94	–	–	–	–	–	–	–	6-20	–	0-5
		CEM II/B-L	65-79	–	–	–	–	–	–	–	21–35	–	0-5
		CEM II/A-LL	80-94	–	–	–	–	–	–	–	–	6-20	0–5
		CEM II/B-LL	65-79	–	–	–	–	–	–	–	–	21-35	0-5
	Portlandkompositzement[c)]	CEM II/A-M	80-94	6-20									0-5
		CEM II/B-M	65-79	21-35									0-5
CEM III	Hochofenzement	CEM III/A	35-64	36-65	–	–	–	–	–	–	–	–	0-5
		CEM III/B	20-34	66-80	–	–	–	–	–	–	–	–	0-5
		CEM III/C	5-19	81-95	–	–	–	–	–	–	–	–	0-5
CEM IV	Puzzolanzement[c)]	CEM IV/A	65-89	–	11–35					–	–	–	0-5
		CEM IV/B	45-64	–	36-55					–	–	–	0-5
CEM V	Kompositzement[c)]	CEM V/A	40-64	18-30	–	18-30			–	–	–	–	0–5
		CEM V/B	20-38	31-50	–	31-50			–	–	–	–	0-5

a) Die Werte in der Tabelle beziehen sich auf die Summe der Haupt- und Nebenbestandteile.
b) Der Anteil von Silicastaub ist auf 10 % begrenzt.
c) In den Portlandkompositzementen CEM II/A-M und CEM II/B-M, in den Puzzolanzementen CEM IV/A und CEM IV/B und in den Kompositzementen CEM V/A und CEM V/B müssen die Hauptbestandteile außer Portlandzementklinker durch die Bezeichnung des Zements angegeben werden.
d) Erläuterung der Kurzzeichen der Hauptbestandteile: S = Slag = engl. Schlacke; V = cendre Volantes = franz. Flugasche; L= Limestone = engl. Kalkstein; D = Dust = engl. Staub.
e) L bzw. LL= Gesamtgehalt an organischem Kohlenstoff ≤ 0,20 bzw. 0,50 Masse-%.

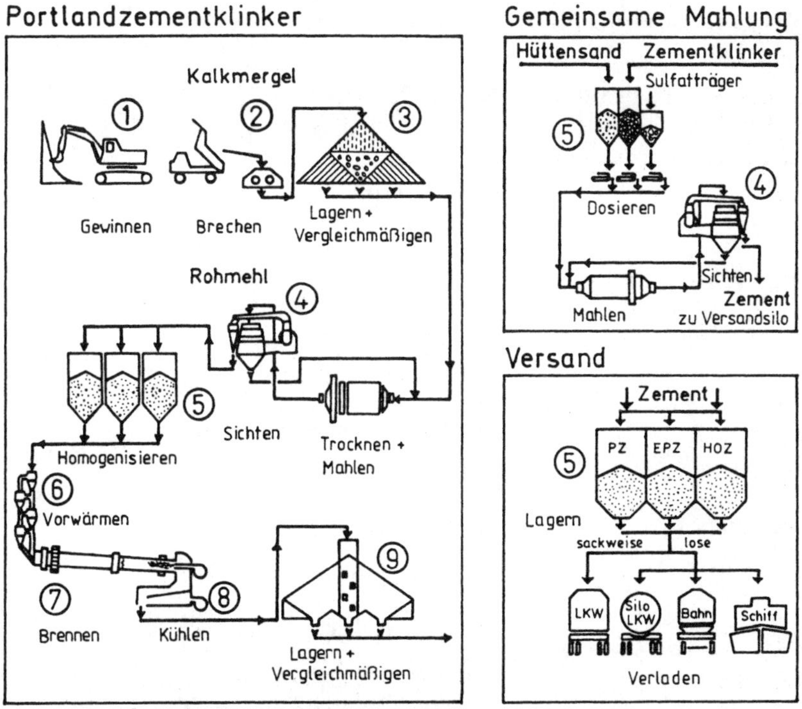

Abb. 4.7 Schematische Darstellung der Zementherstellung [24]
(1) Steinbruch (2) Brecheranlagen (3) Lager oder Mischbetten (4) Windsichter (5) Silos
(6) Vorwärmer (7) Drehrohrofen (8) Kühler (9) Großraumsilo

b) **Klinkerphasen**

Portlandzementklinker enthält folgende chemische Verbindungen (**Klinkerphasen**):

Tricalciumsilicat $3\ CaO \cdot SiO_2 = C_3S$	45 bis 80, i. M. 63 Gew.-%
Dicalciumsilicat $2\ CaO \cdot SiO_2 = C_2S$	0 bis 32, i. M. 16 Gew.-%
Calciumaluminatferrit (Aluminatferrit) $4\ CaO \cdot (Al_2O_3, Fe_2O_3) = C_4\ (A, F)$	4 bis 14, i. M. 8 Gew.-%
Tricalciumaluminat (Aluminat) $3\ CaO \cdot Al_2O_3 = C_3A$	7 bis 15, i. M. 11 Gew.-%
freies CaO + MgO	0,6 bis 7,5, i. M. 2,5 Gew.-%

Die Klinkerphasen haben unterschiedliche Eigenschaften und wirken sich auf die Zementeigenschaften wie folgt aus (H = Hydratationswärme in Joule/g):

C_3S erhärtet schnell und ergibt sehr hohe Endfestigkeit, H = 500.

C_2S erhärtet langsam, ergibt u. U. höhere Endfestigkeiten als C_3S, H = 260.

C_4 (A, F) trägt zur Erhärtung wenig bei, H = 420.

C_3A schnelles Erstarren, geringe Endfestigkeit, H sehr hoch. C_3A ist für das **Sulfattreiben** verantwortlich durch Bildung des sog. Zementbazillus = Ettringit = $3\ CaO \cdot Al_2O_3 \cdot 3\ CaSO_4 \cdot 32\ H_2O$.

CaO, MgO rufen Kalk- und Magnesiatreiben hervor, wenn sie grobkristallin und in größerer Menge vorkommen. Überprüfung durch die Raumbeständigkeitsprüfung (siehe Abschn. 4.7.6 b). Normgerechte Zemente weisen kein Kalk- und Magnesiatreiben auf.

4.7.3 Zementarten nach DIN EN 197-1 und DIN 1164 (s. a. Tafel 4.4)

Die DIN EN 197-1 enthält die in Tafel 4.4 zusammengefassten Zemente. Zuordnung zu den bisherigen Zementbezeichnungen siehe Tafel 4.5, Festigkeitsklassen siehe Tafel 4.6.

CEM I (**Portlandzement**) ist der am häufigsten verwendete Zement und in allen Festigkeitsklassen lieferbar. Er hat die höchste Hydratationswärme (siehe Abschn. 4.7.5 b) und erhärtet schnell (Winterbau!).

Tafel 4.5 Zuordnung der alten und neuen Zementbezeichnungen

neu (DIN EN 197-1), siehe Tafel 4.4	alt (DIN 1164)
Portlandzement (CEM I)	Portlandzement (PZ)
Portlandhüttenzement	Eisenportlandzement (EPS)
Portlandpuzzolanzement	Trasszement(TrZ)
Portlandflugaschezement	Flugaschezement (FAZ)
Portlandschieferzement	Portlandölschieferzement (PÖZ)
Portlandkalksteinzement	Portlandkalksteinzement (PKZ)
Portlandkompositzement	Flugaschehüttenzement (FAHZ) Portlandkalksteinhüttenzement (PKHZ)
Hochofenzement	Hochofenzement (HOZ)
Kompositzement	Trasshochofenzement (TrHOZ)

Portlandhüttenzement CEM II/A-S und /B-S (früher Eisenportlandzement EPZ) und **Hochofenzement** CEM III (früher HOZ) wurden früher unter der Bezeichnung Hüttenzemente zusammengefasst (heute spricht man von Kompositzementen). Je höher der Hüttensandanteil, umso geringer die Hydratationswärme. Besonders geeignet für massige Bauteile und/oder bei aggressiven Einflüssen. Nicht anwenden bei Frostgefahr. Für Spannbeton nur verwendbar, wenn der Hüttensandanteil < 50 M.-%, meist wird jedoch Portlandzement CEM I verwendet. Ähnliches gilt für Puzzolanzement und Kompositzement.

Portlandpuzzolanzement CEM II/A-P und /B-P (früher Trasszement TrZ) enthält Trass (siehe Abschn. 4.6.1). Trass besitzt eine hohe Mahlfeinheit und quillt beim Erhärten mit PZ-Klinker. Er ergibt daher einen sehr dichten Beton, der eine gute chemische Widerstandskraft besitzt (Wasserbau, aggressive Wässer!). Lange nass halten! Nicht zugelassen für Spannbeton.

Portlandflugaschezement CEM II /A-V und /B-V (früher Flugaschezement FAZ) besitzen niedrige Anfangsfestigkeit, starke Nachhärtung und niedrige Hydratationswärme, daher für Massenbeton günstig. Nicht zulässig für Spannbeton mit sofortigem Verbund und für Einpressmörtel.

Portlandschieferzement CEM II/A-T und /B-T (früher Portlandölschieferzement PÖZ) besteht aus PZ-Klinker und gebranntem Ölschiefer, einem natürlichem Gestein, das z. B. in der Schwäbischen Alb abgebaut wird. Durch oxidierende Atmosphäre beim Brennprozess entsteht ein rotbrauner PÖZ, auch als Terrament bezeichnet, der z. B. gern für Sichtbeton oder Betonwaren verwendet wird (Buntsandstein-Aussehen). Portlandschieferzement ist feiner als Portlandzement.

Portlandkalksteinzement CEM II/A-L bzw. LL und /B-L bzw. LL (früher Portlandkalksteinzement PKZ) besitzt wegen des weicheren Kalksteins höhere Mahlfeinheit als Portlandzement. Er zeigt daher geringeres Bluten (Absondern von Wasser nach oben) und dadurch geringeren Wasseranspruch. Er erhärtet schnell und hat eine hohe Frühfestigkeit.

Portlandkompositzement CEM II/A-M und /B-M (früher Portlandkalksteinhüttenzement PKHZ) verhält sich ähnlich wie PKZ, hat aber etwas geringere Anfangsfestigkeit und Wärmeentwicklung als dieser.

Kompositzement CEM V/A (S-P) und /B (S-P) (früher Trasshochofenzement TrHOZ) hat geringe Frühfestigkeit und langsame Wärmeentwicklung, wird auch als NW/HS-Zement hergestellt, findet Verwendung für massige Bauteile und im Wasserbau.

Portlandkompositzement CEM II/B-M (S-V) (früher Portlandflugaschehüttenzement FAHZ) verhält sich ähnlich wie FAZ und EPZ, hat geringe Anfangsfestigkeit, gute Nachhärtung, langsame (niedrige) Wärmeentwicklung.

Zemente mit besonderen Eigenschaften nach DIN 1164 (2000-11) erhalten zusätzliche Kennbuchstaben: NW für niedrige Hydratationswärme, HS für hohen Sulfatwiderstand, NA für niedrigen, wirksamen Alkaligehalt (Na, K).

NW-Zemente dürfen in den ersten 7 Tagen der Erhärtung nur eine Wärmemenge von 270 J pro g Zement entwickeln, i. d. R. hüttensandreiche Hochofenzemente.

HS-Zemente sind Zemente mit C_3A-Gehalt ≤ 3 % und Al_2O_3-Gehalt ≤ 5 % oder mit mindestens 66 Masse-% Hüttensand. Es tritt kein schädliches Sulfattreiben auf. Unbedingt erforderlich bei hohem Sulfatgehalt im Grundwasser (ab 600 mg SO_4/l Wasser) oder im Boden (ab 3 mg SO_4/kg Boden).

NA-Zemente sind Zemente mit niedrigem wirksamem Alkaligehalt (Na, K), ausgedrückt durch das sog. Na_2O-Äquivalent in Masse-%. Als solche gelten: Zemente mit Na_2O ≤ 0,6; CEM II/B-S mit Na_2O ≤ 0,7; Hochofenzemente mit einem Hüttensandanteil ≥ 66 bzw. 50 bzw. 49 Masse-% und Na_2O ≤ 2,0 bzw. 1,1 bzw. 0,95. Verwendung bei alkaliempfindlichen Zuschlägen (Opalsandstein, poröser Flint, präkambrische Grauwacke). Die reaktionsfähige Kieselsäure solcher Zuschläge reagiert in feuchter Umgebung (z. B. Viehställe) mit Treiben und führt zu Absprengungen und Rissen.

Das Na_2O-Äquivalent von K_2O = (22,990/39,098) × K_2O in g; Werte für die relativen Atommassen siehe Tafel 2.1. NA-Zemente werden eingesetzt, wenn alkaliempfindliche Zuschläge, wie z. B. Opalsandstein, poröser Flint oder präkambrische Grauwacke verwendet werden, wie sie z. B. im Ostseeküstenraum, in den angrenzenden norddeutschen Gebieten und in der Lausitz vorkommen.

4.7.4 Zemente für spezielle Anwendungsgebiete

a) **Weißer Zement**, ein Portlandzement, der kein $C_4(A, F)$ enthält, i. d. R. CEM I 42,5 R, weiße Säcke mit schwarzem Aufdruck, für Stahl- und Spannbeton aller Festigkeitsklassen. Besonders geeignet für Betonwerkstein, Waschbeton, Ornamentbeton usw.

b) **Pectracrete**, hydrophobierter (wasserabweisender) Zement, i. d. R. CEM I 32,5 R, zur Bodenverfestigung im Straßen- und Wegebau, kann bei jedem Wetter ungeschützt an der Baustelle lagern; bei Einarbeitung in den Boden wird die wasserabweisende Umhüllung der Zementkörper zerstört und der Zement bindet dann normal ab.

c) **Sulfathüttenzement SHZ**, (hoch-)basische, d. h. CaO-reiche Hochofenschlacke + Gips oder Anhydrit als Anreger, wird in Deutschland nicht mehr hergestellt. In Frankreich und Belgien verbreitet.

d) **Tonerde(schmelz)zement TSZ**, aus Kalkstein und Bauxit gebrannt. Schnelle Betonerhärtung (nach 24 Std. 40 N/mm^2), mit PZ im Verhältnis 1 : 1 gemischt für Dichtungsarbeiten (erhärtet nach 4 bis 5 Minuten), in Deutschland für tragende Bauteile verboten, Verwendung im Feuerungsbau, mit geeigneten Zuschlägen bis 1600 °C hitzebeständig.

e) **Quellzement**, vergrößert beim Erhärten sein Volumen, in Deutschland nicht mehr hergestellt, jedoch in USA, Japan, Rußland.

f) **Tiefbohrzement**, Bohrlochzement, zur Auskleidung von Bohrlöchern, aggressivbeständig, Erhärten in großer Tiefe, selbst bei Temperaturen bis 150 °C und Drücken bis 1000 bar.

g) **Schnellzement**, spezieller PZ, nach 4 Std. 10 N/mm^2, nach 2 Tagen 40 N/mm^2 Druckfestigkeit, Reparaturarbeiten an geschädigtem Beton.

h) **Ferrozement**, kein Zement, sondern Bezeichnung für Verbundwerkstoff aus Zementmörtel und hohem Bewehrungsanteil, für dünnwandige Flächentragwerke, Bootsbau.

i) **Injektionszement, Feinstzement,** feingemahlene Zemente zur Herstellung gut fließfähiger Zementsuspensionen. Verwendung zum Verfestigen und/oder Abdichten von klüftigem Gestein oder Lockergestein sowie für Rissinjektionen in Beton; Blainwerte 4500 bis 15 000 cm^2/g (siehe Abschn. 4.7.6 d), entspricht Korngrößen von ≤ 16 µm.

j) **Dämmer,** hydraulisches Bindemittel mit Anteil an tonhaltigem Steinmehl zur Herstellung gut fließfähiger Suspensionen. Verwendung im Tiefbau zum Ausfüllen unterirdischer Hohlräume; Blainwert etwa 6000 cm^2/g.

4.7.5 Eigenschaften der Zemente

a) **Erstarren und Erhärten**

> Das Erstarren und Erhärten des Zements beruht auf seiner Reaktion mit dem Wasser. Der chemische Prozess wird **Hydratation** genannt, weil die Klinkerphasen dabei Kristallwasser aufnehmen.

Chemische Formel der Hydratation z. B.

$$2\,(3\,CaO \cdot SiO_2) + 6\,H_2O \rightarrow 3\,CaO \cdot 2\,SiO_2 \cdot 3\,H_2O + 3\,Ca(OH)_2$$

Die Verbindung $3\,CaO \cdot 2\,SiO_2 \cdot 3\,H_2O$ wird als Calcium-Silicat-Hydrat- bzw. CSH-Phase bezeichnet. Es handelt sich dabei um feinste submikroskopische, kolloidale Reaktionsprodukte, die eine allmählich immer fester werdende Masse bilden: Aus dem **Zementleim** (Wasser + Zement) entsteht zunächst das sog. **Zementgel** und daraus schließlich der harte **Zementstein**, der die Zuschlagkörner des Betons miteinander verbindet (siehe Abb. 4.8).

Der **Wasserbedarf** des Zements bis zur vollständigen Hydratation beträgt etwa 40 % des Zementgewichts, das entspricht einem Wasserzementwert von 0,40 (Verhältnis von Wasser zu Zement in Gewichtsanteilen). Etwa 25 % des Wassers wird chemisch, 10 bis 15 % werden physikalisch als sog. Gelwasser im Zementgel gebunden. Das Gelwasser steht für die chemische Reaktion nicht zur Verfügung.

Das über $w/z = 0{,}4$ hinausgehende Wasser hinterlässt im Zementstein Kapillarporen (Ø 10^{-2} bis 10 µm). Je größer der w/z-Wert, umso geringer sind Dichtigkeit und Festigkeit des Zementsteins und damit des Betons. Günstig für Beton sind w/z-Werte zwischen 0,40 und 0,60.

b) **Hydratationswärme**

Der chemische Prozess der Hydratation ist ein exothermer Vorgang, bei dem Wärme frei wird. Die kalkreichen Klinkerphasen C_3S und C_3A setzen dabei mehr und schneller Wärme frei als die kalkärmeren Verbindungen C_2S und C_4AF. Hüttenzemente und Trasszement entwickeln weniger Wärme als Portlandzement. Nach [33] ergeben sich für die verschiedenen Zemente folgende Hydratationswärmen in J/g: Portlandzement 375 bis 525, Hochofenzement 355 bis 440, Portlandpuzzolanzement 315 bis 420, Tonerdezement 545 bis 585, Portlandschieferzement 360 bis 480.

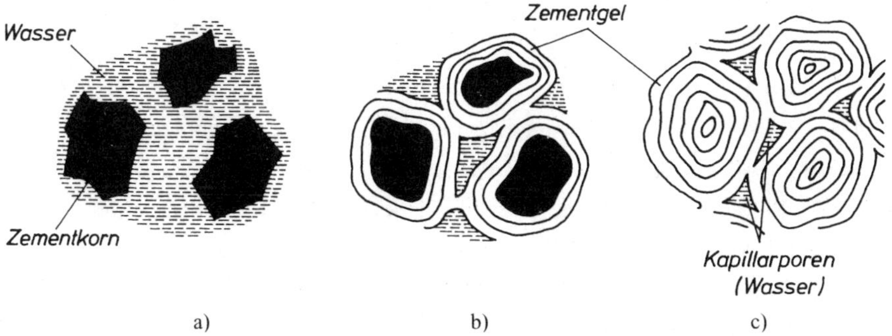

Abb. 4.8 Erhärtungsvorgang von Zement (Hydratation; schematisch) [2]
a) Zementleim unmittelbar nach dem Anmachen: Wasser und Zementkörnchen
b) Zementleim nach einer gewissen Hydratationszeit: Wasser und Zementkörnchen, auf deren Oberfläche sich Zementgel (CSH-Verbindungen + Gelwasser, das zur Hydratation nicht mehr zur Verfügung steht) gebildet hat.
c) Abgeschlossener Hydratationsvorgang bei $w/z > 0{,}40$: Zementgel und Kapillarporen, die zunächst das Überschusswasser enthalten. Bei seiner Austrocknung kommt es zum Schwinden. Bei $w/z < 0{,}4$ bleiben unhydratisierte Zementkörnchen übrig, die von Zementgel umhüllt sind. Bei $w/z = 0{,}40$ gibt es weder unhydratisierte Zementkörnchen noch Kapillarporen.

c) **Rostschutz und Kalkausblühungen**

Das sich beim Erhärten bildende $Ca(OH)_2$ hat eine große Bedeutung für den **Rostschutz der Bewehrung**. Es verleiht dem den Stahl umgebenden Beton basischen Charakter (pH-Wert etwa 12,6), bei dem trotz Vorhandenseins von Wasser und Luftsauerstoff O_2 ein Rosten nicht möglich ist. Erst wenn durch eindringendes CO_2 aus der Luft das $Ca(OH)_2$ wieder in $CaCO_3$ verwandelt wird (siehe Abschn. 4.5.2) und dadurch die Basizität auf einen pH-Wert unter 9,5 abgenommen hat, kann die Rostbildung wieder einsetzen und der Beton über der Bewehrung durch die Volumenvergrößerung des Eisens beim Rosten (Fe : FeOOH = 1 : 2,5) abplatzen. Dies ist jedoch bei gut verdichtetem und dichtem Beton (w/z-Wert = 0,5) und ausreichender Betonüberdeckung (siehe Abschn. 8.1.2) erst nach mehr als 100 Jahren der Fall.

Da $Ca(OH)_2$ wasserlöslich ist, kann es durch Feuchtigkeit (z. B. Schlagregen, abfließendes Regenwasser) aus dem Inneren auf die Oberfläche transportiert werden und dort mit dem CO_2 der Luft **Kalkausblühungen** ($CaCO_3$) bilden.

d) **Festigkeit**

Die Festigkeitsentwicklung des Zements hängt von der Schnelligkeit des chemischen Prozesses der Hydratation ab. Fein gemahlene Zemente haben eine schnellere Festigkeitsentwicklung als gröber gemahlene, weil sie eine größere Reaktionsoberfläche besitzen (Mahlfeinheit siehe Abschnitt 4.7.6 d). Ebenso wird die Festigkeitsentwicklung durch die Temperatur beeinflusst: Wärme wirkt beschleunigend; niedrige Temperaturen verzögern den Erhärtungsprozess, der bei Temperaturen um etwa –10 °C vollständig zum Erliegen kommt.

Die Festigkeit von Zement wird nach DIN EN 196-1 geprüft (siehe Abschnitt 4.7.6). Danach werden die Zemente in bestimmte Festigkeitsklassen eingeteilt (siehe Tafel 4.6). Die mittleren 28-Tage-Festigkeiten der deutschen Zemente liegen etwas über dem jeweiligen Mittelwert: etwa bei 13 N/mm^2 über der Mindestfestigkeit, bei Z 52,5 etwa bei 70 N/mm^2.

e) Saulscher Reifegrad

Für Beton kann man die Verzögerung der Festigkeitsentwicklung durch unter +20 °C liegende Tagestemperaturen mit Hilfe des Saulschen Reifegrades R abschätzen:

$R = \Sigma a_i (T_i + 10)$
a_i Erhärtungszeit in Tagen bei einer Temperatur T_i in °C.

Beispiele für die Anwendung des Saulschen Reifegrades:

1) Lagerungsdauer $a = 14$ Tage, mittlere Tagestemperatur $T = +5$ °C
   a) Um wieviel ist die erreichte Festigkeit gegenüber $T = 20$ °C verringert?
      $R_1 = 14\,(5 + 10) = 210$; $R_2 = 14\,(20 + 10) = 420$; $R_1/R_2 = 210/420 = 50\,\%$.
   b) Welchem Betonalter a_w („wirksames" Betonalter) für $T = 20$ °C entspricht das?
      $210 = a_w\,(20 + 10)$; $a_w = 210/30 = 7$ Tage
2) Die Schalung von Beton-Deckenplatten kann bei Z 32,5 und $T = 20$ °C nach ca. 10 Tagen entfernt werden. Um wieviel Tage ist die Ausschalfrist zu verlängern, wenn in den ersten 5 Tagen nur $T = 10$ °C vorhanden war?
   $T = 20$ °C: $R = 10\,(20 + 10) = 300$; $300 = 5\,(10 + 10) + x\,(20 + 10)$;
   $x = (300 - 100)/30 \approx 7$,
   d. h. $a = 5 + 7 = 12$ Tage, Verlängerung also 2 Tage.

Tafel 4.6 Festigkeitsklassen der Zemente nach DIN EN 197-1 (2001-02)

<table>
<tr><th rowspan="3">Festigkeits-klasse</th><th colspan="4">Druckfestigkeit N/mm^2 (= MPa)</th><th>Kenn-farbe[1]</th><th>Farbe des Aufdrucks</th></tr>
<tr><th colspan="2">Anfangs-festigkeit</th><th colspan="2">Norm-festigkeit[2]</th><th colspan="2" rowspan="2">nach DIN 1164-1 (1994-10)</th></tr>
<tr><th>2 Tage</th><th>7 Tage</th><th colspan="2">28 Tage</th></tr>
<tr><td>32,5 N</td><td>–</td><td>≥ 16</td><td rowspan="2">≥ 32,5</td><td rowspan="2">≤ 52,5</td><td rowspan="2">hellbraun</td><td>schwarz</td></tr>
<tr><td>32,5 R</td><td>≥ 10</td><td>–</td><td>rot</td></tr>
<tr><td>42,5 N</td><td>≥ 10</td><td>–</td><td rowspan="2">≥ 42,5</td><td rowspan="2">≤ 62,5</td><td rowspan="2">grün</td><td>schwarz</td></tr>
<tr><td>42,5 R</td><td>≥ 20</td><td>–</td><td>rot</td></tr>
<tr><td>52,5 N</td><td>≥ 20</td><td>–</td><td rowspan="2">≥ 52,5</td><td rowspan="2">–</td><td rowspan="2">rot</td><td>schwarz</td></tr>
<tr><td>52,5 R</td><td>≥ 30</td><td>–</td><td>weiß</td></tr>
</table>

[1] Farbe des Sacks bzw. bei losem Zement des Siloanheftblattes.
[2] Die tatsächliche Normfestigkeit der meisten Zemente liegt etwa bei 13 N/mm^2 über dem unteren Grenzwert (= Nennfestigkeit).

Tafel 4.7 Richtwerte für die Rohdichte und Schüttdichte von Zementen

Zementart	Dichte kg/dm³	Schüttdichte in kg/dm³	
		lose eingelaufen	eingerüttelt
Portlandpuzzolanzement, Portlandflugaschezement	≈ 2,9		
Hochofenzement, Portlandhüttenzement, Portlandschieferzement, Portlandkalksteinzement	≈ 3,0	0,9-1,2	1,6-1,9
Portlandzement Portlandzement – HS	≈ 3,1 ≈ 3,2		

Abb. 4.9 Kennzeichnung von Zement
EG-Konformitätszeichen (CE-Zeichen), Überwachungszeichen (Fremdüberwachung), Zeichen der Überwachungsgemeinschaft des Vereins Deutscher Zementwerke (VDZ) [2]

4.7.6 Prüfung von Zement

Die Zementhersteller sind verpflichtet, die geforderten Zementeigenschaften zu überwachen: Eigenüberwachung. Diese wiederum wird von einer amtlich anerkannten Güteüberwachungsgemeinschaft (VDZ) oder durch ein entsprechendes Materialprüfungsinstitut überwacht: Fremdüberwachung, Prüfumfang und Prüfhäufigkeit sind in DIN EN 197-1 und -2 festgelegt. Die Übereinstimmung (Konformität) der Zemente mit den Normenanforderungen wird durch das EG-Konformitätszeichen CE auf Verpackung und Lieferschein gekennzeichnet (siehe Abb. 4.9).

a) **Erstarrungszeiten** (DIN EN 196-3 (1995-05))

Die Erstarrungszeiten von Zement werden mit dem *Vicat*-Gerät (siehe Abb. 4.10) geprüft. 500 g Zement und etwa 125 g Wasser werden sorgfältig miteinander gemischt. Der Zementleim wird in einen konischen Hartgummiring (1) gefüllt, der auf einer leicht eingefetteten Glasplatte (3) steht. Erstarrungsbeginn ist eingetreten, wenn die Nadel (2) des *Vicat*-Gerätes (∅ 1,13 mm) im Zementleim 3 bis 5 mm über der Glasplatte stehen bleibt; Erstarrungsende, wenn sie nur noch 0,5 mm eindringt. Der frische Zementleim muss Normsteife besitzen. Dies wird ebenfalls mit dem Nadelgerät geprüft, indem die Nadel durch einen Tauchstab (4) ersetzt wird. Normsteife ist erreicht, wenn der Tauchstab im 5 Minuten alten Zementleim nach 30 Sekunden 5 bis 7 mm über der Glasplatte stehen bleibt. Erstarrungsbeginn nach DIN EN 197-1: bei Z 32,5 ≥ 75 Min., bei Z 42,5 ≥ 60 Min., bei Z 52,5 ≥ 45 Min.

b) **Raumbeständigkeit** (DIN EN 196-3 (1995-05))

Zur Bestimmung der Raumbeständigkeit (Dehnungsmaß) wird Zementleim von Normsteife (siehe Abschn. 4.7.6 a) in einen mit 2 Nadeln versehenen Federring aus Cu-Zn-Legierung gefüllt (siehe Abb. 4.11), der auf einer Glasplatte steht und anschließend mit einer zweiten

Glasplatte abgedeckt wird. Nach 24 Stunden wird der Ring mit dem erhärteten Zementleim 3 Stunden lang in einem Wasserbad gekocht. Die durch das Kochen entstehende Aufweitung der Nadelspitzen muss bei einem raumbeständigen Zement ≤ 10 mm sein. Ziel des Versuches ist es, die mögliche Gefahr einer späteren Ausdehnung des erhärteten Zements abzuschätzen, die auf der Hydratation von freiem CaO und/oder MgO beruht:
$CaO + H_2O \rightarrow Ca(OH)_2$

c) **Festigkeit** (DIN EN 196-1 (1995-05))

Die Festigkeit wird an Prüfkörpern mit den Maßen 40 mm × 40 mm × 160 mm geprüft. Zur Herstellung der Prüfkörper wird ein Mörtel aus 1350 g Normsand, 450 g Zement und 225 g Wasser (*w/z*-Wert = 0,5) maschinell gemischt, in 2 Lagen in Dreierformen (siehe Abb. 4.12) gefüllt und auf einem Schock- oder Vibrationstisch verdichtet.

Die Prismen werden nach 24 Stunden ausgeschalt und bis zum Tage der Prüfung (2, 7, 28 Tage) in Wasser von 20 °C gelagert. Zur Bestimmung der Biegezugfestigkeit werden die 3 Prismen als Balken auf 2 Stützen mit einer mittigen Einzellast belastet (Stützweite 100 mm). Die 6 Prismenhälften werden anschließend zwischen 2 Druckplatten (Fläche 40 mm × 40 mm) auf Druck geprüft.

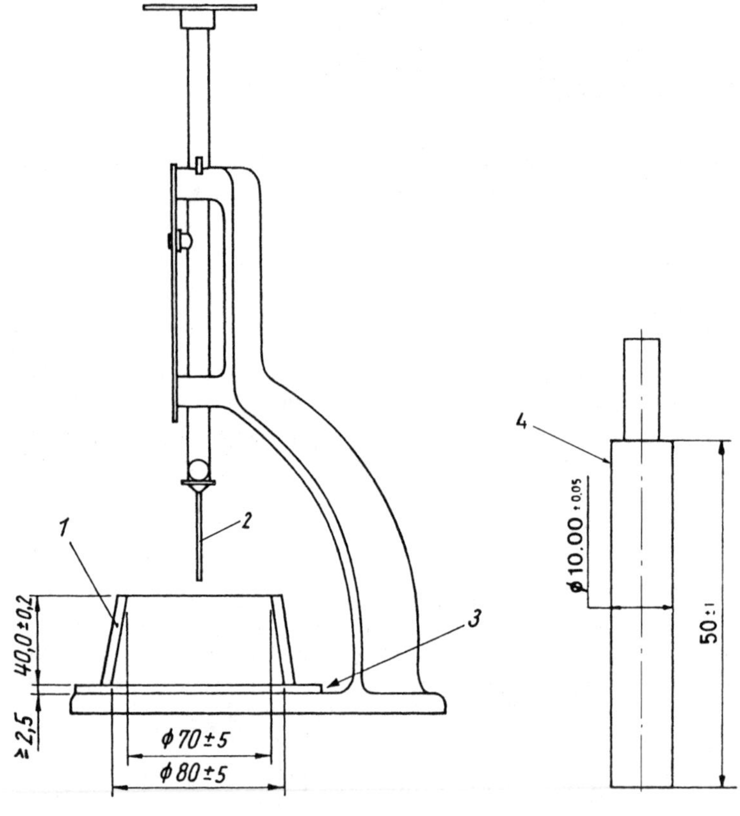

Abb. 4.10 Vicat-Gerät zur Bestimmung der Erstarrungszeiten von Zement nach DIN EN 196-3 (Maße in mm)

d) **Mahlfeinheit** (DIN 196-6 (1990-03))

Die Mahlfeinheit wurde früher durch den zulässigen Rückstand von Zementpulver auf dem 0,2-mm-Prüfsieb bestimmt: ≤ 3,0 Masse-%. Heute wird dazu die spezifische Oberfläche des

Zements in cm²/g angegeben. Die Norm gibt keinen Mindestwert an. Übliche Werte liegen zwischen 2700 cm²/g bei Portlandzement 32,5 R und 5200 cm²/g bei Z 52,5 und Portlandkalksteinzement. Feinstzemente haben Werte zwischen 4500 und 15 000 cm²/g (siehe Abschn. 4.7.4 i).

Beim **Luftdurchlässigkeits-Verfahren nach *Blaine*** wird die Zeit gemessen, die eine bestimmte Luftmenge (unter Druck) benötigt, um durch eine kleine Säule aus verdichtetem Zementpulver hindurchzuströmen. Grobe Zemente haben ein geringeres Wasserrückhaltevermögen, neigen also zum „**Bluten**“ (Wasserabsonderung nach oben), feine Zemente haben u. U. einen höheren Wasserbedarf zu gleich guter Verarbeitbarkeit. Je feiner ein Zement gemahlen ist, umso besser wird seine Frühfestigkeit, allerdings verkürzt sich damit auch seine Lagerfähigkeit.

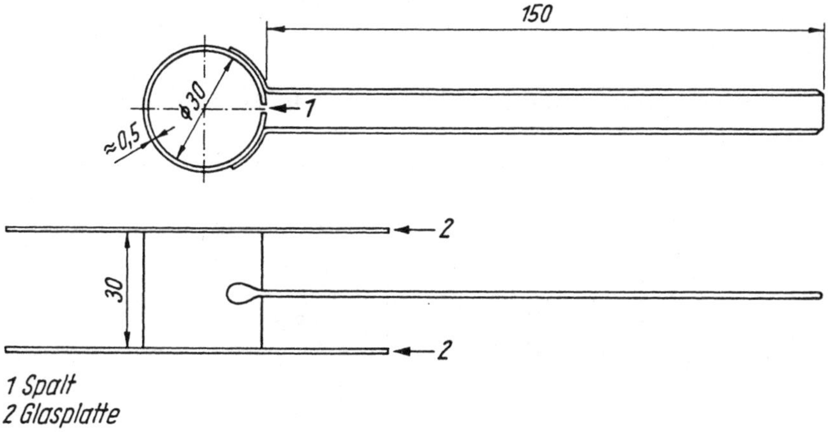

Abb. 4.11 *Le-Chatelier*-Ring zur Bestimmung der Raumbeständigkeit von Zement nach DIN EN 196-3 (Maße in mm)

4.8 Putz- und Mauerbinder MC

Normen

DIN 4211	(1995-03)	Putz- und Mauerbinder, Anforderungen, Überwachung
DIN V ENV 413-1	(1995-03)	Putz- und Mauerbinder, Anforderungen
DIN EN413-2	(1995-03)	–; Prüfverfahren

MC-Binder (früher PM-Binder; MC = masonry cement = engl. Mauerwerkszement) ist ein fein gemahlenes hydraulisches Bindemittel, das mit Wasser angemacht sowohl an der Luft als auch unter Wasser erhärtet und fest bleibt. Hauptbestandteile sind Zement und Gesteinsmehl.

MC-Binder darf auch Kalkhydrat nach DIN 1060-1 und Zusätze, wie z. B. Luftporenbildner, Plastifizierer und Verzögerer, enthalten. MC-Binder wird in güteüberwachten Werken hergestellt (Eigen- und Fremdüberwachung). Arten und Eigenschaften siehe Tafel 4.8.

Verwendung als Putz- und Mauermörtel der Mörtelgruppen I und II. Übliche Mischungsverhältnisse 1 : 3 bis 4 für Außenputz, 1 : 3 für Mauermörtel, 1 : 4 bis 5 für Innenputz. Sehr ergiebig, gut verarbeitbar, gute Haftung, schnelle Erhärtung (Winterbau!), gute Sperrwirkung gegen Feuchtigkeit. Mit Gips und Anhydrit nicht mischbar, dagegen mit Zement und Baukalk.

Tafel 4.8 Arten und Eigenschaften von Putz- und Mauerbinder (MC) nach DIN 4211, 1995-03

<table>
<tr><th rowspan="2">Art[1)]</th><th rowspan="2">Druckfestigkeit nach 28 Tagen N/mm²</th><th rowspan="2">Luftgehalt
Vol.-%</th><th rowspan="2">Anteil an PZ-Klinker Masse-%</th><th colspan="2">Erstarrungs-</th></tr>
<tr><th>beginn</th><th>ende</th></tr>
<tr><td>MC 5</td><td>≥ 5, ≤ 15</td><td rowspan="2">≥ 8, ≤ 20</td><td>≥ 25</td><td rowspan="3">≥ 1 h</td><td rowspan="3">≤ 15 h</td></tr>
<tr><td>MC 12,5</td><td rowspan="2">≥ 12,5, ≤ 32,5</td><td rowspan="2">≥ 40</td></tr>
<tr><td>MC 12,5X[2)]</td><td>≤ 6</td></tr>
<tr><td colspan="6">1) Die Zahlen 5 bzw. 12,5 geben die Festigkeitsklasse an. Die Festigkeit wird wie bei Zement an Mörtelprismen 40 × 40 × 160 mm geprüft.
2) In DIN V ENV 413-1 auch MC 22,5X vorgesehen. Sonstige Eigenschaften wie MC 12,5X.
X bedeutet: enthält keine LP-Mittel.</td></tr>
</table>

Lieferung in gelben 25 kg-Säcken mit blauem Aufdruck, auch lose in sauberen Transportbehältern.

Mischbinder (MB) war ein hydraulisches Bindemittel, das heute nicht mehr hergestellt wird (ehemals DIN 4207). Mischbinder wurde z. B. für unbewehrten Beton mit niedrigen Festigkeitsanforderungen (B 5) verwendet.

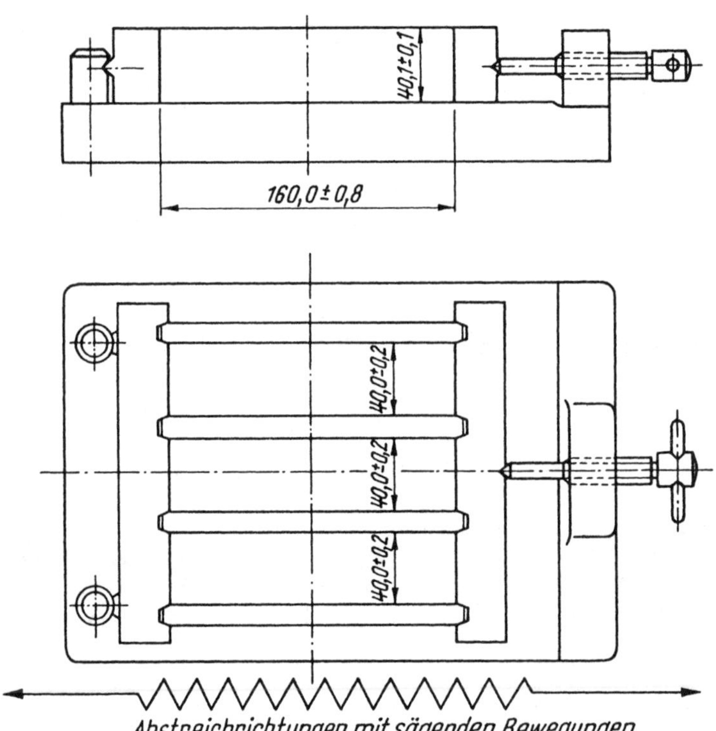

Abb. 4.12 Dreierform zur Herstellung von Probekörpern zur Bestimmung der Festigkeit von Zement nach DIN EN 196-1 (Maße in mm)

4.9 Hydraulische Boden- und Tragschichtbinder HRB

HRB (engl. Hydraulic Road Binder) nach DIN 18 505 (2002-02) ist ein hydraulisches Bindemittel zur Herstellung von Hydraulischen Tragschichten (HGT; früher HT) sowie für Bodenverfestigungen und -verbesserungen im Straßenbau.

HRB besteht aus Portlandzement und/oder Luftkalk bzw. Hydraulischem Kalk HL 5 sowie ggf. Hüttensand, Trass, Ölschiefer, Flugasche oder getempertem Phonolith-Gesteinsmehl, außerdem aus anorganischen Stoffen aus der PZ-Klinker-Produktion bis 5 Masse-% und anderen Zusätzen bis 1 Masse-%. Festigkeitsklassen: 12,5; 12,5E und 32,5E (Mindestfestigkeit nach 28 Tagen; E bedeutet 7 bzw. 16 N/mm^2 nach 7 Tagen). Erstarrung 2 bis 12 Stunden nach dem Anmachen. Prüfung nach der Zementnorm.

4.10 Fragen und Aufgaben zu anorganischen Bindemitteln

1) Nennen Sie die verschiedenen Arten von hydraulischen und nichthydraulischen Bindemitteln. Welcher wesentliche Unterschied besteht zwischen ihnen?
2) Beschreiben Sie die Vorgänge beim Anmachen und Erhärten von Gips.
3) Welche beiden Gipsrohstoffe gibt es und wie wird aus ihnen Baugips hergestellt?
4) Erläutern Sie die drei Gipseigenschaften Feuerschutz, Volumenveränderung und Wasserlöslichkeit.
5) Wie unterscheiden sich die beiden Baugips-Hauptsorten und welche weiteren Gipssorten werden aus ihnen hergestellt?
6) Welche verschiedenen Arten von Platten aus Gips gibt es? Wie werden sie angewendet?
7) Was ist der Unterschied zwischen Baugips und Anhydritbinder?
8) Welche Anwendungsmöglichkeiten für Anhydritbinder gibt es?
9) Erläutern sie die verschiedenen Arten von Baukalk. Welche Unterschiede bestehen zwischen ihnen?
10) Erläutern und skizzieren Sie den sog. Kalkkreislauf.
11) Beschreiben Sie Arten und Eigenschaften von Puzzolanen und latent hydraulischen Stoffen.
12) Beschreiben Sie die Zementarten CEM I, II und III, ihre verschiedenen Zusammensetzungen, Eigenschaften und Anwendungsmöglichkeiten.
13) Beschreiben Sie die Herstellung von Portlandzement.
14) Aus welchen Klinkerphasen besteht PZ-Klinker und welche Eigenschaften haben sie?
15) Beschreiben Sie anhand einer Skizze den Erhärtungsvorgang von Portlandzement.
16) Welche Rolle spielt das bei der chemischen Reaktion von Portlandzement und Wasser entstehende $Ca(OH)_2$?
17) Womit hängt der unterschiedliche Festigkeitsverlauf der verschiedenen Festigkeitsklassen von Zement zusammen?

18) Erläutern Sie den Begriff „Saulscher Reifegrad" von Beton.
Rechnen Sie anhand der Formel für eine Erhärtungstemperatur von 15 °C den Festigkeitsverlust nach 28 Tagen gegenüber der Normaltemperatur von 20 °C aus. Welches wirksame Betonalter hat der Beton zu diesem Zeitpunkt?

19) Wie werden Mahlfeinheit, Erstarrungszeiten, Raumbeständigkeit und Festigkeit von Zement bestimmt?

20) Beschreiben Sie Arten und Anwendungsmöglichkeiten von Putz-und Mauerbinder (MC). Was bedeutet die Abkürzung MC?

5 Zuschläge / Gesteinskörnungen für Mörtel und Beton

Normen

DIN 4226-1	(2001-07)	Gesteinskörnungen für Beton und Mörtel; Teil 1: Normale und schwere Gesteinskörnungen
-2	(2002-02)	–; Teil 2: Leichte Gesteinskörnungen
-100	(2002-02)	–; Teil 100: Rezyklierte Gesteinskörnungen
DIN EN 13 055-1	(2002-08)	Leichte Gesteinskörnungen für Beton, Mörtel und Einpressmörtel

Zuschläge sind auch noch genormt in DIN 1053 (für Mauermörtel) und DIN 18 550 (für Putzmörtel). Außerdem in Vorschriften der Deutschen Bahn AG (z. B. ZTV Beton), in Technischen Vorschriften (TV) und Lieferbedingungen (TL) der Forschungsgesellschaft für das Straßenwesen und des Bundesverkehrsministers (z. B. ZTV Beton-StB 01, TL Min-StB 00, ZTVT-StB 95, TP Min-StB).

5.1 Allgemeines

Zuschläge/Gesteinskörnungen (Zuschlagstoffe) sind Gemenge von Körnern unterschiedlicher Korngröße, auch Fasern, vorwiegend mineralischer, aber auch organischer Natur, die mit Bindemitteln (Gips, Kalk, Zement) und Wasser vermischt zur Herstellung von Mörtel (Korngröße ≤ 4 mm) und Beton dienen, deren mineralisches Gerüst sie bilden und deren Raumbeständigkeit sie günstig beeinflussen, da sie im Gegensatz zu den Bindemitteln nicht nennenswert schwinden und quellen.

Man unterscheidet natürliche und künstlich hergestellte Zuschläge und bei beiden solche mit dichtem und porigem Gefüge (normale und leichte Gesteinskörnungen). Der Begriff „Zuschlag“ ist in der europäischen Normung durch „Gesteinskörnung“ (engl. aggregates) ersetzt, wird in Deutschland im allgemeinen Sprachgebrauch aber mit Sicherheit weiterhin und auch im Folgenden noch benutzt.

5.2 Natürliche Zuschläge / Gesteinskörnungen

a) Zuschläge mit dichtem Gefüge / normale Gesteinskörnungen

- Sedimentäre Lockergesteine: Kies, Sand, mehr oder weniger gerundet; Ablagerungen aus Flüssen sind arm an Feinstteilen (Mehlkorn), die aus Gruben lehmhaltig und weniger abgeschliffen (Gletscherablagerungen).
- Festgesteine: in Brechanlagen (Backen- Kegel-, Walzenbrecher oder Prallmühlen) künstlich gebrochenes festes Naturgestein, das nicht stark angewittert oder schiefrig oder tonig sein darf, wie z. B. Granit, Gabbro, Basalt, Diabas, Quarzit, dichter (fester) Kalkstein, Grauwacke. Normale Gesteinskörnungen haben Rohdichten zwischen 2 und 3 kg/dm^3, Kies und Sand 2,65 bis 2,96 kg/dm^3.

b) Zuschläge mit porigem Gefüge / leichte Gesteinskörnungen

Bims, z. B. Rheinischer Bims (enthält offene Kapillarporen, Schüttdichte 0,3 bis 0,5 kg/dm^3), z. B. aus dem Neuwieder Becken (s.a. Abschn. 18.5); Schaumlava; vulkanische

Lockergesteine (Tuffe) aus gasreichen Laven; Holzspäne und -wolle, Sägemehl. Leichte Gesteinskörnungen haben Rohdichten ≤ 2 kg/m^3 und Schüttdichten ≤ 1,2 kg/m^3.

5.3 Künstlich hergestellte Zuschläge / Gesteinskörnungen

a) Zuschläge mit dichtem Gefüge / normale Gesteinskörnungen

Langsam gekühlte Hochofenschlacke nach DIN 4301 (auch gebrochen, offenporig, aber keine Kapillarporen); Hüttensand (ist schnellgekühlte Hochofenschlacke), hell (schaumig, Schüttdichte etwa 0,9 bis 1,4 kg/dm^3), dunkel (körnig, Schüttdichte 0,9 bis 1,4 kg/dm^3); Metallhüttenschlacken (nur örtlich); Ziegelsplitt (Ziegeltrümmergut oder Ziegeleibruch, Gefüge dicht bis porös).

b) Zuschläge mit porigem Gefüge / leichte Gesteinskörnungen

Hüttenbims (schnell gekühlte und geschäumte Hochofenschlacke, gebrochen, geschlossenporig, Schüttdichte 0,2 bis 0,75 kg/dm^3); Kesselsand, Kesselasche (Schüttdichte 0,6 bis 1,0 kg/dm^3); Blähton, Blähschiefer (aus besonderen Tonen bei 1200 °C hergestellt, geringe Wasseraufnahme, da geschlossene Oberfläche, Schüttdichte 0,3 bis 1,0 kg/dm^3); Blähglas-Leichtsand (bis 2 mm Korngröße, aus Recyclingglas hergestellt, Rohdichte 0,19 bis 0,30 kg/dm^3).

5.4 Sonderzuschläge

- Synthetischer **Korund** Al_2O_3 (Elektrokorund) und **Siliciumkarbid** SiC (Carborundum): Mohs-Härte 9 bzw. 9 $^1/_2$, für verschleißfeste Schichten.
- **Perlite** (durch Erhitzen stark aufgeblähtes vulkanisches Glas, Schüttdichte 0,06 bis 0,2 kg/dm^3); **Vermiculite** (durch Erhitzen aufgeblähtes Glimmermineral mit typischer Blättchenstruktur, Schüttdichte 0,046 bis 0,058 kg/dm^3); geschäumtes **Polystyrol** (Styropor, geschlossenporige, nichtsaugende Kunststoffkügelchen, Schüttdichte ca. 0,012 kg/dm^3); **Schaumglas** (siehe Abschn. 15.8) sind extrem leichte Zuschläge für Wärmedämmung und Feuerschutz.
- **Schwere Gesteinskörnungen** für den Strahlenschutz, wie z. B. Schwerspat (Baryt, Rohdichte 4,1 bis 4,3 kg/dm^3), Eisenerze (Rohdichte 4,4 bis 5,0 kg/dm^3), Stahlgranulat (Korngröße bis 7 mm), Brauneisenstein, Serpentin, borhaltige Stoffe (z. B. Borcalcit, Borcarbid).
- **Schamotte** (gebrannter, feuerfester Ton mit hohem Schmelzpunkt, auch bei Temperaturen ≥ 1000 °C volumenbeständig) für feuerfesten Beton und Mörtel. Quarzsand und -kies sind ungeeignet, da bei höheren Temperaturen Kristallumwandlungen und starke Volumenvergrößerung.
- **Asbest** (heute verboten; s. a. Abschn. 3.3.11 g); **Stahlfasern** (∅ 0,25 bis 1 mm, Länge 20 bis 60 mm); **Glasfasern** (s. a. Abschn. 15.7); **Kunststofffasern** (aus Polyacrylnitrit, Polyvinylalkohol, Aramid, ∅ 20 bis 50 µm, Länge 5 bis 40 mm) für Faserzement und Faserbeton.
- **Farbige Zuschläge** in den verschiedensten Farben (Nachweis von Lieferfirmen siehe Abschn. 18.3.1 und 18.5).
- **Rezyklierte Gesteinskörnungen**, bei Abbrucharbeiten oder beim Straßenaufbruch anfallend, mit härteren (Beton, Naturstein, Ziegel, Keramik) und/oder weniger harten (Mörtel, Blähton, Leichtbeton, Asphaltbeton) Bestandteilen. Anforderungen werden in DIN

4224-100 beschrieben. Die Inhaltsstoffe rezyklierter Gesteinskörnungen müssen 2-mal jährlich chemisch untersucht werden.

5.5 Anforderungen an Zuschläge für Beton

Zuschläge sollen eine ausreichende Druckfestigkeit besitzen (bei dichtem Gestein ≥ 100 N/mm², bei Oberbeton im Straßenbau ≥ 150 N/mm²) und witterungsbeständig, insbesondere frostbeständig sein. Sie dürfen keine schädlichen Bestandteile enthalten, die das Erstarren des Betons stören und seine Festigkeit und Dichtheit herabsetzen, zu Absprengungen und Verfärbungen führen oder den Korrosionsschutz der Bewehrung beeinträchtigen. Sie sollen eine günstige Kornzusammensetzung (siehe Abschn. 5.6.2) und eine günstige Kornform haben. Natürliche dichte Zuschläge, insbesondere auch die üblichen Kiese und Sande, haben i. d. R. eine ausreichende Festigkeit und sind witterungs- und frostbeständig.

a) **Schädliche Bestandteile** sind u. a.

- **abschlämmbare Bestandteile** ≤ 0,063 mm Korngröße wie Ton und Lehm und sehr feiner Gesteinsstaub, die den festen Verbund zwischen dem Bindemittel und dem Zuschlag stören. Ihr zulässiger Anteil wird durch Indexzahlen angegeben (s. u.).

Der Anteil an abschlämmbaren Bestandteilen kann überschläglich mit dem **Absetz-Versuch** abgeschätzt werden. Dazu werden 500 g lufttrockener bis mäßig feuchter *dichter* Zuschlag oder 250 g trockener *poriger* Zuschlag (Körner über 4 mm absieben) in einen 1000-cm³-Messzylinder gegeben und dreimal im Abstand von je 20 Minuten kräftig geschüttelt. Nachdem die überstehende Flüssigkeit klar geworden ist (entweder nach 1 oder nach 24 Stunden), wird die Dicke J der abgesetzten Schlämmeschicht in cm³ abgelesen und in Masse-% umgerechnet (siehe Abb. 5.1). Zur Berechnung des Anteils A an trockenen Bestandteilen wird angenommen, dass sich in 1 cm³ Schlämmeschicht nach 1 h 0,6 g/cm³ und nach 24 h 0,9 g/cm³ Trockenmasse befinden. Die Berechnungsformel lautet dann: $A = J \cdot 0{,}6$ (bzw. 0,9) · 100/Einwaage in Masse-%.
Auf diese Weise kommen die Faktoren 0,12/0,18 bzw. 0,24/0,36 in Abb. 5.1 zustande.

Ein genaueres Verfahren zur Bestimmung der abschlämmbaren Bestandteile ist der **Auswaschversuch**, der für die Beurteilung maßgebend ist. Dabei wird eine bestimmte Probemenge so lange durch ein 0,063-mm-Sieb ausgewaschen, bis die durchtretende Flüssigkeit klar ist. Der Rückstand wird getrocknet und gewogen und der Durchgang berechnet. Nach diesem werden für die einzelnen Korngruppen (siehe Abschn. 5.6.1c) Kategorien festgelegt, z. B. für feine Gesteinskörnungen (Sand) f_4, für grobe Korngruppen $f_{1,0}$. Die Indexzahlen 4 und 1,0 bedeuten den maximal zulässigen Durchgang. f_{NR} bedeutet keine Anforderung (no requirement).

- **organische Stoffe**, insbesondere in fein verteilter Form, können durch Bildung von Huminsäure das Erhärten des Zementes stören. Prüfung mit 3%iger Natronlauge: Zuschlagprobe (Körner über 8 mm absieben) wird in eine kleine, etwa 300 cm³ fassende und verschließbare Glasflasche bis zur 130-cm³-Marke eingefüllt, bis zur 200-cm³-Marke mit 3%iger Natronlauge übergossen und kräftig durchgeschüttelt. Verfärbt sich nach 24 Stunden die Natronlauge von farblos bis hellgelb: Zuschlag unbedenklich; tiefgelb, bräunlich, rötlich: Vorsicht! Zuschlag bedenklich, besondere Eignungsprüfung erforderlich.

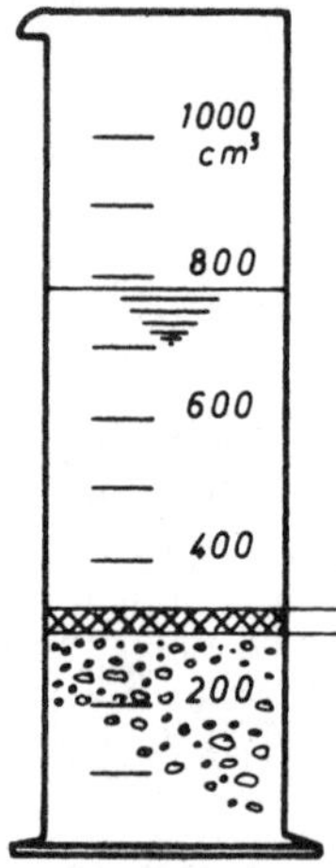

Abb. 5.1 Absetzversuch

Berechnung der abschlämmbaren Bestandteile:
bei dichtem Gefüge (Einwaage 500 g):
1 Stunde Absetzzeit: 0,12 · J Gew.-%
24 Stunden Absetzzeit: 0,18 · J Gew.-%

bei porigem Gefüge (Einwaage 250 g):
1 Stunde Absetzzeit: 0,24 · J Gew.-%
24 Stunden Absetzzeit: 0,36 · J Gew.-%

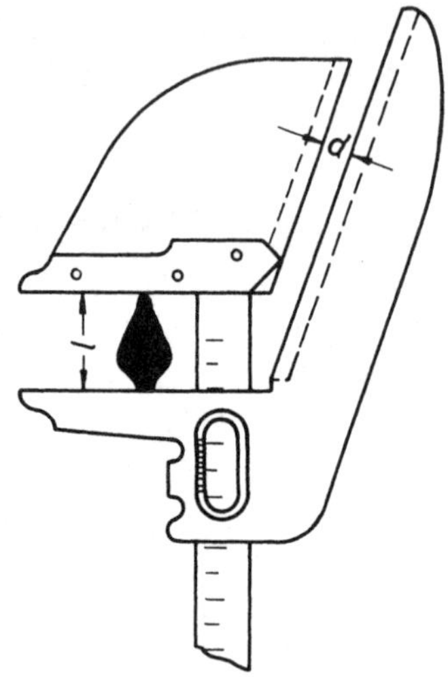

Abb. 5.2 Kornform-Messschieber nach DIN 52 114
Der schräge Messschlitz stellt sich stets auf $d = l/3$ ein. Geht das mit l gemessene Korn durch d hindurch, ist es „ungünstig" geformt.

– **schädliche Salze**, hier insbesondere Chloride (Tausalze), die die Stahlkorrosion fördern. Ihr Anteil ist bei Beton auf 0,04 Masse-%, bei Spannbeton auf 0,02 Masse-% begrenzt. Des Weiteren Sulfate und Sulfide, die zum Sulfattreiben führen können (siehe Abschn. 4.7.2). Ihr Anteil ist auf 1 Masse-% begrenzt.

b) **Alkalilösliche Kieselsäure** SiO_2 in feinkristalliner oder amorpher Form kann bei Feuchtigkeitseinfluss von außen mit den im Beton vorwiegend aus dem Zement stammenden Alkalien K und Na reagieren und wegen der damit verbundenen Volumenausdehnung (Alkalitreiben) im Beton zu Ausblühungen, Abplatzungen oder Rissen führen. Alkaliempfindliche Zuschläge finden sich in manchen Gegenden Norddeutschlands und der Lausitz (Opalsandstein, Kieselkreide und poröser Flint) und im Oberrheingebiet um Basel und Karlsruhe (präkambrische Grauwacke). Die Zuschläge werden in 3 Alkaliempfindlichkeitsklassen E I (unbedenklich), E II (bedingt brauchbar) und E III (bedenklich) eingeteilt. Vorbeugende Maßnahmen sind die Verwendung von NA-Zementen (siehe Abschn. 4.7.3) oder Austausch der Zuschläge.

c) Die **Kornform** von groben Gesteinskörnungen soll möglichst gedrungen (kugelig, würfelig) sein. Ein Korn gilt als ungünstig geformt, wenn das Verhältnis Länge zu Dicke (nicht Breite) größer als 3 : 1 ist (Prüfung mit dem Kornform-Messschieber; siehe Abb. 5.2). Ihr Anteil soll bei Kieskörnern über 8 mm Korngröße sowie bei Splitt über 5 mm ≤ 50 Masse-%, bei Edelsplitt ≤ 20 Masse-% sein. Für die Kornform werden die Kornformkennzahlen SI_{15} bis SI_{55} (Shape Index) festgelegt.

Für die Plattigkeit von Zuschlagkörnern (Verhältnis von Dicke zu Breite ≤ 0,5) gibt es die Plattigkeitskennzahlen FI_{15} bis FI_{50} (Flakiness Index). Für ihre Bestimmung dient ein

Stabsieb mit Schlitzweiten zwischen den Stäben von *D*/2 (*D* = Größtkorn∅ in mm). Die Indexzahlen bedeuten den maximal zulässigen Anteil in % an ungünstig geformten Körnern. Index NR: keine Anforderung.

d) Frost- und Frost-Tausalz-Widerstand

Sand und Kies haben i. d. R. einen ausreichenden **Frostwiderstand**, ebenfalls gebrochenes natürliches Gestein, wenn seine Wasseraufnahme ≤ 0,5 Masse-% oder die Festigkeit im durchfeuchteten Zustand ≥ 150 N/mm^2 beträgt. Zur Prüfung werden Gesteinsproben in mit Wasser gefüllten Dosen geschüttet und einem 10-maligen Frost-Tau-Wechsel zwischen +20 °C und –17,5 °C unterworfen. Nach Trocknung wird der Durchgang in % durch ein Sieb mit der Lochweite *D*/2 (*D* = Größtkorn∅) bestimmt. Die Frostbeständigkeitskategorien lauten F_1, F_2, F_4 und F_{NR}, die Indexzahlen bedeuten den maximal zulässigen Durchgang in % (NR: keine Anforderung).

Die Prüfung des **Frost-Tausalz-Widerstands** kann wie beim Frostwiderstand erfolgen, allerdings mit 1 %iger NaCl-Lösung in den Dosen. Weitere Verfahren: Tränkung der Körner mit $MgSO_4$-Lösung, die in den getrockneten Körnern einen Kristallisationsdruck erzeugt, oder Beaufschlagung von Betonproben mit 3 %iger NaCl-Lösung, die zu Abwitterungen führt. Die Kategorien lauten dann z. B. MS_{18}, wobei der Index den Prozentanteil der zerstörten Körner angibt.

e) Betonhersteller können sich bis 31.12.2004 noch auf die DIN 1045 (1988) und damit auf die **DIN 4226 (1983)** beziehen. Dort gibt es für die Eigenschaften der Zuschläge neben den üblichen Regelanforderungen auch verminderte (v) und erhöhte (e) Anforderungen. Dabei werden folgende Kennzeichnungen verwendet: K, vK, eK (Kornform); D, vD (Druckfestigkeit); F, vF, eF, eFT (Frost- bzw. Frost-Tausalz-Widerstand); A, vA (abschlämmbare Bestandteile); O, vO (fein verteilte organische Bestandteile); Q, eQ (quellfähige Bestandteile); S, vS (Schwefelverbindungen); Cl, vCl, eCl (Chloride); s. a. [2].

5.6 Kornzusammensetzung

5.6.1 Bezeichnungen des Zuschlags, Anforderungen an Korngruppen

(s.a. Tafeln 5.1 und 5.2)

a) Die Korngrößenbegrenzung eines Zuschlaggemisches wird durch Prüfsiebe nach DIN ISO 3310 (bis 2 mm Maschensiebe, ab 4 mm Quadratlochsiebe) festgelegt. Öffnungsweiten des Grundsiebsatzes in mm: 1 – 2 – 4 – 8 – 16 – 31,5 (32) – 63; Ergänzungssiebsatz: 5,6 (5) – 11,2 (11) – 22,4 (22) – 45; im Feinbereich auch die Siebe 0,063 – 0,125 – 0,25 – 0,5. Als **Korn*gruppe*** oder **Lieferkörnung** wird Zuschlag mit Korngrößen zwischen 2 *beliebigen* Sieben einschließlich Unterkorn und Überkorn bezeichnet, als **Korn*klasse*** Zuschlag zwischen 2 *benachbarten* Sieben. **Unterkorn**: Anteil der Körner, die durch das untere Sieb (Siebgröße *d*) einer Korngruppe fällt. **Überkorn**: Anteil, der auf dem oberen Sieb (Siebgröße *D*) liegen bleibt.

b) Bei **groben Gesteinskörnungen** unterscheidet man enggestufte Korngruppen (z. B. *D*/*d* = 2/4, 2/8, 4/8, 8/16 und 16/32; Unterkornanteil ≤ 20 %, Überkornanteil = 15 %) und weitgestufte Korngruppen (z. B. *D*/*d* = 2/16, 4/16, 4/32, 8/32, 0/8, 0/16, und 0/32; Unterkornanteil ≤ 15 %, Überkornanteil ≤ 10 %; Durchgang durch das mittlere Sieb 25 bis 70 %).

c) **Feine Gesteinskörnungen** (Sand 0/1, 0/2, 0/4. s.a. Tafel 5.2) teilt man in grob-, mittel- und feinkörnig ein. Der Siebdurchgang durch das 0,5-mm-Sieb beträgt bei diesen 5 bis 45 %

(grob; C) bzw. 30 bis 70 % (mittel; M) bzw. 55 bis 100 % (fein; F), der Überkornanteil in allen drei Fällen = 15 %. Der Durchgang durch das Sieb 0,063 mm beträgt ≤ 4 %. Füller (Gesteinsmehl) ist eine Gesteinskörnung ≤ 2 mm mit einem Kornanteil von 70 bis 100 % ≤ 0,063 mm und mindestens 85 % ≤ 0,125 mm. Nach dem Feinanteil ≤ 0,063 werden die Gesteinskörnungen in Kategorien $f_{1,0}$, $f_{1,5}$, f_4 usw. bis f_{22} eingeteilt. Die Indexzahlen bedeuten den maximal zulässigen Masseanteil in % (f_{NR}: keine Anforderung).

d) Die **Kategorien** G_D der Gesteinskörnungen *d/D* geben den Mindestdurchgang durch das obere Sieb D an. Bei einem Unterkornanteil von ≤ 20 % und einem Überkornanteil von 15 % spricht man z. B. von der Kategorie G_{D85}. Es kann zusätzlich auch die Kategorie für den Feinanteil ≤ 0,063 mit angegeben werden, z. B. $G_{D85;\ f4}$ für einen Feinanteil ≤ 4 Masse-%. Weitere Siebdurchgangswerte der einzelnen Korngruppen bei Zwischensieben sind den entsprechenden Tabellen der DIN 4226 zu entnehmen (siehe dort), für Sand siehe Tafel 5.2.

e) **Weitere Bezeichnungen**: Kiessand oder Splitt-Sand ist ein Gemisch aus Sand und Kies bzw. Splitt (s. a. Tafel 5.1). Edelbrechsand und Edelsplitt (Straßenbau) genügen höheren Anforderungen z. B. an Unter- und Überkorn, Kornform und Frostbeständigkeit. Das Größtkorn *D* eines Zuschlaggemisches darf 1/3 der kleinsten Bauteilabmessung nicht überschreiten und soll bei eng liegender Bewehrung überwiegend kleiner sein als die Stabzwischenräume.

Tafel 5.1 Bezeichnung des Zuschlags nach der Korngröße (DIN 4226-1)

Zuschlag mit		Zusätzliche Bezeichnung für	
Kleinstkorn in mm	Größtkorn in mm	ungebrochenen Zuschlag	gebrochenen Zuschlag
–	0,25[1)]	Feinst- Sand	Feinst- Brechsand
–	1	Fein- Sand	Fein- Brechsand
1	4	Grob- Sand	Grob- Brechsand
4	32	Kies	Splitt
32	63	Grobkies	Schotter

[1)] Körner ≤ 0,063 werden als Feinanteil bezeichnet.

Tafel 5.2 Kornzusammensetzung für Sand nach DIN 4226-1 (2001-07) [2]

Zeile	Korn-gruppe	Grenzwerte (absolut) und Grenzabweichungen[a)] als Massenanteil in Prozent für den Siebdurchgang durch die Prüfsiebe								
		0,063	0,250	1	1,4	2	2,8	4	5,6	8
1	0/1	4		85 bis 99	95 bis 100	100				
			± 25	± 5						
2	0/2	4				85 bis 99	95 bis 100	100		
			± 25	± 20		± 5				
3	0/4	4						85 bis 99	95 bis 100	100
			± 20	± 20			± 5			

[a)] Die Grenzabweichungen gelten für die vom Lieferanten angegebene typische Kornzusammensetzung; die Grenzwerte (absolut) sind einzuhalten (siehe Tafel 5.4).
Für alle 3 Korngruppen gelten die Kategorien G_{D85} (mind. Siebdurchgang bei *D*) und f_4 (Feinanteile ≤ 0,063 mm).

5.6.2 Korngrößenverteilung, Sieblinien

(s.a. Abb. 5.4a-d)

Die Korngrößenverteilung (Sieblinie) im Zuschlaggemenge ist von großer Bedeutung für Mörtel und Beton. Man mischt die Korngrößen so, dass die großen Hohlräume durch kleine Körner weitgehend ausgefüllt werden (siehe Abb. 5.3). Eine günstige Kornverteilung hat ein Minimum von Zement und Wasser (Zementleim) zur Folge, das für die Verarbeitbarkeit und die Güte (Dichtheit und Festigkeit) erforderlich ist.

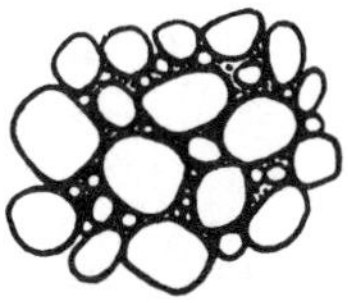

Abb. 5.3 Zuschlag mit gemischter Körnung ergibt ein dichtes Gefüge

a) In der DIN 1045-2 werden bestimmte **Grenzsieblinien A, B, C** angegeben. Die dadurch begrenzten Korngemische haben folgende Eigenschaften: geringer Hohlraum (dicht), kleine Kornoberfläche , gut verarbeitbarer und verdichtbarer Beton. Bereich A-B: günstig, soll möglichst eingehalten werden. Bereich B-C: brauchbar. Unterhalb A: zu viel Grobkorn, Beton schwer verarbeitbar und verdichtbar. Oberhalb C: zu sandreich, große Kornoberfläche, benötigt viel Zementleim, daher technologisch (Schwinden) und wirtschaftlich (teuer) ungünstig.

b) Die Sieblinie U grenzt den Bereich für **Ausfallkörnungen**, denen bestimmte mittlere Korngruppen fehlen, nach unten ab. Ausfallkörnungen werden angewendet, wenn bestimmte Korngruppen schwer beschafft werden können. Sie werden aber auch gezielt eingesetzt, weil sie gegenüber den stetigen Sieblinien zwischen A und C gewisse Vorteile haben (leichtere Verdichtung, Luft entweicht schneller, Entmischungsneigung und Bluten geringer, gröbere Körner werden gut mit Zementmörtel umhüllt, geringerer Platzbedarf für Zuschläge im Betonwerk). Ausfallkörnungen müssen aus mindestens 2 Lieferkörnungen (mind. eine unter 2 mm) zusammengesetzt werden und erfordern stets Eignungsprüfungen.

c) Für kugelige Körner hat der Amerikaner *Fuller* für ein trockenes Betongemisch aus Zuschlag und Zement eine ideale Sieblinie, die sog. ***Fuller*-Parabel**, nach der folgenden Gleichung berechnet:

$$A = 100 \cdot \sqrt{\frac{d}{D}} \quad \text{bzw.} \; A = 100 \cdot \left(\frac{d}{D}\right)^{0,5}$$

Hierin bedeuten: A Anteil in Vol.-% der Körner bis zu einem Korndurchmesser d in mm
D Größtkorndurchmesser des Gemisches in mm

Die sich daraus ergebende Linie liegt etwa in der Mitte zwischen den Sieblinien A und B. Für natürliche Kiessande ist der Exponent etwa 0,4 und für gebrochenes Korn etwa 0,3.

d) Mit Zuschlag aus gebrochenem Naturstein wird **Splittbeton** hergestellt. Die dafür günstigen Kornzusammensetzungen liegen im Sandbereich nahe an der Sieblinie B, im Splittbereich nahe A. Auch Ausfallkörnungen ohne die Körnung 2/5 sind für Splittbeton günstig. Korngemische für Pump- und Sichtbeton und für wasserundurchlässigen Beton sollen eine ausreichende Menge Feinstsand unter 0,25 mm und einen ausreichenden Sandanteil 0/2 enthalten (bei 0/32 etwa 33 bis 35 %).

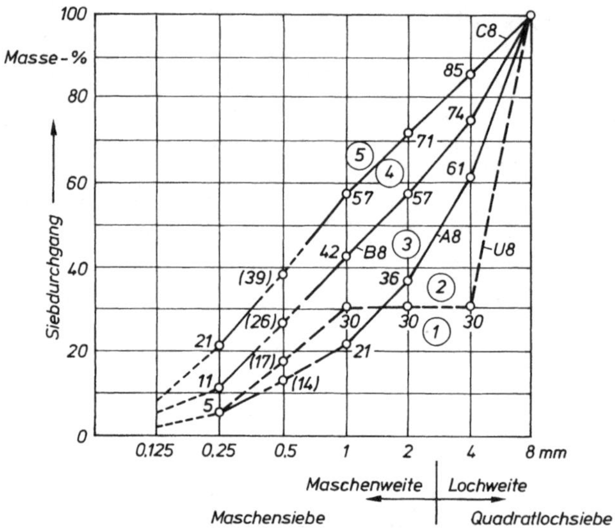

a) Sieblinien mit einem Größtkorn von 8 mm

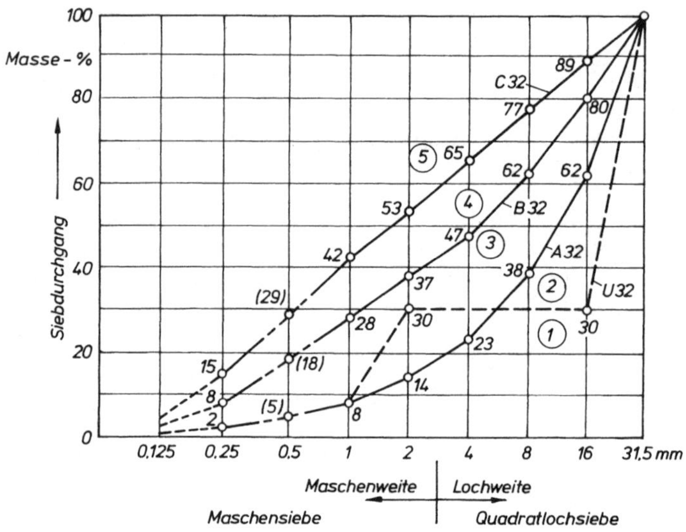

b) Sieblinien mit einem Größtkorn von 32 mm

Abb. 5.4 Sieblinien von Betonzuschlag nach DIN 1045 (Fortsetzung s. S. 155)

Die Sieblienen U 16, U 32, U 63 gelten für Ausfallkörnungen.
Bei wesentlich unterschiedlichen Kornrohdichten der verschiedenen Anteile ist der Siebdurchgang in Stoffraum-Vol.-% zu berechnen (siehe Abschnitt 5.6.3).

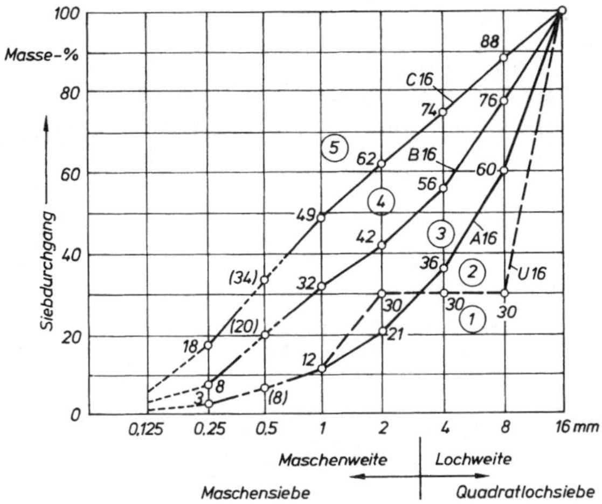

c) Sieblinien mit einem Größtkorn von 16 mm

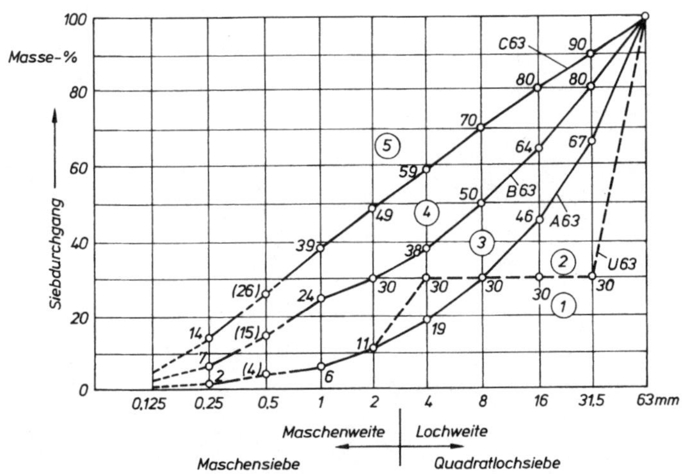

d) Sieblinien mit einem Größtkorn von 63 mm

(1) zu grob (unterhalb A bzw. unterhalb U)

(2) günstig für Ausfallkörnung (zwischen A und U)

(3) günstig (zwischen A und B)

(4) brauchbar (zwischen B und C)

(5) zu fein (oberhalb C)

5.6.3 Siebversuch

a) Zur Bestimmung der Korngrößenverteilung muss aus dem Vorrat einer Lieferkörnung eine ausreichend große Durchschnittsprobe entnommen werden. Für jede Siebung ist daraus eine vom Größtkorn∅ abhängige Mindestprüfmenge zu entnehmen und zu trocknen.

   Größtkorn∅ in mm / Mindestprüfgutmenge in kg: 63/40; 32/10; 16/2,6; 8/0,6; ≤ 4/0,2. Die Siebe des verwendeten Siebsatzes (siehe Abschn. 5.6.1 a) werden übereinander gesetzt, das größte nach oben. Die Rückstände auf den einzelnen Sieben werden nacheinander in eine gemeinsame Schüssel gegeben und jeweils gewogen. Die Werte werden in eine Tabelle eingetragen und der Durchgang durch die einzelnen Siebe berechnet (siehe Tafel 5.3). Die Differenz zwischen Einwaage und Auswaage darf nicht größer als 1 % sein.

b) Liegen die Kornrohdichten der Gesteinsproben außerhalb des Bereiches von 2,0 bis 3,0, sind die gewogenen Massen u. U. entsprechend dem Dichteverhältnis zu korrigieren. Dies ist in Tafel 5.3 in Zeile 9 bis 17 für ein Dichteverhältnis von 2,65 zu 3,30 als Rechenbeispiel durchgeführt worden. Man sieht allerdings, dass die Werte in den Zeilen 8 und 17 fast gleich groß sind. Die Werte der Zeile 8 können nun in das Sieblinien-Diagramm der Abb. 5.4 b eingetragen werden. Es zeigt sich, dass das untersuchte Korngemisch im günstigen Bereich liegt.

Tafel 5.3 Auswertung eines Siebversuches
Zeile 1–8: Einwaage von 15 000 g Kiessand mit $\varrho_k = 2{,}65$ g/cm³
Zeile 9–17: Einwaage von 6 000 g Sand mit $\varrho_k = 2{,}65$ g/cm³ und 9 000 g Basaltsplitt mit $\varrho_k = 3{,}00$ g/cm³

	Versuch	Auswaage g	Rückstand in g auf dem Sieb									Einwaage g
			0,25	0,5	1	2	4	8	16	31,5	63	
1	1	4995	4850	4500	4135	3695	3005	2170	945	115	0	5000
2	2	4981	4895	4505	4114	3725	2998	2165	910	85	0	5000
3	3	4992	4842	4482	4143	3641	3028	2175	954	106	0	5000
4	Summe	14 958	14 587	13 487	12 392	11 051	9031	6500	2089	306	0	15 000
5	Rückstand 100 %		97,5	90	83	74	60	43	19	2	0	$k = 4{,}68$
6	Durchgang %		2,5	10	17	26	40	57	81	98	100	$D_{63} = 432$
7	Korngruppe	0/0,25	0,25/0,5	0,5/1	1/2	2/4	4/8	8/16	16/32	32/63		
8	Anteil %	2,5	7,5	7	9	14	17	24	17	2		$F = 165$
9	Rohdichte	2,65 g/cm³ (6000 g)					3,30 g/cm³ (9000 g)					
10	Rückstand g [1)]	371	1100	1095	1341	2020	2531	3691	2503	306		
11	Rückstand cm³ [1)]	140	415	413	506	762	844	1230	834	102		
12	Sieb		0,25	0,5	1	2	4	8	16	32	63	
13	Rückstand cm³ [2)]	5246	5106	4691	4278	3772	3010	2166	936	102	–	
14	Rückstand %	100	97,3	89	82	72	57	41	18	2	–	
15	Durchgang %		2,7	11	18	28	43	59	82	98	100	
16	Korngruppe	0/0,25	0,25/0,5	0,5/1	1/2	2/4	4/8	8/16	16/32	32/63		
17	Anteil %	2,7	8,3	7	10	15	16	23	16	2		

1) Rückstände der in Zeile 7 aufgeführten Korngruppen (Messwerte). 2) Rückstände ergeben sich durch Summation der Werte in Zeile 11 von rechts nach links.

5.6.4 Sieblinienkennwerte

Sieblinienkennwerte (siehe Tafel 5.4) dienen zur technologischen Beurteilung von Korngemischen und zum Abschätzen des Wasseranspruchs (siehe Tafel 7.15 in Abschn. 7.6.2) eines Betons. Berechnet werden die Kennwerte mit Hilfe der Kornverteilung über die Prüfsiebe 0,25 mm bis 32 mm.

a) Die **Körnungsziffer *k*** ergibt sich als Summe der Sieb*rückstände* in %, dividiert durch 100. Die Körnungsziffer kennzeichnet die Fläche *oberhalb* der Sieblinie, d. h., je größer das Größtkorn und je sandärmer das Gemisch ist, umso größer ist k.

b) Die ***D*-Summe** ist die Summe aller Sieb*durchgänge* in %. Grobe, d. h. sandärmere Korngemische haben eine kleinere D-Summe. Zwischen der Körnungsziffer k und der D-Summe besteht folgende Beziehung:

$$k = \frac{(\text{Anzahl der Siebe}) \cdot 100 - D}{100}$$

c) Die **Feinheitsziffer (*F*-Wert)** nach *Hummel* kennzeichnet ähnlich der Körnungsziffer k die Fläche *oberhalb* der Sieblinie, und zwar in cm^2. Dazu wird die Sieblinie in einem Koordinatensystem mit bestimmten Maßstäben eingetragen: auf der x-Achse (logarithmische Teilung) ist der Abstand 0,1 bis 1 bzw. 1 bis 10 und 10 bis 100 jeweils 10 cm, auf der y-Achse 100 % ebenfalls 10 cm. Der F-Wert in cm^2 ließe sich in einem solchen Diagramm durch Ausplanimetrieren der Fläche *oberhalb* der Sieblinie bestimmen. Er lässt sich auf einfache Art und Weise mit hinreichender Genauigkeit aus der Körnungsziffer k berechnen:

$$F = 30{,}1 \cdot k + 24{,}3\ \text{cm}^2$$

Der F-Wert geht auf den Feinheitsmodul von *Abrams* (Chicago) zurück, der bereits vor 1930 feststellte, dass Betone mit Zuschlag mit gleichem Feinheitsmodul bei gleicher Frischbetonkonsistenz gleiche Festigkeiten besitzen.

d) Der in der Betontechnologie gebräuchlichste Sieblinienkennwert ist die Körnungsziffer k. Berechnung von k für die Sieblinie B 32:

$$\begin{aligned} 100 \cdot k &= (100-100)+(100-80)+(100-62)+(100-47)+(100-37) \\ &\quad +(100-28)+(100-18)+(100-8) \\ &= 0+20+38+53+63+72+82+92 \\ &= 420 \\ k &= 4{,}20 \end{aligned}$$

oder einfacher

$$\begin{aligned} 100 \cdot k = 800 - D_{32} &= 800-(100+80+62+47+37+28+18+8) \\ &= 800-380 \\ &= 420 \\ k &= 4{,}20 \end{aligned}$$

e) Die **spezifische Oberfläche O_s** ist die auf das Volumen bezogene Oberfläche. Bei kugeliger Form ergibt sich

$$O_s = O : V = (\pi\, d^2) : (\pi\, d^3/6) = 6/d.$$

Bei einer mittleren Rohdichte des Zuschlags von 2600 kg/m^3 ergibt sich: $O_s = 2{,}308/d$ in m^2/kg, wenn d in mm eingesetzt wird. Die spezifische Oberfläche spielt betontechnologisch eine wichtige Rolle, da im Mörtel und Beton die Oberfläche mit Bindemittelleim umhüllt werden muss. 1 kg 30-mm-Kugeln hat ein O_s von 0,077 m^2, 1 kg 0,1-mm-Kugeln

23 m², also 300-mal so viel. Bei anderen Kornformen als der Kugelform vergrößern sich diese Werte bis auf das 2- bis 3fache. Bei der Sieblinie B 32 bildet die Körnung 0/0,25 etwa 2/3 der Gesamtoberfläche, der Rest 0,25/32 nur 1/3.

f) Die **Wasseranspruchzahlen** geben an, wie viel Wasser ein bestimmtes Korngemisch (hohlraumfrei!) benötigt, um eine bestimmte Betonkonsistenz zu erreichen (in Tafel 5.4 die Konsistenz F2, siehe Tafel 7.9). Der Wasseranspruch des Zements beträgt 0,80 bis 0,85 dm³ je dm³ Zement (hohlraumfrei; Dichte etwa 3,1) und ist in Tafel 5.4 nicht berücksichtigt.

Tafel 5.4 Kennwerte[1)] der Sieblinien nach DIN 1045-2 [2]

Regelsieblinie	Körnungsziffer *k*	D_{63}-Wert	*F*-Wert	Spezifische Oberfläche m²/kg	Wasseranspruchszahlen[2)] in dm³/100 dm³
A 8	3,64	536	134	2,24	10,96
B 8	2,89	611	111	3,94	14,46
C 8	2,27	673	92	5,93	18,60
U 8	3,87	513	141	2,36	11,05
A 16	4,61	439	163	1,38	8,90
B 16	3,66	534	134	2,97	12,28
C 16	2,75	625	107	5,14	16,89
U 16	4,88	412	171	1,37	8,72
A 32	5,48	352	189	0,95	7,54
B 32	4,20	480	151	2,73	11,53
C 32	3,30	570	123	4,38	15,13
U 32	5,65	335	194	1,05	7,53
A 63	6,15	285	209	0,80	7,09
B 63	4,91	409	172	2,35	10,53
C 63	3,72	528	136	4,07	14,37
U 63	6,57	243	222	0,81	7,04

1) Bei der Berechnung der Körnungsziffer *k* des *D*-Wertes sind die Klammerwerte in Abb. 5.4 beim 0,5-mm-Sieb und die Durchgangswerte stets bis zum 63-mm-Sieb berücksichtigt worden.
2) Die Wasseranspruchszahlen sind wegen der *Stoffraum*rechnung in dm³ je dm³ *hohlraumfreier* Gesteinskörnung angegeben.

5.6.5 Rechnerisches Zusammensetzen von Zuschlaggemischen aus einzelnen Korngruppen

Zuschläge werden von den Kieswerken getrennt nach einzelnen Korngruppen geliefert, i. d. R. in den Korngruppen 0/2, 2/8, 8/16 oder 0/4, 4/8, 8/16 und 16/32. Mit Hilfe der Körnungsziffern kann man mit einem einfachen Berechnungsverfahren, dem Mischkreuz-Verfahren, aus mehreren Korngruppen eine gewünschte Gesamtsieblinie zusammensetzen. Beim Mischkreuz-Verfahren erhält man eine Gesamtsieblinie, die mehr oder weniger nahe an der gewünschten Sieblinie liegt. Stets sind die beiden Körnungsziffern etwa gleich.

Das Mischkreuzverfahren kann mit den Sieblinienkennzahlen durchgeführt werden, im folgenden Beispiel mit den Körnungsziffern der verwendeten Korngruppen. Es beruht auf dem folgenden Gleichungssystem:

$g_1 + g_2 = 100$ Daraus folgt: $g_2 = [(k_m - k_1) : (k_2 - k_1)]\ 100$

$g_1\,k_1 + g_2\,k_2 = k_m$ $g_1 = [(k_2 - k_m) : (k_2 - k_1)]\ 100$

Kontrolle: $g_1 + g_2 = 100$

Hierin sind: k_1, k_2 die Körnungsziffern und g_1, g_2 die gesuchten Anteile der gegebenen Korngruppen in %, k_m die Körnungsziffer der gewünschten Sieblinie.

Tafel 5.5 Sieblinien der gegebenen Korngruppen zu Beispiel 5.6.5 a [2]

Korngruppe	Durchgang in Masse-% durch die Siebe						Körnungsziffer k
	0,25	0,5	1	2	4	8	
0/2	13	45	71	96	100	100	1,75
2/8	0	0	0	3	39	98	4,60
0/8 (B 8)	11	27	42	57	74	100	2,89

a) **Zusammensetzen aus 2 Korngruppen**
Gegeben seien die Korngruppen 0/2, 2/8 und 0/8 (siehe Tafel 5.5). Die Sieblinien der Körnungen 0/2 und 2/8 sind durch Siebversuche bestimmt worden, die gewünschte Sieblinie der Körnung 0/8 entspricht der Sieblinie B 8 in Abb. 5.4 (z. B. für einen Estrich).

Mischkreuz-Verfahren

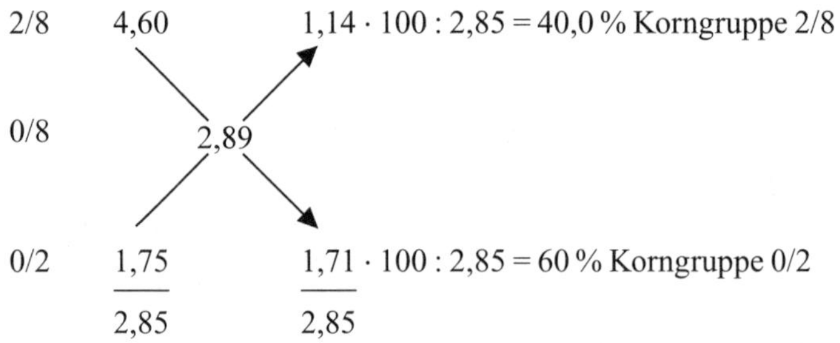

Erläuterung der Rechnung mit den Körnungsziffern im Mischkreuz:
1. Spalte: 4,60 – 1,75 = 2,85; 2. Spalte: 1,14 + 1,71 = 2,85; beide Werte müssen stets gleich sein (Kontrolle!).
Kreuz: 1,71 = 4,60 – 2,89; 1,14 = 2,89 – 1,75.

Tafel 5.6 Tabellarische Berechnung der Gesamtsieblinie 0/8 zu Beispiel 5.6.5 a

Korngruppe	Anteil %	Durchgang in Masse-% durch die Siebe						Körnungsziffer k
		0,25	0,5	1	2	4	8	
0/2	60	7,8	27,0	42,6	57,6	60,0	60,0	
2/8	40				1,2	15,6	39,2	
0/8	100	7,8	27,0	42,6	58,8	75,6	99,2	2,89

Erläuterung zur Berechnung in Tafel 5.6:
Zeile 1 und 2: Die Durchgänge ergeben sich durch Multplikation der Durchgänge in Tafel 5.5 mit den im Mischkreuz ermittelten Prozentzahlen.
Zeile 3: Die Durchgänge ergeben sich durch Addition der Zeilen 1 und 2.

Die berechnete Sieblinie „schlängelt" sich um die gewünschte Sieblinie herum. Die Körnungsziffern der gewünschten und der errechneten Sieblinie 0/8 sind bei der Rechnung nach dem Mischkreuz-Verfahren stets gleich oder etwa gleich.

b) **Zusammensetzen aus 3 Korngruppen**
Gegeben sind die drei Korngruppen 0/2, 2/8 und 8/16. Gewünscht ist die Sieblinie B 16 (siehe Tafel 5.7).

Tafel 5.7 Sieblinien der Korngruppen zu Beispiel 5.6.5 b [2]

Korngruppe	Durchgang in Masse-% durch die Siebe							Körnungsziffer *k*
	0,25	0,5	1	2	4	8	16	
0/2	12	37	64	93	100	100	100	1,94
2/8			1	3	43	90	100	4,63
8/16				1	4	10	92	5,93
0/16 (B 16)	8	20	32	42	56	76	100	3,66
0/8 (Hilfskorngruppe[1)])	11	26	42	55	74	100	100	2,92

[1)] Die Sieblinie der Hilfskorngruppe ergibt sich aus der SL B 16, indem deren Durchgang 76 beim 8-mm-Sieb gleich 100 gesetzt wird und die links davon stehenden Durchgänge der SL B 16 entsprechend erhöht werden.

Mischkreuz-Verfahren:

1. Schritt

8/16 5,93 → 0,74 · 100 : 3,01 = 24,6 % Korngruppe 8/16

0/16 3,66

0/8 2,92 → 2,27 · 100 : 3,01 = 75,4 % Korngruppe 0/8

3,01 3,01

2. Schritt

2/8 4,63 → 0,98 · 100 : 2,69 = 27,4 % Korngruppe 2/8

0/8 2,92

0/2 1,94 → 1,71 · 100 : 2,69 = 48,0 % Korngruppe 0/2

2,69 2,69

Tafel 5.8 Tabellarische Berechnung der Gesamtsieblinie 0/16 zu Beispiel 5.6.5 b

Korn-gruppe	Anteil %	Durchgang in Masse-% durch die Siebe							Körnungs-ziffer *k*
		0,25	0,5	1	2	4	8	16	
0/2	48,0	5,8	17,8	30,7	44,6	48,0	48,0	48,0	
2/8	27,4			0,3	0,8	11,8	27,4	27,4	
8/16	24,6				0,2	1,0	2,5	22,6	
0/16	100	5,8	17,8	31,0	45,6	60,8	77,9	98,0	3,63

5.7 Eigenfeuchte

5.7.1 Allgemeines

Die Eigenfeuchte des Zuschlags setzt sich zusammen aus dem Wasser auf der Oberfläche der Körner und zwischen den Körnern (**Oberflächenfeuchte**) und dem Wasser in den Kornporen (**Kernfeuchte**). Oberflächenfeuchte und Zugabewasser zusammen bilden den Wassergehalt des Frischbetons (siehe Abschn. 7.6.2).

Anhaltswerte für die Kernfeuchte dichter Zuschläge gibt Tafel 5.9. Porige Zuschläge können wesentlich höhere Kernfeuchten besitzen (siehe Abschn. 7.12).

Tafel 5.9 Anhaltswerte für die Kernfeuchte von dichtem Zuschlag 0/32 [2]

Herkunft der Zuschlagart	Bei der Bestimmung der Eigenfeuchte mitgemessene Kernfeuchte in Masse-%
Basalt	0,5
Moränenkies	0,8
Rheinkies	0,8
Weserkies	1,5
Elbekies	1,5
Mainkies	2,2

Den höchsten Anteil an Eigenfeuchte von dichtem Zuschlag besitzt der Sand 0/2 mit bis zu 20 Masse-%, bei gröberen Körnungen beträgt sie max. 5 Masse-% (Körnung 2/8) bzw. max. 3 Masse-% (Körnungen > 8 mm).

5.7.2 Bestimmung der Eigenfeuchte

Zur Bestimmung der Eigenfeuchte von Zuschlag gibt es verschiedene Verfahren:

a) **Trocknen** im Trockenschrank bei + 105 °C (Oberflächenfeuchte + Kernfeuchte) oder im offenen Gefäß über einer Propangasflamme (Oberflächenfeuchte + Teil der Kernfeuchte):

$$f = \frac{G_f - G_t}{G_t} \cdot 100 \quad \text{bzw.} \quad f' = \frac{G_f - G_t}{G_f} \cdot 100 \text{ in Masse-\%;} \quad f = \frac{f'}{100 - f'}$$

G_f Gewicht der feuchten Probe in g, G_t Gewicht der getrockneten Probe in g.

Für kleinere Probemengen bis 100 g gibt es Infrarot-Feuchtigkeitswaagen, an denen man die Feuchtigkeit direkt ablesen kann.

b) **Calciumcarbid-Methode (CM-Gerät)**, nur für dichten Zuschlag bis 4 mm Korngröße. Probemengen zwischen 3 und 20 g (je nach geschätztem Feuchtigkeitsgehalt) werden in eine Druckflasche eingefüllt, dazu 2 Stahlkugeln und eine Ampulle mit Calciumcarbid CaC_2. Die Flasche wird fest verschlossen und so lange geschüttelt, bis der Druck auf dem Manometer nicht mehr steigt. Der Druck entsteht durch die Bildung von Azetylengas nach der chemischen Formel: $CaC_2 + 2\,H_2O \rightarrow C_2H_2 + Ca(OH)_2$. Anhand einer dem CM-Gerät beigegebenen Tabelle kann man den Feuchtigkeitsgehalt f' ablesen (Oberflächenfeuchte + Teil der Kernfeuchte, bezogen auf die Feuchteinwaage).

c) **Abflamm-Methode (AM-Gerät)**: etwa 500 g Probematerial bis 32 mm Korngröße werden mit einer brennbaren Flüssigkeit, z. B. Spiritus, übergossen und entzündet. Dabei verdampft das anhaftende Wasser (Oberflächenfeuchte + Teil der Kernfeuchte). Auch hier gibt es Waagen, an denen die Feuchtigkeit direkt in Masse-% abgelesen werden kann.

5.8 Güteüberwachung, Übereinstimmungsnachweis

Die Hersteller von Gesteinskörnungen müssen sicherstellen, dass diese den Anforderungen der DIN 4226 entsprechen. Dazu muss eine werkseigene Produktionskontrolle (Eigenüberwachung) durchgeführt werden. Hinzu kommt die übliche Fremdüberwachung, z. B. durch einen Güteüberwachungsverband (siehe Abb. 5.5). Diese überprüft die schriftliche Niederlegung der Ergebnisse der Eigenüberwachung, kann aber auch an den Gesteinskörnungen selbst Prüfungen durchführen. Auskünfte darüber und zu Gesteinskörnungen: Bundesverband der Deutschen Kies- und Sandindustrie, Adresse siehe Abschn. 18.5.

Bundesüberwachungsverband Kies und Sand e. V.

Güteüberwachungsgemeinschaft Leichtbeton-Zuschlag e. V.

Güteüberwachung Recycling-Baustoffe

Abb. 5.5 Überwachungskennzeichen für Zuschlag nach DIN 4226 und Recycling-Baustoffe (Übereinstimmungskennzeichen) [2]

5.9 Fragen und Aufgaben zu Zuschlägen / Gesteinskörnungen

1) Nennen Sie die verschiedenen Arten von Zuschlägen und ihre Anwendungsgebiete.
2) Welche allgemeinen Anforderungen werden an Zuschläge gestellt? Erläutern Sie die Kurzbezeichnungen F_1, F_{NR}.
3) Nennen Sie die verschiedenen Arten von schädlichen Bestandteilen im Zuschlag und ihre schädigende Wirkung im Beton und Mörtel. Wie werden sie bestimmt?
4) Erläutern Sie den Begriff „Alkalilösliche Kieselsäure“! Was bedeuten die Kurzbezeichnungen EI, EII, EIII?
5) Welche Anforderungen an Zuschläge bestehen hinsichtlich ihrer Kornform? Was bedeuten die Kurzbezeichnungen SI_{15} und FI_{50}?
6) Erläutern Sie die Bezeichnungen für Zuschlag hinsichtlich der Korngröße und die Begriffe grobe und feine Gesteinskörnungen! Was versteht man unter den Kurzbezeichnungen G_{D85}, C, M, F und f_4?
7) Was versteht man unter der Kornzusammensetzung von Zuschlag und welche Bedeutung hat sie für Herstellung und Eigenschaften von Beton? Skizzieren und erläutern Sie das Siebliniendiagramm 0/32 nach DIN 1045.
8) Was versteht man unter der Fuller-Parabel von Zuschlag? Berechnen Sie sie für einen Kiessand-Zuschlag 0/32 und tragen Sie die Kurve in Ihre Skizze von Aufgabe 7 ein.
9) Was versteht man unter Ausfallkörnungen und welche Vorteile haben sie?
10) Was versteht man unter den Begriffen Unterkorn und Überkorn? Nennen Sie die Grenzwerte.
11) Wie soll die Kornzusammensetzung für Splittbeton, Pump- und Sichtbeton sowie für wasserundurchlässigen Beton beschaffen sein?
12) Erläutern Sie die 3 verschiedenen Sieblinienkennwerte und geben Sie die Berechnungsverfahren an.
13) Beschreiben Sie den Versuch zur Bestimmung der Kornzusammensetzung und berechnen Sie mit der Werten der Tafel 5.10 (s. u.) die Sieblinie sowie die 3 verschiedenen Sieblinienkennwerte D-Summe, Körnungsziffer k und Feinheitsziffer F. In welchem Bereich liegt die Sieblinie?
14) Setzen Sie die Sieblinie B 32 mit Hilfe des Mischkreuz-Verfahrens mit den 3 Korngruppen 0/2, 2/8 und 8/16 der Tafel 5.7 in Abschn. 5.6.5 b und einer zusätzlichen Korngruppe 16/32 (Durchgang durch das 16-mm-Sieb 5 %) und durch das 32-mm-Sieb 97 %) zusammen. Wie groß sind die %-Anteile der 4 gegebenen Korngruppen? Welche Sieblinie 0/32 ergibt sich? Vergleichen Sie die Körnungsziffern der gewünschten SL B 32 und der berechneten Siebline.
15) Was versteht man unter der spezifischen Oberfläche von Zuschlaggemischen und wie ändert sie sich in Abhängigkeit von der Korngröße und der Korngruppe?
16) Erläutern Sie den Begriff „Eigenfeuchte“ von Zuschlag und beschreiben Sie die verschiedenen Bestimmungsverfahren.

Tafel 5.10 Messwerte eines Siebversuchs mit Kiessand der Körnung 0/32

Gesamtrückstand in g		Rückstand in g auf den Sieben								
		0,125	0,25	0,5	1	2	4	8	16	32
		Prüfgutmenge nach der Teilung: Probe 1 4959 g, Probe 2 5038 g								
1	4959		4901	4443	3902	3754	3426	2565	1380	32
2	5038		4969	4410	4003	3861	3528	2698	1579	54
Σ										
Rückstand %										
Durchgang %										

6 Mörtel und Estrich

6.1 Allgemeines

Allgemeine Normen

DIN 18555-1 bis -9		Prüfung von Mörteln mit mineralischen Bindemitteln
DIN EN 998-1	(2003-09)	Festlegung für Mörtel im Mauerwerksbau; Putzmörtel
-2	(2003-09)	–; Mauermörtel

> Mörtel dienen zur Herstellung von Mauerwerk (Mauermörtel; siehe Abschn. 6.3), zum Verputzen (Putzmörtel; siehe Abschn. 6.4) und zum Herstellen von Estrich (siehe Abschn. 6.6). Weitere Mörtelarten sind in Abschn. 6.5 beschrieben.

Mörtel sind Gemische aus Bindemittel, Gesteinskörnungen (Zuschlag) bis 4 mm Größtkorn (Sand) und Wasser. Bindemittel sind Gips, Anhydrit, Kalk und Zement. Daneben gibt es kunststoffmodifizierte hydraulische Mörtel oder reine Kunstharzmörtel, die auch organische Füllstoffe, wie z. B. Styroporkügelchen, enthalten können. Dem Mörtel können auch Zusatzstoffe (Trass, Flugasche) und/oder Zusatzmittel zugegeben werden. Zusatzmittel dienen dazu, dem Mörtel wie dem Beton besondere Eigenschaften zu verleihen.

Das Mischungsverhältnis Bindemittel zu Sand ist wichtig für die Festigkeit und die Raumbeständigkeit des Mörtels. Zu wenig Bindemittel (magerer Mörtel) führt zu geringer Festigkeit und zum Absanden, zu viel Bindemittel (fetter Mörtel) schwindet leicht und wird u. U. rissig. Nur Gips- und Anhydritmörtel quillt leicht und ist daher auch ohne Sand raumbeständig (siehe Abschn. 4.2.4). Mischungsverhältnisse für Mauermörtel sind in der DIN 1053 (siehe Tafel 6.2) und für Putzmörtel in der DIN 18 550 (siehe Tafel 6.3) festgelegt, für Estrichmörtel in der DIN 18 560 angegeben.

6.2 Mörtelarten

6.2.1 Übersicht

Mörtel werden heute i. d. R. als Werkmörtel verarbeitet (siehe Abschn. 6.2.2). Baustellenmörtel werden auf der Baustelle aus Bindemitteln und Sand nach Raumteilen gemischt. Wasser wird so lange zugesetzt, bis die gewünschte Verarbeitungskonsistenz erreicht ist.

Je nach Art des verwendeten Bindemittels unterscheiden wir nichthydrauliche Mörtel (Luftmörtel), die an der Luft erhärten, und hydraulische Mörtel, die nach einer kurzen Erhärtungszeit an der Luft auch unter Wasser erhärten (siehe Tafel 6.1).

Tafel 6.1 Übersicht über die Mörtelarten mit anorganischen Bindemitteln

Art der Erhärtung	Nichthydraulische Mörtel	Hydraulische Mörtel
physikalisch	Lehmmörtel	–
physikalisch-chemisch	Gipsmörtel Anhydritbindemörtel Luftkalkmörtel	Kalkmörtel[1] Kalkzementmörtel Zementmörtel

[1] Wasserkalk, hydraulischer Kalk, hochhydraulischer Kalk; jetzt: Hydraulische Kalke HL 2, HL 3,5 und HL 5 (s. Tafel 4.3).

6.2.2 Werkmörtel

Werkmörtel ist ein in einem Werk aus Ausgangsstoffen zusammengesetzter und gemischter Mörtel, der die Anforderungen der jeweiligen Anwendungsnorm, z. B. DIN 1053-1 (Mauermörtel), erfüllen muss. Es werden die folgende Arten unterschieden:

- **Werk-Trockenmörtel:** Gemisch von Ausgangsstoffen, das auf der Baustelle ausschließlich mit Wasser nach Angaben des Herstellers versetzt und anschließend gemischt wird. Der Trockenmörtel wird in Gebinden, z. B. Säcken, oder lose auf die Baustelle geliefert. Werk-Trockenmörtel gibt es als Mauermörtel (NM, LM und DM; siehe Abschn. 6.3) und für eine ganze Reihe weiterer Mörtelarten (siehe Abschn. 6.3 bis 6.5).
- **Werk-Vormörtel:** Gemisch aus Zuschlägen und Luftkalk (CL, DL), Wasserkalk (HL 2) und ggf. Zusätzen, das auf der Baustelle mit Wasser und ggf. zusätzlichen Bindemitteln (z. B. Zement) versetzt und anschließend gemischt wird.
- **Werk-Frischmörtel:** gebrauchsfertiger Mörtel in verarbeitbarer Konsistenz, der wie Transportbeton auf die Baustelle geliefert wird.
- **Mehrkammer-Silomörtel:** Mörtel, dessen Ausgangsstoffe in getrennten Kammern eines im Werk befüllten Silos enthalten sind. Sie werden auf der Baustelle nach einem nicht veränderbaren Programm unter Wasserzugabe gemischt und am Mischerauslauf in verarbeitbarer Form entnommen.

Werkmörtel müssen auf der Verpackung (Säcke) oder auf dem Lieferschein bzw. auf den Begleitpapieren Angaben zur Verarbeitung enthalten, Werk-Vormörtel auch über Art und Menge der Bindemittelzugabe.

6.2.3 Nichthydraulische Mörtel

Luftkalkmörtel verwenden als Bindemittel Luftkalke. Sie erhärten nur an der Luft (s. Abschn. 4.5.2).

Zuschläge und verdunstender Wasserüberschuss machen den Mörtel porös; H_2CO_3 kann eindringen, der Kalkmörtel erhärtet sehr langsam von außen nach innen. Kalkmörtel haben geringe Festigkeit. Die Bindemittel sind ergiebig (höhere Mörtelausbeute). Die Kalkmörtel sind leicht zu verarbeiten und haften gut.

Das Mörtelwasser darf dem Mörtel während des Erhärtens nicht durch Zugluft, Sonnenbestrahlung oder Heizung entzogen werden. Ohne Wasser, nur mit CO_2 der Luft allein, ist ein Erhärten nicht möglich. Beim Mauern saugende Steine sowie beim Putzen trockener Putzgrund sind gut vorzunässen. Der Prozess der Abgabe der beim Erhärten allmählich frei werdenden Baufeuchtigkeit (siehe Abschn. 4.5.2) darf nicht durch Heizen, sondern kann lediglich durch Zufuhr von CO_2, z. B. mittels Koksofen, beschleunigt werden.

Gipsmörtel erhärten ohne Lufteinwirkung durch Wiederaufnahme des Kristallwassers (Anmachwassers), sind jedoch nicht feuchtigkeitsbeständig (siehe Abschn. 4.2.4) und daher nur in Innenräumen (auch in Wohnküchen und -bädern) verwendbar, z. B. für Innenputz und Stuckarbeiten. Sie werden ohne und mit Sand, ggf. unter Zugabe von Kalk angemacht: Gipsmörtel, Gipssandmörtel, Gipskalkmörtel und Kalkgipsmörtel. Mischungsverhältnisse siehe Tafel 6.3 (Putzmörtel).

Anhydritbindermörtel wird wie Gipsmörtel zubereitet (siehe Abschn. 4.3).

Lehmmörtel siehe Abschn. 3.2.14 b.

6.2.4 Hydraulische Mörtel

Hydraulische Mörtel stellt man unter Verwendung von Sand und hydraulischen Kalken und/oder Zement her: Kalkmörtel, Kalk-Zement-Mörtel, Zementmörtel.

Bei Verwendung hydraulischer Kalke benötigen Mörtel zur Erhärtung zunächst einige Tage Luftzutritt (siehe Abschn. 4.5.3) und erhärten dann wie Zementmörtel auch unter Wasser weiter. Gegenüber nichthydraulischen Mörteln haben hydraulische Mörtel eine kürzere Erhärtungszeit sowie größere Festigkeit und Witterungsbeständigkeit, haben aber wegen der hydraulischen Erhärtung nach dem Anmachen eine kürzere Verarbeitungszeit (siehe Text unter Abb. 4.7). Reine Zementmörtel schwinden stärker. Sie werden durch Kalkzusatz geschmeidiger gemacht.

Verwendung finden hydraulische Mörtel als Mauermörtel, auch für hochbelastetes Mauerwerk, und als Putzmörtel (Mischungsverhältnisse siehe Tafel 6.2 und 6.3); Kellermauerwerk; Außenputz; Fugenmörtel. Im Tief- und Wasserbau eignet sich besonders gut Trasszementmörtel wegen seiner größeren Dichtigkeit.

6.3 Mauermörtel

Mauermörtel nach DIN 1053-1 bis -3 dient zur Herstellung von Mauerwerk aus natürlichen, keramischen und mineralisch gebundenen Bausteinen. Seine Festigkeit bestimmt maßgeblich die Tragfähigkeit des Mauerwerks.

Man unterscheidet (s. u.) Normalmörtel NM, Leichtmörtel LM und Dünnbettmörtel DM (für Plansteinmauerwerk). Die Zusammensetzung von Leicht- und Dünnbettmörtel ist aufgrund einer Eignungsprüfung festzulegen. Leichtmörtel ist nicht zulässig für Gewölbe und der Witterung ausgesetztes Sichtmauerwerk, Dünnbettmörtel nicht für Gewölbe.

Bindemittel für Mauermörtel sind Baukalk, Zement und Putz- und Mauerbinder (siehe Abschn. 4.8, MC-Binder; früher PM-Binder).

Der **Sand** muss gemischtkörnig sein und darf mörtelschädliche Bestandteile nur in begrenztem Umfang enthalten: abschlämmbare Bestandteile ≤ 8 %, fein verteilte, organische Stoffe nur bis zu gelber Verfärbung im Natronlaugeversuch (siehe Abschn. 5.4), anderenfalls sind Eignungsprüfungen erforderlich.

Zusatzstoffe können Trass, Betonzusatzstoffe (siehe Abschn. 4.6 und 7.2.5) sowie geeignete Farbpigmente (DIN EN 12 878) sein.

Zusatzmittel wie bei Beton (s. Abschn. 7.2.4). Sie müssen ein Prüfzeichen des Instituts für Bautechnik Berlin besitzen. Außerdem ist vor Verwendung auf der Baustelle eine Eignungsprüfung im Labor durchzuführen.

Normalmörtel (NM): Trockenrohdichte $\varrho_d \geq 1{,}5\,kg/dm^3$; Zuschlag mit dichtem Gefüge nach DIN 4226-1; Zusammensetzung und Mörtelgruppen siehe Tafel 6.2.

Leichtmörtel (LM): Trockenrohdichte $\varrho_d < 1{,}5\,kg/dm^3$; i. d. R. poriger Zuschlag nach DIN 4226-2 oder Perlite. Wenn $\varrho_d \leq 1{,}0\,kg/dm^3$, dann Wärmedämmmörtel; nur als Werk-Trockenmörtel oder Werk-Frischmörtel hergestellt, Einteilung nach der Wärmeleitfähigkeit: LM 21 mit $\varrho_d \leq 0{,}7\,kg/dm^3$ und $\lambda \leq 0{,}18\,W/(m{\cdot}K)$, LM 36 mit $\varrho_d \leq 1{,}0\,kg/dm^3$ und $\lambda \leq 0{,}27\,W/(m{\cdot}K)$.

Tafel 6.2 Mischungsverhältnisse (in RT) von Normalmörtel für Mauerwerk nach DIN 1053-1

Mörtel-gruppe	Luftkalk		Hydraulischer Kalk (HL 2)	Hochhydraulischer Kalk (HL 5), Putz- und Mauerbinder (MC 5)	Zement	Sand[1] aus natürlichem Gestein
	Kalkteig	Kalkhydrat				
I	1	–	–	–	–	4
	–	1	–	–	–	3
	–	–	1	–	–	3
	–	–	–	1	–	4,5
II	1,5	–	–	–	1	8
	–	2	–	–	1	8
	–	–	2	–	1	8
	–	–	–	1	–	3
IIa	–	1	–	–	1	6
	–	–	–	2	1	8
III	–	–	–	–	1	4
IIIa[2]	–	–	–	–	1	4

[1] Die Werte des Sandanteils beziehen sich auf den lagerfeuchten Zustand.
[2] Mörtelgruppe IIIa hat eine höhere Festigkeit als Mörtelgruppe III, was vor allem durch besonders günstig zusammengesetzten Sand erreicht wird.

Dünnbettmörtel (DM): Zementmörtel der Mörtelgruppe III (MG III) mit Sand der Korngröße ≤ 1 mm und Zusätzen, die u. a. verhindern sollen, dass aus der dünnen Mörtelschicht der Lagerfuge (Dicke 1-3 mm) dem Zement das zur Hydratation erforderliche Wasser vorzeitig entzogen wird, stark saugende Steine ggf. vornässen. Anwendung nur für Plansteine. Dünnbettmörtel wird nur als Werk-Trockenmörtel geliefert. **Mittelbettmörtel** (Größtkorn des Zuschlags 2 bis 3 mm) hat Fugendicken von 5 bis 7 mm und kann bei Steintoleranzen von ± 3 mm verwendet werden.

Nach DIN 1053-1 gilt für die einzelnen **Mörtelgruppen** von Normalmörtel:

Mörtelgruppe I (MG I): zulässig bis max. 2 Vollgeschosse, bei Wanddicken ≥ 24 cm; nicht zulässig für Gewölbe, bewehrtes Mauerwerk, Kellermauerwerk (außer bei Instandsetzung von altem, mit MG I hergestelltem Mauerwerk), Außenschale bei zweischaligen Außenwänden.

Mörtelgruppe II und IIa: keine Einschränkungen; Druckfestigkeit ≥ 2,5 N/mm^2 (MG II) und ≥ 5 N/mm^2 (MG IIa). Beide Mörtelgruppen sollen nicht gleichzeitig auf der Baustelle verwendet werden (Verwechslungsgefahr).

Mörtelgruppe III und IIIa: nicht zulässig für das Vermauern der Außenschale von zweischaligem Außenmauerwerk (außer nachträglichem Verfugen), Druckfestigkeit ≥ 10 N/mm^2 (MG III) und ≥ 20 N/mm^2 (MG IIIa). Anwendung bei bewehrtem Mauerwerk Vorschrift.

6.4 Putzmörtel

Normen

DIN 18 550-1	(1985-01)	Putz; Begriffe und Anforderungen
-2	(1985-01)	–; Putze aus Mörteln aus mineralischen Bindemitteln, Ausführung
-3	(1991-03)	–; Wärmedämmputzsysteme aus Mörteln mit mineralischen Bindemitteln und expandiertem Polystyrol (EPS) als Zuschlag
-4	(1993-08)	–; Leichtputze, Ausführung
DIN 18 558	(1985-01)	Kunstharzputze; Begriffe, Anforderungen, Ausführung

6.4.1 Allgemeines

Putzmörtel dienen der Herstellung von Putz auf Wänden und Decken. Sie werden heute vorwiegend als Werkmörtel (Trocken- oder Frischmörtel) verarbeitet. Putz wird einlagig, doppellagig (Unter- und Oberputz) oder mehrlagig aufgebracht. Der Unterputz ist dabei die tragende Putzschicht.

a) Die **Aufbringung** geschieht per Hand oder heute oft mit Spritzmaschinen (Spritzputz). Dazu muss der Mörtel geschmeidig und gut haftend sein und darf nicht zu schnell erhärten. Zur besseren Haftung oder bei schwachem oder ungleichmäßigem Saugvermögen des Putzgrundes wird zunächst eine sämiger Spritzbewurf aus Zement und grobkörnigem Sand aufgebracht. Die Oberfläche des Putzes kann unterschiedlich gestaltet werden. Bei Außenputz z. B. als Rapp-, Kellen-, Rau- oder Kratzputz und gewaschener Putz, bei Innenputz z. B. als gescheibter, gefilzter oder geglätteter Putz.

b) Als **Putzgrund** kommen Beton, Mauersteine (Ziegel, KS-Steine, Porenbetonsteine) oder Holzwolle-Leichtbauplatten in Frage. Auf schlechtem oder ungeeignetem Putzgrund werden Putzträger aufgebracht, z. B. Rohrgewebe, Staußziegelgewebe (Drahtziegelgewebe, Ziegelrabitz, Sterndelrabitz), Drahtgewebe (sog. Rabitzgewebe; nach dem Berliner Baumeister *Rabitz* 1878), Rippenlochmetall, Streckmetall und Rippenstreckmetall (z. B. Flach-, Voll- oder Lochrip, ggf. galvanisch verzinkt und volllackiert für Feuchträume oder bei korrosionsfördernder Umgebung; Kurzzeichen: F), Holzwolle-Leichtbauplatten, Mehrschichtplatten oder Gipskarton-Putzträgerplatten.

c) Eine besondere Bedeutung kommt der Kornzusammensetzung der **Mörtelsande** zu: Natursande, Brechsand, Schlackensand, in Sonderfällen mineralische Fasern (z. B. Schlackenwolle, Glasfasern), leichte organische oder mineralische Zuschläge, wie z. B. Sägespäne oder Perlite. Die Mörtelsande sollen gemischtkörnig mit einer möglichst geringen Hohlräumigkeit sein. Besonders geeignet sind Sande, deren Anteil mit einem Korndurchmesser von 0 bis 0,25 mm zwischen 10 und 30 Gew.-% liegt. Die Kornform soll möglichst gedrungen sein. Der Anteil an abschlämmbaren Bestandteilen ≤ 0,063 mm (Ton, Lehm) soll ≤ 5 Masse-% sein. Der Durchmesser des Größtkorns ≤ 1/3 der Putzlagendicke. Für Spritzbewurf und Unterputz Sand 0/4.

d) Als **Bindemittel** dürfen für Putzmörtel verwendet werden: Baukalk, PZ, EPZ, HOZ, TrZ, Baugips, Anhydritbinder, MC-Binder. **Mischungsverhältnisse** siehe Tafel 6.3.

Tafel 6.3 Mischungsverhältnisse (in RT) von Putzmörteln, DIN 18 550-2 (1985-01)
(Die neuen Kalk-Bezeichnungen siehe Abschn. 4.5)

	Mörtelgruppe		Mörtelart	Baukalke DIN 1060-1: Luftkalk Wasserkalk: Kalkteig	Baukalke DIN 1060-1: Luftkalk Wasserkalk: Kalkhydrat	Baukalke DIN 1060-1: Hydraulischer Kalk	Baukalke DIN 1060-1: Hochhydraulischer Kalk	Putz- und Mauerbinder DIN 4211	Zement DIN 1164-1	Baugipse ohne werkseitig beigegebene Zusätze DIN 1168-1: Stuckgips	Baugipse ohne werkseitig beigegebene Zusätze DIN 1168-1: Putzgips	Anhydritbinder DIN 4208	Sand [1]
				Rohdichte	Schüttdichte der Ausgangsstoffe[4] in kg/dm³								
				1,25	0,5	0,8	1,0	1,0	1,2	0,9	0,9	1,0	1,3
1	P I	a	Luftkalkmörtel	1,0 [2]									3,5 bis 4,5
2					1,0 [2]								3,0 bis 4,0
3		b	Wasserkalkmörtel	1,0									3,5 bis 4,5
4					1,0								3,0 bis 4,0
5		c	Mörtel mit hydraulischen Kalk			1,0							3,0 bis 4,0
6	P II	a	Mörtel mit hochhydraulischem Kalk oder Mörtel mit Putz- und Mauerbinder				1,0 oder 1,0						3,0 bis 4,0
7		b	Kalkzementmörtel	1,5 oder 2,0					1,0				9,0 bis 11,0
8	P III	a	Zementmörtel mit Zusatz von Kalkhydrat		≤ 0,5				2,0				6,0 bis 8,0
9		b	Zementmörtel						1,0				3,0 bis 4,0
10	P IV	a	Gipsmörtel							1,0 [3]			–
11		b	Gipssandmörtel							1,0 [3] oder 1,0 [3]			1,0 bis 3,0
12		c	Gipskalkmörtel	1,0 oder 1,0						0,5 bis 1,0 oder 1,0 bis 2,0			3,0 bis 4,0
13		d	Kalkgipsmörtel	1,0 oder 1,0						0,1 bis 0,2 oder 0,2 bis 0,5			3,0 bis 4,0
14	P V	a	Anhydritmörtel									1,0	≤ 2,5
15		b	Anhydritkalkmörtel	1,0 oder 1,5								3,0	12,0

[1] Die Werte dieser Tabelle gelten nur für mineralische Zuschläge mit dichtem Gefüge. Die Schüttdichte von 1,3 gilt für 5 Masse-% Feuchtigkeit, bezogen auf den feuchten Sand.
[2] Ein begrenzter Zementzusatz ist zulässig.
[3] Um die Geschmeidigkeit zu verbessern, kann Weißkalk in geringen Mengen, zur Regelung der Versteifungszeiten können Verzögerer zugesetzt werden.
[4] Schüttdichte zur Umrechnung von Raum- in Masseteile, wenn die Schüttdichten nicht bekannt sind.

Tafel 6.4 Außenwandputze und Außendeckenputze. DIN 18 550-1 (1985-01)

Zeile	Putzanwendung	Putzgrund [2]	Mörtelgruppen [1] für		
			Spritzbewurf	Unterputz	Oberputz
1	Außenwandputz für aufgehende Wände	Mauerwerk aus saugfähigen oder rauflächigen Steinen	–	P I	P I
2				P II	P I, P II P Org 1
3		Mauerwerk aus wenig saugenden und glatten Steinen, Holzwolle-Leichtbauplatten	P II, P III	P I	P I
4				P II	P I, P II P Org 1
5		Beton mit geschlossenem Gefüge	wie Zeile 3 und 4, außerdem		
			P III	P III	P III [5]
6	Außenwandputz für Sockel und Wände unter Erdoberfläche	alle Wandbauarten	P III	P III	P III [5]
7	Außendeckenputz	Massivdecken	wie Zeile 3 und 4		
8 [4]			P IVa	P IV	P IV
			P IV [3]		
9 [4]			P V	P V	P V
10			–	–	P Org 1 [6]

[1] Die angegebenen Mörtel sind nur zeilenweise zu verwenden. Mörtelgruppen s. Tafel 6.3.
[2] Außenputz auf Rabitzkonstruktionen siehe DIN 4121.
[3] Nur bindemittelreiche Mischungsverhältnisse.
[4] Zeilen 8 und 9 nur bei feuchtigkeitsgeschützten Flächen.
[5] Auch einlagig mit P III oder P Org 1 (siehe Abschn. 6.4.4), letztere nur über Erdoberfläche.
[6] Siehe Abschn. 6.4.4.

Tafel 6.5 Innenwandputze, DIN 18 550-1 (1985-01)

Zeile	Putzanwendung	Putzgrund [2]	Mörtelgruppen [1] für		
			Spritzbewurf	Unterputz [7]	Oberputz [7)8]
1	Innenwandputz in Räumen üblicher Luftfeuchte (einschließlich häuslicher Küchen und Bäder) [5]	Mauerwerk aus saugfähigen oder rauflächigen Steinen	–	P I	P I
2				P II	P I, P II, P IV [4]
			P IVa P IVb [3]	P IV	P IV
4			P V	P V	P IV, P V
5		Mauerwerk aus wenig saugenden und glatten Steinen, Holzwolle-Leichtbauplatten	P II, P III	P I	P I
6				P II	P I, P II, P IV [4]
7			P IVa P IVb [3]	P IV	P IV
8			P V	P V	P IV, P V
9		Beton	wie Zeile 5 bis 8 außerdem		
			P III	P III	P III
10		Gipsbaustoffe [6]	P IVa P IVb [3]	P IV	P IV
11	Innenwandputz in Feuchträumen	alle Wandbauarten	wie in Räumen üblicher Luftfeuchte mit Ausnahme der Mörtelgruppen P IV und P V		

[1] und [3] siehe Tafel 6.4 Fußnoten.
[2] Innenwandputze auf Rabitzkonstruktionen siehe DIN 4121.
[4] Gipshaltigen Oberputz auf P II erst nach ausreichendem Erhärten des Unterputzes auftragen!
[5] Für Unterputze fugenloser Wandbeläge gilt nur die Mörtelgruppe nach Zeile 9.
[6] Auf Gipskartonplatten nur Mörtelgruppe P IVa und P IVb.
[7] Wird nur einlagig geputzt, entfällt die Spalte Unterputz.
[8] Als Oberputz auch Kunstharzputze P Org 1 oder P Org 2, auch als einzige Putzlage, aber nicht, wenn zweilagig mit P I als Unterputz geputzt wird. In Feuchträumen nicht P Org 2 (siehe Abschn. 6.4.4).

Tafel 6.6 Innendeckenputze, DIN 18 550-1 (1985-01)

Zeile	Putzanwendung	Putzgrund [9]	Mörtelgruppen [1] für		
			Spritzbewurf	Unterputz [7]	Oberputz [7][8]
1	Innendeckenputze in Räumen üblicher Luftfeuchte (einschießlich häuslicher Küchen und Bäder)	Massivdecken, Holzwolle-Leichtbauplatten	P II, P III	P II	P I, P II, P IV [4]
2			P IVa	P IV	P I, P IV
			P IVb [3]		
3			P V	P V	P I, P IV, P V
4		Decken mit Putzträger	wie Massivdecken, aber ohne Spritzbewurf; Unterputz ggf. unter Zusatz von Faserstoffen		
5		Gipsbaustoffe [6]	P IVa P IVb [3]	P IV	P Iv
6	Innendeckenputze in Feuchträumen		Mörtelgruppen wie für Decken in Räumen üblicher Luftfeuchte mit Ausnahme der Gruppen P IV und P V		
7			P III	P III	P III, P II

[1] und [3] siehe Tafel 6.4 Fußnoten.
[4], [6], [7] und [8] siehe Tafel 6.5 Fußnoten.
[9] Innendeckenputze auf Rabitzkonstruktionen siehe DIN 4121.

6.4.2 Anforderungen an Putzmörtel

Aufgabe des Putzes ist es, Mauerwerk vor direkten Witterungseinflüssen zu schützen und in Innenräumen zur Regulierung der Luftfeuchtigkeit beizutragen, also ausreichend wasserdampfdurchlässig zu sein und dadurch Feuchtigkeit aufnehmen und abgeben zu können.

Putzmörtel werden im Gegensatz zu Mauermörtel mechanisch weniger beansprucht, sodass der Festigkeit i. d. R. keine beherrschende Bedeutung zukommt. Es werden im Gegenteil Mörtel bevorzugt, die ausreichend elastisch (weich) sind, damit es infolge von Temperatur- und Feuchtigkeitsschwankungen nicht zu Putzrissen kommt. Wichtig ist weiterhin die gute Haftung am Putzgrund und der einzelnen Putzlagen untereinander. Die Mörtelfestigkeit der einzelnen Putzlagen soll vom Putzgrund nach außen hin abnehmen. Der Oberputz kann sich ablösen, wenn er fester ist als der Unterputz.

Außenputze (siehe Tafel 6.4) müssen zusätzlich witterungsbeständig, ggf. auch wasserhemmend oder wasserabweisend sein. Sockelputze und Außenputze unterhalb der Erdoberfläche müssen eine besonders geringe Wasseraufnahmefähigkeit sowie ausreichende Frostbeständigkeit und Druckfestigkeit (5 bis 10 N/mm^2) besitzen. Sie müssen sich ggf. als Untergrund für wassersperrende Anstriche eignen.

Innenputze (siehe Tafeln 6.5 und 6.6) müssen eine gute Wasserdampfdurchlässigkeit und ein gutes Kapillarsaugvermögen (s. o.) besitzen und sich als Untergrund für Anstriche und Tapeten eignen, in Sonderfällen auch für dichte Anstriche, schwere Tapeten, Kunststoffbeschichtungen und Schallschluckplatten (Druckfestigkeit dann mind. 2,5 N/mm^2). Für Treppenhäuser, Flure in Schulen o. Ä. muss der Putz eine erhöhte Abriebfestigkeit und ebenfalls eine Druckfestigkeit von mind. 2,5 N/mm^2 besitzen.

6.4.3 Leichtputze

Leichtputze (P I oder P II) werden nur als Werkmörtel hergestellt und haben eine niedrige Trockenrohdichte (0,6 bis 1,3 kg/dm^3). Als Zuschlag enthalten sie mineralische und/oder organische Zuschläge mit porigem Gefüge, z. B. Blähton, Perlite oder EPS-Perlen. Verwendung finden sie als Putz von Mauerwerk aus Porenbeton- oder Leichtbetonsteinen oder aus Leichtziegeln mit unvermörtelter Stoßfuge und Leichtmauermörtel. Leichtputze finden auch als schallschluckende Putze Anwendung.

6.4.4 Kunstharzputze

Kunstharzputze nach DIN 18 558 (1985-01) sind Beschichtungen mit putzartigem Aussehen aus organischen Bindemitteln (i. d. R. Polymerisatharzdispersionen oder -lösungen) und mineralischen oder ebenfalls organischen Zuschlägen (auch als Füllstoff bezeichnet, Korngröße überwiegend > 0,25 mm). Sie werden verarbeitungsfertig vom Hersteller geliefert. Zur Regulierung der Konsistenz sind lediglich geringe Zugaben von Wasser oder Lösungsmittel zulässig. Die Kunstharzputze werden in 2 Typen unterteilt: P Org 1 für Außen- und Innenputz, P Org 2 nur für Innenputz. Sie werden häufig als dünne Streich- oder Spachtelputze ausgeführt und haben eine breite Anwendung als Deckschicht außen liegender Wärmedämmsysteme (Thermohaut) gefunden.

6.4.5 Wärmedämmputze

Wärmedämmputze werden ebenfalls als Werkmörtel geliefert und besitzen als Zuschlag expandiertes Polystyrol (EPS) und/oder Perlite bzw. Vermiculite. Sie besitzen Rohdichten von 0,15 bis 0,60 kg/dm^3 und Wärmeleitzahlen von 0,08 bis 0,20 W/(m · K). Die Wärmedämmung eines 2 cm dicken Wärmedämmputzes entspricht etwa der einer 115 mm dicken Ziegelwand.

Wärmedämmputzsysteme (Baustoffklasse B 1) nach DIN 18 550-3 bestehen aus einem Wärmedämmputz als Unterputz (Dicke 20 bis max. 100 mm) und einem Oberputz (Dicke 8 bis 15 mm), der den Unterputz vor Feuchtigkeitseinwirkung und mechanischer Beschädigung schützen soll.

Wärmedämm-Verbundsysteme bestehen aus Dämmschichtplatten, z. B. aus EPS mit rauer Oberfläche oder Faserdämmstoffen, z. B. Mineralwolle, die auf den Untergrund aufgeklebt, ggf. zusätzlich angedübelt, und anschließend mit einem Armierungsmörtel mit eingelegtem Armierungsgewebe überzogen werden. Darauf kommt ein Oberputz (P Ic oder P II oder Leichtputz mit Oberputz).

6.4.6 Brandschutzputze

Brandschutzputze dienen der Feuerschutzbekleidung von Bauteilen. Dafür kommen Putze P II oder P IV oder Perlite- und Vermiculiteputze in Frage. Sie können ohne Putzträger auf Mauerwerk oder Beton, auf einer mind. 5 mm dicken Spritzbewurfschicht aufgebracht werden. Auf Stahlteilen oder sehr glattem Beton (Stahlschalung!) müssen zunächst Putzträger ausreichend fest verankert werden, z. B. Ziegeldrahtgewebe, Drahtgewebe, Streckmetall oder Rippenstreckmetall. Perlite- und Vermiculiteputze sind i. d. R. zweilagig aufzubringen: Unterputz (Dicke mind. 10 mm) ohne Sand, Oberputz (Dicke ca. 5 mm) mit bis zu 30 % Sand 0/1. Die Dicke von Brandschutzputzen, z. B. P II oder P IVc auf Stahlstützen mit Putzträger, schwankt zwischen 15 mm (F 30-A) und 65 mm (F 180-A).

6.4.7 Sanierputze

Sanierputze werden verwendet zur Sanierung von Putzschäden auf Mauerwerk, die z. B. durch aufsteigende Feuchtigkeit wegen fehlender oder defekter Sperrschicht oder Abdichtung entstanden sind, oder durch Spritzwasser oder schädliche, aus dem Boden aufsteigende Salze oder Streusalze im Sockelbereich. Diese Mörtel haben geringes Saugvermögen, gute Wasserdurchlässigkeit und hohe Porosität. Dadurch kann keine neue Feuchtigkeit tief eindringen oder aufsteigen, das Mauerwerk allmählich austrocknen und evtl. im Mauerwerk vorhandene Salze im Putz ohne schädigende Wirkung auskristallisieren. Zur Anlegung einer nachträglichen horizontalen Feuchtigkeitssperre im Mauerwerk gibt es Sperrflüssigkeiten auf der Basis von Wasserglas (K_2SiO_3).

6.5 Weitere Mörtelarten

a) **Fugenmörtel** wird zum Verfugen von Verblendmauerwerk oder Natursteinmauerwerk in den Mörtelgruppen I bis III verwendet. Der Fugenmörtel muss wasserundurchlässig und wetterfest sein und sehr steif gehalten werden. Fugen 1,5 bis 2 cm tief auskratzen und vor dem Verfugen längere Zeit vornässen und, falls das Mauerwerk vorher abgesäuert werden musste, gründlich nachspülen, damit keine Säurereste in den ausgekratzten Fugen verbleiben.

   Der Bindemittelgehalt ist etwas höher als beim Mauermörtel; Farbzusätze sind möglich. Die Korngröße des Sandes soll 2 mm nicht überschreiten. Besonders geeignet sind trasshaltige Mörtel (Zement + hochhydraulischer Trasskalk oder + Trasspulver), da der Trass einen besonders wasserdichten Mörtel ergibt (siehe auch Abschn. 4.6 und 4.7.3).

b) **Feuerfeste Mörtel** für Feuerungsanlagen sind Gemische aus feuerfesten Magerungsmitteln und Zuschlägen mit Binde- und Sinterungseigenschaften: Schamottemörtel (S), Silicatmörtel (Si), Korundmörtel (K), Silicatcarbidmörtel (SiC) und Magnesitmörtel (M).

c) **Einpressmörtel** nach DIN EN 447 (1996-07) wird in die Hüllrohre der Spannbetonstähle eingepresst, um den Verbund zwischen Beton und Spannstahl herzustellen und die Spannstähle vor Korrosion zu schützen (s. a. Abschn. 8.2). Er muss eine solche Konsistenz besitzen, dass er beim Einpressen die Hüllrohre ausreichend ausfüllt und Wasser und Luft aus ihnen austreibt. Einpressmörtel besteht aus Zement (PZ CEM I; ggf. + Hochofenschlacke, Anteil max. 20 %), Wasser (Wasserzementwert 0,35 bis 0,45) und Zusatzmitteln (Einpresshilfen EH; bewirken Plastifizierung des Mörtels und geringes Quellen beim Erhärten). Der Chloridgehalt im Mörtel muss $\leq 0{,}1$ Masse-% des Zementgewichts sein, die Festigkeit nach 28 Tagen $\geq 30\ \mathrm{N/mm^2}$, gemessen an 4 × 4 × 16-cm-Prismen.

d) Reine **Kunstharzmörtel** enthalten als Bindemittel Kunstharze (UP, EP, PUR, PMMA; siehe Abschn. 11) und besitzen eine hohe Festigkeit, bis $150\ \mathrm{N/mm^2}$. Kunstharze werden auch zementgebundenen Mörteln zur Erhöhung der Festigkeit zugesetzt. Anwendung z. B. als dünne Fußbodenbeläge in Industriebetrieben, als Oberflächenschutz gegen aggressive Wässer sowie als schnell härtende Flick- und Reparaturmörtel. Kunstharzgebundene Putze bestehen aus Dispersionen von Mischpolymerisaten (PVC, PMMA u. a.) und mineralischen Füllstoffen.

e) **Saniermörtel** werden bei Betonsanierungen verwendet für Handverarbeitung oder Trockenspritzverfahren als Haftbrücke (Körnung 0-0,4 mm) oder Reparaturmörtel (0-4 mm) oder Spritzbeton (0-8 mm). Als Zusatzstoff wird ggf. Silicastaub zugegeben zur Erhöhung der Festigkeit und Verringerung des Rückpralls.

f) **Vergussmörtel** werden verwendet zum Vergießen von Fertigtreppen, Befestigung von Stahlankern und -bolzen, Befestigen bzw. Unterfüllen von Maschinen und Kranbahnschienen auf dem Fundament. Sind fließfähig, schlagfest, frost- und frosttausalzbeständig. Es gibt sie normal abbindend (Verarbeitungszeit ca. 60 Min.) und schnell bindend (ca. 8 Min.).

g) **Pflasterfugenmörtel** werden verwendet für wasserdurchlässige Verfugung von Pflastersteinen aus Naturstein. Er besteht aus Kunstharzbindemitteln und besonders aufbereiteten Zuschlägen. Die Lieferung erfolgt in Vakuumsäcken, die Erhärtung erfolgt durch Einwirkung von Luftsauerstoff. Das Material wird auf die Pflasterfläche aufgeschüttet, mit Gummiwischern in Fugen eingebracht und eingedrückt.

h) **Weitere Mörtel**, u. a.

Edelputzmörtel, z. B. für Reibeputz, Rauputz, Kratzputz und Kellenwurfputz.

Fliesenkleber und -ansetzmörtel für keramische Materialien sowie die dazu erforderlichen Fugenmörtel und Schlämmmörtel, auch als Kunstharz-Dispersionskleber.

Dachdeckermörtel zum Verlegen von Trauf-, Grat- und Firstziegeln sowie als Verstrichmörtel.

Glasbausteinmörtel.

Trassmörtel zum Ansetzen und Verlegen von Natursteinplatten im Dickbettverfahren.

6.6 Estriche

Normen

DIN 18 560	(1992-05)	Estriche im Bauwesen (z. T. Entwürfe 2003-04)
-1		Begriffe, Allgemeine Anforderungen, Prüfung
-2		Estriche und Heizestriche auf Dämmschichten (schwimmende Estriche)
-3		Verbundestriche
-4		Estriche auf Trennschicht
-7		Hochbeanspruchbare Estriche (Industrieestriche)

AGI-Arbeitsblätter der Arbeitsgemeinschaft Industriebau e. V. (Adresse siehe Abschn. 18.0) als Ergänzung zur DIN 18 560 u. a. zu den Themen Zementestrich /Zementgebundener Hartstoffestrich, Konventioneller Anhydritestrich, Gussasphaltestrich, Reaktionsharzestrich.

6.6.1 Allgemeines

a) Estriche werden nach der Art des verwendeten **Bindemittels** als Anhydritestrich AE (siehe Abschn. 4.3), Magnesiaestrich ME (siehe Abschn. 4.4), Zementestrich ZE oder Gussasphaltestrich GE bezeichnet. Die Estriche werden nach Festigkeitsklassen unterschieden: z. B. AE 12 bis 40 (4 Klassen) oder ME 5 bis ME 50 (7 Klassen). Die Zahl bedeutet die kleinste Druckfestigkeit nach 28 Tagen, gemessen an 4 × 4 × 14-cm-Prismen (wie bei Zementprüfung, siehe Abschn. 4.7.6 c). Estriche können auch im Trockenbau aus vorgefertigten Estrichelementen (siehe z. B. Abschn. 4.2.6 und 4.2.8) hergestellt werden.

b) Nach der Verbindung mit dem Untergrund unterscheidet man:
   - **Verbundestriche**: werden direkt auf den tragenden Untergrund aufgebracht, ggf. auf einer Haftbrücke (Anstrich, dünne Schicht)
   - **Estriche auf Trennschicht**: werden durch eine dünne Zwischenlage, z. B. Folien, Ölpapier, Pappe, vom tragenden Untergrund getrennt
   - **Schwimmende Estriche**: werden als lastverteilende Platte auf einer Dämmschicht aufgebracht, sind auf der Unterlage beweglich, haben keine direkte Verbindung zu den angrenzenden Bauteilen (Schallschutz), auch als Heizestriche.

6.6.2 Zementestrich ZE

Für die Herstellung von Zementestrich gelten die gleichen Grundsätze wie für Beton. Festigkeitsklassen ZE 12 bis ZE 50 (5 Klassen; Prüfung wie bei Zement). Günstig sind Korngemische 0/8 (Estrichdicke ≤ 4 cm) und 0/16 im Sieblinienbereich A/B (obere Hälfte; siehe Abb. 5.4), Zementgehalt 340 bis 480 kg/m^3. Estriche im Freien sollen wegen des Frostschutzes mit LP-Mitteln hergestellt werden (siehe Abschn. 7.2.4 d). Fugen sind etwa alle 5 bis 6 m anzuordnen.

Terrazzo ist ein Zementestrich mit weißem und/oder farbigem Zuschlag aus schleif- und polierbarem Gesteinsmaterial, z. B. Marmorbruch. Zement: vorzugsweise weißer Zement („Dyckerhoff Weiß"; siehe Abschn. 4.7.4a).

6.6.3 Gussasphaltestrich GE

Gussasphaltestrich besteht aus Steinmehl (Füller), Sand, Splitt bis 5 mm (25 bis 35 Masse-%) und etwa 7 bis 10 Masse-% Bitumen, und zwar Bitumen nach DIN 1995 oder Hochvakuumbitumen oder Hartbitumen oder Gemische daraus. Härteklassen GE 10 bis GE 100 (4 Klassen; Prüfung durch Eindringtiefe eines Stempels; G 10: 1 mm bei 22 °C, Fläche 100 mm^2; G 100: 10 mm bei 40 °C, Fläche 500 mm^2). Gussasphalt ist wasserundurchlässig und unempfindlich gegenüber Feuchtigkeit.

Durch geringen Bindemittelüberschuss im Gemisch ist GE gut streichbar und wird bei einer Temperatur von ca. 220 bis 250 °C eingebaut und vor dem Erkalten mit feinem Sand abgerieben. Dicke mind. 2 cm, meist aber 3 cm. Gussasphalt-Estrich erfordert keine Fugen, ist nach 2 bis 3 Stunden begehbar und nach etwa 4 Stunden mit Bodenbelägen belegbar.

6.6.4 Hochbeanspruchbare Estriche, Industrie-Estriche

Arten von hochbeanspruchbaren Estrichen sind Gussasphaltestriche, Magnesiaestriche und zementgebundene Hartstoffestriche. Je nach der mechanischen Beanspruchung unterscheidet man die 3 Beanspruchungsgruppen I (schwer), II (mittel) und III (leicht), denen die entsprechenden Festigkeits- oder Härteklassen der Estriche zugeordnet werden.

Die für zementgebundene Hartstoffestriche verwendeten **Hartstoffe** werden als Buchstaben hinter die Festigkeitsklassen gesetzt: ZE 55M, ZE 65A und ZE 65 KS. Die Buchstaben haben die folgende Bedeutung: M = Metalle; A (Allgemein) = feste Natursteine, dichte Schlacke; K = Korund; S = Siliciumcarbid. Den Bezeichnungen der Estriche wird außerdem ein F für „hochbeanspruchbarer Estrich“ angehängt. Beispiel: Hartstoffestrich DIN 18 560 – ZE 65 KS – V 5/25F (V = Verbundestrich; 5 mm Hartstoffschicht; 25 mm Übergangsschicht).

6.6.5 Reaktionsharzestriche

Reaktionsharzestriche werden i. d. R. als dünne Schicht auf Beton, Estrich oder andere vorhandene Beläge aufgebracht. Sie enthalten unterschiedliche Zuschläge geringer Korngröße, oft Farbpigmente und als Bindemittel Epoxid-, Polyester-, Polymethacryl- oder Polyurethanharz. Übliche Dicke 8 bis 15 mm. Sie sind praktisch dampfdicht. Temperaturen ≥ 100 °C widerstehen sie i. d. R. nicht.

6.7 Fragen und Aufgaben zu Mörtel und Estrich

1) Welche Bedeutung hat bei Mörteln der Bindemittel- und Sandanteil?
2) Welche Arten von nichthydraulischen und hydraulischen Mörteln gibt es und wie unterscheiden sie sich voneinander?
3) Welche Arten von Werkmörteln gibt es und wie werden sie angewendet?
4) Welche Arten von Mauermörteln und Mauermörtelgruppen gibt es und wie werden sie angewendet?
5) Welche Anforderungen werden an Mauermörtel gestellt?
6) Welche Arten von Putzmörteln und Putzmörtelgruppen gibt es und wie werden sie angewendet?
7) Welche Anforderungen werden allgemein an Putzmörtel und speziell an Außen- und Innenmörtel gestellt?
8) Erläutern Sie die verschiedenen Dämmungsmöglichkeiten mit Putzmörteln.
9) Wo und warum verwendet man Dünnbettmörtel und Wärmedämmputze?
10) Wie werden Putze zu Feuerschutzzwecken eingesetzt?
11) Erläutern Sie die Begriffe Fugenmörtel, feuerfeste Mörtel, Einpressmörtel und Kunstharzmörtel.
12) Welche Arten von Estrichen gibt es nach Art des verwendeten Bindemittels?
13) Wie unterscheidet man Estriche nach ihrer Verbindung mit dem Untergrund?
14) Wie soll ein Zementestrich zusammengesetzt sein?
15) Was versteht man unter Terrazzo?
16) Was bedeuten die Zahlen in den verschiedenen Estrichbezeichnungen?
17) Welche Zuschlagstoffe verwendet man für hochbeanspruchbare Zementestriche?
18) Was bedeutet die Bezeichnung ZE 65 KS – V 5/25 F?
19) Warum benötigen Anhydritestriche keine Fugen?

7 Beton

(Siehe auch [13], [21], [24], [33], [39].)

Normen (Siehe auch in den folgenden Abschnitten des Kap. 7.)

DIN 1045	(1988-07)	Beton und Stahlbeton; Bemessung und Ausführung Diese Norm ist ersetzt durch die neue Norm DIN 1045 und DIN EN 206-1. Sie darf bis 31.12.2004 noch verwendet werden, was jedoch nicht empfohlen wird.
DIN 1045	(2001-07)	Tragwerke aus Beton, Stahlbeton und Spannbeton
-1		Teil 1: Bemessung und Konstruktion
-2		Teil 2: Beton – Festlegung, Eigenschaften, Herstellung, Konformität (Anwendungsregeln zur DIN EN 206-1; s. u.); Berichtigung (2002-06)
-3		Teil 3: Bauausführung; Berichtigung (2002-06)
-4		Teil 4: Ergänzende Regeln für Fertigteile
DIN EN 206-1	(2001-07)	Teil 1: Beton – Festlegung, Eigenschaften, Herstellung, Konformität
DIN-Fachbericht 100		Zusammenstellung von DIN EN 206-1 und DIN 1045-2 (Ausgabe 2001) Der DIN-Fachbericht 100 wurde erarbeitet, um die Anwendung von DIN EN 206-1 und die zugehörigen deutschen Anwendungsregeln DIN 1045-2 durch einen einheitlichen durchgehenden Text zu erleichtern. Für ihn wird im Folgenden die Kurzform 206-1/1045-2 verwendet.
DIN 1048	(1991-06)	Prüfverfahren für Beton
-1		Teil 1: Frischbeton
-2		Teil 2: Druckfestigkeit von Festbeton in Bauwerken und Bauteilen
-4		Teil 4: Anwendung von Bezugsgeraden; Besondere Verfahren
-5		Teil 5: Festbeton, gesondert hergestellte Probekörper
DIN EN 12 350-1 bis -7		Prüfung von Frischbeton (Ausgaben 2000) T. 1: Probenahme; T. 2 : Setzmaß (Slump-Test); T. 3: Setzzeit (Vébé); T. 4: Verdichtungsmaß; T. 5: Ausbreitmaß; T. 6: Rohdichte; T. 7: Luftgehalt
DIN EN 12 390-1 bis -9		Prüfung von Festbeton an Proben (Ausgaben 2000/01/02) T. 1: Maße; T. 2: Herstellung; T. 3: Druckfestigkeit; T. 4: Prüfmaschinen; T. 5: Zugfestigkeit; T. 6: Spaltzugfestigkeit; T. 7: Dichte; T. 8: Wassereindringtiefe; T. 9 (Entw.): Frostwiderstand (mit Wasser) und Frost-Tausalz-Widerstand (mit NaCl)

Außerdem:
Zusätzliche Technische Vertragsbedingungen (ZTV) des Bundesverkehrsministers, wie z. B. ZTV-K (Kunstbauten), ZTV-Ing. (Ingenieurbauten), ZTV-W (Wasserbau), ZTV-StB (Straßenbau).
Außerdem: Richtlinien des DAfStb (Deutscher Ausschuss für Stahlbeton), DBV (Deutscher Beton- und Bautechnik-Verein), Merkblätter und Veröffentlichungen des BDZ (Bundesverband der Deutschen Zementindustrie); Adressen siehe Abschn. 18.7.

7.1 Allgemeines

> Beton ist ein künstlicher Stein, der aus einem Gemisch von Zement, Betonzuschlag (Gesteinskörnungen) und Wasser durch Erhärten des Zementleims (Zement-Wasser-Gemisch) entsteht. Gegebenenfalls werden dem Beton Zusatzmittel und/oder Zusatzstoffe zugesetzt. Zementmörtel enthält Zuschlag bis maximal 4 mm Korngröße. Beton wird heute vorwiegend als Transportbeton eingesetzt.

a) Die **Bedeutung des Betons** im Bauwesen ist wegen seiner guten Eigenschaften nach wie vor groß. Durch Umweltbedingungen (z. B. Industrieabgase, saurer Regen, Frost, Taumittel) wird der Beton immer stärker beansprucht. Deshalb hatte die DIN 1045 (1988) zur Sicherung der Dauerhaftigkeit von Beton für Außenbauteile folgende Aussagen gemacht, die von der Sache her im Prinzip auch heute noch gelten: weicher, gut verdichtbarer Beton (Konsistenz KR = Regelkonsistenz); Zementgehalt ≥ 300 kg/m^3; Wasserzementwert ≤ 0,60; ausreichende Betonüberdeckung der Stahlbewehrung ≥ 3,5 cm. Außerdem ist für eine einwandfreie Verarbeitung und Verdichtung sowie eine sorgfältige Nachbehandlung (Feuchthalten!) zu sorgen. Nur so ist gewährleistet, dass der Beton ein gleichmäßiges, dichtes und festes Gefüge besitzt und die Bewehrungsstäbe satt und vollständig von Beton umschlossen sind. Nur dadurch ist ein fester Verbund zwischen Beton und Stahl vorhanden und der Stahl ist ausreichend lange vor Korrosion (Rosten) geschützt.

b) Die Übergangsfrist für die Anwendung der alten DIN 1045 endet am 31.12.2004. Ab 1.1. 2005 gilt für Beton *ausschließlich* die **neue Normengeneration**: DIN 1045 (2001-07) und DIN EN 206-1 (2001-07) – auch für Betonbauwerke, die zwar noch 2004 begonnen, aber erst 2005 oder später fertiggestellt werden. Der DIN-Fachbericht 100 (Ausgabe 2001) fasst die Aussagen von DIN EN 206-1 und DIN 1045-2 zusammen. Diese neue Normengeneration stellt die Dauerhaftigkeit des Beton-Bauwerks nun an alleroberste Stelle. Sie hat zu diesem Zweck in Abhängigkeit von den Umgebungsbedingungen 7 Expositionsklassen eingeführt (s. u. und Tafel 7.1) und diesen bestimmte Anforderungen an den Beton zugeordnet: Festigkeitsklasse, Zusammensetzung und weitere Anforderungen an andere wichtige Eigenschaften (siehe Tafeln 7.10 bis 7.13). Der Planer eines Bauwerks muss auf der Basis der Expositionsklassen eigenverantwortlich eine für alle Beteiligten verbindliche „Festlegung" vornehmen, die nachprüfbare Aussagen zu dem geplanten Betonbauwerk macht (siehe Abschn. 7.4).

Die **Expositionsklassen** tragen folgende Bezeichnungen:

- XO ohne Korrosions- oder sonstiges Angriffsrisiko
- XC Korrosionsgefahr durch Karbonatisierung (C = Carbonation)
- XD Korrosionsgefahr durch Chloride nicht aus Meerwasser (D = Deicing Salt; de-ice = enteisen)
- XS Korrosionsgefahr durch Chloride aus Meerwasser (S = Sea)
- XF Gefahr durch Frostangriff mit und ohne Taumittel (F = Frost)
- XA Gefahr durch chemischen Angriff (A = Acid = Säure)
- XM Gefahr durch Verschleißangriff (M = Mechanical Abrasion = Abrieb).

c) Die nach einer bestimmten Zeit erreichbare **Festigkeit** und die Endfestigkeit eines Betons sowie seine Dauerhaftigkeit werden von folgenden Faktoren maßgeblich beeinflusst: Normendruckfestigkeit des Zements; Zuschlag/Gesteinskörnungen (Eigenschaften, Sieblinie); Massenverhältnis von Wasser zu Zement (Wasserzementwert); Mischen, Verdichten, Erhärtungsbedingungen, insbesondere die Temperatur- und Feuchtigkeitsverhältnisse, Nachbehandlung.

Tafel 7.1 Beispiele für die Zuordnung von Umgebungsbedingungen zu den Expositionsklassen von Beton (nach 206-1/1045-2)

Klassen-bezeichnung		Umgebung	Beispiele für die Zuordnung
X 0		alle Umgebungsbedingungen außer XF, XA und XM	unbewehrte Fundamente ohne Frost; unbewehrte Innenbauteile
XC 1		trocken oder ständig nass	Bauteile in Innenräumen mit üblicher Luftfeuchte; Bauteile ständig in Wasser
XC 2		nass, selten trocken	Teile von Wasserbehältern; Gründungsbauteile
XC 3		mäßige Feuchte	Bauteile, zu denen die Außenluft häufig oder ständig Zugang hat, aber vor Regen geschützt; Innenräume mit hoher Luftfeuchtigkeit, auch gewerblich
XC 4		wechselnd nass und trocken	Außenteile mit direkter Beregnung
ausgenommen Chloride aus Meerwasser	XD 1	mäßige Feuchte	Einzelgaragen; Bauteile im Sprühnebelbereich von Verkehrsflächen
	XD 2	nass, selten trocken	Solebäder; Bauteile, die chloridhaltigen Industrieabwässern ausgesetzt sind
	XD 3	wechselnd nass und trocken	Teile von Brücken mit häufiger Spritzwasserbeanspruchung; Fahrbahndecken; Parkdecks
Chloride aus Meerwasser	XS 1	salzhaltige Luft, aber kein unmittelbarer Kontakt mit Meerwasser	Außenbauteile in Küstennähe
	XS 2	unter Wasser	Teile von Meerwasserbauwerken
	XS 3	Tidebereich Spritzwasser- und Sprühnebelbereiche	Teile von Meerwasserbauwerken
XF 1		mäßige Wassersättigung, ohne Taumittel	Außenbauteile
XF 2		mäßige Wassersättigung, mit Taumittel	Bauteile im Sprühnebel- und Spritzwasserbereich von taumittelbehandelten Verkehrsflächen und von Meerwasser
XF 3		hohe Wassersättigung, ohne Taumittel	offene Wasserbehälter; Bauteile in Süßwasserwechselzone
XF 4		hohe Wassersättigung, mit Taumittel	Verkehrsflächen; überwiegend horizontale Bauteile im Spritzwasserbereich von taumittelbehandelten Verkehrsflächen; Räumerlaufbahnen von Kläranlagen; Meerwasserbauwerke in der Wasserwechselzone
XA 1		chemisch schwach angreifend	Bauteile in Kläranlagen, Güllebehälter
XA 2		chemisch mäßig angreifend	Bauteile in betonangreifenden Böden; Bauteile, die mit Meerwasser in Berührung kommen
XA 3		chemisch stark angreifend	Industrieabwasseranlagen; Gärfuttersilos; Kühltürme mit Rauchgasableitung
XM 1		mäßige Verschleißbeanspruchung	Industrieböden mit Beanspruchung durch luftbereifte Fahrzeuge
XM 2		starke Verschleißbeanspruchung	Industrieböden mit Beanspruchung durch luft- oder vollgummibereifte Gabelstapler
XM 3		sehr starke Verschleißbeanspruchung	Beläge, die häufig mit Kettenfahrzeugen befahren werden; Industrieböden mit Beanspruchung durch elastomer- oder stahlrollenbereifte Gabelstapler; Bauwerke in geschiebebelasteten Gewässern (z. B. Tosbecken)

7.2 Betonbestandteile

7.2.1 Zement

Je höher die Normendruckfestigkeit des Zements, umso höher ist unter sonst gleichen Voraussetzungen die Betondruckfestigkeit.

Wichtig für die **Wahl der Zementart** und -menge sind: Zementnormendruckfestigkeit; Widerstandsfähigkeit des Zements gegen angreifende Wässer (HS-Zement); Zement mit niedrigem Alkaligehalt bei alkaliempfindlichen Zuschlägen (NA-Zement); geringes Schwinden des Betons (hängt ab von der Zementmenge), Wärmeentwicklung beim Erstarren und Erhärten.

Für **Massenbeton** (Dicke ≥ 1 m, z. B. bei Staumauern) verwendet man NW-Zemente, um Wärmestau und dadurch hervorgerufene Spannungen und Risse im Bauteil zu vermeiden. Weitere Maßnahmen bei Massenbeton sind: niedriger Zementgehalt, grobkörniger Zuschlag (Größtkorn z. B. 125 mm), Zugabe von Flugasche, Zugabewasser z. T. als Scherbeneis. Beim Betonieren im Winter verwendet man bei dünnen Bauteilen CEM I 42,5 R oder 52,5, und/oder man erwärmt das Anmachwasser auf bis zu 70 °C und den Zuschlag (z. B. mit Dampflanzen). Siehe auch Abschn. 7.7.5 a.

7.2.2 Betonzuschlag / Gesteinskörnungen

Die Zuschläge bilden im Beton das tragende mineralische Gerüst. Für die Festigkeit des Betons sind daher Kornform und Kornzusammensetzung wichtig.

Zuschlag besteht bei Normalbeton i. d. R. aus Körnern mit dichtem Gefüge, bei Leichtbeton mit porigem Gefüge (siehe Abschn. 7.12). Die Kornfestigkeit beeinflusst die Betondruckfestigkeit praktisch nur bei Leichtbeton, da poriger Leichtzuschlag eine geringere Festigkeit als der Zementstein hat. Beim Normalbeton ist es umgekehrt: Sand, Kies und Splitt haben eine größere Festigkeit als der Zementstein.

Bei Verwendung alkaliempfindlicher Zuschläge ist die DAfStB-Richtlinie „Alkalireaktion von Beton“ zu beachten. Zur Verwendung von rezykliertem Zuschlag siehe Abschn. 7.11. Die Sieblinien der DIN 1045 (siehe Abb. 5.4) gelten im Wesentlichen für Sand und Kies. In manchen Gebieten kommt zunehmend gebrochenes Gestein zur Herstellung von Splittbeton zum Einsatz.

Splittbeton[1)] (s. a. Abschn. 5.6.2d) wird i. d. R. mit etwa 35 bis 40 % Natursand 0/2 und 60 bis 65 % Splitt der Körnungen 2/5, 5/16 und 16/22 hergestellt. Doch kommt auch Brechsand 0/2 zum Einsatz. Wegen zu hoher und/oder stark schwankender Feinstkornanteile muss dieser jedoch durch zusätzliche Maßnahmen (Sieben, Sichten, Waschen) besonders aufbereitet werden. Die Biege- und Spaltzugfestigkeit von Splittbeton ist wegen der unregelmäßigen, kubischen bis splitterigen Kornform und der kantigen und rauen Oberfläche i. d. R. um 10 bis 20 % größer als die von Kiesbeton mit etwa gleicher Druckfestigkeit.

[1)] Siehe auch „Bauen mit Splittbeton“ und „Brechsand-Handbuch“, herausgegeben vom Bundesverband Naturstein-Industrie e. V., Buschstraße 22, 53113 Bonn.

7.2.3 Mehlkorn

Der Beton muss eine bestimmte Menge an Mehlkorn enthalten, damit er gut verarbeitbar ist und ein geschlossenes Gefüge erhält (siehe Tafel 7.2). Dies ist besonders wichtig bei Pumpbeton, bei Unterwasserbeton und Sichtbeton sowie bei feingliedrigen und engbewehrten Bauteilen. Der Mehlkorngehalt setzt sich aus dem Zementgehalt und dem im Betonzuschlag enthaltenen Kornanteil 0 bis 0,125 mm zusammen. Außerdem gehören dazu die Zusatzstoffe (siehe Abschn. 4.6 und 7.2.5), die dem Beton zugegeben werden. Im Übrigen gilt die Regel: So viel Mehlkorn wie nötig, so wenig wie möglich. Mit dem Mehlkorngehalt steigt der Wasseranspruch des Betons, verringern sich Frost- und Tausalzwiderstand sowie der Abnutzungswiderstand und nehmen Schwinden und Kriechen des Betons zu.

Tafel 7.2 Höchstzulässiger Mehlkorngehalt von Beton mit einem Zuschlaggrößtkorn von 16 bis 63 mm[1)] (DIN EN 206-1)

Betonfestigkeitsklasse		Expositionsklasse	Gehalt [3)] an Zement in kg/m³	höchstzulässiger Gehalt [4)] an Mehlkorn in kg/m³
Normal- und Schwerbeton	Leichtbeton			
bis C 50/60	bis LC 50/55	XF, XM [2)]	≤ 300	400
			≥ 350	450
ab C 55/67	ab LC 55/60	alle	≤ 400	500
			450	550
			≥ 500	600

1) Bei Größtkorn 8 mm kann der Mehlkorngehalt 50 kg/m³ höher sein.

2) Bei allen anderen Expositionsklassen Mehlkorngehalt ≤ 550 kg/m³
XF = Frostangriff ohne und mit Taumittel
XM = Verschleißbeanspruchung.

3) Bei Gehalten an Zement *zwischen* den aufgeführten Werten ist der Mehlkorngehalt geradlinig zu interpolieren.

4) Die Werte für den Mehlkorngehalt dürfen insgesamt um max. 50 kg/m³ erhöht werden, wenn
– ein puzzolanischer Zusatzstoff des Typs II (siehe Abschn. 7.2.5) verwendet wird, um dessen Gehalt
– der Zementgehalt 350 kg/m³ übersteigt, um den über 350 kg/m³ hinausgehenden Zementgehalt.

7.2.4 Betonzusatzmittel

a) **Allgemeines**

Betonzusatzmittel sind in der DIN EN 934-2 genormt. Bis zur bauaufsichtlichen Einführung dieser Norm gelten Allgemeine bauaufsichtliche Zulassungen. Betonzusatzmittel (siehe Tafel 7.3) sind Betonzusätze, die durch chemische und/oder physikalische Wirkungen bestimmte Eigenschaften des Betons, z. B. Verarbeitbarkeit (BV, FM, LP), Erstarrungsverhalten (VZ, BE), Frostbeständigkeit (LP), Fließverhalten von Einpressmörtel für Spannkanäle im Spannbetonbau (EH), Wasserdichtigkeit von Beton (DM) beeinflussen. Als Volumenanteil für Beton können sie vernachlässigt werden, da die Zusatzmengen gering sind. Die Zugabemengen eines Mittels/mehrerer Mittel in ml bzw. g je kg Zement betragen höchstens 50/60 (bis Beton C 50/60), 70/80 (bei hochfestem Beton ab C 55/67) und 50/60 (bei Spannbeton) sowie mindestens 2/2, es sei denn, sie sind in einem Teil des Anmachwassers aufgelöst. Mindestmengen bei FM siehe Abschn. 7.2.4 c.

Flüssige Zusatzmittel sind bei der Bestimmung des *w/z*-Wertes dem Wassergehalt hinzuzurechnen, wenn die gesamte Zugabemenge ≥ 3 l/m^3 verdichteten Betons beträgt.

Tafel 7.3 Betonzusatzmittel[1)]

Wirkungsgruppe	Kurzzeichen	Farbkennzeichen
Betonverflüssiger	BV	gelb
Fließmittel	FM	grau
Luftporenbildner	LP	blau
Dichtungsmittel [2)]	DM	braun
Verzögerer	Vz	rot
Beschleuniger	BE	grün
Einpresshilfen [3)]	EH	weiß
Stabilisierer [4)]	ST	violett
Chromatreduzierer [5)]	CR	rosa
Recyclinghilfe für Waschwasser [6)]	RH	schwarz
Schaumbildner	SB	orange

[1)] Siehe auch Abschn. 7.2.5 a bis e.
[2)] Dichtungsmittel verringern die kapillare Wasseraufnahme von Beton.
[3)] Einpresshilfen verbessern die Fließeigenschaften von Einpressmörtel für Spannkanäle im Spannbetonbau.
[4)] Stabilisierer verringern das Absondern von Wasser im Frischbeton („Bluten") und werden z. B. bei Pump-, Sicht- oder Spritzbeton eingesetzt.
[5)] Chromatreduzierer werden bei Mörtel und Beton eingesetzt, die von Hand verarbeitet werden, zur Eindämmung des Chromatekzems (Maurerkrätze).
[6)] Recyclinghilfen werden dem Reinigungswasser von Mischern zugesetzt, wenn dieses bei der Betonherstellung wieder verwendet werden soll, um die Hydratation des im Waschwassers enthaltenen Zements zu verzögern.

b) **Betonverflüssiger (BV)**

Betonverflüssiger machen den Beton weicher, ohne dass der Wassergehalt erhöht werden muss. Die Wassereinsparung liegt i. Allg. zwischen 5 und 15 %. Durch einen niedrigeren Wasserzementwert erhöhen sich Festigkeit und Dichtigkeit des Betons. Verringert man auch den Zementgehalt, bleibt also der *w/z*-Wert unverändert, ergibt sich z. B. bei Massenbeton eine geringere Wärmeentwicklung infolge Hydratation. Wirkungsweise von BV-Mitteln: Herabsetzung der Oberflächenspannung des Wassers (Pril!) und Reibungsverringerung zwischen den Zementteilchen sowie, durch elektrische Aufladung, gegenseitige Abstoßung derselben. Als Nebenerscheinungen der BV und auch der FM (s. u.) können Entmischungen (Bluten), Luftporenbildung und/oder Erstarrungsverzögerungen auftreten. Da entspanntes Wasser schneller aus den Betonkapillarporen verdunstet als normales Wasser, muss dieser Beton besonders gut feucht gehalten werden.

c) **Fließmittel (FM)**

Fließmittel (FM), auch als Superverflüssiger bezeichnet, sind in ihrer Wirkung stärker als die normalen Betonverflüssiger BV. Es entsteht ein sehr weicher bis flüssiger Beton. Die Wirkungsweise von FM ist die gleiche wie bei den BV. Wirkstoffe sind Ligninsulfonate, Melaminharze, Naphthalinsulfonate oder Polycarboxylate.

Fließbeton ist ein Beton mit sehr weicher, fließfähiger bis sehr fließfähiger Konsistenz (siehe Tafel 7.9) mit gutem Fließ- und Zusammenhaltevermögen. Er wird durch Zugabe von Fließmitteln erreicht. Die Zugabemenge pro kg Zement soll bei steifem Beton mind. 8 ml, bei plastischem Beton mind. 4 ml und bei weichem Beton mind. 2 ml betragen, beim Nachdosieren mind. 2 ml. Die verflüssigende Wirkung der Fließmittel lässt 30 bis 60 Minuten nach Zugabe nach. Bei höheren Temperaturen verkürzen sich diese Zeiten noch. Bei Transportbeton wird das Fließmittel erst nach Ankunft des Fahrmischers auf der Baustelle dem Beton zugemischt (Mischdauer mindestens 5 Min.). In stationären Mischern mit besonders guter Mischwirkung muss die Mischzeit mind. 1 Minute betragen. Für die Anwendung von Fließmitteln gibt es die DAfStb-Richtlinie „Fließbeton – Herstellung, Verarbeitung und Prüfung“ (1995-08).

Durch Verwendung besonderer Fließmittel (z. B. auf Polycarboxylatbasis) in hoher Dosis (z. B. 2 bis 3 Masse-% vom Zementgewicht) und eines hohen Anteils an Sand 0/2 und Feinststoffen, z. B. Gesteinsmehl, kann sog. **Selbstverdichtender Beton** (SVB; auch „Self Compacting Concrete“, SCC, genannt) hergestellt werden, der die Schalung ohne Verdichtungsarbeit satt ausfüllt. Siehe auch DAfStb-Richtlinie „Selbstverdichtender Beton“ (Entw. 2002-03).

d) **Luftporenbildner (LP)**

LP-Mittel erhöhen die Frost- und Frost-/Tausalzbeständigkeit von Beton. Für Beton, der häufig mit Tausalzen in Berührung kommt, ist die Zugabe von LP-Mitteln vorgeschrieben, für Beton mit hohem Frostwiderstand empfohlen (siehe Tafel 7.12).

Durch LP-Mittel werden in den Beton gleichmäßig verteilt kugelförmige Mikroluftporen (∅ bis 0,3 mm) eingeführt, die die Kapillarporen des Zementsteins (∅ 10^{-2} µm bis 10 µm) und damit ihre Saugfähigkeit unterbrechen. Durch den in den Kugelporen frei bleibenden Porenraum vermindert sich der Kristallisationsdruck des im Beton gefrierenden Wassers und der in den Beton eingedrungenen Tausalze.

Die kugelförmigen Luftporen bewirken auch, dass der Frischbeton weicher wird, wodurch sich der Wasseranspruch und der Mehlkorngehalt des Betons verringern. Die durch Luftporenbildner zusätzlich eingebrachten Luftporen sind bei der Berechnung des *w/z*-Wertes zu berücksichtigen (siehe auch Abschn. 7.6.1).

e) **Verzögerer (VZ) und Beschleuniger (BE)**

Verzögerer bewirken eine deutliche Verlängerung der Verarbeitbarkeitszeit. Sie werden angewendet z. B. bei massigen und großen Bauteilen, wenn bei diesen Arbeitsfugen vermieden werden sollen, bei Transportbeton bei langen Anfahrtswegen und Wartezeiten auf der Baustelle und bei heißem Wetter. Die Wirkung hängt stark von der Temperatur und vom verwendeten Zement ab. Wenn die Verarbeitbarkeitszeit um mehr als 3 Stunden verlängert werden soll, ist die DAfStb-Richtlinie „Verzögerter Beton“ (1995-08) zu beachten

Beschleuniger verlegen den Zeitpunkt des Erstarrens (Erstarrungsverzögerer) und/oder des Erreichens einer bestimmten Anfangsfestigkeit (Erhärtungsbeschleuniger) vor. Sie werden angewendet zur Erhöhung der Standfestigkeit von Betonwaren, zur schnellen Wiedergewinnung der Schalungen in Beton-Fertigteilwerken oder als Gefrierschutz für jungen Beton.

7.2.5 Anorganische Betonzusatzstoffe

a) **Typen:** Bei anorganischen Betonzusatzstoffen unterscheidet man zwei Typen. Zum Typ I gehören chemisch nahezu inaktive (sog. inerte) Zusatzstoffe, wie z. B. Gesteinsmehle nach DIN 4226-1 und Farbpigmente, zum Typ II puzzolanische oder latent-hydraulische Zusatzstoffe, wie z. B. Flugasche nach DIN EN 450 (s. u.) und Silicastaub nach Allgemeiner bauaufsichtlicher Zulassung. Es handelt sich dabei um fein aufgeteilte Betonzusätze, die bestimmte Betoneigenschaften beeinflussen und als Volumenbestandteile zu berücksichtigen sind.

b) **Farbpigmente** nach DIN EN 12 878 (1999-09) sind z. B. Eisenoxid-rot Fe_2O_3, Eisenoxidhydroxid-gelb FeOOH, Eisenoxid-schwarz Fe_3O_4, braunes Eisenoxid (Gemisch aus den vorgenannten), Chromoxid-grün Cr_2O_3, Chromoxidhydrat-grün CrOOH, Kobalt-Aluminium-Chromoxid-blau $CoO/Al_2O_3/Cr_2O_3$, Titan-Nickel-Antimonoxid-gelb oder Titandioxidweiß TiO_2. Auch Ruß wird verwandt. Farbpigmente müssen licht- und wetterfest sowie alkalibeständig sein.

c) **Flugasche FA** (Menge f in kg/m^3) und **Silicastaub SF** (Menge s in kg/m^3) (siehe Abschn. 4.6.1) dürfen bei Beton auf den Wasserzementwert w/z und den Mindestzementgehalt z wie folgt angerechnet werden:

   1) **Wasserzementwert** w/z über den k-Wert-Ansatz: äquivalenter w/z-Wert $(w/z)_{eq} = w/(z + k_f \cdot f)$ bzw. $= w/(z + k_s \cdot s)$ oder $w/(z + k_f \cdot f + k_s \cdot s) \leq 0{,}6$; $k_f = 0{,}4$, $k_s = 1{,}0$ für alle Expos.-Klassen außer XF 2 und XF 4 (Taumittel); maximal angerechnet dürfen nur $f = 0{,}33 \cdot z$ bzw. $s = 0{,}11 \cdot z$ werden. $(w/z)_{eq}$ wird auch als Wasser-Bindemittel-Wert bezeichnet.

   2) **Mindestzementgehalt**:
   $z + f$ bzw. $z + s \geq 240$ kg/m^3 bei XC 1, 2 und 3,
   ≥ 270 kg/m^3 bei allen übrigen Expos.-Klassen.

   3) **Beispiel**:
   Ein Beton der Expos.-Klasse XC 4 muss haben $w/z \leq 0{,}60$ und $z \geq 270$ kg/m^3 (siehe Tafel 7.11).
   Der Wassergehalt w betrage 170 kg/m^3. Bei Zugabe von f kg/m^3 Flugasche ergibt sich: $170/(z + 0{,}40 \cdot f) = 170/(z + 0{,}40 \cdot 0{,}33\, z) = 0{,}60$, d. h. $170/(1{,}13 \cdot z) = 0{,}60$, also $z = 170/(0{,}60 \cdot 1{,}13) = 250$ kg/m^3; $f = 0{,}33 \cdot 250 = 83$ kg/m^3 Flugasche.
   Daraus ergibt sich: $(w/z)_{eq} = 170/(250 + 0{,}4 \cdot 83) = 170/283 = 0{,}60$ und $z + f = 333 > 270$ kg/m^3.

7.3 Betoneigenschaften

7.3.1 Rohdichteklassen

Nach der **Festbeton-Trockenrohdichte** wird der Beton in Leichtbeton, Normalbeton und Schwerbeton eingeteilt (siehe Tafel 7.4 und 7.5). Wenn keine Verwechslung möglich ist, spricht man bei Normalbeton einfach von Beton.

7.3.2 Druckfestigkeitsklassen

Nach der Druckfestigkeit wird der Beton in Druckfestigkeitsklassen eingeteilt (siehe Tafel 7.6). Die dort aufgeführten *charakteristischen* Festigkeiten f_{ck} geben diejenigen Festigkeitswerte an, die erwartungsgemäß von 5 % aller möglichen Festigkeitsmessungen einer betrachteten Betonproduktion (sog. Grundgesamtheit) unterschritten werden (entspricht dem 5%-Quantil; siehe Abschn. 1.2). Sie werden i. d. R. an Probewürfeln mit 150 mm Kantenlänge ($f_{ck,cube}$) oder an Zylindern mit 150 mm Durchmesser und 300 mm Höhe ($f_{ck,cyl}$) bestimmt (siehe Abschn. 7.15.5). Eine Beurteilung der Festigkeitsentwicklung an Hand von Festigkeits-Messwerten nach 2 und 28 Tagen ist mit den Angaben in Tafel 7.8 möglich.

Die Festigkeitsklassen nach DIN 1045 (1988-07) sind in Tafel 7.7 aufgeführt.

Tafel 7.4 Rohdichteklassen von Beton nach 206-1/1045-2

Bezeichnung	Kurzzeichen	Festbeton-Trockenrohdichte kg/dm³ bzw. t/m³	Zuschläge [1)] z. B.
Leichtbeton	LC	0,8 bis ≤ 2,0	Blähschiefer Blähton Hüttenbims Naturbims
(Normal-)Beton [2)]	C	> 2,0 bis ≤ 2,6	Sand Kies Splitt ggf. Hochofenschlacke
Schwerbeton (Strahlenschutzbeton)	HC	> 2,6	Schwerspat (Baryt) Eisenerz Stahlgranulat

1) Ein Gemisch aus Zement, Wasser und Zuschlägen bis 4 mm Größtkorn heißt Zementmörtel.
2) Wenn keine Verwechslungen mit Schwer- oder Leichtbeton möglich sind, wird der Normalbeton als „Beton" bezeichnet.

Tafel 7.5 Rohdichteklassen von Leichtbeton nach 206-1/1045-2

	Leichtbeton						Normalbeton	Schwerbeton
Rohdichteklasse	D 1,0	D 1,2	D 1,4	D 1,6	D 1,8	D 2,0		
Trockenrohdichte in kg/m³	≥ 800 und ≤ 1000	> 1000 und ≤ 1200	> 1200 und ≤ 1400	> 1400 und ≤ 1600	> 1600 und ≤ 1800	> 1800 und ≤ 2000	> 2000 bis ≤ 2600	> 2600

1) Die Trockenrohdichte ist nach DIN EN 12 390-7 zu bestimmen.

Tafel 7.6 Druckfestigkeitsklassen von Beton nach 206-1/1045-2

Normal- und Schwerbeton [1]	Leichtbeton [1]
C 8/10 ≈ B 10 C 12/15 ≈ B 15 C 16/20 ≈ B 25 C 20/25 C 25/30 C 30/37 ≈ B 35 C 35/45 ≈ B 45 C 40/50 C 45/55 ≈ B 55 C 50/60	LC 8/9 ≈ LB 8 LC 12/13 ≈ LB 10 LC 16/18 ≈ LB 15 LC 20/22 LC 25/28 ≈ LB 25 LC 30/33 LC 35/38 ≈ LB 35 LC 40/44 LC 45/50 ≈ LB 45 LC 50/55 ≈ LB 55
Hochfester Beton [2]	**Hochfester Leichtbeton [2]**
C 55/67 C 60/75 C 70/85 C 80/95 C 90/105 C 110/115	LC 55/60 LC 60/66 LC 70/77 LC 80/88

[1] Zahlen bedeuten $f_{ck,cyl}$ / $f_{ck,cube}$:
$f_{ck,cyl}$ Charakteristische Festigkeit von Zylindern, ∅ 150 mm, Länge 300 mm, Alter 28 Tage.
$f_{ck,cube}$ Charakteristische Festigkeit von Würfeln, Kantenlänge 150 mm, Alter 28 Tage
Die Lagerung der Zylinder und Würfel geschieht nach DIN EN 12 390-2, d. h. nach dem Entformen ständig unter Wasser.
Die Charakteristische Festigkeit f_{ck} ist diejenige Festigkeit, die erwartungsgemäß von 5 % aller Festigkeitsmessungen einer Betonproduktion unterschritten wird. Sie entspricht dem 5 %-Quantil (siehe Abschn. 1.2).

[2] Für hochfeste Betone der Festigkeitsklassen C 90/105 und C 100/115 sowie LC 70/77 und LC 80/88 ist eine bauaufsichtliche Zulassung erforderlich.

Tafel 7.7 Festigkeitsklassen von Beton nach DIN 1045 (1988-07)

Betongruppe	Betonfestigkeitsklasse	Nennfestigkeit[1] β_{WN} N/mm²	Serienfestigkeit[2] β_{WS} N/mm²	Anwendung
Beton B I	B 5 B 10	5 10	8 15	Nur für unbewehrten Beton
	B 15 B 25	15 25	20 30	Für unbewehrten und bewehrten Beton
Beton B II	B 35 B 45 B 55	35 45 55	40 50 60	

[1] Mindestdruckfestigkeit jedes 20-cm-Würfels einer Würfelserie bzw. 5 %-Quantil bei statistischer Auswertung (siehe Abschn. 1.2).

[2] Mittlere Druckfestigkeit jeder Würfelserie.

Tafel 7.8 Schätzwerte für die Festigkeitsentwicklung von Beton bei 20 °C nach 206-1 /1045-2

Festigkeitsentwicklung	Schätzwert des Festigkeitsverhältnisses [1)] $f_{cm,2}/f_{cm,28}$
schnell	≥ 0,5
mittel	≥ 0,3 bis < 0,5
langsam	≥ 0,15 bis < 0,3
sehr langsam	< 0,15

[1)] $f_{cm,2}$ und $f_{cm,28}$ sind die mittleren Druckfestigkeiten, gemessen nach 2 bzw. 28 Tagen, z. B. bei der Erstprüfung an 15-cm-Würfeln, wassergelagert.

7.3.3 Luftgehalt

Beton enthält nach dem Verdichten Luftporen, sog. Verdichtungsporen. Ihr Gehalt unmittelbar nach dem Verdichten liegt zwischen 1 und 3 Vol.-%. LP ≤ 1 Vol.-% entspricht einer sehr guten, 1 bis 2 Vol.-% einer guten Verdichtung (siehe auch Abschn. 7.15.4). Sandreicher Beton kann einen LP-Gehalt bis 6 Vol.-% besitzen. Luftgehalte bei Verwendung von LP-Zusatzmitteln siehe Tafel 7.12 und Abschn. 7.2.4 d.

7.3.4 Konsistenz

Eine wichtige Frischbetoneigenschaft ist die Konsistenz. Sie ist ein Maß für Verarbeitbarkeit des Betons und wird beeinflusst durch den Wassergehalt und Zementgehalt, durch Form und Oberfläche der Zuschläge sowie durch die Sieblinie des Korngemisches. Konsistenzmessungen stellen eine wichtige Überwachungsmöglichkeit des Frischbetons dar und sind stets bei Lieferung von Transportbeton durchzuführen. Nach der Konsistenz wird Frischbeton in verschiedene Konsistenzbereiche eingeteilt (siehe Tafel 7.9). Nach dieser Tafel gibt es insgesamt 7 Konsistenzklassen: 0 = sehr steif, 1 = steif usw. bis 6 = sehr fließfähig. Selbstverdichtender Beton SVB (siehe Abschn. 7.2.4 c) hat die Konsistenzklasse 7.

Die bisherigen Konsistenzbereiche nach DIN 1045 (1988-07) lauteten: KS = steifer Beton (= C 0), KP = plastischer Beton (= F 2), KR = weicher Beton (= F 3) und KF = Fließbeton (F 4/F 5). Die Konsistenz KR wurde als sog. Regelkonsistenz für Außenbauteile empfohlen.

7.3.5 Betonbegriffe

Frischbeton heißt der Beton, solange er verarbeitet werden kann, **Festbeton**, wenn er erhärtet ist. Beton unmittelbar nach dem Verdichten und noch vor dem Erstarren wird als **grüner Beton** bezeichnet. Die so genannte Grünstandfestigkeit ist bei Betonwaren von Wichtigkeit. Beton nach dem Erstarren, der nicht mehr verarbeitbar ist, wird als **junger Beton** bezeichnet.

Ortbeton ist Beton, der als Frischbeton in die Schalung von Bauteilen, die sich in ihrer endgültigen Lage befinden, eingebracht wird und dort auch erhärtet.

Tafel 7.9 Konsistenzklassen [1] von Frischbeton (nach 206-1/1045-2)

Ausbreitmaßklassen [2]		
Klasse	Ausbreitmaß *a* in cm	
F 1	≤ 34	steif
F 2	35 bis 41	plastisch
F 3	42 bis 48	weich
F 4	49 bis 55	sehr weich
F 5	56 bis 62	fließfähig
F 6	≥ 63	sehr fließfähig
Verdichtungsmaßklassen [3]		
Klasse	Verdichtungsmaß *c*	
C 0	≥ 1,46	sehr steif
C 1	1,45 bis 1,26	steif
C 2	1,25 bis 1,11	plastisch
C 3	1,10 bis 1,04	weich

[1] Weitere Konsistenzklassen: Setzmaß-Klassen S1 bis S5; Setzzeit-Klassen (Vébé) V0 bis V4 (s. a. Abschn. 7.15.1 bis 7.15.3). Die Konsistenzklassen sind untereinander nicht direkt vergleichbar. Die bevorzugten Konsistenz-Prüfverfahren sind das Ausbreitmaß und bei steiferen Betonen das Verdichtungsmaß.
[2] Empfohlener Bereich ≥ 340 mm und ≤ 620 mm. Bei Ausbreitmaßen ≤ 700 mm ist die DAfStb-Richtlinie „Selbstverdichtender Beton" zu beachten. Beton der Klassen ≥ F4 ist mit Fließmitteln herzustellen.
[3] Empfohlener Bereich ≥ 1,04 und ≤ 1,46

Betonfertigteile werden nicht am endgültigen Ort der Verwendung, sondern im Werk hergestellt, im erhärteten Zustand im Bauwerk eingebaut und ggf. durch Ortbeton miteinander verbunden.

Baustellenbeton ist Beton, dessen Bestandteile vom Verwender auf der Baustelle in einen dort befindlichen Mischer gegeben und in diesem gemischt werden.

Tansportbeton (siehe Abschn. 7.7.1) ist Beton, dessen Bestandteile nicht vom Verwender außerhalb (ggf. auch *auf*) der Baustelle, i. d. R. im Transportbetonwerk, zugemessen werden und der auf der Baustelle einbaufertig übergeben wird. Er wird i. d. R. im Transportbetonwerk fertig gemischt, sog. *werk*gemischter Transportbeton, kann aber auch erst im Mischfahrzeug gemischt werden, sog. *fahrzeug*gemischter Transportbeton.

Trockenbeton und Trockenmörtel sind werkmäßig hergestellte Mischungen aus Zement, Gesteinskörnungen und ggf. Zusatzstoffen, die nach Zugabe von Wasser zu Beton oder Mörtel verarbeitet werden können. Die Anlieferung geschieht in Säcken, Großgebinden oder lose in Silos. Hinweise gibt die Trockenbeton-Richtlinie des DAfStb (2000-12).

7.4 Festlegung des Betons

7.4.1 Allgemeines

Vor Herstellung und Verarbeitung des Betons ist eine sog. Festlegung zu treffen. Darunter versteht man die endgültige Zusammenstellung dokumentierter technischer Anforderungen, die dem Hersteller als Eigenschaften oder Zusammensetzung des Frisch- und Festbetons vorgegeben werden.

Der Verfasser der Festlegung ist für ihre Richtigkeit und Vollständigkeit verantwortlich und lässt ggf. eine dazu erforderliche Erstprüfung durchführen. Der Hersteller ist die Person oder Stelle, die den Frischbeton herstellt, der Verwender die Person oder Stelle, die den Frischbeton zur Herstellung eines Bauwerks oder Bauteils verwendet.

Nach der Art der Festlegung wird unterschieden: Beton nach Eigenschaften, Beton nach Zusammensetzung und Standardbeton.

7.4.2 Beton nach Eigenschaften

Dies ist ein Beton, dessen Eigenschaften und ggf. zusätzlichen Anforderungen vom Ausschreibenden (Verfasser der Festlegung) dem Hersteller gegenüber verantwortlich festgelegt sind. Der Hersteller wählt die Zusammensetzung und die Ausgangsstoffe, führt eine Erstprüfung (früher Eignungsprüfung) durch und ist dafür verantwortlich, dass der geliefert Beton den geforderten Eigenschaften und zusätzlichen Anforderungen entspricht.

Wichtige grundlegende Festlegungen sind u. a.: Druckfestigkeits- und Expositionsklasse, Größtkorndurchmesser, Konsistenz. Zusätzliche Festlegungen können sich z. B. auf die Arten der Ausgangsstoffe, Frischbetontemperatur, Festigkeitsentwicklung, Widerstand gegen Wassereindringen und gegen Abrieb, Spaltzugfestigkeit beziehen.

7.4.3 Beton nach Zusammensetzung

Dies ist ein Beton, dessen Ausgangsstoffe und Zusammensetzung vom Ausschreibenden (Besteller, Verfasser der Festlegung) dem Hersteller gegenüber verantwortlich festgelegt sind. Der Verfasser ist dafür verantwortlich, dass seine Festlegung den geforderten Eigenschaften des Betons entspricht und prüft dies ggf. durch eine Erstprüfung (Eignungsprüfung) nach. Der Hersteller ist nur dafür verantwortlich, dass der gelieferte Beton den Angaben der Festlegung entspricht.

Wichtige grundlegende Festlegungen sind u. a.: Menge, Art und Festigkeitsklasse des Zements; Wasserzementwert oder Konsistenz; Art, Kategorie und Sieblinie des Zuschlags; Art und Menge der Zusatzstoffe und -mittel. Zusätzliche Festlegungen können sich z. B. auf Herkunft der Ausgangsstoffe, weitere Anforderungen der Gesteinskörnungen, Frischbetontemperatur bei Lieferung beziehen.

7.4.4 Standardbeton

Dies ist ein Normalbeton nach Zusammensetzung für unbewehrte und bewehrte Bauwerke der Festigkeitsklassen ≤ C16/20 und der Expositionsklassen X0, XC1 und XC2. Die Zusammensetzung ist in einer am Ort der Verwendung gültigen Norm vorgegeben. Zusatzmittel und -stoffe sind nicht zugelassen. Zementgehalte siehe Tafel 7.10.

Tafel 7.10 Mindestzementgehalte für Standardbeton (nach 206-1/1045-2)
Zement: Festigkeitsklasse 32,5 / Zuschlag: Größtkorn 32,5 mm

Festigkeitsklasse des Betons	Mindestzementgehalt in kg/m^3 [1)] verdichteten Betons für Konsistenzbereich		
	steif	plastisch	weich
C 8/10	210	230	260
C 12/15	270	300	330
C 16/20	290	320	360

[1)] Der Zementgehalt muss vergrößert werden um:
- 10 % bei einem Größtkorn des Zuschlags von 16 mm
- 20 % bei einem Größtkorn des Zuschlags von 8 mm

Der Zementgehalt darf verringert werden um:
- max. 10 % bei Zement der Festigkeitsklasse 42,5
- max. 10 % bei einem Größtkorn des Zuschlags von 63 mm.

7.5 Anforderungen an Zusammensetzung und Eigenschaften von Beton

Diese Anforderungen beziehen sich auf die Betone der verschiedenen Expositionsklassen (siehe Tafel 7.1) und auf Betone für besondere Anwendungen. Die „Betone mit besonderen Eigenschaften“ der DIN 1045 (1988-07) sind teils in der ersten, teils in der zweiten Gruppe enthalten.

7.5.1 Betone für die verschiedenen Expositionsklassen

Die den unterschiedlichen Umgebungsbedingungen entsprechenden Expositionsklassen sind in Abschn. 7.1 und in Tafel 7.1 genannt. Die Anforderungen an Betone, die diesen Umgebungsbedingungen ausgesetzt sind, sind in den Tafeln 7.11 bis 7.14 zusammengefasst.

7.5.2 Beton mit hohem Wassereindringwiderstand

Dieser Beton übernimmt auch dichtende Funktion gegenüber eindringendem Wasser in flüssiger Form. Er entspricht dem „wasserundurchlässigen Beton“ nach DIN 1045 (1988-07). Die Wassereindringtiefe soll ≤ 50 mm sein. Betonzusammsetzung: bei Bauteildicken ≥ 40 cm soll $w/z \leq 0{,}7$ sein. Bei Bauteildicken ≤ 40 cm soll $w/z \leq 0{,}60$ sein, $z \geq 280\ kg/m^3$, bei Anrechnung von Flugasche $\geq 270\ kg/m^3$, Betonfestigkeitsklasse ≥ C25/30. Der Einbau des Betons soll zügig erfolgen. Er darf sich beim Fördern und Einbringen nicht entmischen.

Keller aus wasserundurchlässigem Beton werden auch als **weiße Wanne** bezeichnet. Bei diesen übernimmt der Beton sowohl die tragende als auch die abdichtende Funktion. Weitere Abdichtungsmaßnahmen mit anderen Stoffen sind nicht mehr erforderlich. Besonderes Augenmerk ist der Bewehrung zu schenken, die die Rissebildung so weit beschränken muss, dass die Wasserundurchlässigkeit gesichert bleibt (weiter siehe S. 197).

Tafel 7.11 Grenzwerte für Zusammensetzung und Eigenschaften von Beton – Teil 1 nach 206-1/1045-2 (Zementarten siehe Tafel 7.13)

	kein Korrosions- oder Angriffsrisiko	Bewehrungskorrosion									
		durch Karbonatisierung verursachte Korrosion				durch Chloride verursachte Korrosion					
						Chloride außer aus Meerwasser			Chloride aus Meerwasser		
Expositionsklassen	X0[1)]	XC1	XC2	XC3	XC4	XD1	XD2	XD3	XS1	XS2	XS3
1 Höchstzulässiger *w/z*	–	0,75		0,65	0,60	0,55	0,50	0,45	siehe XD1	siehe XD2	siehe XD3
2 Mindestdruckfestigkeitsklasse [3)]	C8/10	C16/20		C20/25	C25/30	C30/37 [5)]	C35/45 [5)]	C35/45 [5)]			
3 Mindestzementgehalt [4)] in kg/m^3	–	240		260	280	300	320 [2)]	320 [2)]			
4 Mindestzementgehalt [4)] bei Anrechnung von Zusatzstoffen in kg/m^3	–	240		240	270	270	270	270			
5 Mindestluftgehalt in %	–	–		–	–	–	–	–			
6 Andere Anforderungen	–	–									

[1)] Nur für Beton ohne Bewehrung oder eingebettetes Metall.
[2)] Für massige Bauteile (kleinste Bauteilabmessung 80 cm) gilt der Mindestzementgehalt von 300 kg/m^3.
[3)] Gilt nicht für Leichtbeton.
[4)] Bei einem Größtkorn der Gesteinskörnung darf der Zementgehalt um 30 kg/m^3 reduziert werden. In diesem Fall darf [2)] nicht angewendet werden.
[5)] Bei Verwendung von Luftporenbeton, z. B. aufgrund gleichzeitiger Anforderungen aus der Expositionsklasse XF, eine Festigkeitsklasse niedriger.

Tafel 7.12 Grenzwerte für Zusammensetzung und Eigenschaften von Beton – Teil 2 nach 206-1/1045-2 (Zementarten siehe Tafel 7.13)

		Betonangriff												
		Frostangriff						Aggressive chemische Umgebung			Verschleißangriff [8]			
	Expositionsklassen	XF1	XF2		XF3		XF4	XA1	XA2	XA3	XM1	XM2		XM3
1	Höchstzulässiger *w/z*	0,60	0,55 [7]	0,50 [7]	0,55	0,50	0,50 [7]	0,60	0,50	0,45	0,55	0,55	0,45	0,45
2	Mindestdruckfestigkeitsklasse [3]	C25/30	C25/30	C35/45	C25/30	C35/45	C30/37	C25/30	C35/45	C35/45 [5]	C30/37 [5]	C30/37 [5]	C35/45 [5]	C35/45 [5]
3	Mindestzementgehalt [4] in kg/m^3	280	300	320	300	320	320	280	320	320	300 [9]	300 [9]	320 [9]	320 [9]
4	Mindestzementgehalt [4] bei Anrechnung von Zusatzstoffen in kg/m^3	270	[7]	[7]	270	270	[7]	270	270	270	270	270	270	270
5	Mindest-Luftgehalt in %	–	[6]	–	[6]	–	[6][10]	–	–	–	–	–	–	–
6	Andere Anforderungen	Gesteinskörnungen mit Regelanforderungen und zusätzlich Widerstand gegen Frost- und Taumittel (siehe DIN 4226-1 und Abschn. 5.5d)						–	–	[12]	–	Oberflächenbehandlung des Betons [11]	–	Hartstoffe nach DIN 1100
		F_3	MS_{25}		F_2		MS_{18}							

[3], [4] und [5] siehe Fußnoten in Tafel 5.11.

[6] Der mittlere Luftgehalt im Frischbeton unmittelbar vor dem Einbau muss bei einem Größtkorn der Gesteinskörnung von 8 mm ≥ 5,5 Vol.-%, 16 mm ≥ 4,5 Vol.-%, 32 mm ≥ 4,0 Vol.-% und 63 mm ≥ 3,5 Vol.-% betragen. Einzelwerte dürfen diese Anforderungen um höchstens 0,5 Vol.-% unterschreiten. Für Fließbeton sind die Werte um 1 Vol.-% zu erhöhen und das „Merkblatt für die Herstellung und Verarbeitung von Luftporenbeton" der FGSV zu beachten (Adresse siehe Abschn. 18.13).

[7] Zusatzstoffe des Typs II dürfen zugesetzt, aber nicht auf den Zementgehalt oder den *w/z* angerechnet werden.

[8] Die Gesteinskörnungen bis 4 mm Größtkorn müssen überwiegend aus Quarz oder aus Stoffen mindestens gleicher Härte bestehen, das gröbere Korn aus Gestein oder künstlichen Stoffen mit hohem Verschleißwiderstand. Die Körner aller Gesteinskörnungen sollen mäßig raue Oberfläche und gedrungene Gestalt haben. Das Gesteinskorngemisch soll möglichst grobkörnig sein.

[9] Höchstzementgehalt 360 kg/m^3, jedoch nicht bei hochfesten Betonen.

[10] Erdfeuchter Beton mit $w/z \leq 0{,}40$ darf ohne Luftporen hergestellt werden.

[11] Zum Beispiel Vakuumieren und Flügelglätten des Betons.

[12] Schutzschichten oder dauerhafte Bekleidungen sind erforderlich.

Tafel 7.13 Zuordnung der Zementarten zu den Expositionsklassen der Tafeln 7.11 und 7.12 nach 206-1/1045-2 [13], s. a. Tafel 4.4

Gruppe	Expositionsklasse	CEM I	CEM II	CEM II	CEM II	CEM II	CEM III	CEM III	CEM IV	CEM V
			A/B-S A/B-T A-D A-LL	A/B-V A/B -P/Q	B-LL A/B-L 1) A-M 2) A-W	B-M 2) B-W	A 3) B 3)	C	A B	A B
0	X0 und außerhalb DIN EN 206-1	X	X	X	X	X	X	X	X	X
1	XC1; XC2	X	X	X	X	0 5)	X	0 5)	0 5)	0 5)
2	XC3	X	X	X	0 5)	0	X	0	0	0
3	XC4; XF1; XA1	X	X	X	0 5)	0	X	0 5)	0	0
4	LP-Betone: XF2; XF3; XS1; XD1	X	X	0 5)	0 5)	0	X	0	0	0
5	XS1; XD1; XM1; XM2 (mit Oberflächenbehandlung)	X	X	X	0 5)	0	X	0	0	0
6	LP-Betone: XF4; XD2; XS2	X	X	0 5)	0 5)	0	X	0 5)	0	0
7	XS2; XD2; XA2 4); XF2 (ohne LP); XF3 (ohne LP)	X	X	0 5)	0 5)	0	X	0 5)	0	0
8	XS3; XD3; XA3 4); XM2; XM3 mit HS	X	X	X	0 5)	0	X	0 5)	0	0
9	Sonstige (z. B. LP-Beton XD3 und XS3)	X	X	X	0	0	X	0	0	0

X = gültiger Anwendungsbereich 0 = nach DIN 1045-2 nicht anwendbar

1) CEM II/A-L erfüllt vollständig Expositionsklassengruppe 8.
2) Anwendung nach DIN 1045-2 Tabelle F.3.2.
3) Anwendung für XF4; Bedingung DIN 1045-2 Tabelle F.3.2 beachten.
4) Bei Sulfatangriff muss HS-Zement verwendet werden.
5) Anwendung einzelner Zemente für bestimmte Expositionsklassen möglich.

Tafel 7.14 Grenzwerte für die Expositionsklassen XA 1, XA 2 und XA 3 bei chemischem Angriff durch natürliche Böden und Grundwasser nach 206-1/1045-2

Vorkommen	chemisches Merkmal		Expositionsklasse		
			XA 1 schwach	XA 2 mäßig	XA 3 stark
Grundwasser	pH-Wert		≤ 6,5 - 5,5	< 5,5 - 4,5	≤ 4,5 - 4,0
	angreifende Kohlensäue (CO_2)	mg/l	≥ 15 - 40	> 40 - 100	> 100 bis zur Sättigung
	Ammonium (NH_4^+)[2)]	mg/l	≥ 15 - 30	> 30 - 60	> 60 - 100
	Magnesium (Mg^{2+})	mg/l	≥ 300 - 1000	> 1000 - 3000	> 3000 bis zur Sättigung
	Sulfat (SO^{2-}_4)	mg/l	≥ 200 - 600	> 600 - 3000	> 3000 - 6000
Boden	Säuregrad nach Baumann-Gully	ml/kg	> 200	in der Praxis nicht anzutreffen	
	Sulfat (SO^{2-}_4) [3)]	mg/kg	≥ 2000 - 3000	> 3000 - 12 000	> 12 000 - 24 000

1) Für die Beurteilung ist der höchste Angriffsgrad maßgebend, auch wenn er nur von einem der Werte erreicht wird. Liegen zwei oder mehrere Werte in einer Klasse, erhöht sich der Angriffsgrad um eine Stufe (ausgenommen Meer- und Niederschlagswasser).
2) Gülle kann unabhängig vom NH^+_4-Gehalt in die Expositionsklasse XA 1 eingeordnet werden.
3) Tonböden mit einer Durchlässigkeit < 10^{-5} m/s dürfen eine Klasse tiefer eingestuft werden.

Hinweise gibt die DAfStb-Richtlinie „Wasserundurchlässige Bauwerke aus Beton". Sie unterscheidet zwischen WU-Beton für normale Anforderungen, bei dem der Feuchttransport in flüssiger Form durch Angabe einer zulässigen Wassereindringtiefe festzulegen ist, und WUH-Beton für hohe Anforderungen, bei dem ein Feuchtetransport in flüssiger Form nicht zulässig ist.

7.5.3 Beton für hohe Gebrauchstemperaturen bis 250 °C

Hierfür verwendet man Zuschläge mit möglichst kleiner Wärmeausdehnung, wie bestimmte Kalksteine oder Hochofenschlacke. Der Beton soll doppelt so lange nachbehandelt werden wie sonst üblich (siehe auch Abschn. 7.5.3). Die erste Erhitzung, vor der der Beton ausgetrocknet sein soll, soll möglichst langsam erfolgen. Die Nachbehandlung des Betons muss mind. doppelt so lange erfolgen wie in der Richtlinie „Nachbehandlung" (siehe Tafel 7.18) für „starke Sonneneinstrahlung und/oder starker Wind und/oder geringe rel. Luftfeuchte ≤ 50 %" gefordert wird. Weitere Informationen siehe Heft 337 des DAfStb.

7.5.4 Unterwasserbeton

a) **Zusammensetzung:** Für Unterwasserbeton soll die Konsistenz mindestens weich (F3) sein, auch Fließbeton (F4 bis F6). Wasserzementwert ≤ 0,6; Zuschlagsieblinie etwa in der Mitte zwischen A und B. Der Mehlkorngehalt muss ausreichend groß sein, damit der Beton beim Einbringen auch ohne Verdichtung ein geschlossenes Gefüge erhält. Er darf die Werte der Tafel 7.2. überschreiten.

b) Das **Einbringen** des fertig gemischten Betons geschieht auf verschiedene Art und Weise. Durch senkrechte Fallrohre, die stets ausreichend tief in den bereits ausgelaufenen Beton eintauchen müssen (sog. *Contractor-Verfahren*). Erosionsfester Beton kann frei durchs Wasser fallend eingebracht werden, z. B. großflächig von einer schwimmenden, aus Lamellen bestehenden Palette aus auf eine unter Wasser befindliche Steinschüttung (*Hydrocrete-Beton*). Beim Ausgussbeton werden in die Steinschüttung im Abstand von 2 bis 3 m Stahlrohre gerammt, die beim Verpressen des Injektionsmörtels langsam gezogen werden. Der Mörtel besteht aus Zement, Sand und Wasser sowie einem verflüssigenden und treibenden Zusatzmittel (*Prepact-Verfahren*). Oder der Mörtel wird dadurch erzeugt, dass in einem Spezialmischer zunächst der Zementleim hochtourig vorgemischt und danach erst mit Sand versetzt wird (*Colcrete- bzw. Tectocrete-Verfahren*).

7.5.5 Flüssigkeitsdichter Beton (FD-Beton)

Wird Beton flüssigen oder pastösen wassergefährdenden Stoffen ausgesetzt, z. B. bei Bodenbefestigungen von Tankstellen, ist die DAfStb-Richtlinie „Betonbau beim Umgang mit wassergefährdenden Stoffen“ zu beachten. Sie unterscheidet FD-Beton und FDE-Beton.

FD-Beton ist ein flüssigkeitsdichter Beton mit begrenzter Eindringtiefe von wassergefährdenden Stoffen, für den die Richtlinie u. a. folgende Angaben macht: Alle Zemente zulässig außer CEM II/B-P; w/z bzw. $w/(z + 0{,}4 \cdot f) \leq 0{,}50$, $f \leq 0{,}25 \cdot z$; Zementleimgehalt ≤ 290 kg/m^3 (einschl. angerechneter Flugasche $0{,}4 \cdot f$); Zuschlag-Größtkorn 16 bis 32 mm, Sieblinie A/B; LP-Beton zulässig, möglichst Konsistenz KR (= F3).

FDE-Beton ist ein flüssigkeitsdichter Beton, bei dem die Eindringtiefe für eine Betonzusammensetzung nachgewiesen ist, die von der für FD-Beton abweichen kann.

7.6 Berechnung der Betonzusammensetzung

Um die Betonzusammensetzung für eine gewünschte Betonfestigkeitsklasse und Betonkonsistenz berechnen zu können (Mischungsberechnung), benötigt man Angaben über den erforderlichen Wasserzementwert (siehe Abschn. 7.6.1) und den benötigten Wassergehalt (siehe Abschn. 7.6.2). Mischungsberechnungen sind in Abschn. 7.6.3 durchgeführt.

7.6.1 Wasserzementwert

Unter dem Wasserzement w/z, auch mit dem griechischen Buchstaben ω (Omega) bezeichnet, versteht man das Verhältnis des Gesamtwassers (siehe Abschn. 7.6.2) zum Zement im Beton:

$$\text{Wasserzementwert } \omega = w/z = \frac{\text{Masse des Gesamtwassers in kg}}{\text{Masse des Zements in kg}}$$

Der Wasserzementwert ist von ausschlaggebender Bedeutung für den Porenraum des Zementsteins (siehe Abschn. 4.7.5 a) und damit für die Dichtigkeit und Festigkeit des Betons. Werden außer Zement auch Zusatzstoffe vom Typ II dem Beton zugegeben, die auf den Zementgehalt angerechnet werden dürfen (siehe Abschn. 7.2.5 c), spricht man auch vom Wasser-Bindemittelwert $w/(z+f)$, $w/(z+s$ bzw. $w/(z+f+s.$ f = Flugasche, s = Silicastaub, Masse in kg.

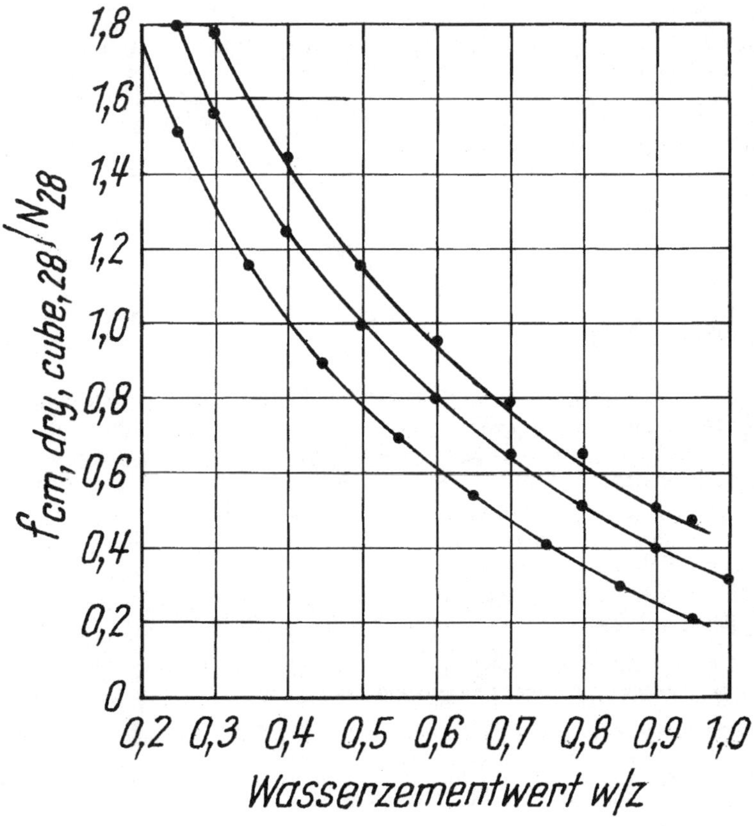

Abb. 7.1
Walz-Kurve: Verhältnis von Beton-Druckfestigkeit zu Zement-Normendruckfestigkeit in Abhängigkeit vom Wasserzementwert [33]
LP-Gehalt des Betons: 1,5 Vol.-%

$f_{cm, dry, cube, 28}$ mittlere Beton-Druckfestigkeit nach 28 Tagen, gemessen an 150-mm-Würfeln, gelagert nach DIN 1048-5 („Luftlagerung", siehe Abschn. 7.15.5b)

N_{28} Zement-Normendruckfestigkeit nach 28 Tagen

Der Zusammenhang zwischen Beton-Würfeldruckfestigkeit $f_{cm, 28}$, Zement-Normendruckfestigkeit N_{28} und Wasserzementwert (*w/z*-Wert) veranschaulicht das **Wasserzementwert-Gesetz** (sog. **Walz-Kurve**).

Die Grenzwerte für den Wasserzementwert nach 206-1/1045-2 sind den Tafeln 7.10 bis 7.12 zu entnehmen. In der Walz-Kurve ist ein normaler Luftporengehalt im Beton von 1,5 Vol.-% berücksichtigt. Werden in den Beton durch LP-Mittel künstliche Luftporen eingeführt, so ist der über 1,5 Vol.-% hinausgehende LP-Gehalt bei der Berechnung des *w/z*-Wertes zu berücksichtigen, bevor die Walz-Kurve angewendet werden kann.

Beispiele ($f_{cm, 28}$ mittlere Betondruckfestigkeit nach 28 Tagen):

1. Beton ohne LP-Mittel
   LP-Gehalt = 1,5 Vol.-%; Wassergehalt w = 170 kg/m³, Zementgehalt z = 300 kg/m³, w/z = 170 : 300 = 0,57; verwendeter Zement CEM I 32, 5 R mit N_{28} = 45 N/mm²; aus Abb. 7.1 folgt $f_{cm, 28} : N_{28} = 0{,}86 \rightarrow f_{cm, 28} = 0{,}86 \cdot 45 = 39$ N/mm².

2. Beton mit LP-Mittel (ohne Verringerung von w)
   LP-Gehalt = 4,5 Vol.-%, davon 3 Vol.-% zusätzlich, d. h. 30 l/m³; $w = 170$ kg/m³, $z = 300$ kg/m³, $w/z = (170 + 30) : 300 = 0{,}67$; $f_{cm,\,28} : N_{28} = 0{,}68 \rightarrow f_{cm,\,28} = 0{,}68 \cdot 45 = 31$ N/mm².

3. Beton mit LP-Mittel (mit Verringerung von w)
   Je 1 Vol.-% zusätzlicher LP-Gehalt kann 5 kg/m³ Wasser eingespart werden, hier also 15 kg/m³; d. h., $w = 155$ kg/m², $w/z = (155 + 30) : 300 = 0{,}62$; $f_{cm,\,28} : N_{28} = 0{,}78 \rightarrow f_{cm,\,28} = 0{,}78 \cdot 45 = 35$ N/mm².

7.6.2 Wassergehalt

Das Wasser ist für die physikalischen und chemischen Erstarrungs- und Erhärtungsvorgänge im Beton erforderlich (siehe Abschn. 4.7.5 a) und dient wie beim Mörtel als Gleitmittel für die Zuschlagkörner beim Verdichten. Die Menge des Gesamtwassers (Zugabe- bzw. Anmachwasser + Oberflächenfeuchte des Zuschlags, besonders des Sandes), die zur Erreichung einer bestimmten Betonkonsistenz (steif, plastisch oder weich) erforderlich ist, der sog. Wasser*bedarf*, hängt im Wesentlichen von der Kornzusammensetzung und dem Größtkorn des Zuschlags ab (s. a. Abschn. 5.6.4 und Tafel 5.4). Enthält der Beton wie z. B. beim Leichtbeton (siehe Abschn. 7.12) auch poröse Zuschlagkörner, die Wasser aufsaugen können, ist dies bei der Bemessung der Anmachwassermenge zu berücksichtigen.

Tafel 7.15. gibt die auf Prof. *Walz* (siehe [40]) zurückgehenden Wassergehalte in Abhängigkeit von der Körnungsziffer k bzw. der Sieblinie und der Konsistenz an.

Man kann den Wasserbedarf auch nach einer empirischen Formel von *Tietze* errechnen:

$$w = \frac{1100}{k+3} + a$$

wobei
a = 0 bei Konsistenz steif
a = 20 bei Konsistenz plastisch
a = 40 bei Konsistenz weich
k Körnungsziffer des Zuschlaggemisches

Alle diese Wassergehalte sind angenäherte Werte für normalen Kiesbeton. Bei Verwendung von Splitt oder bestimmten Zusatzmitteln oder Zusatzstoffen müssen die Werte korrigiert werden (siehe unten).

Tafel 7.15 Abschätzung des Wasseranspruchs w in kg/m³ von Frischbeton für verschiedene Konsistenzbereiche (Zuschlag: Kiessand) [13]

Konsistenzbereich	Wasseranspruch des Zuschlags	Sieblinie								
		A 8	B 8	C 8	A 16	B 16	C 16	A 32	B 32	C 32
steif	hoch	155	190	210	140	170	190	130	145	165
	niedrig	145	175	195	120	150	175	105	130	160
plastisch	hoch	180	205	230	160	185	210	155	180	200
	niedrig	170	195	220	140	170	200	135	165	190
weich	hoch	200	230	250	185	215	235	175	195	215
	niedrig	185	215	235	170	195	220	155	180	205
Körnungsziffer k		3,64	2,89	2,27	4,61	3,66	2,75	5,48	4,20	3,30

Beispiel: Zuschlaggemisch 0/32, SL B/C 32, Körnungsziffer k = 3,80; Konsistenz weich (oberer Bereich)

1) nach Tafel 7.15
(interpoliert mit den Körnungsziffern von B/C 32 = 3,80, B 32 = 4,20 und C 32 = 3,30)

$$\text{hoch: } 215 - \frac{3{,}80-3{,}30}{4{,}20-3{,}30}\cdot(215-195) = 215 - \frac{0{,}50}{0{,}90}\cdot 20 = 215 - 11 = 204$$

$$\text{niedrig: } 205 - \frac{3{,}80-3{,}30}{4{,}20-3{,}30}\cdot(205-180) = 205 - \frac{0{,}50}{0{,}90}\cdot 25 = 205 - 14 = 191$$

im Mittel = 198

$w = 198\ \text{kg/m}^3$ verdichteter Beton

2) nach der Formel von *Tietze*

$$w = \frac{1100}{3{,}80+3} + 40 = 162 + 40 = 202$$

$w = 202\ \text{kg/m}^3$ verdichteter Beton

Korrekturen an den Wasserbedarfszahlen sind in folgenden Fällen erforderlich (Richtwerte):

1. Steigt der **Mehlkorngehalt** aus Zement + *gesondert* zugegebenen Zusatzstoffen über $350\ \text{kg/m}^3$, dann erhöht sich der Wassergehalt um $1\ \text{kg/m}^3$ für je $10\ \text{kg/m}^3$ Mehlkornanteil. Der Mehlkornanteil der Gesteinskörnung entsprechend den Sieblinien ist in den Wasserbedarfszahlen bereits berücksichtigt.
2. Verwendung von **Splitt** (gebrochenes Korn) ab 8 mm Korngröße erhöht den Wasseranspruch um wenigstens 5 %, ab bereits 4 mm Korngröße um 7 bis 10 %.
3. Bei der Verwendung eines **Verflüssigers** (BV) kann der abgelesene Wassergehalt um wenigstens 5 % vermindert werden. Bei Verwendung von **Luftporenbildnern** (LP) können im Mittel für 1 Vol.-% *zusätzlicher* Luftporen etwa $5\ \text{kg/m}^3$ Wasser abgezogen werden (siehe Abschn. 7.2.4d).

Der tatsächliche Wasserbedarf ist in einer Erstprüfung (siehe Abschn. 7.14.1) im Labor zu bestimmen. Eine Kontrolle der richtigen Wasserzugabe auf der Baustelle ist durch die Konsistenzprüfung (Ausbreitversuch, Verdichtungsmaß, siehe Abschn. 7.15.1 und 7.15.2) möglich. Außerdem kann der Wassergehalt durch Trocknen einer Frischbetonprobe überprüft werden.

7.6.3 Mischungsberechnung

Will man im Einzelfall den genauen Baustoffbedarf zur Herstellung von $1\ \text{m}^3$ Beton wissen, so kann man nach zwei Verfahren vorgehen: Zementleim-Methode oder Stoffraumrechnung.

a) Zementleim-Methode (Herstellen einer Probemischung)

Zunächst muss man den für die gewünschte Betonfestigkeitsklasse erforderlichen Wasserzementwert ω (w/z) aus der Walz-Kurve (siehe Abb. 7.1) entnehmen. Dann gibt man zu einer abgewogenen Zuschlagmenge g in kg bei laufendem Mischer so viel Zementleim zl in kg hinzu, bis die Mischung die gewünschte Konsistenz hat. Aus der fertigen Probemischung stellt man Probewürfel her, an denen man die Frischbetonrohdichte ρ_{bf} feststellt und als Kontrolle die Würfelfestigkeit überprüfen kann.

Rechenbeispiel:

1) Zusammensetzung der Probemischung
$g = 48$ kg; $zl = w + z = 12$ kg und $w/z = 0{,}5$, d. h. $0{,}5 \cdot z + z = 1{,}5 \cdot z = 12$ kg;
$z = 8{,}0$ kg; $w = 4{,}0$ kg

2) Zusammensetzung von 1 m³ verdichteten Frischbeton (G, Z, W)
$\rho_{bf} = 2{,}375$ kg/dm³ (gemessen) $= 2375$ kg/m³;
Die Anteile G, Z und W lassen sich aus Verhältnisgleichungen wie folgt berechnen:

Zement Z:	$z/(z+g+w)$	$=$	$z/(8+48+4)$	$z/60$	$= Z/2375$	$Z =$	317 kg/m³
Zuschlag G:	$g/(z+g+w)$	$=$	$g/(8+48+4)$	$g/60$	$= G/2375$	$G =$	1900 kg/m³
Wasser W:	$w/(z+g+w)$	$=$	$w/(8+48+4)$	$w/60$	$= W/2375$	$W =$	158 kg/m³

3) Mischungsverhältnis MV

$$\text{MV} = 1 : \frac{\text{Zuschlag, trocken in kg}}{\text{Zement in kg}} = \frac{\text{Gesamtwasser in kg}}{\text{Zement in kg}} = 1 : k : \omega$$

$$= 1 : 1900/317 : 158/317 = 1 : 5{,}99 : 0{,}50$$

Die obige Verhältnisgleichung für Zement Z lässt sich auch wie folgt schreiben:

$$\frac{z}{z+g+w} = \frac{1}{1+k+\omega} = \frac{Z}{1000 \cdot \rho_{bf}}; \quad Z = \frac{1000 \cdot \rho_{bf}}{1+k+\omega} = \frac{1 \cdot 2375}{7{,}49} = 317 \text{ kg/m}^3$$

Entsprechend erhält man:

$$G = k \cdot z = 5{,}99 \cdot 2375/7{,}49 = 5{,}99 \cdot 317 = 1900 \text{ kg/m}^3$$
$$W = \omega \cdot z = 0{,}50 \cdot 2375/7{,}49 = 0{,}50 \cdot 317 = 158 \text{ kg/m}^3$$
$$\text{Summe} = 2375 \text{ kg/m}^3$$

b) **Stoffraumrechnung**

Für die Durchführung der Stoffraumrechnung benötigt man das Wasserzementwert-Gesetz (Walzkurve; siehe Abb. 7.1) und Schätzwerte für den Gesamtwassergehalt (siehe Tafel 7.15 oder Formel von Tietze).

Die Stoffraumrechnung beruht auf der Überlegung, dass 1 m³ = 1000 dm³ verdichteter Frischbeton sich zusammensetzt aus dem Stoffraum der beteiligten Stoffe, ausgedrückt in der sog. **Stoffraumgleichung**:

$$1000 = V_z + V_g + V_w + V_l = \frac{z}{\rho_z} + \frac{g}{\rho_g} + \frac{w}{\rho_w} + V_l \quad \text{in dm}^3/\text{m}^3$$

Hierin bedeuten für 1 m³ verdichteten Frischbeton (Volumen in dm³/m³, Menge in kg/m³, Dichte in kg/dm³):

V_g, g, ρ_g Volumen, Menge und Dichte des Zuschlags (Gesteinskörnung)
V_z, g, ρ_z Volumen, Menge und Dichte des Zements
V_w, w, ρ_w Volumen, Menge und Dichte (= 1) des Gesamtwassers
V_l Luftporenvolumen in dm³/m³

Bei Verwendung von Zusatzstoffen Flugasche (f) und/oder Silicastaub (s) erweitert sich die Stoffraumgleichung um die Summanden f/ρ_f und/oder s/ρ_s.

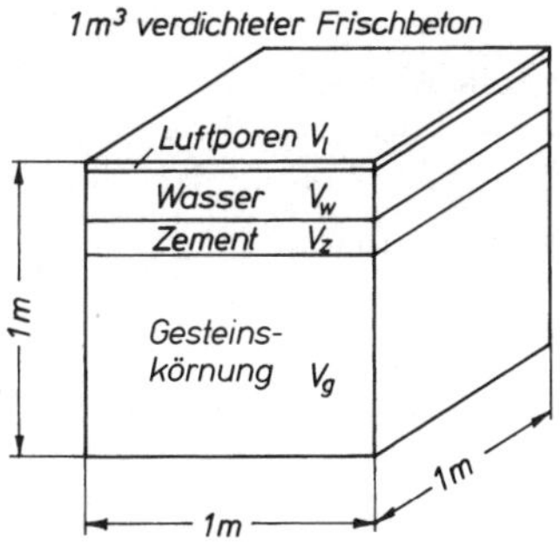

Beispiel:

1. Angestrebte Beton-Druckfestigkeitsklasse C 45/55 — $f_{ck,cube,28} = 45$ N/mm²
   Verwendeter Zement CEM I 32,5 R — $N_{28} = 45$ N/mm²
   Wasserzementwert aus Abb. 7.1 für $f_{ck,cube,28}/N_{28} = 1{,}0$ — $\omega = 0{,}5$
2. Verwendeter Zuschlag (trocken): Kiessand der Sieblinie B 32
   Gewünschte Konsistenz des Betons: plastisch, F2
   Gesamtwasser aus Tafel 7.15 (niedriger Wasseranspruch) — $w = 165$ kg/m³
3. Zementgehalt $z = w/\omega = 165/0{,}5$ — $z = 330$ kg/m³
4. Stoffraumrechnung

Gesamtwasser	165 l/m³
Zement = z/Dichte des Zements = 330/3,1 = (Tafel 4.7)	106 l/m³
Luftporengehalt im verdichteten Frischbeton	15 l/m³
zusammen	286 l/m³
Zuschlag (trocken) in l/m³ = 1000 – 286 =	714 l/m³
Zuschlag (trocken) in kg/m³ = 714 × Rohdichte des Zuschlags = 714 · 2,65	$g = 1892$ kg/m³
Summe = $w + z + g$	= 2387 kg/m³

5. Mischungsverhältnis

$$\text{MV} = 1 : \frac{1892}{330} \cdot \frac{165}{330} = 1 : 5{,}7 : 0{,}5$$

Mit diesem Mischungsverhältnis werden eine Probemischung und Probewürfel hergestellt, an denen die Betondruckfestigkeit überprüft werden kann.

6. Baustoffanteile für 1 m³ verdichteten Beton bei trockenem Zuschlag
   Zement z = 330 kg; Zuschlag (trocken) g = 1892 kg; Gesamtwasser w = 165 kg;
   Summe: 330 + 1892 + 165 = 2387 kg
7. Baustoffanteile für 1 m³ verdichteten Beton bei feuchtem Zuschlag
   Oberflächenfeuchte des Zuschlags: 4,5 Masse.-% (bezogen auf trocken)
   Zement z = 330 kg; Zuschlag (feucht) g = 1892 · 1,045 = 1977 kg;
   Oberflächenwasser: 1977 – 1892 = 85 kg; Zugabewasser = 165 – 85 = 80 kg;
   Summe: 330 + 1977 + 80 = 2387 kg
8. Baustoffanteile für einen 1,5-m³-Mischer bei feuchtem Zuschlag (siehe Abschn. 7.7.1 b)
   Nenninhalt des Mischers = 1,5 m³ (steifer Beton, C1, c = 1,45);
   Umrechnungsfaktor (plastischer Beton, F2) = 1,21;

Nutzinhalt des Mischers = 1,21 · 1,5 = 1,82 m^3;
Baustoffanteile: Zement z = 1,82 · 330 = 600 kg; Zuschlag (feucht) = 1,82 · 1977 = 3598 kg;
Zugabewasser = 1,82 · 80 = 146 kg;
Summe (Kontrolle) = 600 + 3598 + 146 = 4344 kg = 1,82 · 2387 = 4344 kg

Mit den Schritten 1 bis 8 kann die Zusammensetzung auch für andere Betone auf gleiche Weise berechnet werden.

7.7 Verarbeiten von Beton

7.7.1 Herstellen und Mischen von Beton (Transportbeton)

Beton wird heute nur noch selten auf der Baustelle hergestellt (Baustellenbeton), sondern im Werk gemischt und in Mischfahrzeugen (Fahrmischern) zur Baustelle transportiert (Transportbeton).

a) Das **Mischen im Werk** geschieht in großen, häufig computergesteuerten Mischanlagen. In den Mischer der Anlage gelangen zunächst die Feststoffe Zuschlag und Zement, danach das Wasser und ggf. Zusatzmittel. Die Wasserzugabe geschieht unter Berücksichtigung der automatisch gemessenen Zuschlagfeuchte, die gewünschte Konsistenz wird über die Leistungsaufnahme der Mischwerkzeuge eingestellt. Je Mischerfüllung dauert der Mischvorgang nach Zugabe aller Stoffe etwa eine Minute. Werkgemischter Beton darf sich während des Transports zur Baustelle nicht entmischen. Deshalb ist plastischer bis fließfähiger Beton in Misch- oder Muldenfahrzeugen ständig zu bewegen. Steifer Beton darf auch in Fahrzeugen *ohne* Rührwerk transportiert werden.

   Bei Zugabe von Fließmitteln FM oder Verzögerern VZ auf der Baustelle ist nach Zugabe nochmals zu mischen. Bei FM: mind. 1 Minute je m^3 Beton, insgesamt aber mind. 5 Minuten. Bei VZ: für Verarbeitungszeit ≥ 12 Stunden mind. 5 Minuten, bei Mischern ≥ 6 m^3 Nenninhalt mind. 10 Minuten.

b) Bei den **Mischern** handelt es sich i. d. R. um Tellermischer (Zwangsmischer), bei denen sich die Mischtrommel und die innen meist exzentrisch angeordneten Mischwerkzeuge gegenläufig drehen. Mischergrößen sind nach DIN 459-1 ((1995-11) Mischer für Beton und Mörtel) 0,05 bis 12 m^3, üblich sind für stationäre Mischer 1 bis 3 m^3, bei Fahrmischern 6 bis 9 m^3 Nenninhalt. Der Nenninhalt gibt das in *einem* Mischvorgang herstellbare Volumen des *verdichteten* Frischbetons bei einem Verdichtungsmaß c von 1,45 an. Mit einem Mischer von 1 m^3 Nenninhalt kann man also die für 1 m^3 eines sehr steifen Betons der Konsistenz C1 (c = 1,45) erforderlichen Bestandteile mischen. Der Nutzinhalt ist also hier gleich dem Nenninhalt. Bei weicheren Betonen mit kleineren Verdichtungsmaßen wird der Nutzinhalt *größer* als der Nenninhalt: Nutzinhalt = (1,45/Verdichtungsmaß c) × Nenninhalt. Für plastischen Beton (C2, F2) kann man c = 1,20 ansetzen, für weichen Beton (C3, F3) c = 1,07. Die Umrechnungsfaktoren 1,45/c werden dann 1,21 für plastischen und 1,36 für weichen Beton.

c) Das **Entladen** der Mischfahrzeuge von Transportbeton soll spätestens 90 Minuten nach Wasserzugabe geschehen sein, Fahrzeuge ohne Rührwerk mit steifem Beton spätestens nach 45 Minuten, bei verzögertem Beton angemessen später (siehe Abschn. 7.2.4 e). Warme Witterung oder starke Sonneneinstrahlung können kürzere Zeiten erforderlich machen. Nach Beendigung des Mischvorgangs dürfen dem Beton kein Wasser und, außer bei Fließbeton (siehe Abschn. 7.2.4 c), keine Zusatzmittel mehr zugegeben werden.

7.7.2 Bestellen und Liefern von Transportbeton

a) Beim **Bestellen** von Transportbeton sind dem Transportbetonwerk (dem Hersteller) die Angaben zu machen, die der Festlegung des bestellten Betons entsprechen (siehe Abschn. 7.4). Diese Angaben sind z. T. auch im Sortenverzeichnis des Transportwerkes enthalten.

b) Bei der **Lieferung** von Transportbeton muss dem Abnehmer (Verwender) ein Lieferschein übergeben werden, in dem zusätzlich zu den Angaben der Festlegung (siehe Abschn. 7.4) mindestens folgende Angaben enthalten sein oder handschriftlich eingetragen werden müssen:

- Name des Transportbetonwerks
- Nummer des Lieferscheins und des Sortenverzeichnisses
- Zeitpunkt des Beladens des Lieferfahrzeuges, d. h. des ersten Kontaktes Zement/Wasser
- Name des Käufers, Bezeichnung und Lage der Baustelle
- Menge des Betons in m^3
- Zeitpunkt des Eintreffens des Betons auf der Baustelle, Zeitraum des Entladens
- bauaufsichtliches Übereinstimmungszeichen nach 206-1/1045-2
- bei Fließbeton: Menge und Zugabezeitpunkt des Fließmittels
- bei Standardbeton: Druckfestigkeits- und Expositionsklasse, Größtkorndurchmesser des Zuschlags, Konsistenz und, falls festgelegt, Festigkeitsentwicklung (siehe Tafel 7.8).

d) Die **Überwachung** des auf die Baustelle gelieferten Transportbetons geschieht nach Abschn. 7.14.6 und Tafel 7.25 und 7.26. Das Konsistenz-Messverfahren ist vorher zu vereinbaren, da die verschiedenen Verfahren zu unterschiedlichen Ergebnissen führen können.

7.7.3 Fördern auf der Baustelle

Übliche **Fördergeräte** auf der Baustelle sind Förderbänder (für Beton F2), Betonpumpen (s. u.), Kran- und Aufzugskübel (für Beton F2 und F3), Muldenfahrzeuge (z. B. Karren, für Beton F1 und F2). Sie müssen in dem Maße vorhanden sein und eingesetzt werden, dass der Fahrmischer innerhalb 90 Minuten nach Herstellen der Mischung (Zugabe des Wassers) entladen ist. Kran- und Aufzugskübel werden bei größeren Förderhöhen und -weiten eingesetzt.

Das **Pumpen von Beton** ist heute eine sehr häufige Förderart. Mit Hilfe von Pumpfahrzeugen, meist sind es Verteilermastpumpen mit eigenem Verteilermast, kann der Beton über große Strecken zur Einbaustelle gefördert werden: möglich sind Förderhöhen bis 400 m und Weiten bis 600 m, ggf. mit mehreren hintereinander geschalteten Pumpen. Die Rohre sollen möglichst wenige Richtungsänderungen aufweisen und bei Hochförderung *senkrecht* verlegt werden. Das Längenverhältnis von Vertikal- zu Horizontalleitung soll nicht mehr als 2:1 betragen, damit die Reibung in der Horizontalleitung den senkrechten Betondruck sicher auffängt. Bei Abwärtsleitungen sind ggf. Rohrkrümmer (sog. Staubögen) vorzusehen, damit die Betonsäule nicht abreißt.

Pumpbeton muss gut zusammenhalten, damit er sich beim Pumpen nicht entmischt und die Betonsäule nicht abreißt. Gut geeignet ist Beton der Konsistenz F2, weniger gut F3 (Entmischungsgefahr, Rohrverstopfer). Zugabe von Zusatzmitteln BV und FM kann die Pumpfähigkeit besonders bei großen Förderweiten verbessern. Günstig ist eine Zuschlag-Sieblinie nahe SL B. Der Mehlkorn- und Feinstsandgehalt soll möglichst an der oberen Grenze der Normwerte (siehe Tafel 7.2) liegen, da diese Bestandteile einen guten Schmierfilm an den Rohrwandungen bilden.

7.7.4 Schalung für Beton

a) Zu den **Schalungselementen** gehören die eigentliche Schalhaut, die Unterstützungs- und Aussteifungskonstruktion, Verbindungsmittel, wie z. B. Nägel, Nagel- und Holzschrauben, Rödeldraht, Schalungsschlösser und -anker und Spannketten, sowie Zubehör wie z. B. Abstandhalter für die Bewehrung, Spindeln, Hülsen und Streben. Abstandhalter bestehen i. d. R. aus Beton, faserbewehrtem Mörtel und Hart-PVC. Abstandhalter aus Beton und faserbewehrtem Mörtel besitzen i. d. R. Drahtverbinder oder Klemmen, mit denen sie an den Bewehrungsstäben befestigt werden können.

b) Als **Schalungsmaterial** für die Schalhaut kommen Holz, Stahl, Aluminium und Kunststoffe in Frage. Raue Bretter aus Tanne und Fichte, unbeschichtete Tischlerplatten sowie Stahl- und Alu-Platten ergeben Betonoberflächen, an die keine besonderen Anforderungen gestellt werden. Polyesterbeschichtete Tischlerplatten ergeben glatte Betonoberflächen, Kunststoffschalungen werden vorwiegend für Sichtbeton verwendet (siehe Abschn. 7.10).

c) **Vorbereitung der Schalflächen:** Sie sind vor Einbringen des Betons von allen losen Teilen (Bindedrahtreste, Abstandhalter, Nägel, Holzspäne usw.) zu reinigen und ggf. bei stark ausgetrockneten Holzschalungen ausreichend vorzunässen. Auch Wasserlachen, etwa nach Regenfällen, sind z. B. durch Auspusten mit ölfreier Druckluft zu entfernen.

d) **Trennmittel** werden auf die Schalflächen aufgetragen, um das einwandfreie Lösen der Schalung von der Oberfläche des erhärteten Betons sicherzustellen. Als Trennmittel werden Mineralöle ohne und mit Zusätzen (sog. Schalöle), Emulsionen „Wasser in Öl" oder „Öl in Wasser", Schalungslacke, Wachse oder chemische Trennmittel verwendet. Bei der Auswahl der Trennmittel und dem Anwendungsverfahren sind die Angaben der Schalungs- und Trennmittelhersteller zu beachten.

7.7.5 Einbringen des Betons in die Schalung

Die freie Fallhöhe beim Einbringen des Betons in die Schalung sollte 2 m nicht überschreiten. Anderenfalls sind Schüttrohre oder Schlauchkübel zu verwenden oder es muss Fließbeton bestellt werden. Der Beton ist zügig „frisch in frisch" zu verarbeiten und zu verdichten. Unbeabsichtigte Fugen durch zu große zeitliche Betonierabstände oder -verzögerungen sind spätere Störstellen im erhärteten Beton. Die Höhe der Schüttlagen (Richtmaß 50 cm) hängt von der Stabilität der Schalung ab und wird vorher oder an Ort und Stelle vom Bauleiter oder Polier festgelegt.

a) Beim **Einbau im Winter** kann eine Verzögerung des Erhärtungsverlaufs eintreten. Nach 206-1/1045-2 sind folgende Frischbetontemperaturen einzuhalten:

Lufttemperatur über +5 °C	keine Vorschriften
Lufttemperatur +5 bis –3 °C	Frischbeton mind. +5 °C, bei $z < 240$ kg/m^3 oder NW-Zement: Frischbeton mind. +10 °C
Lufttemperatur unter –3 °C	Frischbeton mind. +10 °C.

Die Frischbetontemperatur von +10 °C muss bei Frost mindestens 3 Tage lang gehalten werden, z. B. durch Abdecken mit wärmedämmenden Matten oder durch Einkleiden des Bauwerks mit Planen und durch Heizen (Winterbau); ggf. müssen Wasser oder Zuschläge (z. B. durch Dampf) erwärmt werden. Zugabewasser von mehr als 70 °C ist zunächst mit dem Zuschlag zu mischen, um ein verfrühtes Ansteifen des Betons zu verhindern. Zweckmäßigerweise sollte ein „schneller" Zement gewählt werden, z. B. *Z* 42,5 R und höher. Die Frischbetontemperatur von +30 °C darf dabei aber nicht überschritten werden.

Bei **Frost** kommt die Erhärtung des Betons praktisch zum Stillstand. Damit junger Beton ein einmaliges Durchfrieren ohne Schädigung überstehen kann, muss er eine Festigkeit von mind. 5 N/mm^2 besitzen, die sog. Gefrierbeständigkeit. Dazu muss er einen Zementgehalt ≥ 270 kg/m^3 und einen *w/z*-Wert ≤ 0,60 besitzen, gegen Niederschläge geschützt sein und bei Verwendung von Zement ≥ *Z* 32,5 R eine Frischbetontemperatur von ≥ +10 °C mind. 3 Tage lang halten.

b) Beim **Einbau im Sommer** ist die maximale Frischbetontemperatur von +30 °C ebenfalls zu beachten. Diese Temperatur kann im Sommer aber ohne weiteres erreicht werden, und der Beton steift dann schneller als gewöhnlich an. Daher müssen die Fahrmischer zügig und schnell entladen werden. Der Beton ist ggf. gekühlt anzuliefern, z. B. durch Berieseln der Zuschläge mit Wasser oder durch Verwendung von Eiswasser (Wasser + Eissplitter). Möglichst „langsamen" Zement (Z 32,5) verwenden. Durch Wind und Sonneneinstrahlung kann dem Beton an der Oberfläche das zur Hydratation erforderliche Wasser entzogen werden. Dadurch können sich besonders in den ersten 4 bis 16 Stunden Risse bilden, was durch intensive Nachbehandlung verhindert werden muss (siehe Abschn. 7.7.7).

c) Die sich durch Erwärmen oder Kühlen des Wassers und der Zuschläge einstellende **Frischbetontemperatur** kann näherungsweise durch die folgende Formel berechnet werden (z = 300 kg/m^3):

$$T_B = 0{,}1 \cdot T_Z + 0{,}2 \cdot T_W + 0{,}7 \cdot T_G$$

Hierin bedeuten B, Z, W, G: Beton, Zement, Wasser und Zuschlag.

7.7.6 Verdichten des Betons

Beton muss nach dem Einbau in der Schalung verdichtet werden, da anderenfalls, insbesondere bei steiferen Konsistenzen, im Beton Hohlstellen verbleiben und die Bewehrung nicht genügend dicht von Beton umschlossen ist. Besondere Sorgfalt ist in Bereichen dicht liegender Bewehrung erforderlich, besonders intensives Verdichten bei Beton der Konsistenz C1/F1 und C2/F2. Dabei ist die DIN 4235-1 bis -5 („Verdichten von Beton durch Rütteln" (1978-12)) zu beachten.

Folgende **Verdichtungsverfahren** kommen zum Einsatz:

- **Oberflächenrüttler** (Vibrationsplatten oder -walzen, Rüttelbohlen). Sie sind so langsam fortzubewegen, dass der Beton unter ihnen weich wird und sich nach dem Verdichten eine geschlossene Oberfläche bildet. Schichtdicke nach dem Verdichten bei kräftig wirkenden Rüttlern ≤ 20 cm. Plattenrüttler nur für Konsistenz KS, Bohlen für alle Konsistenzen. Walzen werden eingesetzt bei Verwendung von Walzbeton im Straßenbau. Walzbeton, auch als „roller compacted concrete" (RCC) oder einfach „rollcrete" bezeichnet, ist ein erdfeuchter Beton, der bereits im frischen Zustand befahren werden kann.
- **Schalungsrüttler** (Außenrüttler) werden hauptsächlich in Fertigteilwerken eingesetzt, manchmal auch für großflächige senkrecht geschalte Bauteile, z. B. Brückenpfeiler. Sie werden i. d. R. an den Versteifungskonstruktionen der Schalplatten befestigt. Für plastischen, weichen und fließfähigen Beton.

- **Stampfen** (Handstampfer, besser Vibrationsstampfer) kommen nur für untergeordnete Bauteile (z. B. Fundamentstreifen) der Konsistenz C0/C1 (sehr steif, steif) in Frage. Dicke der fertig gestampften Schicht ≤ 15 cm.
- **Stochern**, leichtes Rütteln oder mehrmaliges Abziehen kann bei sehr weichem Beton der Konsistenz F4 angewendet werden. *Zusätzliches* **Klopfen** an der Schalung bei schlanken vertikalen Bauteilen kann bei Beton der Konsistenzen F2, F3 und F4 (plastisch, weich, sehr weich) angewendet werden.
- **Innenrüttler** (Rüttelflaschen) sind die am häufigsten eingesetzten Verdichtungsgeräte. Sie werden durch einen in der Rüttelflasche eingebauten Elektromotor oder bei Verwendung einer biegsamen Schlauchwelle durch Druckluft oder einen externen Motor angetrieben. Die Eintauchabstände liegen je nach Größe (Durchmesser) der Flasche zwischen 70 und 25 cm. Bei sehr feingliedrigen Bauteilen und zum Herstellen von Ecken und Kanten von Sichtbetonflächen verwendet man sehr dünne Flaschen, sog. Nadelrüttler. Der Innenrüttler wird rasch in den bereits verdichteten Beton („Vernähen" der einzelnen Betonlagen) eingetaucht und nach kurzem Verharren im Tiefstpunkt langsam herausgezogen, bis sich das Rüttelgeräusch nicht mehr verändert und sich die Oberfläche mit Feinmörtel schließt. In hohen Stützen hängt man den Rüttler bis unten hinein und zieht ihn langsam mit Betonierfortschritt nach oben. Die Rüttelflasche darf dabei die Bewehrung nicht in Schwingungen versetzen, da dadurch die Haftung zwischen Beton und Bewehrung gestört werden kann.

Nachrütteln, je nach Erstarrungsverhalten des Beton nach einer Stunde oder später, jedoch nur bei noch verformbarem Beton, ist eine zusätzliche, Güte steigernde Maßnahme, um Hohlräume unter waagerechten Bewehrungsstäben oder unter Aussparungen zu schließen.

Tafel 7.16 Mindestdauer der Nachbehandlung des Betons für alle Expositionsklassen nach DIN 1045-3 [2]

Expositionsklasse	Erforderliche Festigkeit im oberflächennahen Bereich	Ohne genaueren Nachweis der Festigkeit
X0; XC1	$0{,}30 \cdot f_{ck}$	0,5 Tage [1)]
Alle, außer X0; XC1; XM	$0{,}50 \cdot f_{ck}$	Mindestdauer nach Tafel 7.17
XM	$0{,}70 \cdot f_{ck}$	Mindestdauer nach Tafel 7.17 verdoppeln

[1)] Verarbeitbarkeit < 5 Std., Temperatur der Betonoberfläche ≥ 5 °C.

7.7.7 Nachbehandeln von Beton

Die Nachbehandlung nach dem Verdichten dient dem Schutz des Betons während des Erstarrens und der anfänglichen Erhärtung gegen Erschütterungen; gegen strömendes Wasser und Regen; gegen Frost; gegen Hitze, Sonne und Wind (Frühschwinden und Risse durch vorzeitiges Austrocknen) und zur Sicherstellung einer ausreichenden Festigkeit und Dauerhaftigkeit der Betonrandzone.

Zum Schutz gegen Austrocknen („Verdursten") ist der Beton ausreichend lange feucht zu halten. Dies kann auf folgende Art und Weise geschehen: Belassen in der Schalung, Abdecken mit Folien; Aufbringen wasserhaltender Abdeckungen, z. B. Jutematten, unter ständigem Feuchthalten; Aufbringen flüssiger Nachbehandlungsmittel[1)]; kontinuierliches Besprühen mit

Wasser. Die Dauer der Nachbehandlung liegt je nach Festigkeitsentwicklung des Betons (schnell, mittel, langsam) und den Umgebungsbedingungen (Sonneneinstrahlung, Wind, relative Luftfeuchte) zwischen 1 und 15 Tagen (s. a. Tafeln 7.16 und 7.17).

Da die ordnungsgemäße Durchführung der Nachbehandlung für die Dauerhaftigkeit des Betons von großer Bedeutung ist, sollte sie wie alle anderen Arbeitsgänge vor der Herstellung eines Betonbauwerks oder -bauteils vorgeplant und in der Kalkulation kostenmäßig berücksichtigt werden.

Tafel 7.17 Mindestdauer der Nachbehandlung des Betons in Tagen für alle Expositionsklassen außer X 0, XC 1 und XM nach DIN 1045-3[4) 5)]
(Die Werte entsprechen einer Festigkeit im oberflächennahen Bereich von 50 % von f_{ck} des verwendeten Betons; s. a. Tafel 7.16.)

Oberflächentemperatur [1)] in °C	Festigkeitsentwicklung des Betons bei 20 °C $\beta_{cm\,2}/\beta_{cm\,28}$ [2)]			
	schnell ≥ 0,50	mittel ≥ 0,30 - < 0,50	langsam ≥ 0,15 - < 0,30	sehr langsam < 0,15
≥ 25	1	2	2	3
< 25 - ≥ 15	1	2	4	5
< 15 - ≥ 10	2	4	7	10
< 10 - ≥ 5 [3)]	3	6	10	15

1) Anstelle der Oberflächentemperatur des Betons darf die Lufttemperatur angesetzt werden.
2) Verhältnis mittlere Druckfestigkeit nach 2 Tagen zur mittleren Druckfestigkeit nach 28 Tagen bzw. zur Druckfestigkeit zu einem späteren Termin (z. B. 56 Tage), ermittelt entweder bei der Erstprüfung oder aus bekanntem Verhältnis von Betonen vergleichbarer Zusammensetzung.
3) Bei Temperaturen < 5 °C die Nachbehandlungsdauer um die Zeit verlängern, während der die Temperatur unter 5 °C lag.
4) Expositionsklasse X 0 (unbewehrte Bauteile) und XC 1 (Innenbauteile):
$^1/_2$ Tag bei Beton mit einer Verarbeitbarkeitszeit < 5 h und einer Oberflächentemperatur ≥ 5 °C.
Expositionsklasse M (Verschleißbeanspruchung): Tafelwerte sind zu verdoppeln.
5) Bei Beton mit einer Verarbeitbarkeitszeit ≥ 5 h sind die Tafelwerte bei allen Expositionsklassen angemessen zu erhöhen.

7.7.8 Ausschalfristen

Ein Bauteil darf erst dann ausgerüstet oder ausgeschalt werden, wenn der Beton ausreichend erhärtet ist. Herrschten während der Betonerhärtung durchgehend Temperaturen ≥ +5 °C, gelten die Fristen der Tafel 7.18 nach DIN 1045 (1988-07). Die DIN 1045-3 gibt keine Werte an. Bei Temperaturen unter +5 °C sind die Werte zu vergrößern, u. U. zu verdoppeln. Frostzeiten sind den Zeiten der Tafel 7.18 hinzuzurechnen (s. a. *Saul*sche Regel, Abschn. 4.7.5 e).

Lange Ausschalfristen sind stets günstig, da sie gegen evtl. Rissebildung vorbeugen. Stützen, Pfeiler und Wände sollten *zeitlich vor* den von ihnen getragenen Balken und Decken ausgeschalt werden. Schalungsstützen unter Decken und Balken sollten zunächst noch stehen bleiben.

---

1) Technische Lieferbedingungen für flüssige Beton-Nachbehandlungsmittel FGSV (Adresse siehe Abschn. 18.3).

7.7.9 Warmbehandlung von Beton

Die Warmbehandlung ist ein Schnellerhärtungsverfahren, mit dem Betone (vor allem Fertigbauteile) standfest oder frühhochfest gemacht werden.

Man benutzt dazu niedergespannten Nassdampf oder Heißluft von etwa 80 % relativer Feuchte und 40 bis 70 °C in 4 bis 6 Stunden. Wird vorwiegend für Betonfertigbauteile angewendet; der schnellere Umlauf der Formen wiegt die höheren Kosten auf. Für die Wärmebehandlung gibt es eine DAfStb-Richtlinie „Wärmebehandlung von Beton" (1989-09).

Tafel 7.18 Ausschalfristen (Anhaltswerte) nach DIN 1045 (07.88)

1	2	3	4
Festigkeitsklasse des Zements	Für die seitliche Schalung der Balken und für die Schalung der Wände und Stützen Tage	Für die Schalung der Deckenplatten Tage	Für die Rüstung (Stützung) der Balken, Rahmen und weitgespannten Platten Tage
32,5 N	3	8	20
32,5 R und 42,5 N	2	5	10
42,5 R; 52,5 N und 52,5 R	1	3	6

7.8 Spritzbeton

Spritzbeton (Torkretbeton) nach DIN 18 551 (Entw. 2003-12) und DIN EN 14 487-1 und -2 (2002, 2004) wird über Schlauch- und/oder Rohrleitungen mit einer Spritzdüse auf die Schalung oder die Wand aufgebracht. Beim Trockenmischverfahren wird die Ausgangsmischung aus Zuschlag, Zement und Zusätzen mit Druckluft zur Spritzdüse befördert und dort erst mit Wasser versetzt, beim Nassspritzverfahren wird die *fertige* Betonmischung zur Spritzdüse befördert, entweder auch mit Druckluft oder durch Pumpen. Der an der Wand oder Schalung abfallende Rückprall muss bei der Zusammensetzung der Ausgangsmischung berücksichtigt werden. Als Zuschlag kann auch Edelsplitt, i. d. R. der SL B 8, verwendet werden. Spritzbeton wird vielfältig angewendet: Ausbesserung von schadhaften Bauteilen (Brandschäden!), Bergsicherung im Tunnelbau, Hangsicherung, Behälterbau, Kanalauskleidungen, Schalenbau usw.

7.9 Vakuumbeton

Vakuumbeton ist 1967/68 von der schwedischen Firma Tremix entwickelt worden. Er wird für die Herstellung von Industriefußböden, Parkdecks usw. verwendet. Der Beton wird i. d. R. mit Innenrüttlern verdichtet und mit Vibrationsbohlen abgezogen. Anschließend wird über aufgelegte Vakuumteppiche aus dem Oberflächenbereich des Betons durch Unterdruck ein Teil des Wassers abgesogen. Der Beton ist danach sofort begehbar und wird mit Rotorglättern bearbeitet. Die Oberfläche des Vakuumbetons besitzt eine hohe Ebenflächigkeit, Festigkeit, Frostbeständigkeit und Widerstandsfähigkeit gegen chemischen Angriff.

7.10 Sichtbeton

Unter Sichtbeton versteht man Betonflächen, an deren Aussehen bestimmte Anforderungen gestellt werden. Man unterscheidet: mit Schalhaut gestaltete Betonflächen (DIN 18 217 – Betonflächen und Schalungshaut – (1981-12)), bearbeitete Betonflächen (DIN 18 500 – Betonwerkstein – (1991-04)) und farbig gestaltete Betonflächen; siehe auch DBV-Merkblatt „Sichtbeton" (Ausg. 1997). Von Betonflächen mit technischen Anforderungen (DIN 18 217: s. o.) spricht man z. B. bei Schleusen, Kläranlagen und Kühltürmen oder bei „tapezierfähigem" Beton und Betonunterlagen für Estriche.

Für **farbig gestaltete Betonflächen** werden Zemente mit besonderer Farbwirkung, z. B. Weißzement oder Portlandölschieferzement, und/oder Zuschläge mit besonderer Farbwirkung, z. B. roter Granit, und/oder Pigmente, z. B. Eisenoxidpigmente, verwendet (s. a. Abschn. 7.2.5). Es kann zweckmäßig sein, auf solche Flächen zum Schutz gegen das Eindringen von Feuchtigkeit, Schmutz und Schadstoffen Hydrophobierungen, Versiegelungen (lasierend oder deckend) oder Beschichtungen aufzubringen.

Einflüsse auf Farbton, Porengröße und -verteilung haben z. B. Betonzusammensetzung und -herstellung, Art der Schalungshaut, verwendete Trennmittel, Verdichtung des Betons, Witterungsverhältnisse und Nachbehandlung. Die Art der **Schalhaut** spielt eine wichtige Rolle. Saugende Schalung, wie z. B. sägeraue oder gehobelte Bretter oder unbeschichtete Spanplatten, entziehen den oberflächennahen Schichten des Betons Luft und/oder Wasser und ergeben eine porenarme Oberfläche mit relativ gleichmäßigem Farbton. Sehr schwach und nichtsaugende Schalungen, wie z. B. glatte, oberflächenbehandelte Spanplatten, filmvergütete Sperrholzplatten (Siebdruck) oder Stahlplatten ergeben nahezu glatte Oberflächen, die aber die Entstehung von Poren, Marmorierungen, Wolkenbildungen und Farbunterschieden begünstigen.

Die **Zusammensetzung des Betons** ist möglichst durch Vorversuche unter Einbeziehung der gewählten Schalhaut festzusetzen. Allgemein gilt: Der Beton darf sich beim Einbringen nicht entmischen und kein Wasser absondern. Es ist ein ausreichend hoher Mehlkorngehalt (≤ 0,25 mm) anzustreben, und zwar je nach Größtkorn 550 (Größtkorn 8 mm), 500 (16 mm G.) oder 450 (32 mm G.) kg/m^3. Der Gesamtwassergehalt sollte möglichst gering sein, ggf. Zugabe von BV-Mitteln, der *w/z*-Wert ≤ 0,55. Konsistenz möglichst an der oberen Grenze von F2, ggf. auch im Bereich F3. Zementart und -werk sowie Zuschlagart und -herkunft nicht wechseln, Mischdauer (nur Mischer mit guter Mischwirkung) ≥ 2 Minuten.

7.11 Beton mit rezykliertem Zuschlag

Rezyklierter Beton ist Beton (max. bis B 35), der mit rezykliertem Zuschlag aus Betonsplitt (> 2 mm Korngröße) und/oder Betonbrechsand (≤ 2 mm) hergestellt wird, der in Altbeton-Aufbereitungsanlagen gewonnen wird. Maßgebend für die Herstellung des rezyklierten Betons ist DIN EN 206-1/1045-2 und die DAfStb-Richtlinie „Beton mit rezykliertem Zuschlag" (Ausg. 1998-08; Teil 1 und 2). Rezyklierter Zuschlag weist eine erhöhte Wasseraufnahme auf, die regelmäßig überprüft werden muss. Dies ist bei der Festlegung des Wasserzementwertes zu berücksichtigen (s. a. Abschn. 7.6.2).

Rezyklierter Zuschlag aus Betonsplitt bzw. -brechsand darf nur verwendet werden, wenn die Herkunft des Altbetons und der darin verwendete Zuschlag bekannt und seine Alkaliempfindlichkeit von einem vom DIBt Berlin anerkannten Gutachter untersucht worden ist. Die Zugabemengen von Splitt > 2mm darf bei Innenbauteilen 35 % der Gesamtzuschlagmenge nicht überschreiten, bei allen übrigen Betonen (nicht bei hochfestem Beton) 20 % nicht überschreiten. Brechsand ≤ 2mm darf nur bei Innenbauteilen bis zu einem Anteil von 7 % zugegeben werden. Für rezyklierte Gesteinskörnungen gelten die DIN 4226-100 und Allgemeine bauaufsichtliche Zulassungen.

Für die Herstellung von Beton unter **Verwendung von Restwasser, Restbeton und Restmörtel** existiert ebenfalls eine DAfStb-Richtlinie (Ausg. 1995-08). Diese Reste fallen z. B. beim Waschen von Mischern oder Betonpumpen an. Sie müssen sauber ausgewaschen werden. Das dabei anfallende Restwasser enthält i. d. R. Feinstanteile ≤ 0,25 mm (Zement, Mehlkorn, Feinstsand), der Restzuschlag hat Korngrößen ≥ 0,25 mm. Das Restwasser muss in Absetzbecken durch Rührvorrichtungen homogenisiert werden und kann dann wie der Restzuschlag in kleinen Mengen dem Beton zugegeben werden (nicht bei hochfestem Beton). Der Anteil der Feststoffe ≤ 0,25 mm im Restwasser muss durch Dichtemessungen des Wassers bestimmt und in der Betonzusammensetzung berücksichtigt werden.

Für diese Betone sind Erstprüfungen erforderlich (siehe Abschn. 7.14.1).

7.12 Leichtbeton

Bei Leichtbeton unterscheidet man gefügedichten Leichtbeton mit porigen Zuschlägen und haufwerkporigen Leichtbeton mit dichten und porigen Zuschlägen und Porenbeton (siehe Abschn. 3.3.5).

Gefügedichter Leichtbeton (Konstruktionsleichtbeton) mit porigen Zuschlägen (vorwiegend Blähton und Blähschiefer; siehe Abschn. 5.3) erreicht die gleichen Festigkeitsklassen wie Normalbeton (auch als hochfester Leichtbeton, siehe Tafel 7.6) und kann für die Herstellung von Bauwerken aus Stahlleichtbeton und Spannleichtbeton verwendet werden. Die Rohdichte liegt je nach den verwendeten Zuschlägen zwischen 0,8 und 2,0 kg/dm^3. Wegen der geringeren Kornfestigkeit der Leichtzuschläge hängt die Festigkeit von gefügedichtem Leichtbeton im Gegensatz zu Normalbeton stärker von der Festigkeit des Zementsteins ab. Deshalb gilt das Wasserzementwert-Gesetz (siehe Abb. 7.1) nur mit Einschränkung. Anhaltswerte für die Festigkeitsklassen in Abhängigkeit von der Rohdichte gibt die Tafel 7.19. Blähzuschläge saugen Wasser auf. Das muss bei der Wasserzugabe und bei der Berechnung des wirksamen Wasserzementwertes berücksichtigt werden. Zementgehalt ≥ 300 kg/m^3, Konsistenz möglichst F2 (F3 neigt zum Entmischen), ggf. Stabilisierer als Zusatzmittel zugeben. Für gefügedichten Leichtbeton gilt die DIN EN 206-1/1045.

Haufwerkporiger Leichtbeton wird als Einkornbeton hergestellt (z. B. Korngröße 8/16). Die Zementleimmenge wird so dosiert, dass die Zuschlagkörner nur umhüllt sind und punktweise verkittet werden. Dadurch befinden sich zwischen den Körnern mehr oder weniger große Hohlräume. Einkornbeton mit *dichten* Zuschlägen wird verwendet z. B. bei der Herstellung von Sickerrohren, Drainsteinen und Drainbeton, Mauersteinen (DIN 18 151; siehe Abschn. 3.3.4). Einkornbeton mit *porigen* Zuschlägen findet wegen seiner guten Wärmedämmfähigkeit vor allem bei geschütteten Wänden (DIN 4232 (1987-09)) und bei der Herstellung von Mauersteinen Verwendung (siehe Abschn. 3.3.3). Mit porigen Zuschlägen werden bei haufwerkporigem Leichtbeton Rohdichten bis 0,5 kg/dm^3 und Wärmeleitfähigkeiten bis 0,12 W/(m · K) erreicht, die Festigkeiten liegen zwischen 2 und 12 N/mm^2. Mit Verbundwänden aus einer Innenschale aus gefügedichtem Leichtbeton LC 12/15 (Dicke 150 mm) und einer Außenschale aus haufwerkporigem Leichtbeton (Dicke 200 mm; Zuschlag z. B. rezykliertes Blähgasgranulat) lässt sich ein U-Wert von 0,32 W/(m^2 · K) erreichen.

Tafel 7.19 Anhaltswerte für die Zuordnung von Festigkeitsklassen und Rohdichteklassen von Konstruktionsleichtbeton in Anlehnung an DIN 4219-1 (1979-12)

Festigkeitsklasse [1]	Rohdichteklasse [2]	
	mit Natursand	mit Leichtsand
LC 8/9	–	ab D 1,0
LC 12/15	ab D 1,4	ab D 1,2
LC 16/18	ab D 1,4 oder ab D 1,6	ab D 1,2 oder ab D 1,4
LC 25/28	ab D 1,6	ab D 1,4
LC 35/38	ab D 1,6 oder ab D 1,8	ab D 1,4 oder ab D 1,6
LC 45/50	ab D 1,8	ab D 1,6
LC 55/60	ab D 1,8	–

[1] Festigkeitsklassen wie Normalbeton; siehe Tafel 7.6.
[2] Rohdichteklassen siehe Tafel 7.5.

7.13 Hochfester Beton

Hochfester Beton, auch als Hochleistungsbeton bezeichnet (s. a. ehemalige „DAfStb-Richtlinie für hochfesten Beton“, Ausg. Aug. 1995), erreicht Festigkeitsklassen von C 55/67 bis C 100/115 (siehe Tafel 7.6). Grund für die hohe Festigkeit ist die enorm hohe Dichtigkeit des Betons, die durch extrem niedrige Wasserbindemittelwerte (deutlich unter 0,40) und einen hohen Anteil an Feinststoffen (Flugasche und Silicastaub) erreicht wird. Silicastaub (s. a. Abschn. 4.6.1) hat puzzolanische Eigenschaften und besteht aus > 90 % amorphem SiO_2 mit einer Korngröße ≤ 0,2 µm (µ = 10^{-6} m).

Als Zemente werden vornehmlich Portlandzemente CEM I der Festigkeitsklassen 42,5 R und 52,5 R verwendet mit Zementgehalten von 400 bis 500 kg/m³. Gedrungenes Zuschlagkorn mit mäßig rauer Oberfläche, gebrochener Zuschlag und Sieblinie A/B nahe SL A sind vorteilhaft. Der Wassergehalt liegt zwischen 120 bis 160 kg/m³, die Zugabe von Fließmitteln FM ist daher allgemein unumgänglich. Hier kommen neue, hoch wirksame Fließmittel auf Polycarboxylatbasis zum Einsatz. Bei der Herstellung des Betons ist es zweckmäßig, die Bestandteile in der Reihenfolge Zuschlag – Zement + ggf. Flugasche – Microsilica-Suspension (sog. Slurry) – Wasser – Fließmittel in den Mischer zu geben. Die Mischzeit bei der Fließmittelzugabe auf der Baustelle soll nach der o. a. Richtlinie mind. 8 Minuten betragen. Der Wassergehalt der Suspension ist bei der Gesamtwassermenge zu berücksichtigen. Wichtig ist außerdem eine äußerst sorgfältige Nachbehandlung.

Ultrahochleistungsbeton (UHPC = Ultra-High Performance Concrete) erreicht Druckfestigkeiten von rd. 200 N/mm² und bei Verwendung von Stahl- oder hochfesten Kunststofffasern Biegezugfestigkeiten von rd. 50 N/mm². Der UHPC carbonisiert extrem langsam und besitzt wegen seiner hohen Dichtigkeit einen Frost- und Frost-Tausalz-Widerstand, der noch um ein Mehrfaches höher ist als bei hochfestem Beton. (Siehe auch: www.uni-kassel.de/fb14/baustoffkunde.)

7.14 Qualitätssicherung

Die Qualitätssicherung bei der Herstellung von Betonbauwerken besteht aus den Elementen
- Erstprüfung
- Produktionskontrolle
- Bauüberwachung.

7.14.1 Erstprüfung

Die Erstprüfung (Eignungsprüfung) wird vor der Verwendung des Betons auf der Baustelle vom Betonhersteller durchgeführt. Sie dient der Feststellung, ob ein Beton bestimmter Zusammensetzung und Konsistenz unter den zu erwartenden Baustellenbedingungen einwandfrei verarbeitet werden kann und ob er die geforderten Eigenschaften sicher erreicht.

Erstprüfungen werden i. d. R. bei 15 bis 22 °C durchgeführt. Ist mit wesentlich davon abweichenden Baustellentemperaturen zu rechnen, ist dies durch besondere Prüfungen zu berücksichtigen. Die für die Produktion geplante mittlere Festigkeit wird als Zielfestigkeit bezeichnet. Die mittlere Festigkeit bei der Erstprüfung soll je nach der erwarteten Standardabweichung bei der Betonproduktion (Streuung der Festigkeits-Messwerte) um 6 bis 12 N/mm^2 über dieser Zielfestigkeit liegen.

7.14.2 Produktionskontrolle (Konformitätskontrolle)

Die vom Betonhersteller, i. d. R. dem Transportbetonwerk, durchzuführende laufende Produktionskontrolle (Eigenüberwachung) umfasst die Kontrolle der Ausgangsstoffe, der Betriebseinrichtungen und der Eigenschaften des Frisch- und Festbetons. Wichtiges Ziel der Produktionskontrolle ist die Feststellung der Übereinstimmung (Konformität) des Betons mit der Festlegung (siehe Abschn. 7.4) und dient somit der Konformitätskontrolle. Die Prüfungen geschehen nach genormten Prüfverfahren (siehe Abschn. 7.15). Die damit erzielten Prüfergebnisse müssen bestimmte Konformitätskriterien erfüllen, d. h., bestimmte vorgegebene Grenzwerte erreichen.

Die Produktionskontrolle muss von einem erfahrenen Betontechnologen geleitet werden, der seine Kenntnisse durch eine Bescheinigung einer hierfür anerkannten Stelle nachweisen kann (E-Schein). Sie wird von einer anerkannten Überwachungsstelle überwacht und bewertet (Fremdüberwachung). Eine Zertifizierungsstelle stellt die Übereinstimmung des Betons mit den Anforderungen der Normen fest, bewertet die Ergebnisse der Fremdüberwachung und erteilt ein Zertifikat. Transportbeton (Beton nach Eigenschaften), der auf die Baustelle geliefert wird, ist ein zertifiziertes Produkt. Die Übereinstimmung mit 206-1/1045-2 wird durch das Übereinstimmungszeichen (Muster siehe Abb. 16.1) dokumentiert, für das Kennzeichnungspflicht besteht.

7.14.3 Produktionskontrolle der Festigkeit

Hier unterscheidet man

- Erstherstellung: Herstellung bis zum Erreichen der ersten mindestens 35 Prüfergebnisse
- Stetige Herstellung: wenn nach Abschluss der Erstherstellung innerhalb eines Zeitraums von max. 12 Monaten mindestens 35 Prüfergebnisse erhalten werden.

Die Häufigkeit der Probenahme für Erst- und stetige Herstellung ist Tafel 7.20 zu entnehmen. Der Nachweis der Konformität wird (i. d. R. im Rahmen einer statistischen Produktionskontrolle) anhand von Prüfergebnissen aus max. den letzten 12 Monaten geführt. Die beiden Konformitätskriterien 1 und 2, die erfüllt werden müssen, sind Tafel 7.21 zu entnehmen. Für die Spaltzugfestigkeit gelten ähnliche Regelungen.

Tafel 7.20 Mindesthäufigkeit der Probenahme durch den Betonhersteller (Transportbetonwerk)zur Beurteilung der Konformität nach 206-1/1045-2

Herstellung	Mindesthäufigkeit[1)] der Probenahme
Erstherstellung (bis mind. 35 Ergebnisse erhalten wurden)	Erste 50 m^3 der Produktion: 3 Proben Nach den ersten 50 m^3 der Produktion [2)]: – 1/200 m^3 oder 2/Produktionswoche – hochfester Beton: 1/100 m^3 oder 1/Produktionstag
Stetige Herstellung [3)] (wenn mindestens 35 Ergebnisse verfügbar sind)	Erste 50 m^3 der Produktion: ./. Nach den ersten 50 m^3 der Produktion [2)]: – 1/400 m^3 oder 1/Produktionswoche – hochfester Beton: 1/200 m^3 oder 1/Produktionstag

1) Die höhere sich ergebende Häufigkeit ist maßgebend.
2) Die Probenahme muss über die Herstellung verteilt sein und für je 25 m^3 sollte höchstens eine Probe genommen werden.
3) Wenn die Standardabweichung der letzten 15 Prüfergebnisse $1{,}37 \cdot \sigma$ überschreitet, ist die Probenahmehäufigkeit für die nächsten 35 Prüfergebnisse auf diejenige zu erhöhen, die für die Erstherstellung gefordert wird (σ Anfangswert der Standardabweichung aus mindestens 35 aufeinander folgenden Prüfergebnissen).

Tafel 7.21 Kriterien für den Nachweis der Konformität der Druckfestigkeit durch den Betonhersteller (Transportbetonwerk) nach 206-1/1045-2

Herstellung	Anzahl n der Ergebnisse in der Reihe	Kriterium 1: Mittelwert von n Ergebnissen f_{cm} N/mm²	Kriterium 2: Jedes einzelne Prüfergebnis f_{ci} N/mm²
Erstherstellung	3	$\geq f_{ck} + 4$ hochfester Beton: $\geq f_{ck} + 5$	$\geq f_{ck} - 4$ hochfester Beton: $\geq f_{ck} - 5$
Stetige Herstellung	15	$\geq f_{ck} + 1{,}48 \cdot \sigma$ $\sigma \geq 3$ N/mm² hochfester Beton: $\geq f_{ck} + 1{,}48 \cdot \sigma$ $\sigma \geq 5$ N/mm²	$\geq f_{ck} - 4$ hochfester Beton: $\geq 0{,}9 \cdot f_{ck}$

σ Anfangswert der Standardabweichung aus mind. 35 aufeinander folgenden Prüfergebnissen

7.14.4 Produktionskontrolle bei anderen Eigenschaften

Bei anderen Eigenschaften wie z. B. Wasserzementwert, Zementgehalt, Luftgehalt und Konsistenz wird die Gesamtzahl der Messergebnisse mit der Anzahl von nicht ausreichenden Messergebnissen verglichen, die nicht über- oder unterschritten werden darf (sog. Annahmezahlen; siehe Tafel 7.22). Die Konformitätskriterien sind der Tafel 7.23 zu entnehmen.

Tafel 7.22 Annahmezahlen für den Nachweis der Konformität anderer Eigenschaften als die Festigkeit durch den Betonhersteller (Transportbetonwerk) nach 206-1/1045-2

Tafel 7.22a		Tafel 7.22b	
Anzahl der Prüfergebnisse	Annahmezahl	Anzahl der Prüfergebnisse	Annahmezahl [1)]
1 – 12	0	1 – 2	0
13 – 19	1	3 – 4	1
20 – 31	2	5 –7	2
32 – 39	3	8 – 12	3
40 – 49	4	13 – 19	5
50 – 64	5	20 – 31	7
65 – 79	6	32 – 49	10
80 – 94	7	50 – 79	14
95 – 100	8	80 – 100	21

[1)] Anzahl von nicht ausreichenden Messergebnissen

Tafel 7.23 Kriterien für den Nachweis der Konformität anderer Eigenschaften als die Festigkeit durch den Betonhersteller (Transportbetonwerk) nach 206-1/1045-2 [2]

Eigenschaft[1)]	Mindestanzahl von Bestimmungen	Annahmezahlen	Grenzwerte	
			Untergrenze	Obergrenze
Wasserzementwert	1 Beurteilung pro Tag	Tafel 7.22 a	[2)]	+ 0,02
Zementgehalt	1 Beurteilung pro Tag	Tafel 7.22 a	– 10 kg/m³	[2)]
Luftgehalt von Beton mit LP	1 Probe je Herstellungstag nach Stabilisierung	Tafel 7.22 a	– 0,5%	+ 1,0 %
Konsistenz – Ausbreitmaß – Verdichtungsmaß	 [3)] [3)]	 Tafel 7.22 b Tafel 7.22 b	 – 15 mm[4)] – 0,05[4)]	 + 30 mm[4)] + 0,03[4)]

[1)] Prüfverfahren s. Abschnitt 7.15.
[2)] Keine Beschränkung, falls keine Grenze festgelegt.
[3)] Wenn Proben für die Prüfung von Festbeton hergestellt bzw. Luftgehalte geprüft werden bzw. in Zweifelsfällen nach Augenscheinprüfung.
[4)] Bei Konsistenzprüfung zu Beginn des Entladens eines Fahrmischers etwas größere Werte (siehe DIN 1045-2).

7.14.5 Betonfamilien

Um den Prüfaufwand bei der Betonherstellung zu reduzieren, können Betonhersteller verschieden zusammengesetzte Betone zu sog. Betonfamilien zusammenfassen, wenn diese mit gleichen Zementen (Art, Festigkeitsklassen, Herkunft) und/oder gleichen Gesteinskörnungen (Art, geologischer Ursprung) hergestellt werden. Beton der Festigkeitsklassen C 12/15 bis C 55/67 müssen in mindestens zwei Familien zusammengefasst werden. Für Betone mit Zusatzstoffen des Typs II (siehe Abschn. 7.2.5) oder mit VZ-Mitteln (Verzögerungszeit = 3 h) oder mit LP-, BV- bzw. FM-Mitteln, die die Druckfestigkeit beeinflussen, sind separate Familien zu bilden.

Enthält eine Betonfamilie verschiedene Festigkeitsklassen, werden diese auf einen sog. Referenzbeton umgerechnet (meist eine mittlere oder die am häufigsten vorkommende Betonfestigkeitsklasse der Familie), bevor der Konformitätsnachweis nach Tafel 7.21 durchgeführt werden kann. Zur Umrechnung (Transformation) kann z. B. die Differenz der Zielfestigkeit eines beliebigen Betons der Familie zur Zielfestigkeit des Referenzbetons verwendet werden.

Beispiel: Zielfestigkeit des Referenzbetons C20/25 = 32,2 N/mm^2; Zielfestigkeit des umzurechnenden Betons C30/37 = 43,5 N/mm^2; Festigkeitsdifferenz = –11,3 N/mm^2; ermittelte Druckfestigkeit von C30/37 f_{ci} = 39 N/mm^2; umgerechnete Festigkeit $f_{ci,\ trans}$ = –11,3 + 39 = 27 N/mm^2.

Dieser Wert ist mit Kriterium 2 der Tafel 7.21 zu vergleichen: $f_{ci,\ trans}$ = 30 – 4 = 26 N/mm^2, d. h., Kriterium ist erfüllt.

7.14.6 Bauüberwachung

Nach DIN 1045-3 (Bauausführung) hat das Bauunternehmen den gelieferten Transportbeton zu überwachen. Dazu müssen die Ergebnisse der maßgebenden Eigenschaften des Frisch- und Festbetons, die Lufttemperatur und die Witterungsverhältnisse, Bauabschnitt und Bauteil sowie Art und Dauer der Nachbehandlung z. B. in einem Bautagebuch dokumentiert werden. Zu diesem Zweck wird der Beton in drei Überwachungsklassen eingeteilt (siehe Tafel 7.24). Umfang und Häufigkeit der Prüfungen bei Beton nach Eigenschaften sind Tafel 7.25 zu entnehmen, die Annahmekriterien für die Druckfestigkeit Tafel 7.26. Ähnliche Annahmekriterien gelten auch für Beton nach Zusammensetzung.

Tafel 7.24 Überwachungsklassen für Beton bei Überwachung durch das Bauunternehmen nach DIN 1045-3 [2]

Kenngröße	Überwachungsklasse		
	1	2[1)]	3[1)]
Druckfestigkeitsklasse für Normal- und Schwerbeton	≤ C 25/30 [2)]	≥ C 30/37 u. ≤ C 50/60	≥ C 55/67
Expositionsklasse	X0; XC; XF1	XS; XD; XA; XM[3)]; ≥ XF2	
Besondere Eigenschaften wie • Beton für wasserundurchlässige Baukörper [4)] (z. B. weiße Wannen) • Unterwasserbeton • Verzögerter Beton [5)] • FD/FDE-Beton [5)]		 X X X X	

1) Beton nach Überwachungsklasse 2 und 3 erfordert eine Überwachung sowohl durch das Bauunternehmen als auch durch eine dafür anerkannte Überwachungsstelle.
2) Spannbeton der Festigkeitsklasse C 25/30 ist in Überwachungsklasse 2 einzuordnen.
3) Gilt nicht für übliche Industriefußböden.
4) Beton mit hohem Wassereindringwiderstand darf in Überwachungsklasse 1 eingeordnet werden, wenn der Baukörper nur zeitweilig aufstauendem Sickerwasser ausgesetzt ist.
5) Richtlinien des DAfStb beachten.

Tafel 7.25 Umfang und Häufigkeit der Prüfungen bei Überwachung durch das Bauunternehmen nach DIN 1045-3 (Beton nach Eigenschaften – Transportbeton) [2]

Prüfgegenstand	Mindestprüfhäufigkeit bei Überwachungsklasse		
	1	2	3
Lieferschein		jedes Lieferfahrzeug	
Konsistenz[1)]	im Zweifel	beim ersten Einbringen jeder Betonzusammensetzung; bei Herstellung von Probekörpern für die Festigkeitsprüfung sowie in Zweifelsfällen	
Frischbetonrohdichte	bei Herstellung von Probekörpern für die Festigkeitsprüfung sowie in Zweifelsfällen		
Gleichmäßigkeit des Betons (Augenschein)	Stichprobe	jedes Lieferfahrzeug	
Druckfestigkeit [2)]	im Zweifel	3 Proben je 300 m^3 oder [3)] je 3 Betoniertage	3 Proben je 150 m^3 oder [3)] je 2 Betoniertage
Luftgehalt bei „LP-Beton“	entfällt	zu Beginn jedes Betonierabschnitts sowie in Zweifelsfällen	

1) Zusätzliche Augenscheinprüfungen bei ÜK 1 als Stichprobe, bei ÜK 2 und 3 an jedem Lieferfahrzeug.
2) Prüfung an in Formen hergestellten Probekörpern muss an jedem Beton erfolgen. Betone mit gleichen Ausgangsstoffen und gleichem Wasserzementwert, aber anderem Größtkorn gelten als ein Beton.
3) Maßgebend ist die Forderung mit der größten Probenanzahl.

Die Betonproben müssen gleichmäßig über die Betonierzeit verteilt sein und aus verschiedenen Lieferfahrzeugen entnommen werden.

Tafel 7.26 Annahmekriterien für die Druckfestigkeit von Beton bei Überwachung durch das Bauunternehmen nach DIN 1045-3 (Beton nach Eigenschaften – Transportbeton)

	Kriterium 1	Kriterium 2
Anzahl „n" von nicht überlappenden Einzelwerten	Mittelwert von „n" Einzelwerten f_{cm} [1)] N/mm²	Jeder Einzelwert f_{ci} N/mm²
3 bis 4	$\geq f_{ck} + 1$	$\geq f_{ck} - 4$
5 bis 6	$\geq f_{ck} + 2$	$\geq f_{ck} - 4$

1) Werden mehr als 6 Einzelwerte ermittelt, ist f_{cm} wie folgt zu bewerten:
$f_{cm} \geq f_{ck} + (1{,}65 - 2{,}58/\sqrt{n}) \cdot \sigma$ für $n > 6$
Dabei ist
σ die Standardabweichung der Stichprobe für $n \geq 35$
$\sigma \geq 3$ N/mm² für Überwachungsklasse 2
$\sigma \geq 5$ N/mm² für Überwachungsklasse 3
$\sigma \geq 4$ N/mm² für $6 < n < 35$ ist unabhängig von der Überwachungsklasse.

7.15 Prüfung von Beton

7.15.1 Ausbreitversuch

DIN EN 12 350-5 (2000-06)

Zum Ausbreitversuch sind ein Ausbreittisch und ein Trichter erforderlich (Abb. 7.2 und 7.3) und ein Stößel. Tischplatte und Trichter feucht auswischen. Beton in zwei etwa gleich dicken Schichten einfüllen, jede Schicht mit dem Stößel ausgleichen. Beton bündig abstreifen, Trichter senkrecht nach oben abziehen. Auf die Fußleiste c stellen. Tischplatte 15-mal langsam ohne Ruck bis zum Anschlag b anheben und frei fallen lassen. Durchmesser a_1 und a_2 in cm messen. Mittelwert $a = (a_1 + a_2)/2$ ist das Ausbreitmaß. An auseinander gefallenen Proben darf das Ausbreitmaß nicht bestimmt werden. Konsistenz F1 bis F6 (steif bis sehr fließfähig, siehe Tafel 7.9).

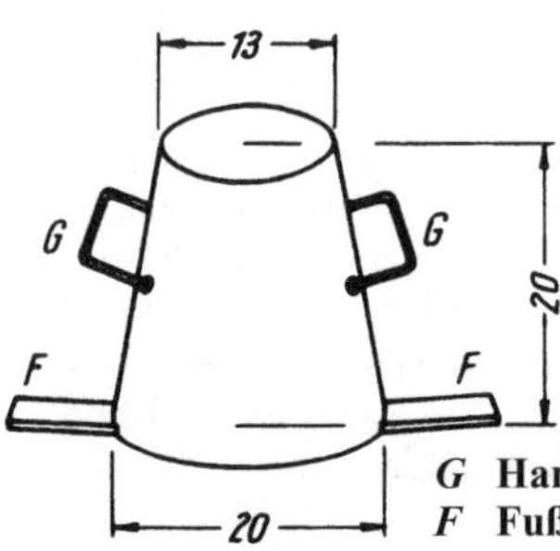

G **Handgriff,**
F **Fußeisen**

Abb. 7.2 Form (Trichter) für Ausbreitversuch

a **Ausbreittisch, 70 cm × 70 cm**
b **Anschlag für 4 cm Hubhöhe**
c **Fußleiste**

Abb. 7.3 Ausbreitmaß a_1 und a_2 werden gemessen

7.15.2 Verdichtungsversuch DIN EN 12 350-4 (2000-06)

Ein feucht ausgewischter Blechbehälter mit den Abmessungen 200 mm × 200 mm × 400 mm wird mit dem zu prüfenden Frischbeton gleichmäßig von der Kante aus reihum mit einer Kelle lose gefüllt. Der Beton wird dann verdichtet (Rütteltisch oder Innenrüttler). Das Abstichmaß s wird gemessen (in den Kantenmitten; Mittelwert bilden). Das Verdichtungsmaß c ist dann

$$c = \frac{40}{h} = \frac{40}{40 - s}$$

Auch beim Verdichtungsmaß kann man die Zeit nach der Wasserzugabe als Index angeben, z. B. c_{45} = Verdichtungsmaß nach 45 Minuten.

Konsistenzklassen C0 bis C3 (sehr steif bis weich, siehe Tafel 7.9).

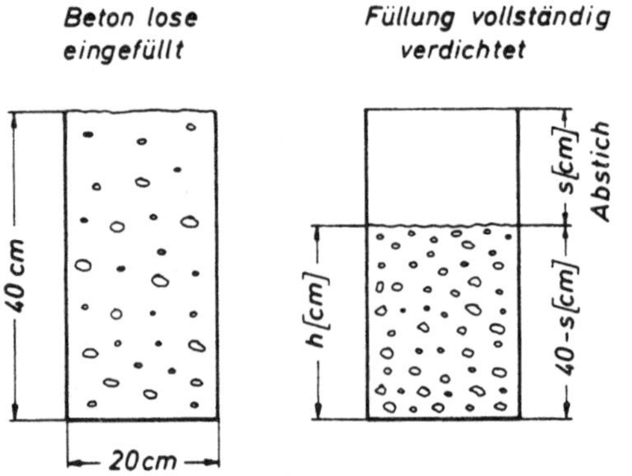

Abb. 7.4 Verdichtungsversuch nach *Walz*

7.15.3 Slump-Test und Vébé-Test

Nach 206-1/1045-2 kann die Konsistenz auch nach folgenden Verfahren bestimmt werden:

a) **Slump-Test** (Setzversuch) nach DIN EN 12 350-2 (2000-03)
Beim Slump-Test wird ähnlich wie beim Ausbreitversuch eine Kegelstumpfform (Höhe ca. 300 mm) in drei Schichten mit Beton gefüllt, der schichtweise leicht verdichtet wird. Die Form wird vorsichtig abgezogen. Danach wird das Setzmaß in mm (Höhendifferenz) gemessen. Nach 206-1/1045-2 liegt es bei den verschiedenen Setzmaßklassen S1 bis S5 zwischen 10 und ≤ 220 mm.

b) **Vébé-Test** (Setzzeitversuch) nach DIN EN 12 350-3 (2000-03)
Auch hier wird eine Kegelstumpfform, die in einer fest auf einer Rüttelplatte montierten Zylinderform steht, in drei Schichten mit Beton gefüllt. Die Kegelstumpfform wird vorsichtig abgezogen und die Rüttelplatte eingeschaltet. Gemessen wird die Zeit in Sekunden, in der der Kegelstumpf aus Beton ganz in einen Zylinder umgeformt ist. Nach 206-1/1045-2 liegt die Zeit bei den verschiedenen Setzzeitklassen (Vébé) V0 bis V4 zwischen ≥ 31 und 13 Sekunden. Für weichen Beton und Fließbeton eignet sich das Verfahren nicht.

7.15.4 Luftgehalt des Frischbetons (DIN 1048-1)
(s. a. DIN EN 12 350-7 (2000-11))

Er wird mit dem Luftgehaltsprüfer, kurz LP-Topf genannt, geprüft (siehe Abb. 7.5). Der Beton wird in den Topf (1) gefüllt und verdichtet. Der Deckel (2) wird fest aufgeschraubt. In der Druckkammer (5) wird mit der Pumpe (4) ein Überdruck erzeugt. Der Zwischenraum zwischen Deckel und Beton wird über die beiden Ventile (3) aus einer Spritzflasche mit Wasser gefüllt. Der Überdruck wird durch ein weiteres Ventil (7) in den Beton abgelassen. Der Luftporengehalt wird auf dem Manometer (6) abgelesen.

Für Normalbeton mit 32 mm Größtkorn und einer Sieblinie im günstigen Bereich (siehe Abb. 5.4) gilt:

LP	≤ 1 Vol.-%	sehr gute Verdichtung
	= 1 ... 2 Vol.-%	gute Verdichtung
	= 2 ... 3 Vol.-%	mittlere Verdichtung
	> 3 Vol.-%	schlechte Verdichtung

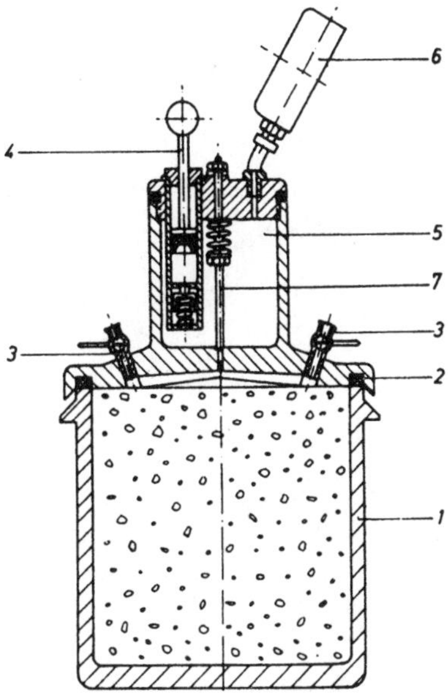

Abb. 7.5 LP-Topf (Erläuterungen der Ziffern siehe oben)

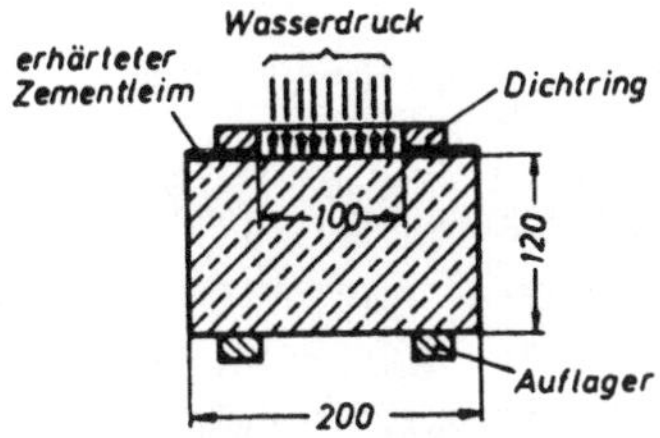

Abb. 7.6 Wasserdurchlässigkeitsprüfung

7.15.5 Druckfestigkeit an Probekörpern (DIN 1048-5)

a) **Herstellung der Probekörper**
Die Probekörperformen für die Würfel (cube) mit 150 mm bzw. 100 mm Kantenlänge bzw. für die Zylinder (cyl) mit 150 mm Durchmesser und 300 mm Höhe werden leicht eingefettet und mit einem Aufsatzrahmen versehen. Der eingefüllte Beton wird auf einem Rütteltisch oder mit einem Innenrüttler verdichtet. Nach dem Verdichten und Abnehmen des Aufsatzrahmens soll der Beton etwa 20 bis 30 mm über der Form überstehen und bündig abgestrichen werden. Die Formen werden einen Tag lang erschütterungsfrei und zugluftgeschützt

bei 15 bis 22 °C aufbewahrt. Das kleinste Maß der Probekörper soll mindestens das Vierfache des Größtkorndurchmessers betragen.

b) **Lagern der Probekörper**
Die Lagerung der Probekörper geschieht in Deutschland nach DIN EN 12 390-2, Anhang NA, d. h. wie in DIN 1048-5 (1991-06) vorgeschrieben: 1 Tag in der Form, danach unter den in a) genannten Temperaturen 6 Tage lang unter Wasser und anschließend bis zum Prüftermin, normalerweise bis zum 28. Tage, vor Zugluft geschützt an der Luft. Die an diesen Probekörpern ermittelten Druckfestigkeiten werden mit $f_{c,\,dry,\,cube}$ bzw. $f_{c,\,dry,\,cyl}$ bezeichnet.

Werden die Probekörper bis zum Prüftermin nach dem Referenzverfahren DIN 12 390-2 gelagert, d. h. durchgehend unter Wasser, werden die daran ermittelten Druckfestigkeiten mit $f_{c,\,cube}$ bzw. $f_{c,cyl}$ bezeichnet. Diese so ermittelten Druckfestigkeiten sind mit den in Tafel 7.6 angegebenen charakteristischen Druckfestigkeiten $f_{ck,\,cube}$ bzw. $f_{ck,\,cyl}$ zu vergleichen. Zur Umrechnung siehe Abschn. 7.15.5 d).

Bei der Erhärtungsprüfung sind die Probekörper in unmittelbarer Nähe des Bauteils zu lagern, für das die Erhärtungsprüfung durchgeführt werden soll.

c) **Prüfung der Druckfestigkeit**
Die Prüfung der Druckfestigkeit geschieht mit einer Druckprüfmaschine, mit der die maximale Bruchlast F_{max} bestimmt wird (s. a. Abschn. 1.6.2 und Abb. 1.8). Die Druckfestigkeit bei Luftlagerung wird dann wie folgt berechnet:

$f_{c,\,dry,\,cube}$ bzw. $f_{c,\,dry,\,cyl} = F_{max}/A$ in N/mm²

A ist Querschnittsfläche in halber Höhe des Probekörpers. f_c wird bei Werten ≥ 10 N/mm² auf 1 N/mm², bei Werten ≤ 10 N/mm² auf 0,1 N/mm² gerundet angegeben.

d) Umrechnungsfaktoren

Nach 206-1/1045-2

- „wassergelagert“ zu „luftgelagert“
  Normalbeton bis einschl. C 50/60: $f_{c,\,cube} = 0{,}92 \cdot f_{c,\,dry,\,cube}$
  hochfester Beton ab C 55/67 $f_{c,\,cube} = 0{,}95 \cdot f_{c,\,dry,\,cube}$
- 100-mm-Würfel in 150-mm-Würfel: $f_{c,\,dry\,(150\,mm)} = 0{,}97 \cdot f_{c,\,dry\,(100\,mm)}$

Nach DIN 1045 (1988-07) werden für „luftgelagerte“ Probekörper folgende Umrechnungsfaktoren angegeben

$\beta_{W,200\,mm} = 0{,}95 \cdot \beta_{W,150\,mm}$
$\beta_{W,200\,mm} = 1{,}25 \cdot \beta_{Zyl,150/300\,mm}$ für ≤ B 15
$= 1{,}18 \cdot \beta_{Zyl,150/300\,mm}$ für ≥ B 25

Für hochfesten Beton (siehe Abschn. 7.13) gelten folgende Werte:

$\beta_{W,200\,mm} = 0{,}92\ \beta_{W,100\,mm}$
$= 0{,}95\ \beta_{W,150\,mm}$
$= 1{,}10\ \beta_{Zyl,150/300\,mm}$

Zeitfaktoren siehe Tafel 7.27.

e) Prüfung der Rohdichte und des Zementgehalts

In der Regel wird im Rahmen der Druckfestigkeitsprüfung auch die Rohdichte des Betons bestimmt. Die **Frischbetonrohdichte** ϱ_{bf} wird z. B. mittels der frisch verdichteten und bündig abgestrichenen Probekörper bestimmt (s. a. DIN EN 12 350-6 (2000-03)).

$\varrho_{bf} = (m_2 - m_1)/V$ in kg/dm³ mit m_1, m_2 = Masse der leeren bzw. gefüllten Form, V Volumen, beim 15-cm-Würfel z. B. 3,375 dm³.

Mit Hilfe ϱ_{bf} kann der **Zementgehalt** z von 1 m³ verdichtetem Beton wie folgt berechnet werden:

$$z = \frac{1000 \cdot \varrho_{bf} \cdot Z}{Z + G + W} \text{ kg/m}^3$$

Hierin sind Z, G und W die Anteile Zement, Zuschlag und Wasser einer Betonmischung in kg.

Die **Festbetonrohdichte** ϱ_b wird nach der Formel $\varrho_b = m/V$ berechnet (mit m Masse und V Volumen des Probekörpers). m und V werden vor der Festigkeitsprüfung durch Wiegen und Vermessen bestimmt.

Tafel 7.27 Richtwerte für die Umrechnung der 7-Tage- auf die 28-Tage-Würfeldruckfestigkeit

Festigkeitsklasse des Zements	28-Tage-Würfeldruckfestigkeit $f_{c,cube,28}$
Z 32,5 N	$1{,}3 \cdot f_{c,cube,7}$
Z 32,5 R und 42,5 N	$1{,}2 \cdot f_{c,cube,7}$
Z 42,5 R und 52,5 R	$1{,}1 \cdot f_{c,cube,7}$

7.15.6 Druckfestigkeit am Bauwerk DIN 1048-2

Die Druckfestigkeit kann auch direkt am Bauwerk gemessen werden. Dazu werden z. B. Bohrkerne entnommen, die wie die gesondert hergestellten Würfel oder Zylinder in einer Druckprüfmaschine geprüft werden. Die Bohrkerne haben i. d. R. einen Durchmesser (= Höhe!) von 100 bzw. 150 mm. Die gemessenen Festigkeiten β_c dürfen dann mit den 200-mm-Würfel-Festigkeiten β_{WN} und β_{WS} der Tafel 7.7 verglichen werden. Bei 50-mm-Bohrkernen (Sonderfall) gilt $\beta_{W,200} = 0{,}9 \cdot \beta_{c,50}$.

Einfacher wird die Prüfung zerstörungsfrei mit einem Rückprallhammer durchgeführt. Aus den am Rückprallhammer abgelesenen Rückprallstrecken in Skalenteilen wurde anhand der Tafel 7.28 die Festigkeitsklasse des Betons beurteilt.

Tafel 7.28 Mittlere Rückprallstrecken und vergleichbare Betonfestigkeitsklassen nach DIN 1045 (1988-07)

Vergleichbare Betonfestigkeitsklasse	Mindestwert für jede Messstelle[1] R_m Skalenteile	Mindestwert für jeden Prüfbereich $\overline{R}_m$ Skalenteile
B 10 B 15	26 30	30 33
B 25 B 35	35 40	38 43
B 45 B 55	44 48	47 51

[1] Je Messstelle 10 Messwerte R; R_m und $\overline{R}_m$ = Mittelwerte.

7.15.7 Biegezugfestigkeit DIN 1048-5

Die Biegezugfestigkeit wird an Betonbalken 150 mm × 150 mm × 700 mm gemessen, die auf 2 Auflager im Abstand l = 600 mm gelegt und mit 2 Einzellasten $F/2$ in den Drittelspunkten bis zum Bruch belastet werden. Die Biegezugfestigkeit f_{ct} wird dann wie folgt berechnet:

$$f_{ct} = \frac{F_{max} \cdot l}{b \cdot h^2} \text{ N/mm}^2$$

$b = h$ = 150 mm, l = 600 mm. f_{ct} wird bei Werten ≥ 1 N/mm² auf 0,1 N/mm², bei Werten ≤ 1 N/mm² auf 0,01 N/mm² angegeben.

Die Balken werden bis zum Tage der Prüfung unter Wasser gelagert.

7.15.8 Spaltzugfestigkeit DIN 1048-5

Die Zugfestigkeit von Beton wird i. d. R. als Spaltzugfestigkeit bestimmt, da die reine Zugfestigkeitsprüfung mit einem relativ hohen Prüfaufwand verbunden ist. Der Zusammenhang wird angenähert mit der Formel $f_c = 0{,}75 \cdot f_{c,t}$ beschrieben. Bei der Spaltzugfestigkeitsprüfung werden Betonzylinder (Höhe h = 30 cm, ∅ d = 15 cm) liegend in einer Druckprüfmaschine gespalten. Zwischen den Zylinder und die Druckplatten der Prüfmaschine werden schmale Streifen aus Holzfaserplatten oder Hartfilz gelegt. Die Spaltzugfestigkeit wird dann nach der Formel $f_{ct} = 0{,}64 \cdot F_{max}/d \cdot h$ berechnet. Lagerung bis zur Prüfung unter Wasser.

7.15.9 Wassereindringtiefe DIN 1048-5

Auf einer unmittelbar nach dem Ausschalen mit einer Drahtbürste aufgerauten kreisrunden Fläche von 10 bis 15 cm Durchmesser wird auf hochkant betonierten Betonplatten 200 mm × 200 mm × 120 mm senkrecht zur Einfüllrichtung 3 Tage lang ein Druck von 5 bar = 0,5 N/mm² aufgebracht (siehe Abb. 7.6, Seite 221). Danach werden die Platten wie bei der Spaltzugfestigkeitsprüfung aufgespalten und nach kurzem Abtrocknen der Spaltfläche die größte Wassereindringtiefe in cm gemessen. Nach DIN 1045 (1988-07) betragen die Grenzwerte bei

wasserundurchlässigem Beton	≤ 5,0 cm
schwachem chemischem Angriff	≤ 5,0 cm
starkem und sehr starkem chemischem Angriff	≤ 3,0 cm.

Weitere Angaben siehe Abschn. 7.5.2 und 7.5.5.

Die Probekörper werden bis zur Prüfung 28 Tage unter Wasser gelagert.

7.16 Fragen und Aufgaben zu Beton

1) Welche Normen sind ab 1.1.2005 für die Herstellung von Beton und Betonbauwerken ausschließlich gültig und was sagen sie aus?
2) Was versteht man unter Expositionsklassen von Beton? Erläutern Sie die verschiedenen Klassen!
3) Von welchen Faktoren wird die Festigkeit und Dauerhaftigkeit von Beton im Wesentlichen beeinflusst?
4) In welcher Weise beeinflussen speziell der Zement und der Zuschlag (die Gesteinskörnung) die Eigenschaften von Beton?
5) Was versteht man unter Splittbeton? Wie unterscheidet er sich von normalem Kiesbeton?
6) Welche Bedeutung hat der Mehlkorngehalt für die Eigenschaften von Beton?
7) Welche Arten von Beton-Zusatzmitteln gibt es und welchem Zweck dienen sie?
8) Was versteht man unter Fließbeton und Selbstverdichtendem Beton?
9) Welche Bedeutung haben Zusatzstoffe vom Typ II für den Beton? Welche Arten gibt es und wie können sie auf den Zementgehalt angerechnet werden?
10) Wie wird der Beton nach der Höhe seiner Rohdichte eingeteilt?
11) Erläutern Sie die Druckfestigkeitsklassen von Beton! Was bedeuten die beiden Kennzahlen in der Klassenbezeichnung?
12) Erläutern Sie die Begriffe Frisch-, Fest-, grüner und junger Beton!
13) Was versteht man unter den Begriffen Baustellen- und Transportbeton?
14) Wie wird der Luftgehalt von Frischbeton bestimmt und welche Größe hat er bei normalem Beton ohne LP-Mittel?
15) Wie wird die Konsistenz von Frischbeton bestimmt und welche Konsistenzklassen unterscheidet man?
16) Erläutern Sie die Begriffe Beton mit hohem Eindringwiderstand, für hohe Gebrauchstemperaturen, Unterwasserbeton und FD- bzw. FDE- Beton!
17) Nach welchen Verfahren wird Unterwasserbeton eingebracht? Wie sollte seine Zusammensetzung sein?
18) Erläutern Sie die Begriffe Beton nach Eigenschaften, Beton nach Zusammensetzung und Standardbeton!
19) Für welche Betoneigenschaften werden in 206-1/1045-2 Angaben gemacht bzw. Grenzwerte angegeben?
20) Für welche chemischen Merkmale werden in 206-1/1045-2 für die Expositionsklassen XA (chemischer Angriff) Grenzwerte angegeben?
21) Welche Bedeutung hat der Wasserzementwert für Beton?
22) Erläutern Sie sog. Walz-Kurve! Was ist bei ihrer Anwendung bei Zugabe von LP-Mitteln zu beachten?
23) Wovon hängt der Wasserbedarf von Beton ab? Welche Korrekturen sind an den Tabellenwerten zu machen?
24) Erläutern Sie die beiden Verfahren zur Mischungsberechnung! Was versteht man unter dem Mischungsverhältnis?

25) Führen Sie eine Berechnung nach der Zementleim-Methode mit folgenden Werten durch: Festigkeitsklasse C20/25; Zuschlagmenge g = 60 kg; Zementleimmenge zl = 14,5 kg.

26) Führen Sie eine Mischungsberechnung nach der Stoffraumrechnung durch mit folgenden Werten: Festigkeitsklasse: C25/30; Zement: CEM I 32,5R; Zuschlag: Kiessand der Sieblinie A/B 32 mit mittlerem Wasseranspruch; Konsistenz: weich. Berechnen Sie auch die Baustoffanteile für einen 2,0-m^3-Mischer bei einer Zuschlagfeuchte von 4 Masse-%.

27) Welche Angaben sind beim Bestellen von Transportbeton zu machen?

28) Welche Angaben müssen auf einem Lieferschein für Transportbeton enthalten sein?

29) Wie wird auf der Baustelle der Beton durch Pumpen befördert? Was ist bei der Zusammensetzung von Pumpbeton zu beachten?

30) Welche Temperaturen muss Beton beim Einbringen in die Schalung haben? Was ist im Winter und im Sommer besonders zu beachten? Was versteht man unter dem Begriff „Gefrierbeständigkeit“?

31) Wie ist die Schalung vor Einbringen des Betons vorzubereiten?

32) Erläutern Sie die verschiedenen Verdichtungsverfahren? Welches Ziel muss eine gute Verdichtung erreichen?

33) Welchen Zweck hat die Nachbehandlung von eingebrachtem und verdichtetem Beton? Wovon hängt die Nachbehandlungsdauer ab?

34) Wann darf ein Bauteil ausgeschalt werden? Welche Möglichkeit gibt es, den richtigen Zeitpunkt abzuschätzen?

35) Erläutern Sie die Begriffe Sichtbeton, Beton mit rezykliertem Zuschlag und/oder mit Restbeton, Leichtbeton, Hochfester Beton und Ultrahochleistungsbeton! Wie wird bei den beiden letzteren die hohe Festigkeit und Dichtheit erreicht?

36) Aus welchen Teilen besteht die Qualitätssicherung bei der Herstellung von Betonbauwerken? Erläutern sie dieselben!

37) Erläutern Sie den Begriff Betonfamilie!

38) Was ist der Unterschied zwischen Produktionskontrolle und Bauüberwachung?

39) Erläutern Sie die Verfahren zur Bestimmung der Betondruckfestigkeit!

40) Erläutern Sie die Bezeichnungen $f_{c,\,cube}$, $f_{c,\,dry,\,cube}$, $f_{c,\,cyl}$ und die damit zusammenhängenden Umrechnungsfaktoren!

41) Wie wird die Wassereindringtiefe von Beton bestimmt? Für welche Betone ist sie wichtig?

8 Stahlbeton und Spannbeton

8.1 Stahlbeton DIN 1045-1, -3, -4 (2001-07)

8.1.1 Allgemeines

Stahlbeton (schlaff bewehrter Beton) ist ein Verbundbaustoff aus Beton und Stahl (in der Regel Betonstahl) für Bauteile, bei denen das Zusammenwirken von Beton und Stahl für die Aufnahme der Belastungen nötig ist.

Der **Baustoff Beton** weist eine hohe Druckfestigkeit, jedoch nur eine geringe Zugfestigkeit auf. Druck- und Zugfestigkeit stehen etwa im Verhältnis 15 : 1. Bei Druck- und Biegezugfestigkeit beträgt das Verhältnis etwa 11 : 1. Damit in einem Biegebalken die Druckfestigkeit des Betons in der oben liegenden Druckzone auch voll zum Tragen kommen kann, wird in der unten liegenden Zugzone eine Bewehrung aus Betonstahl eingelegt (siehe Abb. 8.1 und 8.2). Erst dadurch wird der Betonbalken als Ganzes voll tragfähig. Zur Erhöhung der Tragfähigkeit des Betons werden auch in der Druckzone, z. B. bei Stützen, Stahlstäbe als Bewehrung eingelegt.

Je nach Art der Beanspruchung unterscheiden wir Zugbewehrung, Druckbewehrung und Schubbewehrung. Die Wirkungsweise der Zugbewehrung zeigen die Abb. 8.1 und 8.2.

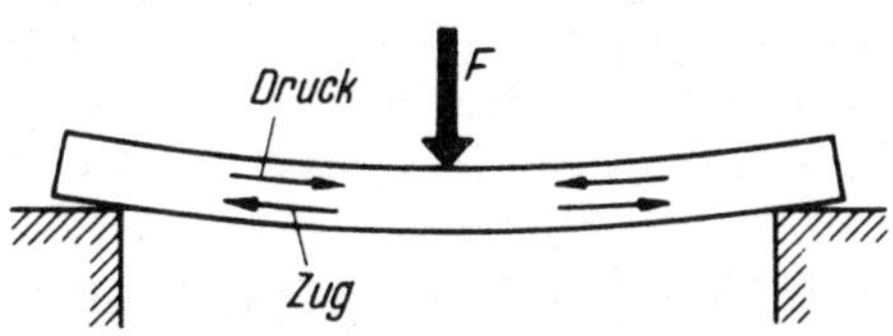

Abb. 8.1 Belasteter Betonbalken auf zwei Stützen

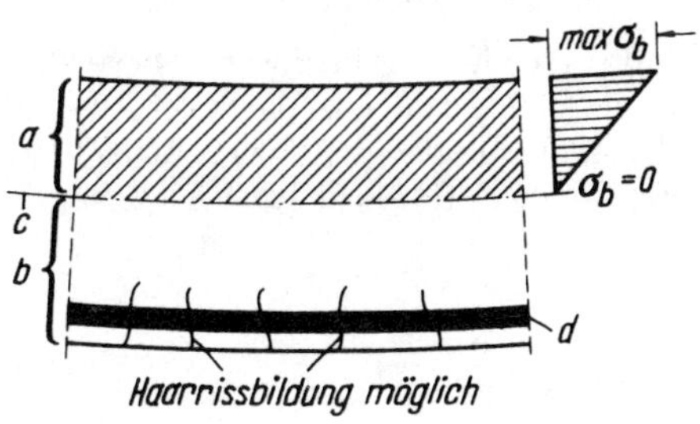

a Betondruckspannungen
b Betonzugspannungen
c Nulllinie (neutrale Faser)
d Stahleinlagen zur Aufnahme der Zugspannungen

Abb. 8.2 Spannungszustand im belasteten Betonbalken

Der Stahlbeton wird durch das Zusammenwirken des Stahls mit dem Beton zu einem **Verbundbaustoff**. Zwischen beiden muss eine feste Verbindung bestehen. Dafür ist eine satte Umhüllung der Stahlstäbe durch den Beton von größter Wichtigkeit. Nur so können die Zugkräfte in den Stahlstäben durch Haftung, Reibung und Oberflächenverbund an den umhüllenden Beton abgegeben werden. Dies war der Grund für die Entwicklung der Stahlstäbe weg von den glatten Stäben, die mit Endhaken versehen werden mussten, hin zu den gerippten bzw. profilierten Stäben und für die genaue Festlegung der Betondeckung der Stahlstäbe (siehe Tafel 8.1). Beton und Stahl haben annähernd die gleiche Wärmedehnzahl von 0,01 mm/(m · K).

Bei Temperaturänderungen dehnen sie sich also gleich stark aus oder ziehen sich gleich stark zusammen, sodass die Haftung zwischen beiden erhalten bleibt.

Bei der **Berechnung der Tragfähigkeit** z. B. eines Stahlbetonbalkens wird die Zugfestigkeit des Betons nicht in Rechnung gestellt. In der Zugzone trägt allein der Stahl und es bilden sich dort feine, gleichmäßig über die gesamte Länge der Zugzone verteilte Risse im Beton. Ihre Breite muss durch eine entsprechend ausgewählte Bewehrung auf 0,1 bis 0,3 mm begrenzt werden, um die Tragfähigkeit und Dauerhaftigkeit der Stahlbetonbauteile unter den heutigen Umweltbedingungen (siehe Tafel 7.1) für die üblicherweise angesetzte Lebensdauer von 50 bis 80 Jahren zu gewährleisten. In der Druckzone trägt der Beton entsprechend seiner Druckfestigkeit und einer max. zulässigen Bruchstauchung von 3,5 ‰ (s. a. Abb. 8.4).

8.1.2 Betondeckung

DBV-Merkblätter „Betondeckung und Bewehrung" und „Abstandhalter" (Fassungen 1997)

Die Bewehrungsstäbe müssen eine ausreichend dicke und dichte Betonüberdeckung besitzen, damit sie gegen Korrosion und Brandeinwirkung geschützt sind und ein sicherer Verbund zwischen Beton und Stahlbewehrung vorhanden ist. Die erforderlichen Betondeckungsmaße sind der Tafel 8.1 zu entnehmen. Hierin ist das Mindestmaß c_{min} dasjenige Überdeckungsmaß jedes Bewehrungsstabes, auch der Bügel, das nach allen Seiten nicht unterschritten werden darf und nach dem Erhärten des Betons zu gewährleisten ist. Zur Sicherstellung dieses Mindestmaßes sind dem Entwurf und der Ausführung die Nennmaße c_{nom} der Tafel 8.1 zugrunde zu legen. Die Nennmaße sind also die Verlegemaße der Bewehrung. Die Differenz zwischen c_{nom} und c_{min} ist das sog. Vorhaltemaß Δc, das i. d. R. 1,0 cm beträgt. Das Nennmaß c_{nom} ist das für Planung, Entwurf und Bauausführung maßgebende Maß. Es darf abgemindert werden, wenn bei der Verlegung besondere Maßnahmen ergriffen werden, wie z. B. das Freilassen von Rüttelgassen, sowie die Anordnung einer ausreichenden Zahl von Bindestellen und Abstandhaltern, und eine besonders sorgfältige Kontrolle durchgeführt wird. Hierfür gelten die beiden o. a. Merkblätter des Deutschen Betonvereins.

Zur sicheren Übertragung der Verbundkräfte auf den Beton und aus Verdichtungsgründen soll bis zu einem Zuschlaggrößtkorndurchmesser von $D = 16$ mm die Betondeckung nicht kleiner als der Stabdurchmesser, bei $D > 16$ mm um 5 mm größer als der Stabdurchmesser sein.

Die DIN 4102-4 (Brandschutz; siehe Abschn. 12.5) gibt für die verschiedenen Feuerwiderstandsklassen nicht Überdeckungsmaße c, sondern Achsabstände u an. u ist dabei der Abstand der Längsachse der *tragenden* Bewehrungsstäbe von der Betonoberfläche. Die in der DIN 4102 angegebenen Achsabstände ergeben oft größere Überdeckungswerte als in Tafel 8.1 gefordert (Beispiel siehe Abb. 8.3).

Tafel 8.1 Anforderungen an die Betondeckung für Betonstahl in Abhängigkeit von der Expositionsklasse nach DIN 1045-3 [2]

Expositionsklasse [1)]	Stabdurchmesser in mm	Betondeckung [2)] in mm	
		Mindestmaß c_{min}	Nennmaß c_{nom}
XC1	bis 10	10	20
	12, 14	15	25
	16, 20	20	30
	25	25	35
	28	30	40
XC2; XC3	bis 20	20	35
	25	25	40
	28	30	45
XC4	bis 25	25	40
	28	30	45
XD1; XD2; XD3[3)]	bis 28	40	55
XS1; XS2; XS3	bis 28	40	55

[1)] Für die Expositionsklassen XA; XF; XM darf die Betondeckung nicht kleiner sein als die für die Bewehrungskorrosion maßgebende Expositionsklasse. Für die Expositionsklasse XM kann die Mindestbetondeckung bei XM1 um 5 mm, bei XM2 um 10 mm, bei XM3 um 15 mm durch Opferbeton vergrößert werden.

[2)] Abminderung möglich, wenn
- f_{ck} um 2 Festigkeitsklassen höher liegt als erforderlich (Abminderung 5 mm); für XC1 unzulässig
- Bauteile eine kraftschlüssige Verbindung Fertigteil/Ortbeton aufweisen
- Qualitätskontrolle von Planung bis Bauausführung entsprechend DBV-Merkblatt Betondeckung und Bewehrung gesichert ist (Abminderung i.d.R. 5 mm).

[3)] Im Einzelfall besondere Korrosionsschutzmaßnahmen für die Bewehrung.

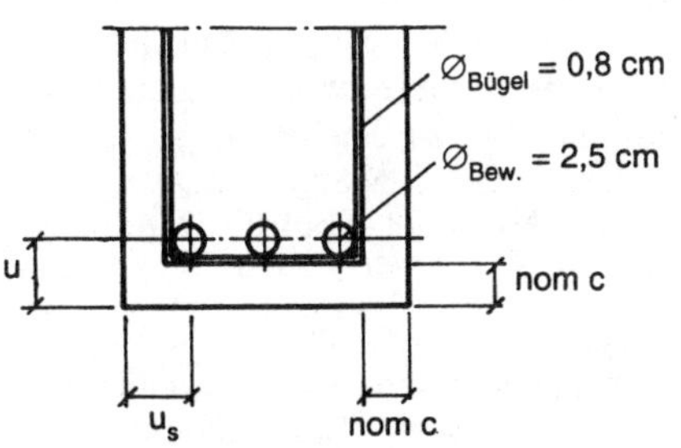

Unterzug, Innenbauteil, B 35
Feuerwiderstandsklasse 120

Betondeckung nach Tafel 8.1:
nom $c \geq 3{,}5$ cm

Achsabstand nach DIN 4102-4:
$u \geq 6{,}5$ cm, $u_s \geq 7{,}5$ cm

Daraus ergibt sich als Überdeckung
in Richtung u: $c = 4{,}5$ cm,
in Richtung u_s: $c = 5{,}5$ cm.

Abb. 8.3 Beispiel für die Betondeckung nach DIN 4102-4 (Brandschutz) [2]

8.1.3 Statisch relevante Festbetoneigenschaften

Außer der Festigkeit sind zu den statisch wichtigen Eigenschaften des Festbetons zu rechnen:

- Schwinden und Quellen
- Feuchtigkeitsdehnungen
- Kriechen und Relaxation
- Spannungs-Dehnungs-Linie und Elastizitätsmodul.

a) Unter **Schwinden** von Beton versteht man die Volumenverringerung des unbelasteten Betons während des ersten allmählichen Austrocknens nach der Herstellung des Betons. Das Schwinden ist umso größer, je größer der Wasserzementwert und der Zementgehalt des Betons, je geringer die Luftfeuchtigkeit und je dünner das Bauteil ist. Das Endschwindmaß ist je nach der Größe der genannten Einflussgrößen bei dünnen Bauteilen nach etwa 1 bis 3 Jahren abgeklungen, bei dickeren wesentlich später, und kann Werte zwischen 0,1 bis 0,8 mm/m annehmen. Für langsame Austrocknung unter normalen Umgebungsbedingungen werden in der Literatur auch folgende Werte angegeben: Zementstein 3 bis 4 mm/m, Mörtel 1 bis 2 mm/m, Beton 0,2 bis 0,5 mm/m.

b) Unter **Quellen** von Beton versteht man die Volumenvergrößerung, die nach dem Austrocknen wieder einsetzen kann, wenn der Beton z. B. wieder wassergelagert oder auf andere Weise durchfeuchtet wird. Das Quellen beträgt etwa 40 bis 80 % der vorangegangenen Schwindverformung.

c) **Feuchtigkeitsdehnungen** treten bei Beton wie bei jedem porösen Baustoff auf: bei Feuchtigkeitsaufnahme, z. B. durch Kondensation der Luftfeuchtigkeit in den Poren des Betons, besonders in den Kapillar- und Gelporen des Zementsteins, wird der Beton länger, bei Feuchtigkeitsabgabe wieder kürzer. Die Feuchtigkeitsdehnungen sind deutlich geringer als die Schwindverformungen.

d) Unter **Kriechen** von Beton versteht man die zeitabhängige Zunahme der Verformungen des Betons unter Dauerlast, unter **Relaxation** die zeitabhängige Abnahme von Spannungen infolge von aufgezwungenen Verformungen. So würden z. B. die Spannungen in einem Betonwürfel, der in einer Prüfmaschine unter Druck eingespannt ist, allmählich abnehmen. Die Kriechverformungen sind zum größten Teil irreversible (plastische) Verformungen und nehmen (u. U. erst nach 5 Jahren) Endwerte von 0,1 bis 1 mm/m an. Sie sind umso größer, je größer die Belastung, je höher der Volumenanteil des Zementsteins und je geringer seine Festigkeit (hoher Wasserzementwert), je dünner das Bauteil und je trockener die umgebende Luft ist. Sie sind umso kleiner, je später die Belastung auf den Beton einwirkt und je fester der Beton dabei ist.

e) Die **Spannungs-Dehnungs-Linie** von Beton (siehe Abb. 8.4) verläuft im Gegensatz zu Stahl (siehe Abb.) bereits im Anfangsbereich leicht gekrümmt und weist dort auch bereits erste bleibende (plastische) Verformungen auf. Der **Elastizitätsmodul E** von Beton wird in diesem Diagramm gebildet, indem von seinem Nullpunkt bis zur Spannung $0{,}4 \cdot f_{ck}$ eine Sekante eingezeichnet wird (Sekantenmodul). Die Größe des E-Moduls hängt vom E-Modul der Gesteinskörnung und des Zementsteins ab. DIN 1045-1 gibt für E-Modul von Beton folgende Werte in N/mm^2 an: 26 (C12/15), 30,5 (C25/30), 36 (C45/55) und 38,8 (C60/75).

f) Unter der **Querdehnungszahl** μ von Beton versteht man das Verhältnis von Querdehnung ε_q zu der durch eine Belastung hervorgerufene Längsdehnung ε_l : $\mu = \varepsilon_q/\varepsilon_l$. Bei Normalbeton liegt sie je nach der Gesteinskörnung zwischen 0,1 und 0,35. Die DIN 1045 gibt als Rechenwert $\mu = 0{,}2$ an.

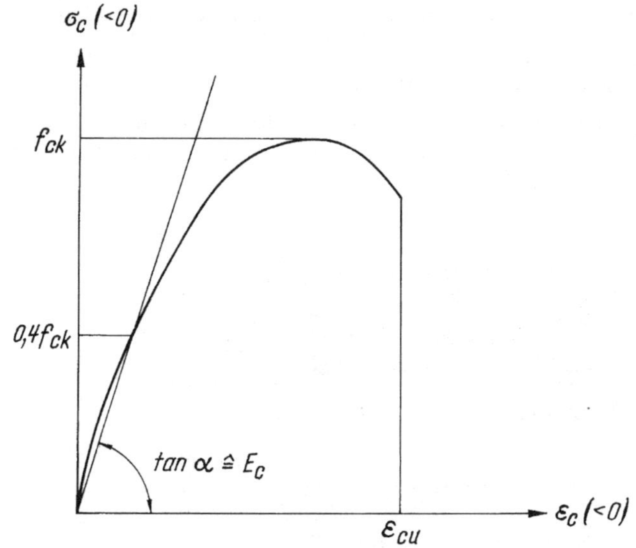

Abb. 8.4 Schematische Darstellung einer Spannungs-Dehnungs-Linie von Beton [2]
σ_c Betondruckspannung in N/mm²
f_{ck} Druckfestigkeit des Betons in N/mm²
E_c Elastizitätsmodul von Beton in N/mm²
ε_{cu} Bruchstauchung in der äußeren Faser des gedrückten Betons (max. 3,5 ‰)
ε_c Betonstauchung in ‰

8.2 Spannbeton DIN 1045-1 (2001-07)

Spannbeton-Bauteile sind Bauteile, bei denen der Beton durch Einleiten von Druckkräften derart vorgespannt ist, dass er unter der Gebrauchslast im Bauwerk nur auf Druck, dagegen nicht oder nur sehr begrenzt auf Zug beansprucht wird.

Im Stahlbeton kann die eingelegte Stahlbewehrung, die sog. schlaffe Bewehrung, nicht im vollen Umfang ihren Möglichkeiten entsprechend beansprucht werden, da anderenfalls der Beton zu breite Risse im Zugbereich bekommen würde. Es kommt daher darauf an, die Eigenschaften dieser beiden Baustoffe besser aufeinander abzustimmen. Dieses geschieht im Spannbetonverfahren (Abb. 8.5), dessen praktische Anwendungsgebiete hauptsächlich im Brückenbau und bei weitgespannten Trägern oder bei Fertigteilen liegen. Beim Spannbetonverfahren wird der Beton durch Einleiten von Druckkräften derart vorgespannt, dass er unter der Nutzlast nicht oder nur begrenzt auf Zug beansprucht wird. Im Beton werden durch Vorspannen künstlich Druckspannungen erzeugt, sodass er in diesem Zustand in gleichem Maße Druck- und Zugspannung aufnehmen kann.

Die für die Druckvorspannung erforderlichen Kräfte werden durch angespannte Stahlzugglieder erzeugt. Beim Spannbeton unterscheiden wir folgende Arbeitsverfahren:

1. Je nachdem, ob im Gebrauchszustand Zugspannungen auftreten: volle, beschränkte oder teilweise Vorspannung

2. nach dem Zeitpunkt des Spannens der Vorspannglieder: sofortiger oder nachträglicher Verbund
3. nach der Art der Verbundwirkung: mit oder ohne Verbund.

Es gibt heute für die Vorspannung viele bewährte Systeme. Sie verfolgen aber alle den Grundgedanken, in den Beton Druck einzuleiten. Im Wesentlichen unterscheiden sie sich durch die Art der Verankerung und den Aufbau der Spannglieder.

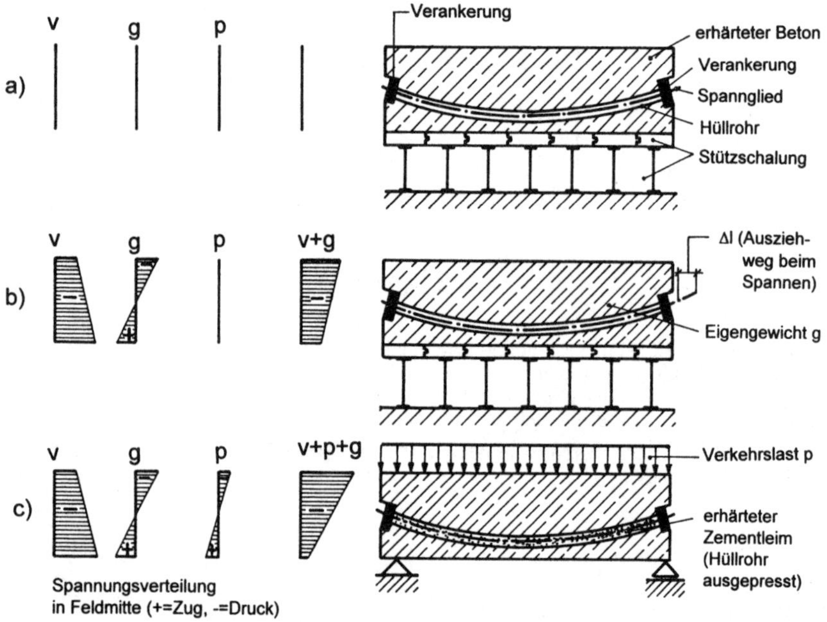

Abb. 8.5 Beispiel für die Wirkung der Vorspannung mit nachträglichem Verbund (vereinfacht)
a) ohne Vorspannung (v) und Eigenlast (g)
b) mit Vorspannung (v) und Eigenlast (g)
c) mit Vorspannung (v), Eigenlast (g) und Verkehrslast (p); volle Vorspannung

Beim **Vorspannen mit sofortigem Verbund** wird der Stahl in Form von Stäben, Drähten oder Seilen in der Schalung vor dem Betonieren gespannt, an festen Widerlagern befestigt und der Beton eingebracht; mit dem Erhärten entsteht die Haftung (Verbundwirkung) zwischen dem Beton und den Stahlteilen, den so genannten Spanngliedern. Nach dem Erhärten des Betons werden die Befestigungen des Stahls an den Widerlagern gelöst. Der Stahl versucht, sich zusammenzuziehen, und dabei drücken die Spannglieder den Beton zusammen. Im Beton entstehen Druckspannungen, der Beton wird zum Spannbeton. Der auf diese Weise im Beton künstlich hervorgerufene Spannungszustand macht aus dem Verbundstoff Stahlbeton gewissermaßen einen einheitlichen (homogenen) Baustoff. Das hier geschilderte Verfahren heißt „Vorspannen mit sofortigem Verbund", weil sich Beton und vorgespannter Stahl sofort beim Erhärten des Betons mechanisch miteinander verbinden. Anwendung z. B. vorwiegend bei der Herstellung von Spannbeton-Fertigteilen, wie Bahnschwellen, Fertigdecken, Bindern etc.

Bei der **Vorspannung mit nachträglichem Verbund** liegen die Spannglieder in Hüllrohren, die nach dem Spannen mit Zementmörtel verpresst werden. Angewendet z. B. beim Fertigen von Brückenteilen, Behältern, Balken, Bindern in Ortbetonbauweise. Bei langen Bindern liegen die Spannglieder (gebündelte Spannstähle), um den Druck noch besser auszugleichen, oft bogenförmig – mit der Krümmung nach unten – im Beton.

Beim Verfahren **Vorspannung ohne Verbund** können die in Hüllrohren frei liegenden Spannglieder bei Bedarf nachgespannt werden. Anwendung z. B. beim Fertigen von Spannbetonschwellen.

Vorteile des Spannbetons (im Vergleich zum schlaff bewehrten Beton): wesentlich kleinere Querschnitte der Bauteile, dadurch Einsparung von Stahl (bis 70 %) und Beton (bis 40 %); geringere Durchbiegung, erheblich größere Sicherheit gegen Rissebildung.

Verwendung findet Spannbeton für im Betonwerk vorgespannte Teile, z. B. Deckenelemente, kleinere Brückenträger, Druckrohre, Maste, Eisenbahnschwellen; ferner für im Werk gefertigte, aber erst auf der Baustelle zusammengespannte Teile, z. B. Brückenträger, Schornsteine, Schalen- und Faltwerke, Elemente für Trapezbinder; schließlich für die Herstellung großer Ingenieurkonstruktionen.

8.3 Fragen und Aufgaben zu Stahlbeton und Spannbeton

1) Warum kann der Baustoff Beton nicht allein zur Herstellung eines tragenden Biegebalkens verwendet werden?
2) Beschreiben Sie die Tragwirkung eines Stahlbetonbalkens!
3) Wodurch wird die Verbundwirkung zwischen Stahl und Beton in einem Stahlbetonbalken gewährleistet?
4) Skizzieren Sie den Spannungszustand in einem Stahlbetonbalken.
5) Welche Aufgabe hat die Betondeckung? Wovon hängt ihre Größe ab?
6) Erläutern Sie die verschiedenen Kennwerte, die der Beton außer der Festigkeit hat!
7) Skizzieren Sie die Spannungs-Dehnungs-Linie von Beton!
8) Erläutern Sie das Prinzip des Spannbetons! Wo wird er hauptsächlich angewendet?
9) Welche verschiedenen Spannbeton-Verfahren gibt es?
10) Skizzieren sie die Wirkung der Vorspannung mit nachträglichem Verbund in einem Biegebalken!

9 Eisen und Stahl

9.1 Gefüge von Eisen und Stahl

(siehe auch [14])

Eisen Fe (lat. ferrum) ist ein chemisches Element und gehört zu den Schwermetallen. Rohdichte 7,86 kg/dm^3, Schmelzpunkt 1536 °C, relative Atommasse 56, Ordnungszahl im periodischen System 26, Wertigkeit 2 und 3. Eisen steht mit 5 % nach Sauerstoff (46,6 %), Silicium (27,7 %) und Aluminium (8,1 %) an vierter Stelle der in der festen Erdkruste vertretenen Elemente. Als unedles Metall kommt Eisen in der Natur nicht in reiner Form vor, sondern nur in Verbindung mit anderen Elementen, besonders mit Sauerstoff als Eisenoxid (siehe unten). Die Abtrennung des Sauerstoffs vom Eisen nennt man Reduktion. Unter dem Begriff Eisen versteht man auch den *Werkstoff* Eisen mit einem Reinheitsgrad von 99,8 bis 99,9 %.

Unter dem Begriff **Eisenwerkstoff** versteht man alle Metalllegierungen, bei denen der Anteil an Eisen Fe höher ist als der jedes anderen Elements.

Stahl ist eine Legierung (= Mischung) aus Eisen und anderen Elementen, und zwar nichtmetallischen, wie Kohlenstoff, Silicium, Phosphor und Schwefel, und metallischen, wie z. B. Mangan, Chrom, Nickel, Molybdän. Wichtigstes Legierungselement ist der Kohlenstoff, der bei Stahl mit Ausnahme einiger chromreicher Stähle höchstens 2 % beträgt. Bei C-Gehalten über 2 % spricht man allgemein von Gusseisen.

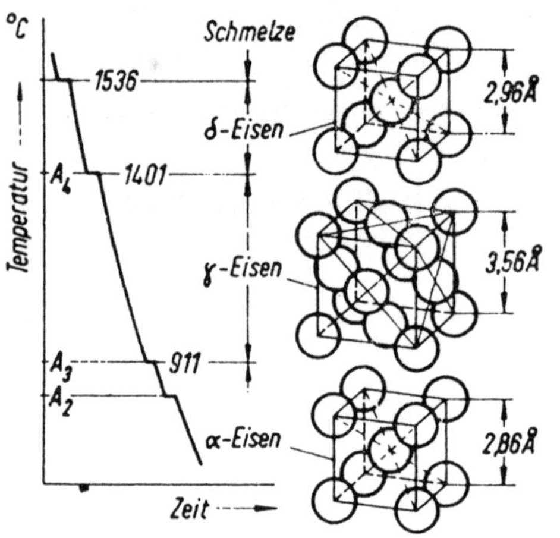

Abb. 9.1 Abkühlungskurve und Kristallformen von reinem Eisen
α-Eisen = Ferrit, kubisch-raumzentriert, C-Gehalt ≤ 0,02 %
γ-Eisen = Austenit, kubisch-flächenzentriert, C-Gehalt ≤ 2 %
Å = Ångström = 10^{-7} mm = 10^{-10} m

Bei der **Kristallbildung** von Eisen und Stahl entstehen aus der Schmelze unregelmäßig geformte kleine Kristallite (Kristallkörner), die ähnlich wie die Mineralien im Granit an den Korngrenzen aneinander anstoßen. Die Erstarrung beginnt an vielen, gleichmäßig in der Schmelze verteilten Kristallisationskeimen. Innerhalb der Kristallkörner sind die Elemente, hauptsächlich Eisen, in einem regelmäßigen kubischen Kristallgitter angeordnet (siehe Abb. 9.1). Legierungselemente können zwischen den Eisenatomen eingelagert sein (Einlagerungs-Mischkristall, gilt insbesondere für Kohlenstoff) oder bei etwa gleichem Atomdurchmesser an die Stelle von Fe-Atomen treten (Substitutions-Mischkristall; gilt z. B. für Nickel und Chrom).

Bei C-Gehalten ≥ 0,02 % werden die C-Atome nicht mehr im Fe-Gitter (siehe Abb. 9.1) eingelagert, sondern sie bilden mit den Fe-Atomen eine neue chemische Verbindung Fe_3C, das sog. Eisencarbid oder Zementit. Je nach dem Kohlenstoff-Gehalt in der Fe-C-Schmelze enthält das erhärtete Fe-C-Gemisch unterschiedliche Arten von Kristallkörnern:

- C-Gehalt ≤ 0,02 %: Ferrit-Körner, kubisch raumzentriet, praktisch reines Eisen (siehe Abb. 9.1 und 9.2),
- C-Gehalt 0,02 bis < 0,8 %: Ferrit- + Perlitkörner; je mehr sich der C-Gehalt der Schmelze 0,8 % nähert, umso höher ist der Anteil an Perlitkörnern,
- C-Gehalt = 0,8 %: Perlit-Körner, bestehen aus Ferrit und plättchenförmig eingelagertem Zementit Fe_3C (siehe Abb. 9.3); man spricht von Primärzementit, da es sich direkt aus der Schmelze gebildet hat,
- C-Gehalt 0,8 bis 2 %: Perlitkörner, um die sich immer dickere Schalen von Zementit legen; man spricht von Sekundärzementit, da es sich an den Korngrenzen der γ-Mischkristalle ausscheidet,
- C-Gehalt > 2 %: Perlitkörner mit Zementitschalen + reine Zementit-Bereiche (Ledeburit).

Den Zusammenhang zwischen Temperatur , C-Gehalt und Kristallgefüge, das sich bei langsamen Temperaturänderungen im Fe-Fe_3C- Gemisch einstellt, kann man im Eisen-Kohlenstoff-Diagramm ablesen (siehe Abb. 9.4). Oberhalb 723 °C (sog. Perlit-Linie) verwandeln sich Ferrit und Fe_3C in γ- Mischkristalle (Austenit). Austenit kann einen C-Gehalt von max. 2 % besitzen.

Da das Zementit eine wesentlich höhere Härte als das Ferrit aufweist, erhöhen sich mit steigendem Kohlenstoffgehalt die Zugfestigkeit, Streckgrenze, Härte und der Verschleißwiderstand von Stahl; die Bruchdehnung wird kleiner, Schweißeignung und Umformbarkeit werden schlechter. Außerdem fällt mit steigendem Kohlenstoffgehalt die Schmelztemperatur von 1536 °C (0 % C) auf 1147 °C (4,3 % C).

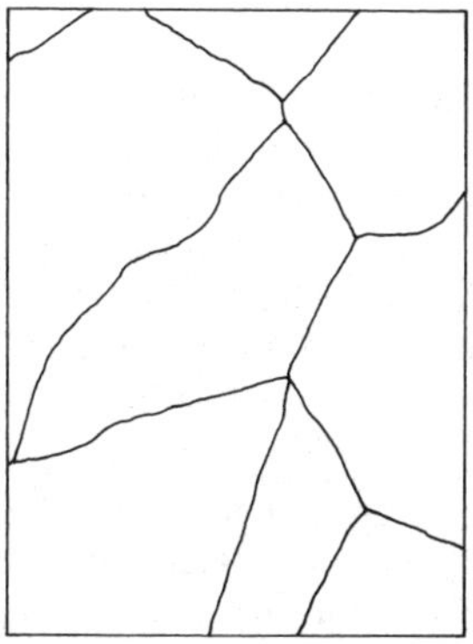

Abb. 9.2 Stahlgefüge aus Ferritkörnern nach [14] C-Gehalt der Schmelze und der Ferritkörner ≤ 0,02 %

Abb. 9.3 Stahlgefüge aus Perlitkörnern nach [14] C-Gehalt der Schmelze und der Perlitkörner = 0,8 %
dunkle Streifen: Zementit Fe_3C; helle Bereiche: Ferrit

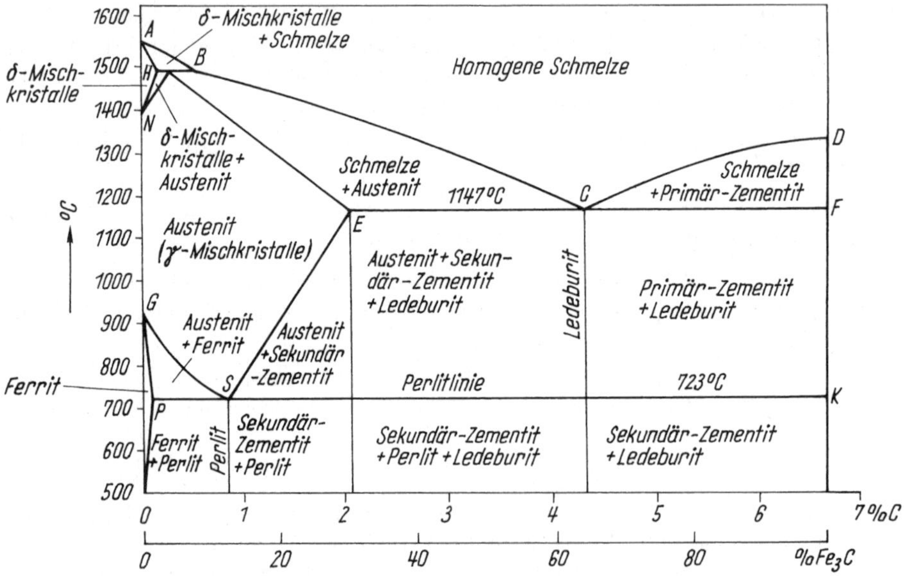

Abbb. 9.4. Eisen-Kohlenstoff-Diagramm für das metastabile System Fe-Fe_3C nach [14]
Linie ABCD: Liqidus-Linie, oberhalb der nur Schmelze vorliegt
Linie AECF: Solidus-Linie, unterhalb der nur feste Kristalle vorliegen

9.2 Ausgangsstoffe bei der Stahlherstellung

Rohstoff für die Herstellung von Stahl sind die **Eisenerze**. Eisenerze sind mit Gestein (Gangart) vermischte Eisen-Sauerstoff-Verbindungen (Eisenoxide). Farbe: rötlich bis bräunlich, metallisch schwarz. Die wichtigsten Eisenerzsorten enthalten: Magnetit oder Magneteisenerz Fe_3O_4 (stark magnetisch; 60 bis 70 % Fe), Hämatit oder Roteisenerz Fe_2O_3 (typische Rotfärbung; hoher Fe-Gehalt), Brauneisenerz oder Limonit $Fe_2O_3 \cdot H_2O$ (häufigstes Eisenerz; geringer Fe-Gehalt), Spateisenerz oder Siderit $FeCO_3$ (leicht reduzierbar; 30 bis 40 % Fe). Daneben gibt es Manganerze, Eisensilicate und Titaneisenstein sowie Abbrände und eisenhaltige Stäube. Letztere fallen z. B. bei der Herstellung von Schwefelsäure und NE-Schwermetallen an.

Bevor die Erze auf die verschiedensten Arten zu Roheisen verarbeitet werden, werden sie vorbehandelt. Die **Erzaufbereitung** hat den Zweck, den größten Teil der Gangart abzutrennen. Hierdurch werden Transportkosten gespart und die Hochöfen und sonstigen Reduktionsanlagen entlastet. Dazu werden die Erze zunächst gebrochen und gemahlen, um die miteinander verwachsenen Komponenten Eisenoxide und Gestein freizulegen. Die Verfahren zur anschließenden Trennung der beiden Komponenten machen sich ihre unterschiedliche Dichte (Flieh- und Auftriebskräfte in Spiralen) und Benetzbarkeit (Schaum-/Aufschwimm-Verfahren) zunutze. Bei der magnetischen Aufbereitung werden die Erzteilchen durch Magnetfelder ausgesondert.

Zur weiteren Vorbehandlung der Erze gehört die **Erzvorbereitung**. Grobe Erze werden gebrochen, gemahlen und gesiebt und durch Mischen homogenisiert. Feinkörnige Erze werden durch Sintern oder Pelletieren stückig gemacht. Beim **Sintern** werden angefeuchtete Feinerze mit Koksgrus sowie Kalkstein, Branntkalk, Olivin oder Dolomit, ggf. auch angefallenem Feinsinter gemischt, durch Erhitzen auf Sinterbändern miteinander verbacken und anschließend wieder gebrochen. Beim **Pelletieren** werden Feinsterze angefeuchtet, mit einem Bindemittel versehen, in Drehtrommeln oder auf Drehtellern zu sog. Grünpellets geformt und anschließend getrocknet und gebrannt. Dadurch entstehen Kügelchen (engl. pellet) von etwa 10 bis 15 mm Durchmesser. Durch Sintern oder Pelletieren stückig gemachte Eisenerze besitzen im Hochofen eine gute Gasdurchlässigkeit und Reduzierbarkeit. Moderne Hochofenwerke setzen zu 80 bis 100 % stückig gemachte Stoffe ein.

Bei der Stahlherstellung kommt in großem Maße, weltweit etwa zu 40 %, auch **Schrott** zum Einsatz. Schrott fällt als sog. Kreislaufschrott in den Hüttenwerken beim Walzen (Abtrennen der Enden, Kanten usw.) sowie in der stahlverarbeitenden Industrie an. Beim Recycling anfallender Alt- oder Sammelschrott muss in Pressen, Zerkleinerungs- oder Shredderanlagen sortiert und von Verunreinigungen und unerwünschten Begleitelementen, z. B. NE-Metallen, getrennt werden.

Als **Brennstoffe und Reduktionsmittel** werden Koks, Kohle, Öl oder Gas eingesetzt. Wichtigstes Reduktionsmittel ist der Koks. Er wird durch Verkoksen, d. h. durch das Erhitzen schwefelarmer Kohle bei Temperaturen von 900 bis 1200 °C unter Luftabschluss, die sog. trockene Destillation, hergestellt. Dabei fallen als Nebenprodukte Koksofengas, Teer, Benzol, Schwefelwasserstoff und Ammoniak an. Der Koks ist Reduktionsmittel, liefert die Wärme und trägt im Hochofen die gesamte Schüttsäule. Seine Porigkeit und sein im Verhältnis zum Erz, Sinter oder zu den Pellets größeres Korn ermöglicht die Durchgasung der Säule. Daher ist ein vollständiger Ersatz des Kokses durch die anderen Reduktionsmittel wie Kohle, Öl oder Gas, die über Windformen eingeblasen werden, nicht möglich.

Als **Zuschläge** bei der Roheisen- und Stahlherstellung kommen hauptsächlich Kalk in Form von Kalkstein, Branntkalk oder Kalkhydrat sowie Olivin und Dolomit zum Einsatz, daneben auch Bauxit, Flussspat und Quarz. Die Zuschläge setzen die hohen Schmelztemperaturen von 1700 bis 2000 °C der Gangart der Erze und Asche des Kokses auf 1300 bis 1400 °C herab, wirken also als sog. Flussmittel. Die auf diese Weise erzeugte dünnflüssige Gesteinsschlacke, die im untersten Teil des Hochofens auf dem flüssigen Roheisen schwimmt (siehe Abb. 9.7), nimmt gleichzeitig unerwünschte Begleitelemente, wie Silicium, Aluminium, Phosphor und Schwefel, der zum größten Teil aus dem Koks bzw. Öl herrührt, auf. Zuschläge und Erze zusammen werden als **Möller** bezeichnet.

Wegen der im Hochofen und anderen Reaktionsgefäßen (Pfannenwagen, Konverter, Lichtbogenofen usw.) herrschenden hohen Temperaturen müssen diese mit **Feuerfeststoffen** ausgekleidet (zugestellt) werden. Dazu werden gebrannte oder ungebrannte, d. h. chemisch gebundene Steine oder Massen verwendet, die an den chemischen Prozessen weder teilnehmen noch diese stören. Solche feuerfesten Baustoffe sind z. B. die in Abschnitt 3.2.11 genannten Steine. Die Ausmauerung kann auch mit großformatigen Elementen oder sogar monolithisch durch Gießen, Stampfen und Trocknen aus feuerfestem und hochfeuerfestem Beton hergestellt werden. Solche Betone verwenden als Bindemittel Portland- oder Tonerdeschmelzzement, als Zuschlag hauptsächlich Schamotte, Korund Al_2O_3, Chromerz oder Siliciumcarbid (Carborund SiC).

9.3 Verfahren der Stahlherstellung

Das heute hauptsächlich angewendete **Hochofen-Konverter-Verfahren** zur Herstellung von Stahl verläuft in zwei Schritten:

1. Reduktion des Erzes mit Koks im Hochofen zu flüssigem Roheisen (C-Gehalt 3-4 %) (siehe Abschn. 9.3.3).

2. Frischen des flüssigen Roheisens mit Sauerstoff im Konverter zur Verringerung des Gehalts von Kohlenstoff (unter 2 %) und der übrigen Begleitelemente, wie Silicium, Mangan, Phosphor und Schwefel (siehe Abschn. 9.3.5).

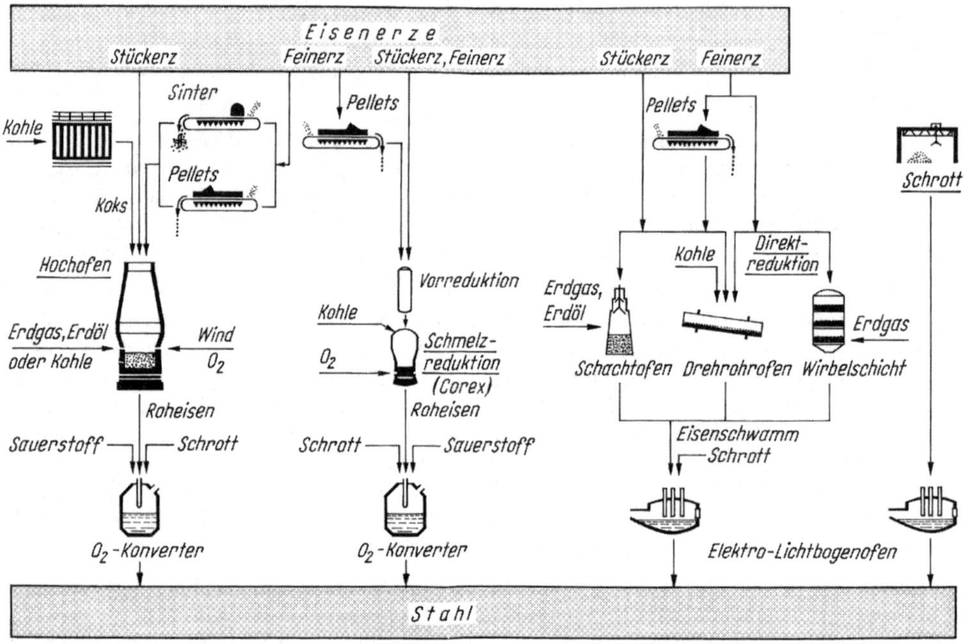

Abb. 9.5 Verfahrenswege für die Herstellung von Stahl [14]

Daneben ist noch eine Reihe anderer Verfahren in Gebrauch. Hierzu gehören das Direktreduktionsverfahren und das Schmelzreduktionsverfahren, bei denen das Erz ohne Hochofenprozess zu Stahl verarbeitet wird (siehe Abb. 9.5 und die nächsten beiden Abschnitte).

9.3.1 Direktreduktions-Verfahren

Bei den sich bisher bewährten und noch in der Entwicklung befindlichen Direktreduktions-Verfahren wird den Erzen mit hohem Fe-Gehalt und geringem Gangartanteil in kleineren Schacht-, Drehrohr- oder Wirbelschichtöfen im festen Zustand durch Reduktionsgase (Kohlenmonoxid, Wasserstoff oder Mischungen aus beiden) der Sauerstoff **direkt** entzogen (Direktreduktion). Dabei entsteht aus dem Erz sauerstoffarmer fester **Eisenschwamm**, auch DRI (Direct Reduced Iron) oder HBI (Hot Briquetted Iron) genannt. Der feste Eisenschwamm besitzt eine hohe Porosität, unterschiedliche Kohlenstoffgehalte, einen hohen Eisengehalt von 80 bis 95 % Fe und nur geringe Mengen von Verunreinigungen. Im Lichtbogenofen wird der Eisenschwamm eingeschmolzen und vom Restsauerstoff und der gesamten Gangart befreit.

9.3.2 Schmelzreduktions-Verfahren

Bei der Schmelzreduktion nach dem in Deutschland und Österreich großtechnisch eingesetzten Corex-Verfahren sind zwei Reaktoren übereinander angeordnet. Im oben liegenden Reduktionsschacht wird das Stückerz zu Eisenschwamm reduziert. Im darunter liegenden Einschmelzvergaser wird Kohle mit Hilfe von eingeblasenem Sauerstoff vergast und der oben gebildete Eisenschwamm zu Roheisen eingeschmolzen. Die Weiterverarbeitung zu Stahl erfolgt i. d. R. im Lichtbogenofen.

9.3.3 Der Hochofenprozess

Ein Beispiel für eine Hochofenanlage und eine schematische Übersicht über die Vorgänge im Hochofen sind den Abb. 9.6 und 9.7 zu entnehmen.

Das flüssige **Roheisen**, das den Hochofen verlässt, hat einen Kohlenstoffgehalt von 3 bis 4 Masse- % und enthält zusätzliche Begleitstoffe, wie Phosphor, Schwefel, Silicium und Mangan, die z. T. unerwünscht sind. Erstarrtes Roheisen ist wegen des hohen C-Gehaltes sehr spröde und lässt sich als Baustoff kaum verwenden. Es dient vielmehr als Ausgangsstoff für die Herstellung von Stahl und Gusseisen. In das Stahlwerk wird das flüssige Roheisen in Pfannenwagen transportiert. Für Gusseisenherstellung lässt man das Roheisen zunächst in Masselgießmaschinen oder im Sandbett zu Masseln (Barren) erstarren.

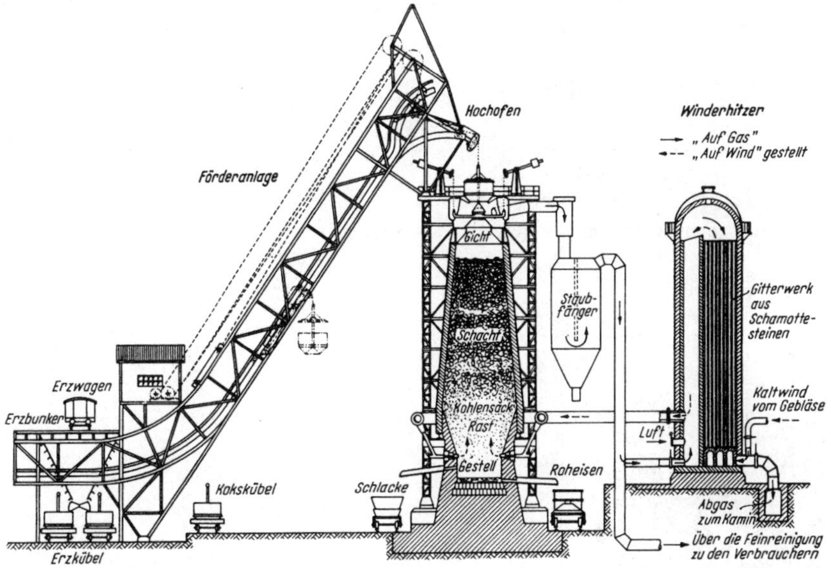

Abb. 9.6 Hochofenanlage

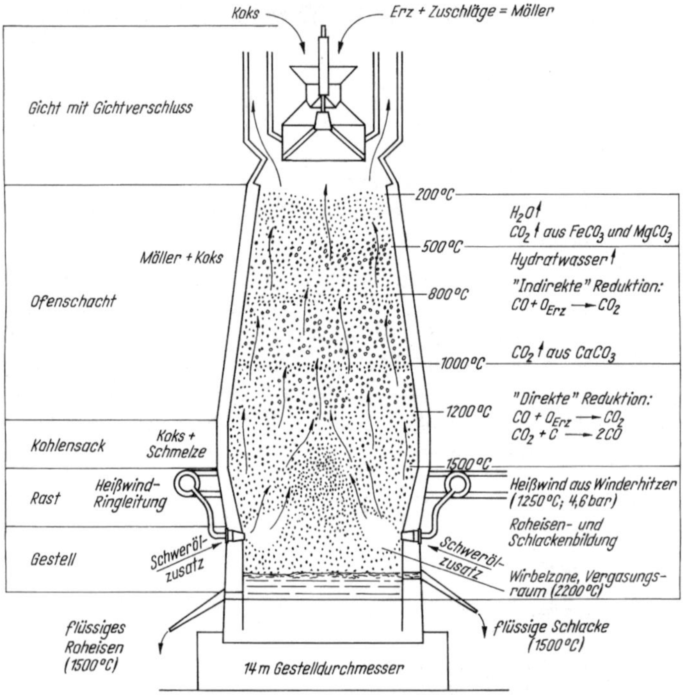

Abb. 9.7 Hochofen: Aufbau und chemische Vorgänge (nach [14])

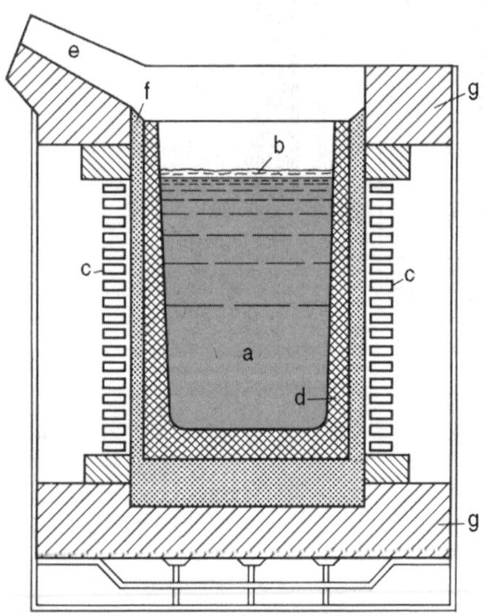

Abb. 9.8 Schnitt durch einen kernlosen Induktionsofen [14]
a flüssiger Stahl
b Schlacke
c wassergekühlte Spule
d Tiegelauskleidung
e Gießrinne
f Wärmeisolierung
g feuerfeste Auskleidung

Die **Schlacke** enthält als wesentliche Bestandteile Calciumaluminiumsilicate, die aus dem SiO_2 und Al_2O_3 der Gangart (des tauben Gesteins) und CaO der Zuschläge gebildet worden sind (Verwendung siehe Tafel 9.1). Eine wichtige Aufgabe der Schlacke ist die Entschwefelung des Roheisens, wobei der größte Teil des Schwefels aus dem Koks stammt.

Ein weiteres Nebenprodukt ist das brennbare Gichtgas, vorwiegend aus CO_2, CO und H_2 bestehend; es wird zur Erzeugung von Energie ausgenutzt.

Tafel 9.1 Verwendung der beim Hochofenprozess anfallenden Schlacke (s. a. DIN 4301)

Zustand	Schlackenart	Verwendung
gekörnt	Schlackensand mit hydraulischen Eigenschaften (Hüttensand)	zum Herstellen von Zementen
geschäumt	Schaumschlacke (Hüttenbims), wärmedämmend	für Leichtbeton
zerfasert	Schlackenwolle (Hüttenwolle)	als Dämmstoff für Wärme und Schall
in größeren Stücken erstarrt, gebrochen	Klotzschlacke, Stückschlacke, Betonschlacke	als Schotter im Straßen- und Eisenbahnbau, als Splitt im Betonbau
in Formen gegossen	Gussschlacke	als raue Schlackenpflastersteine

9.3.4 Vom Roheisen zum Gusseisen

Gusseisen wird aus Roheisenmasseln (im Hüttenwerk gegossen und erstarrt), Schrott, Gusseisenbruch und ggf. weiteren Zusätzen, auch Legierungselementen, in Kupolöfen (kleine Schachtöfen), Induktionsöfen (siehe Abb. 9.8), Lichtbogenöfen oder Drehtrommelöfen erschmolzen. Je nach den Erstarrungsbedingungen und ggf. nachgeschalteten Wärmebehandlungen entstehen unterschiedliche Gusseisenarten mit unterschiedlicher Ausbildung des Kohlenstoffs (s. u.). Gusseisen besitzt wegen des höheren Kohlenstoffgehalts (C-Gehalt > 2 %; Siliciumgehalt 1 bis 3 %) eine niedrigere Schmelztemperatur und damit eine bessere Vergießbarkeit als Stahl. Es lassen sich so fast alle beliebigen Formteile auch mit geringen Wanddicken gießen. Gusseisen ist spröder als Stahl und besitzt eine gute Zerspanbarkeit und Korrosionsbeständigkeit. Die verschiedenen Gusseisensorten sind:

a) **Gusseisen mit Lamellengraphit GJL** (GJ = Gusseisen; L = lamellar) nach DIN EN 1561 (1997-08) hat einen C-Gehalt von 2,7 bis 4,2 %. Wegen der Lamellenform (siehe Abb. 9.9) des Graphits ist GJL sehr spröde (innere Kerbwirkung) und besitzt eine relativ geringe Zugfestigkeit (100 bis 450 N/mm^2). Es ist spanend gut bearbeitbar und nicht schweißbar. Die Bruchflächen erscheinen hell bis dunkelgrau (daher auch „graues“ Gusseisen). GJL ist preiswert und hat eine vielfältige Anwendung vom Sanitärguss bis zu hochbeanspruchten Werkzeugmaschinenständern wegen des hohen Dämpfungsvermögens von Gusseisen.

b) **Gusseisen mit Kugelgraphit GJS** (S = sphärisch) nach DIN EN 1563 (2003-2) hat einen C-Gehalt von etwa 3,7 %. Das Graphit liegt kugelförmig (siehe Abb. 9.10) in einem Grundgefüge aus Ferrit, Perlit und/oder Eisencarbid Fe_3C vor. GJS ist daher stahlähnlicher und nicht so spröde wie GJL und sogar begrenzt warm und kalt umformbar. Zugfestigkeit: 400 bis 900 N/mm^2. Bruchflächen erscheinen charakteristisch silberweiß. Anwendung: z. B. Gussteile für schwere Baumaschinen und Tübbings (Segmente) im Tunnelbau. Weiteres wichtiges Anwendungsgebiet: Druckrohre aus duktilem Gusseisen nach DIN EN 545 und 598.

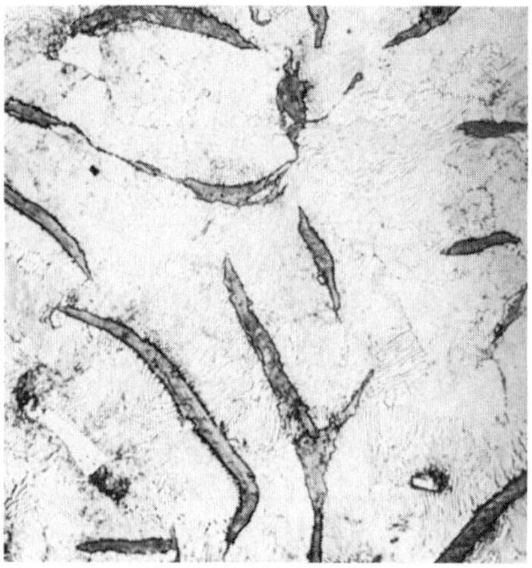

Abb. 9.9 Gusseisen mit Lamellengraphit in perlitischer Grundmasse [14]

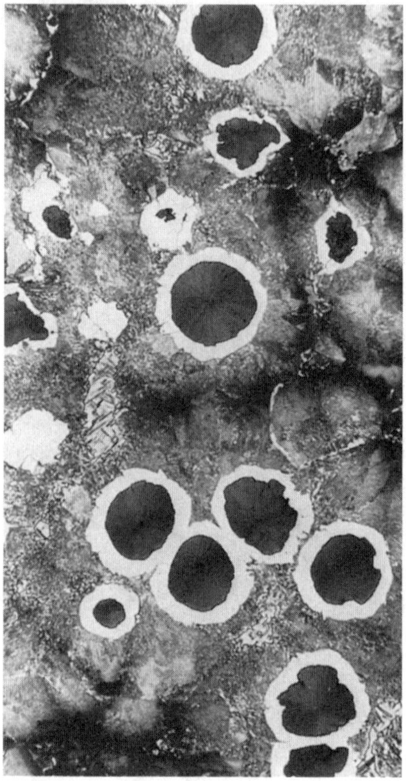

Abb. 9.10 Gusseisen mit Kugelgraphit in perlitischer Grundmasse mit Ferrithöfen um die Graphitkugeln [14]

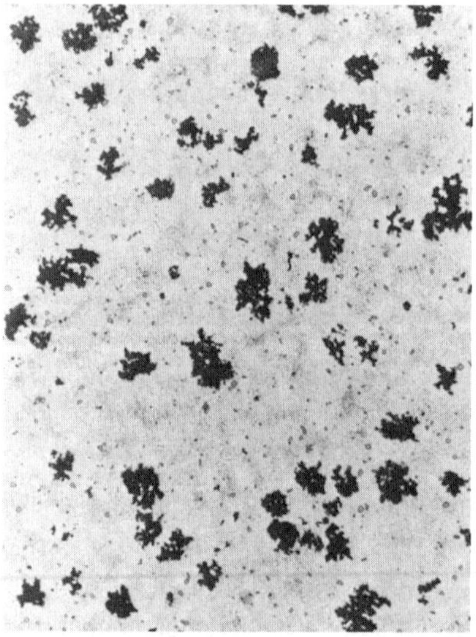

Abb. 9.11 Nicht entkohlend geglühter Temperguss mit flockiger Temperkohle in perlitischer Grundmasse [14]

c) **Temperguss GJM** (M = Temperkohle) nach DIN EN 1562 (1997-08) hat einen C-Gehalt von 2,3 bis 3,4 % und einen Siliciumgehalt von 1,5 bis 0,4 %. Es entsteht dadurch, dass der im Gusszustand zunächst als Eisencarbid Fe_3C vorliegende Kohlenstoff durch längeres Glühen (Tempern) in flockiges Graphit (sog. Temperkohle; siehe Abb. 9.11) verwandelt wird. Zugfestigkeit: 270 bis 570 N/mm^2 (GJMW) bzw. 300 bis 800 N/mm^2 (GJMB): Man unterscheidet nach dem Aussehen der Bruchflächen: 1. **Weißer Temperguss GJMW**. Diesem ist durch entkohlendes Glühen der Kohlenstoff ganz oder teilweise entzogen. 2. **Schwarzer Temperguss GJMB**. Dieser ist nicht entkohlend geglüht und weiter verbreitet als GJMW. Wegen der Flockenform des Graphits hat GJM ähnliche Eigenschaften und Anwendungsgebiete wie GJS. Ansonsten ist GJM auf die Herstellung kleinerer Gussstücke, wie z. B. Beschläge und Rohrverbindungsstücke (Fittings), beschränkt.

d) Sondergussarten gibt es z. B. als besonders säure- und verschleißfestes Gusseisen und sog. Hartguss. **Hartguss** besitzt eine harte Außenschale, und die Bruchflächen erscheinen weiß (weißes Gusseisen; der Kohlenstoff liegt als Fe_3C vor). Austenitisches Gusseisen (**Ni-Resist-Gusseisen** nach DIN EN 13 835 (2003-02) mit 20 bis 30 % Ni) ist unmagnetisch und korrosionsbeständiger sowie verschleiß- und warmfester als normales Gusseisen. Zugfestigkeit: 370 bis 440 N/mm^2.

9.3.5 Vom Roheisen zum Stahl

Stahl ist ein warm formbarer (schmiedbarer) Eisenwerkstoff mit einem Kohlenstoffgehalt bis 2 Gew.-%.

Das im Hochofen erzeugte Roheisen besitzt einen zu hohen Kohlenstoffgehalt und einen zu hohen Gehalt an unerwünschten Begleitelementen, darunter insbesondere Mangan, Schwefel, Silicium und Phosphor. Bereits während des Transports des flüssigen Roheisens in das Stahlwerk in sog. Torpedopfannen wird durch Einblasen bestimmter Stoffe der Gehalt an Schwefel (durch Calciumcarbid und Magnesium), an Phosphor (durch kalkhaltige Flussmittel) und an Silicium (durch Eisenoxide, Erz) verringert.

Im Stahlwerk findet dann der eigentliche Reinigungsprozess des Roheisens statt, das sog. „**Frischen**“. So wird der Vorgang der Verbrennung (Oxidation) besonders des Kohlenstoffs, aber auch der genannten unerwünschten Begleitelemente bezeichnet. Das Frischen geschah früher fast ausschließlich in Konvertern (siehe Abb. 9.12), in die durch den Boden Luft mit ca. 20 % O_2 (sog. „Wind“, „Windfrischen“) geblasen wurde. Beim Bessemer-Verfahren hatte der Konverter eine „saure“ Auskleidung für Roheisen mit viel Si und wenig P, beim Thomas-Verfahren eine „basische“ Auskleidung für Roheisen mit viel P und S.

Heute werden zum Frischen zu etwa 60 % Sauerstoffblas-Verfahren im Konverter und zu etwa 35 % Elektrolichtbogenofen-Verfahren verwendet. Dabei geht der Kohlenstoff als brennbares Abgas (CO) ab und die Begleitelemente werden in der Schlacke gebunden. Anchließend an das Frischen wird der im Stahl verbliebene schädliche Sauerstoff durch sog. Desoxidation entfernt. Ganz selten wird heute zum Frischen auch noch das Siemens-Martin-Verfahren angewendet (siehe Abb. 9.13).

a) **Sauerstoffblas-Verfahren (Oxigen-Stahl)**

Die wichtigsten Sauerstoffblas-Verfahren sind:

Sauerstoffaufblas-Verfahren (LD- und LD/AC-Verfahren),
Sauerstoffbodenblas-Verfahren (OBM-Verfahren),
kombinierte Blasverfahren.

Die Blaszeiten betragen 10 bis 20 Minuten, die Schmelzfolgezeiten 30 bis 50 Minuten. Die dabei verwendeten Konverter sind kippbare, mit feuerfestem Futter ausgekleidete Stahlgefäße mit einem Fassungsvermögen von 50 bis 400 t (siehe Abb. 9.12).

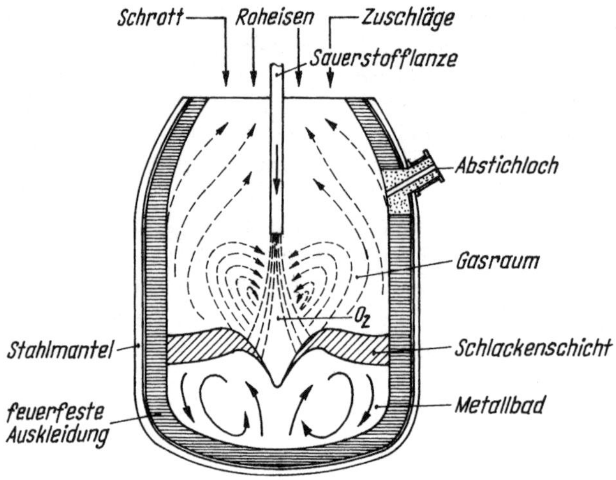

Abb. 9.12 O_2-Konverter beim Sauerstoffaufblas-Verfahren (nach [14])

Beim **Sauerstoffaufblas-Verfahren** (s. Abb. 9.12) wird in den schräg gestellten leeren Konverter wegen der stürmischen Wärmeentwicklung als Kühlmittel zunächst Schrott eingegeben, danach das flüssige Roheisen. Anschließend wird der Konverter gerade gestellt und reiner Sauerstoff unter hohem Druck bis 12 bar von oben mit einer wassergekühlten Lanze eingeblasen. Beim Verbrennungsprozess, bei dem Temperaturen von 2500 bis 3000 °C entstehen, entweicht das sich bildende Kohlenmonoxid CO als Gas, die Verbrennungsprodukte der Begleitelemente Si, Mn, P und S gehen in die Schlacke. Der Stahl wird durch Kippen des Konverters durch das Abstichloch abgegossen, danach zur anderen Seite über den Konverterrand die Schlacke. Um den im Rohstahl befindlichen Restsauerstoff zu entfernen, werden während des Abstichs sog. Desoxidationsmittel (siehe Abschn. 9.3.6 a) und ggf. Legierungselemente zugegeben.

Beim später, Ende der 60-er Jahre, entwickelten **Sauerstoffbodenblas-Verfahren** wird durch im Boden des Konverters befindliche gekühlte Düsen reiner Sauerstoff in die Roheisenschmelze geblasen.

Bei dem heute allgemein durchgeführten **kombinierten Blasen** wird von oben mit einer Lanze reiner Sauerstoff und zur besseren Durchspülung von unten durch Bodendüsen ebenfalls Sauerstoff oder ein Inertgas (z. B. N_2, Ar) eingeblasen.

b) **Elektrostahl-Verfahren (E-Stahl)**

Bei den Elektrostahl-Verfahren wird die notwendige Wärme durch elektrischen Strom erzeugt. Dazu werden heute zu über 90 % Elektrolichtbogenöfen verwendet. Daneben gibt es kleinere Induktionsöfen und Elektronenstrahlöfen (Plasmaöfen), die Temperaturen bis zu 5000 °C erzeugen. Diese Öfen werden zur Erschmelzung von Stählen höchster Reinheit und spezieller Legierungszusammensetzungen verwendet.

Beim **Elektrolichtbogenofen** (siehe Abb. 9.14) springt von drei Graphitelektroden ein Lichtbogen zum metallischen Einsatz und erzeugt dabei eine Temperatur von bis zu 3500 °C. Der Einsatz besteht zur Hauptsache aus Schrott und/oder Eisenschwamm sowie aus Erzen, Zuschlägen (Kalk, Flussspat), Reduktionsmitteln (Kohlenstoff) und Legierungsele-

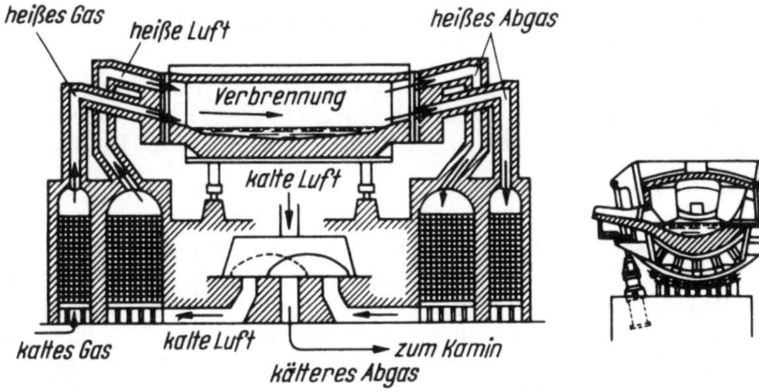

Abb. 9.13 Schnitt durch einen *Siemens-Martin*-Ofen

menten in Form von Ferrolegierungen. In die Schmelze kann weiterer Schrott zugegeben werden. Zur Beschleunigung des Schmelzprozesses können zusätzlich Sauerstoff oder andere Brennstoff-Gasgemische von oben in den Ofen eingeblasen werden. Während des Frischens entsteht gasförmiges CO, das die Schmelze zum Kochen bringt. Dadurch werden Verunreinigungen (P, H, N) und nichtmetallische Verbindungen aus der Schmelze gespült. Sie entweichen gasförmig oder werden in der Schlacke gebunden. Der Abstich erfolgt durch Kippen des Lichtbogenofens oder durch exzentrisch angebrachte Bodenöffnungen. Die Schmelzzeiten betragen ca. 40 bis 60 Minuten, die Schmelzfolgezeiten weniger als 1,5 Stunden, die Abstichgewichte wenige Tonnen bis 200 t. Die hohen Temperaturen im Lichtbogenofen ermöglichen die Auflösung des Schrotts, aber auch schwer schmelzender Legierungszusätze. Der Lichtbogenofen dient zur Erschmelzung aller legierten Stähle, aber auch von Massenstählen.

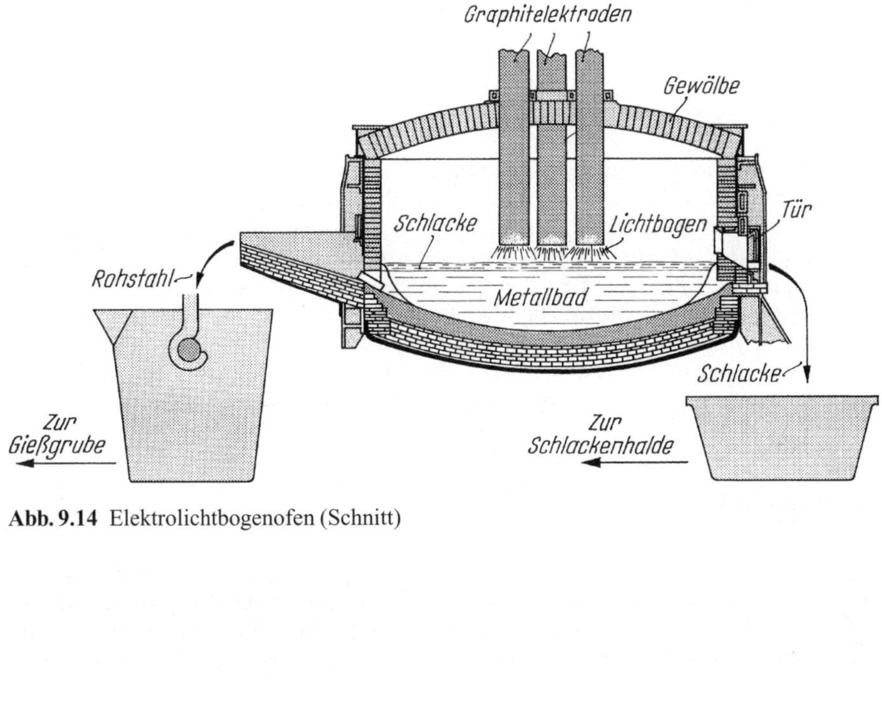

Abb. 9.14 Elektrolichtbogenofen (Schnitt)

9.3.6 Nachbehandlungsverfahren (Sekundärmetallurgie)

Heute werden zur Verbesserung des Reinheitsgrades und der Güte des Stahls grundsätzlich Nachbehandlungsverfahren angewendet. Sie werden nach dem eigentlichen Frischeprozess am flüssigen Stahl, i. d. R. in der Pfanne, vorgenommen. Zu diesen Verfahren gehören u. a. die

a) **Desoxidation**. Sie dient der Entfernung des Restsauerstoffs aus der Schmelze durch Zugabe von Ferrosilicium oder Aluminium und findet während oder nach dem Abstich statt. Der Restsauerstoff würde sich mit dem Kohlenstoff in der Schmelze zu CO-Gas verbinden, das diese zum „Kochen" bringen und den Erstarrungsvorgang in der Kokille (siehe Abschn. 9.4.1) stören würde. Durch die Desoxidation wird die Gefahr des Entstehens von **Seigerungen** verringert. Das sind Anreicherungen und ungleichmäßige Verteilungen von Begleitelementen im erstarrten Stahl, die u. a. zum schnelleren **Altern**, d. h. Verspröden beitragen. Je nach dem Grad der Desoxidaton unterscheidet man unberuhigten (FU); halbberuhigten (FN), beruhigten (F) und besonders beruhigten (FF) Stahl.

b) **Entfernung von S, P, N, H** sowie von schädlichen Spurenelementen, wie z. B. Kupfer, Zinn, Arsen und Antimon, die hauptsächlich aus dem Schrott stammen.

c) **Vakuumbehandlung**. Hierbei wird der flüssige Stahl sehr niedrigen Drücken ausgesetzt, wodurch in der Schmelze gelöste Gase leichter entweichen können. Außerdem werden bei dieser Behandlung auch Vorgänge wie Entkohlung, Legieren, Desoxidation u. a. durchgeführt.

9.4 Vergießen von Stahl

Bis in die 70-er Jahre wurde der flüssige Stahl im sog. Blockguss in Dauerformen (Kokillen) gefüllt. Heute wird in Deutschland zu 95 %, weltweit zu 80 %, das wirtschaftlichere und zu besseren Stahlqualitäten führende Stranggießen angewendet.

9.4.1 Blockguss

Die sich nach oben verjüngenden hohen **Kokillen** haben entweder einen mehr gedrungenen Querschnitt (quadratische oder runde „Blöcke"; Querschnittsbreite kleiner als das Zweifache der Dicke) oder sind mehr rechteckig („Brammen"; Querschnittsbreite mindestens doppelt so groß wie die Dicke). Sie werden entweder im sog. Oberguss von oben (Gewichte bis 300 t), oder im sog. Gespannguss in 4 bis 10 auf einer mit feuerfesten Kanälen versehenen Standplatte stehende Kokillen von unten gleichzeitig gefüllt (steigender Guss). Beim Erstarren bilden sich im oberen Teil der Kokille Blasen und Vertiefungen (Lunker), die vor dem Walzen als wiederverwendbarer Schrott abgetrennt werden müssen. Der Blockguss wird heute nur noch angewendet, um große Gewichte für die Weiterverarbeitung durch Schmieden herzustellen.

9.4.2 Stranggießen

Beim Stranggießen gelangt der flüssige Stahl aus der Gießpfanne über einen Zwischenbehälter (Verteiler) unter Luftabschluss in eine kurze wassergekühlte Kupferkokille, die unten zunächst durch eine Gliederkette, den sog. Kaltstrang, verschlossen ist. Der in der Randzone erstarrte rotglühende Strang wird mit Hilfe des Kaltstranges und auf seinem späteren Wege durch

Treibrollen aus der Kokille gezogen, wobei er laufend mit Wasser bespritzt wird. Ist er vollständig erstarrt, wird der Strang durch mitgehende Schneidbrenner oder Scheren abgelängt. Bauarten der Stranggießanlagen siehe Abb. 9.15. Querschnittsformen sind Quadrat, Kreis und Vieleck (Knüppel), Rechtecke (Brammen) sowie für Formstahl dem späteren Umriss angenäherte Vorprofile. Knüppel haben Abmessungen von 100 × 100 mm bis 450 × 650 mm, Brammen max. 300 × 3000 mm.

Für Flachprofile wird das sog. „Endabmessungsnahe Gießen“ oder „Gießwalzen“ angewendet. Hier unterscheidet man Dünnbrammengießen (Gießdicke 50 bis 90 mm), Vorbandgießen (Gießdicke 10 bis 15 mm) und Bandgießen (Gießdicke 1 bis 5 mm). Beim Bandgießen gelangt der flüssige Stahl von oben in den Spalt zwischen zwei sich gegenläufig drehende Rollen (Zweirollen-Gießverfahren). Das sog. Horizontalstranggießen wird für Edelstähle eingesetzt, die sich nicht im normalen Stranggießprozess biegen und richten lassen.

9.4.3 Stahlguss

Stahlguss nach DIN 17 205-1 bis -3 (Entw. 1998-03) ist jeder in Formen gegossene flüssige Stahl (C-Gehalt < 2 %), der nach dem Erstarren keiner Umformung mehr unterworfen wird. Er wird für die Herstellung von Gussteilen angewendet, wenn die Festigkeits- und Zähigkeitseigenschaften von Gusseisen (siehe Abschn. 9.3.4) nicht ausreichen. Wegen des geringen Kohlenstoffgehalts sind allerdings höhere Gießtemperaturen erforderlich als bei Gusseisen. Besondere Stahlgusssorten sind kaltzäher, warmfester, nichtrostender, hitzebeständiger und nicht magnetisierbarer Stahlguss sowie hochfester Stahlguss mit guter Schweißeignung.

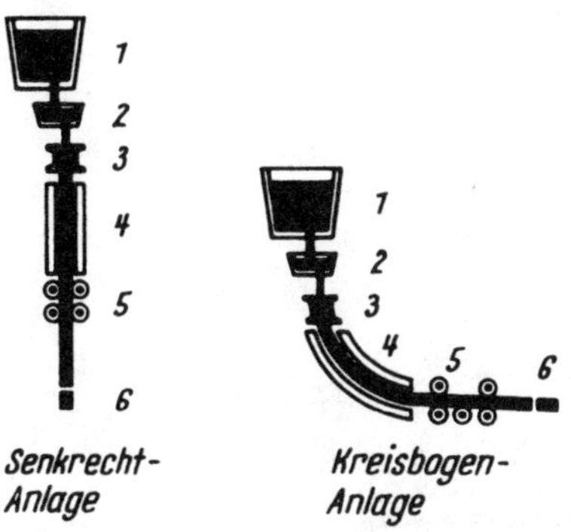

1 Pfanne
2 Verteiler
3 Kokille mit Primärkühlung
4 Rollenführung mit Sekundärkühlung
5 Treiben und Richten
6 Brennschneiden

Abb. 9.15 Arten des Stranggießens von Stahl (Beispiele; nach [14])

9.5 Formgebung von Stahl

9.5.1 Warmwalzen

Das wichtigste Verfahren zur Herstellung von Flach- und Langerzeugnissen aus Stahl (siehe Abschn. 9.8 und Abb. 9.20) ist das Warmwalzen, das den Hauptanteil an der Formgebung von Stahl ausmacht.

Ein **Walzwerk** besteht aus einer Reihe von hintereinander angeordneten Walzgerüsten mit mindestens je zwei meist waagerecht angeordneten, sich gegenläufig drehenden Walzen, deren Mantelflächen entweder glatt (Flacherzeugnisse) oder kalibriert, d. h. profiliert (Langerzeugnisse) sind. Der offene Spalt zwischen den Walzen wird in Walzrichtung von Walzgerüst zu Walzgerüst immer kleiner, und beim Walzen von Profilen verändert sich außerdem die Kalibrierung (siehe z. B. Abb. 9.16). Die hellrot glühenden Blöcke oder Brammen (Temperatur 800 bis 1150 °C) werden von den Walzen erfasst, zwischen ihnen fortbewegt und dabei auf das Maß des Walzenabstands und auf die Form des Walzenprofils zusammengedrückt.

Nahtlose **Rohre** werden vorwiegend aus Rundblöcken mit Schrägwalzen, geschweißte Rohre aus Stahlband mit zwei hintereinander angeordneten Walzenpaaren gewalzt (siehe Abb. 9.17 und 9.18). Stahlrohre großen Durchmessers können mit schraubenförmig verlaufenden Schweißnähten (Spiralnahtrohre) aus Stahlband kontinuierlich hergestellt werden.

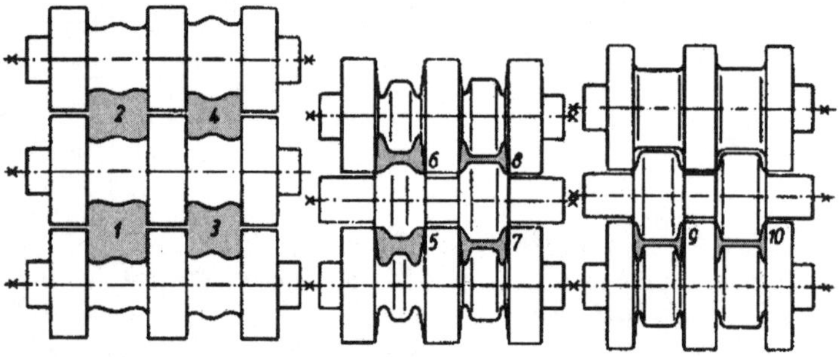

Abb. 9.16 Kalibrierung eines I-Trägers in drei Triowalzgerüsten

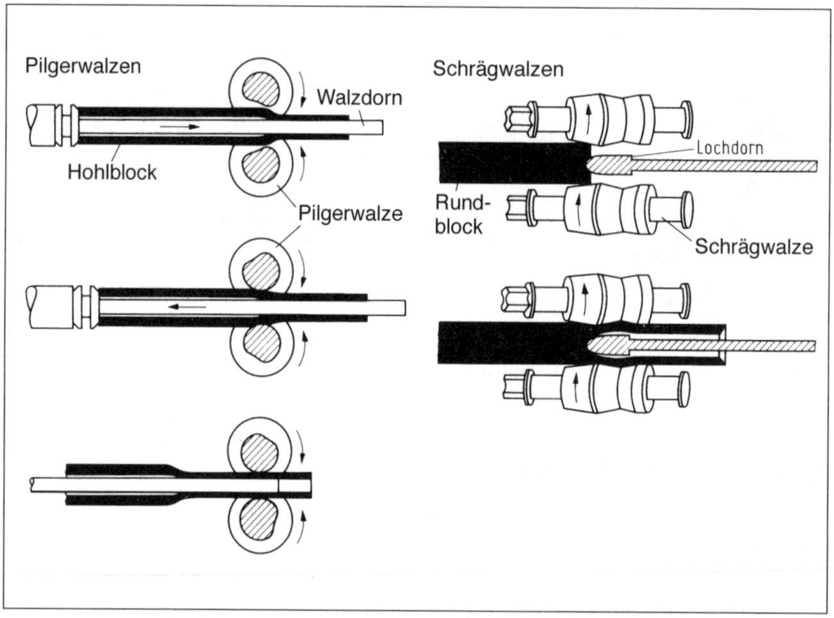

Abb. 9.17 Walzen nahtloser Stahlrohre aus Rundblöcken [14]

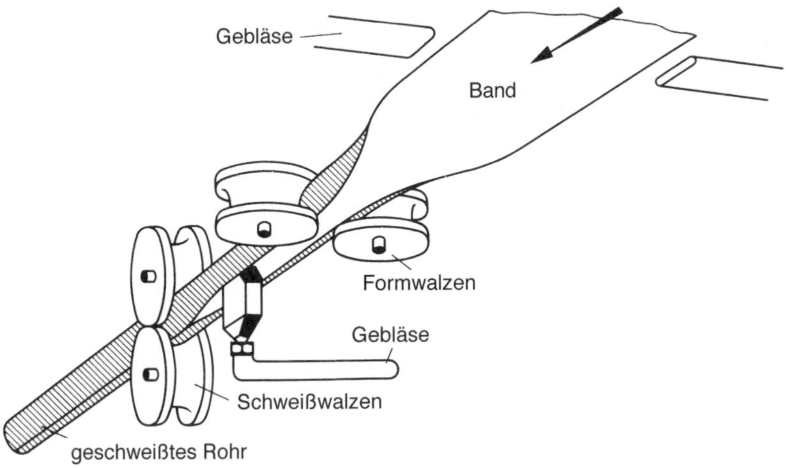

Abb. 9.18 Herstellen geschweißter Stahlrohre aus Stahlband (Beispiel; [14])

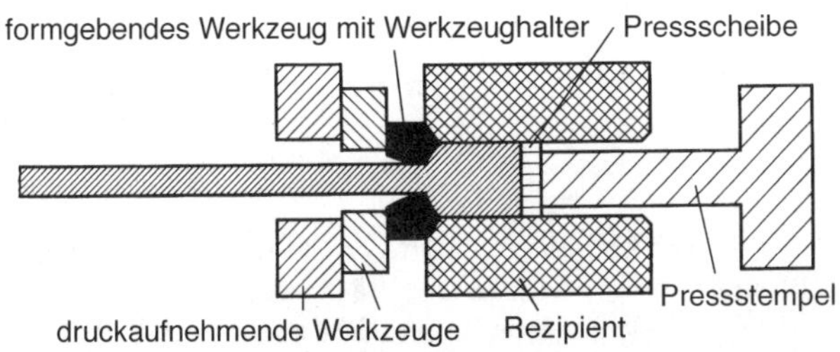

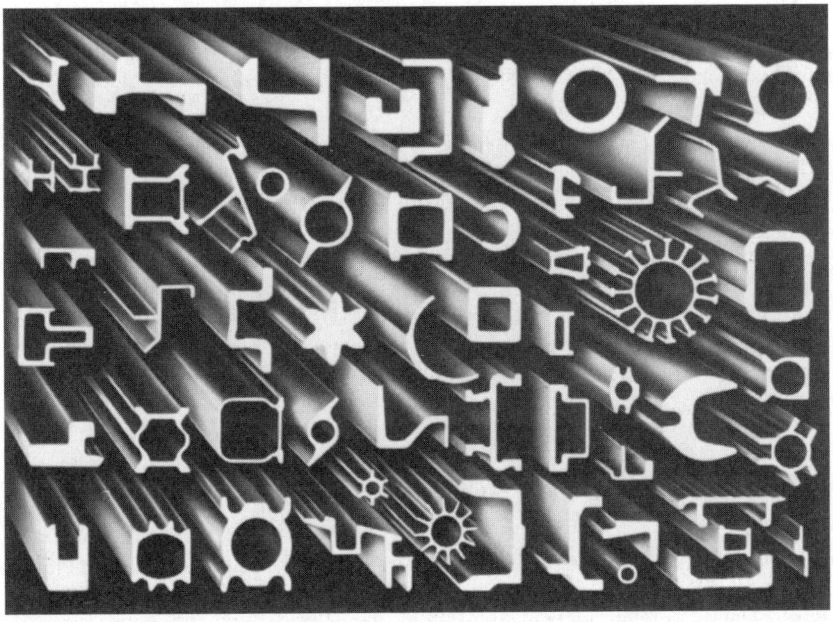

Abb. 9.19 Strangpress-Verfahren und Strangpress-Profile aus unlegiertem oder legiertem Stahl [14]

9.5.2 Schmieden

Zur Herstellung von großen Stücken bis zu 500 t, z. B. Kurbelwellen. Man unterscheidet **Freiformschmieden** (Umformung des Werkstücks auf einem Amboss) und **Gesenkschmieden** (Hineinschlagen oder -pressen des Werkstücks in eine Hohlform, das sog. Gesenk). Die Schmiedehämmer (sog. „Bären", Gewicht bis 600 kg, Schlagarbeit bis 300 kJ) wirken durch Fallgewicht oder Dampf-, Luftdruck oder Federdruck. Bei Schmiedemaschinen bearbeiten mehrere Schmiedewerkzeuge im Takt durchlaufende Werkstücke. Sehr große Werkstücke werden durch Schmiedepressen (hydraulische Pressen) mit Drücken bis 150 MN (15 000 t) und mehr bearbeitet.

9.5.3 Strangpressen

Zur Herstellung komplizierter, auch hohler Profile. Der auf Presstemperatur gebrachte Rohling wird von einem Pressstempel durch eine Matrize gepresst. Als Schmiermittel wird Glaspulver verwendet. (Siehe Abb. 9.19.)

9.5.4 Kaltumformen

Reichen die durch das Warmwalzen erreichbaren Stahleigenschaften nicht mehr aus, wird das Kaltumformen angewendet. Durch Kaltumformung wird die Oberfläche geglättet, eine hohe Maßgenauigkeit erreicht, infolge der Kaltverfestigung eine höhere Festigkeit erzielt. Außerdem können kleinere, durch Warmwalzen nicht mehr erreichbare Abmessungen (≤ 5 mm) erzeugt werden. Die wichtigsten Verfahren sind das Kaltwalzen und das Kaltziehen.

Durch **Kaltwalzen** werden hauptsächlich Flacherzeugnisse, wie Tiefziehblech, Weißblech (verzinntes Stahlblech) und nichtrostendes Stahlblech, in Form von endlosen Bändern hergestellt.

Beim **Kaltziehen** wird das Ausgangsmaterial, meist Walzdraht, in mehreren Stufen durch eine runde oder profilierte Öffnung, das Ziehhol, hindurchgezogen. Ein dichter Schmiermittelfilm zwischen Ziehwerkzeug und Ziehgutoberfläche verringert die Reibung und macht die Oberfläche glatt und glänzend. Durch Zwischenglühen zwischen den einzelnen Ziehvorgängen wird die Kaltverfestigung aufgehoben; andernfalls würde das Material beim Ziehvorgang reißen. Hergestellt werden komplizierte Profile kleiner Abmessungen, Spanndrähte für Spannbeton sowie Präzisionsrohre. Weitere Kaltumformverfahren sind z. B. das Abkanten von Blechen zu größeren Kaltprofilen, z. B. Trapezblechen, und das Tiefziehen von Kaltprofilen in den mannigfachsten Hohl- und Profilquerschnitten mit z. T. sehr dünnen Wanddicken.

9.6 Wärmebehandlung von Stahl

Unter Wärmebehandlung von Stahl versteht man Verfahren, bei denen Stahl einer Temperaturbeanspruchung in der zeitlichen Reihenfolge Erwärmen – Halten der Temperatur – Abkühlen unterworfen wird. Dabei spielen sowohl die Höhe der Temperatur als auch die Abkühlungsgeschwindigkeiten eine große Rolle. Zu den Wärmebehandlungsverfahren gehören das Glühen, Härten und Vergüten.

Beim Glühen unterscheidet man drei Arten. Beim **Normalglühen** wird der Stahl über 723 °C erwärmt (Verwandlung von Ferrit in Austenit), dort 30 bis 60 Minuten gehalten und anschließend an ruhender Luft wieder abgekühlt. Dadurch entsteht ein gleichmäßiges, feinkörniges Stahlgefüge. Beim normalisierenden Walzen wird das nachträgliche Glühen aus Rationalisierungsgründen in den Walzprozess integriert: am Ende der Walzstraße wird das Walzerzeugnis auf einer Temperatur von etwa 850 °C gehalten, wodurch sich ebenfalls ein feines Korngefüge einstellt. Beim **Weichglühen** wird der Stahl mehrere Stunden lang bis dicht unterhalb 723 °C oder um diese Temperatur pendelnd erwärmt. Dadurch verwandelt sich der plättchenförmige Zementit in den Perlitkörnern in körnigen Zementit. Beim **Spannungsarmglühen** wird der Stahl mehrere Stunden lang auf 530 bis 650 °C gehalten und anschließend sehr langsam wieder abgekühlt. Dadurch werden innere Spannungen, sog. Eigenspannungen, abgebaut. Sie können durch ungleichmäßiges Abkühlen nach dem Schweißen oder durch Kaltumformen entstanden sein. Durch das Kaltverformen, z. B. Kaltziehen oder Kaltverwinden, wird der Stahl über die Streckgrenze hinaus verformt, wodurch eine **Kaltverfestigung** von Stahl eintritt. Diesen Effekt wendete man bei der Produktion von verwundenen Betonstählen an (Torstahl).

Beim **Härten** wird Stahl ebenfalls über 723 °C erwärmt und anschließend sehr schnell abgekühlt (abgeschreckt). Dadurch entsteht ein Stahlgefüge, das sog. Martensit, das härter und spröder als das Normalgefüge aus Ferrit und Perlit ist. Wird der Stahl im Anschluss an diese **Abschreckhärtung** wieder auf eine Temperatur von 150 bis 330 °C erwärmt, man spricht dabei von **Anlassen**, wird die durch das Abschrecken erreichte Härte wieder etwas abgebaut und der Stahl wird wieder zäher, ohne dass sich dabei die erreichte höhere Festigkeit verringert. Anhand der sog. Anlassfarben (mit steigenden Temperaturen: gelb, rot, blau) kann man die Endhärte steuern. Härten und nachfolgendes Anlassen auf relativ hohe Temperaturen bis ca. 700 °C bezeichnet man als **Vergüten**. Unter **Patentieren** versteht man ein Vergütungsverfahren in der eben beschriebenen Art, das speziell bei gezogenen Stahldrähten für Spannstähle (Seildrähte, Spannlitzen) angewendet wird.

9.7 Stähle für den Stahlbau

Normen

DIN EN 10 020	(2000-07)	Begriffsbestimmungen für die Einteilung der Stähle
DIN EN 10 021	(1993-12)	Allgemeine techn. Lieferbedingungen für Stahl und Stahlerzeugnisse (Entw. 2003-01)
DIN EN 10 025	(1994-03)	Warmgewalzte Erzeugnisse aus unlegierten Baustählen; Lieferbedingungen
DIN EN 10 027-1, -2	(1992-09)	Bezeichnungssysteme für Stähle; Kurznamen, Hauptsymbole, Nummernsystem
DIN V 17 006-100	(1999-04)	–; Zusatzsymbole
DIN EN 10 079	(1993-02)	Begriffsbestimmungen für Stahlerzeugnisse

9.7.1 Einteilung der Stähle

Die Einteilung der Stähle nach DIN EN 10 020 geschieht nach der chemischen Zusammenetzung und nach den Hauptgüteklassen.

a) Einteilung nach der **chemischen Zusammensetzung** in

- **unlegierte Stähle,** bei denen keiner der Grenzwerte nach Tafel 9.2 erreicht wird
- **nichtrostende Stähle** mit einem Chromanteil von mindestens 10,5 % und höchstens 1,2 % Kohlenstoff

Tafel 9.2 Grenzgehalte für die Einteilung in unlegierte und legierte Stähle nach DIN EN 10 020 (2000-07)

Vorgeschriebene Elemente		Grenzgehalt in Masse-%	Faktor[3]
Al	Aluminium	0,30	10
B	Bor	0,0008	1000
Bi	Wismut	0,10	–
Co	Kobalt	0,30	4
Cr	Chrom[1]	0,30	4
Cu	Kupfer[1]	0,40	10
La	Lanthanide (einzeln gewertet)	0,10	–
Mn	Mangan	1,65[2]	4
Mo	Molybdän[1]	0,08	10
Nb	Niob[1]	0,06	10
Ni	Nickel[1]	0,30	4
Pb	Blei	0,40	10
Se	Selen	0,10	–
Si	Silicium	0,60	4
Te	Tellur	0,10	–
Ti	Titan[1]	0,05	10
V	Vanadium[1]	0,10	10
W	Wolfram	0,30	4
Zr	Zirkon[1]	0,05	10
Sonstige (mit Ausnahme von Kohlenstoff, Phosphor, Schwefel, Stickstoff) jeweils		0,10	–

[1] Wenn für den Stahl zwei, drei oder vier der durch diese Fußnote gekennzeichneten Elemente vorgeschrieben und deren maßgebliche Gehalte kleiner als die in der Tafel angegebenen Grenzgehalte sind, so ist für die Einteilung zusätzlich ein Grenzgehalt in Betracht zu ziehen, welcher 70 % der Summe der Grenzgehalte der zwei, drei oder vier Elemente beträgt.

[2] Falls für den Mangangehalt nur ein Höchstwert angegeben ist, gilt als Grenzgehalt ein Massenanteil von 1,80 Prozent.

[3] Faktoren zur Ermittlung der Kennzahlen in Stahlkurzbezeichnungen nach DIN EN 10 027-1 (siehe Abschn. 9.7.2).

- **andere legierte Stähle** sind Stähle, die nicht der Definition von nichtrostenden Stählen entsprechen und die wenigstens einen der Grenzwerte nach Tafel 9.2 erreichen.

b) Einteilung nach den **Hauptgüteklassen** in

- **unlegierte Qualitätsstähle,** bei denen *im Allgemeinen* festgelegte Anforderungen an Zähigkeit, Korngröße und/oder Umformbarkeit bestehen. Zu diesen Stählen gehören die unlegierten Baustähle nach DIN EN 10 025, früher als „Allgemeine Baustähle" bezeichnet (siehe Abschn. 9.7.2).
- **legierte Qualitätsstähle,** bei denen *grundsätzlich* festgelegte Anforderungen an Zähigkeit, Korngröße und/oder Umformbarkeit bestehen. Zu diesen Stählen gehören z. B.
  - schweißgeeignete Feinkornbaustähle einschließlich der Stähle für Druckbehälter und Rohre
  - legierte Stähle für Schienen, Spundbohlen und Stähle für den Grubenausbau

  - legierte Stähle für warm- und kaltgewalzte Flacherzeugnisse für schwierige Kaltumformungen
  - legierte Stähle, in denen Kupfer das einzige festgelegte Legierungselement ist
  - legiertes Elektroblech und -band, das hauptsächlich Si oder Si + Al als Legierungselemente enthält.
- **Unlegierte Edelstähle,** die bezüglich nichtmetallischer Einschlüsse einen höheren Reinheitsgrad als Qualitätsstähle haben. Höhere Anforderungen an die chemische Zusammensetzung, an den Herstellungsprozess und an die Eigenschaften (Kerbschlagzähigkeit, d. h. Zähigkeit, Streckgrenze, Härtbarkeit, Kaltumformbarkeit, Schweißeignung). Zu diesen Stählen gehören z. B. Spannstähle und Kernreaktorstähle.
- **Legierte Edelstähle** mit noch höheren Anforderungen als die unlegierten Edelstähle. Zu diesen Stählen gehören z. B. Stähle für Druckbehälter, Werkzeugstähle, Schnellarbeitsstähle.
- **Nichtrostende Stähle** (s.o. und Abschn. 9.7.4) werden nach dem Nickelgehalt unterschieden (Ni < 2,5 % oder Ni ≥ 2,5 %) und nach den Haupteigenschaften (korrosionsbeständig, hitzebeständig, warmfest).

9.7.2 Unlegierte Baustähle DIN EN 10 025 (1994-03)

Die warmgewalzten unlegierten Baustähle nach DIN EN 10 025 für Flacherzeugnisse und Langerzeugnisse (siehe Abschn. 9.8.1 und 9.8.2) sind die wichtigsten Stähle im Stahlbau, früher in der DIN 17 100 (Allgemeine Baustähle; Gütevorschriften; 1980) genormt. Ihre Bezeichnungen St 37-2, St 52-3 usw. finden sich noch in der DIN 18 800-1 (Stahlbauten; Bemessung und Konstruktion (1990-11); siehe Tafel 9.5). Die neuen **Stahlbezeichnungen** S185, S235JR usw. in der DIN EN 10 025 sind in der DIN EN 10 027 genormt (siehe Tafeln 9.3 und 9.4).

In der DIN EN 10 027-1 werden außerdem **Kurzbezeichnungen** aufgrund der chemischen Zusammensetzung beschrieben. Dabei gilt: Der Kohlenstoff wird mit dem 100fachen seines %-Gehalts angegeben; die chemischen Symbole der Legierungselemente werden nach abnehmenden Gehalten aufgeführt; dahinter ihre mit bestimmten Faktoren multiplizierten Legierungsgehalte (siehe Tafel 9.2); legierte Stähle, bei denen mindestens ein Legierungselement einen Gehalt > 5 % besitzt, haben am Anfang ein X (s. a. Abschn. 9.7.4).

Beispiele: C45 = unlegierter Stahl mit 0,45 % C, mittlerer Mn-Gehalt 1%;
13CrMo4-4 = legierter Stahl mit 0,13 % C, 1 % Cr, 0,4 % Mo, mittlerer Mn-Gehalt > 1 %.

Die DIN EN 10 025 enthält Angaben (siehe Tafel 9.3 und 9.4) über die chemische Zusammensetzung (Gehalt an C, Mn, Si, P, S, N), die mechanischen **Eigenschaften** (Streckgrenze R_{eH}, Zugfestigkeit R_m, Bruchdehnung A) und bestimmte technologische Eigenschaften, wie die Eignung zum Kaltumformen, z. B. Abkanten, Kaltziehen. Die dreistellige Ziffernfolge in den neuen Stahlbezeichnungen gibt die Mindest*streck*grenze in N/mm^2 für Erzeugnisdicken ≤ 16 mm an und nicht wie nach DIN 17 100 die Mindest*zug*festigkeit in kp/cm^2.

Eine wichtige Angabe bei den Baustählen ist die **Gütegruppe**. Die verschiedenen Gütegruppen unterscheiden sich in der Schweißeignung und in den Anforderungen an die Kerbschlagarbeit (Sprödbruchempfindlichkeit; siehe Tafel 9.3, Fußnote 1). Die Stähle der DIN EN 10 025 sind im Allgemeinen zum Schweißen nach allen Verfahren geeignet. Bei der Stahlsorte S235JR ist die beruhigte Sorte (G2) der unberuhigten (G1) vorzuziehen. Hinweise zur Stahlauswahl, um Sprödbrüche bei geschweißten Konstruktionen zu vermeiden, gibt die Richtlinie 009 des Deutschen Ausschusses für Stahlbau (DASt-RiLi 009).

Tafel 9.3 Bezeichnung und C-Gehalt warmgewalzter unlegierter Baustähle (Flach- und Langerzeugnisse) nach DIN EN 10 025 (1994-03)

Heutige Bezeichnung nach EN 10 027-1 (1992) und ECISS IC 10 [1)]	Heutige Bezeichnung nach EN 10 027-2 (1992) [2)]	Frühere Bezeichnung nach EN 10 025 (1990) [3)]	Frühere Bezeichnung nach DIN 17 100 (1980) [4)]	Desoxidationsart [5)]	Stahlart [6)]	C-Gehalt in der Schmelze in Masse-%
S185	1.0035	Fe 310-0	St 33	freigestellt	BS	–
S235JR	1.0037	Fe 360 B	St 37-2	freigestellt	BS	0,17
S235JRG1	1.0036	Fe 360 BFU	USt 37-2	FU	BS	0,17
S235JRG2	1.0038	Fe 360 BFN	RSt 37-2	FN	BS	0,17
S235JO	1.0114	Fe 360 C	St 37-3 U	FN	QS	0,17
S235J2G3	1.0116	Fe 360 D1	St 37-3 N	FF	QS	0,17
S235J2G4	1.0117	Fe 360 D2	–	FF	QS	0,17
S275JR	1.0044	Fe 430 B	St 44-2	FN	BS	0,21
S275JO	1.0143	Fe 430 C	St 44-3 U	FN	QS	0,18
S275J2G3	1.0144	Fe 430 D1	St 44-3 N	FF	QS	0,18
S275J2G4	1.0145	Fe 430 D2	–	FF	QS	0,18
S355JR	1.0045	Fe 510 B	–	FN	BS	0,24
S355JO	1.0553	Fe 510 C	St 52-3 U	FN	QS	0,20
S355J2G3	1.0570	Fe 510 D1	St 52-3 N	FF	QS	0,20
S355J2G4	1.0577	Fe 510 D2	–	FF	QS	0,20
S355K2G3	1.0595	Fe 510 DD1	–	FF	QS	0,20
S355K2G4	1.0596	Fe 510 DD2	–	FF	QS	0,20
E295	1.0050	Fe 490-2	St 50-2	FN	BS	–
E335	1.0060	Fe 590-2	St 60-2	FN	BS	–
E360	1.0070	Fe 690-2	St 70-2	FN	BS	–

1) **Kurzname der Stahlsorte:** S185, S235JR, usw. S = Stähle für den allgemeinen Stahlbau; E = Maschinenbaustähle; 235 = Mindeststreckgrenze in N/mm²
Gütegruppe (≙ Kerbschlagarbeit in Joule): JR = 27 J(oule) bei +20 °C; JO = 27 J bei 0 °C; J2 = 27 J bei –20 °C; K2 = 40 J bei –20 °C. Die Güte und damit die Schweißeignung steigt von JR bis K2.
Lieferzustand: G1 = unberuhigt (FU); G2 = unberuhigt nicht zugelassen (beruhigt, FN); G3 = voll beruhigt (FF) und normalgeglüht oder normalisierend gewalzt (N); G4 = Lieferzustand bleibt dem Hersteller überlassen. Der Lieferzustand gilt für Flacherzeugnisse. Für Langerzeugnisse ist er frei vereinbar.
Ist an den Kurznamen zusätzlich ein großes C angehängt, so handelt es sich um einen Qualitätsstahl, der die Eignung zum Kaltumformen besitzt, z. B. Abkanten, Kaltziehen, Walzprofilieren.
ECISS IC 10 = European Committee of Iron and Steel Standardization, Information Circular 10 = Mitteilung Nr. 10 des Europäischen Komitees für Eisen- und Stahlnormung.

2) Werkstoffnummer: 1.0035, 1.0037 usw. (1. = Stahl)

3) Frühere Güteklassen-Bezeichnungen in steigender Güte: – 0, –2, B = Grundstähle; C, Dl, D2, DD1, DD2 = Qualitätsstähle.

4) Frühere Bezeichnungen für Desoxidationsart und Wärmebehandlung: USt = unberuhigt; RSt beruhigt; U = unbehandelt; N = normalgeglüht; Güteklassen: -1, -2, -3.

5) FU = unberuhigt, FN = unberuhigt nicht zugelassen (halbberuhigt), FF = besonders beruhigt.

6) BS Grundstahl = unlegierter Qualitätsstahl, QS = Qualitätsstahl.

Tafel 9.4 Mechanische Eigenschaften von warmgewalzten unlegierten Baustählen (Flach- und Langerzeugnisse) nach DIN EN 10 025 (1994-03)

Stahlsorte Bezeichnung nach		Streckgrenze R_{eH} [1] in N/mm² mind.		Zugfestigkeit R_m [1] in N/mm² für Nenndicken in mm		Bruchdehnung A [1] in %, mind. $L_0 = 5{,}65 \cdot \sqrt{S_0}$ [2]		
EN 10 027-1 (1992)	DIN 17 100 (1980)	≤ 16	> 80 ≤ 100	< 3	≥ 3 ≤ 100	Probenlage[1]	≥ 3 ≤ 40	> 63 ≤ 100
S185	St 33	185	–	310 bis 540	290 bis 510	*l* *t*	18 16	– –
S235JR S235JRG1 S235JRG2 S235JO S235J2G3 S235J2G4	St 37-2 USt 37-2 RSt 37-2 St 37-3 U St 37-3 N –	235 235 235 235 235 235	– – 215 215 215 215	360 bis 510	340 bis 470	*l* *t*	26 24	24 22
S275JR S275JO S275J2G3 S275J2G4	St 44-2 St 44-3 U St 44-3 N –	275	235	430 bis 580	410 bis 560	*l* *t*	22 20	20 18
S355JR S355JO S355J2G3 S355J2G4 S355K2G3 S355K2G4	– St 52-3 U St 52-3 N – – –	355	315	510 bis 680	490 bis 630	*l* *t*	22 20	20 18
E295	St 50-2	295	255	490 bis 660	470 bis 610	*l* *t*	20 18	18 16
E335	St 60-2	335	295	590 bis 770	570 bis 710	*l* *t*	16 14	14 12
E360	St 70-2	360	325	690 bis 900	670 bis 830	*l* *t*	11 10	9 8

[1] Die angegebenen Werte gelten für Längsproben (*l*); bei Band, Blech und Breitflachstahl in Breiten ≥ 600 mm für Querproben (*t*).

[2] L_0, S_0 Länge bzw. Anfangsquerschnitt des kurzen Proportionalstabes (siehe Abschn. 1.6.1, Abb. 1.7).

Tafel 9.5 Charakteristische Werte für Walzstahl und Stahlguss nach DIN 18 800-1 (1990-11)

Stahl		Erzeugnisdicke t in mm	Streckgrenze $f_{y,k}$ in N/mm²	Zugfestigkeit $f_{u,k}$ in N/mm²
Baustahl	St 37-2 USt 37-2 R St 37-2 St 37-3	$t \leq 40$	240	360
		$40 < t \leq 80$	215	
Baustahl	St 52-3	$t \leq 40$	360	510
		$40 < t \leq 80$	325	
Feinkornbaustahl	StE 355 WStE 355 TStE 355 EStE 355	$t \leq 50$	360	510
		$40 < t \leq 80$	325	
Stahlguss	GS-52		260	520
	GS-20 Mn 5	$t \leq 100$	260	500
Vergütungsstahl	C 35 N	$t \leq 16$	300	480
		$16 < t \leq 80$	270	

Für die aufgeführten Stahlsorten gilt außerdem: E-Modul $E = 210\,000$ N/mm²; Schubmodul $G = 81\,000$ N/mm²; lineare Wärmedehnzahl $\alpha_T = 12 \cdot 10^{-6} \cdot K^{-1}$.

9.7.3 Wetterfeste Baustähle

Wetterfeste Baustähle nach DIN EN 10 155 (1993-08) sind niedrig legierte Stähle, insbesondere mit Cu (0,25 bis 0,55 %) und Chrom (0,30 bis 1,25 %), daneben mit max. 0,65 % Ni, 0,30 % Mo und 0,15 % Zr. Für die Lieferung, Verarbeitung und Anwendung wetterfester Baustähle gibt es zusätzlich zur Norm eine Richtlinie des Deutschen Ausschusses für Stahlbau (DASt-RiLi 007).

Wetterfeste Baustähle bilden bei normaler Bewitterung eine schützende Eisenoxiddeckschicht. Sie sind ohne zusätzlichen Korrosionsschutz anwendbar, jedoch nicht in starker Industrie- oder Meeresatmosphäre sowie bei Dauerfeuchtigkeit und Tausalzeinwirkung. Da der anfänglich normal ablaufende Rostungsprozess sich erst allmählich verlangsamt, müssen die Blechdicken mindestens 3 mm betragen.

9.7.4 Nichtrostende Stähle

Nichtrostende Stähle nach DIN 17 440 (2001-03 und DIN EN 10 088-1 bis -3 (1995-08) sind hochlegierte Stähle mit C-Gehalten ≤ 1,2 % und Cr-Gehalten ≥ 10,5 %, daneben Mo, Ni, Ti, Nb, Cu u. a. Im Bauwesen werden solche Stähle z. B. als Verankerung und Verbindung von Fassadenelementen, für Bauprofile, Beschläge, Fenster verwendet. Bezeichnungen: Edelstahl rostfrei, Nirosta, Remanit, V2A, V4A (s. a. Merkblätter der Informationsstelle „Edelstahl Rostfrei"; Adresse siehe Abschn. 18.9).

Die am häufigsten verwendeten rostfreien Stähle sind Cr-Ni-Stähle, z. B. X5CrNi18-10 oder X5CrNiMo17-12-2, beide auch mit max. 0,8 % Titan legiert. Der Buchstabe X wird vor die Kurzbezeichnung gesetzt, wenn mind. ein Legierungselement einen Gehalt von ≥ 5 % aufweist. Die Zahl 5 dahinter: C-Gehalt ≤ 0,07 %. Die Zahlen hinter den Legierungselementen bedeuten ihre mittleren %-Gehalte.

Für Schrauben, Muttern und ähnliche Gewindeteile ist nach DIN 1045 die Stahlgruppe A 4 nach DIN 267-11 (Mechanische Verbindungselemente; Teile aus rost- und säurebeständigen Stählen; zurückgezogene DIN) zu verwenden: C ≤ 0,12 %, Cr 17 bis 19 %, Ni 8 bis 10 %.

9.7.5 Weitere Stahlsorten

- **Feinkornbaustähle** (DIN EN 10 113), Streckgrenze bis 1000 N/mm^2, sind besonders schweißgeeignet, besonders beruhigt (FF) und besitzen eine geringe Sprödbruchempfindlichkeit, außerdem gibt es als Feinkornbaustahl einen feuerresistenten Sonderbaustahl (siehe Abschnitt 9.12).
- **Kaltzähe Stähle** (DIN EN 10 028) besitzen auch bei Temperaturen unter –10 °C eine ausreichende Zähigkeit und finden Anwendung in der Kälteindustrie,
- **Warmfeste Stähle (**DIN EN 10 302) sind bei Gebrauchstemperaturen oberhalb 300 °C einsetzbar, z. B. bei Dampfkesseln bis ca. 600 °C oder für Gasturbinen bei 800 bis 1100 °C.
- **Vergütungsstähle** (DIN EN 10 083) und **Einsatzstähle** (DIN EN 10 084) sind Stähle, die gezielten Wärmebehandlungen unterworfen werden können, um besondere Eigenschaften zu erzielen (hohe Streckgrenze, Zugfestigkeit und Dauerfestigkeit, bei gleichzeitig hoher Zähigkeit).
- **Automatenstähle** ergeben bei spanabhebender Bearbeitung kurze, brüchige Späne, was bei der Massenherstellung von Vorteil ist.
- **Werkzeugstähle** mit besonders guter Bearbeitbarkeit und Formbeständigkeit dienen z. B. der Herstellung von Kunststoffformen, finden als Warmarbeitsstähle Anwendung bei der spanlosen Formgebung von Fe- und NE-Metallen sowie als Schnellarbeitsstähle (hochlegiert, hohe Warmfestigkeit bis zur Rotglut) für spanabhebende Bearbeitung oder für spanlose Formgebung.

9.8 Walzstahlerzeugnisse DIN EN 10 021 (1993-12)

Die Walzstahlerzeugnisse werden nach DIN EN 10 021 eingeteilt in Halbzeug- und Fertigerzeugnisse, letztere wiederum in Flacherzeugnisse und Langerzeugnisse (siehe auch Abb. 9.20).

9.8.1 Flacherzeugnisse

Flacherzeugnisse haben einen rechteckigen Querschnitt, dessen Breite wesentlich größer als seine Dicke ist. Die Oberfläche ist i. d. R. technisch glatt, kann aber auch veredelt sein: metallische Überzüge, z. B. aus Blei, Zink (Feuerverzinken), Alu, auch elektrolytisch aufgebracht; organische Farbbeschichtungen oder Folien aus Kunststoff; anorganische Beschichtungen, z. B. emaillierte Bleche.

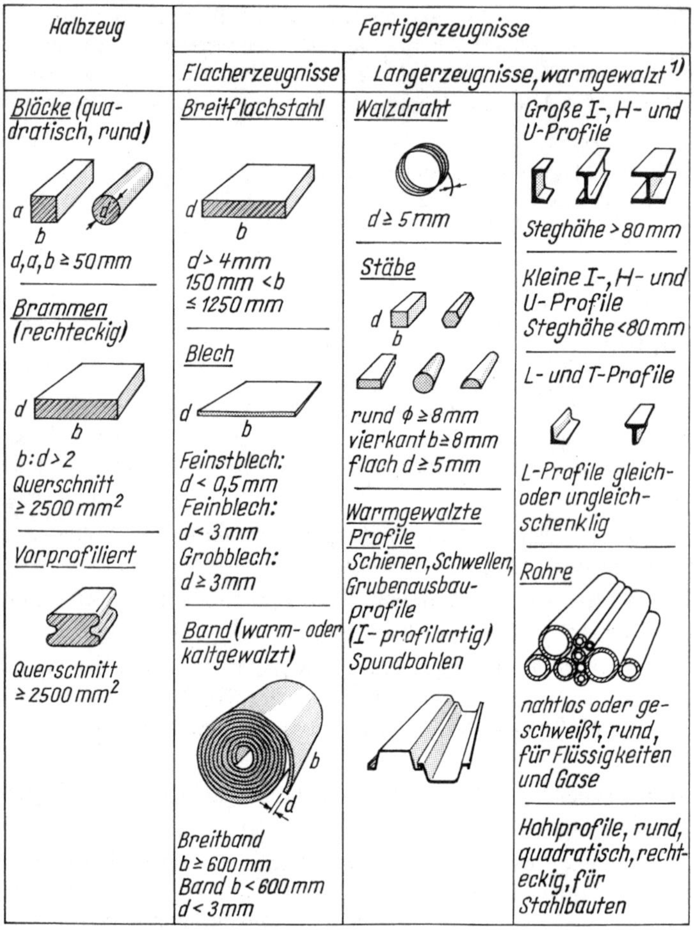

Abb. 9.20 Walzstahlerzeugnisse (nach [14])

Blech ist ein Erzeugnis in ebenen Tafeln mit beim Walzen frei gebreiteten Kanten. Nach der Dicke unterscheidet man Feinstblech (Dicke < 0,5 mm), Feinblech (Dicke < 3 mm) und Grobblech (Dicke ≥ 3 mm).

Breitflachstahl besteht aus ebenen Tafeln, die auf allen vier Seiten in Universalwalzwerken oder in geschlossenen Kalibern gewalzt werden; die Breite beträgt 150 bis 1250 mm, Dicke ≥ 4 mm.

Band ist ein mit frei gebreiteten Kanten gewalztes Erzeugnis, das unmittelbar nach dem Walzen zu einer Rolle gewickelt wird. Walzbreite: ungeteilt ≥ 600 mm bzw. nach dem Walzen geteilt < 600 mm. Dicke: Feinband < 3 mm, Grobband ≥ 3 mm.

9.8.2 Langerzeugnisse

Langerzeugnisse haben einen über die Länge konstanten Querschnitt, dessen Form und Abmessungen in besonderen Normen oder Vorschriften festgelegt sind. Oberfläche i. d. R. technisch glatt.

a) **Walzdraht**
Warmgewalzt und im warmen Zustand zu Ringen regellos aufgehaspelt. Querschnitt: rund, oval, quadratisch, rechteckig etc. Nenndurchmesser i. d. R. ≥ 5 mm. Oberfläche glatt. Meist zur Weiterverarbeitung bestimmt, wie Baustahlmatten, Betonstahl.

b) **Gezogener Draht**
Durch Kaltumformung (Ziehen durch Ziehstein oder Walzen) hergestellt und kalt zu Ringen aufgewickelt. Querschnitt wie unter a); ggf. wärme- oder oberflächenbehandelt: kaltverfestigt, geglüht, verzinkt, kunststoffbeschichtet, verkupfert, vernickelt oder organische Überzüge.

c) **Gewalzte Vollstäbe**
Durch Warmwalzen hergestellt. Querschnitt rund ($d \geq 8$ mm), quadratisch, sechs- oder achteckig (Seitenlänge ≥ 8 mm, Schlüsselweite ≥ 13 mm), rechteckig flach (Dicke ≥ 5 mm, Breite ≤ 150 mm).

d) **Blankstahl**
Gezogen auf Ziehbank; geschält, d. h. spanabhebend bearbeitet und anschließend druckpoliert; geschliffen, d. h. gezogen oder geschält, anschließend geschliffen, ggf. poliert. Besondere Maßgenauigkeit und Oberflächenbeschaffenheit. Kaltverfestigt, ggf. nachträglich warm behandelt (angelassen).

e) **Beton- und Spannstahl**
Gerippt oder profiliert, Herstellung und Querschnittsform wie a), b) oder c).

f) **Warmgewalzte Profile** (s. a. Abb. 9.21)
- Gleisoberbauerzeugnisse: Schienen, Schwellen, Laschen, Klemmplatten, Unterlagen; Kranschienen
- Spundwanderzeugnisse: z. B. U-, Z-, Ω- und S-Bohlen, durch Warmwalzen oder Kaltprofilieren (Ziehen, Biegen auf einer Presse, Kaltwalzen auf einer Kaltprofiliermaschine) hergestellt. Weiterhin: Stahlrammpfähle, entweder aus mehreren Profilen, z. B. U-Profilen, zusammengesetzt oder als Rammrohre.
- Grubenausbauprofile: U-, I- oder Ω-Ouerschnitt
- Große I-, H- oder U-Profile (früher Formstahl): Höhe ≥ 80 mm
- I-Profile (bisher Doppel-T-Träger): Flanschbreite ≤ 0,66 × Profil-Nennhöhe und < 300 mm
- H-Profile mit breiten oder sehr breiten Flanschen (Breitflanschträger): Flanschbreite > 0,66 × Profil-Nennhöhe oder ≥ 300 mm
- U-Profile: Flanschbreite ≤ $h/2$ + 25 mm
- Kleine I-, H- und U-Profile: Höhe < 80 mm
- L-Profile (Winkelprofile): gleichschenklig oder ungleichschenklig und T-Profile (gleichschenklig).

g) **Geschweißte Profile**
Profile wie unter f) aufgeführt, aber durch Zusammenschweißen von warm- oder kaltgewalzten Lang- oder Flacherzeugnissen hergestellt.

h) **Kaltprofile**
Aus warm- oder kaltgewalzten Flacherzeugnissen, z. B. durch Walzprofilieren, Ziehen, Pressen oder Abkanten hergestellt. Querschnitt z. B. L-, U-, C- oder Ω-förmig, aber auch Spundwände, Leitplanken, Stahlhochbauprofile für Gebäude, Türrahmen, Rahmenprofile für Lastkraftwagen und Eisenbahnwaggons.

i) **Rohre**
Zum Flüssigkeits- oder Gastransport. Nahtlos durch Warmwalzen, Strangpressen hergestellt, ggf. anschließend kaltgewalzt oder -gezogen; geschweißt aus warm- oder kaltgewalzten Flacherzeugnissen, mit Längs- oder Spiralschweißnaht.

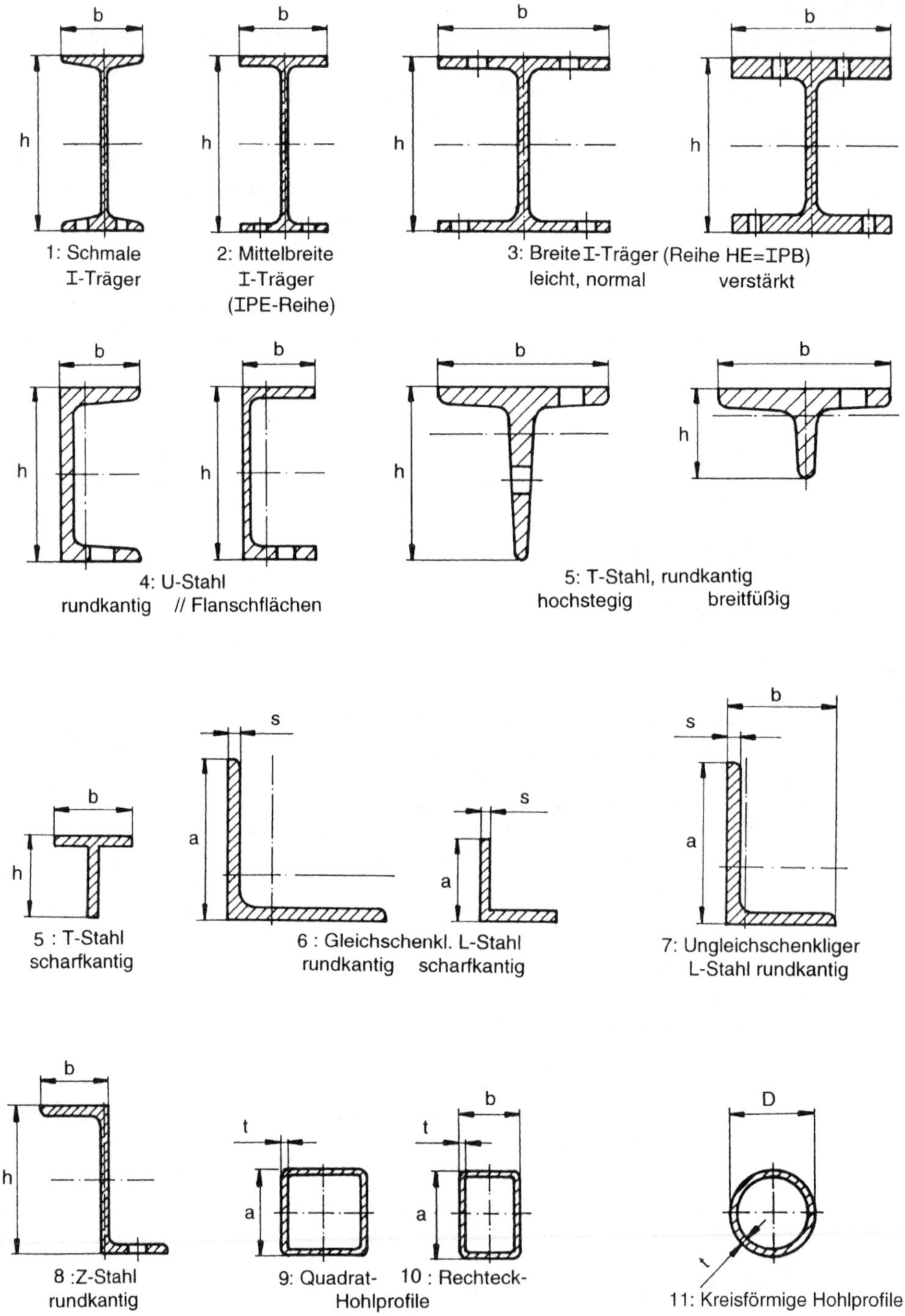

Abb. 9.21 Warmgewalzte Stahlbau-Profile nach [22]

k) **Hohlprofile**
Zum Beispiel für den Stahlskelettbau, Kranbau, Lastkraftwagen- und Waggonbau. Querschnitt: kreisförmig, quadratisch, rechteckig.

l) **Normallängen von Langerzeugnissen**

I-Träger: bei Profilhöhen	< 300 mm	8 bis 16 m
	≥ 300 mm	8 bis 18 m
U-Stahl: wie I-Träger		
Ausnahme: U 30 × 15 bis 65 mm		6 bis 12 m
Gleichschenkliger L-Stahl: Ungleichschenkliger L-Stahl: Z-Stahl, T-Stahl:		6 bis 12 m

Rund- und Vierkantstahl: 3 bis 12 m, gestaffelt je nach Durchmesser bzw. Kantenlänge *a*

Flachstahl für *d* < 31 mm	6 bis 12 m
sonstige Abmessungen	3 bis 12 m

9.9 Betonstahl

Normen

DIN 488-1	(1984-09)	Betonstahl; Sorten, Eigenschaften, Kennzeichen
-2	(1986-06)	–; Betonstabstahl
-4	(1986-06)	–; Betonstahlmatten und Bewehrungsdraht
-6	(1986-06)	–; Überwachung
-7	(1986-06)	–; Nachweis der Schweißeignung von Betonstabstahl

Die Teile 3 und 5 (Prüfungen) sind zurückgezogen und durch DIN EN ISO 15 630-1 und -2 (2002-09) ersetzt.

DIN V ENV 10 080 (1995-08) Betonbewehrungsstahl; Schweißgeeigneter Betonstahl BSt 500, Lieferbedingungen für Stäbe, Ringe und geschweißte Matten

9.9.1 Allgemeines

> Betonstahl ist ein Stahl mit nahezu kreisförmigem Querschnitt, der zur Bewehrung von Beton dient (Stahlbeton). Er nimmt im Stahlbeton Zug-, Scher- und Biegespannungen auf, trägt aber auch zur Erhöhung der Tragfähigkeit auf Druck bei. Betonstahl gibt es als Betonstabstahl, Betonstahlmatten und als Betonstahl in Ringen.

Eine Übersicht über die **Betonstahlarten** nach DIN 488-1 geben die Tafeln 9.7 und 9.8.

In der Vornorm DIN V ENV 10 080 werden der Betonstahl BSt 420 S sowie die Bewehrungsdrähte BSt 500 G (glatt) und BSt 500 P (profiliert), die nach DIN 1045-1 nicht mehr als Betonstahl gelten, sowie die durch Kaltverformung hergestellten verwundenen Betonstähle BSt 420 S und BSt 500 S nicht mehr aufgeführt.

Betonstähle tragen als **Werkkennzeichen,** aus denen das Land und das Herstellwerk erkennbar sind, die folgenden Prägemerkmale:

- dicke und normal breite Rippen bei BSt 500 S und BSt 500 WR (siehe Abb. 9.24)
- kleine Rippen oder Punkte oder weggelassene Rippen zwischen normal breiten Rippen bei BSt 500 M,
- Punkte (Noppen) auf dem Boden der Eintiefung bei tiefgeripptem BSt 500 M

– ausgefüllte Rippenzwischenräume zwischen normal breiten Rippen bei BSt 500 KR und BSt 500 P.

Der Anfang des Werkkennzeichens ist durch Verdoppelung des kennzeichnenden Prägemerkmals gekennzeichnet.

Im Hinblick auf die DIN 1045-1, Ausgabe 2001-07, die vom 1.1.2005 an für Bemessung und Konstruktion von bewehrtem Beton (siehe Normen in Abschn. 7) verbindlich ist, sind für Betonstahl die beiden **Duktilitätskategorien A** und **B** definiert worden (siehe Tafel 9.6), die zur Beschreibung der Duktilität zwei Parameter benutzen:

– Verhältnis Zugfestigkeit zu Streckgrenze: f_t / f_y (R_m / R_e)
– Dehnung bei Höchstkraft: ε_{su} (A_{gt})

Für Betonstahl gelten die folgenden Duktilitätskategorien

– Betonstabstahl BSt 500 S: Klasse B (hochduktil)
– Betonstahlmatten BSt 500 M nach DIN 488: Duktilität unklar, $R_m / 3_e$ = 1,03 oder = 1,05
– Betonstahlmatten BSt 500 M A (mit Tiefrippung): Klasse A (normalduktil)
– Betonstahl in Ringen BSt 500 WR: Klasse B (hochduktil)
– Betonstahl in Ringen BSt 500 KR: Klasse A (normalduktil).

Tafel 9.6 Duktilitätskategorien von Betonstahl nach DIN 1045-1 (07.01)

Kategorie	f_t / f_y (R_m/R_e) [1)]	ε_{su} (A_{gt}) [1)] in %
Normale Duktilität (A)	1,05	2,5
Hohe Duktiliät (B)	1,08	5,0
[1)] R_m Zugfestigkeit, R_e Streckgrenze, A_{gt} Dehnung bei Höchstkraft (s. a. Abb. 1.7) Die Parameter sind als 10%-Quantil definiert.		

9.9.2 Betonstahlmatten DIN 488-4 und -5

a) **Betonstahlmatten** dienen der Bewehrung flächenhafter Betonbauteile, hauptsächlich von Decken und Wänden, aber auch Silos etc. Sie werden in Werken hergestellt aus sich kreuzenden Stahlstäben, die an den Kreuzungspunkten durch elektrische Widerstandspunktschweißung (Abkürzung: RP) scherfest miteinander verbunden sind (geschweißte Betonstahlmatten). Stahlmatten, die an den Kreuzungsstellen durch Kunststoffmuffen miteinander verbunden sind, werden in Deutschland nicht mehr hergestellt.

Die Stäbe der Betonstahlmatten besitzen drei Reihen Schrägrippen (hochgerippte Stäbe; siehe Abb. 9.26) oder drei Reihen von Vertiefungen (tiefgerippte Stäbe; siehe Abb. 9.27). Hochgerippte Stäbe nach DIN 488-4 haben eine unklare Duktilität. Tiefgerippte Stäbe nach Allgemeiner bauaufsichtlicher Zulassung haben eine normale Duktilität (A). Zur Duktilität und zu Werkkennzeichen siehe Abschn. 9.9.1. Bei Betonstahlmatten unterscheidet man Lager- und Listenmatten.

Tafel 9.7 Übersicht über die Betonstahlarten nach DIN 488-1 (1984-09) oder nach Allgemeiner bauaufsichtlicher Zulassung [1) 2)]

Betonstahlart	Betonstabstahl		Betonstahlmatte	Bewehrungsdraht	
Ausführung:	technisch gerade Stäbe für die Einzelstabbewehrung, in Regellängen von 12 bis 15 m lieferbar. Betonstabstahl ist auch in Ringen bauaufsichtlich zugelassen.		werkmäßig vorgefertigt aus sich kreuzenden Stäben. Sie sind an den Kreuzungsstellen durch Widerstandspunktschweißung scherfest miteinander verbunden.	als Ring hergestellt und vom Ring werkmäßig zu Bewehrungen weiterverarbeitet	
Oberflächenausbildung[2)]	Stäbe gerippt; zwei Reihen von Schrägrippen		Stäbe mit drei Reihen von Schrägrippen oder Vertiefungen	Drähte	
				glatt	profiliert
Sorte	BSt 420 S	BSt 500 S	BSt 500 M BSt 500 MA	BSt 500 G	BSt 500 P
Kurzzeichen	III S	IV S	IV M	IV G	IV P
Werkstoff-Nr.	1.0428	1.0438	1.0466	1.0464	1.0465
Herstellverfahren	– Warmwalzen (mit und ohne anschließende Nachbehandlung aus der Walzhitze)		Kaltverformung (Ziehen und/oder Kaltwalzen)	Kaltverformung	

1) In der Vornorm DIN V ENV 10 080 werden der Betonstahl BSt 420 S sowie die Bewehrungsdrähte BSt 500 G (glatt) und BSt 500 P (profiliert), die nach DIN 1045-1 nicht mehr als Betonstahl gelten, sowie die seinerzeit durch Kaltverformung hergestellten, jetzt jedoch verwundenen Betonstähle BSt 420 S und BSt 500 nicht mehr aufgeführt.
2) Siehe auch Abb. 9.25 bis 9.28.

Tafel 9.8 Eigenschaften der Betonstähle nach DIN 1045-1 (2001-07)

Zeile	Spalte	1	2	3	4	5
	Bennung	BSt 500 S(A)	BSt 500 M(A)	BSt 500 S(B)	BSt 500 M(B)	Art der Anforderung bzw. Quantilwert *p*
1	Erzeugnisform	Betonstabstahl	Betonstahlmatten	Betonstabstahl	Betonstahlmatten	
2	Duktilität	normal (A)		hoch (B)		
3	Streckgrenze f_{yk} [1)] in N/mm²	500				5
4	Verhältnis $(f_t/f_y)_k$ [1)]	≥ 1,05		≥ 1,08		min. 10
5	Verhältnis f_y/f_{yk} (f_y = tatsächliche Streckgrenze)	–		≤ 1,3		max. 10
6	Stahldehnung unter Höchstlast ε_{uk} [1)]	25		50		10
7	Kennwert für die Ermüdungsfestigkeit $N = 2 \cdot 10^6$ in N/mm² (mit einer oberen Spannung von nicht mehr als $0{,}6 f_y$)	215	100	215	100	10
8	Bezogene Rippenfläche f_R [2)] für Nenndurchmesser d_s (in mm) 5,0 bis 6,0 6,5 bis 8,5 9,0 bis 10,5 11,0 bis 40,0	 0,039 0,045 0,052 0,056				 min. 5
9	Unterschreitung des Nennquerschnitts in %	4				max. 5
10	Biegerollendurchmesser beim Rückbiegeversuch für Nenndurchmesser d_s (in mm) 6 bis 12 14 bis 16 20 bis 25 28 bis 40	 5 d_s 6 d_s 8 d_s 10 d_s				 min. 1
11	Die für Betonstahl zulässigen Schweißverfahren sind: RA = Abrennstumpfschweißen, E = Lichtbogenhandschweißen, MF = Metall-Lichtbogenschweißen, MAG = Metall-Aktivgasschweißen, RF = Reibschweißen. Ihre Anwendung richtet sich nach den verschiedenen Verbindungen der Betonstähle, wie z. B. Stumpf-, Laschen-, Überlapp-, Kreuzungsstoß bzw. Verbindung mit anderen Stahlteilen, und ob es sich bei der Verbindung um Zug- oder Druckstäbe handelt.					

[1)] f_t = Zugfestigkeit (R_m); f_y = Streckgrenze (R_e, $R_{p0,2}$); ε_{uk} = Gesamtdehnung unter Höchstlast (A_{gt}); s. a. Abb. 1.7)
Der Index *k* bezieht sich auf den Charakteristischen Wert der jeweiligen Festigkeit. Die Charakteristische Festigkeit ist diejenige Festigkeit, die von *p* % (siehe Spalte 5) der gemessenen Festigkeitswerte unterschritten werden darf.

[2)] Die bezogene Rippenfläche f_R nach DIN 488-3 ist die auf eine zur Stabachse rechtwinklig stehende Schnittfläche projizierte *Rippen*fläche dividiert durch den Nennumfang des Stabes und den mittleren Abstand der Rippen.

b) **Lagermatten** werden nach einem festen Typenprogramm hergestellt und vom Hersteller oder Baustoffhändler auf Vorrat gehalten. Längen 5,0 und 6,0 m, Breite 2,15 m; Stabdurchmesser 6,0–7,0–8,0 mm, die Stäbe können auch als Doppelstäbe nebeneinander liegen; Stahlquerschnittsfläche 1,88 bis 5,13 mm^2/m (d. h. je lfd. Meter). Bei den Lagermatten unterscheidet man

- **R-Matten**: Sie dienen der einachsigen Lastabtragung. Abstand der Längsstäbe 250 mm, der Querstäbe 150 mm. Typen: R 188 A, R 257 A, R 335 A, R 377 A, R 513 A.
- **Q-Matten**: Sie werden zumeist für die zweiachsige Lastabtragung verwendet, wenn diese in den beiden zueinander senkrechten Richtungen nahezu gleich ist. Abstand der Stäbe in beiden Richtungen 150 mm oder bei Randsparmatten (s.u.) 150 und 100 mm. Typen: Q 188 A, Q 257 A, Q 335 A, Q 377 A, Q 513 A.

Die Zahl in der Typenbezeichnung bedeutet die Stahlquerschnittsfläche in mm^2/m, das A bedeutet normale Duktilität (siehe Abschn. 9.9.1). Lagermatten A haben eine Oberfläche mit Tiefrippung (siehe Abb. 9.27). Beide Mattenarten lassen sich einlagig oder, um auf den erforderlichen Stahlquerschnitt zu kommen, mehrlagig verlegen. Die Matten können auch auf kleinere Flächenmaße zurechtgeschnitten werden.

Randsparmatten (siehe Abb. 9.22) haben an den Rändern geringere Stahlquerschnitte. Dadurch wird vermieden, dass es beim Verlegen der Matten auf größeren Flächen in den Stoßbereichen zu unausgenutzten Querschnittsanhäufungen kommt. Der häufigste Stoß ist der Zwei-Ebenen-Stoß, die Stoßlänge erstreckt sich i. d. R. über 4 Randstäbe. Bei Matten in Randlage muss der erforderliche Stahlquerschnitt am Rand durch Zulegen von Einzelstäben erreicht werden.

c) **Listenmatten** sind Betonstahlmatten, deren Aufbau vom Konstrukteur gewählt und vom Werk auf Bestellung gefertigt wird. Mattenlänge 3,0 bis 12,0 m, Mattenbreite 1,85 bis 3,0 m. Stabdurchmesser 6,0 bis 12,0 mm. die Längsstäbe können auch als Doppelstäbe nebeneinander liegen. Abstand der Längsstäbe 50 bis 300 mm, Abstand der Querstäbe 50 bis 350 mm. Querschnittsfläche je lfd Meter je nach Abstand der Stäbe 0,81 bis 22,62 mm^2/m. Auch bei den Listenmatten können die Längsstäbe staffelbar sein (Feldspareffekt) und dadurch im Stoßbereich am Rande einen geringeren Querschnitt aufweisen als im Innenbereich (s.o., Randsparmatten).

Die Beschreibung (Darstellung) der Listenmatten kann bei der Bestellung in Tabellenform wie folgt geschehen (s. a. Abb. 9.23):

	Mattenaufbau					Umriss	Überstände		Feldspareffekt	
	Stababstand	Stabdurchmesser Innen	Stabdurchmesser Rand	Stabanzahl am Rand links	Stabanzahl am Rand rechts	Länge Breite in m	Anfang links in mm	Ende rechts in mm	Anfang der kurzen Stäbe	Länge der kurzen Stäbe
Längsrichtung	a_L ·	d_{s1} /	d_{s2} –	n_{links} /	n_{rechts}	L	$ü_1$	$ü_2$	A_K	L_K
Querrichtung	a_Q ·	d_{s3}				B	$ü_3$	$ü_4$		

	Mattenaufbau					Umriss	Überstände		Feldspareffekt	
Beispiel	Stababstand	Stabdurchmesser Innen	Stabdurchmesser Rand	Stabanzahl am Rand links	Stabanzahl am Rand rechts	Länge Breite	Anfang links	Ende rechts	Anfang der kurzen Stäbe	Länge der kurzen Stäbe
	150 ·	10,0 d /	8,0 d –	4 /	4	7,50	75	625	2,00	3,50
	100 ·	9,0				2,45	25	625		

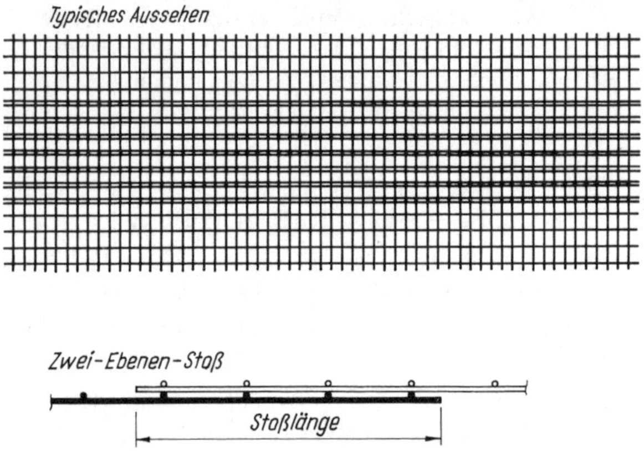

Abb. 9.22 Typisches Aussehen und Zwei-Ebenen-Stoß einer Lagermatte mit Randeinsparung (Randsparmatte) [20]

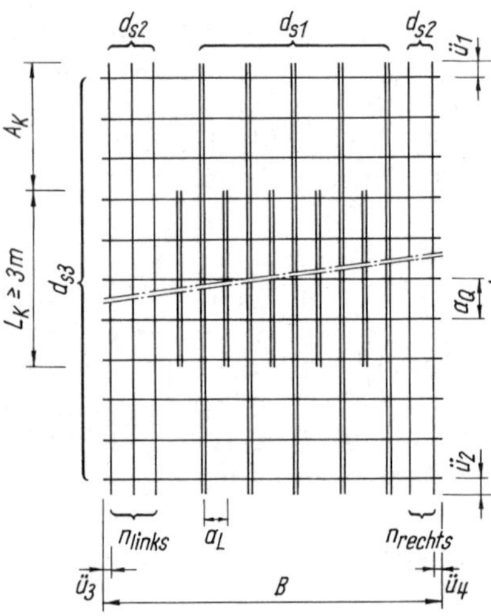

a_L = Abstand der Längsstäbe in mm
a_Q = Abstand der Querstäbe in mm
d_{s1} = Längsstabdurchmesser (Innenbereich)
d_{s2} = Längsstabdurchmesser (Randbereich)
d_{s3} = Querstabdurchmesser
d = Doppelstäbe (nur als Längsstäbe)
n_{links} = Anzahl Längsrandstäbe (am linken Rand)
n_{rechts} = Anzahl Längsrandstäbe (am rechten Rand)
L = Mattenlänge in m
B = Mattenbreite in m
$ü_1$ = Überstand am Mattenanfang in mm
$ü_2$ = Überstand am Mattenende in mm
$ü_3$ = Überstand am linken Mattenrand in mm
$ü_4$ = Überstand am rechten Mattenrand in mm
A_k = Abstand der kurzen Stäbe vom Mattenanfang
L_k = Länge der kurzen Stäbe in mm

Abb. 9.23 Bedeutung der Maßangaben bei der Bestellung von Listenmatten [20]

9.9.3 Betonstabstahl

Betonstabstahl ist ein Betonstahl BSt 500 S, der durch Warmwalzen hergestellt wird. Er dient zur Bewehrung von langgestreckten Bauteilen, wie z. B. Balken, Unterzügen und Stützen. Seine **Oberfläche** weist zwei Reihen mit sichelförmigen Rippen auf. Die Rippen der einen Reihe haben unterschiedliche Neigung, die der zweiten sind parallel angeordnet (siehe Abb. 9.25). Die Lieferlängen sind 12 bis 15 m, Sonderlängen auf Anfrage 6 bis 31 m. Werkkennzeichen siehe Abschn. 9.9.1 und Abb. 9.24.

Der Stabdurchmesser d_s beträgt 6,0 bis 28,0 mm (nach DIN 488) bzw. auch 32 und 40 mm (nach Allgemeiner bauaufsichtlicher Zulassung). Er kann wegen der Rippen nicht gemessen, sondern muss nach der folgenden Formel berechnet werden:

d_s in mm $= 12{,}74 \cdot \sqrt{G/L}$ (G Masse in g eines Stababschnitts der Länge L in mm).

Es gibt auch Betonrippenstahl BSt 500 S gemäß Allgemeiner bauaufsichtlicher Zulassung, dessen Schrägrippen ein eingängiges Rechts- oder Linksgewinde bilden. Das Gewinde dient zur Herstellung mechanischer Verbindungen oder zur Anbringung von Verankerungen über aufgeschraubte Muffen bzw. Ankerkörper. BSt 420 S mit zwei Reihen paralleler Rippen und kaltverwundene BSt 500 S sowie Betonstabstähle mit Längsrippen werden nicht mehr hergestellt (siehe Scholz/Hiese, 15. Auflage, Abb. 8.24 bis 8.27).

9.9.4 Betonstahl in Ringen

Betonstahl in Ringen nach Allgemeiner bauaufsichtlicher Zulassung gibt es in den Sorten BSt 500 WR (warmgewalzt, anschließend gereckt und auf kompakte Ringe umgespult) und BSt 500 KR (aus Walzdraht kaltgewalzt und anschließend aufgespult). Den Endzustand als Bewehrung erreicht Betonstahl in Ringen durch Richten (Richtanlage) zum geraden Stab oder als Bügel (Bügelautomat). Nenndurchmesser i. d. R. ≤ 14,0 mm.

Die Oberflächengestalt von BSt 500 WR entspricht BSt 500 S (siehe Abb. 9.25). Es können auch zwei oder vier Reihen mit Schrägrippen gleichen Abstands und gleicher Neigung angeordnet sein. Werkkennzeichen siehe Abb. 9.24, es kann auch als verdickte Rippe oder als verfüllter Rippenzwischenraum ausgebildet sein. Die Oberflächengestalt von BSt 500 KR entspricht der von Betonstahlmatten, d. h. drei Reihen von Schrägrippen oder Eintiefungen (siehe Abb. 9.26 und 9.27), die Werkkennzeichnung durch verbreiterte Rippen oder verfüllte Rippenzwischenräume.

9.9.5 Gitterträger

Gitterträger nach Allgemeiner bauaufsichtlicher Zulassung sind zwei- oder dreidimensionale, Bewehrungselemente aus glatten, profilierten oder gerippten Betonstählen der Duktilitätsklasse A (normalduktil). Sie werden zur Herstellung von Fertigträgern oder -platten verwendet mit unterstützungsfreien Montagespannweiten bis 5,25 m. Auf der Baustelle werden die Träger z. B. auf Mauerwerkswände aufgelegt, mit Hohlkörpern aus Beton oder Ziegeln belegt und anschließend mit Ortbeton zu Stahlbetonrippendecken ausgegossen (siehe z. B. Abb. 3.19 und 3.47). Mit den Fertigplatten können Massivdecken oder -wände hergestellt werden.

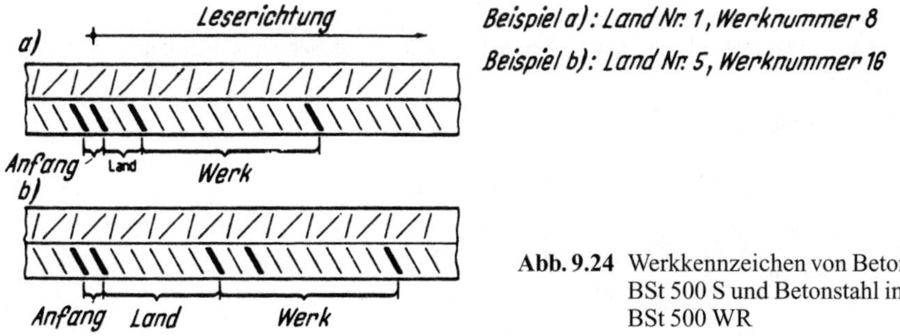

Abb. 9.24 Werkkennzeichen von Betonstabstahl BSt 500 S und Betonstahl in Ringen BSt 500 WR

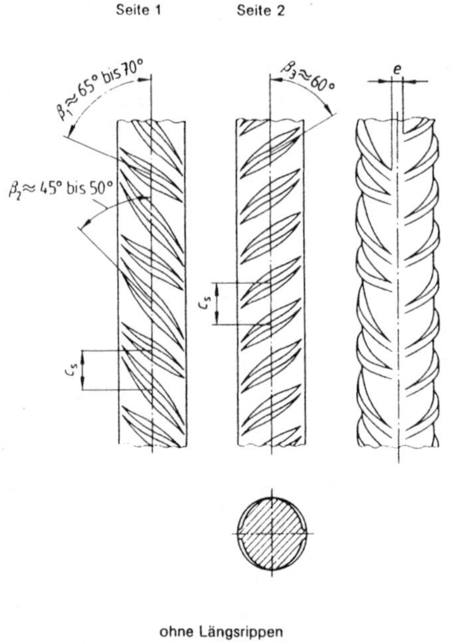

Abb. 9.25 Oberflächengestalt von Betonstahl BSt 500 S und Betonstahl in Ringen BSt 500 WR (2 Reihen von Schrägrippen, die Rippen einer Reihe haben unterschiedliche Neigung, die der zweiten sind parallel angeordnet)

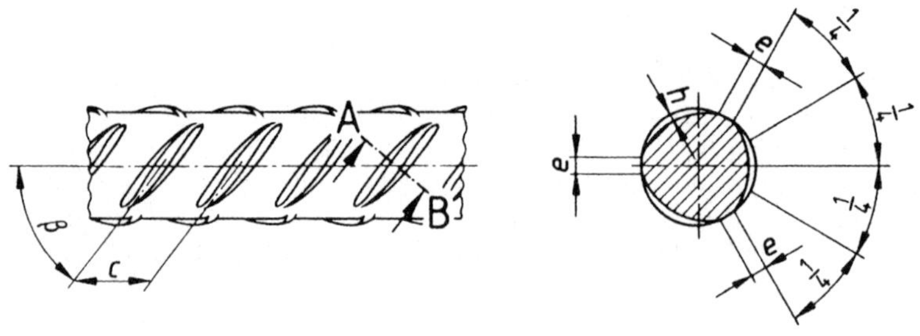

Abb. 9.26 Oberflächengestalt von hochgeripptem Betonstahl für Betonstahlmatten BSt500 M (3 Reihen von Schrägrippen, eine Reihe muss gegenläufig sein, die einzelnen Rippenreihen dürfen gegeneinander versetzt sein)

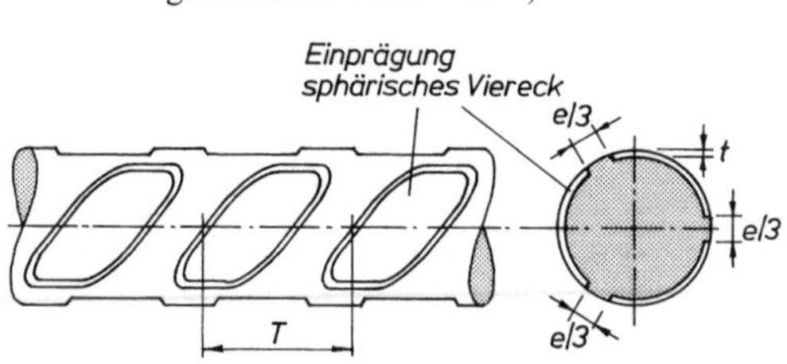

Abb. 9.27 Oberflächengestalt von tiefgeripptem Betonstahl für Betonstahlmatten BSt 500 MA (3 Reihen von Vertiefungen, eine Reihe muss gegenläufig sein, die einzelnen Reihen dürfen gegeneinander versetzt sein)

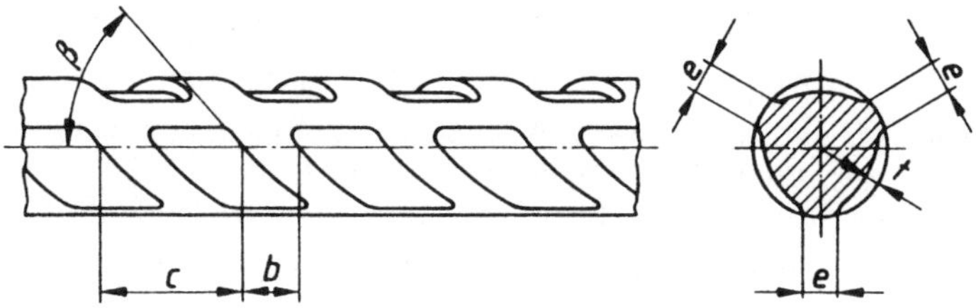

Abb. 9.28 Profilierter Bewehrungsdraht BSt 500 P

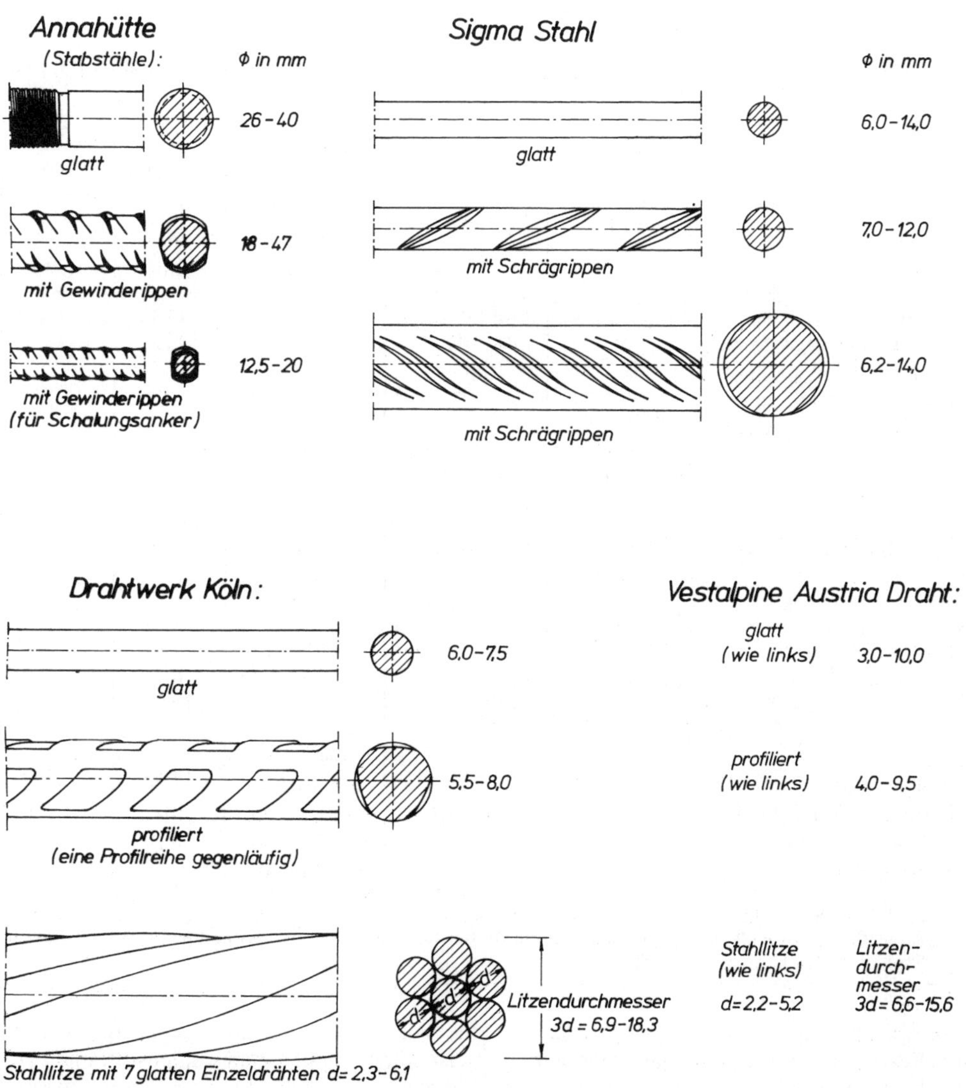

Abb. 9.29 Spannstähle: Beispiele für Querschnittsformen und Durchmesser [2]

9.10 Spannstahl

Für Spannbeton (siehe Abschn. 8.2) werden besondere Stähle (sog. Spannstähle) mit höheren Werten für die Streckgrenze und Zugfestigkeit hergestellt (siehe Tafel 9.8 und Abb. 9.29). Für Spannstähle gibt es einen europäischen Norm-Entwurf: DIN EN 10 138-1 bis -4 (Entw. 2000-10).

Die Anforderungen an Spannstähle sind hohe Zugfestigkeit und Streckgrenze (0,2-Grenze!), um die Spannkraftverluste infolge von Schwinden und Kriechen des Betons möglichst gering halten zu können, außerdem große Zähigkeit (Bruchdehnung) als Sicherheit gegen Sprödbruch. Spannstähle müssen besonders widerstandsfähig gegen Korrosion sein und zusätzlich bei der Lagerung (unter Dach; unter Folien u. U. Schwitzwasserbildung!) und nach dem Verlegen (Auspressen der Hüllrohre mit Zementleim; Einpressmörtel siehe Abschn. 6.5.3) sorgfältig geschützt werden.

Tafel 9.8 Beispiele für bauaufsichtlich zugelassene Spannstähle (Quelle: Deutsches Institut für Bautechnik Berlin; Stand Okt. 2002)

Herstellungsart	Festigkeitsklasse $R_{0,2}/R_m$ in N/mm²	Querschnitt		Mechanische Eigenschaften	
		Form	Nenndurchmesser in mm	$R_{0,01}$ in N/mm²	δ_{10} in %
Warmgewalzt; gereckt und angelassen oder aus der Walzhitze wärmebehandelt und gereckt und angelassen	St 835/1030	rund und glatt mit Endgewinde	12,5 bis 40	735 bis 950	6 bzw. 7
	St 900/1030 St 900/1100 St 1080/1230	rund mit Gewinderippen oder Schrägrippen			
Vergüteter Spannstahl	St 1420/1570 St 1470/1620	rund, glatt oder rund, gerippt	6,0 bis 14,0	1220	6 bzw. 7
Kaltgezogener Spannstahldraht	St 1375/1570	rund und glatt oder rund und profiliert	6,0 bis 14,0	1150 bis 1350	6
	St 1470/1670				
	St 1570/1770				
Spannstahllitzen aus 7 kaltgezogenen Einzeldrähten, z. T. korrosionsgeschützt	St 1570/1770	rund, glatt, z. T. profiliert	6,9 bis 18,3 Einzeldrahtdurchmesser ~ 1/3 davon	1150 bis 1350	6

$R_{0,2}$ = 0,2 %-Dehngrenze (Streckgrenze); R_m Zugfestigkeit; $R_{0,01}$ = 0,01 %-Dehngrenze (techn. Elastizitätsgrenze); δ_{10} Bruchdehnung am langen Proportionalstab mit $l_0{:}d_0$ = 10:1 (in Abb. 1.6 = A). (Zu den Bezeichnungen siehe auch Abb. 1.7)

Für Spannbetonstähle verwendet man im Allgemeinen Oxigenstahl (im Sauerstoffblasverfahren hergestellt) oder Elektrostahl. Der Stahl ist meist unlegiert mit einem Kohlenstoffanteil von 0,6 bis 0,9 % Kohlenstoff oder niedrig legiert mit 0,4 bis 0,7 % C, 0,7 bis 1,6 % Si und/oder 0,7 bis 1,2 % Mn sowie ≈ 0,5 % Cr (ähnlich Federstahl) und nachbehandelt.

Hersteller in Deutschland sind z. B. Sigma-Stahl GmbH in Duisburg, DWK Drahtwerk in Köln, WDI Westfälische Drahtindustrie in Hamm, Stahlwerk Annahütte in Ainring (s. a. Abb. 9.29).

9.11 Korrosionsschutz

9.11.1 Korrosion

Unter Korrosion versteht man die Zerstörung von Werkstoffen durch chemische und/oder elektrochemische Reaktionen mit Bestandteilen der Umgebung (Atmosphäre, Wasser, Boden). Sie tritt bei allen Werkstoffen auf, auch bei nichtmtallischen. Beim Korrosionsschutz unterscheidet man aktiven und passiven Korrosionsschutz.

a) Die **chemische Korrosion** hängt mit der Affinität der unedlen Metalle (z. B. Al, Zn, Fe) mit dem Sauerstoff zusammen, wodurch auf der Oberfläche sofort Metalloxide gebildet werden. Bei Aluminium und Zink oder wetterfesten Stähle (siehe Abschn. 9.7.3) bilden diese eine dichte, fest haftende Oxidschicht, die das Metall vor weiterer Korrosion schützt. Mit Eisen (Stahl) bilden sich lösliche Korrosionsprodukte, zunächst loser Flugrost in Form von $Fe(OH)_2$ bzw. $Fe(OH)_3$, im Laufe der Zeit plattiger loser oder festhaftender, mehr oder weniger poröser Rost in Form von FeO(OH) . Dieser wirkt treibend, da er ein größeres Volumen als Eisen hat nach der Formel Fe:FeO(OH) $\approx$ 1:2,5. Beschichtungen und zu dünne Betondeckungen (siehe Abschn. 8.1) platzen ab.

b) Als **elektrochemische Korrosion** bezeichnet man die galvanischen Vorgänge, die sich auf der Stahloberfläche zwischen rostfreien Bereichen (Anode) und den Rostablagerungen (Kathode) abspielen, wobei das Oberflächenwasser als elektrisch leitende Flüssigkeit wirkt (Elektrolyt). Lochfraß oder Muldenkorrosion kann an rostfreien Stellen auftreten, wenn diese im Verhältnis zu den umliegenden Rostflächen sehr klein sind.

c) Die **atmosphärische Korrosion,** die hauptsächlich für die Korrosionsschäden verantwortlich ist (etwa 40 % des Eisens verrostet wieder), ist ein elektrochemischer Prozess, der von folgenden Faktoren gekennzeichnet ist:

   - unbegrenztes Sauerstoffangebot aus der Luft
   - unregelmäßig auftretende Flüssigkeitsschichten auf der Metalloberfläche (Regenwasser, Kondenswasser, Nebel etc.; pH > 4,5)
   - Verunreinigungen wie z. B. SO_2 (Industrieabgase), H_2S und/oder NH_3 in Abwasserbereichen, Chloride, insbesondere NaCl, in Küstennähe oder durch Tausalze
   - Staub, der korrosive Bestandteile enthalten kann (z. B. Sulfate) und/oder auf der Stahloberfläche Feuchtigkeit ansammelt oder hält.

   Die Korrosionsgeschwindigkeit in µm/Jahr beträgt etwa: Landluft 4 bis 60; Stadtluft 40 bis 160; Meeresluft 60 bis 230.

   Normen für den Korrosionsschutz von Stahlbauten: ab Mai 1991 die DIN 55 928-1 bis -9 (Korrosionsschutz von Stahlbauten durch Beschichtungen und Überzüge), wovon z. Z. nur noch die Teile 8 und 9 gelten. Ab Juli 1998 DIN EN ISO 12 944-1 bis -8 (Beschichtungsstoffe – Korrosionsschutz von Stahlbauten durch Beschichtungssysteme (1998-07)). Beide Normen stimmen inhaltlich in den Grundzügen im Wesentlichen überein.

9.11.2 Aktiver Korrosionsschutz

a) **Fernhalten von Korrosionsursachen**
Man vermeidet die Berührung mit frischem Kalkmörtel, feuchtem Gipsmörtel, steinholzähnlichen Massen sowie mit kohlensäurereichem Wasser, mit Grund- und Abwässern, die Säuren und starke Salze enthalten. Ferner verhindert man die Berührung des Eisens mit anderen Metallen, damit sich nicht bei Anwesenheit von Feuchtigkeit galvanische Elemente bilden können. Im Beton bildet die Alkalität einen wirksamen Rostschutz der Bewehrung.

b) **Sachgemäße konstruktive Gestaltung**
Wasseransammlungen vermeiden, U-Profile und Winkel mit der Öffnung nach unten, evtl. Abflusslöcher vorsehen; glatte und geneigte Flächen; kleine Oberflächen durch Verwendung von Hohlquerschnitten; leichte Zugänglichkeit vorsehen, damit Kontrollen und spätere Ansriche möglich bleiben; verschiedene Metalle gegeneinander isolieren zur Vermeidung galvanischer Elemente; Vermeidung von Kondenswasserbildung, ausreichende Belüftung von Spalten.

c) **Auswahl widerstandsfähiger Stähle**
Dazu gehört die Verwendung wetterfester Baustähle (siehe Abschn. 9.7.3) oder in Sonderfällen, z. B. bei Befestigungselementen von Fassadenplatten, die Verwendung nichtrostender Stähle (siehe Abschn. 9.7.4).

d) **Weitere Möglichkeiten**
Beeinflussung des Korrosionsmittels durch Zugabe von besonderen Chemikalien, z. B. Bindung überschüssigen Sauerstoffs durch Hydrazinsulfat, Natriumsulfitin oder Dithionit $Na_2S_2O_4$ in Trinkwasserleitungen oder geschlossenen Wasserkreisläufen. Kathodischer Korrosionsschutz durch Anbringen einer Opferanode (siehe Abschn. 9.11.3 c).

9.11.3 Passiver Korrosionsschutz

Unter passivem Korrosionsschutz versteht man das Aufbringen von Beschichtungssystemen, nichtmetallischen Überzügen, wie z. B. Emaille, Bitumen, Gummiüberzügen oder Kunststoffen (Wirbelsintern oder Spritzen) oder metallischen Überzügen, wie z. B. elektrolytische Überzüge aus Zink, Zinn, Nickel, Chrom, Spritzmetallüberzüge meist aus Zink (s.u.) oder das weit verbreitete Feuerverzinken von Stahlbauteilen.

a) Beschichtungssysteme nach DIN EN ISO 12 944 (1998-07) bestehen aus Korrosionsschutzpigmenten, Füllstoffen und organischen oder anorganischen Bindemitteln. Korrosionsschutzpigmente sind z. B.: Bleimennige (nur noch für Ausbesserungsarbeiten zulässig); reines Zinkoxid (Zinkweiß), Farbzinkoxid mit unterschiedlich hohem Bleianteil; Zinkstaub (sehr guter Korrosionsschutz; Anteil bis 92%); Eisenglimmer (Fe_2O_3-Anteil $\geq 85\,\%$). Füllstoffe, wie z. B. Barium- oder Calciumsulfate und Silicate (Glimmer, Quarz, Talk) erhöhen Dichtigkeit und Haftung der Beschichtung. Bindemittel sind z. B. Alkydharze, Epoxidharze, Chlorkautschuk, PVC, Acrylharze, Zweikomponenten- Epoxidharz- oder Polyurethanharzstoffe, Polyurethan, Ethylsilicat.

Vor Aufbringen der Beschichtung muss die Stahloberfläche von Rost, Zunder, Fett Schmutz, Ruß und/oder alten Beschichtungen gereinigt werden. Strahlen (trocken oder nass), auch Flammstrahlen, ist das wirkungsvollste Verfahren. Strahlmaterialien sind Hartguss, Stahlguss oder Stahldraht bzw. Metallhütterschlacke oder Elektrokorund. Quarz ist wegen Silikosegefahr verboten. Die erste Beschichtung ist unmittelbar nach der Reinigung aufzubringen.

Die Beschichtungen bestehen aus Grund- und Deckbeschichtungen. Je nach der Korrosionsgefährdung (6 Korrosivitätskategorien) werden i. d. R 1 bis 2 Grundbeschichtungen und bis zu 4 Deckbeschichtungen aufgebracht, und zwar durch Streichen und/oder Rollen oder durch Spritzen mit niedrigem Druck. Kanten, Ecken oder schwer erreichbare Bereiche (Spritzschatten) sind vorzustreichen oder vorzuspritzen. Die Gesamtdicken der Beschichtungen liegen je nach Korrosionsgefährdung und Beschichtungsmaterial bei der Grundbeschichtung zwischen 40 und 160 µm, bei der Deckbeschichtung zwischen 40 und 280 µm.

b) Beim **Feuerverzinken** unterscheidet man das Stückverzinken (diskontinuierlich; DIN EN ISO 1461) und das Band- und Drahtverzinken (kontinuierlich; DIN EN 10 142/147/244). Beim Stückverzinken werden die Stahlteile in ein Bad aus schmelzflüssigem Zink (Badtemperatur 440 bis 460 °C; in Sonderfällen bis 530 °C) getaucht. Dabei bilden sich auf der Oberfläche Eisen-Zink-Legierungs-Schichten von 50 bis 150 µm Dicke. Beim kontinuierlichen Bandverzinken (früher Sendzimir-Verfahren nach dem Erfinder) oder beim Drahtverzinken sind die Schichten nur 5 bis 40 µm dick. Die Dauer der Schutzwirkung durch Feuerverzinken kann erheblich erhöht werden (1- bis 2,5fach), wenn eine zusätzliche Kunststoffbeschichtung aufgebracht wird (Feuerverzinken + Beschichten = **Duplex-System**).

c) **Andere Verzinkungsverfahren** sind: Aufspritzen von geschmolzenem Zink (DIN EN 22 06 (1994-08)); Verzinken durch elektrischen Strom in Zinklösungen (Galvanische Zinküberzüge; DIN 50 961 (2000-09)); Aufbringen von Überzügen durch Behandlung mit Zinkstaub (Sheradisieren oder mechanisches Plattieren); Aufbringen von zinkstaubhaltigen Farben durch Streichen oder Tauchen o. Ä. Möglich ist auch ein **kathodischer Korrosionsschutz** mit Zinkanoden hoher Reinheit (99,995 %). Die Zinkanoden werden mit den zu schützenden Stahlteilen, z. B. Tanks, Spundwände, Schleusentore, Rohrleitungen, elektrisch leitend im Erdreich oder unter Wasser verbunden und lösen sich dabei im Laufe der Zeit auf (sog. Opferanoden).

9.12 Verhalten von Stahl und Gusseisen im Brandfall

Stahl ist zwar als *Baustoff* nicht brennbar, gehört aber als *Bauteil* lediglich in die feuerhemmende Gruppe. Deshalb müssen Stahlbauteile, für welche die Gefahr besteht, einem Brand ausgesetzt zu werden, einen besonderen Feuerschutz erhalten.

Gusseisen übersteht im Allgemeinen Brände gut, die etwa 800 °C nicht überschreiten, weil es bis zu seinem Schmelzpunkt von etwa 1100 °C fest bleibt, es springt jedoch leicht, wenn es vom Löschwasser getroffen wird. **Baustahl** verliert dagegen schon bei etwa 500 °C (schwacher Rotglut) annähernd die Hälfte seiner Tragfähigkeit. Es treten starke Formveränderungen bis zur völligen Verformung ein. Um Stahlbauteile, insbesondere Stützen und Träger, gegen Brandeinwirkung zu schützen und ihnen eine ausreichende Feuerwiderstandsdauer zu verleihen, müssen sie ummantelt oder mit einer Beschichtung versehen werden.

Als **Ummantelungen** kommen in Frage: Ummauern von Stützen mit Ziegeln, Kalksandsteinen, Leichtbeton- oder Porenbetonsteinen; Einbetonieren von Stützen und Trägern; Aufbringen von Spritzbeton auf Trägermaterial aus Maschendraht oder Betonstahlmatten; Ummanteln (ein- oder mehrlagig) mit Gipskarton-, Perlite- oder Vermiculiteplatten; Perlite-, Vermiculite- oder Mineralfaserputze (i. d. R. mehrlagig) auf Putzträgern, Putzdicke bei Stützen 15 bis 65 mm, bei Trägern 5 bis 25 mm; abgehängte Unterdecken.

Feuerschutzbeschichtungen bestehen aus einer Grundbeschichtung als Korrosionsschutz, der eigentlichen Brandschutzbeschichtung und einer Endbeschichtung als Schutzschicht. Die Wirkung der etwa 1 mm dicken Brandschutzbeschichtung besteht darin, dass sich bei Wärmeeinwirkung eine 3 bis 4 cm dicke wärmedämmende Schaumschicht bildet, die dem Stahlbauteil eine Feuerwiderstandsdauer von 30 Minuten (F 30-A) gibt.

Für **feuerresistenten Sonderbaustahl** einschließlich Schrauben, Muttern und Unterlegscheiben gibt es eine Allgemeine bauaufsichtliche Zulassung des DIBt Berlin. Es handelt sich dabei um einen warmgewalzten schweißgeeigneten Feinkornsonderbaustahl (siehe Abschn. 9.7.5) mit der Bezeichnung FRS275N (Markenname FR 30), der *ohne* Beschichtung der Feuerwiderstandsklasse F 30 genügt, *mit* Beschichtung (Markenname FRB 90) sogar der Klasse F 90. Informationen bei ThyssenKrupp Stahl/Duisburg (siehe Abschn. 18.9).

9.13 Fragen und Aufgaben zu Eisen und Stahl

1) Geben Sie eine allgemeine Definiton von Stahl!
2) Skizzieren Sie die Abkühlungskurve von reinem Eisen und die dabei auftetenden Kristallformen!
3) Beschreiben Sie den Erhärtungsvorgang einer Stahlschmelze!
4) Beschreiben und skizzieren Sie die Kristallarten, die sich nach der Erhärtung der Stahlschmelze auf Raumtemperatur im Stahlgefüge befinden!
5) Welchen Einfluss hat der Kohlenstoffgehalt auf die Bildung der Kristalle und auf die Eigenschaften des erhärteten Stahls?
6) Versuchen Sie das Eisen-Kohlenstoff-Diagramm zu skizzieren! Welchen Zusammenhang stellt es dar?
7) Welche Ausgangsstoffe werden für den Hochofenprozess benötigt und welche Aufgaben erfüllen sie?
8) Skizzieren Sie den Aufbau eines Hochofens und beschreiben Sie die chemischen und technologischen Vorgänge, die sich in ihm abspielen!
9) Zu welchen Baustoffen werden die im Hochofen erzeugten Produkte verarbeitet?
10) Geben Sie eine Übersicht über die Verfahrenswege zur Herstellung von Stahl! Welches sind die wichtigsten Verfahren?
11) Beschreiben Sie das Direktreduktions- und das Schmelzreduktions-Verfahren!
12) Beschreiben Sie Bezeichnung, Eigenschaften und Anwendung der verschiedenen Gusseisensorten!
13) Beschreiben Sie die Herstellung von Oxigenstahl und E-Stahl!
14) Skizzieren Sie einen O_2-Konverter und einen Elektrolichtbogenofen!
15) Beschreiben Sie die verschiedenen Verfahren der Sekundärmetallurgie!
16) Beschreiben Sie die verschiedenen Verfahren des Vergießens von Stahl! Was versteht man unter Stahlguss?
17) Beschreiben Sie verschiedenen Formgebungsverfahren von Stahl!
18) Beschreiben Sie die verschiedenen Wärmebehandlungsverfahren von Stahl! Wozu dienen sie?
19) Bescheiben Sie Arten und Eigenschaften der verschiedenen Stahlsorten!
20) Welches sind die wichtigsten Stähle im Stahlbau? Wie werden sie bezeichnet? Was versteht man unter Gütegruppe?

21) Erläutern Sie die Stahlbezeichnungen S235J2G3 und 13CrMo4-4!

22) Was versteht man unter wetterfesten Baustählen?

23) Erläutern Sie Arten und Eigenschaften der nichtrostenden Stähle!

24) Geben sie eine Übersicht der Walzstahlerzeugnisse! Skizzieren sie die verschiedenen Walzstahl-Profile!

25) Wie heißen die beiden Stahlsorten, die zur Bewehrung von Beton verwendet werden?

26) Erläutern und skizzieren Sie die verschiedenen Betonstabstahlarten!

27) Was ist bei Betonstahlmatten der Unterschied zwischen Lager-, Listen- und Zeichnungsmatten?

28) Wie werden die verschiedenen Arten von Lagermatten bezeichnet und verwendet?

29) Skizzieren sie das Schema bei der Bezeichnung von Listenmatten!

30) Wie kann ich die verschiedenen Betonstabstahlsorten auf der Baustelle nach Augenschein unterscheiden?

31) Wie kann ich die Herkunft eines Betonstabstahls erkennen (Werk und Land)?

32) Welche Arten von Spannstählen gibt es und welche Anforderungen werden an sie gestellt?

33) Was versteht man unter Korrosion und welche Arten unterscheidet man?

34) Welches sind die Kennzeichen der atmosphärischen Korrosion und wie groß ist der jährliche Stahlabtrag?

35) Erläutern Sie die verschiedenen Arten des Korrosionsschutzes?

36) Beschreiben Sie die verschiedenen Beschichtungssysteme und -verfahren!

37 Wie verhalten sich Stahl und Gusseisen im Brandfall? Welche beiden wichtigen Verfahren zum Brandschutz von Stahl gibt es? Was versteht man unter FR-Stahl?

38) Skizzieren Sie ein Spannungs-Dehnungs-Diagramm von naturhartem und kaltverformtem Stahl! Tragen sie alle Kenngrößen ein und erläutern Sie dieselben!

10 Nichteisenmetalle (NE-Metalle)

Man unterscheidet:

Schwere NE-Metalle:	Blei (Pb), Kupfer (Cu), Nickel (Ni), Zink (Zn), Zinn (Sn, lat. stannum)
Leichte NE-Metalle: (Leichtmetalle)	Aluminium (A1), Magnesium (Mg)
Buntmetalle:	Kupfer und seine Legierungen

Bei den NE-Metallen unterscheidet man häufig Knetlegierungen und Gusslegierungen. Knetlegierungen sind kalt und/oder warm verformbar („knetbar"). Gusslegierungen sind für Gussteile bestimmt, die nicht weiter verformt werden müssen, jedoch spanend bearbeitet werden können.

Informationen über NE-Metalle erhält man bei der Wirtschaftsvereinigung Metalle (WVM), Am Bonneshof 5, 40474 Düsseldorf, Tel. 02 11-47 96-1 67; www.wvmetalle.de.

Unter dieser Adresse sind auch zu erreichen:
Gesamtverband der Deutschen Aluminium-Industrie e. V., Bleiberatung e. V., Deutsches Kupfer-Institut (www.kupferinstitut.de).

10.1 Aluminium

DIN EN 12 258-1 (1998-09) – Aluminium und Aluminiumlegierungen; Allgemeine Begriffe

Unter den Bau-Nichteisenmetallen (Kupfer, Zink, Blei, Aluminium, Magnesium) gewinnt das Leichtmetall Aluminium im Bauwesen eine immer größere Bedeutung.

Aluminium (A1) ist das in der Erdrinde am meisten (mit 8,1 %) verbreitete Metall. Man trifft es in gebundener Form in zahlreichen Gesteinen, Erden und Salzen an; z. B. enthalten Bauxit, Ton, Kaolin, Granit, Schiefer, Gneis, Feldspat und Glimmer Aluminiumverbindungen. Rubin und Saphir sind ebenso wie Korund und Schmirgel Aluminiumoxide. Dichte 2,7 kg/dm^3; Schmelzpunkt 658 °C; relative Atommasse 27, Wertigkeit 3, Ordnungszahl (im Periodensystem der Elemente) 13.

10.1.1 Herstellung

Aluminium wird in zwei Stufen gewonnen: Zuerst wird aus Aluminiumerz technisch reines Aluminiumoxid (Al_2O_3) hergestellt; dann wird dieses Aluminiumoxid durch **Schmelzfluss-Elektrolyse**[1] zum Metall Aluminium reduziert.

[1] Elektrolyse (vom griechischen lyein, lösen) ist das Verfahren, mit Hilfe des elektrischen Gleichstroms zusammengesetzte Stoffe im flüssigen Zustand oder in Lösung in ihre einzelnen Bestandteile zu zerlegen (zu zersetzen). Man schickt den Gleichstrom durch die Stoffe, die jetzt Elektrolyte heißen, hindurch. Elektrolyte sind die Säuren, die Basen und die Salze. Die Zersetzungsprodukte treten an den Elektroden, d. h. den beiden Polen des Zersetzungsgerätes auf, und zwar an deren Minuspol (der Kathode) das Metall und der Wasserstoff, an dem Pluspol (der Anode) der Säurerest und die OH-Gruppe.

Als Erz verwendet man fast ausschließlich das **Bauxit**, ein Sedimentgestein mit 50 bis 63 % Aluminiumoxid. Die größten Bauxitlager hat Amerika; große Lager befinden sich u. a. in den Mittelmeerländern Europas, in Frankreich, Ungarn und in der ehemaligen UdSSR.

Das Aluminiumoxid des Bauxits wird in eine lösliche Form gebracht; die unerwünschten Beimengungen werden abgetrennt. Das aus der Lösung ausgeschiedene Aluminiumhydroxid $Al(OH)_3$ wird in Drehrohröfen bei 1200 bis 1300 °C zu Al_2O_3 (reiner Tonerde) verglüht; daraus wird das Metall Aluminium schmelzelektrolytisch ausgeschieden. Zur Senkung des Schmelzpunktes wird Kryolith zugegeben (Na_3AlF_6; von 2050 auf etwa 950 °C).

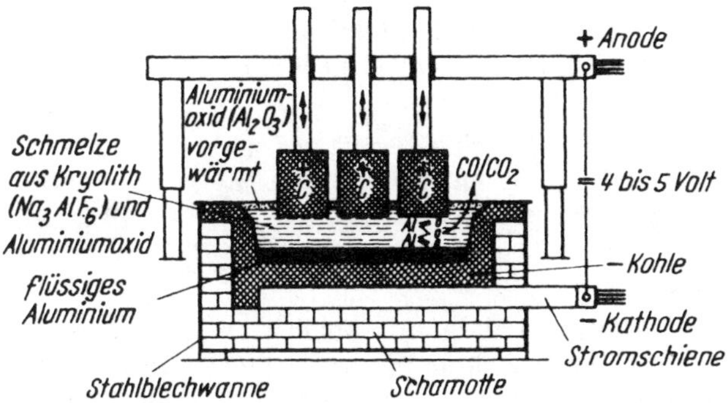

Abb. 10.1 Elektrolyse-Schmelzofen zur Aluminiumgewinnung

Das im Hüttenwerk gewonnene flüssige Aluminium wird zu Masseln, Barren, Granalien (Körner) oder zu Grieß vergossen = Hüttenaluminium mit 99 bis 99,8 % Al. Reinaluminium hat 98 bis 99,9 % Al-Gehalt, Reinstaluminium 99,99 %.

10.1.2 Eigenschaften

Aluminium ist silberweiß, knet- und gießbar und sehr dehnbar; es lässt sich sehr gut kalt formen, lässt sich gut schweißen, weich- und hartlöten. Seine Härte liegt zwischen der des Zinns und des Zinks. Aluminium ist dank einer sich schnell bildenden oxidischen Schutzschicht beständig gegen Lufteinwirkung, die chemische und mechanische Widerstandsfähigkeit an der Oberfläche kann durch **anodische Oxidation** (Oxidation in einem Elektrolyten, meist nach dem Eloxal-Verfahren, Eloxierung) noch wesentlich erhöht werden.

Bei der Verarbeitung im Bauwesen ist Folgendes zu beachten: Da frischer Mörtel und Beton Aluminium angreifen, müssen alle Berührungsstellen bei Vorhandensein von Feuchtigkeit durch Bitumenpappe oder andere Sperrmittel geschützt werden. Wegen der Gefahr von Zerstörungen durch elektrolytische Vorgänge ist der Zusammenbau mit anderen Metallen grundsätzlich zu vermeiden. Dies gilt auch für die Verbindungsmittel. Schrauben und Nieten müssen gegen das Aluminium gut isoliert sein oder aus geeigneten Aluminiumlegierungen bestehen.

10.1.3 Aluminiumlegierungen

Ähnlich wie das Eisen erhält auch das Aluminium erst durch das Legieren die für die technische Verwendung wichtigen Eigenschaften. Legierungselemente sind vor allem Mangan, Magnesium, Silicium, Kupfer und Zink. Die chemische Zusammensetzung von Halbzeug ist nach

DIN EN 573 genormt, während für unlegiertes Aluminium in Masseln DIN EN 576 gilt. Die Berechnung und bauliche Durchbildung von Al-Konstruktionen unter vorwiegend ruhender Belastung geschieht nach DIN 4113-1, von geschweißten Al-Konstruktionen unter vorwiegend ruhender Belastung nach DIN 4113-2.

1. **Reinaluminium** DIN EN 576 (1995-12): Al 99,8; Al 99,7; Al 99,5 und Al 99 (die Zahlen geben den prozentualen Al-Anteil an). Festigkeiten 65 bis 130 N/mm². Gute Korrosionsbeständigkeit und Verformbarkeit. Verwendung für Dachdeckungen, Wandbekleidungen und als Folie für Absperrungen.

2. **Knetlegierungen** DIN EN 573-1 bis -5
   Aluminium mit Mangan (AlMn): Ähnlich wie Reinaluminium. Zugfestigkeit je nach Härte 90 bis 210 N/mm². Sehr beständig gegen Witterung; nicht eloxierbar. Für Dachdeckungen und Wandverkleidungen.

   Aluminium mit Magnesium (AlMg): Hervorragend beständig gegen Industrie- und Seeatmosphäre; vorzüglich eloxierbar. Mindestfestigkeit steigt mit dem Mg-Gehalt, AlMg1: 100 bis 210 N/mm²; AlMg1,5 bzw. 2,5: 130 bis 270 N/mm²; AlMg3: 190 bis 290 N/mm². Für Zierleisten, Bedachungen und Wandverkleidungen, auch profiliert; AlMg3 u. a. für Konstruktionsteile in der Architektur.

   Aluminium mit Magnesium und Mangan (AlMgMn): Ähnlich fest, beständig und schweißbar wie AlMg3; nicht eloxierbar. Verwendung als Bleche und Profile. Sie lassen sich in weichem oder zwischenhartem Zustand gut biegen und falzen, daher für Doppelfalz- und Leistendächer geeignet.

   Aluminium mit Magnesium und Silicium (AlMgSi) sind aushärtbare Legierungen. AlMgSi1: Mindestzugfestigkeit (warmausgehärtet) 210 bis 320 N/mm². Sehr beständig gegen Witterung, vorzüglich eloxierbar. Für tragende Konstruktionen. Außerdem AlMgSi0,8 (warmausgehärtet) mit Mindestfestigkeit von 280 N/mm² und AlMgSi0,5 (warmausgehärtet) mit 130 bis 250 N/mm² für Walz- und Strangpress-Erzeugnisse (Fenster, Türen, Fassaden usw.).

   Aluminium mit Zink und Magnesium (AlZn4,5Mg1–F35): Witterungsbeständig, gut schweißbar, Mindestfestigkeit 350 N/mm²; 4,5 % Zn und 1,3 % Mg. Für Ingenieurbauten geeignet.

   Aluminium mit Kupfer und Magnesium (AlCuMg2–F44): Duralumin; Schweißbarkeit, Verformbarkeit und Korrosionsverhalten ungünstig, Festigkeit 440 N/mm². Bei Verwendung im Bauwesen stets Schutzanstrich erforderlich.

3. **Gusslegierungen** DIN EN 1706 und 1676
   (Die Kurzbezeichnungen stammen noch aus der zurückgezogenen DIN 1725.)
   Herstellung durch Sand- oder Kokillenguss (G oder GK), teils auch durch Druckguss (GD).

   Aluminium mit Silicium (AlSi12): Sehr gut gießbar, korrosionsbeständig, schweißbar, Zugfestigkeit 160 bis 210 N/mm², nicht eloxierbar. Für komplizierte und druckdichte Teile.

   Aluminium mit Magnesium (AlMg): Korrosionsfest, sehr gut eloxierbar. Zugfestigkeit bei AlMg 140 bis 190 N/mm², bei AlMg3 160 bis 220 N/mm² und bei AlMg5 160 bis 200 N/mm². Für Außen- und Innenarchitektur, z. B. Fenster, Beschläge.

4. Erkennen von Aluminium durch **Tüpfelprobe**: Auf eine blankgeschmirgelte Fläche 1 bis 2 Tropfen 20 %ige Natronlauge 5 Minuten einwirken lassen. Entwickeln sich Gasbläschen, liegt Al oder Al-Legierung vor, andernfalls handelt es sich um Mg oder Mg-Legierung. Nach dem Abspülen der Bläschen mit Wasser: weißer Fleck = Reinaluminium oder sonstige schwermetall-**freie** Al-Legierung; deutliche Schwärzung = Cu, Zn, Ni in Al-Legierung; graublaue Färbung = Si-Gehalt 2 %. Farbfleck abtupfen und mit konzentrierter Salpeter-

säure betupfen: Schwärzung verschwindet = Cu, Zn und/oder Ni; Fleck bleibt bestehen oder hellt nur wenig auf = Si.

5. Elektrolytische **Oxidation** = **Eloxieren** = Oberflächenbehandlung des Aluminiums zum Schutz gegen Korrosion und zur Erzeugung einer metallisch glänzenden Oberfläche in verschiedenen Farbtönen (Eloxal). Die Schichtdicke beträgt etwa 30 µm im Gegensatz zur natürlichen Oxidschicht, die 0,01 bis 0,1 µm dick ist und keinen ausreichenden Korrosionsschutz bietet. Als Schutz gegen frischen Putzmörtel und Beton dient farbloser Schutzlack, der im Laufe der Zeit verwittert oder sich als Abziehlack leicht entfernen lässt. Die Reinigung geschieht mit warmem Prilwasser, ätzende oder schmirgelnde Reinigungsmittel sind nicht geeignet (zulässiger pH-Wert 5 bis 8).

10.1.4 Verwendung im Bauwesen

Bleche, Platten und Bänder ab 0,35 mm Dicke für Dachdeckung und Wandbekleidungen (DIN EN 485-1 bis - 4). Dünne Folien von 0,021 bis 0,35 mm Dicke für Abdichtungszwecke und Dampfsperren in bituminierten Dichtungsbahnen.

Stangen, Drähte und Strangpressprofile, für Fenster, Türen und tragende Leichtbaukonstruktionen.

Gussteile: Platten mit strukturierter Oberfläche für Wandbekleidungen; Beschläge für Fenster und Türen; Gerüstkupplungen.

Aluminiumfenster, auch mit Hartschaumfüllung; Holz-Alu-Fenster; Türen, Tore; Schaufensteranlagen, Ladeneinrichtungen; Trennwände, Jalousien, Rollläden, Lamellenvordächer, Heizkörper, Gitter, Roste, Geländer, Dachdeckungsprofile und -zubehör, Wandelemente; Rohrgerüste, Leitern, Maste.

Schilder, Zierleisten, Vorhangschienen, Lampenkörper.

Al-Pulver als Treibmittel für Gasbeton und für Rostschutzanstriche sowie für Thermit-Schweißen von Schienen.

10.2 Magnesium

Rohstoff: Magnesit $MgCO_3$, Dolomit $CaMg(CO_3)_2$, Karnallit $KClMgCl_2 \cdot 6\,H_2O$; Gewinnung hauptsächlich durch Schmelzflusselektrolyse.

Eigenschaften: Leichtestes Metall der Technik, Dichte = 1,74 kg/dm^3; glänzt silbrigweiß; Schmelzpunkt bei 650 °C; walz- und ziehbar; chemisches Verhalten ähnlich Aluminium.

Legierungen: Knetlegierungen nach DIN 1729-1, Blockmetalle und Gussstücke aus Mg-Legierungen nach DIN EN 1753, Reinmagnesium nach DIN EN 12421. Im Bauwesen fast ausschließlich die Legierungen **Magnewin und Elektron**.

Verwendung: Bleche und Profile für Leichtbau, Geländer, Handläufe; Bau- und Möbelbeschläge, Heizkörperverkleidungen, Schalteraufbauten; Zubehör für Elektroinstallation; Legierungsbestandteil für Alu-Werkstoffe. Spanabhebend, leicht bearbeitbar, schmied- und schweißbar, Späne und Schleifstaub brennen leicht (!). Natürliche Oxidschicht hat nur geringe Schutzwirkung gegen Korrosion, daher Oberflächenbehandlung durch Beizen mit Chromatlösungen, anodische Oxidation (nicht so sicher wie bei Al), zusätzliches Lackieren. Mg neigt zur elektrochemischen Korrosion, daher Berührung mit Stahl und Kupfer vermeiden, Sperrschichten anordnen, Befestigungsschrauben in Kunstharz tauchen.

10.3 Blei

DIN EN 12 659 (1999-11) – Blei und Bleilegierungen; Blei

10.3.1 Herstellung und Eigenschaften

a) **Herstellung**: Rohstoff ist Bleiglanz PbS, meist gebunden an Zinkblende ZnS und andere Mineralien. Gewinnung durch Rösten (Schwefelentzug) und Reduktion (Sauerstoffentzug).

b) **Eigenschaften**: Hohe Dichte 11,3 kg/dm^3; niedriger Schmelzpunkt = 327 °C; Wärmedehnzahl α_T = 0,03 mm/(m · K); weich, kalt verformbar; lässt sich ziehen, walzen, gießen, löten; giftig! Bleimerkblatt beachten; Blei absorbiert Schallwellen sowie Röntgen- und radioaktive Strahlen (Strahlenschutz!); Blei bildet an der Luft eine Schutzschicht aus Bleicarbonat, bei Einwirkung von SO_2 (z. B. bei Ölheizungen) aus Bleisulfat (auch bei Kontakt mit Gips), weiches Wasser unter 8 ° dH kann aus Blei (Trinkwasserleitungen!) gesundheitsschädliches $Pb(OH)_2$ lösen, bei hartem Wasser bildet sich eine Schutzschicht aus Blei-Calcium-Carbonat.

10.3.2 Sorten und Legierungen

a) **Bleisorten**: Werkblei mit 95 bis 98 % Pb; Feinblei 99,99 und 99,985 % Pb; Hüttenblei 99,94 und 99,9 % Blei; Umschmelzblei mit 99,75 und 98,5 % Pb.

b) **Legierungen**

DIN 17 640-1 (1986-01) – Bleilegierungen für allgemeine Verwendung

Blei-Antimon-Legierungen: Durch Antimon (Sb) werden Härte und Festigkeit verbessert; Hartblei mit 5 bis 13 % Sb für Auflagerplatten mit höherer Druckbelastung; Rohrblei mit 0,2 bis 1,25 % Sb für Trinkwasser-Druckrohrleitungen und Abflussrohre.

Bleilegierungen für Kabelmäntel DIN EN 12 548: Kabel-Antimon-Blei mit 0,5 bis 1 % Sb; Kabel-Zinn-Blei mit mindestens 2,5 % Sn; Kabelblei Kb-Pb mit 0,03 bis 0,05 % Cu, Erhöhung der Festigkeit und des Korrosionswiderstandes.

Weichlote DIN EN 29 453, hauptsächlich mit Zinn (bis 90 %), auch mit Sb, Cu und Ag (Silber).

Blei-Gusslegierungen DIN ISO 4381, mit Zinn und anderen Legierungselementen, z. B. für Verbund-Gleitlager, mit Zinn u. a. für Achs- und Gleitlager.

Bleidruckgusslegierungen DIN 17 640-1 mit Sb und evtl. Sn und/oder Cu für Druckgussstücke.

10.3.3 Verwendung im Bauwesen

Bleibleche DIN EN 12 588, gewalzt aus Kabelblei Kb-Pb (s. o.) von 0,5 bis 10 mm Dicke und Breiten bis 1,25 m; Lieferung vorzugsweise in Rollen von 50 oder 100 kg; für Flachdächer ($d \geq 2$ mm), Rinnenauskleidungen ($d \geq 2,5$ mm), Maueranschlüsse ($d \geq 1,75$ mm), zwischen Bitumenbahnen ($d = 1$ mm als Blech oder 0,1 bis 0,3 mm dick als Folie); als Absperrung im

Säureschutzbau sowie Schall- und Strahlenschutz (Röntgenräume, Reaktorbau); Ausgleich von Unebenheiten im Fertigteilbau, Dichtungsringe für Flanschrohre.

Bleiwolle und Riffelblei zum kalten Verstemmen des Hanfstricks von Muffenrohren.

Bleidraht, weich und hart, Durchmesser 0,5 bis 15 mm, in Ringen von 25 bis 50 kg, bei Dicken unter 4 mm auch auf Spulen.

Sprossenblei für Bleiverglasungen, heute auch schon Aluminiumsprossen.

Bleirohre, leicht verarbeitbar, biegsam, sind „leise“, vertragen mehrmaliges Zufrieren, sind nachgiebig bei Erdbewegungen. Druckrohre für Nichttrinkwasser-Leitungen aus Weich- und Hartblei, Innendurchmesser bis 40 mm, Nenndruck bis 10 bar; Mantelrohre mit innerer Verzinnung (0,5 bis 1 mm dick) für weiche und kohlensäurehaltige Wässer; Abflussrohre für Entwässerungsanlagen aus Rohrblei, Innendurchmesser bis 125 mm.

10.4 Zinn

DIN EN 610 (1995-09) – Zinn- und Zinnlegierungen; Zinn in Masseln

DIN EN 611-1 (1995-09) Zinn und Zinnlegierungen – Zinnlegierungen

a) **Rohstoff**: Zinnstein SnO_2, Gewinnung durch Reduktion.
b) **Eigenschaften**: Dichte 7,3 kg/dm^3; Schmelzpunkt 232 °C; fast so weich wie Blei, sehr dehnbar, lässt sich löten; an der Luft sowie gegen schwache Säuren und Laugen beständig; unlegiertes Zinn kann unterhalb +13 °C zu Pulver zerfallen („Zinnpest“).
c) **Verwendung**: Rostschutz durch Feuerverzinnung von Stahlblech (z. B. Weißblech bei Konservendosen); Überzug von Blitzableitern aus Cu unter der Erde (bleiben blank!), Rohre für Mineralwasser- und Bierleitungen; Innenverzinnung von Mantelrohren aus Blei (s. o.); Zinnfolien = Stanniol, heute meist aus Aluminium; Legierungsmetall für Bronze (s. u.) und Lötzinn bzw. Weichlot (s. o.).

10.5 Zink

DIN EN 1179 (2003-09) – Zink und Zinklegierungen; Primärzink

10.5.1 Herstellung und Eigenschaften

a) Herstellung: Rohstoff ist Zinkcarbonat $ZnCO_3$ (Zinkspat, Galmei) und Zinkblende ZnS. Gewinnung durch Rösten (zu ZnO) und Reduktion mit Koks (zu Zn).

b) Eigenschaften: Dichte 7,2 kg/dm^3; Schmelzpunkt 419 °C; Wärmedehnzahl α = 0,03 mm/(m · K); bläulich-silbrig; bei 20 °C spröde, bei 100 °C leicht zu walzen und zu ziehen; lässt sich hämmern, treiben, gießen, löten; Zugfestigkeit (gewalzt) 120 bis 140 N/mm^2, Bruchdehnung 52 bis 60 %; an der Luft überzieht sich Zink mit wasserunlöslicher, matter, graublauer Patina aus basischem Zinkcarbonat $ZnCO_3 \cdot Zn(OH)_2$: Schutzanstriche haften auf bewitterten Oberflächen besser als auf frischem Zink; empfindlich gegen Säuren und Basen, bei Berührung mit Kupfer elektrochemische Korrosion.

10.5.2 Sorten und Legierungen

a) **Sorten**: Hüttenzink mit 97,5 bis 99,5 % Zn; Feinzink mit 99,95 bis 99,995 % Zn; Umschmelzzink mit mindestens 96 % Zn, aus Zinkabfällen.

b) **Legierungen**: Titanzink Kurzzeichen D-Zn bd (D = verbesserte Dauerstandfestigkeit; bd = bandgewalzt); Gusslegierungen nach DIN EN 1774 (1997-11) mit Al, Mg und Cu; Cu-Zn-Legierungen (Messing) s. u.

10.5.3 Verwendung im Bauwesen

Zinkblech nach DIN EN 988, aus Titanzink in Form von Bändern auf Rollen (Coils), max. 1 m breit, oder Tafeln, Breite bis 1 m, Länge von 2 oder 3 m, Dicken 0,6 bis 0,8 mm; für Dachrinnen und Regenfallrohre (DIN 18 460/61 (1989-05) u. (1989-02)), Traufbleche, Mauer- und Gesimsabdeckungen, Randeinfassungen, Verkleidungen, Anschlüsse; Dacheindeckungen; Befestigung durch Schrauben und/oder „Haften" (Normalhaft, Plattenhaft, T-Haft, Zahnhaft, Haftleisten); Dacheindeckungen werden als Doppelstehfalzdeckung oder Leistendeckung ausgeführt; Nahtverbindungen von Dachrinnen und Regenfallrohren werden gelötet, geschweißt oder doppelt gefalzt.

Feuerverzinkung von Stahl als Rostschutz (siehe Abschn. 9.11.3b).

Zink-Druckguss DIN EN 12 844 für Beschläge aus Feinzink-Gusslegierungen.

Zinkfarben für Anstriche, insbesondere Zinkweiß.

10.6 Kupfer

10.6.1 Herstellung und Eigenschaften

a) **Herstellung**: Wichtige Ausgangsstoffe sind Kupfererze, Kupferkies $CuFeS_2$ und Kupferglanz Cu_2S mit 0,5 bis 0,8 % Cu. Durch Schwimmverfahren (Flotation) auf 20 bis 30 % und anschließendes Rösten auf 30 bis 50 % (Kupferstein) erhöht. Durch Reduktion (Einblasen von Luft in den Konverter) entsteht Rohkupfer mit 97 bis 99 % Cu, durch Raffination in Flammöfen (Oxidation von Beimengungen) Hüttenkupfer mit 99,5 und 99,9 % Cu, durch elektrolytische Raffination Elektrolytkupfer mit mindestens 99,9 % Cu.

b) **Eigenschaften**: Kupfer glänzt rot (Buntmetall!); Dichte 8,9 kg/dm^2, Schmelzpunkt 1083 °C; Wärmeleitfähigkeit 385 W/(m · K) (reines Cu), sonst mindestens 305 W/(m · K), Wärmedehnzahl 0,017 mm/(m · K); elektrischer Widerstand 0,0167 Ohm · mm^2/m reines Cu, nächst Silber der beste elektrische Leiter); Zugfestigkeit von Blechen und Bändern 200 bis 360 N/mm^2 bei abnehmender Bruchdehnung von 40 bis 2 %; gute Korrosionsbeständigkeit in der Atmosphäre durch grünen Überzug aus Kupfersalzen (Patina); beständig gegen Trink- und Brauchwasser; bei Berührung mit unedleren Metallen wie Fe, Al oder Zn werden diese elektrolytisch angegriffen, daher Kupfer stets in Fließrichtung *nach* Stahl anordnen.

10.6.2 Sorten und Legierungen

a) **Sorten**: Gussformate (Barren, Walzplatten, Kathoden) und Halbzeugkupfersorten, sauerstoffhaltige Sorten E-Cu 58 und E-Cu 57, die Zahlen bedeuten die elektrische Leitfähigkeit in m/(Ohm · mm^2); sauerstofffreie Sorten SE-Cu, SW-Cu und SF-Cu mit besserer Schweiß- und Hartlötbarkeit; Gusskupfer-Werkstoffe nach DIN EN 1982, z. B. G-Cu mit guter Korrosionsbeständigkeit, auch gegen Meerwasser.

b) **Legierungen** DIN EN 1982 (1998-12):

   Kupfer-Zink-Gusslegierungen (Messing) mit 5 bis 45 % Zn; Farbe gelb, auch rötlich.

   Kupfer-Zinn-Gusslegierungen (Bronze) mit 2 bis 20 % Sn; für Ventile, Armaturen, Pumpen, Fittings.

   Kupfer-Zinn-Zink-Gusslegierungen für Armaturen.

   Kupfer-Nickel-Knetlegierungen mit 10 bis 44 % Ni für Rohre und Armaturen; beständig gegen Meerwasser.

   Kupfer-Aluminium-Knetlegierungen (Aluminiumbronze) bis 14 % Al; Fassaden, Gitter, Roste, Tore, Türen, Beschläge, Armaturen.

   Kupfer-Nickel-Zink-Knetlegierungen (Neusilber) im Innenausbau für Wand- und Türbekleidungen, Geländer, Armaturen, Beschläge.

10.6.3 Verwendung im Bauwesen

Bleche und Bänder nach DIN EN 1652 in Tafeln 1,00 × 2,00 m oder als Bänder in Rollen 0,60 m breit. Für Dachdeckungen (0,6 bis 0,7 mm dick), Dachrinnen, Fallrohre, Gesims- und Wandbekleidungen, für dekorativen Innenausbau in Dicken von 0,1 bis 2 mm; Verlegung in Falztechnik, Befestigung verschieblich mit sog. „Haften“ (s. Zink), auch Verklebung mit Heißbitumen möglich.

Kupferriffelband, Dicke 0,1 bis 0,2 mm, Breite 1 m, für Abdichtungen, Heißbitumenverklebung oder als Einlage in Dichtungsbahnen.

Rohre nach DIN EN 12 449 und DIN EN 1057, nahtlos gezogen aus SF-Cu oder Kupferknetlegierungen. Blanke und wärmeisolierte (Wicu-)Rohre in 5 m langen Stangen (hart) von 6 bis 54 mm Außendurchmesser, in 50 m langen Ringen (weich) von 6 bis 22 mm Außendurchmesser; für Kalt- und Warmwasserleitungen, Heizungen, Öl- und Gasleitungen.

11 Kunststoffe

Kunststoffe sind makromolekulare (organische) Werkstoffe, die synthetisch oder auch durch Umwandlung von Naturprodukten erzeugt werden. Die meisten Kunststoffe sind unter bestimmten Bedingungen plastisch erweichbar oder waren bei ihrer Herstellung bzw. als Zwischenprodukte plastisch fließbar.

11.1 Allgemeines

Kunststoffe (Plaste, Plastik, Hart- und Weichplastik; englisch: plastics; französisch: matière plastique; russisch: plastmassa) werden heute auf vielen Gebieten des menschlichen Lebens als willkommener Werkstoff mit guten Eigenschaften, welche die der vorher verwendeten Werkstoffe oft übertreffen, verwendet.

Auch im Bauwesen wächst die Bedeutung der Kunststoffe ständig. Sie eignen sich mit ihrer plastischen Formbarkeit zur spanlosen Massenherstellung und können auch spanabhebend bearbeitet werden und sind leicht einfärbbar.

Die **Anwendung** der Kunststoffe im Bauwesen ist vielfältig: Man kann sie im Wärmespritzverfahren auf andere Baustoffe, wie Stein, Zement, Metall usw., auftragen; man kann sie in Form von Folien aufkleben oder (Thermoplaste) mit Heißluft oder kalt mit Lösungsmitteln schweißen. Sie werden verwendet zur Außen- und Innenausstattung (einschließlich des Möbelbaus), als Sperrstoff gegen Feuchtigkeit, zur Wärme- und Schalldämmung, zur Installation (Kaltwasserrohre und Armaturenelemente), für Wand- und Fußbodenbeläge, für Wandbekleidungen, Tapeten und Beschläge, für Trennwände (Hartfaserplatten, Holzspanplatten usw.), Türen, Tür- und Fensterrahmen, als Regenrinnen und Regenfallrohre. Es gibt Kunststoffkleber der verschiedensten Art; Kunststoffmörtel, Kunststoffbeton, Kunststoffüberzüge und -lacke für Beton- und Mauerwerk; Folien und Tafeln aus Kunststoffen für die Betonschalung; Fugenprofile zum Abdichten oder Abdecken von Fugen, die dauerelastisch bleiben müssen; Kunststoffdübel. Die Kunststoffe haben sich inzwischen auf fast jedem Gebiet des Bauwesens bewährt – als Bauhilfsmittel ebenso wie als zuverlässiger, zweckmäßiger sowie dekorativer und wirtschaftlicher Baustoff in fast allen gewünschten Arten, Formen und Profilen.

In Tafel 11.1 sind Kurzzeichen und Eigenschaften ausgewählter Kunststoffe aufgeführt.

11.2 Zur Chemie der Kunststoffe

11.2.1 Allgemeines

Die **Grundstoffe** für alle Kunststoffe sind hauptsächlich Erdöl, daneben auch Kohle und Erdgas, sowie Kalk, Kochsalz, Wasser u. a. Daraus baut der Chemiker in teilweise recht schwierigen Verfahren aus kleinen Molekülen (Monomere) Makromoleküle (Polymere). Im Griechischen heißen groß: makros, einzeln: monos, viel: poly und Teil: meros.

Chemische Verfahren, bei denen sich kleine Moleküle unter Beibehaltung ihrer prozentualen Zusammensetzung zu großen Molekülen vereinigen, sind die **Polymerisation** und die **Polyaddition**. Ihre Produkte heißen Polymerisate (z. B. PVC, PE) bzw. Polyaddukte (z. B. PUR). Werden unterschiedliche Monomere miteinander verbunden, entstehen Copolymerisate (z. B. ABS, SAN). Makromolekulare Stoffe können außerdem noch durch **Polykondensation** gewonnen werden. Hierbei treten kleine Moleküle unter Abspaltung einfacher Nebenprodukte

Tafel 11.1 Richtwerte physikalischer Eigenschaften ausgewählter Kunststoffe [2]
(LD = low density = niedrige Dichte = weich; HD = high density = hohe Dichte = hart)

Kunststoff	Kurzzeichen	Rohdichte g/cm^3	Zugfestigkeit N/mm^2	Reißdehnung %	Zug-*E*-Modul N/mm^2	Kugeldruckhärte (10-s-Wert) N/mm^2	Schlagzähigkeit kJ/m^2	Wärmedehnzahl α_T $10^{-6}/K$	Wärmeleitfähigkeit W/(m·K)	Wärmeformbeständigkeit nach *Vicat* °C
Polyethylen, weich	PE-LD	0,91-0,93	8-23	300-1000	200-500	13-20	ohne Bruch	ca. 200	0,32	40
Polyethylen, hart	PE-HD	0,94-0,96	18-35	100-1000	700-1400	40-65	o. Br.	150-180	0,4	ca. 65
Polypropylen	PP	0,90-0,91	21-37	20-800	1100-1300	36-70	o. Br.	110-170	0,22	80-90
Polybuten I	PB	0,91-0,92	30-38	250-280	250-350	30-38	o. Br.	120-130	0,20	70
Polyisobutylen	PIB	0,91-0,93	12-61	> 1000	-	-	o. Br.	120	0,12-0,20	
Polyvinylchlorid, hart	PVC hart	1,38-1,55	50-75	10-50	1000-3500	75-155	o. Br.	70-80	0,16	70-80
Polyvinylchlorid, weich	PVC weich	1,16-1,35	10-25	170-400	-	-	o. Br.	150-210	0,15	40
Polystyrol	PS	1,05	45-65	3-4	3200	120-130	5-20	70	0,16	88
ABS-Pfropfpolymerisat	ABS	1,04-1,06	32-45	15-30	1900-2700	80-120	70-o. Br.	80-90	0,18	90-100
Polyacetal	POM	1,41-1,42	62-70	25-70	2800-3200	150-170	100	100	0,25-0,30	160-170
Polymethylmethacrylat	PMMA	1,17-1,20	50-77	2-10	2700-3200	180-200	12-18	70-80	0,18	125
Polytetrafluorethylen	PTFE	2,15-2,20	25-36	350-550	410	27-35	o. Br.	100-200	0,23	110
Polyamid 6	PA 6	1,13	70-85	200-300	1400	75	o. Br.	70-120	0,29	> 200
Polyamid 11	PA 11	1,04	56	500	1000	75	o. Br.	100-120	0,23	175
Polycarbonat	PC	1,20	56-67	100-130	2100-2400	110	o. Br.	60-70	0,21	150
Polyethylenterephthalat	PETP	1,37	47	50-300	3100	200	o. Br.	70	0,24	188
Phenolformaldehydharz	PF	1,40	25	0,4-0,8	5600-12 000	250-320	3,5-12	30-50	0,35	-
Harnstoffformaldehydharz	UF	1,50	30	0,5-1	7000-10 500	260-350	> 6,5	40-50	0,40	-
Melaminformaldehydharz	MF	1,50	30	0,6-0,9	4900-9100	260-410	> 7	10-30	0,35	-
Epoxidharz	EP	1,90	30-40	4	21 500	-	> 6	20	0,23	-
Polyurethangießharz	PUR	1,05	70-80	3-6	4000	-	-	10-20	0,58	-
Ungesättigter Polyesterharz	UP	2,00	30	0,6-1,2	14 000-20 000	240	> 4	60-150	0,6	-
Vulkanfiber	VF	1,10-1,45	85-100	-	-	80-140	20-120	20-100	-	-
Zellulosepropionat	CP	1,19-1,23	14-55	30-100	420-1500	47-79	o. Br.	110-130	0,21	100

(meist Wasser) zu größeren zusammen, die dann nicht die gleiche prozentuale Zusammensetzung wie die Ausgangsstoffe haben. Ihre Produkte heißen Polykondensate (z. B. PF).

Durch entsprechende Wahl der Ausgangsstoffe und der Umsetzungsbedingungen (Katalysatoren, Temperatur, Konzentrationsverhältnisse u. a.) lassen sich sehr verschiedene Arten von Kunststoffen herstellen, deren Härte wieder von der Kettenlänge (s. u.) und der Vernetzungsart abhängt. Hocherhitzte Plaste dieser Art sind „ausgehärtet" und weisen räumlich vernetzte Makromoleküle auf.

Die Makromoleküle, aus denen die verschiedenen Kunststoffe bestehen, unterscheiden sich sehr stark in der Größe (die Molekulargewichte variieren zwischen 10 000 und mehreren Millionen) und im strukturellen Aufbau. Vom Aufbau und von der Molekülgröße hängen nun aber die Eigenschaften der Plaste ab. Nach der **Molekularstruktur** (siehe Abb. 11.1) unterscheidet man Thermoplaste, die aus fadenförmigen (linearen), nicht vernetzten Makromolekülen bestehen, und Duroplaste, Elastomere und Thermoelaste, die aus dreidimensional mehr oder weniger eng vernetzten Makromolekül-Knäueln gebildet sind.

11.2.2 Polymerisation

Polymerisieren können sich nur Moleküle (Monomere), die mindestens eine **Doppelbindung** haben. Ein Beispiel dafür ist das Ethylen:

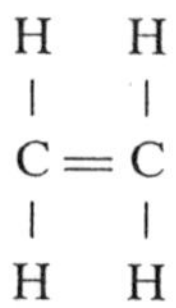

Derartige Verbindungen neigen dazu, ihre Doppelbindung aufzugeben und in den energieärmeren Zustand der einfachen Bindung überzugehen. Sie müssen dazu allerdings durch Wärme, Licht, Druck und/oder Katalysatoren (z. B. Wasserstoffperoxid, H_2O_2) angeregt (aktiviert) werden.

Beim Übergang eines normalen Moleküls in den angeregten Zustand werden Bindekräfte frei; das angeregte Molekül kann jetzt die Doppelbindung eines weiteren Moleküls aufbrechen und dieses an sich binden. Es wirkt ähnlich wie ein Keim bei einer Kristallisation, an den sich weitere Teilchen anlagern. Durch die Bindung des angeregten Moleküls an ein zweites, nicht angeregtes monomeres entsteht ein ebenfalls angeregtes dimeres (zweiteiliges) Molekül, das ein drittes zu binden vermag – und so geht es weiter, bis eine **Kette**, ein flächenhaftes oder ein räumliches **Netz** aus Tausenden und Abertausenden Molekülen entstanden ist: das Polymermolekül. Die Strukturformel z. B. des kettenförmigen **Polyethylens** (s. a. Abschn. 11.4.2) sieht dann so aus (nach beiden Seiten mehrere 100 000-mal fortgesetzt zu denken):

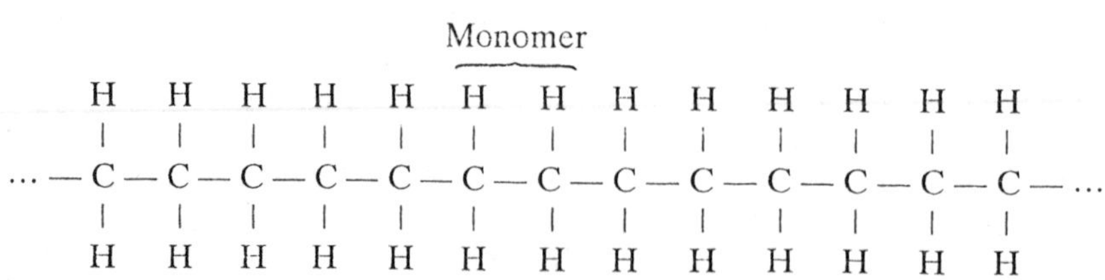

Die einzelnen angeregten Moleküle, die bei der Polymerisation immer wieder gebildet werden und ihrerseits wieder auf andere einwirken, lassen sich mit den Gliedern einer Kette vergleichen, daher nennt man derartige Umsetzungen auch **Kettenreaktionen**. Der Abbruch der Reaktionskette kann durch Bindung von (nicht aktivierbaren) Fremdmolekülen oder -ionen oder auch durch Ringschluss der beiden Molekülenden erfolgen. Im technischen Prozess wird die Reaktion abgebrochen, indem man die weitere Zugabe von Ethylen (in das Reaktionsgefäß) abstoppt, wenn die gewünschte Kettenlänge erreicht ist. Bei kontinuierlichen Verfahren wird der erwünschte Polymerisationsgrad durch Temperatur, Druck und Bemessung der Katalysatormenge erreicht.

Je höher der **Polymerisationsgrad** eines Polymeren ist, d. h., je mehr monomere Moleküle zu einem Makromolekül verbunden sind, desto fester ist der Werkstoff. Da die Polymerisation an beliebiger Stelle abgebrochen werden kann, lassen sich Kunststoffe der verschiedenen Härtegrade herstellen. Durch Polymerisation werden z. B. Polystyrol (PS) und Polyvinylchlorid (PVC) erzeugt.

11.2.3 Polyaddition

Bei der **Polyaddition** lagern sich Monomere unter Mitwirkung von „aktiven“ Wasserstoffatomen, aber ohne C=C-Doppelbindungen aneinander. Nebenprodukte werden wie bei der Polymerisation *nicht* abgespalten. Die Polyurethane entstehen auf diese Weise.

11.2.4 Polykondensation

In der Chemie bedeutet Kondensation eine chemische Umsetzung, bei der zwei gleiche oder zwei verschiedene Moleküle miteinander ein größeres Molekül bilden und dabei ein einfaches Produkt, z. B. Wasser, Ammoniak oder Halogenwasserstoff, ausgeschieden wird.

Enthält einer der Ausgangsstoffe mehrere reaktionsfähige Gruppen, so können sich die Kondensationsprodukte erneut kondensieren, und es kommt auch hier zu einer Art Kettenreaktion, der **Polykondensation.**

Produkte der Polykondensation sind z. B. Phenoplaste und Aminoplaste (Duroplaste) und Polyamide (Thermoplaste).

Da es sich bei Kondensationen um Gleichgewichtsreaktionen handelt, muss für ein schnelles Entfernen des Kondensationswassers (oder der anderen bei der Kondensation ausgeschiedenen Stoffe) gesorgt werden, um die Umsetzung weiterzutreiben.

11.3 Eigenschaften der Kunststoffe

11.3.1 Allgemeine Eigenschaften

Allgemeine Eigenschaften der Kunststoffe sind (s. a. Tafel 11.1):

Geringe Dichte (ϱ in g/cm^3: 0,9 bis 1,5, einige bis 2,1; mit Füllstoffen auch höher, geschäumt 0,01 bis 0,12); geringe Wärmeleitfähigkeit (λ in W/(m · K): 0,15 bis 0,40; geschäumt etwa 0,03 bis 0,04); gutes elektrisches Isoliervermögen; große Beständigkeit gegen Wasser und aggressive Stoffe; große Wärmedehnzahl (α_T bis 200 10^{-6}/K = 0,2 mm/(m · K)); große Bruchdehnung (bis 1000 %); niedriger Elastizitätsmodul (E bis etwa 10 N/mm^2). Kunststoffe verspröden bei

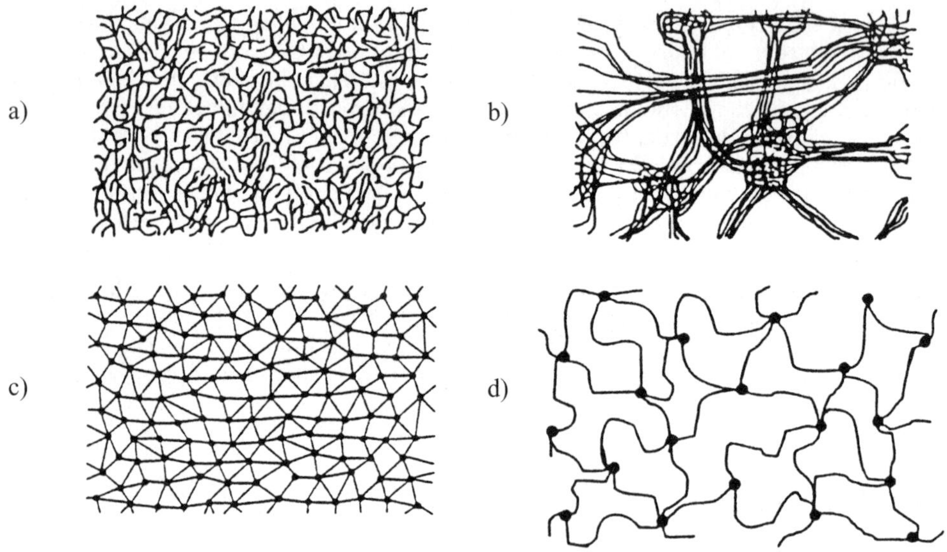

Abb. 11.1 Molekularstruktur der Kunststoffe [2]

a = Thermoplast, glasig-amorph; b = Thermoplast, teilkristallin
c = Duroplast, engmaschig vernetzt; d = Elastomer, weitmaschig vernetzt

tiefen Temperaturen leicht. Bei höheren Temperaturen (60 bis 200 °C) erweichen sie oder verlieren ihre Formbeständigkeit. Kunststoffe sind teils leicht brennbar (DIN 4102: Klasse A), teils schwer entflammbar (DIN 4102: Klasse B 1) oder brennen nach Entfernen der Flamme nicht weiter. Kunststoffe, insbesondere Thermoplaste, kriechen mehr oder weniger stark, d. h., die Verformungen nehmen unter *konstanter* Spannung im Laufe der Zeit zu und können zum Bruch führen (Zeitstandfestigkeit).

Die Molekularstruktur (s. a. Abschn. 11.2.1) der verschiedenen Kunststoffarten ist in Abb. 11.1 schematisch dargestellt.

Die **Temperaturabhängigkeit** der Kunststoffe (siehe Abb. 11.2) hängt stark mit der Molekularstruktur zusammen. Thermoplaste gehen bei Temperaturerhöhung vom zunächst harten Zustand in den weichelastischen und danach in den teigig-zähen bis flüssigen Zustand (in dem sie plastisch geformt werden können) über und werden bei Abkühlung wieder hart. Die einzelnen Bereiche gehen fließend ineinander über, sind also nicht durch eine bestimmte Temperatur, sondern durch Übergangstemperatur*bereiche* voneinander getrennt. Oberhalb einer bestimmten Temperatur beginnen sich alle Kunststoffe zu zersetzen. Duroplaste gehen vom harten Bereich, Elastomere vom elastischen Bereich direkt in die Zersetzung über. Eine **Alterung** (z. B. Versprödung) der Kunststoffe tritt durch den Einfluss von Sonne (UV-Strahlung), Sauerstoff (Ozon), Feuchtigkeit und andere Witterungseinflüsse ein. Durch Zugabe von sog. Stabilisatoren (Alterungsschutzmittel, UV-Absorber, Antioxidantien) bei der Herstellung der Kunststoffe kann man diesen Prozess verlangsamen.

11.3.2 Thermoplaste (Plastomere)

Thermoplaste sind bei normaler Temperatur fest, werden jedoch bei wiederholtem Erwärmen immer wieder weich (plastisch); sie schmelzen sogar, ohne dabei chemische Veränderungen durchzumachen. Sie sind schweißbar.

Sie sind warmbildsam (thermoplastisch; griechisch thermos, warm). Beim Abkühlen erstarren die Thermoplaste wieder und sind daher auch schweißbar. Sie werden meist durch **Polymerisation** hergestellt. Ihre Moleküle bestehen hauptsächlich aus langen, meist stark verknäuelten, jedoch wenig miteinander vernetzten Ketten (Molekülfäden). Thermoplaste sind glasig**amorph** (gestaltlos) oder **teilkristallin**. Teilkristalline Thermoplaste besitzen zwischen den verknäuelten Molekülen geordnete (kristalline) Bereiche, in denen die Molekülketten parallel verlaufen (siehe Abb. 11.1 a und b).

Kunststoffe

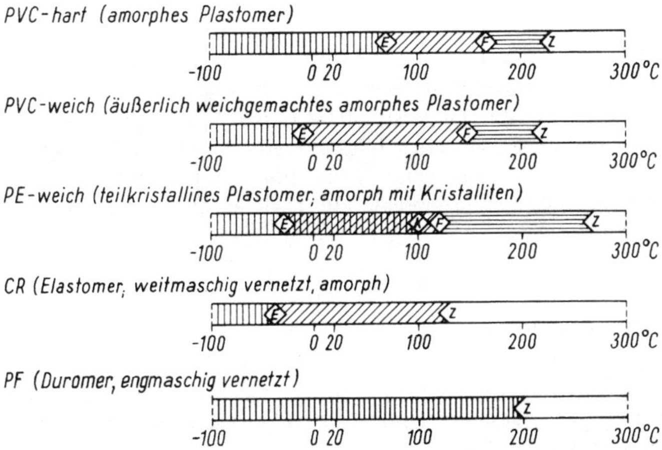

Schraffur	Zustandsbereich	Zustandsform
	hart (spröde)	fest
	zähhart, thermoelastisch	festelastisch
	thermoelastisch	weichelastisch
	thermoplastisch	teigig-zäh bis flüssig

Übergangsbereiche (als Rauten dargestellt)

- E Einfrier- bzw. Erweichungstemperaturbereich
- F Fließtemperaturbereich
- K Kristallitschmelzbereich
- Z Zersetzungstemperaturbereich

Abb. 11.2 Zustandsbereiche der Kunststoffe in Abhängigkeit von der Temperatur [2]

11.3.3 Duroplaste (Duromere)

Duroplaste (lateinisch durus, hart) machen ein plastisches Stadium durch und lassen sich dabei formen, aber sie erstarren schließlich zu (meist) harten, unschmelzbaren Produkten, die beim erneuten Erwärmen nicht wieder plastisch werden, sondern sich schließlich zersetzen; sie sind aus diesem Grunde nicht schweißbar.

Duroplaste werden stets durch **Polykondensation** hergestellt. Unter Druck und/oder Hitze, aber auch im kalten Zustand während der Herstellung, **härten** sie aus: dabei vernetzen sich die zunächst gebildeten, vorwiegend kettenförmigen und in diesem Stadium plastischen Polykondensate flächenhaft und räumlich, d. h., sie verwachsen in allen drei Dimensionen. Dabei bilden sich engmaschig vernetzte Makromoleküle (siehe Abb. 11.1 c).

11.3.4 Elastomere

Eine weitere Gruppe von Hochpolymeren sind die weitmaschig vernetzten Elastomere („Gummi“, siehe Abb. 11.1 d), die vorwiegend aus Natur- oder Synthesekautschuk durch Vulkanisation hergestellt werden (siehe Abschn. 11.7). Sie sind in weiten Temperaturbereichen, von 20 °C oder einer *tieferen* Temperatur bis zur Zersetzungstemperatur, gummielastisch; das bedeutet, sie geben einer Belastung nach, lassen sich z. T. bis zum Zehnfachen ihrer Länge dehnen, nehmen aber nach Entlastung ihre ursprüngliche Form wieder an. Elastomere sind nicht schmelzbar und nicht schweißbar.

11.3.5 Thermoelaste (Plastomere)

Thermoelaste sind ebenfalls weitmaschig vernetzte (siehe Abb. 11.1 d) hochpolymere Kunststoffe, die von 20 °C oder einer *höheren* Temperatur bis zur Zersetzungstemperatur gummielastisch sind, z. B. weitmaschig vernetztes Polyethylen.

11.3.6 Thermoplastische Elastomere

Thermoplastische Elastomere (TPE) sind wie die Elastomere weitmaschig vernetzt (siehe Abb. 11.1 d). Sie bestehen aus amorphen (weichen) und kristallinen (harten) Phasen. Bei Gebrauchstemperaturen verhalten sie sich wie Elastomere. Oberhalb einer charakteristischen Temperatur sind sie jedoch plastisch formbar und können daher wie Thermoplaste verarbeitet werden. Es gibt z. B. thermoplastische Polyolefin-Elastomere (TPE-O; Apparatebau, Straßenmarkierungspfähle) und thermoplastische Polyurethan-Elastomere, auch als thermoplastische Polyurethane bzw. Polyurethan-Elastomere bezeichnet (TPU; Sport- und Spielflächen, Schallmatten).

11.4 Thermoplaste (Plastomere)

11.4.1 Polyvinylchlorid PVC

$$H_2C{=}C\genfrac{}{}{0pt}{}{\diagup H}{\diagdown Cl} \quad \Big\} = \text{Monomer-Vinylchlorid (Chlorethan)}$$

Polyvinylchlorid (neue Bezeichnung: Polychlorethen) wird aus Acetylen (Ethin C_2H_2; s. a. Abschn. 5.6.2 b) und Salzsäure HCl durch Polymerisation hergestellt. Es hat ausgezeichnete mechanische und elektrische Eigenschaften sowie eine außerordentlich hohe chemische Beständigkeit: es ist schwer entflammbar, geruch- und geschmackfrei. Polyvinylchlorid wird ohne Weichmacher als „PVC-hart" und mit Weichmachern als „PVC-weich" hergestellt.

Gibt man Thermoplasten, die normalerweise hart und spröde sind, **Weichmacher** (vorwiegend Phthalsäureester) hinzu, lassen sie sich bereits bei den üblichen Gebrauchstemperaturen in den weich-elastischen Zustand versetzen („äußere" Weichmachung). Die Weichmachermoleküle schieben sich zwischen die linearen unvernetzten Molekülketten der Thermoplaste und machen diese dadurch gegeneinander leichter verschieblich. Weichmacher verdampfen im Laufe der Zeit nach außen, insbesondere unter Einwirkung von Wärme, oder diffundieren bei entsprechendem Kontakt in angrenzende Kunststoffe, wodurch die Thermoplaste im Laufe der Zeit verspröden. Diese Gefahr ist bei Verwendung von Polymerweichmachern (Polyester) geringer. Das Problem der Weichmacher„wanderung" wird ebenfalls umgangen, wenn die linearen unvernetzten Molekülketten der Thermoplaste bereits bei der Herstellung mit kurzen Seitenketten versehen werden („innere" Weichmachung).

a) **PVC-hart** (Hart-PVC; PVC-U) wird in Form von Rohren, Platten, Folien, Stäben und Formstücken verwendet für Hauswasser- und Laborinstallationen, Abzugsrohre, Dachrinnen, Regenfallrohre und Zubehörteile, als Isolationsrohre in der Elektrotechnik in trockenen, feuchten und explosionsgefährdeten Räumen. PVC-hart ist beständig gegen Wasser, schwache Laugen und schwache Säuren sowie Benzin und Öle und lässt sich gut spangebend verarbeiten, spanlos formen, kleben und schweißen. Spanlos lässt es sich u. a. durch Pressen, Tiefziehen und Blasen formen. Geklebt wird es mit PVC-Klebern, geschweißt mit Heizelementen, Heißluft, Reibungswärme, Hochfrequenz und durch Auftragen von Lösungsmitteln (Kaltschweißen; Gummilösung für Fahrradschläuche).

   PVC-hart ist bei 20 °C hart, erweicht bei 74 bis 79 °C (bei Belastung schon bei 50 bis 60 °C), Fließtemperatur 170 °C, Zersetzungstemperatur 230 °C. Es brennt in der Flamme, erlischt aber außerhalb wieder infolge seines hohen Chlorgehalts (56 bis 64 %).

   Handelsnamen (Beispiele): Hostalit (Aventis), Vinnol (Wacker), Vinoflex (BASF), Vestolit (CW Marl-Hüls), Trosiplast (Dynamit Nobel).

   Eigenschaften
   Dichte 1,38 bis 1,40 kg/dm^3
   Zugfestigkeit 50 bis 60 N/mm^2
   Bruchdehnung 10 bis 50 %
   Shore-Härte D 83 bis 84
   E-Modul 2000 bis 3000 N/mm^2
   Wärmeausdehnung
   α_T = 0,07 bis 0,08 mm/(m · K)

   Bei der Shore-Härteprüfung (DIN 53 505) wird eine Nadel mit einer bestimmten Federspannung in die Oberfläche des Materials eingedrückt. Angezeigt wird die Eindrucktiefe; die Skala des Geräts ist in 100 Teile geteilt (100 = sehr hart, 0 = kein Widerstand gegen Eindringen). Verschiedene Verfahren A, C und D für verschiedene Härtegrade.

   Die **Wärmeausdehnung** beträgt 0,08 mm je 1 m Länge und je Kelvin ($\alpha_T = 80 \cdot 10^{-6}$/K) und ist achtmal größer als bei Stahl. Deshalb muss dafür gesorgt werden, dass die eingebauten

PVC-hart-Folien oder -Platten sich frei ausdehnen können. Bei Verwendung von PVC-hart im Freien muss beachtet werden, dass das Material bei tiefen Temperaturen bzw. im Laufe der Zeit spröde wird und bei mechanischer Beanspruchung (Gegenschlagen usw.) leicht bricht, z. B. die Ausläufe der Regenfallrohre.

b) **PVC-weich** (Weich-PVC; PVC-P), durch Weichmacher in beliebigen Weichheitsgraden herstellbar, ist chemisch weitgehend beständig und nicht gesundheitsschädlich. Es wird verwendet u. a. für Fußboden-, Wand- und Möbelbelag, Dichtungsplatten zur Feuchtigkeitsabsperrung, Kunstleder, Schläuche, Dichtungen, Isolierung elektrischer Leitungen, für Abdichtungsfolien, Handlaufprofile, Treppenstoßkanten, Viertelstäbe. Lieferung in den verschiedensten Farben. Gut spanlos formbar, lässt sich sehr gut schweißen und kleben.

Eigenschaften
Dichte ≈ 1,3 kg/dm^3, *E*-Modul 20 bis 40 N/mm^2, Zugfestigkeit 10 bis 35 N/mm^2, Wärmeausdehnung $\alpha_T = 200 \cdot 10^{-6}\,K^{-1} = 0{,}2$ mm/(mm · K), höchste Gebrauchstemperatur 40 bis 60 °C (belastet) bzw. 80 °C (unbelastet).

PVC-Schaumstoff mit sehr geringer Dichte (0,1 bis 0,4 kg/dm^3), wird als Dämmstoff und in Form von Verbundplatten verwendet.

Handelsnamen (Beispiele): Trocal (Dynamit Nobel), Delifol (DLW), Vinnol (Wacker), Rhenofol (Braas).

Weitere PVC-Sorten sind z. B. PVC-C (chloriertes PVC), PVC-A (Copolymerisat mit Acetat), PVC-I (erhöht schlagzäh), PVC-HI (hoch schlagzäh).

11.4.2 Polyethylen PE $[C_2H_4]_n$

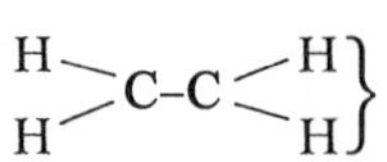
= Monomer (Ethylen; Ethen)

Polyethylen (neue Bezeichnung: Polyethen) wird im Bauwesen in Form von Rohren, Platten, Folien usw. benutzt. Es kann spanlos (z. B. durch Tiefziehen) und spangebend geformt und gut geschweißt werden. Polyethylen ist brennbar, es brennt nach dem Entzünden mit leuchtender Flamme (blauer Kern) weiter und tropft brennend ab (Paraffingeruch). Es ist chemisch beständig gegen Säuren, Laugen, organische Lösungsmittel und hat eine gute Festigkeit sowie gute Isolationseigenschaften. Die Rohre aus Polyethylen (PE) gewinnen neben denen aus PVC-hart immer mehr an Bedeutung. Polyethylen ist wesentlich leichter (Dichte 0,92 kg/dm^3) und temperaturbeständiger als PVC-hart, außerdem versprödet es nicht bei niedrigen Temperaturen. Polyethylenrohre werden aus **PE-hart** (PE-HD = Hochdruck-PE) und **PE-weich** (PE-ND = Niederdruck-PE) hergestellt.

Nachteilig bei diesem Kunststoff ist die schnelle **Alterung** (Versprödung) unter Einwirkung von ultravioletten Strahlen (Sonnenlicht). Aus diesem Grunde werden PE-Rohre durch Zumischung von Ruß stabilisiert. Sie haben daher eine schwarze Farbe.

	PE-weich	PE-hart
Dichte	etwa 0,92	0,94 bis 0,97 kg/dm^3
Zugfestigkeit	10 bis 17	18 bis 25 N/mm^2
Bruchdehnung	200 bis 600	300 bis 800 %
E-Modul	150 bis 250	500 bis 1000 N/mm^2
Wärmeausdehnung α_T	etwa 0,20	0,15 bis 0,20 mm/(m · K)

Handelsnamen (Beispiele): Hostalen (Aventis), Trolen (Dynamit Nobel), Lupolen (BASF Ludwigshafen), Vestolen (DSM Petrochemicals).

11.4.3 Polypropylen PP $[C_2H_6]_n$

$$\left. H_2C{=}C\begin{matrix} \diagup CH_3 \\ \diagdown H \end{matrix} \right\} = \text{Monomer (Propylen; Propen)}$$

Polypropylen (neue Bezeichnung: Polypropen) wird im Bauwesen in Form von Rohren, Tafeln und Folien benutzt und zu Sanitärarmaturen, Beschlägen, Formteilen, Seilen und Behältern verarbeitet. Es ist beständig gegen schwache Laugen und Säuren und verhält sich nach dem Entzünden wie PE. Dichte etwa 0,9 kg/dm^3, Zugfestigkeit 21 bis 37 N/mm^2, Wärmeausdehnung etwa 0,11 mm/(m · K). PP ist temperaturstandfester (Kriechen) als PE, aber weniger kältefest (Versprödung), es erweicht bei etwa 165 °C. Die Oberfläche lässt sich nicht wie bei PE mit dem Fingernagel ritzen, sondern ist hart und glänzend wie bei Polyamiden.

Handelsnamen (Beispiele): Hostalen PP, Vestolen P (DSM Petrochemicals), Novolen (Basell Polyolefine).

11.4.4 Polymethylmethacrylat (Acrylglas) PMMA

Acrylglas ist glasklar, wasserfest, giessbar, thermoplastisch, biegsam, auch spangebend gut verarbeitbar; gute optische und dielektrische Eigenschaften; ziemlich beständig gegen chemische Angriffe. Dichte: etwa 1,2 kg/dm^3. Kratzempfindlich. Verwendet als Sicherheitsglas, für Wandplatten, Lichtrasten, Beleuchtungskörper, Welltafeln und Rohre, Verbindung durch Kleben. PMMA altert nicht.

Zugfestigkeit 70 bis 80 N/mm^2, Bruchdehnung etwa 4 %, E-Modul etwa 3000 N/mm^2. α_T = 0,07 mm/(m · K), Erweichung bei etwa 120-140 °C. Nach dem Entzünden brennt PMMA mit leuchtender, nicht rußender Flamme weiter und erzeugt einen scharfen, fruchtartigen Geruch (Geruch der Schwaden nach Auslöschen!).

Handelsnamen (Beispiele): Plexisol (Röhm), Resarit (Resart), Deglas, Degalan (Degussa).

11.4.5 Polystyrol PS

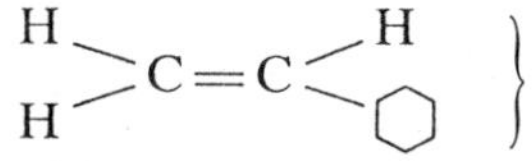

= Monomer (Ethen + Benzolring)

Polystyrol (Polyphenylethen) hat gute mechanische und dielektrische Eigenschaften, ist im vollautomatischen Spritzgussverfahren sowie im Warmpressverfahren gut zu verarbeiten, wasserfest und weitgehend chemikalienfest. Es kann gedeckt und durchscheinend eingefärbt werden. UV-Strahlen (Sonnenlicht, Leuchtstoffröhren) bewirken eine allmähliche Vergilbung, Festigkeitsabnahme und Mattwerden der Oberfläche. Nach dem Entzünden brennt PS mit leuchtender, stark rußender Flamme weiter und erzeugt dabei nach dem Verlöschen einen typischen süßlichen Styrolgeruch. Polystyrol ist ein sehr preisgünstiger Kunststoff.

Dichte 1,05 kg/dm^3, Zugfestigkeit 45 bis 55 N/mm^2, E-Modul 2200 bis 2500 N/mm^2, Wärmeausdehnung 0,06 bis 0,08 mm/(m · K).

Handelsnamen (Beispiele): Vestyron (CW Marl-Hüls), Hostyren (Aventis), Trolitul (Dynamit Nobel).

Die Standard-Polystyrole sind hart, steif und spröde und können gut spangebend und bei Temperaturen um 130 °C auch spanlos verarbeitet werden. Verbindung durch Kleben. Für „schlagfeste" Polymerisate gibt es Einstellungsmöglichkeiten bis zu lederartiger Flexibilität. Verwendet als Bänder, Folien, Schläuche und Formteile.

Leichte (**geschäumte) Polystyrole** wie z. B. Styropor (BASF), Styrodur (BASF), Styrofoam (Dow Chem.), Roofmate (Dow-Chem.), Dichte 0,015 bis 0,040 kg/dm^3, sind ein geeigneter Werkstoff zur Wärme- und Schalldämmung (auch als Wandplatten).

11.4.6 Polyvinylacetat PVAC

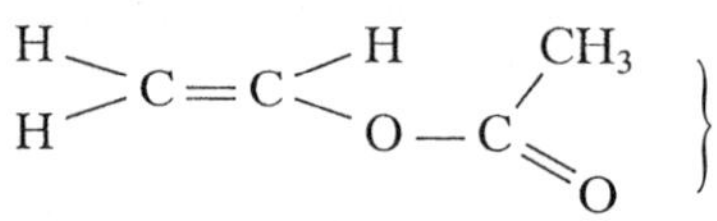

= Monomer

Als ölige Substanz oder weichklebriges bis hartes Harz entstanden, wird PVAC (in organischen Lösungsmitteln gelöst oder in Wasser fein verteilt, dispergiert) für Lacke, Farben, Kleber sowie als Zusätze für Mörtel und Beton verwendet. Wässrige PVAC-Dispersionen werden benutzt für Farben, Bindemittel von Spachtelmassen für fugenlose Fußböden; **Zusätze zu Mörtel und Beton** ergeben Zementmörtel und Zementbeton mit verbesserter Elastizität; Haftmittel zur Verbesserung des Haftens von Flickmörtel bzw. neuem Beton an altem bei der Behebung von Oberflächenschäden (Estrich, Putz, Beton).

Handelsnamen (Beispiele): Mowilith (Clariant GmbH), Acronal D (BASF), Vinnipas (Wacker), Klebstoffe: Mowicoll (früher Hoechst), Ponal (Henkel).

11.4.7 Polycarbonat PC

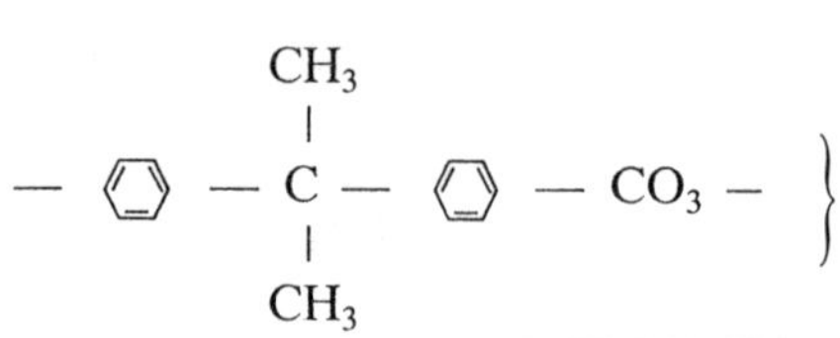

= Monomer

Polycarbonate sind lineare Polyester der Kohlensäure. Sie sind schlagzäh bis –100 °C, hartelastisch und witterungsbeständig. Die obere Anwendungsgrenze liegt bei 90 bis 135 °C. Zugfestigkeit ≥ 60 N/mm^2, E-Modul 2200 N/mm^2, α_T = 0,06 bis 0,07 mm/(m · K). Aus PC werden z. B. lichtdurchlässige Platten, Licht- und Lampenkuppeln, Duschkabinenwände hergestellt.

Handelsnamen: Makrolon und Makrolon 30 GV (glasfaserverstärkt) von Bayer.

11.4.8 Polyamide PA

Polyamide sind stickstoffhaltige Thermoplaste mit unterschiedlich vielen C-Gruppen, z. B. PA 6 mit 6 C-Gruppen (Perlon) oder PA 66 mit 6 + 6 = 12 C-Gruppen (Nylon). Rohdichten von 1,02 bis 12,15 kg/dm³, teilkristallin, hart, sehr zäh, abriebfest. Gebrauchstemperaturen über 90 °C. Zugfestigkeit 40 bis 70 N/mm², durch Recken auf das Fünffache steigerbar, E-Modul 1000 bis 1500 N/mm². Lineare Wärmeausdehnung α_T = 0,08 bis 0,15 mm/(m · K), Bruchdehnung 150-500 %.

Anwendung: Fäden für Gewebe (Perlon, Nylon), Folien, Platten, Profile, Seile, Zahnräder, Beschläge, Schutzhelme.

Handelsnamen: Ultramid (BASF), Vestamid (Degussa), Trogamid (Degussa), Perlon (Bayer), Nylon (früher Du Pont).

11.5 Duroplaste (Duromere)

11.5.1 Phenoplaste PF

Phenoplaste (Phenolharze, Phenol-Formaldehydharze) sind Polykondensate auf der Grundlage von Phenolen und Formaldehyd (sprich: Form-Aldehyd; Methanal).

Bei der sauren Kondensation von Phenolen mit Formaldehyd entstehen aus linearen Kettenmolekülen aufgebaute harzartige Stoffe, die **Novolake** (schmelzbar und in organischen Lösungsmitteln löslich). Bei der alkalischen Kondensation bilden sich bei gelindem Erhitzen **Resolharze** (ähnlich wie Novolake aufgebaut, verhältnismäßig niedermolekular und daher ebenfalls schmelzbar und löslich).

Beim weiteren Erhitzen geht die Kondensation weiter zu höhermolekularen **Resitolharzen**. Diese lassen sich in der Hitze unter Druck noch formen, härten jedoch bei etwa 150 °C zu unschmelzbaren, aus sperrigen, räumlich-vernetzten Molekülen bestehenden **Resitharzen** aus. Die gehärteten Kunstharze haben sehr gute mechanische Eigenschaften. Wärmebeständigkeit, gute dielektrische Eigenschaften sowie Beständigkeit gegen chemische und atmosphärische Einflüsse.

Edelkunstharze sind reine, ungefüllte Phenolharze, klar, durchsichtig und gedeckt farbig; sie lassen sich im gehärteten Zustand gut mit spangebendem Werkzeug bearbeiten (drehen, fräsen, bohren). Man fertigt daraus Blöcke, Platten sowie durch Fräsen oder Drehen Beschläge u. Ä.

Pressmassen stellt man aus reinen Harzsubstanzen her, indem man diese im Resolstadium in der Hitze mit Füllstoffen (Holz- oder Gesteinsmehl, Asbestfasern) durchknetet, in die gewünschte Form presst und dabei durchhärtet. Pressstoffe (z. B. Pertinax) sind viel billiger als die Edelkunstharze und ähnlich verwendbar wie diese. Arten von Pressmassen und Pressschichtstoffen sind: Isolatoren, Schalter, Steckdosen, Beschläge, Pressschichtholz, Holzfaserplatten, Holzspanplatten, Mineralwolleplatten. Resolharze lassen sich auch kalt durch Zusatz von Härtern in Resite überführen. Diese werden dann als Lackrohstoffe zur Herstellung von Phenolharzleimen bzw. -klebstoffen sowie zur Herstellung von Schaumstoffen verwendet.

Handelsnamen: Bakelite (Bakelite GmbH), Atephen (früher Hoechst), Luphen (BASF).

11.5.2 Aminoplaste UF, MF

Aminoplaste entstehen durch Polykondensation von Formaldehyd mit Harnstoff (Harnstoffharze UF) oder mit Melamin (Melaminharze MF).

Die **Harnstoffharze UF** werden verwendet als Bindemittel von Pressmassen und für Holzwerkstoffe, als feucht- bis wasserfeste Holzleime (z. B. Kaurit von BASF), als Schaumstoffe (Isoschaum von Bayer; Iporka von BASF) und als Lackharze.

Die **Melaminharze MF** werden verwendet für Leime und Klebstoffe (z. B. Pressal-Leim von Henkel), als Lackrohstoff sowie als Bindemittel und Beschichtungsstoff für Pressmassen und Schichtpressstoffe, wie Dekorationsplatten, Deckfurniere und Holzwerkstoffe (s. u.).

Pressmassen: Transparent oder beliebig (meist weiß) einfärbbar für Gebrauchsgeschirr, Kosmetik-Emballagen (Verpackungen), sanitäre und elektrische Installationsteile, Beschlagteile in der Möbelindustrie.

Gute mechanische Eigenschaften, leicht zu bearbeiten, je nach Harzbasis und Füllstoff verändern sich Eigenschaften und Einsatzbereiche (Dichte bei 1,5 kg/dm^3).

Beim Brenntest macht sich bei Harnstoffharzen UF stechender Formalingeruch bemerkbar. Produkte aus Melaminharzen MF können im Gegensatz zu Phenol- und Harnstoffharzen unbedenklich mit Lebensmitteln in Berührung kommen, z. B. bei Schichtpressstoffen in Küchen.

11.5.3 Schichtpressstoffe

Schichtpressstoffe werden unter Handelsnamen geführt wie Resopal, Ultrapas, Hornitex, Getalit. Sie bestehen aus mehreren Schichten von Glasfasergewebe, Spezialpapier oder Baumwollgewebe, die mit Harzen, meist PF- oder MF-Harzen, bestrichen oder getränkt, getrocknet und geschnitten und anschließend bei Drücken von 100 bis 130 bar und Temperaturen bis 160 °C verpresst werden. Oft werden dabei vielfach bedruckte Deckschichten, auch als Holzmaserung, aufgepresst.

Geschmacksfreiheit, hohe Oberflächengüte, gute Lichtbeständigkeit sowie relativ hohe Chemikalienfestigkeit (nicht beständig gegen starke Säuren oder Laugen) sichern den Schichtpressstoffen ein weites Anwendungsfeld: Möbel, Innenausbau, Verkleidungen im Waggon-, Schiffsbau; Wandverkleidungen, z. B. der Personenwagen der Bundesbahn; Einrichtungen aller Art, Graviermaterial (zweifarbig).

11.5.4 Ungesättigte Polyesterharze UP

Polyesterharze sind Polykondensationsprodukte aus Dicarbonsäuren und zweiwertigen Alkoholen und werden in einem zweistufigen Verfahren hergestellt. Die zweite Stufe ist eine reine Polymerisation (so genannter Aushärtungsvorgang).

Handelsnamen: Palatal (DSM Composite Resins BV), Leguval (Bayer), Vestopal (CW Marl-Hüls).

Die ungesättigten PU-Harze kommen i. d. R. als Styrol-Lösungen in den Handel und werden als Gieß-, Laminier- oder Reaktionsharze bezeichnet. Es sind helle bis schwach gelbe oder bläuliche, transparente, harzähnliche Flüssigkeiten. Die Polymerisation (Aushärtung) geschieht durch Zugabe eines Härters (meist organische Peroxide – stark ätzend!) und Erwärmung auf 80 bis 160 °C. Bei Temperaturen unter 80 °C muss ein Beschleuniger zugegeben werden. Kalt aushärtende UP-Gießharze enthalten den Beschleuniger bereits im Anlieferungszustand, sodass nur noch der Härter zugegeben werden muss.

Im ausgehärteten Zustande sind UP-Harze hart und im Allgemeinen spröde. Sie lassen sich färben, spanend bearbeiten, polieren, kleben. Sie brennen mit leuchtender, rußender Flamme und süßlichem Geruch. Biegezugfestigkeit 65 N/mm², Zugfestigkeit 30 N/mm², *E*-Modul = 14 000 bis 20 00 N/mm², Wärmeausdehnung 0,06 bis 0,08 mm/(m · K), Dichte etwa 1,25 kg/dm³. Verwendung als 2-Komponenten-Kleber, schnellhärtender Lack, Bindemittel für Pressmassen, Schichtpressstoffe, Kunstharz-Beton sowie **glasfaserverstärkte Kunststoffe (GFK; GF-UP)**: Durch die Verstärkung mit Glasfasern oder Glasseide (Laminieren, Faserspritzen, Wickeln, Schleudern) ergeben sich mit steigendem Glasfaseranteil (30 bis 60 %) Dichten von 1,4 bis 1,7 kg/dm³, Zugfestigkeiten von 90 bis 320 N/mm², *E*-Moduln von 7000 bis 19 000 N/mm², Biegefestigkeiten von 160 bis 410 N/mm² und Wärmedehnzahlen von 0,05 bis 0,11 mm/(m · K).

Als **Einsatzgebiete** sind zu erwähnen: Lichtdurchlässige Bedachungen oder Balkonverkleidungen, Karosserieteile, sanitäre Installationsartikel, z. B. Waschbecken; Formteile in der Elektrotechnik; schlagfeste Teile, z. B. in der Autoindustrie; Sportgeräte und Bootskörper, Schutzhelme.

11.5.5 Epoxidharze EP

Epoxidharze werden durch Kondensation vorwiegend (90 % der EP) aus Polyphenolen als flüssige bis feste Stoffe hergestellt. Die Härtung (räumliche Vernetzung der Molekülketten) erfolgt beim Verarbeiten durch Polyaddition unter Zugabe von Härtern. Sie dauert bei Raumtemperatur von etwa 20 °C etwa 24 bis 48 Stunden (Kalthärtung unter Normaldruck), bei höheren Temperaturen bis 200 °C nur 30 Minuten (Heißhärtung). Füllstoffe und Härtung beeinflussen die Typen der Produkte sowie deren Eigenschaften.

Handelsnamen: Araldit (Ciba-Geigy), Epikote (Shell), Lekutherm (Bayer); Uhu-Plus-Klebstoff (Beiersdorf), Pattex (Henkel).

Die Epoxidharze werden hauptsächlich in der **Metallklebetechnik** als „Klebharz“ verwendet: Das ungehärtete Zwischenprodukt wird unmittelbar vor dem Gebrauch mit einem Härter (dem chemischen Wesen nach ein Katalysator) gemischt und „härtet“ dann an der Klebestelle aus. Die Klebungen erreichen infolge hoher Haftfähigkeit Festigkeitswerte, die denen des Metalls selbst entsprechen.

Des Weiteren dient Epoxidharz als Gießharz z. B. zur isolierenden Umkleidung elektrischer Baugruppen oder als Lackrohstoff für so genannte Einbrennlacke.

Mit Füllstoffen vermischt lassen sich komplizierte Formteile von großer Widerstandsfähigkeit gießen, die auch gegenüber vielen Chemikalien (Säuren, Laugen, Lösungsmittel) beständig sind. EP wird auch zur Herstellung von glasfaserverstärkten Kunststoffen (GFK; siehe Abschn. 11.5.6), Kunstharzbeton und -mörtel sowie zur Beschichtung, z. B. von Industriefußböden, verwendet.

Die Chemikalienbeständigkeit ist besser als bei den UP-Harzen. Die ausgehärteten reinen Harze haben Rohdichten von 1,1 bis 1,4 kg/dm³, Biegefestigkeiten von etwa 100 N/mm², Zugfestigkeiten von etwa 70 N/mm², einen *E*-Modul von etwa 21 500 N/mm² und eine Wärmeausdehnung von etwa 0,09 mm/(m · K). Sie brennen mit leuchtender und rußender Flamme und Phenolgeruch. EP-Harze sind relativ teuer.

11.5.6 Glasfaserverstärkte Kunststoffe GFK

Zur Herstellung von glasfaserverstärkten Kunststoffen werden vorwiegend ungesättigte Polyesterharze (UP-GF) und Epoxidharze (EP-GF) verwendet, daneben auch PS, PA, PC, PF und MF, neben Glasfasern auch Aramid- und Carbonfasern. Die Glasfasern werden in Form von Glasseidensträngen (sog. Rovingbündel aus 100 bis 200 einzelnen, 5 bis 13 µm dicken Fäden), Glasseidengeweben (Roving-Gewebe) und Glasseidenmatten (Vliese) verwendet. Der Faseranteil beträgt 20 bis 75 Masse-%. Die Herstellung von GFK-Formteilen geschieht nach verschiedenen Verfahren;

- **Handlaminieren**: Auflegen von Matten oder Geweben auf Formen und Auftragen des Harzes von Hand. Platten werden in einem kontinuierlichen Laminierverfahren hergestellt.
- **Faserspritzverfahren**: Aufspritzen von Harz und geschnittenen Glasfasern auf einteilige Formen.
- **Wickelverfahren**: lagenweises Aufwickeln von harzgesättigten Fasersträngen oder Gewebebändern auf zylindrische Kerne (Rohre).
- **Schleuderverfahren**: Aufspritzen von Harz in einem sich drehenden, mit Glasfasermatten ausgelegten Hohlzylinder.

Verwendung von GFK (Beispiele): Platten, ebene und gewellte Tafeln; Lichtkuppeln, Dächer, Wartehäuschen; Profile, Rohre; Spannkabel für vorgespannten Beton; Bauelemente für Schwimmbassins; Behälter, Öltanks; Formschalungen; Fenster, Türen, Garagentore; Möbel, Verkehrsschilder.

11.6 Polyurethane PUR

Polyurethane werden hergestellt nach dem Polyadditionsverfahren aus Di- und Polyisocyanaten und mehrwertigen Alkoholen, meistens unter Mitwirkung von Katalysatoren zur Steuerung der Reaktionsgeschwindigkeit und von Treibmitteln und Schaumstabilisatoren zur Herstellung von PUR-Schaumstoffen. Je nach den Herstellungsbedingungen entstehen vernetzte Polyurethane, und zwar entweder weitmaschig vernetzt (PUR-Elastomere) oder engmaschig vernetzt (duroplastische Polyurethane), sowie lineare thermoplastische Polyurethane.

Die **thermoplastischen PUR** können, wie üblich bei Thermoplasten, durch Spritzgießen (Temperatur und Druck) und Extrudieren (nur Temperatur) geformt und danach durch Kleben, Schweißen und bei harten Teilen durch Spanen verarbeitet werden. Ihre Eigenschaften sind denen der Polyamide ähnlich (siehe Abschn. 11.4.8).

Handelsnamen: Caprolan und Elastollan (beide Elastograne Polyurethane GmbH, Lemförde), Desmopan (Bayer).

Die **duroplastischen PUR** werden ähnlich wie Kautschuk (s. u.) verarbeitet: In die festen Stoffe werden in Mischwalzwerken Vernetzer eingearbeitet, die Walzfelle werden in die beheizbaren Werkzeuge eingelegt und härten dort ähnlich der Vulkanisation von Gummi aus, dabei können auch noch Füllstoffe zugegeben werden. Harte PUR-Elastomere können spanend wie Thermoplaste bearbeitet werden.

PUR-Elastomere (s. a. Abschn. 11.7.1) besitzen hohe Zugfestigkeit bei großer Bruchdehnung, im Verhältnis zu konventionellen Gummiwerkstoffen hohen E-Modul, sehr gute Verschleißfestigkeit, gute Haftfestigkeit auf Metallen. Der Einsatzbereich liegt bei Temperaturen von –40 bis +80 °C, u. U. bis 110 °C. PUR-Elastomere brennen z. T. außerhalb der Flamme abtropfend weiter, z. T. verlöschen sie außerhalb der Flamme.

Polyurethan-Schäume gibt es von weich bis hart. Weichschaumstoffe verwenden als Treibmittel CO_2, sie sind offenzellig und luftdurchlässig. Hartschaumstoffe sind praktisch vollkommen geschlossenzellig. Sie werden in großem Maße zur Hohlraumverschäumung und zur Herstellung von Sandwichelementen verwendet (Wärmedämmelemente). Nach dem RIM-Verfahren (Reaction Injection Molding) werden sog. **PUR-Integralschäume** hergestellt. Sie haben eine massive (harte) Randzone und einen leichten porigen Kern. Harte Integralschäume werden zur Herstellung von Fensterrahmen, Möbeln und Filterplatten verwendet, flexible Integralschäume vorwiegend in der Autoindustrie, auch mit Glasfasern verstärkt.

Verwendung finden die duroplastischen Polyurethane als Gießharze, Streich- und Spachtelmassen, Hart- und Weichschaumstoffe (Moltopren von Bayer), DD-Lacke (Desmodur, Desmophen, beide von Bayer, 2-Komponenten-Lacke), Einkomponentenlacke, Klebstoffe, Beschichtungsmassen für Estriche, Fugenvergussmassen. Gummielastische PUR-Sorten (Vulkollan, Bayer) werden für Faltenbälge, Dichtungen u. Ä. verwendet.

11.7 Elastomere (Elaste)

11.7.1 Allgemeines

Elastomere (s. a. Abschn. 11.3.4) sind weitmaschig vernetzte makromolekulare Kunststoffe, die bereits mit geringer Kraft ab 20 °C und niedrigeren Temperaturen bis zur Zersetzungstemperatur mindestens auf das Doppelte der Ausgangslänge gedehnt werden können. Ausgangsstoff ist Kautschuk (s. u.), der durch Zugabe von Vernetzungschemikalien, hauptsächlich Schwefel, vulkanisiert, d. h. vernetzt werden kann. Je nach Schwefelgehalt ergibt sich Weichgummi (1 bis 5 % S) bis Hartgummi (15 bis 30 % S).

11.7.2 Naturkautschuk

Naturkautschuk (Kurzzeichen NK oder NR; R = Rubber, engl. Gummi) wird aus dem Saft (Latex) des Kautschukbaums und anderer Pflanzen gewonnen. Er besteht im Wesentlichen aus Polyisopren IR $(C_5H_8)_n$, ist schwach durchsichtig und von gelber bis dunkelbrauner Farbe. Mit organischen Lösungsmitteln wird er zu Klebstoffen verarbeitet. Im unvernetzten Zustand ist Naturkautschuk ein Thermoplast, der durch seine verknäuelten Molekülfäden ein hohes Dehnungsvermögen besitzt.

Durch Vulkanisation (Vernetzung) mit Schwefel und unter Zugabe von Füllstoffen wie Ruß, Kreide, Weichmacher entstehen mehr oder weniger vernetzte Sorten. Weichgummi (Elastomer), Hartgummi (Duromer). Chlorkautschuk entsteht durch Chloranlagerung an Naturkautschuk: chemikalien- und wetterfeste Anstriche und Beschichtungen (Pergut von Bayer). Durch Behandlung von Kautschuk mit Schwefelsäure entsteht ein gut löslicher Lackrohstoff (Cyclokautschuk: Alpex von ehem. Hoechst). Im Übrigen wird (bzw. wurde) Naturkautschuk zu den gleichen Produkten verarbeitet wie Synthesekautschuk (s. u.).

11.7.3 Synthesekautschuk

Synthesekautschuk wird aus sog. Dienen (Butadien C_4H_6; Isopren C_5H_8) durch Polymerisation hergestellt (Dienkautschuk). Er kann wie Naturkautschuk durch Vulkanisation, vorwiegend mit Schwefel, aber auch mit anderen Vernetzungsstoffen, zu weitmaschigen Elastomeren verarbeitet werden. Je nach Zugabe von unterschiedlichen Reglersubstanzen, die den Polymerisationsprozess steuern, gibt es eine ganze Reihe von mit Schwefel vernetzbaren Synthesekautschuk-Arten.

Die bekanntesten und wichtigsten Synthesekautschuk-Arten sind (**Dien-Elastomere**):
Buna (Butadien + Natrium; einer der ersten, 1929/30 von IG Farben hergestellten Synthesekautschuke); Styrol-Butadien-Kautschuk **SBR** (heute ca. 50 % Marktanteil) für Autoreifen, Förderbänder; Nitril-Kautschuk **NBR** für Benzinschläuche, Dichtungen; Chloropren-Kautschuk **CR** für Bauteil- und Brückenauflager (Neoprene von Du Pont), Dichtungsfolien, Fugenbänder, weitere Handelsnamen z. B. Perbunan C von Bayer wie Baypren; Butylkautschuk **IIR** (Isobutylen/Isopren) für Dichtungsbahnen, Fugendichtungsmassen, Polysulfid-Kautschuk **SR** für 2-Komponenten-Dichtungsmassen und Beschichtungen, Handelsnamen z. B. Thiokol (USA), Perduren GH (früher Hoechst). Weitere gummiartige Kunststoffarten sind Siliconkautschuk (s. u.), **PUR**-Kautschuk Vulkollan (s. o.), Polyisobutylen **PIB** (Oppanol von BASF, Rhepanol von Braas, Oberursel), Ethylen-Propylen-Kautschuk **EPM** und Ethylen-Propylen-Dien-Kautschuk **EPDM** (Buna AP, Keltan).

11.8 Silikone SI

Silikone sind kettenförmige Makromoleküle, die aus Silicium- und Sauerstoffmolekülen aufgebaut sind und auch vulkanisiert, d. h. vernetzt werden können. Die Seitenvalenzen der Si-Atome sind mit organischen Resten R besetzt (siehe Abb. 11.3). Silikone reagieren neutral und sind unbrennbar, elektrisch nicht leitend, hydrophob (wasserabweisend), chemisch beständig, korrosionsunempfindlich, besitzen aber eine geringe mechanische Festigkeit. Ihre Eigenschaften bleiben in einem großen Temperaturbereich (–50 bis +180, z. T. bis +300 °C) unverändert. Je nach Zusammensetzung und Polymerisations- sowie ggf. Vernetzungsgrad erhält man ölige, pasten-, harz- oder kautschukartige Silikone.

- **Silikonöle** finden Verwendung als temperaturunabhängige Schmiermittel mit gleich bleibender Viskosität von – 60 bis +300 °C.
- **Silikonharze** finden Verwendung als wasserabweisende Bautenschutzmittel (Hydrophobierungsmittel) für Imprägnierungen, Schutzanstriche und Beschichtungen. Es gibt sie als wässrige Dispersionen oder in organischen Lösungsmitteln als Silikonharzlösungen. Diese (**Silane**, **Siloxane**) bilden durch Verdunstung des Lösungsmittels *und* Reaktion mit Feuchtigkeit das eigentliche imprägnierende und hydrophobierende Silikonharz.
- **Silikonkautschuk** (s. a. Abschn. 11.7.3) findet Verwendung als Dichtungen, Transportbänder, Elektroisolation sowie, pastös in Kartuschen, als Fugendichtungsmittel.

Handelsnamen: Baysilone (Bayer); Silikone (Wacker); Silopren (Silikongummi; Bayer)

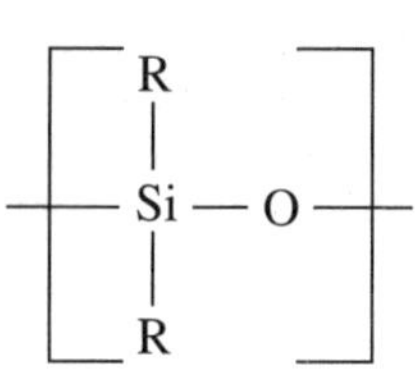

Abb. 11.3 Strukturformel von Silikonen [2]

11.9 Abgewandelte Naturstoffe

Abgewandelte Naturstoffe werden auch als halbsynthetische Kunststoffe bezeichnet. Sie werden durch bestimmte Aufbereitungsverfahren aus makromolekularen Naturstoffen wie Zellulose, Naturkautschuk (siehe Abschn. 11.7.2) oder Eiweiß hergestellt. Zu den abgewandelten Naturstoffen gehören:

Vulkanfiber VF. Zäher Schichtpressstoff hoher Festigkeit (Kofferplatten, Schleif- und Dichtungsscheiben) aus Zellstoff oder Papierbahnen, die mit Schwefelsäure oder Zinkchloridlösung behandelt und zu Platten oder Bahnen miteinander verpresst sind.

Zellulosenitrat CN. Mit Schwefelsäure-Salpetersäure-Gemisch behandelte Zellulose. Man stellt daraus Schießbaumwolle (Nitrocellulose), Celluloid (Zellhorn für Griffe, Türschoner, Klarsichtverpackungen, Fotofilme) und Nitrolacke und Klebstoffe (Uhu) her.

Weitere Zelluloseabkömmlinge (Beispiele) sind **Zelluloseacetobutyrat CAB** (Bau- und Möbelbeschläge, Rohre, Lichtwände, Metallbeschichtungen) und **Methylzellulose MC** (Zellkleister, Tapetenleim; wasserlöslich). Kunsthornpressmassen werden aus Kasein (Milcheiweiß) durch Behandlung mit Formaldehyd hergestellt (**Casein-Formaldehyd CSF**).

11.10 Fragen und Aufgaben zu Kunststoffen

1) Welches sind die Ausgangsstoffe für die Herstellung der voll- und halbsynthetischen Kunststoffe?
2) Welches ist das wesentliche Prinzip, das bei der Herstellung vollsynthetischer Kunststoffe angewendet wird?
3) Worin unterscheiden sich Thermoplaste, Duroplaste und Elastomere voneinander?
4) Welche allgemeinen Eigenschaften der Kunststoffe sind für ihre Anwendung im Bauwesen besonders wichtig? Welches sind ihre Vor- und Nachteile?
5) Nennen Sie einige Bauelemente aus und Anwendungen von Kunststoffen im Bauwesen!
6) Nennen Sie die besonderen Anwendungsgebiete der folgenden Kunststoffe:
   a) UP-Harze und Epoxidharze
   b) Polyurethane
   c) Kautschuk
   d) Silikone

12 Grundlagen des Bautenschutzes – Dämmstoffe

12.1 Allgemeines

Zum Bautenschutz werden gerechnet die Themen Wärmeschutz (Abschn. 12.2), Schallschutz (Abschn. 12.3), Dämmstoffe für den Wärme- und Schallschutz (Abschn. 12.4), Brandschutz (Abschn. 12.5) und Abdichtung gegen Feuchtigkeit (Abschn. 12.6).

Vor allem an raumschließende Bauteile werden in den meisten Fällen auch Anforderungen an den **Wärme- und Schallschutz** gestellt. Um diese Anforderungen zu erfüllen, benutzt man Dämmstoffe. Darunter verstehen wir Baustoffe, die geeignet sind, die Weiterleitung von Wärme und Schall möglichst weitgehend zu verhindern. Es gibt Baustoffe, die nur zur Wärmedämmung oder nur zur Schalldämmung eingesetzt werden. Viele Dämmstoffe sind jedoch für beide Zwecke brauchbar.

Die raumabschließenden Bauteile müssen auch den **klimabedingten Feuchteschutz** gewährleisten. Hier ist der Schutz gegen Luftfeuchtigkeitsschäden gemeint. Die Luftfeuchtigkeit dringt als *Wasserdampf* bzw. als Gas in Wände und andere Bauteile ein (Diffusion) und kann sich dort an kalten Stellen als Kondenswasser niederschlagen. Hierdurch verringert sich die Wärmedämmwirkung der Dämmstoffe, und es können außerdem Feuchtigkeitsschäden auftreten. In diesen Fällen müssen u. U. sog. Dampfsperren, z. B. in Form von Metall- oder Kunststoff-Folien, eingebaut werden.

Bauteile müssen im eingebauten Zustand auch dem **Brandschutz** genügen. Die Anforderungen an die Brennbarkeit von Baustoffen und Feuerwiderstandsfähigkeit von Bauteilen sind in den Landesbauordnungen (LBO) festgelegt.

Unter **Abdichten gegen Feuchtigkeit** versteht man den Schutz gegen eindringendes Wasser von außen oder innen. Der Begriff **Isolieren** wird heute i. d. R. nur im Zusammenhang mit elektrischem Strom verwendet.

12.2 Wärmeschutz

Normen und Verordnungen

DIN 4108		Wärmeschutz und Energieeinsparung in Gebäuden (bisher: Wärmeschutz im Hochbau)
DIN 4108-2	(2003-07)	–; Mindestanforderungen an den Wärmeschutz
-3	(2001-07)	–; Klimabedingter Feuchteschutz
-4	(V 2002-02)	–; Wärme- und feuchteschutztechnische Bemessungswerte
-6	(V 2003-06)	–; Berechnung des Jahresheizwärme- und -energiebedarfs
-7	(2001-08)	–; Luftdichtheit von Gebäuden
-10	(V 2001-02)	–; Anwendungsbezogene Anforderungen an werkmäßig hergestellte Wärmedämmstoffe
DIN 4701-10	(V2001-02)	Energetische Bewertung heiz- und raumlufttechnischer Anlagen; Heizung, Trinkwassererwärmung, Lüftung (+ Beiblatt V 2002-02)
DIN 4108-1 und DIN 4108-5 wurden durch DIN 4108-3 und die folgenden Normen ersetzt:		
DIN EN ISO 6946	(1996-11)	Bauteile; Wärmedurchlasswiderstand und Wärmedurchgangskoeffizient; Berechnungsverfahren
DIN EN ISO 7345	(1996-01)	Wärmeschutz; physikalische Größen und Definitionen
DIN EN ISO 9346	(1996-08)	Wärmeschutz; Stofftransport; physikaliche Größen . . .

Anstelle der Wärmeschutzverordnung (WärmeschutzV) vom 16. 8. 1994 gilt seit 1. 2. 2002 die Energieeinsparverordnung (EnEV) vom 16. 11. 2001 (Verordnung über energiesparenden Wärmeschutz und energiesparende Anlagentechnik bei Gebäuden).

Die Normen und die Verordnungen sind auszugsweise abgedruckt in [27].

12.2.1 Allgemeines

(s. a. Abschnitt 1.10)

Mensch und Tier brauchen zu ihrem Wohlbefinden eine bestimmte günstige Temperatur (der Mensch 18 bis 20 °C). Einige Produktionsstätten benötigen besonders hohe, andere besonders niedrige Temperaturen; werden diese nicht eingehalten, so verdirbt kostbares Gut. Die mit entsprechenden Kosten erzeugten Wärmemengen müssen so wirtschaftlich wie möglich verwendet werden. Es ist also zu verhindern, dass die Wärme entweicht. Ebenso muss verhindert werden, dass unerwünschte Wärme (Sonneneinstrahlung) von außen in die kühl zu haltenden Innenräume eindringt. Andererseits muss für das „Atmen" der Wände gesorgt werden, um Schwitzwasserbildung und damit übermäßige Feuchtigkeit im Raum zu vermeiden.

Zur Lösung dieser Aufgabe müssen wir wissen, wie sich unsere bekannten Baustoffe in dieser Hinsicht, d. h. in der Wärme- und Wasserdampfleitung, verhalten. Kenngrößen sind die Wärmeleitfähigkeit λ (Wärmeleitzahl) und die (Wasserdampf-)Diffusionswiderstandszahl μ (Werte siehe Tafel 12.2).

Durch die Energieeinsparverordnung EnEV 2002 wird bei der Berechnung der Energiebilanz eines Hauses der Gesamtenergiebedarf (Primärenergiebedarf) zugrunde gelegt, der sich aus dem Heizenergiebedarf und dem Wärmebedarf für die Warmwasserbereitung zusammensetzt. Als Neuerung werden dabei auch anlagentechnische Größen berücksichtigt. Die Grundformel zur Ermittlung des jährlichen Gesamtenergiebedarfs Q_p eines Hauses lautet:

$Q_p = (Q_h + Q_w) \cdot e_p$ in kWh/a

Hierin bedeuten: Q_h Jahresheizwärmebedarf = Transmissionswärmeverluste, Lüftungswärmeverluste, Solarwärmegewinne

Q_w Wärmebedarf für die Warmwasserbereitung

e_p Anlagenaufwandszahl; berücksichtigt die Anlagenverluste für Heizung, Trinkwasserbereitung und Lüftung nach DIN V 4701-10

Ziel der EnEV ist es, den Primärenergiebedarf von Neubauten auf Niedrigenergiehaus-Niveau zu senken.

12.2.2 Wasserdampfdiffusion

Besonders im Winter besteht zwischen beheizten Innenräumen und der Außenluft ein Dampfdruckgefälle, d. h., der Wasserdampf diffundiert von innen nach außen. Diesen Vorgang nennt man Wasserdampfdiffusion. Der Widerstand, den ein Baustoff der Diffusion des Wasserdampfes entgegensetzt, wird durch die **Wasserdampf-Diffusionswiderstandszahl** μ ausgedrückt. Sie ist dimensionslos und gibt an, um wievielmal größer der Diffusionswiderstand einer Stoffschicht ist als der einer gleich dicken Luftschicht unter sonst gleichen Bedingungen.

Poröse Baustoffe haben einen kleinen Dampfdiffusionswiderstand, Dachbahnen dagegen einen hohen (siehe Tafel 12.1). Bei Kunststoffbahnen liegen die μ-Werte bei 10 000-30 000 (PVC weich) bis 400 000 - 1 750 000 (PIB). Die beiden Zahlen geben den unteren und oberen Grenzwert an. Bitumen und Metallfolien von über 0,1 mm Dicke sind praktisch dampfdicht.

In äußeren Wandschichten kann im Winter der Wasserdampf u. U. kondensieren und dadurch die Baustoffe im Außenbereich unzulässig durchfeuchten. Kondenswasser, heute Tauwasser genannt, bildet sich, wenn die Wand im äußeren Bereich so kalt wird, dass die sog. Taupunkttemperatur unterschritten wird. Die Taupunkttemperatur ist diejenige Temperatur, bei der die in einem Raum oder in einem porösen Material befindliche Wasserdampfmenge in g/m^3 der relativen Luftfeuchtigkeit von 100 % entspricht. In einem Zimmer herrscht z. B. eine Temperatur von 20 °C und 60 % relative Luftfeuchtigkeit. Das entspricht einer Wassermenge von 10,4 g/m^3. Dazu gehört eine Taupunkttemperatur von 12 °C. Das heißt, bei 12 °C entspricht die Wassermenge von 10,4 g/m^3 Luft einer relativen Luftfeuchtigkeit von 100 %. Kühlt sich z. B. eine einfache Fensterscheibe infolge niedriger Außentemperaturen auf unter 12 °C ab, schlägt sich auf der Scheibeninnenseite Kondenswasser nieder, die Scheibe beschlägt.

12.2.3 Wärmeleitung, Wärmedurchlass

Wärme wird im Winter von den Innenräumen eines Gebäudes zur kälteren Außenluft hin abgeleitet. Die Größe der abgeleiteten Wärmemenge hängt ab von der Wärmeleitfähigkeit der Baustoffe, aus denen die Außenwand besteht (Feuchtigkeit der Baustoffe und Fensterflächen beachten!), von ggf. vorhandenen ruhenden Luftschichten bei zweischaligem Mauerwerk und von der Größe der Temperaturdifferenz zwischen außen und innen.

Die **Wärmeleitfähigkeit** λ (griechischer Buchstabe Lambda) gibt diejenige Wärmemenge an, die stündlich durch 1 m^2 einer *1 m dicken Baustoffschicht* hindurchgeht, wenn der Temperaturunterschied der beiden *Oberflächen* 1 K beträgt.

Die Einheit von λ ist W/(m · K). 1 Watt (W) = 1 Joule/Sekunde (J/s). λ-Werte, die noch in der alten Einheit kcal/m · h · °C angegeben sind, können durch Multiplikation mit dem Faktor 1,163 in die neue Einheit W/(m · K) umgerechnet werden. 1 kcal = 4187 J. λ-Werte der Baustoffe siehe Tafel 12.3.

Die Wärmeleitfähigkeit eines Baustoffes hängt ab von
- der Art des Stoffes allgemein (Dichte)
- dem Gehalt an eingeschlossener Luft
- der Verteilung und Größe der Luftporen und dem Gehalt an Feuchtigkeit.

Die Wärmemenge, die von einem Bauteil von der warmen zur kalten Seite „hindurchgelassen“ wird, der sog. „Wärmedurchlass“, wird durch den Rechenwert λ/d (bisher Wärmedurchlasszahl Λ) gekennzeichnet. Sie ist also umso größer, je größer λ und je kleiner die Dicke d des Bauteils ist.

Der **Wärmedurchlasswiderstand** R (auch Wärmedämmwert genannt; früher $1/\Lambda$) gibt die Wärmedämmwirkung einer Wand an. Für eine mehrschichtige Wand wird R wie folgt berechnet:

$$R = d_1/\lambda_1 + d_2/\lambda_2 + d_3/\lambda_3 + \ldots + d_n/\lambda_n \qquad \text{Einheit: } (m^2 \cdot K)/W$$

Die Wärmedämmwirkung einer Wand ist also umso größer, je kleiner die Wärmeleitfähigkeiten der einzelnen Schichten und je dicker dieselben sind.

Für Wände und Decken sind in der DIN 4108-2 bestimmte Mindestwerte für den Wärmedurchlasswiderstand R festgelegt (siehe Tafel 12.6). Bei leichten Bauteilen ist wegen der geringen Wärmespeicherung auf die Erhöhung des Wärmedämmwerts und ferner darauf zu achten, dass bei Bauteilen, die aus mehreren Schichten verschiedener Baustoffe bestehen, diese so angeordnet werden, dass sich kein Kondenswasser (Tauwasser) im Bauteil niederschlägt (s. a. Abschn. 12.2.2).

Ruhende **Luftschichten** haben R_g-Werte entsprechend Tafel 12.1. Eine Luftschicht gilt als ruhend, wenn der Luftraum gegenüber der Umgebung abgeschlossen ist. Kleine Öffnungen zur Außenumgebung sind zulässig, bei vertikalen Luftschichten max. 500 mm^2 pro laufenden Meter. Betragen die Öffnungen bis 1500 mm^2/m, dürfen die Werte der Tafel nur zur Hälfte angesetzt werden, max. bis 0,15 $(m^2 \cdot K)/W$.

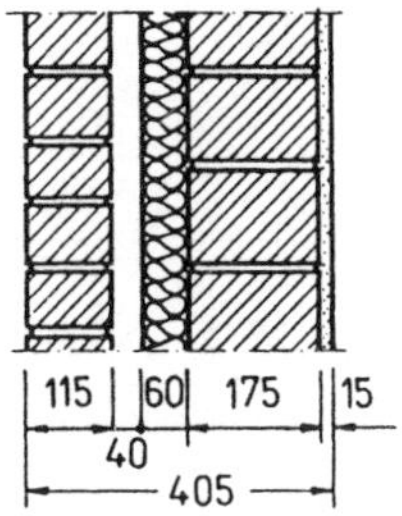

Abb. 12.1
Beispiel für eine zweischalige Außenwand (Wärmefluss von rechts = innen nach links = außen)
Aufbau (von links = außen): 11,5 cm Vormauerziegel, 4 cm Luftschicht, 6 cm Dämmschicht, 17,5 cm Leichthochlochziegel, 1,5 cm Kalkputz

Beispiel: Berechnung des Wärmedurchlasswiderstands einer zweischaligen Außenwand nach Abb. 12.1 (λ-Werte und R_g siehe Tafel 12.3 und 12.1)

11,5 cm Vormauerziegel VMz 12 – 1,6	$\lambda = 0{,}68\ W/(m \cdot K)$
5,0 cm Luftschicht	$R_g = 0{,}16\ m^2 \cdot K/W$
6,0 cm Dämmung 040	$\lambda = 0{,}04\ W/(m \cdot K)$
17,5 cm Leichthochlochziegel HLz 8 – 0,8	$\lambda = 0{,}39\ W/(m \cdot K)$
1,5 cm Kalkputz	$\lambda = 1{,}00\ W/(m \cdot K)$

$$R = \frac{0{,}115}{0{,}68} + 0{,}16 + \frac{0{,}06}{0{,}04} + \frac{0{,}175}{0{,}39} + \frac{0{,}015}{1{,}00}$$

$$= 2{,}29\ m^2 \cdot K/W > 0{,}55, \text{ d. h. ausreichend nach Tafel 12.6.}$$

Tafel 12.1 Wärmedurchlasswiderstand $\boldsymbol{R_g}$ **von ruhenden Luftschichten** nach DIN EN 6946 [2]

d in mm[1)]		5	7	10	15	25	50	100	300
R_g in $m^2 \cdot K/W$[2)]	↑	0,11	0,13	0,15	0,16	0,16	0,16	0,16	0,16
	→	0,11	0,13	0,15	0,17	0,18	0,18	0,18	0,18
	↓	0,11	0,13	0,15	0,17	0,19	0,21	0,22	0,23

1) Dicke der Luftschicht.
2) Richtung des Wärmestroms aufwärts (↑), horizontal bis ± 30° (→) oder abwärts (↓).

12.2.4 Wärmeübergang

Der Wärmeübergang kennzeichnet dic Wärmeübertragung zwischen der Oberfläche eines Bauteils und der angrenzenden Luft unter der Wirkung von Wärmeleitung, Wärmeströmung (Konvektion) und Wärmestrahlung. Er ist bestimmt durch die Wärmemenge, die von der Oberfläche des Bauteils an die angrenzende Luft – oder umgekehrt – übertragen wird.

Der **Wärmeübergangswiderstand** R_s (früher $1/\alpha$) ist der Kennwert für die Wärmemenge in Watt, die stündlich zwischen 1 m^2 der Oberfläche eines Bauteils und der angrenzenden Luft übertragen wird, wenn zwischen der Oberfläche des Bauteils und der angrenzenden Luft ein

Temperaturunterschied von 1 K besteht. Einheit: $(m^2 K)/W$. Die Wärmeübergangswiderstände auf der Innen- bzw. Außenseite einer Wand oder Decke werden mit R_{si} (i = intern) bzw. R_{se} (e = extern) bezeichnet. Die Werte R_{si} sind von der Richtung des Wärmestroms abhängig (siehe Tafel 12.2). Die Werte R_{se} gelten auch für Bauteile, die ans Erdreich grenzen.

Tafel 12.2 Wärmeübergangswiderstände R_{si} (intern) und R_{se} (extern) nach DIN EN ISO 6946

Wärmestrom	aufwärts	horizontal [1)]	abwärts
R_{si} in $(m^2 K)/W$	0,10	0,13	0,17
R_{se} in $(m^2 K)/W$	0,04	0,04	0,04

[1)] Bis ± 30 ° zur Horizontalen.

12.2.5 Wärmedurchgang

Unter dem Wärmedurchgang versteht man die Wärmemenge, die stündlich auf der Innenseite eines Bauteils aus der angrenzenden Luft aufgenommen und auf der Außenseite an die dort angrenzende Luft wieder abgegeben wird. Seine Berechnung erfolgt wie folgt.

Zunächst wird der **Wärmedurchgangswiderstand** R_T als Summe aus dem Durchlasswiderstand R (Dämmwert) der Wand (siehe Abschn. 12.2.3) und den Wärmeübergangswiderständen R_{si} und R_{se} (siehe Abschn. 12.2.4) berechnet:

$R_T = R + R_{si} + R_{se}$ Einheit: $(m^2 \cdot K)/W$.

Daraufhin kann der **Wärmedurchgangskoeffizient** U als Kehrwert von R_T berechnet werden. U gibt die Wärmemenge an, die stündlich durch $1\,m^2$ eines Bauteils hindurchgeht, wenn zwischen der beiderseits angrenzenden Luft ein Temperaturunterschied von 1 K besteht:

$U = 1/(R + R_{si} + R_{se})$ Einheit: $W/(m^2 \cdot K)$.

Multipliziert man den Wärmedurchgangskoeffizienten U eines Bauteils mit seiner Fläche und der Differenz der Lufttemperaturen innen und außen, erhält man den **Transmissionswärmeverlust** des Bauteils. Er beeinflusst neben dem Lüftungswärmeverlust wesentlich den Jahresheizwärmebedarf eines Gebäudes (siehe Abschn. 12.2.1). Beispiele für U-Werte von zweischaligem Mauerwerk siehe Tafel 12.4.

Die Wärmedurchgangskoeffizienten U_w (w für window; bisher U_F) von **Fenstern und Fenstertüren** hängen vom U_g-Wert der Verglasung (g für glass; bisher U_V) und vom Bemessungswert $U_{f,BW}$ des Rahmens ab (f für frame). Anstelle der bisherigen Rahmenmaterialgruppen 1, 2.1, 2.2, 2.3 und 3 sind die $U_{f,BW}$-Werte 1,4; 1,8; 2,2 (bisher Materialgruppe 1); 2,6; 3,0 (bisher Materialgruppe 2.1); 3,4; 3,8 (bisher Materialgruppe 2.2) und 7,0 (bisher Materialgruppe 2.3 und 3) eingeführt. Folgende U_g- und U_w-Werte in $W/(m^2 \cdot K)$ gelten für die verschiedenen $U_{f,BW}$-Werte des Rahmenmaterials:

Einfachglas	U_g = 5,7	U_w = 4,4 bis 6,1
Zweifach-Isolierglas	U_g = 2,3 bis 1,0	U_w = 1,3 bis 3,8
Dreifach-Isolierglas	U_g = 2,3 bis 0,5	U_w = 0,9 bis 3,7

Tafel 12.3 Bemessungswerte der Wärmeleitfähigkeit λ und Richtwerte der Wasserdampf- Diffusionswiderstandszahlen μ nach DIN 4108-4 und DIN EN 12 524 (ausführliche Wertetabellen siehe [27], [39] und Normen)

Stoffe	ρ 1) in kg/m³	λ in W/(m · K)	μ 2)
Putz aus Kalk, Kalkzement, Hydraulischer Kalk	(1800)	1,00	15/35
Leichtputz	≤ 1000	0,38	15/20
Wärmedämmputz 080	≥ (200)	0,08	5/20
Kunstharzputz	(1100)	0,70	50/200
Mauermörtel NM	(1800)	1,2	15/35
Mauermörtel DM	(1600)	1,0	15/35
Mauermörtel LM 36	≤ 1000	0,36	15/35
Mauermörtel LM 21	≤ 700	0,21	15/35
Asphalt	2100	0,70	50 000
Zement-Estrich	(2000)	1,4	15/35
Anhydrit-Estrich	(2100)	1,2	15/35
Beton	2400	2,3	80/130
Beton mit 2 % Stahl	2400	2,5	80/130
Leichtbeton mit geschlossenem Gefüge	800 bis 2000	0,39 bis 1,6	70/150
Leichtbeton mit haufwerkporigem Gefüge	400 bis 2000	0,13 bis 1,2	3/10 bis 5/15
Porenbeton	300 bis 1000	0,10 bis 0,31	5/10
Porenbeton-Planbauplatten PPpl	300 bis 800	0,10 bis 0,25	5/10
Gipskartonplatten	900	0,25	4/10
Mauerwerk aus			
Voll- und Hochloch-Ziegeln	1200 bis 2400	NM/DM: 0,50 bis 1,4	5/10
Wärmedämmziegeln WDZ	550 bis 1000	LM: 0,27 bis 0,40	5/10
Plan-Wärmedämmziegeln PWDz	550 bis 1000	DM: 0,20 bis 0,27	5/10
Kalksandsteinen	1000 bis 2200	NM/DM: 0,50 bis 1,3	5/10 bis 15/25
Porenbeton-Plansteinen PP	300 bis 800	NM/DM: 0,10 bis 0,25	5/10
Betonsteinen Hbl nach DIN 18 151, Gruppe 1, ohne Quarzzusatz 3)	450 bis 900 1000 bis 1400	LM 21: 0,20 bis 0,34 LM 36: 0,21 bis 0,26 NM: 0,24 bis 0,39 NM: 0,45 bis 0,65	5/10
Holzwolle-Leichtbauplatten nach DIN 1101 Dicke = 25 mm Dicke 15 bis 25 mm 4)	 360 bis 460 460 bis 570	 0,065 bis 0,090 0,15	2/5
Korkplatten nach DIN 18 161-1	80 bis 500	0,045 bis 0,055	5/10

Tafel 12.3 (Fortsetzung)

Stoffe	ρ [1] in kg/m³	λ in W/(m · K)	μ [2]
Schaumkunststoff PUR nach DIN 18 159-1 auf Baustelle hergestellt	> (45)	0,035 bis 0,04	30/100
Schaumkunststoff UF nach DIN 18 159-2 auf Baustelle hergestellt	(≥ 10)	0,035 bis 0,040	1/3
Schaumkunststoffe: PS-Hartschaum PUR-Hartschaum PF-Hartschaum	 ≥ 15 bis ≥ 30 (≥ 30) (≥ 30)	 0,035 bis 0,040 0,020 bis 0,040 0,030 bis 0,045	 20/50 bis 40/100 30/100 10/50
Konstruktionsvollholz	500 bzw. 700	0,13 bzw. 0,18	20/50 bzw. 50/200
Sperrholz	300 bis 1 000	0,09 bis 0,24	50/150 bis 110/250
Spanplatten	300 bis 900	0,10 bis 0,18	10/50 bis 20/50
OSB-Platten	650	0,13	30/50
Holzfaserplatten	250 bis 800	0,07 bis 0,18	2/5 bis 10/20
Fußbodenbeläge Linoleum Kunststoff Teppich, Teppichboden	 1200 1700 200	 0,17 0,25 0,06	 800/1000 10 000 5
Abdichtstoffe Asphalt Bitumen	 2200 1050	 0,70 0,17	 50 000 50 000
Bitumendachbahnen nach DIN 52 128	(1200)	0,17	(praktisch dampfdicht) 1000/80 000
PA-Folien, $d \geq 0{,}05$ mm	–	–	10 000
PP-Folien, $d \geq 0{,}05$ mm	–	–	1000
Schüttungen, abgedeckt Blähperlit Blähglimmer Schaumlava Blähton, Blähschiefer PS-Schaumpartikel Sand, Kies, Splitt		 0,060 0,070 0,22 0,16 0,050 0,70	 3 3 3 3 3 3
Fliesen aus Keramik Kunststoff Kork	 2300 1000 > 400	 1,3 0,20 0,065	 ∞ 10 000 20/40
Floatglas	2 500	1,0	8
Natursteine Kristallin N. Sediment-N. Poröse N. (z. B. Lava)	 2800 2600 1600	 3,5 2,3 1,2	 10 000 2/250 15/20

Tafel 12.3 (Fortsetzung)

Stoffe	ρ[1] in kg/m³	λ in W/(m · K)	μ[2]
Lehmbaustoffe	500 bis 2000	0,14 bis 1,1	5/10
Ton, Schlick, Schlamm	1200 bis 1800	1,5	50
Sand, Kies	1700 bis 2200	2,0	50
Stahl	7800	50	∞
Kupfer	8900	380	∞
Al-Legierungen	2800	160	∞
Blei	11 300	35	∞
Gummi			
Naturkautschuk	910	0,13	10 000
PIB-Kautschuk	930	0,20	10 000
Schaumgummi	60 bis 80	0,06	7000

[1] Beton: Trockenrohdichte; Steine: Rohdichteklasse der Normen; Schüttungen: Schüttdichte Eingeklammerte Werte dienen nur zur Ermittlung der flächenbezogenen Massen.
[2] Unterer Grenzwert/ oberer Grenzwert.
[3] Mit Quarzsandzusatz: λ-Werte 15 bis 20 % höher

Tafel 12.4 Ausgewählte U-Werte für zweischaliges Mauerwerk [2]
Innen 1,5 cm Kalkgipsputz mit λ = 0,70 W/(m · K), R_{si} = 0,13, außen 11,5 cm Verblender der Rohdichteklasse 1,6 mit λ = 0,68 W/(m · K), R_{se} = 0,04

d[1] in cm	λ des Hintermauerwerks in W/(m · K)									
	0,39	0,36	0,33	0,30	0,27	0,24	0,21	0,18	0,16	0,14
6 cm Dämmung mit λ = 0,035 W/(m · K), 4 cm Luftschicht mit R_g = 0,18 m² · K/W										
17,5	0,37	0,37	0,36	0,35	0,35	0,34	0,32	0,31	0,30	0,29
24	0,35	0,34	0,34	0,33	0,32	0,31	0,30	0,28	0,27	0,25
8 cm Dämmung mit λ = 0,035 W/(m · K), 4 cm Luftschicht										
17,5	0,31	0,30	0,30	0,29	0,29	0,28	0,27	0,26	0,26	0,25
24	0,29	0,29	0,28	0,28	0,27	0,26	0,25	0,24	0,23	0,22
10 cm Dämmung mit λ = 0,035 W/(m · K), 4 cm Luftschicht										
17,5	0,26	0,26	0,26	0,25	0,25	0,24	0,24	0,23	0,22	0,22
24	0,25	0,25	0,24	0,24	0,23	0,23	0,22	0,21	0,20	0,20
10 cm Kerndämmung mit λ = 0,050 (bzw. 0,035) W/(m · K), ohne Luftschicht										
17,5	0,36 (0,27)	0,35 (0,27)	0,35 (0,27)	0,34 (0,26)	0,33 (0,26)	0,32 (0,25)	0,31 (0,25)	0,30 (0,24)	0,29 (0,23)	0,28 (0,22)
24	0,34 (0,26)	0,33 (0,26)	0,32 (0,25)	0,32 (0,25)	0,31 (0,24)	0,30 (0,24)	0,29 (0,23)	0,27 (0,22)	0,26 (0,21)	0,25 (0,20)
10 cm Kerndämmung mit λ = 0,050 (bzw. 0,035) W/(m · K), ohne Luftschicht										
17,5	0,26 (0,20)	0,26 (0,19)	0,26 (0,19)	0,25 (0,19)	0,25 (0,19)	0,25 (0,18)	0,24 (0,18)	0,23 (0,18)	0,23 (0,17)	0,22 (0,17)
24	0,25 (0,19)	0,25 (0,19)	0,24 (0,19)	0,24 (0,18)	0,24 (0,18)	0,23 (0,18)	0,22 (0,17)	0,21 (0,17)	0,21 (0,16)	0,20 (0,16)

[1] Dicke des Hintermauerwerks.

Tafel 12.5 Höchstwerte des auf die Gebäudenutzfläche und des auf das beheizte Gebäudevolumen bezogenen Jahres-Primärenergiebedarfs und des spezifischen, auf die wärmeübertragende Umfassungsfläche bezogenen Transmissionswärmeverlusts in Abhängigkeit vom Verhältnis A/V_e nach En EV 2002

Verhältnis A/V_e	Jahres-Primärenergiebedarf Q_p'' in kWh/(m² · a) bezogen auf die Gebäudenutzfläche		Q_p' in kWh/(m³ a) bezogen auf das beheizte Gebäudevolumen	Spezifischer, auf die wärmeübertragende Umfassungsfläche bezogener Transmissionswärmeverlust H_T' in W/(m² · K)	
	Wohngebäude außer solchen nach Spalte 3	Wohngebäude mit überwiegender Warmwasserbereitung aus elektrischem Strom	andere Gebäude	Nichtwohngebäude mit einem Fensterflächenanteil ≤ 30 % und Wohngebäude	Nichtwohngebäude mit einem Fensterflächenanteil von ≥ 30 %
1	2	3	4	5	6
≤ 0,2	66,00 + 2600/(100 + A_N)	88,00	14,72	1,05	1,55
0,3	73,53 + 2600/(100 + A_N)	95,53	17,13	0,80	1,15
0,4	81,06 + 2600/(100 + A_N)	103,06	19,54	0,68	0,95
0,5	88,58 + 2600/(100 + A_N)	110,58	21,95	0,60	0,83
0,6	96,11 + 2600/(100 + A_N)	118,11	24,36	0,55	0,75
0,7	103,64 + 2600/(100 + A_N)	126,64	26,77	0,51	0,69
0,8	111,17 + 2600/(100 + A_N)	133,17	29,18	0,49	0,65
0,9	118,70 + 2600/(100 + A_N)	140,70	31,59	0,47	0,62
1	126,23 + 2600/(100 + A_N)	148,23	34,00	0,45	0,59
≥ 1,05	130 + 2600/(100 + A_N)	152,00	35,21	0,44	0,58

A wärmeübertragende Umfassungsfläche eines Gebäudes in m², zu berechnen nach Anhang B der DIN EN ISO 13 789 und nach DIN EN 832

V_e beheiztes Gebäudevolumen, das von A umschlossen wird

A_N $= 0{,}32 \cdot V_e$ Gebäudenutzfläche von Wohngebäuden in m²

A/V_e Zwischenwerte dürfen wie folgt ermittelt werden:

Spalte 2: $Q_p'' = 50{,}94 + 75{,}29 \cdot A/V_e + 2600/(100 + A_N)$ in kWh/(m² · a)

Spalte 3: $Q_p'' = 72{,}94 + 75{,}29 \cdot A/V_e$ in kWh/(m² · a)

Spalte 4: $Q_p' = 9{,}9 + 24{,}1 \cdot A/V_e$ in kWh/(m³ · a)

Spalte 5: $H_T' = 0{,}3 + 0{,}15/(A/V_e)$ in W/(m² · K)

Spalte 6: $H_T' = 0{,}35 + 0{,}24/(A/V_e)$ in W/(m² · K)

12.2.6 Wärmeschutznachweise

In der EnEV 2002 (gültig ab 1. 2. 2002) ist der bauliche Wärmeschutz gegenüber der Wärmeschutzverordnung (WärmeschutzV) vom 6. 8. 1994 erhöht worden. Außerdem werden in den Wärmeschutznachweis Anforderungen an die Anlagen für Heizung, Warmwasser und Lüftung einbezogen. Er ist dadurch komplizierter als bisher geworden, und es empfiehlt sich, dafür geeignete (vorhandene) Software zu verwenden. Die Ausgangswerte für den Nachweis finden sich in den Normen DIN V 4108-4, DIN V 4108-6 und DIN V 4701-10 sowie z. B. auch in [27] und [39].

Bei neu zu errichtenden Wohngebäuden mit normalen Innentemperaturen darf der auf die Gebäudenutzfläche bezogene Jahres-Primärenergiebedarf sowie der auf die wärmeübertragende Umfassungsfläche des Gebäudes bezogene spezifische Transmissionswärmeverlust die Höchstwerte der Tafel 12.5 nicht überschreiten. Unabhängig von den Nachweisen nach der EnEV muss außerdem der Mindestwärmeschutz für Aufenthaltsräume nach DIN 4108-2 vorhanden sein (siehe Abschn. 12.2.7).

12.2.7 Wärmeschutz in Aufenthaltsräumen

Beim Wärmeschutz in Aufenthaltsräumen ist zu unterscheiden zwischen winterlichem und sommerlichem Wärmeschutz. Der winterliche Wärmeschutz soll verhindern, dass zuviel Wärme aus den Aufenthaltsräumen nach außen abfließt, der sommerliche Wärmeschutz, dass diese sich zu stark aufheizen.

a) Winterlicher Wärmeschutz

Für den winterlichen Wärmeschutz legt die DIN 4108-2 die in Tafel 12.6 aufgeführten Mindestwerte für den Wärmedurchlasswiderstand R (Wärmedämmwert; siehe Abschn. 12.2.3) von nichttransparenten Bauteilen wie Wänden, Decken und Dächern fest. Diese Werte müssen an jeder Stelle der Bauteile vorhanden sein, auch bei Nischen unter Fenstern, Brüstungen von Fensterbauteilen, Fensterstürzen und Rohrkanälen. Auch der nichttransparente Anteil von Fenstern und Fenstertüren muss die Anforderungen der Tafel 12.6 erfüllen, wenn er mehr als 50 % der gesamten Ausfachung beträgt. Für Flächenanteile unter 50 % gilt $R = 1{,}0\,(\mathrm{m}^2 \cdot \mathrm{K})/\mathrm{W}$.

Wärmebrücken an Flächen oder in Ecken können in Gebäuden hohe Transmissionswärmeverluste bewirken und zu Schimmelbildung führen, da sich dort leicht Kondenswasser niederschlägt. Diese Bereiche sind außenseits zusätzlich zu dämmen. Zur Vermeidung der Schimmelpilzbildung ist gleichmäßige Beheizung, ausreichende Belüftung und eine weitgehend ungehinderte Luftzirkulation an Wandflächen wichtig.

b) Sommerlicher Wärmeschutz

Der sommerliche Wärmeschutz kann insbesondere durch ausreichend große Speicherfähigkeit der Außenwände (siehe Abschn. 12.2.8) sowie natürlich durch Verringerung des Fensteranteils und durch Lüftung besonders in der zweiten Nachthälfte erreicht werden. Die EnEV verlangt einen genauen Nachweis des Sonneneintrags, wenn der Anteil der Fensterfläche an der Gesamtaußenfläche 30 % übersteigt. Die Neuausgabe der DIN 4108-2 (2003-04) verlangt darüber hinausgehend (außer bei Ein- und Zweifamilienhäusern mit außen liegenden Sonnenschutzvorrichtungen) diesen Nachweis für alle sog. „kritischen" Räume oder Raumbereiche, die „der Sonneneinstrahlung besonders ausgesetzt" sind.

Die zurückgezogene DIN 4108-2 (1981-08) gab für das Produkt $f \cdot g \cdot F_C$ aus Fensterflächenanteil f, Gesamtenergiedurchlassgrad g der Verglasung (siehe Abschn. 15.5) und einem Abminderungsfaktor F_C Werte von 0,25 bis (bei extrem leichter Bauart) 0,10 an. Die

Werte gelten für Fenster, die weniger als 30 % gegen die Senkrechte geneigt sind und für einen Fensterflächenanteil von $f \leq 65$ %. Sie hängen von den monatlichen Außentemperaturen, von der Art der Sonnenschutzgläser und möglicher Nachtlüftung ab und erhöhen sich um ca. 10 % bei nach N, NO oder NW gerichteten Fenstern. Der Abminderungsfaktor F_C hängt von der vorgesehenen Sonnenschutzvorrichtung ab. Er wird für innen oder zwischen den Scheiben liegenden reflektierendem Sonnenschutz zu 0,75 (geringe Transparenz) bis 0,90 (hohe Transparenz) angesetzt, für außen liegende zu 0,25 (Jalousien) und für Vordächer und Markisen zu 0,50.

Tafel 12.6 Mindestwerte für die Wärmedurchlasswiderstände R nichttransparenter Bauteile nach DIN 4108-2, Tabelle 3

Bauteile	R in $m^2 \cdot K/W$
Außenwände, Wände von Aufenthaltsräumen gegen Bodenräume, Durchfahrten, offene Hausflure, Garagen und gegen Erdreich Wände zwischen fremdgenutzten Räumen, Wohnungstrennwände	1,20[1)2)] 0,07
Wände zu Treppenräumen mit Innentemperaturen $\theta_i \leq 10$ °C Wände zu Treppenräumen mit Innentemperaturen $\theta_i > 10$ °C, z. B. in Wohn-, Geschäfts-, Schulgebäuden, Hotels, Gaststätten	0,25 0,07
Wohnungstrenndecken, Decken zwischen fremden Arbeitsräumen und unter ausgebauten, gedämmten Dachräumen, allgemein Decken wie vor, aber in zentralbeheizten Bürogebäuden	0,35 0,17
Unterer Abschluss nicht unterkellerter Aufenthalträume, unmittelbar oder über einem nicht belüfteten Hohlraum gegen Erdreich	0,90
Kellerdecken, Decken gegen abgeschlossene, unbeheizte Hausflure und unter nicht ausgebauten Dachräumen bzw. Dachraumteilen, z. B. außerhalb von Abseitenwänden	0,90[2)]
Decken und Dächer gegen Außenluft nach unten, gegen Garagen (auch beheizbare), Durchfahrten (auch verschließbare) und belüftete Kriechkeller nach oben als Dächer oder Decken unter Terrassen	 1,75 1,20

1) Für Gebäude mit niedrigen Innentemperaturen (12 °C $\leq \theta_i <$ 19 °C) gilt $R = 0{,}55$.
2) Für Außenwände und Decken unter nicht ausgebauten Dachräumen mit einer flächenbezogenen Gesamtmasse unter 100 kg/m² gilt $R \geq 1{,}75\ m^2 \cdot K/W$.

Für **bestehende Gebäude** mit normalen Innentemperaturen werden bei Ersteinbau, Ersatz oder Erneuerung von Außenbauteilen die folgenden Mindest-U-Werte gefordert: Außenwände $U_W \leq 0{,}50$, Fenster $U_F \leq 1{,}8$, Decken unter nicht ausgebauten Dachräumen, Dächer $U_D \leq 0{,}30$ und Kellerdecken $U_G \leq 0{,}50\ W/(m^2 \cdot K)$.

12.2.8 Wärmespeicherung

Wärmespeichernde Wände und Decken sind erforderlich, um im Winter ein zu schnelles Auskühlen der Räume bei Nachlassen der Heizung und im Sommer ein zu rasches Erwärmen zu verhindern. Die Wirksamkeit eines Bauteils ist umso größer, je größer das **Wärmespeichervermögen** $Q = c \cdot \varrho \cdot d$ und je kleiner die Wärmedurchlasszahl $1/R = \lambda/d$ (siehe Abschn. 12.2.2) ist. c_p ist die spezifische Wärme eines Stoffes in kJ/(kg · K) und gibt an, wie viel Wärme erforderlich ist, um 1 kg eines Stoffes um 1 Kelvin zu erwärmen. ϱ ist die Rohdichte in kg/m³ (siehe auch Tafel 1.2).

Tafel 12.7 Spezifische Wärmekapazität c_p, Wärmespeicherzahl und Wärmeeindringzahl einiger Baustoffe (s. a. DIN EN 12 524)

Stoff	Dichte ϱ kg/m³	Wärme-leitzahl λ W/(m · K)	Spezifische Wärme-kapazität c_p kJ/(kg · K)	Wärme-speicherzahl $S = c_p \cdot \varrho$ kJ/(m³ · K)	Wärme-eindringzahl $b = \sqrt{c_p \cdot \varrho \cdot \lambda}$ J/(s$^{1/2}$ · m² · K)
Luft	1,29	0,024	1,0	1,29	5,6
Wasser	1000	0,60	4,2	4200	1600
Styropor	15	0,04	1,38	21	29
Faserdämmstoff	500	0,05	0,6	300	120
Korklinoleum	700	0,081	1,9	1330	330
Fichte, Kiefer, Tanne	600	0,13	2,4	1440	430
Buche, Eiche	800	0,20	2,7	2160	660
Leichtbeton	600 bis 2000	0,22 bis 1,2	1,0 bis 1,1	600 bis 2200	360 bis 1600
Ziegelmauerwerk	700 bis 2000	0,36 bis 0,96	0,9	630 bis 1800	480 bis 1300
Normal(kies)-beton	2400	2,1	1,1	2640	2400
Naturstein, porös	1600	0,55	0,7	1120	790
Naturstein, dicht	2800	3,5	0,9	2520	3000
Stahl	7800	60	0,5	3900	15 300
Aluminium	2700	200	0,9	2430	22 000

Tafel 12.8 Ausgleichsfeuchtegehalte[1] von Baustoffen (DIN 4108-4) [27]

Zeile	Baustoffe	u [2] in %
1	Ziegel	1
2	Kalksandsteine	3
3.1	Beton mit geschlossenem Gefüge mit dichten Zuschlägen	2
3.2	Beton mit geschlossenem Gefüge mit porigen Zuschlägen	13
4.1	Leichtbeton, haufwerkporig, dichte Zuschläge DIN 4226-1	3
4.2	Leichtbeton, haufwerkporig, porige Zuschläge DIN 4226-2	4,5
5	Porenbeton	6,5
6	Gips, Anhydrit	2
7	Gussasphalt, Asphaltmastix	0
8	Anorganische Stoffe in loser Schüttung; expandiertes Gesteinsglas (z. B. Blähperlit)	1
9	Mineralische Faserdämmstoffe aus Glas-, Stein- oder Hochofenschlacken-(Hütten-)Fasern	1,5
10	Schaumglas	0
11	Holz, Sperrholz, Spanplatten, Holzfaserplatten, Schilfrohrplatten und -matten, organische Faserdämmstoffe	15
12	Holzwolle-Leichtbauplatten	13
13	Pflanzliche Faserdämmstoffe aus Seegras, Holz-, Torf- und Kokosfasern und sonstigen Fasern	15
14	Korkdämmstoffe	10
15	Schaumkunststoffe aus Polystyrol, Polyurethan (hart)	1

[1] Unter Ausgleichsfeuchtegehalt versteht man den Feuchtegehalt, der bei der Untersuchung genügend ausgetrockneter Bauten zum dauernden Aufenthalt von Menschen in 90 % aller Fälle nicht überschritten wird.
[2] Massebezogener Feuchtegehalt (bisher u_m).

Der Wert $S = c \cdot \varrho$ wird als Wärmespeicherzahl bezeichnet. Die Wärmeeindringzahl $b = \sqrt{c \cdot \lambda \cdot \varrho}$ ist die maßgebende Kenngröße bei *kurzzeitigen* Wärmeströmungsvorgängen. Ist sie für einen Baustoff klein, heizt er sich schnell auf. Andererseits entziehen Stoffe, die ein kleines b besitzen, dem menschlichen Körper wenig Wärme, fühlen sich also fuß- oder handwarm an (Styropor!). Stoffe mit großem b fühlen sich dagegen kalt an (Beton, Metalle). Zahlenwerte für c_p, S und b siehe Tafel 12.7, für Ausgleichsfeuchte Tafel 12.8.

12.2.9 Fragen und Aufgaben zum Wärmeschutz

1) Welche Vorschriften sind für den Wärmeschutz maßgebend?
2) Erläutern sie die Vorgänge, durch die Wärme übertragen wird!
3) Was versteht man unter der Wärmeleitfähigkeit eines Baustoffs? Geben Sie den Kennbuchstaben und die Einheit an!
4) Was versteht man unter dem Wärmedurchlass und dem Wärmedurchlasswiderstand eines Bauteils und einer mehrschichtigen Wand? Wie werden sie berechnet? Geben Sie Kennbuchstaben und Einheit an!
5) Was versteht man unter der Wasserdampfdiffusion durch eine Wand? Durch welchen Buchstaben wird sie gekennzeichnet? Welches ist ihre Einheit und was sagt sie aus? Worauf muss man beim Wandaufbau bezüglich der Wasserdampfdiffusion achten?

6) Was versteht man unter dem Wärmedurchgang durch eine Wand? Mit welchen beiden Buchstaben wird er bezeichnet? Welches ist seine Einheit und wie wird er berechnet?
7) Berechnen Sie den Wärmedurchlasswiderstand und den Wärmedurchgangskoeffizienten einer zweischaligen Wand, die wie folgt aufgebaut ist (von außen nach innen): 11,5 cm Verblender (λ = 0,68); 4 cm Luftschicht; 8 cm Wärmedämmung (λ = 0,035); 24 cm Planziegel (λ = 0,16); 1,5 cm Kalkgipsputz (λ = 0,70).
8) Erkunden Sie den Außenwand-Aufbau Ihres Aufenthaltsraumes und berechnen Sie den R-Wert und den stündlichen Wärmeverlust für die z. Z. herrschenden Temperaturen und für T_i = +20 °C und T_a = –5 °C.
9) Erläutern Sie den nach der EnEV geforderten Wärmeschutznachweis. Welches ist das Ziel der EnEV?
10) Was ist beim Wärmeschutz von Aufenthaltsräumen im Winter und im Sommer zu beachten?
11) Was versteht man unter der Wärmespeicherung eines Bauteils? Wofür ist sie wichtig?
12) Geben sie eine Übersicht über die für den Wärme- und Schallschutz verwendeten Dämmstoffe!

12.3 Schallschutz nach DIN 4109

Normen

DIN 4109	(1989-11)	Schallschutz im Hochbau; Anforderungen und Nachweise mit Änderung A1 (2001-01)
Beiblatt 1	(1989-11)	Ausführungsbeispiele und Rechenverfahren
Beiblatt 2	(1989-11)	Hinweise für Planung und Ausführung; Vorschläge für eine erhöhten Schallschutz; Empfehlungen für den Schallschutz im eigenen Wohn- und Arbeitsbereich
Beiblatt 3	(1996-06)	Berechnung von $R'_{w,R}$ für den Nachweis der Eignung nach DIN 4109 aus Werten des im Labor ermittelten Schalldämm-Maßes R_w.

12.3.1 Allgemeines

(s. a. Abschn. 1.11)

Der **Lärm** (störender Schall) ist für den Menschen eine starke Belästigung; er beeinträchtigt die Arbeitsleistung und wirkt sich unter Umständen schädlich auf das Nervensystem und damit auf die Gesundheit aus. Dabei handelt es sich in erster Linie um den Schall (Lärm), der von Wohnung zu Wohnung oder vom Treppenhaus übertragen wird, in besonderem Maße um den von außen eindringenden Schall (Verkehrslärm, Baulärm etc.), schließlich aber auch um den Schall, der innerhalb einer Wohnung von Raum zu Raum übertragen wird.

Beim **Schall** unterscheidet man Luftschall, Körperschall und Trittschall. Luftschall breitet sich in der Luft gleichmäßig nach allen Richtungen aus. Körperschall breitet sich in festen (und flüssigen) Körpern aus. Die Schallgeschwindigkeit ist hier größer als in der Luft. Trittschall entsteht z. B. durch Begehen o. Ä. von Decken oder Treppen oder durch Installationsgeräusche, wird als Körperschall weitergeleitet und als Luftschall in andere Räume abgestrahlt.

Unter **Schallschutz** versteht man alle Maßnahmen, die die Schallübertragung von einer Schallquelle zum Hörer vermindern. Sind Schallquelle und Hörer in verschiedenen Räumen, so geschieht das hauptsächlich durch Schalldämmung, sind sie in demselben Raum, so geschieht das durch Schallschluckung (Schallabsorption). Bei der Schalldämmung unterscheidet man je nach Art des Störschalls zwischen Luftschalldämmung und Trittschalldämmung (allgemeiner: Körperschalldämmung).

Die DIN 4109 stellt bestimmte Anforderungen an Bauteile und gibt Ausführungsbeispiele, die sich als wirkungsvoll erwiesen haben. Die Luftschalldämmung ist hauptsächlich abhängig von der Masse der Bauteile, die Trittschalldämmung dagegen von der Lage und der Elastizität der Dämmstoffe.

12.3.2 Schallpegel (dB)

Der Luftschall wird mit elektrischen Schallpegelmessern gemessen. Sie messen die durch die Schallquelle hervorgerufenen, über den normalen Luftdruck (etwa 1 bar) hinausgehenden Luftdruckschwankungen p. Diese Luftdruckschwankungen sind sehr gering. Sie liegen zwischen $p = 10^{-4}$ µbar und 10^3 µbar, d. h. zwischen 10^{-10} und 10^{-3} bar. Auf der Skala des Schallpegelmessers wird nicht der gemessene Schalldruck p angezeigt, sondern der **Schallpegel *L*** (Schalldruckpegel). Er wird in Dezibel (Kurzzeichen: dB) angegeben und ergibt sich aus den Luftdruckschwankungen p wie folgt:

$$L = 10 \cdot \lg \frac{p^2}{p_0^2} = 20 \lg \frac{p}{p_0} \quad \text{Dezibel (dB)}$$

p_0 ist ein Bezugswert, der etwa der gerade noch vom menschlichen Ohr hörbaren Luftdruckschwankung entspricht: $p_0 = 2 \cdot 10^{-4}$ µbar. Den o. a. Luftdruckschwankungen entsprechen Schallpegel von 0 bis 130 dB. Der Schalldruck wird auch in Pa(scal) angegeben: 1 Pa ≙ 10 µbar, d. h. $p_0 = 2 \cdot 10^{-4} : 10\ \mu\text{bar} = 2 \cdot 10^{-5}\ \text{Pa} = 20 \cdot 10^{-6}\ \text{Pa} = 20\ \mu\text{Pa}$.

Der physikalisch gemessene Schallpegel entspricht nicht genau dem menschlichen Schallempfinden[1]. Es gibt Schallpegelmesser, die das menschliche Schallempfinden durch einen eingebauten Filter (A-Filter) bereits *angenähert* berücksichtigen. Es handelt sich dabei um den mit der Frequenzbewertung A nach DIN IEC 651 bewerteten Schalldruckpegel L_A, der in dB(A) angegeben wird. Er ist ein Maß für die Stärke eines Geräusches. Durch die Frequenzbewertung *A* wird der Einfluss der Frequenzen < 1000 Hz und > 5000 Hz auf den Gesamtschallpegel abgeschwächt.

Beispiele von Lautstärken in dB(A):

0 bis 10:	beklemmende Stille
30 bis 40:	Nachtgrundpegel in einem städtischen Wohnviertel
50 bis 60:	leise Sprache und Musik
70 bis 80:	laute Sprache und Musik
80 bis 90:	Hauptverkehrsstraße
130 bis 140:	Düsenflugzeug beim Start aus der Nähe
150 bis 160:	Windkanal; Geschütz; Explosion

12.3.3 Luftschallschutz

a) Die **Luftschalldämmung** eines Bauteils, z. B. einer Wand, wird festgestellt, indem der Schallpegel im Senderaum (L_1) und im Empfangsraum (L_2) gemessen wird (s. Abb. 12.2). $D = L_1 - L_2$ wird als Schallpegel-Differenz bezeichnet. L_2 hängt nicht allein von der Dämmwirkung der Wand, sondern auch von dem Schallabsorptionsvermögen (s. u.) des

[1] Das menschliche Hörempfinden reicht etwa von 16 Hz (sehr tiefer Ton) bis 20 000 Hz (sehr hoher Ton). Mit dem Alter sinkt das Hörempfinden, bei einem 60-jährigen Menschen auf etwa 5000 Hz, ab.

Empfangsraums ab. Ist er leer, wird der Schall von den Wänden usw. stärker reflektiert als in einem möblierten und mit Teppichen und Vorhängen versehenen Raum, also wird L_2 auch entsprechend größer sein.

b) Das gesamte **Schallabsorptionsvermögen** eines Raums ist von der Schallabsorptionsfläche abhängig. Man rechnet alle Oberflächen mit gleichem Schallabsorptionsgrad α (s. u.) im Raum (einschließlich der Möbel, Bespannungen usw.) in einzelnen einheitlichen Gruppen A_1, A_2 usw. in m² zusammen und multipliziert sie mit den zugehörigen Schallabsorptionsgraden α_1, α_2 usw. Die (äquivalente) **Schallabsorptionsfläche** A ist dann

$$A\ (\text{in m}^2) = \alpha_1 \cdot A_1 + \alpha_2 \cdot A_2 + \ldots + \alpha_n \cdot A_n$$

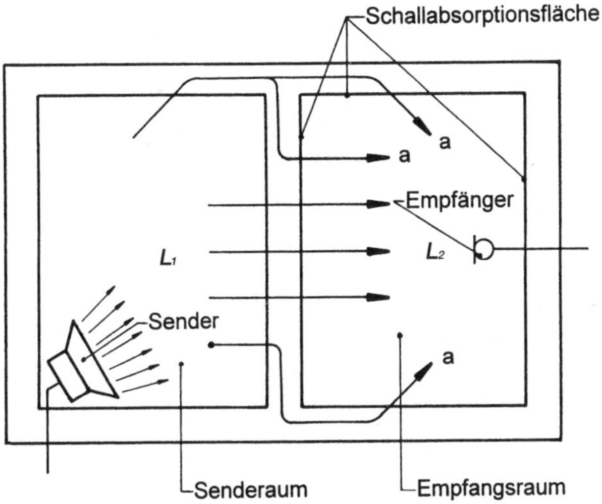

Abb. 12.2 Messung des Luftschalldämm-Maßes einer Trennwand (unter Berücksichtigung der Schall-Nebenwege a und der Schallabsorption im Empfangsraum)

c) Der **Schallabsorptionsgrad** α ist das Verhältnis der absorbierten zur auftreffenden Schallenergie. $\alpha = 0$ bedeutet völlige Reflexion. $\alpha = 1$ bedeutet vollkommene Absorption. α ist abhängig von der Frequenz (Tonhöhe). Bei 1000 Hz treten z. B. folgende α-Werte auf: glatter Putz 0,02; rauer Putz 0,04; Mineralfaserplatte 0,78 bis 1,0; Vorhänge gefältelt 0,94; Holzwolle-Leichtbauplatten (unverputzt, unmittelbar an der Wand) 0,75; 7 mm Teppichboden 0,3.

Das Schallabsorptionsvermögen kann auch aus der in einem Raum gemessenen Nachhallzeit berechnet werden. Räume mit kleiner Nachhallzeit haben ein großes Schallabsorptionsvermögen bzw. umgekehrt. Die **Nachhallzeit** T gibt den Zeitraum in Sekunden an, währenddessen der Schallpegel in einem Raum vom Volumen V in m³ nach Abschalten der Schallquelle um 60 dB absinkt. Die (äquivalente) Schallabsorptionsfläche ergibt sich dann zu $A = 0{,}163 \cdot V/T$ in m². Sie entspricht einer Schallabsorptionsfläche mit einem Schallabsorptionsgrad $\alpha = 1$, die das gleiche Schallabsorptionsvermögen besitzt wie die gesamte Oberfläche des Raums einschließlich darin befindlicher Gegenstände und Personen.

d) Als **Schalldämmmaß *R*** einer Trennwand mit der Fläche S in m² und einer äquivalenten Schallabsorptionsfläche A in m² im Empfangsraum (siehe Abb. 12.2) wird wie folgt angegeben:

$$R = L_1 - L_2 + 10 \cdot \lg \frac{S}{A} \quad \text{in dB}$$

$= L_1 - L_2 + 10 \cdot \lg S - 10 \cdot \lg A$

Beispiel: $L_1 = 70\,\text{dB}, L_2 = 20\,\text{dB}, S = 4 \cdot 2{,}5 = 10\,\text{m}^2, A = 6\,\text{m}^2$
$R = 70 - 20 + 10 \cdot \lg 10 - 10 \cdot \lg 6 = 70 - 20 + 10 \cdot 1 - 10 \cdot 0{,}78$
$R = 50 + 10 - 7{,}8 = 52{,}2\,\text{dB}$

Die Luftschalldämmung von Bauteilen wird zahlenmäßig durch das **bewertete Schalldämm-Maß** R_w bzw. R'_w gekennzeichnet. Das „Labor-Schalldämm-Maß" R_w berücksichtigt ausschließlich die Schallübertragung durch das Bauteil selbst, das „Bau-Schalldämm-Maß" R'_w auch die Schallübertragung über Flanken- oder andere Nebenwege (Decken, Seitenwände etc.; siehe Pfeile a in Abb. 12.2 und 12.4). Nach der im Januar 1997 durch DIN EN ISO 717-1 und -2 ersetzten DIN 52 210-4 (1984-08) wurde R'_w im Labor wie folgt bestimmt (siehe Abb. 12.3, oben):

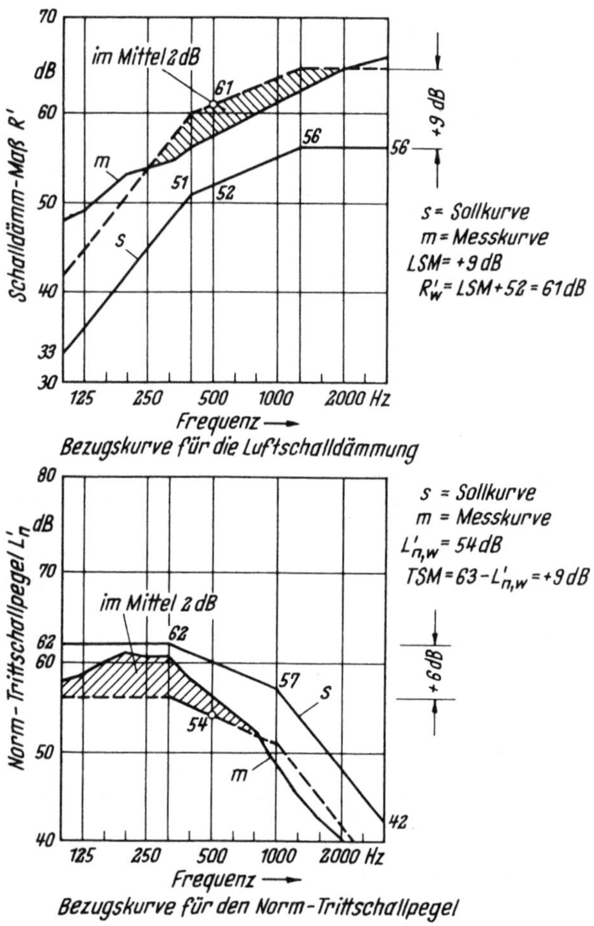

Abb. 12.3 Bestimmung von R'_w und LSM sowie $L'_{n,w}$ und TSM nach DIN 52 210-4 (1984-08)

Die aus den gemessenen L_1/L_2-Werten errechneten Schalldämm-Maße R' trägt man in ein Diagramm ein und erhält so eine Messkurve m. Nun verschiebt man die Bezugskurve s (Schalldämmmaß-Sollkurve nach DIN 52 210-4) so um ganze dB, dass sie von der Messkurve im Mittel um nicht mehr als 2 dB *unter*schritten wird. Der Wert der verschobenen Bezugskurve bei der Frequenz f = 500 Hz ist dann das bewertete Schalldämmmaß R'_w. Der Verschiebungsbetrag (nach oben positiv = gute Wand; nach unten negativ = schlechte Wand) ist das sog. Luftschallschutzmaß LSM, das in der Ausgabe (1989-11) der DIN 4109 nicht mehr aufgeführt wird. Im Beispiel der Abb. 12.3 ist R'_w = 61 dB, LSM = +9 dB.

Allgemein gilt: LSM = R'_w – 52 dB.

Eine massive Stahlbetonplatte, 100 mm dick, mit 10 mm unterseitigem Putz, hat z. B. ein R'_w = 49 dB; zusätzlich mit schwimmendem Estrich: R'_w = 55 dB, entsprechend LSM = 3 dB.

12.3.4 Trittschallschutz

Die Trittschalldämmung von Decken wird zahlenmäßig durch den **bewerteten Norm-Trittschallpegel** $L_{n,w}$ (Labor) bzw. $L'_{n,w}$ (Bau) gekennzeichnet. Der Strich bedeutet also wie beim Luftschall-Dämm-Maß, dass Nebenwege berücksichtigt sind. Die Bestimmung von $L'_{n,w}$ geschieht nach DIN 52 210-4 ähnlich wie beim Luftschall (siehe Abschn. 12.3.2 und Abb. 12.4). Mit Hilfe eines genormten Hammerwerks wird der Schallpegel L_T in dem unter der Decke liegenden Raum gemessen. Daraus errechnet sich ein Norm-Trittschallpegel L'_n. nach der Formel $L'_n = L_T + 10 \lg (A/A_0)$ dB mit $A_0 = 10\,m^2$. Die errechneten Werte trägt man in ein Diagramm gemäß Abb. 12.3 (unten) ein. Zur Beurteilung der Trittschalldämmung der Decke verschiebt man die Bezugskurve *s* (Trittschalldämm-Sollkurve) so, dass sie von der Messkurve im Mittel um nicht mehr als 2 dB *über*schritten wird. Der Wert der verschobenen Bezugskurve bei der Frequenz f = 500 Hz ist der bewertete Norm-Trittschallpegel $L'_{n,w}$. Der Verschiebungsbetrag (nach unten positiv = gute Decke; nach oben negativ = schlechte Decke) ist das sog. Trittschallschutzmaß TSM. Im Beispiel ist $L'_{n,w}$ = 54 dB, TSM = +9 dB. Allgemein gilt: TSM = $L'_{n,w}$ + 63 dB.

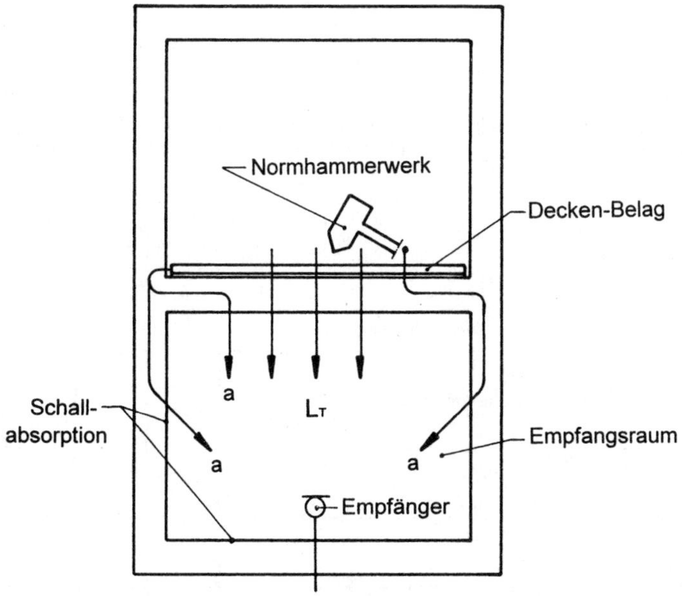

Abb. 12.4 Messung des Trittschallpegels unter einer mit einem Belag versehenen Massivdecke (unter Berücksichtigung der Schall-Nebenwege a und der Schallabsorption im Empfangsraum)

12.3.5 Anforderungen an den Schallschutz

Für den **Luftschallschutz** werden in der DIN 4109 für Decken und Wände bestimmte Anforderungswerte an das bewertete Bau-Schalldämm-Maß angegeben (siehe Tafel 12.8 und 12.9). Im Beiblatt 1 der DIN 4109 werden für die in Gebäuden üblicherweise verwendeten Wand- und Deckenkonstruktionen Rechenwerte $R'_{w,R}$ (Index R steht für „Rechen“wert) angegeben, die als bewertetes Bau-Schalldämm-Maß dieser Konstruktionen angenommen werden können, wenn sie an die flankierenden Bauteile (z. B. seitliche Wände) dicht angeschlossen sind und wenn diese bestimmte Bedingungen erfüllen.

Auch für den **Trittschallschutz** von Decken sind in der DIN 4109 bestimmte Anforderungswerte (siehe Tafel 12.8 und 12.9) für den bewerteten Norm-Trittschallpegel $L'_{n,w}$ angegeben, denen die Rechenwerte $L'_{n,w,R}$ der im Beiblatt 1 zu DIN 4109 angegebenen verschiedenen Deckenkonstruktionen gegenübergestellt werden müssen. Für gebrauchsfertige Decken (also einschließlich Belägen) müssen die Rechenwerte $L'_{n,w,R}$ um mindestens 2 dB unterhalb der in Tafel 12.8 und 12.9 angegebenen $L'_{n,w}$-Werte liegen. Nach dem Beiblatt 1 zur DIN 4109 wird der Rechenwert wie folgt berechnet:

$$L'_{n,w,R} = L_{n,w,eq,R} - \Delta L_{w,R}$$

Hierin ist $L_{n,w,eq,R}$ der sog. äquivalente bewertete Norm-Trittschallpegel der Massivdecke. Er kennzeichnet das Trittschallverhalten einer Massivdecke *ohne* Auflage im Hinblick auf die spätere Verwendung als gebrauchsfertige Decke *mit* Auflage. $L_{n,w,eq,R}$ wird im Labor nach DIN 52 210-4 bestimmt. $\Delta L_{w,R}$ ist das sog. Trittschallverbesserungsmaß der verschiedenen Beläge, wie z. B. Estrich, Holz, Linoleum, PVC oder textile Beläge. Für beide Rechenwerte sind im Beiblatt Werte angegeben.

Berechnungsbeispiel für $L'_{n,w,R}$:
Stahlbetondecke, 120 mm dick mit 10 mm unterseitigem Kalkzement-Putz: $L'_{n,w,eq,R} = 78$ dB.
Schwimmender Zement-Estrich: $\Delta L_{w,R} = 22$ bis 34 dB (je nach Art und Dicke der Dämmschicht). Linoleum-Verbundbelag: $\Delta L_{w,R} = 14$ dB.
Gebrauchsfertige Decke (Beispiel): $L'_{n,w,R} = 78 - 22 - 14 = 42$ dB

Tafel 12.8 Schutz von Aufenthaltsräumen gegen Schallübertragung aus fremdem Wohn- und Arbeitsbereichen (Luftschall R'_w und Trittschall $L'_{n,w}$): Mindestanforderungen nach DIN 4109, Tabelle 3, und Vorschläge für erhöhten Schallschutz nach Beiblatt 2 [27]; alle Angaben in dB

Bauteile	Mindestanforderungen		erhöhter Schallschutz	
	R'_w	$L'_{n,w}$ 1)	R'_w	$L'_{n,w}$ 1)
1 Geschosshäuser mit Wohnungen und Arbeitsräumen				
Decken über Wände neben Durch- und Einfahrten, Decken über/unter, Wände neben Spiel- und Gemeinschaftsräumen 2)	55	*53* *46*	–	46 –
Wohnungstrenndecken und -treppen 3)4) Decken unter Bad und WC 5)	54	*53*	55	46
Wohnungstrennwände 3) Decken unter allgemein nutzbaren Dachräumen 5)	53	– 53	55	– 46
Decken über Kellern, Hausfluren, Treppenräumen Wände neben Hausfluren und Treppenräumen 6)	 52	*53* –	 55	46 –

Tafel 12.8 (Fortsetzung)

Bauteile	Mindestanforderungen		erhöhter Schallschutz	
	R'_w	$L'_{n,w}$	R'_w	$L'_{n,w}$
Decken unter Terrassen, Loggien. Laubengängen, Hausfluren und innerhalb zweigesch. Wohneinheiten	–	53 *53*	–	46
Treppenläufe und -podeste[7)]	–	58	–	46
Türen [8)9)]	27	–	37	–
2 Einfamilien-Doppelhäuser und -Reihenhäuser				
Decken	–	48	–	38
Treppenläufe und -podeste, Decken unter Fluren	–	53	–	46
Haustrennwände	57	–	67	–
3 Beherbergungsstätten, Krankenanstalten, Sanatorien				
Decken unter/über Schwimmbädern, Spiel- und Gemeinschaftsräumen (in Beherbergungsstätten nur gegenüber Schlafräumen)[2)]	55	46	–	–
Sonstige Decken[10)]	54	53	55	46
Decken unter Fluren	–	53	–	46
Treppenläufe und -podeste [7)]	–	58	–	46
Wände von Übernachtungs- und Krankenräumen sowie von Untersuchungsräumen und Sprechzimmern	47	–	52 –	–
4 Schulen und vergleichbare Unterrichtsstätten		1)		
Decken zwischen Unterrichtsräumen u. Ä.[11)]	55	53	–	–
Decken unter Fluren	–	53	–	–
Wände zwischen Unterrichtsräumen und Treppenhäusern	52	–	–	–
übrige Wände von Unterrichtsräumen u. Ä.[11)]	47	–	–	–
Flurtüren von Unterrichtsräumen u. Ä.[8)]	32	–	–	–

1) Die Werte $L'_{n,w}$ gelten nur für die Trittschallübertragung in fremde Aufenthaltsräume, sowohl in waagerechter als auch in schräger oder senkrechter (nach oben) Richtung.

2) Wegen der verstärkten Übertragung tiefer Frequenzen können zusätzliche Maßnahmen zur Körperschalldämmung erforderlich werden.

3) Wohnungstrenndecken und -wände sind Bauteile, die Wohnungen voneinander oder von fremden Arbeitsräumen trennen. Genauso werden Decken und Wände zwischen fremden Arbeitsräumen behandelt.

4) In Gebäuden mit nicht mehr als zwei Wohnungen beträgt die Anforderung erf R'_w = 52 dB; in solchen Gebäuden dürfen auch weichfedernde Gehbeläge gemäß Tabelle 9 berücksichtigt werden.

5) In Gebäuden mit nicht mehr als zwei Wohnungen beträgt die Anforderung erf R'_w = 52 dB und erf $L'_{n,w}$ = 63 dB.

6) Für Wände mit Türen gilt die Anforderung erf R'_w (Wand) = erf R_w (Tür) + 15 dB; Wandbreiten ≤ 30 cm bleiben dabei unberücksichtigt.

7) Keine Anforderungen an Treppenläufe in Gebäuden mit Aufzug und an Treppen in Gebäuden mit nicht mehr als zwei Wohnungen.

8) Bei Türen gilt statt R'_w der Wert R_w für Direktübertragung. Prüfung von R_w in einem Prüfstand ohne Flankenübertragung.

Tafel 12.8 (Fortsetzung)

9) Die Werte gelten für Türen, die von Hausfluren oder Treppenräumen in Dielen oder Flure vor Wohn- und Arbeitsräumen führen; Türen, die unmittelbar von Hausfluren oder Treppenräumen in Aufenthaltsräume von Wohnungen führen, müssen den Vorschlägen für den erhöhten Schallschutz genügen.
10) Bei Decken unter Bädern und WCs dürfen beim Nachweis des erhöhten Schallschutzes weichfedernde Bodenbeläge angerechnet werden.
11) Bei Decken zwischen Unterrichtsräumen und „besonders lauten" Räumen, z. B Sporthallen, Musik- und Werkräumen, ist $L'_{n,w}$ = 46 dB einzuhalten, bei entsprechenden Wänden R'_w = 55 dB. Außerdem gilt Fußnote [2].

Tafel 12.9 Empfehlungen zum Schutz gegen Schallübertragung aus dem eigenen Wohn- und Arbeitsbereich (Luftschall R'_w und Trittschall $L'_{n,w}$) nach DIN 4109 Beiblatt 2 (1989-11) [27]; alle Angaben in dB

Bauteile	Mindestanforderungen		erhöhter Schallschutz	
	R'_w	$L'_{n,w}$	R'_w	$L'_{n,w}$
1 Wohngebäude				
Decken in Einfamilienhäusern außer Kellerdecken und Decken unter nicht ausgebauten Dachräumen [1]	50	56	≥ 55	≤ 46
Treppen und Treppenpodeste in Einfamilienhäusern [2]	–	–	–	≤53
Wände ohne Türen zwischen „lauten" und „leisen" Räumen unterschiedlicher Nutzung	40	–	≥ 47	–
2 Büro und Verwaltungsgebäude				
Decken, Treppen und Treppenraumwände	wie Tafel 12.8 Ziffer 1			
Wände zwischen Räumen mit üblicher Bürotätigkeit sowie zwischen Fluren und diesen Räumen [3]	37	–	≥ 42	–
Wände zwischen Räumen mit konzentrierter Tätigkeit oder zur Behandlung vertraulicher Angelegenheiten [3]	45	–	≥ 52	–
Türen bei üblicher Bürotätigkeit [4]	27	–	≥32	–
Türen bei erhöhten Anforderungen [4]	37	–	–	–

1) Bei Decken zwischen Wasch- und Aborträumen sowie zwischen Fluren gelten die Vorschläge für den Trittschallschutz nur, um eine waagerechte, schräge oder nach oben gerichtete Trittschallübertragung in Aufenthaltsräume zu vermeiden.
2) Hinsichtlich der Trittschallübertragung gilt Fußnote [1] analog.
3) Es ist darauf zu achten, dass die Werte nicht durch eine Nebenwegübertragung über Flur und Türen verschlechtert werden.
4) Bei Türen gilt statt R'_w der Wert R_w für Direktübertragung. Prüfung von R_w in einem Prüfstand ohne Flankenübertragung.

12.3.6 Schallschutzmaßnahmen

a) Allgemeines

Der von außen in Gebäude eindringende Schall kann von Erschütterungen und/oder durch Verkehr hervorgerufen sein. Gegenmaßnahmen können in der Verringerung der Intensität solcher Schallquellen sein (z. B. ebene Straßendecken, Verbesserung der Fahrzeugbereifung) oder entsprechender Ausbildung des Bauwerks liegen. Zwischen benachbarten Häusern (Reihenhäuser) z. B. sind Luftspalte vorzusehen. Bauliche Maßnahmen innerhalb der Häuser sind in den Beiblättern 1 und 2 der DIN 4109 ausführlich beschrieben, z. B. die Ausführung von schwimmenden Estrichen (siehe Abb. 12.5).

b) Schalldämmung durch einschalige Bauteile
Die Luftschalldämmung einschaliger Wände und Decken ist umso größer, je größer ihre flächenbezogene Masse m' in kg/m² ist (Rechenwerte $R'_{w,R}$ siehe Tafel 12.10). Sie steigt mit der Dicke d und der Rohdichte ρ des Bauteils und ergibt sich als Produkt aus diesen beiden Größen. Dabei wird die Rohdichte ρ z. B. wie folgt angesetzt:

- Wände und Decken aus Normalbeton: $\rho = 2300$ kg/m³
- Wände und Decken aus Leichtbeton:
  ρ = Rohdichteklasse minus 100 kg/m³ bzw. minus 50 kg/m³
  bei Rohdichteklasse > 1,0 bzw. ≤ 1,0
- gemauerte Wände aus Steinen nach DIN 1053-1:
  $\rho = 900 \times$ Rohdichteklasse
  plus 100 kg/m³ für alle Steinsorten mit NM gemauert bzw.
  plus 50 kg/m³ für Leichtsteine (ρ = 0,4 bis 1,0 kg/dm³) mit LM gemauert.

Als einschalig gelten Wände und Decken mit unmittelbar aufgebrachtem Putz, Verbundestrich oder Estrich auf Trennschicht. Mit einschaligen Decken allein ist ausreichende Luftschalldämmung schwer, Trittschalldämmung praktisch überhaupt nicht zu erreichen. Sie müssen mit Unterdecken und oder mit schwimmenden Estrichen „verbessert“ werden.

c) Schalldämmung durch mehrschalige Wände
Zweischalige Wände können wie folgt aufgebaut sein:

- zwei schwere biegesteife Schalen, z. B. aus Mauerwerk
- eine biegesteife Schale mit biegeweicher Vorsatzschale
- zwei biegeweiche Schalen auf Unterkonstruktion.

Bei zwei schweren biegesteifen Schalen soll die Trennfuge ≥ 30 mm sein und bis zum Fundament durchgehen und mit dicht an dicht verlegten Faserdämmstoff-Platten Typ T gefüllt werden (siehe Abb. 12.6). Dann kann nach DIN 4109 das bewertete Schalldämm-Maß R'_w näherungsweise wie für eine einschalige biegesteife Wand gleicher Gesamtdicke nach Tafel 12.10 ermittelt und dann um 12 dB erhöht werden. Über das gemeinsame Fundament wird zwar Schall übertragen, eine Trennung auch des Fundaments ist jedoch i. d. R. nicht durchführbar.

Biegeweiche Vorsatzschalen vor einer biegesteifen Wand können sein Holzwolle-Leichtbauplatten nach DIN 1101, Gipskartonplatten nach DIN 18 180 oder Spanplatten nach DIN 68 763, die an Holzstielen (an der schweren Schale befestigt oder freistehend) befestigt sind. Der Hohlraum kann frei oder z. B. mit Faserdämm-Matten oder -Platten ausgefüllt sein (Beispiele siehe Abb. 12.7).

Wände aus zwei biegeweichen Schalen können aus einer Unterkonstruktion aus Holz- oder Metallständern bestehen, die ein- oder zweilagig mit Gipskarton- oder Spanplatten bekleidet und deren Hohlraum mit Faserdämmstoffen nach DIN 18 165-1 gefüllt sind (Beispiele siehe Abb. 12.8).

d) Schalldämmung von Decken
Die Luftschalldämmung von Massivdecken hängt von ihrem Aufbau ab: direkt aufgebrachter Estrich oder Gehbelag; schwimmender Estrich; biegeweiche Unterdecke z. B. aus Putz auf Putzträger, Gipskartonplatten oder Holzwolle-Leichtplatten.
Die Trittschalldämmung von Massivdecken muss durch Beläge verbessert werden.
Folgende Verbesserungsmaße $\Delta L_{w,R}$ werden im Beiblatt 1 dafür angegeben:

- weichfedernde Bodenbeläge aus Linoleum oder PVC je nach Aufbau: 14 bis 16 dB
- textile Beläge je nach Dicke (4 bis 8 mm) und Aufbau: 19 bis 28 dB
- Dämmstoffplatten nach DIN 18 164-2 und 18 165-2: 10 bis 50 dB
- Gussasphaltestriche mit $m' = 45\ \mathrm{kg/m^2}$: 20 bis 29 dB
- Zementestriche mit $m' = 70\ \mathrm{kg/m^2}$: 22 bis 30 dB
- schwimmende Gussasphaltestriche mit $m' = 45\ \mathrm{kg/m^2}$ je nach Bodenbelag: 20 bis 32 dB
- schwimmende Zementestriche mit $m' = 70\ \mathrm{kg/m^2}$ je nach Bodenbelag: 22 bis 34 dB
- schwimmende Holzfußböden mit hartem Bodenbelag je nach Unterboden: 24 bzw. 25 dB

Der Norm-Trittschallpegel $L_{n,w,R}$ bzw. $L'_{n,w,R}$ errechnet sich dann nach der in Abschn. 12.3.5 angegebenen Formel: $L_{n,w,R} = L_{n,w,eq,R} - \Delta L_{w,R}$.

Rechenwerte $R'_{w,R}$ und $L_{n,w,eq,R}$ von Massivdecken siehe Tafel 12.11.

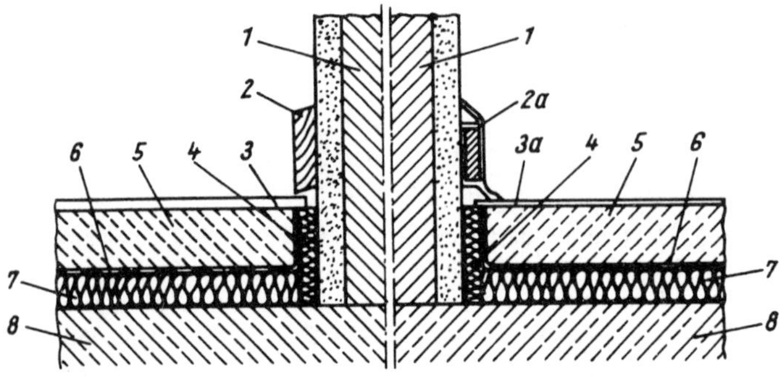

1 Mauerwerk oder Beton, verputzt
2 Sockelleiste mit hartem Anschluss
2a Sockelleiste mit weichfederndem Anschluss
3 weichfedernder Bodenbelag
3a harter oder weichfedernder Bodenbelag
4 Randdämmstoffstreifen
5 Estrich
6 Abdeckung
7 Trittschall-Dämmschicht
8 Massivdecke

Abb. 12.5 Wandanschluss bei schwimmendem Estrich (Schallschutz)

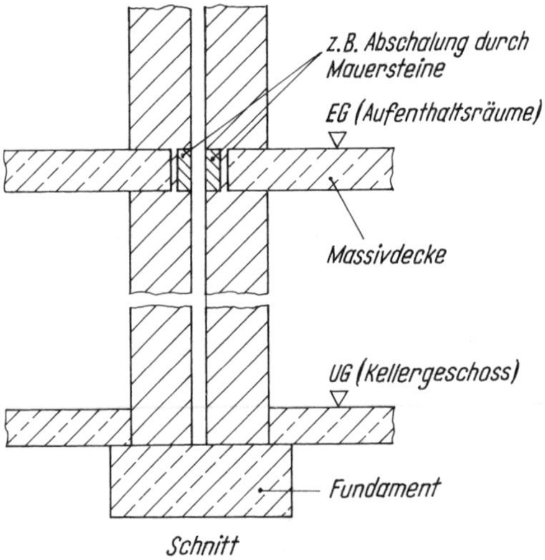

Abb. 12.6 Zweischalige Hauswand aus 2 schweren biegesteifen Schalen mit bis zum Fundament durchgehender Trennfuge (schematisch) nach Beiblatt 1 zu DIN 4109

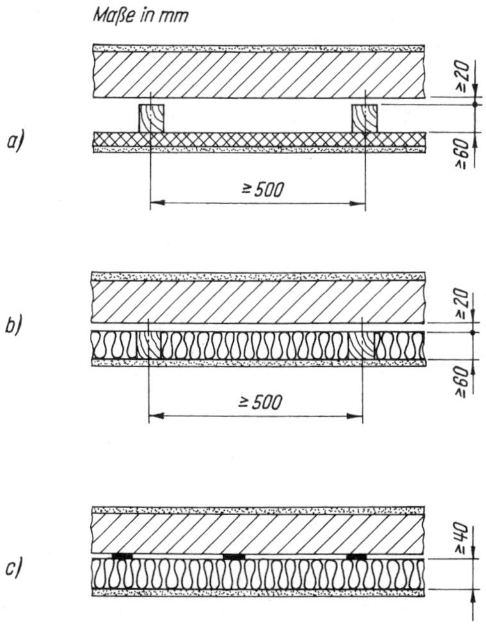

Abb. 12.7 Beispiele für biegeweiche Vorsatzschalen vor einer schweren biegesteifen Wand nach Beiblatt 1 zu DIN 4109

a) Holzwolle-Leichtbauplatten (DIN 1101), verputzt, frei stehende Holzstiele (Ständer); die Ständer können auch an der Wand befestigt sein

b) Gipskartonplatten (DIN 18 180) oder Spanplatten (DIN 68 763), Faserdämmstoffe (DIN 18 165-1) zwischen frei stehenden Holzständern

c) Gipskartonplatten (DIN 18 180) und Faserdämmplatten (DIN 18 165-1), streifen- oder punktförmig angesetzt

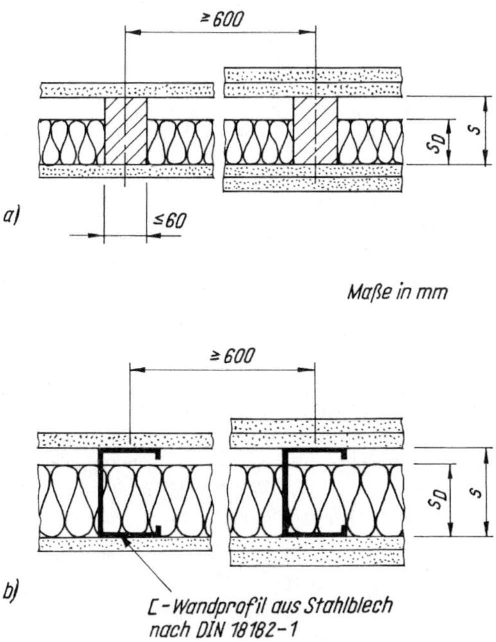

Abb. 12.8 Beispiele für zweischalige biegeweiche Wände aus ein- oder zweilagigen Gipskartonplatten (DIN 18 180) oder Spanplatten (DIN 68 763) auf Stielen nach Beiblatt 1 zu DIN 4109
a) Holzständer, b) C-Profile aus Stahlblech

Tafel 12.10 Rechenwerte $R'_{w,R}$ für einschalige, biegesteife Wände und Decken nach DIN 4109 Beiblatt 1 [2]

m' kg/m²	$R'_{w,R}$ dB	m' kg/m²	$R'_{w,R}$ dB	m' kg/m²	$R'_{w,R}$ dB	m' kg/m²	$R'_{w,R}$ [1)] dB
85	34	160	42	320	50	630	58
90	35	175	43	350	51	680	59
95	36	190	44	380	52	740	60
105	37	210	45	410	53	810	61
115	38	230	46	450	54	880	62
125	39	250	47	490	55	960	63
135	40	270	48	530	56	1040	64
15=	41	295	49	580	57		

1) Die Werte dieser Spalte gelten nur für die Ermittlung von $R'_{w,R}$ zweischaliger Wände (siehe Abschn. 12.3.6).

Tafel 12.11 Rechenwerte $R'_{w,R}$ und $L_{n,w,eq,R}$ für Massivdecken nach DIN 4109 Beiblatt 1 [2]

<table>
<tr><td rowspan="2">Deckenbauarten</td><td rowspan="2">m' [1)] kg/m²</td><td colspan="2">ohne</td><td colspan="2">mit</td></tr>
<tr><td colspan="4">Unterdecke [2)]</td></tr>
<tr><td rowspan="3">Stahlbeton-Vollplatten aus Normal- oder Leichtbeton, Porenbeton-Deckenplatten
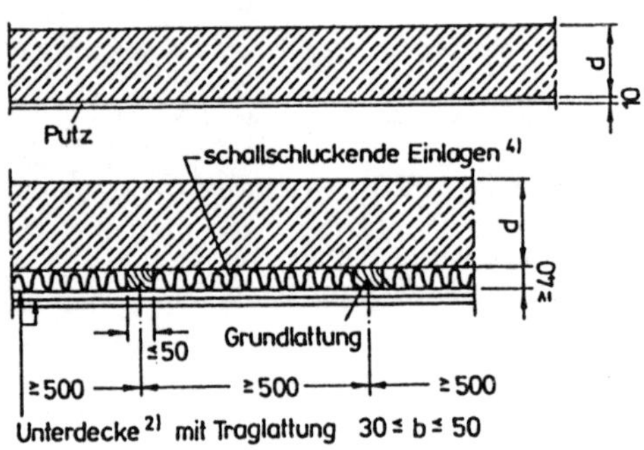
</td><td rowspan="2"></td><td colspan="4">$R'_{w,R}$ in dB [3)]</td></tr>
<tr><td>a_1</td><td>b_1</td><td>a_2</td><td>b_2</td></tr>
<tr><td>150
200
250
300
350
400
450
500</td><td>41
44
47
49
51
53
54
55</td><td>49
51
53
55
56
57
58
59</td><td>49
51
53
55
56
57
58
59</td><td>52
54
56
58
59
60
61
62</td></tr>
<tr><td rowspan="2">Gilt auch für folgende Decken nach DIN 1045:
– Plattenbalken- und Rippendecken
– Stahlsteindecken
– Decken aus vorgefertigten Balken
– Decken aus Stahlbeton-Hohldielen
und für
Decken aus Stahlbetondielen nach DIN 4028</td><td></td><td colspan="4">$L_{n,w,eq,R}$ in dB [5)]</td></tr>
<tr><td>135
160
190
225
270
320
380
450
500</td><td colspan="2">86
85
84
82
79
77
74
71
69</td><td colspan="2">75
74
74
73
73
72
71
69
67</td></tr>
</table>

1) Flächenbezogene Masse einschl. eines etwaigen Verbundestrichs oder Estrichs auf Trennlage oder eines unmittelbar aufgebrachten Putzes; Ermittlung von m' wie bei einschaligen Bauteilen (gemäß Abschn. 12.3.6).

2) Biegeweiche Unterdecken, z. B. aus Putz auf Putzträger, aus Gipskartonplatten nach DIN 18 180, Dicke 12,5 oder 15 mm, oder aus Holzwolle-Leichtbauplatten nach DIN 1101, $d \geq 25$ mm, verputzt.

3) Spalten a_1 und a_2 für Massivdecken mit unmittelbar aufgebrachten Estrichen oder Gehbelegen, Spalten b_1 und b_2 für Massivdecken mit schwimmenden Estrichen oder anderen schwimmend verlegten Belägen.

4) Zum Beispiel aus Faserdämm-Matten nach DIN 18 165-1, Typ WL-w oder W-w, Nenndicke 40 mm.

5) Bei Verwendung von schwimmenden Estrichen mit mineralischen Bindemitteln sind die Tabellenwerte für Decken *mit Unterdecken* um 2 dB zu erhöhen.

12.3.7 Fragen und Aufgaben zum Schallschutz

1) Welches ist die für den Schallschutz maßgebende Norm? Was hat sie zum Inhalt?
2) Erläutern Sie die verschiedenen Arten von Schall!
3) Wie wird der Luftschall gemessen? Wie heißt die Kenngröße und welche Einheit hat sie?
4) Was versteht man unter dB(A)? Geben Sie einige Lauststärken an!
5) Erläutern Sie das Verfahren zur Bestimmung der Luftschalldämmung eines Bauteils!
6) Was versteht man Schallabsorption und welche Rolle spielt sie bei der Schalldämmung?
7) Was versteht man unter dem Luft-Schalldämm-Maß R eines Bauteils? Erläutern Sie die Formel $R = L_1 - L_2 + 10 \cdot \lg (S/A)$!
8) Was versteht man unter dem bewerteten Schalldämm-Maß R_w und R'_w? Wie wird es bestimmt? Erläutern Sie das Verfahren anhand einer Skizze!
9) Was versteht man unter dem Luftschallschutzmaß LSM? Welcher Zusammenhang besteht zum bewerteten Schalldämm-Maß?
10) Beantworten Sie die Fragen 6 bis 8 für den Trittschall! Erläutern Sie die Begriffe L'_n, $L_{n,w}$ und $L'_{n,w}$ und die Formel $L'_n = L_T + 10 \cdot 2 \lg (A/A_o)$ sowie den Begriff TSM!
11) Was versteht man unter den Begriffen $R'_{w,R}$ und $L'_{n,w,R}$ und was bedeutet das „R“ im Index?
12) Erläutern Sie die Gleichung $L'_{n,w,R} = L_{n,w,eq,R} - \Delta L_{w,R}$!

12.4 Dämmstoffe für Wärme und Schall (Auswahl)

Die im Folgenden aufgeführten Dämmstoffe erfüllen Aufgaben des Wärme- und/oder des Schallschutzes (hauptsächlich Trittschalldämmung).

12.4.1 Faserdämmstoffe nach DIN 18 165

Arten vorwiegend für Wärmedämmung in Form von Matten (M), Filzen (F) oder Platten (P) sind:

- Mineralfasern (Min), z. B. Glas-, Gesteins- oder Schlackenfasern
- pflanzliche Fasern(Pfl): z. B. Kokos- oder Torffasern
- Fasern aus nachwachsenden Rohstoffen: z. B. Fasern aus Recyclingpapier
- Hobelspäne, Holzwolle, Schafwolle, in Form von Platten, Vliesen oder als lose Fasern oder Flocken.

Typen: siehe Tafel 12.12.

Wärmeleitfähigkeitsgruppen: 035, 040, 045, 050 (035 bedeutet: $\lambda = 0{,}035$ W/(m · K))

Brandverhalten: einschließlich von Beschichtungen und Trägermaterialien mindestens Baustoffklasse B 2.

Tafel 12.12 Anwendungstypen und Kurzzeichen von Faserdämmstoffen nach DIN 18 165-1 und -2

Kurzzeichen	Verwendung im Bauwerk
W	Wärmedämmstoffe, nicht druckbelastbar, z. B. in Wänden und belüfteten Dächern
WL	Wärmedämmstoffe, nicht druckbelastbar, z. B. zwischen Sparren und Balkenlagen (größere Abweichungen von der Nenndicke gegenüber Typ W zulässig)
WD	Wärmedämmstoffe, druckbelastbar, z. B. unter druckverteilenden Böden ohne Trittschallanforderungen und in unbelüfteten Dächern unter der Dachhaut
WV	Wärmedämmstoffe mit Beanspruchung auf Abreiß- oder Scherfestigkeit, z. B. für angesetzte Vorsatzschalen ohne Unterkonstruktion
WV-s	Wärmedämmstoffe wie vor, die auch für schalldämmende Vorsatzschalen verwendet werden können
-w	zusätzliche Verwendung der Typen W, WL, WD und WV zur Hohlraumdämpfung in zweischaligen Trennwänden für Vorsatzschalen mit Unterkonstruktion sowie zu Schallschluckzwecken
T	Trittschalldämmstoffe, z. B. unter schwimmenden Estrichen nach DIN 18 560-2
TK	Trittschalldämmstoffe mit geringer Zusammendrückbarkeit, z. B. unter Fertigteilestrichen oder für Verkehrslasten > 2,0 kN/m^2

Tafel 12.13 Anwendungstypen, Kurzzeichen und Rohdichten von Schaumkunststoffen nach DIN 18 164-1 und -2

<table>
<tr><th rowspan="2">Kurzzeichen</th><th rowspan="2">Verwendung im Bauwerk</th><th colspan="4">Rohdichte in kg/m^3 (in trockenem Zustand)</th></tr>
<tr><th>PF</th><th>EPS</th><th>XPS</th><th>PUR</th></tr>
<tr><td>W</td><td>Wärmedämmstoffe, nicht druckbelastbar, z. B. in Wänden und belüfteten Dächern</td><td>30</td><td>15</td><td rowspan="2">25</td><td rowspan="3">30</td></tr>
<tr><td>WD</td><td>Wärmedämmstoffe, druckbelastbar, z. B. unter druckverteilenden Böden ohne Trittschallanforderungen und in unbelüfteten Dächern unter der Dachhaut</td><td rowspan="2">35</td><td>20</td></tr>
<tr><td>WS</td><td>Wärmedämmstoff mit erhöhter Belastbarkeit und besonderer Formbeständigkeit, z. B. für Parkdecks</td><td>30</td><td>30</td></tr>
<tr><td>T</td><td>Trittschalldämmstoffe, z. B. unter schwimmenden Estrichen nach DIN 1560-2</td><td colspan="4" rowspan="2">nur als EPS-Hartschaum, keine Anforderungen an die Rohdichte</td></tr>
<tr><td>TK</td><td>Trittschalldämmstoffe mit geringer Zusammendrückbarkeit, z. B. unter Fertigteilestrichen oder für Verkehrslasten > 2,0 kN/m^2</td></tr>
</table>

12.4.2 Schaumkunststoffe nach DIN 18 164-1, -2 und DIN 18 159-1

Arten für Wärme- und Trittschalldämung sind vorwiegend:

- Harte, überwiegend geschlossenzellige Schaumkunststoffe, in Form von Platten, Blöcken oder Bahnen, oder als PUR-Ortschaum. Stoffarten: Phenolharz PF, Polystyrol PS, Polyurethan PUR.
- Weichelastische gemischt- bis offenzellige Schaumkunststoffe, vorwiegend aus Harnstoff-Formaldehyd (UF)-Weichschaum nach DIN 18 159-2 zum Ausschäumen von Hohlräumen vor Ort.

Typen: siehe Tafel 12.13.

Wärmeleitfähigkeitsgruppen: 020, 025, 030, 05, 040.

Brandverhalten: wie Faserdämmstoffe.

12.4.3 Mineralische Schaumstoffe nach DIN 18 174

Arten für Wärme- und Trittschalldämmung:

- Schaumglas aus silikatischem Glas durch Zugabe von Treibmitteln aufgeschäumt, geschlossenzellig (s. a. Abschn. 15.8), in Form von Platten mit Stufenfalz an den Seitenflächen, unbeschichtet oder beschichtet mit Papier, Pappe, Dach- oder Dichtungsbahnen, Kunststoff- oder Metallfolien. Typen siehe Tafel. Brandverhalten: unbeschichtet Baustoffklasse A 1, beschichtet wie Faserdämmstoffe.
- Perlite und Vermiculite durch Blähen von vulkanischen Mineralien; für lose Schüttungen unter Estrichen; mit wasserabweisender Umhüllung der Körner für Kerndämmung von zweischaligem Mauerwerk; als Zuschlag für Werkmörtel zum Mauern (Leichtmörtel) oder zum Putzen zur Erhöhung der Feuerwiderstandsklasse von Bauteilen oder als Zuschlag für Wärmedämmputze.

Typen: siehe Tafel 12.14.

Wärmeleitfähigkeitsgruppen: 045, 050, 055, 060.

Brandverhalten: Blähperlite und -vermiculite ohne Zusätze Baustoffklasse A 1.

Tafel 12.14 Anwendungstypen, Kurzzeichen, Druckfestigkeiten und Vorzugsmaße von mineralischen Schaumstoffen nach DIN 18 174

Kurzzeichen	Verwendung im Bauwerk	Druckfestigkeit	$l \times b$ in mm	Dicke[1)] in mm
WDS	Wärmedämmstoff, auch druckbelastet, auch unter Parkdecks für Pkw (entsprechend den Typen W, WD und WS nach Tafel 12.13)	≥ 0,50 N/mm²	500 × 500 500 × 250 300 × 450 600 × 450	40 50 : 120 130
WDH	Wärmedämmstoff mit erhöhter Druckbelastbarkeit, z. B. unter Parkdecks für Lkw	≥ 0,70 N/mm²		

1) Bezogen auf das Schaumglas ohne evtl. Beschichtungen.

12.4.4 Wärmedämm-Verbundsysteme (WDVS)

Wärmedämm-Verbundsysteme nach DIN 18 559 werden zur Wärmedämmung, auch zur Überbrückung von Rissen, vorwiegend auf einschaligen Wänden aufgebracht. Sie werden i. d. R. mit kunststoffmodifizierten Zementmörteln oder zementfreien Dispersionsklebern geklebt, ggf. zusätzlich verdübelt. Dämmschichtmaterial sind meist 3 bis 12 cm dicke Polystyrol-Hartschaumplatten nach DIN 18 164-1. Darüber wird mit den genannten Mörteln ein Glasseiden-Gittergewebe und darauf ein mineralischer oder Kunstharzputz aufgebracht.

Wärmeleitfähigkeitsgruppen: i.d.R. Dämmplatten mit 040

Brandverhalten: Bei Gebäuden geringer Höhe müssen WDV-Systeme der Baustoffklasse B 2 genügen, bei größeren Höhen B 1.

12.4.5 Leichtbauplatten nach DIN 1101/1102

Arten für Wärmedämmung:
Holzwolle-Leichtbauplatten (HWL-Platten) aus langfaseriger Holzwolle, die mit Zement oder kaustisch gebrannter Magnesia gebunden sind; Mehrschicht-Leichtbauplatten (ML-Platten) bestehen aus einer Schicht Hartschaum (HS-ML) oder Mineralfasern (Min-ML) und ein- oder beidseitiger, mind. 5 cm dicker Holzwolleschicht. Die Platten können ein- oder beidseitig beschichtet oder mit Dampfsperren versehen sein.

Typen: HWL 15 bis HWL 100 (Dicke in mm); ML 15/2 bis ML 100/2 bzw. ML 25/3 bis ML 150/3 (Dicke in mm/Anzahl der Schichten). Sie entsprechen als Wärmedämmstoffe den Typen W, WD, WV gemäß Tafel 12.12, HWL-Platten außerdem gleichzeitig dem Typ WS gemäß Tafel 12.13.

Wärmeleitfähigkeitsgruppen: Holzwolleschichten ($d \geq 25$ mm) 065 bis 090

Brandverhalten: HWL-Platten und Min-ML-Platten Baustoffklasse B 1, HS-ML-Platten B 2.

12.4.6 Gips-Deckenplatten nach DIN 18 169

Gispkarton-Verbundplatten nach DIN 18 184 und Gips-Wandbauplatten nach DIN EN 12 859 siehe Abschn. 4.2.6/4.2.7.

Gips-Deckenplatten aus Stuckgips mit oder ohne Zuschlag- und/oder Zusatzstoffen besitzen einen rückseitig umlaufenden Randwulst (Dicke 28 mm) und werden trocken verlegt (geschraubt oder bei Hängebefestigung in Stahlblechschienen eingelegt oder eingeschoben).

Typen: Dekorplatten (D), Schallschluckplatten (S), Lüftungsplatten (L), Feuerschutzplatten mit geschlossener Oberfläche (DF) oder mit eingelegter Mineralfaserdämmschicht (SF).

Brandverhalten: Baustoffklasse A1.

12.4.7 Holzfaserdämmstoffe DIN 68 755-1, -2 und DIN EN 622-1

Arten für Wärme- und Trittschalldämmung:

Holzfaserdämmstoffe WF (Wood Fibre) werden aus Holzfasern im Nassverfahren hergestellt, entweder mit Binde- oder Zusatzmitteln oder nur mechanisch gebunden. Man unterscheidet folgende **Arten:**

Holzfaserdämm-Platten (WF-P), eben, mit oder ohne Beschichtung; Holzfaserdämm-Matten (WF-M), gerollt, mit oder ohne Beschichtung; Holzfaser-Lamellenmatten (WF-L), streifenförmig zugeschnitten und auf einem biegsamen Trägermaterial befestigt.

Typen: siehe Tafel 12.15.

Wärmeleitfähigkeitsgruppen: 035 bis 060

Brandverhalten: einschließlich der Beschichtung Baustoffklasse B 2.

Tafel 12.15 Anwendungstypen und Kurzzeichen von Holzfaserdämmstoffen nach DIN 68 755-1 und -2

Kurzzeichen	Verwendung im Bauwerk
W	Wärmedämmstoffe, nicht druckbelastbar, z. B. in Wänden und belüfteten Dächern
WV	Wärmedämmstoffe mit Beanspruchung auf Abreiß- oder Scherfestigkeit, z. B. für angesetzte Vorsatzschalen ohne Unterkonstruktion
WD	Wärmedämmstoffe, druckbelastbar, z. B. unter druckverteilenden Böden ohne Trittschallanforderungen und in unbelüfteten Dächern unter der Dachhaut
WDT	Wärmedämmstoffe, druck- und temperaturbelastbar, z. B. für die Wärmedämmung von Flachdächern
PT	Wärmedämmstoffe von hoher Abreißfestigkeit und erhöhten Anforderungen an die Maßhaltigkeit, z. B. als Putzträgerplatten
h	Zusatzzeichen für Wärmedämmstoffe, die über die gesamte Dicke wasserabweisend behandelt (hydrophobiert) sind. Sie sind vom Hersteller in die Gruppen H05, H10 oder H20 einzuordnen (entspr. einer Wasseraufnahme von ≤ 0,5; ≤ 1,0 bzw. ≤ 2,0 kg/m^2). Für den Typ PT gilt das auch ohne den Zusatz -h.
w	Zusatzzeichen für Wärmedämmstoffe zur Hohlraumdämpfung in zweischaligen Trennwänden, für Vorsatzschalen mit Unterkonstruktion sowie zu Schallschluckzwecken; der längenbezogene Strömungswiderstand Ξ muss ≥ 5 kN · s/m^4 sein.
s	Zusatzzeichen für Wärmedämmstoffe (ausgenommen Typ W), die für schalldämmende Vorsatzschalen verwendet werden können; die dynamische Steifigkeit *s'* ist anzugeben
T	Trittschalldämmstoffe, z. B. unter schwimmenden Estrichen nach DIN 18 560-2
TK	Trittschalldämmstoffe mit geringer Zusammendrückbarkeit, z. B. unter Fertigteilestrichen

12.4.8 Dämmstoffe aus Kork nach DIN 18 161-1

Rohstoff Kork stammt aus der Rinde der Korkeiche.

Naturkork-Platten in Streifenform (Dicke 40 bis 100 mm) werden vor allem zur Federung unter Maschinenfundamenten verwendet.

Blähkork wird aus gemahlenem Naturkork durch Erhitzen unter Luftabschluss expandiert. Der Schrot wird bei Backkork (BK) mit korkeigenen Harzen, bei imprägniertem Kork (IK) z. B. mit Bitumen zu Platten oder Matten gebunden. Platten zur Wärmedämmung mit ein- oder zweiseitiger Beschichtung aus Papier, Pappe oder Metallfolie. Matten auf bituminiertem Natronkraftpapier zur Trittschalldämmung. Korkschrot wird auch als lose Schüttung verwendet.

Typen: siehe Tafel 12.16.

Wärmeleitfähigkeitsgruppen: Matten 045, 050, 055.

Brandverhalten: nach allgemeinem bauaufsichtlichem Prüfzeugnis Baustoffklasse B 2 oder B 1

Tafel 12.16 Anwendungstypen, Kurzzeichen, Rohdichten und Vorzugsmaße für Korkplatten zur Wärmedämmung nach DIN 18 161-1

Kurzzeichen	Verwendung im Bauwerk	ρ[1)] in kg/m^3		Breite und Länge in mm	Nenndicke in mm
		BK	IK		
WD	Wärmedämmstoffe, auch druckbelastet, in Wänden und Dächern	80	120	500 × 1000	30 40 50 60 80
WDS	Wärmedämmstoffe, druckbelastet, für Sondereinsatzgebiete, z. B. in Industrieböden	120	200		

[1)] Mindestwerte für den Mittelwert der Rohdichte in trockenem Zustand.

12.4.9 Weitere lose Füllstoffe

- Schlackenwolle aus Hochofenschlacke
- Glasgespinst, Glaswolle, Glaswatte, lose oder in Mattenform-, Holzwolle, Hobel- und Sägespäne
- Plan- und Knitterfolien aus Aluminium
- Leichtlehm mit Stroh und anderen trockenen Pflanzenstoffen
- Torf, lose als Torfmull oder gepresst (mit und ohne Bindemittel) zu Steinen oder Platten
- Isofloc[1)]: loser Zellulose-Dämmstoff aus sortiertem Zeitungspapier hergestellt, mit Borax und Borsäure wegen Brandschutz und Konservierung behandelt. Für Dach, Decke und Wand durch Einblasen oder, leicht angefeuchtet, Aufsprühen. λ = 0,040 bzw. 0,045 W/(m · K); Baustoffklasse B 1 bzw. B 2. μ = 1 bis 2.
- Blähton als wärmedämmender Trockenestrich auf Stahlbetondecken mit Trittschallschutz[2)].

[1)] Zum Beispiel Fa. Ökologische Bautechnik Hirschhagen GmbH, Dieselstr. 3, 37235 Hess. Lichtenau.
[2)] Zum Beispiel FiboExClay Baustoff GmbH, 25421 Pinneberg.

12.5 Brandschutz

12.5.1 Normen

DIN 4102		Brandverhalten von Baustoffen und Bauteilen
– 1	(1998-05)	–; Baustoffe; Begriffe, Anforderungen und Prüfungen
– 2	(1977-09)	–; Bauteile; Begriffe, Anforderungen und Prüfungen
– 3	(1977-09)	–; Brandwände und nichttragende Außenwände; Begriffe, Anforderungen und Prüfungen
– 4	(1994-03)	–; Zusammenstellung und Anwendung klassifizierter Baustoffe und Bauteile
–22	(2003-11)	–; Anwendungsnorm zur DIN 4102-4

Weitere Teile der DIN 4102 befassen sich mit Sonderbauteilen: z. B. Brandwände (Teil 3), Feuerschutztüren und feuerwiderstandsfähige Verglasungen (Teil 5), Lüftungsleitungen (Teil 6), Bedachungen (Teil 7) und Brandschutzverglasungen (Teil 13). Die Teile 8 sowie 14 bis 19 beschreiben reine Prüfverfahren.

In der DIN 4102-4 bzw. -22 findet eine **Klassifizierung** der Baustoffe und Bauteile statt. Sie enthält Angaben über sehr viele im Bauwesen verwendete Baustoffe und Bauteile, insbesondere welcher Baustoffklasse bzw. Feuerwiderstandsklasse sie angehören. Für neuere Baustoffe und Bauteile, die noch nicht in der DIN 4102-4 bzw. -22 aufgeführt sind, wird die Baustoffklasse bzw. die Feuerwiderstandsklasse in Prüfbescheiden des Deutschen Instituts für Bautechnik Berlin (DIBt) festgelegt.

Die DIN 4102 enthält keine Angaben über Anforderungen an den vorbeugenden baulichen Brandschutz, z. B. wo Brandwände angeordnet werden oder welcher Feuerwiderstandsklasse eine Trennwand zwischen 2 Wohnungen angehören muss. Diese Angaben finden sich in den Landesbauordnungen (LBO) der einzelnen Bundesländer sowie in verschiedenen ergänzenden Verordnungen und Richtlinien.

12.5.2 Brennbarkeit von Baustoffen

Baustoffe werden nach ihrer Brennbarkeit in die beiden Baustoffklassen A und B eingeteilt: Baustoffklasse A = nichtbrennbare Baustoffe, Baustoffklasse B = brennbare Baustoffe (s. a. Tafel 12.17).

Beispiele (klassifizierte Baustoffe nach DIN 4102-4; Ausgabe (1994-03)):

Klasse A 1: Sand und Kies, Natursteine; Kalk, Gips und Zement; Glas, auch unbeschichtetes Schaumglas; Bauplatten aus mineralischen Bestandteilen, z. B. Gipsbauplatten; Mörtel und Beton, auch Stahl- und Spannbeton; Metalle und Legierungen in nicht fein verteilter Form; Faserdämmstoffe ohne organische Zusätze; Ziegel, Steinzeug und keramische Platten; Blähton und -schiefer, Perlite, Vermiculite.

Klasse A 2: Styropor-Beton; Glasfaserplatten, -matten etc. (auch B 1 und B 2); Gipskartonplatten mit geschlossener Oberfläche; Mineralfaserplatten, -matten etc. (auch B 1); beschichtetes verzinktes Stahlblech.

Klasse B 1: bestimmte Mineralfasermatten; Plexiglas; Gipskartonplatten mit gelochter Oberfläche; Korkerzeugnisse (auch B 2); Holzwolle-Leichtbauplatten; Span- und Furnierplatten (auch A 1); Kunststofftafeln aller Art; PVC-Bodenbeläge auf massivem Untergrund; Gussasphaltestrich ohne weitere Beschichtung; Eichenparkett; Kunstharzputze mit ausschließlich mineralischen Zuschlägen auf massivem Untergrund; Wärmedämmputzsysteme.

Klasse B 2: Holz und Holzwerkstoffe mit $d > 2$ mm und $\varrho \geq 400$ kg/m^3; bzw. $d > 5$ mm und $\varrho \geq 230$ kg/m^3; Gipskarton-Verbundplatten; Tafeln und Rohre aus PVC-hart; Spanplatten, Flachpressplatten, Strangpressplatten; ungeschäumtes Polystyrol, dicker als 1,6 mm, Polyethylen, dicker als 1,4 mm; Fugendichtungsstoffe; Fußbodenbeläge auf beliebigem Untergrund: Linoleum, PVC, textile Beläge; viele Bauteile aus PP, PE, PMMA, PS, PA; hochpolymere und Bitumen-Dach- und Dichtungsbahnen; elektrische Leitungsisolierung.

Tafel 12.17 Baustoffklassen nach DIN 4102-1 (1998-05)

Baustoffklasse		bauaufsichtliche Benennung
A		nichtbrennbare Baustoffe
	A 1	(ohne brennbare Bestandteile)
	A 2	(mit brennbaren Bestandteilen)
B		brennbare Baustoffe
	B 1	schwerentflammbare Baustoffe
	B 2	normalentflammbare Baustoffe
	B 3	leichtentflammbare Baustoffe

Die Prüfung der Baustoffe auf ihre Brennbarkeit erfolgt durch Erhitzen im Ofen auf 750 °C (A 1), durch Beflammen in einem Brandschacht (A 1, A 2, B 1) bzw. durch Beflammen in einem offenen Brennkasten (B 1, B 2).

Die **Kennzeichnung** der Baustoffe nach ihrer Baustoffklasse hat grundsätzlich zu erfolgen, auch wenn sie nach DIN 4102-4 klassifiziert sind. Ausgenommen sind nur die Baustoffe der Klasse A 1, die in der Norm aufgeführt sind und Holz und Holzwerkstoffplatten der Klasse B 2 mit $d > 2$ mm und $\varrho > 400$ kg/m^3. Die Kennzeichnung muss entweder auf den Baustoffen direkt oder auf der Verpackung deutlich lesbar und dauerhaft angebracht sein in Form der Bezeichnung DIN 4102-A1, DIN 4102-A2 usw. Außerdem ist der Übereinstimmungsnachweis durch ein Ü-Zeichen zu führen (siehe Abschn. 16.4).

12.5.3 Feuerwiderstandsdauer von Bauteilen

Bauteile werden nach DIN 4102-2 entsprechend ihrer Feuerwiderstandsdauer in Minuten in 5 Feuerwiderstandsklassen F 30 (feuerhemmend), F 60, F 90 (feuerbeständig), F 120 und F 180 (hochfeuerbeständig) eingeteilt. In dieser Zeit darf bei raumabschließenden Bauteilen kein Feuerdurchtritt stattfinden und muss bei tragenden Bauteilen die Tragfähigkeit erhalten bleiben (s. a. Tafel 12.18).

Die Prüfung erfolgt in einem Brandraum, in dem das Bauteil nach einer Einheitstemperaturkurve (Temperaturanstieg in den ersten 30 Minuten auf 800 °C, danach in weiteren 150 Minuten auf etwa 1000 °C) mit einem Ölbrenner beflammt wird.

Die DIN EN 13 501-1 (2002-06) klassifziert die Bauteile nach den Ergebnissen im Brandversuch wie folgt:

- Klasse E: keine Flammen und/oder entzündbaren Gase auf der feuerabgewandten Seite
- Klasse EW: wie E, zusätzlich darf der Strahlungsdurchgang (Wärmedurchgang) 15 kW/m^2 nicht überschreiten
- Klasse EI: wie E, zusätzlich darf die Ausgangstemperatur auf der feuerabgewandten Seite im Mittel nicht mehr als 140 K ansteigen (Hitzeschild).

In der DIN 4102-4 sind genaue Angaben über die Feuerwiderstandsklassen von Bauteilen gemacht. Einige Beispiele siehe Tafel 12.19.

Tafel 12.18 Feuerwiderstandsklassen nach DIN 4102-2 und -3 (1977-09)

Feuerwiderstandsdauer in Min	Bauteile allgemein	nichttragende Außenwände	G-Verglasungen[3]	bauaufsichtliche Benennung
≥ 30	F 30	W 30	G 30	feuerhemmend[1]
≥ 60	F 60	W 60	G 60	
≥ 90	F 90	W 90	G 90	feuerbeständig[2]
≥ 120	F 120	W 120	G 120	
≥ 180	F 180	W 180	–	hochfeuerbeständig

[1] In den Landesbauordnungen kommt zusätzlich zu F 30 für feuerhemmend noch die Bezeichnung F 30-AB vor, d. h. feuerhemmend und in den wesentlichen Teilen aus nichtbrennbaren Baustoffen.
[2] Neben der Bezeichnung F 90 für feuerbeständig gibt es die Bezeichnungen F 90-AB und F 90-A, d. h. feuerbeständig und in den wesentlichen Teilen bzw. vollständig aus nichtbrennbaren Baustoffen.
[3] Siehe Abschn. 15.5.2.

Tafel 12.19 Feuerwiderstandsklassen einiger Bauteile nach DIN 4102-4 (1994-03)

Bauteil	Mindestdicke[1] in mm für		
	F 30-A	F 90-A	F 180-A
Tragende Wand aus bewehrtem Normal-Beton	100	120	180
Nichttragende Wand aus Normalbeton	80	100	150
Tragende Wand aus haufwerkporigem Leichtbeton	150	200	240
Tragende Wand aus Ziegeln (Mz, HLz)	115	140	240
Tragende wand aus Kalksandstein	115	115	200
Decke aus bewehrtem Normalbeton, best.[2]	60	100	150
Balken aus bewehrtem Normalbeton, best.[2]	80	100	200

[1] Die Dickenangaben gelten für unverputzte Bauteile.
[2] Für die Betonüberdeckung werden besondere Angaben gemacht (s. a. Abschn. 8.1.2); „best." bedeutet bei Decken: stat. best. gelagert; bei Balken: in der Biegezone bei stat. best. Lagerung.

12.5.4 Fragen zum Brandschutz

1) Welches ist die für den Brandschutz geltende Norm?
2) Wie heißen die Klassen, in die die Baustoffe nach ihrer Brennbarkeit eingeteilt werden?
3) Wie werden die Baustoffe auf ihre Brennbarkeit hin geprüft?
4) Wie heißen die Klassen, in die die Bauteile nach ihrer Feuerwiderstandsdauer eingeteilt werden? Was bedeuten die Buchstaben und Zahlen in den Namen?
5) Wie werden die Bauteile auf ihre Feuerwiderstandsdauer hin geprüft?
6) Welche Anforderungen muss eine tragende Wand der Klasse F 90-A erfüllen?

12.6 Abdichtung gegen Feuchtigkeit

Normen

a) **Bauwerksabdichtungen**: DIN 18 195 mit den folgenden Teilen

Teil 1	(2000-08)	Grundsätze, Definitionen, Zuordnung der Abdichtungsstoffe
Teil 2	(2000-08)	Stoffe
Teil 3	(2000-08)	Anforderungen an den Untergrund und Verarbeitung der Stoffe
Teil 4	(2000-08)	Abdichtung gegen Bodenfeuchte (Kapillarwasser, Haftwasser) und nichtstauendes Sickerwasser an Bodenplatten und Wänden; Bemessung und Ausführung
Teil 5	(2000-08)	Abdichtung gegen nichtdrückendes Wasser auf Deckenflächen und in Nassräumen; Bemessung und Ausführung
Teil 6	(2000-08)	Abdichtung gegen von außen drückendes Wasser und aufstauendes Sickerwasser; Bemessung und Ausführung
Teil 7	(1989-06)	Abdichtung gegen von innen drückendes Wasser; Bemessung und Ausführung
Teil 8	(2004-03)	Abdichtungen über Bewegungsfugen
Teil 9	(2004-03)	Durchdringungen, Übergänge, Abschlüsse
Teil 10	(2004-03)	Schutzschichten und Schutzmaßnahmen
Teil 100	(E 2003-06)	Vorgesehene Änderungen zu Teil 1 bis 6

b) **Dachabdichtung**
DIN 18 531 (1991-09) Dachabdichtungen; Begriffe, Anforderungen, Planungsgrundsätze

c) **Dränanlagen**
DIN 4095 (1990-06) Baugrund; Dränung zum Schutz baulicher Anlagen; Planung, Bemessung und Ausführung

12.6.1 Allgemeines

Zu den wichtigsten Forderungen im Bauwesen gehört es, die Bauten gegen Witterungseinflüsse, vor allem gegen Feuchtigkeit (Bodenwasser und Regen), sicher zu schützen. Durch ungenügende Abdichtungen kann erheblicher Schaden entstehen und die Lebensdauer der Bauwerke wesentlich herabgesetzt werden. Schädlich wirkt sich vor allem die Kapillarwirkung bei porösen Baustoffen aus. Das Wasser, z. B. aus dem Boden, steigt in feinen Hohlräumen (Poren) des Mauerwerks hoch. Eingedrungenes Wasser zerstört bei Frost durch Sprengwirkung (Volumenvergrößerung!) den Baustoff, führt zu Schimmelbildung und zersetzt ihn bei Anwesenheit angreifender chemischer Stoffe im Bodenwasser.

Die Abdichtungsstoffe haben die Aufgabe, die Feuchtigkeit vom Bauteil *völlig* fernzuhalten. Sie unterscheiden sich dadurch wesentlich von den Dämmstoffen (siehe Abschn. 12.4), die unerwünschte Erscheinungen (Wärmeleitung, Schallfortleitung) stets nur bis zu einem bestimmten Grad unterdrücken können.

Bei der Abdichtung unterscheidet man zwischen Bauwerksabdichtung (Abschn. 12.6.3 bis 12.6.6), Dränanlagen (Abschn. 12.6.7) und Dachabdichtung (Abschn. 12.6.8). Die verwendeten Abdichtungs*stoffe* werden im Abschn. 12.6.2 besprochen.

12.6.2 Abdichtungsstoffe

a) Arten

Bei den Abdichtungsstoffen unterscheidet man im Wesentlichen zwischen flüssigen bituminösen Stoffen, Bitumenbahnen und Kunststoff-Dichtungsbahnen. Die verwendeten Abdichtungsstoffe sind in Tafel 12.20, die Einbauverfahren in Tafel 12.21 aufgeführt.

b) Verarbeitung der Abdichtungsstoffe

Die Verarbeitung erfolgt nach den folgenden Verfahren:

- Bitumen-Voranstrichmittel: Streichen, Rollen oder Spritzen nacheinander in mehreren Lagen, wobei die einzelnen Lagen durchgetrocknet bzw. abgelüftet sein müssen.
- Klebemassen für Bahnen: Bürsten, Streichen, Gießen oder Einwalzen, bei Kunststoffbahnen auch Flämmen
- Deckaufstrichmittel: Streichen
- Asphaltmastix und Gussasphalt: mit Spachtel oder Schieber, Gussasphalt auf großen Flächen auch maschinell
- Bitumendickbeschichtungen: je nach Konsistenz im Spachtel- oder Spritzverfahren in mindestens 2 Schichten, ggf. mit Verstärkungseinlage
- Bitumenbahnen, Kunststoffdichtungsbahnen und Metallbänder: überlappend, geklebt oder lose, nach den in Tafel 12.21 aufgeführten Verfahren.

Tafel 12.20 Abdichtungsstoffe für Bauwerks- und Dachabdichtungen nach DIN 18 195-2 [27]
Die mit (G) gekennzeichneten Stoffe, wenn normalentflammbar, gelten als geregelte Bauprodukte, bedürfen aber eines ÜH-Zeichens; die mit (P) benötigen ein Allgemeines bauaufsichtliches Prüfzeugnis und ein ÜHP-Zeichen (s. a. Abschnitt 16).

Zeile	Abdichtungsstoff	Erläuterungen
1	*Bitumen-Voranstrichmittel*	
1.1	Bitumenlösung	Festkörpergehalt 30 bis 50 Massen-%
1.2	Bitumenemulsion	Festkörpergehalt ≥ 30 Massen-%
2	*Klebemassen und Deckaufstrichmittel, heiß zu verarbeiten*[1] (G)	
2.1	Straßenbaubitumen ungefüllt	Bindemittelgehalt ≥ 99 Massen-%
2.2	nach DIN 1995-1 gefüllt	Bindemittelgehalt ≥ 50 Massen-%
2.3	Oxydbitumen ungefüllt	Bindemittelgehalt ≥ 99 Massen-%
2.4	Oxydbitumen gefüllt	Bindemittelgehalt ≥ 50 Massen-%
3	*Asphaltmastix und Gussasphalt (G)*	
3.1	Asphaltmastix	Bindemittelgehalt 13-16 Massen-%
3.2	Gussasphalt	Bindemittelgehalt 6,5-9 Massen-%
4	*Kunststoffmodifizierte Bitumendickbeschichtungen*[2] *(P)*	Bindemittelgehalt ≥ 35 Massen-%
5	*Bitumen- und Polymerbitumenbahnen*	
5.1	Nackte Bitumenbahnen *R* 500 N (G)	nach DIN 52 129
5.2	Bitumendachbahnen *R* 500 (G)	nach DIN 52 128
5.3	Glasvlies-Bitumendachb. V13 (G)	nach DIN 52 143
5.4	Dichtungsbahnen Cu 0,1 D (G)	nach DIN 18 190-4

Tafel 12.20 (Fortsetzung)

Zeile	Abdichtungsstoff	Erläuterungen
5.5	Bitumen-Dachdichtungsbahnen (G)	nach DIN 52 130
5.6	Polymerbitumen-Dachdichtungsbahnen, Bahnentyp PYE (G)	nach DIN 52 132
5.7	Kaltselbstklebende Bitumen-Dichtungsbahnen (KSK-Bahnen) (P)	Gesamtdicke ≥ 1,5 mm Dicke der HDPE-Trägerfolie ≥ 0,07 mm
6	*Bitumen- und Polymerbitumen-Schweißbahnen*	
6.1	Bitumen-Schweißbahnen (G)	nach DIN 52 131
6.2	Bitumen-Schweißbahnen mit 0,1 mm Kupferbandeinlage (P)	in Anlehnung an DIN 52 131
6.3	Polymerbitumen-Schweißbahnen Bahnentyp PYE (G)	nach DIN 52 133
6.4	Polymerbitumen-Schweißbahnen mit Trägerlage aus Polyestervlies (P)	nach TL-BEL-B Teil 1
6.5	Edelstahlkaschierte Bitumen-Schweißbahnen (P)	nach TL-BEL-B Teil 1
7	*Kunststoff- und Elastomer-Dichtungsbahnen*	
7.1	Ethylencopolymerisat-Bitumen (ECB)-Bahnen (G)	nach DIN 16 729
7.2	Polyvinylchlorid weich (PVC-P)-Bahnen, mit synthetischen Fasern verstärkt, nicht bitumenverträgl. (G)	nach DIN 16 734
7.3	Polyvinylchlorid weich (PVC-P)-Bahnen mit Glasvlieseinlage, nicht bitumenverträglich (G)	nach DIN 16 735
7.4	Polyisobutylen (PIB)-Bahnen (G)	nach DIN 16 935
7.5	Polyvinylchlorid weich (PVC-P)-Bahnen, bitumenverträglich (G)	nach DIN 16 937
7.6	Polyvinylchlorid weich (PVC-P)-Bahnen, nicht bitumenverträgl. (G)	nach DIN 16 938
7.7	Ethylen-Vinyl-Acetat-Terpolymer-(EVA)-Bahnen, bitumenverträgl. (P)	Dicke der Dichtungsbahn ≥ 1,2 mm
7.8	Elastomer (EPDM)-Bahnen (G)	nach DIN 7864-1 mit werkseitiger Beschichtung zur Nahtfügetechnik
7.9	Elastomer-Bahnen wie vor	mit zusätzlicher Selbstklebeschicht
8	*Kalottengeriffelte Metallbänder (G)*	
8.1	Kupferband, 0,1 mm dick [3)]	Werkstoff Cu-DHP
8.2	Kupferband, 0,2 mm dick [3)]	nach DIN EN 1976
8.3	Edelstahlband, 0,05 bis 0,065 mm [3)]	Werkstoff X5 CrNiMo 17-12-2 nach DIN EN 10 088-1
9	*Stoffe für Trennschichten/Trennlagen*	
9.1	Ölpapier	mindestens 50 g/m^2
9.2	Rohglasvliese	nach DIN 52 141
9.3	Vliese aus Chemiefasern	mindestens 150 g/m^2
9.4	Polyethylen (PE)-Folie	mindestens 0,2 mm dick

Tafel 12.20 (Fortsetzung)

Zeile	Abdichtungsstoff	Erläuterungen
9.5	Lochglasvlies-Bitumenbahn, einseitig grob besandet	mindestens 150 g/m²
10	*Stoffe für Schutzlagen*	
10.1	Bahnen aus PVC halbhart	mindestens 1 mm dick
10.2	Bautenschutzmatten und -platten aus Gummi- oder Polyethylengranulat	mindestens 6 mm dick
10.3	Vliese nach DIN 61 210 und Geotextilien aus Chemiefasern	mindestens 300 g/m², mindestens 2 mm dick
11	*Stoffe zum Verfüllen von Fugen in Schutzschichten*	
11.1	bitumenhaltige Vergussmassen	
11.2	Profile aus Bitumen, thermoplastischen Kunststoffen oder Elastomeren	

[1] Kalt zu verarbeitende Deckaufstrichmittel und Spachtelmassen sind in DIN 18 195-2 (2000-08) nicht mehr enthalten.
[2] Siehe auch „Richtlinie für die Planung und Ausführung erdberührter Bauteile mit kunststoffmodifizierten Bitumendickbeschichtungen", Ausgabe 1997-06.
[3] Dicke des unprofilierten Bandes.

Tafel 12.21 Einbauverfahren von Abdichtungsbahnen nach DIN 18 195-3 [27]

Art des Verfahrens	anwendbar für [1]
Bürstenstreichverfahren (B) Klebemasse mit Bürste auftragen [2], Bahnen hohlraumfrei einrollen und Ränder anbügeln	alle Bitumenbahnen Kunststoff-Dichtungsbahnen [3]
Gießverfahren (G) Bahnen in ausgegossene, ungefüllte Klebemasse einrollen	
Gieß- und Einwalzverfahren (GE) Bahnen in ausgegossene, gefüllte Klebemasse einwalzen	alle Bitumenbahnen Metallbänder
Flammverfahren (F) Aufgetragene Klebemasse aus Heißbitumen durch Wärmezufuhr wieder aufschmelzen und Bahnen darin einrollen	Bitumenbahnen (außer nackten) Kunststoff-Dichtungsbahnen [3]
Schweißverfahren (S) Untergrund und Unterseite der Bahnen ausreichend erhitzen, Bahnen ausrollen	Bitumen-Schweißbahnen
Kaltverarbeitung Bahnen nach Abzug des Trennpapiers flächig verkleben und andrücken, an Überlappungen mit dem Handgummiroller	kaltverarbeitbare Selbstklebebahnen
Lose Verlegung mit mechanischer Befestigung oder dauernd wirksamer Auflast	Kunststoff-Dichtungsbahnen und daraus gefertigte Planen

[1] Grundsätzliche Anwendbarkeit, für spezielle Fälle in den folgenden Abschnitten teilweise eingeschränkt.
[2] Auf senkrechten und stark geneigten Bauwerksflächen sind der Untergrund und die Unterseite der Bahnen mit je einem Aufstrich aus Klebemasse zu versehen.
[3] Bei Verwendung von Bitumenklebemasse nur bitumenverträgliche Bahnen.

12.6.3 Abdichtung gegen Bodenfeuchtigkeit

Unter Bodenfeuchtigkeit wird das im Boden vorhandene Kapillarwasser und Haftwasser sowie nichtstauendes Sickerwasser verstanden. Es wird in den Bodenporen durch Kapillarkräfte fortgeleitet, auch gegen die Schwerkraft (siehe Abschn. 1.9). Die Abdichtung von Wänden und Bodenplatten geschieht durch Deckaufstrichmittel, Bitumendickbeschichtungen, Bitumen- und Bitumen-KSK-Bahnen und Asphaltmastix (für Sohlflächen). Beispiele für gemauerte Kellerwände siehe Abb. 12.9.

12.6.4 Abdichtung gegen nichtdrückendes Wasser

Unter nichtdrückendem Wasser versteht man Wasser in tropfbarer flüssiger Form, z. B. Niederschlags-, Sicker- oder Brauchwasser, das auf die Abdichtung keinen oder nur einen geringen hydrostatischen Druck ausübt. Man unterscheidet mäßig beanspruchte Flächen (I), wie z. B. Balkone, Loggien, durch Spritzwasser belastete Fußböden und Wandflächen in Nassräumen, und hoch beanspruchte Flächen (II), wie z. B. Dachterrassen, begrünte Flächen, Parkdecks, Hofkellerdecken, Durchfahrten, erdüberschüttete Flächen sowie durch Nutz- und Reinigungswasser stark beanspruchte Fußboden- und Wandflächen in Nassräumen (Schwimmbäder, öffentliche Duschen). Die Abdichtung horizontaler und geneigter Flächen im Freien und im Erdreich sowie von Fußboden und Wandflächen in Nassräumen geschieht durch nackte Bitumenbahnen, Bitumenbahnen mit Einlage, Bitumen-KSK-Bahnen (nur I), Kunststoff-Dichtungsbahnen aus PIB, ECB und PVC-P, Elastomer (EPDM)-Bahnen, Metallbänder, Asphaltmastix und Gussasphalt.

12.6.5 Abdichtung gegen drückendes Wasser

a) Von außen drückend
Reicht das Bauwerk in das Grundwasser hinein, wird der *unterhalb* des Grundwasserspiegels befindliche Bauwerksteil durch Wasserdruck (hydrostatischer Druck) belastet. Die Abdichtung muss dann mind. 300 mm über den Grundwasserspiegel reichen. Die Fläche, auf die die Abdichtung aufgebracht wird, z. B. Mauerwerk oder Beton, muss hohlraumfrei sein (keine Mörtellöcher oder Nester im Beton!). Abdichtungsarten sind i. d. R. nackte Bitumenbahnen ohne oder mit Metallbandeinlage, Kunststoff-Dichtungsbahnen, Polymerbitumen-Dichtungsbahnen oder -Schweißbahnen.

b) Von innen drückend
Von innen drückendes Wasser tritt bei Trinkwasserbehältern, Speicherbecken, Schwimmbecken o. Ä. auf. Verwendet werden geklebte Bitumenbahnen und Kunststoff-Dichtungsbahnen sowie lose verlegte ECB- oder PVC-P-Bahnen.

12.6.6 Schutzschichten und Schutzmaßnahmen

a) **Schutzschichten** haben die Aufgabe, nach Aufbringen der Bauwerksabdichtung diese *dauerhaft* vor Beschädigungen zu schützen, die z. B. infolge Aufschütten oder Bewegung des Bodens oder durch Wärmeeinflüsse auftreten können. Die Schutzschichten können bestehen aus: 11,5 cm Mauerwerk (Mörtelgruppe II oder III); mind. 5 cm Beton B 10 oder B 15 (bewehrt); 2 cm Mörtelschicht MG II oder III, ggf. mit Drahtgewebe; Betonplatten, Gussasphaltschichten (z. B. auf einer bituminösen Abdichtung), Bitumen-Dichtungsbahnen.

b) **Schutzmaßnahmen** haben die Aufgabe, nach Aufbringen der Bauwerksabdichtungen diese *vorübergehend* während des Fortgangs der Bauarbeiten vor Beschädigungen zu schützen. Beispiele: Bei der Montage von Bewehrungseinlagen für eine Betonschutzschicht muss ein Abstand von mind. 5 cm zur Abdichtung eingehalten werden. Wird Mauerwerk als Schutzschicht hochgemauert, muss ebenfalls ein Zwischenraum von mind. 5 cm eingehalten werden, der beim Mauern schichtweise unter Stampfen mit Mörtel ausgefüllt werden muss.

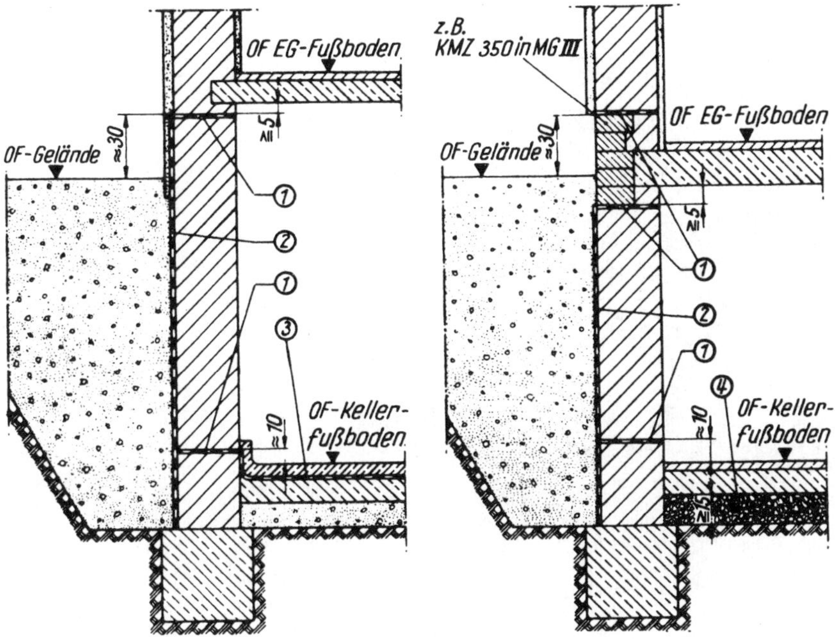

Abb. 12.9 Abdichtung von gemauerten Kellerwänden gegen Bodenfeuchtigkeit (Beispiele nach DIN 18 195-4)

Hierin bedeuten:

① Waagerechte Abdichtungen gegen aufsteigende Feuchtigkeit aus mindestens 1 Lage Bahnen, z. B. Bitumen-Dachbahn oder Bitumen-Schweißbahn.

② Abdichtung erdberührter Flächen gegen das Eindringen von Feuchtigkeit, z. B. bituminöse Anstriche aus einem kaltflüssigen Voranstrich und mindestens 2 heiß- oder 3 kaltflüssig aufzubringenden Anstrichen; Bitumenbahn einlagig mit Klebemasse auf kaltflüssigen Voranstrich.

③ Abdichtung tief liegender Fußböden gegen aufsteigende Feuchtigkeit auf Unterlage aus Beton, z. B. heißflüssige Spachtelmasse mindestens 7 mm dick; Bitumenbahnen in 1 Lage lose verlegt oder mit heißflüssiger Bitumen-Klebemasse punktweise oder vollflächig verklebt.

④ Kapillarbrechende grobkörnige Schüttung, bei Gebäuden mit geringen Anforderungen an die Raumnutzung (Durchfeuchtung der Wände möglich!).

12.6.7 Dränanlagen

Dränanlagen haben die Aufgabe, das Entstehen von drückendem Wasser gegen senkrechte oder waagerechte Bauwerksabdichtungen, z. B. Kellerwände oder Sohlplatten, zu verhindern. Eine Dränanlage besteht aus der eigentlichen Dränschicht, der Dränleitung sowie Kontroll- und Spüleinrichtungen. Dränanlagen vor Kellerwänden sind in Abb. 12.10 dargestellt.

Die **Dränschicht** ist eine wasserdurchlässige Schicht, die alle erdbedeckten Flächen bedecken muss. Vor einer Wand z. B. kann sie aus *einer* Schicht bestehen (0,5 m Kiessandschicht der Körnung 0/8, SL A 8, oder 0/32, SL B 32) oder aus Dränsteinen aus haufwerkporigem Beton oder aus Dränplatten aus Schaumkunststoff. Unter Bodenplatten besteht die Dränschicht i. d. R. aus *zwei* Schichten, der Filterschicht aus Körnung 0/4 und der Sickerschicht aus Körnung 4/16, oder aus einem Filtervlies (z. B. Spinnvlies) und einer Sickerschicht 8/16.

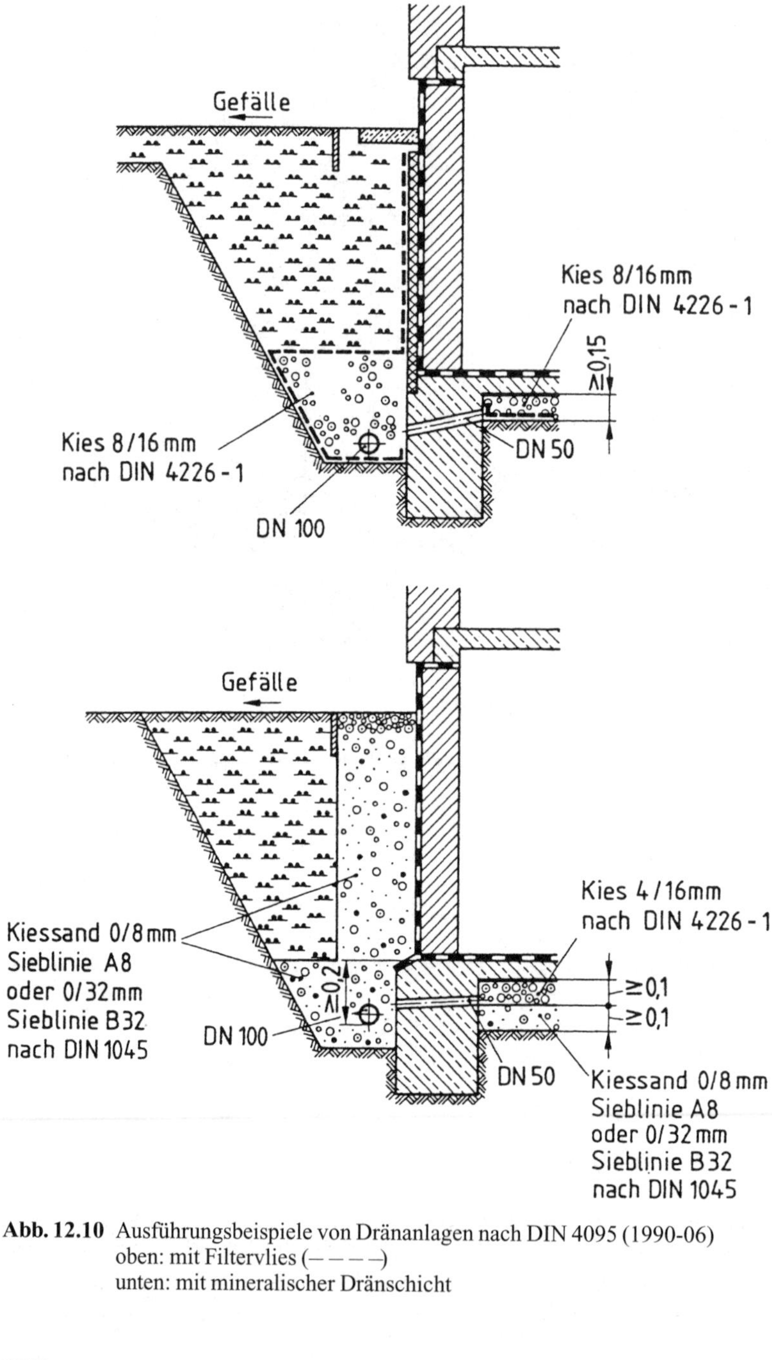

Abb. 12.10 Ausführungsbeispiele von Dränanlagen nach DIN 4095 (1990-06)
oben: mit Filtervlies (– – – –)
unten: mit mineralischer Dränschicht

Die **Dränleitung** muss alle erdberührten Wände erfassen und ist entlang der Außenfundamente anzuordnen, bei Gebäuden möglichst als Ringleitung. Sie ist mit ausreichender Neigung zum Vorfluter oder zum Regenwasserkanal hin zu verlegen. Dränleitungen bestehen i. d. R. aus Rohren aus Beton, Faserzement, Steinzeug oder Kunststoff. Flächendränschichten unter Bodenplatten werden i. d. R. ohne Dränleitung ausgeführt.

12.6.8 Dachabdichtungen

Unter Dachabdichtungen versteht man Abdichtungen, die in Form von Bahnen auf einer Unterlage, z. B. einer Holzschalung, einer Dämmschicht oder direkt auf einer tragenden Unterkonstruktion, flächig aufgebracht werden. Als Bahnen werden verwendet Bitumen- und Polymerbitumenbahnen gemäß Tafel 12.20, Ziff. 5, oder Kunststoff- und Elastomer-Dichtungsbahnen gemäß Tafel 12.20, Ziff. 7. Sie werden aufgeklebt oder, z. B. bei Stahltrapezprofilen oder Schalungen aus Holz oder Holzwerkstoffen, auch mechanisch befestigt. Befestigungselemente sind z. B. Teller- und Spreizdübel, Holzschrauben oder selbstbohrende Schrauben mit Haltetellern. Die Bahnen können auch lose verlegt werden, benötigen dann aber eine ausreichende Auflast, z. B. Kiesschüttung der Körnung 16/32, Betonplatten oder Betonverbundpflastersteine. Das Gewicht der Auflast steigt mit der Höhe des Gebäudes (unter 8 m bis über 20 m) von 40 auf 80 kg/m^2 im Innenbereich des Daches und von 80 bis 160 kg/m^2 im Randbereich.

Es gibt auch Dachbahnen mit flexiblen Photovoltaikmodulen, die zusätzlich zur Dachabdichtung elektrische Energie aus Sonnenlicht gewinnen.

12.6.9 Fragen und Aufgaben zur Abdichtung gegen Feuchtigkeit

1) Warum hat der Schutz von Bauwerken gegen das Eindringen von Feuchtigkeit so große Bedeutung?
2) Inwiefern unterscheiden sich Abdichtungsstoffe und Dämmstoffe voneinander?
3) Erläutern Sie die verschiedenen Arten und Einbauverfahren von Abdichtungsstoffen!
4) Welche seiner Eigenschaften machen Bitumen zu einem idealen Abdichtungsstoff? Warum ist Bitumen zur Herstellung von Bodenbefestigungen für Tankstellen ungeeignet?
5) Erläutern sie die verschiedenen Arten von Bauwerksabdichtungen und die dafür verwendeten Abdichtungsstoffe!
6) Skizzieren Sie ein Beispiel für die Abdichtung einer gemauerten Kellerwand gegen Bodenfeuchtigkeit!
7) Welche Maßnahmen müssen zum Schutz von Bauwerksabdichtungen getroffen werden?
8) In welcher Weise wird das Bodenwasser vor Kellergeschossen fortgeleitet? Fertigen Sie dazu eine Skizze an!
9) Erläutern Sie die verschiedenen Arten von Dachabdichtungen und die dabei verwendeten Abdichtungsstoffe!

13 Bitumen und Asphalt

13.1 Allgemeines

Bitumen ist ein Bindemittel, das bei der Destillation von Erdöl entsteht. Chemisch besteht es aus einer Vielzahl von Kohlenwasserstoffen. Teer ist ein Bindemittel, das bei der thermischen Zersetzung von Steinkohle entsteht, z. B. bei der Herstellung von Koks für den Hochofenprozess zur Roheisengewinnung. Teer wird heute nach DIN 55 946 als Teerpech bezeichnet. Teer wurde früher jahrzehntelang im Straßenbau und im Bautenschutz verwendet. Seit etwa 1983 ist die Anwendung von Teer stark zurückgegangen, als erkannt wurde, dass es gesundheitsschädliche (krebserregende) Bestandteile enthält. Im Straßenbau wird es seit Jahren nicht mehr eingesetzt. Asphalt ist ein Gemisch aus Gesteinskörnungen und Bitumen als Bindemittel.

13.2 Herstellung von Bitumen

Bitumen wird bei der stufenweisen Erwärmung von Erdöl gewonnen (sog. fraktionierte Destillation). Zunächst wird aus dem Erdöl in Röhrenöfen bei Temperaturen von 350 bis 400 °C unter Atmosphärendruck Benzin, Petroleum sowie Diesel- und Heizöl abgetrennt. Der dabei anfallende Rückstand wird anschließend in sog. Destillationstürmen bei Temperaturen von 350 bis 380 °C unter Vakuum von 4 bis 7 kPa (0,07 bar) unter Abtrennung weiterer schwererer Erdölbestandteile zu den verschiedenen Destillationsbitumen (siehe Abschn. 13.4.1) weiterverarbeitet.

13.3 Eigenschaften des Bitumens

13.3.1 Konsistenz

Bitumen besteht aus einer großen Anzahl von verschiedenen Kohlenwasserstoffe mit jeweils unterschiedlichen Schmelzpunkten. Dies ist der Grund für die Tatsache, dass Bitumen keinen festen Schmelzpunkt besitzt, sondern bei steigender Temperatur allmählich vom festen über den weichen in den flüssigen Zustand übergeht und unter Belastung ein plastisches Fließen aufweist (Eindrücken von Stuhlbeinen, Rillen- und Wulstbildung im Asphalt). Ein Maß für dieses Verhalten ist die Konsistenz.

Die Konsistenz wird nach drei verschiedenen Verfahren (siehe Abb. 13.1) gemessen.

1) Bei der **Nadelpenetration** wird die Eindringtiefe einer Nadel in das auf 25 °C erwärmte Bitumen in Zehntelmillimeter gemessen (DIN EN 1426).

2) Bei dem **Erweichungspunkt Ring und Kugel** (EP RuK) wird bei langsamer Erwärmung des Bitumens diejenige Temperatur in °C gemessen, bei der eine Kugel das in einem offenen Ring befindliche Bitumen um 25,4 mm nach unten auf eine Glasplatte drückt (DIN EN 1427).

3) Beim **Brechpunkt nach Fraaß** (BP Fr) wird diejenige Temperatur gemessen, bei der bei langsamer Abkühlung eine auf einem Stahlplättchen befindliche, dort im flüssigen Zustand aufgebrachte Bitumenschicht den ersten Riss erhält (DIN EN 12 593).

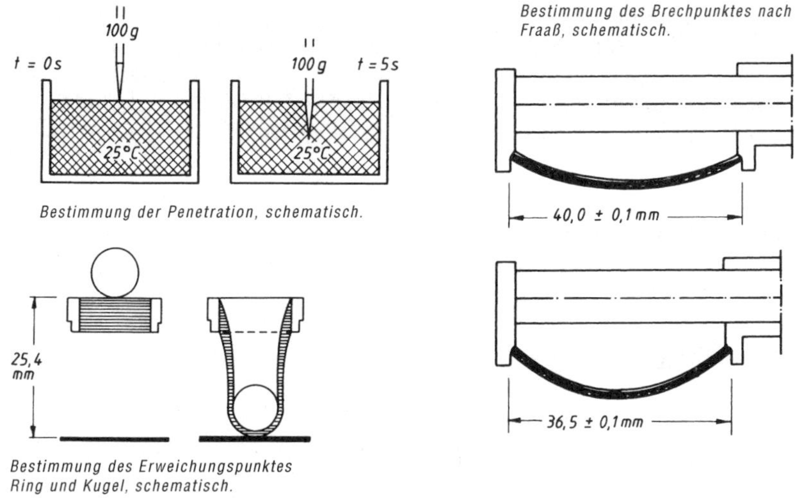

Abb. 13.1 Messverfahren zur Bestimmung von Nadelpenetration nach DIN EN 1426, Erweichungspunkt Ring und Kugel (EP RuK) nach DIN EN 1427 und Brechpunkt nach Fraaß (BP Fr) nach DIN EN 12 593 von Bitumen [2]

Unterhalb von BP Fr wird das Bitumen zunehmend spröde, oberhalb EP RuK zunehmend flüssig. Zwischen diesen beiden Temperaturen liegt ein Zustandsbereich zähplastischen Verhaltens, weshalb ihre Differenz auch als **Plastizitätsspanne** oder Plastizitätsbereich der Bitumensorte bezeichnet wird.

13.3.2 Haftfestigkeit und Alterung

Die **Haftung** von Bitumen auf der Kornoberfläche von Gesteinskörnungen im Asphalt, auf den Trägerlagen von Bitumenbahnen und auf Untergründen von Bitumenanstrichen ist gut. Voraussetzung dafür ist allerdings, dass die Flächen, auf denen das Bitumen haften soll, staubfrei und trocken sind. Das ist z. B. der Grund, dass bei der Herstellung von Asphaltmischgut im Straßenbau die Gesteinskörnungen vor dem Mischprozess vorgetrocknet werden müssen.

Unter **Alterung** versteht man allgemein die zeitabhängige Veränderung der Eigenschaften eines Werkstoffs. Bei Bitumen äußert sich dieser Vorgang in einer Verhärtung, tritt aber äußerst langsam auf und wird durch Luftsauerstoff mittels Oxidation und unter Einwirkung des Sonnenlichts (UV-Strahlung) oder durch geringes Verdunsten der öligen Bestandteile des Bitumens bei erhöhten Temperaturen hervorgerufen.

13.3.3 Verhalten gegenüber Wasser und Chemikalien

Wasser in flüssiger Form oder als Wasserdampf wird von Bitumen nur in Spuren aufgenommen. Die Löslichkeit von Wasser in reinem Bitumen liegt bei 0,001 bis 0,01 %. Bitumen kann daher praktisch als wasserunlöslich angesehen werden, weswegen es ideal geeignet ist als Korrosionsschutzstoff und als Abdichtungsmaterial.

Auch gegen **chemische Einflüsse** ist Bitumen weitgehend widerstandsfähig. Bei normalen Temperaturen wird es nicht angegriffen von organischen und anorganischen Salzen, aggressiven Wässern, Kohlensäure, schwach anorganischen Säuren und Basen, auch nicht von starker Salzsäure sowie von verdünnter Schwefel- und Salpetersäure. Es kann daher z. B. auch für Fußböden in Lagerräumen von Chemikalien verwendet werden. Groß ist dagegen die Löslichkeit in Benzin oder anderen Mineralöldestillaten (Tankstellen!) und in bestimmten organischen Lösungsmitteln, wie z. B. chlorierte Kohlenwasserstoffe, Benzol und Toluol.

13.4 Bitumensorten

(s. a. Tafel 13.1)

13.4.1 Destillationsbitumen

a) **Straßenbaubitumen** nach DIN EN 12 591
Konsistenz: weich bis hart. In den Sortenbezeichnungen, z. B. 70/100, bedeuten die Zahlen den oberen und unteren Grenzwert der Nadelpenetration.

Anwendung: Die weichen Sorten 160/220 für Oberflächenbehandlungen (nach Erhitzen spritzfähig), zur Tränkung von Bitumenpappen und Bitumenpapieren sowie für die Herstellung von Bitumenemulsionen, Bitumenlösungen und polymermodifiziertem Bitumen. Die mittelharten Sorten 70/100 und 50/70 für Walzasphalt im normalen Straßenbau, die härteren Sorten 20/30 und 30/45 für hochfeste Asphalte und Gussasphalt.

b) **Hochvakuumbitumen** (Hartbitumen), nicht genormt
Konsistenz: hart bis spröde. In den Sortenbezeichnungen, z. B. 90/100, geben die beiden Zahlen den oberen und unteren Grenzwert des Erweichungspunktes Ring und Kugel an.

Anwendung: z. B. Gussasphaltestriche in Innenräumen, Bautenschutzlacke.

13.4.2 Oxidationsbitumen

Konsistenz: hart bis elastisch. Entsteht durch Einblasen von Luft in heißflüssige weiche Destillationsbitumen (deshalb auch als geblasene Bitumen bezeichnet). In den Sortenbezeichnungen, z. B. 80/25, gibt die erste Zahl den mittleren Erweichungspunkt RuK und die zweite Zahl die mittlere Nadelpenetration an. Oxidationsbitumen ist nicht genormt.

Anwendung: Beschichtung und Verklebung von Dichtungsbahnen, Fugenvergussmassen, Weichmacher in der Gummiindustrie (Kautschuk), Außenbeschichtung von Röhren. Hat geringe Haftfestigkeit und kann deswegen nur industriell verarbeitet werden (daher auch als Industriebitumen bezeichnet).

13.4.3 Polymermodifizierte Bitumen

Polymermodifizierte Bitumen (PmB) sind industriell hergestellte Gemische aus Bitumen und Polymeren. Sie haben gegenüber den normalen Straßenbaubitumen besondere Vorteile: geringere Sprödigkeit bei tiefen Temperaturen, höhere Verformungsbeständigkeit bei hohen Temperaturen, bessere Haftung an Mineralstoffen, größere Plastizitätsspanne, große elastische Rückverformung nach Entlastung, geringere Alterung. Anwendung bei extremer Beanspruchung durch Witterung und/oder Verkehr.

Die Bezeichnungen nach den Technischen Lieferbedingungen für PmB (TL PmB) erfolgt durch die Buchstaben PmB und eine Zahl, die etwa der Nadelpenetration entspricht, und einen

Tafel 13.1 Kennwerte von Bitumen und bitumenhaltigen Bindemitteln [2]

		Destillationsbitumen								
		Straßenbaubitumen DIN EN 12591					Hartbitumen (Hochvakuumbitumen)			
Bitumensorte		160/220	70/100	50/70	30/45	20/30	80/90	90/100	100/110	110/120
Nadelpenetration	1/10 mm	160-220	70-100	50-70	30-45	20-30	4-10	0-6	0-4	0-3
Erweichungspunkt RuK	°C	35-43	43-51	46-54	52-60	55-63	80-90	90-100	100-110	110-120
Brechpunkt nach Fraaß	°C	–15	–10	–8	–5		–	–	–	–
Beständigkeit gegen Verhärtung,										
Anstieg des Erweichungspunktes, höchstens	°C	11	9	9	8	8	–	–	–	–
Massenänderung, höchstens	M.-%	1	0,8	0,5	0,5	0,5	0,1	0,1	0,1	0,1
Flammpunkt, mindestens	°C	220	230	230	240	240	290	300	300	300
		Oxidationsbitumen								
Bitumensorte		70/30	80/25	85/40	100/25	100/40	115/15	135/10		
Nadelpenetration	1/10 mm	25-35	20-30	35-45	20-30	35-40	10-20	5-15		
Erweichungspunkt RuK	°C	70-80	77,5-82,5	80-90	95-105	95-105	110-120	130-140		
Brechpunkt nach Fraaß	°C	–12	–10	–20	–18	–20	–10	–5		
Flammpunkt	°C	280	250	240	240	240	240	240		
Aschegehalt	M.-%	0,5								
Beständigkeit gegen Verhärtung, Massenänderung höchstens	M.-%	0,5	0,5	0,5	0,5	0,5	0,5	0,5		
		Polymermodifizierte Bitumen TL PmB								
		elastomermodifiziert				thermoplastomermodifiziert			höher polymerisiert	
Bitumensorte		PmB 130 A	PmB 65 A	PmB 45 A	PmB 25 A	PmB 65 C	PmB 45 C	PmB 25 C	PmB 40/100–65 H	
Nadelpenetration	1/10 mm	120-200	50-90	20-60	10-40	50-90	20-60	10-40	40-100	
Erweichungspunkt RuK	°C	40-48	48-55	55-63	63-71	48-55	55-63	63-71	65,0	
Brechpunkt nach Fraaß	°C	–20	–15	–10	–5	–15	–10	–5	–15	
Flammpunkt	°C	220	235	235	235	235	235	235	235	
		Bitumenemulsionen DIN 1995-3								
Sorte		U 60	U 70	U 60K	U 70K			Haftkleber		
Bitumenanteil mind.	M.-%	58	68	58	68			<40		
Typ		anionisch		kationisch				mit Lösemittel		
		Polymermodifizierte Bindemittel für Oberflächenbehandlung TL PmOB								
		Polymermod. Bitumen			Polymermodifizierte Bitumenemulsionen					
Sorte		Sorte		Art	Art C				Art D	
		A1	A1	B	U 60K C1	U 60K C2	U 70K C1	U 70K C2	U 60K	U 70K
Fluxbitumen		ohne	ohne	mit	ohne	ohne	ohne	ohne	mit	mit
Typ		–	–	–	kationisch					

[1] TL PmB = Technische Lieferbedingungen für polymermodifizierte Bitumen.

Buchstaben, der die Art der Modifizierung angibt (A, B = Elastomer, C = Thermoplast, H = höherpolymerisiert). Beispiel: PmB 65 A = Nadelpenetration 50 bis 90.

PmB wird auch bei der Herstellung von offenporigen splittreichen Asphaltdeckschichten im Straßenbau verwendet. Diese Schichten verringern die Aquaplaninggefahr und vermindern die Fahrgeräusche („Flüsterasphalt"), führen im Winter allerdings auch leichter zu Vereisung der Fahrbahnoberfläche.

13.5 Bitumenhaltige Bindemittel

Bitumenhaltige Bindemittel sind aus Bitumen abgeleitete Bindemittel, wie der heute gültige Begriff lautet. Dabei wird das Bitumen mit anderen Komponenten gemischt, und zwar zu

- **Fluxbitumen:** Komponenten sind bestimmte Erdöldestillate, sog. Fluxöle, man spricht auch vom Fluxen des Bitumens. Früher sprach man vom Verschneiden des Bitumens mit Verschnittölen und von Verschnittbitumen. Mischtemperaturen liegen bei 100 °C, Einbautemperaturen bei 60 °C. Kann nur bei hohlraumreichem Asphalt verwendet werden, der das Verdunsten der Fluxöle ermöglicht. Heute nur noch selten verwendet.
- **Kaltbitumen:** Komponenten sind leichtflüchtige Lösemittel, wie z. B. Benzin, Benzol. Kaltbitumen brauchen nicht vorgewärmt, die Gesteinsstoffe nicht vorgetrocknet zu werden. Kaltbitumen sind wegen der leicht flüchtigen Bindemittel feuergefährlich und binden durch Verdunsten des Lösemittels schnell bis mittelschnell ab. Anwendung: kleine Flächen, Wege untergeordneter Bedeutung, Herstellung von lagerfähigem Mischgut, Vorspritzen, Bodenverfestigung.
- **Bitumenemulsionen:** Bitumen wird mit heißem Wasser in Rührwerken zu feinen Tröpfchen verteilt und durch Zusatz eines sog. Emulgators daran gehindert, wieder zusammen zu laufen und zu verkleben. Vielmehr überziehen sich die Bitumenkügelchen mit einer dünnen, elektrisch aufgeladenen Haut, wodurch sie im Wasser in der Schwebe bleiben. Erst wenn sie mit Gestein in Berührung kommen, werden die Häutchen zerstört, man sagt, „die Emulsion bricht". Das Bitumen verklebt die Gesteinskörner miteinander und das Wasser verdunstet. Bitumenemulsionen können wegen ihrer Dünnflüssigkeit ohne Erwärmung und auch bei feuchtem Gestein verarbeitet werden. Sie sind unbrennbar und geruchlos. Man unterscheidet:
  - anionische Emulsionen, brechen bei Berührung mit basischem Gestein , z. B. Kalkstein
  - kationische Emulsionen, brechen bei Berührung mit sauren Gesteinen, z. B. Quarz, Kies
  - unstabile Emulsionen (Kürzel U), z. B. *U* 60 (60 % Bitumen, anionisch) oder *U* 70 K (70 % Bitumen, kationisch), brechen sofort und können nur verspritzt oder vergossen werden
  - halbstabile Emulsionen (Kürzel H), brechen mittelschnell und eignen sich zum Vermischen mit füllerlosen Mineralgemischen (Splitt).

Bitumenemulsionen können auch mit Polymeren modifiziert werden. Sie werden häufig bei Oberflächenbehandlungen für sog. „Dünne Schichten im Kalteinbau (DSK)" eingesetzt.

13.6 Asphalt

Unter Asphalt versteht man Gemische aus Bitumen oder bitumenhaltigen Bindemitteln mit Gesteins- bzw. Mineralstoffen.

13.6.1 Naturasphalt

Naturasphalte sind in der Natur vorkommende Mischungen aus Bitumen und feinkörnigen Mineralstoffen. In Deutschland war am bekanntesten der „Vorwohler Asphaltkalkstein“ bei Eschershausen südlich von Hannover mit einem Bitumenanteil von 4 bis 6 Masse-%. Seine ehemals bergmännische Gewinnung ist aus Wirtschaftlichkeitsgründen eingestellt. Der **Trinidad-Asphalt** kommt auf der Insel Trinidad in einem „Asphaltsee“ vor und besteht aus über 50 Masse-% Bitumen und feinkörniger vulkanischer Asche. Er wird aufbereitet zu **Trinidad-Epuré** und als Zusatz zu Gussasphalt verwendet.

13.6.2 Technischer Asphalt

Als technische Asphalte bezeichnet man die zum größten Teil im Straßenbau in festen oder mobilen Mischanlagen aus Mineralstoffen und Bitumen hergestellten Asphalte mit einem Gesteinsanteil von etwa 85 Vol-% bzw. 95 Masse-%. Die Gesteinskörnungen müssen vorgetrocknet und zusammen mit dem Bitumen in den Mischern auf die Misch- und Verarbeitungstemperatur erwärmt werden. Als Gesteinskörnungen verwendet man Kies und Sand bzw. künstlich gebrochenen Schotter, Splitt und Brechsand bzw. Edelsplitt und Edelbrechsand, meist aus Kalkstein, sowie Füller. Füller sind Gesteinsmehle oder andere feinstkörnige Mineralstoffe ≤ 0,09 mm Korngröße, die den Hohlraum der Mineralmischung verringern (Füller „füllt“) und das Bitumen versteifen (Füller versteift). Man unterscheidet Walzasphalt und Gussasphalt bzw. Asphaltmastix.

13.6.3 Walzasphalt

Walzasphalt ist der im Straßenbau vorwiegend angewendet Asphalt (Aufbau siehe Abb. 13.2). Der Kornaufbau des Mineralgemischs ist ähnlich wie beim Beton aufgebaut: Größtkorn bei Tragschichten 32 mm, bei Binder 11 oder 22 mm, bei den Deckschichten 5 oder 16. Die gröberen Körner werden mit dem Mörtel aus Füller und Bitumen miteinander verklebt, das Mengenverhältnis Füller : Bindemittel liegt i. d. R. bei 1,5 bis 1,8. Es werden die weicheren Straßenbaubitumen 160/220, 70/100 oder 50/70 verwendet, die Einbautemperaturen liegen bei 120 bis 160 °C. Das Mischgut wird in LKWs, ggf. mit Planen abgedeckt, oder in Thermoswagen zur Einbaustelle transportiert, mit einem Straßenfertiger eingebaut und mit Walzen verdichtet. Nach dem Walzen (Verdichten) verbleibt ein mit Luft gefüllter Hohlraum, er liegt bei den Tragschichten zwischen 4 und 20 %, beim Oberbau bei 6 bis 7 %. Nach Abkühlen auf etwa 18 °C ist das eingebaute Mischgut voll belastbar.

13.6.4 Gussasphalt, Asphaltmastix

Das Größtkorn des Mineralgemischs von **Gussasphalt** liegt bei 5 oder 11 mm. Es wird so viel Bitumen zugegeben, dass alle Hohlräume mit Bitumen ausgefüllt sind und sogar noch ein geringer Bitumenüberschuss vorhanden ist. Dadurch muss Gussasphalt nicht verdichtet werden, sondern wird lediglich von Hand verstrichen und mit einer Bohle glattgezogen. Zur Aufrauung wird danach in die Oberfläche Splitt in größerer Menge (15 bis 18 kg/m^2) eingewalzt. Es werden die mittelharten Straßenbaubitumen 30/45 und 20/30 verwendet, die Einbautemperaturen liegen zwischen 220 und 240 °C. Bei diesen Temperaturen entweichen gesundheitsgefährdende Aerosole, weswegen die Einbautemperaturen auf 160 °C und weniger

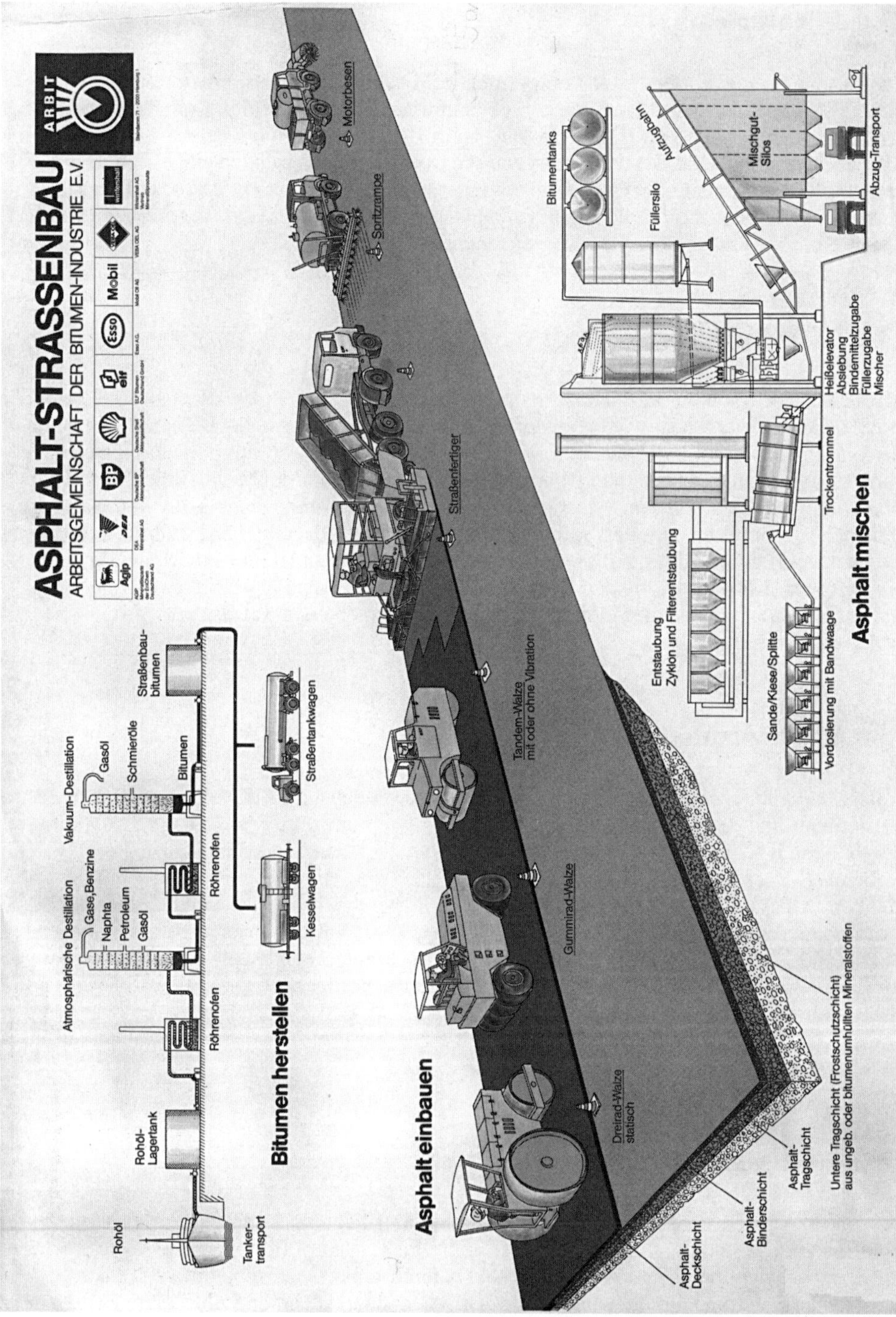

Abb. 13.2 Herstellung von Bitumen und Asphaltmischgut und Einbau von Asphalt im Straßenbau (schematisch) [2]

verringert werden sollen. Das Mischgut wird während des Transports in thermostatgesteuerten Behältern oder in fahrbaren Gussasphaltkochern ständig gerührt, damit sich die gröberen Splittkörner nicht absetzen. Auch Gussasphalt ist nach dem Abkühlen sofort voll belastbar. Verwendung findet Gussasphalt z. B. bei Straßen mit hoher Beanspruchung (Autobahnen, Hauptverkehrsstraßen) und wenn hohe Wasserdichtigkeit verlangt wird (Brücken).

Asphaltmastix ist wie Gussasphalt ein hohlraumfreier Asphalt. Größtkorn des Mineralstoffgemischs 2 mm, extrem hoher Gehalt (14 bis 18 Masse-%) an weichen Straßenbaubitumen wie beim Walzasphalt. Der Einbau erfolgt durch Vergießen und Verteilen mit Gummischiebern, anschließend Einwalzen von Splitt. Nach Abkühlen sofort belastbar. Anwendung z. B. für Deckschichten (Dicke 1,5 bis 2 cm) bei Instandsetzungsarbeiten oder Pflasterüberzügen (Lärmminderung) sowie für dünne Brückenbeläge (Dicke = 8 mm) auf Glasvlieszwischenlage.

13.6.5 Wiederverwendung von Asphalt

Maschinen, die mit Infrarotsrahlern oder anderen indirekt wirkenden Heizgeräten ausgerüstet sind, erwärmen beschädigte oder zerstörte Asphaltdeckschichten, lockern diese ohne Kornzertrümmerung auf und bauen anschließend sofort eine neue, gleichmäßig dicke Schicht wieder ein („Rückformen“). Man unterscheidet:

„Reshape“ = keine Materialzugabe, „Repave“ = Zugabe von neuem Asphaltmischgut ohne Mischen, „Remix“ = Zugabe von neuem Material zum aufgenommenen und gemeinsamen Mischen beider Anteile.

In allen Fällen muss die neue Decke durch Walzen wieder verdichtet werden. Das Remix-Verfahren wird wegen der erreichbaren höheren Qualität am meisten angewendet.

13.7 Weitere Anwendungen von Bitumen und Asphalt

a) Asphaltbefestigungen von Parkflächen, Rad- und Gehwegen, Sportplatzflächen, landwirtschaftlichen Wegen; Brückenbeläge; im Erdbau Planumsversiegelungen, Bodenverfestigungen; bituminöse Gleitschichten bei Pfahlgründungen zur Verminderung der Mantelreibung.

b) Im Wasserbau wird Asphalt bei der Befestigung und Dichtung von Anlagen zur Trinkwasserversorgung und Bewässerung verwendet, da es keine wasserlöslichen und giftigen Bestandteile enthält. Bei der Verwendung in Klär- und Belebungsbecken kommt dem Asphalt seine chemische Resistenz gegen hohe Konzentration von Laugen und Säuren zugute. Allerdings müssen auch säurefeste Mineralstoffe zum Einsatz kommen. Asphaltbeton wird auch für Bauwerke des konstruktiven Wasserbaus verwendet. Asphaltmastix kommt als Fugenverguss zum Einsatz, sowohl beim Versetzen großer Steine (Setzsteinverguss) als auch beim Verschütten gröbere Gesteinskörnungen (Schüttsteinverguss).

c) Bauwerksabdichtungen siehe Abschn. 12.6. Fugenvergussmassen in Beton- oder Asphaltbetondecken und in Pflasterdecken

d) Asphaltbodenbeläge: Gussasphaltestrich siehe Abschn. 6.6.3. Asphaltplatten sind unter Druck gepresste Platten aus Naturasphaltrohmehl oder technischem Asphalt und werden als Bodenbeläge für gewerblich genutzte Räume verwendet.

13.8 Fragen und Aufgaben zu Bitumen

1) Erläutern Sie die Begriffe Bitumen, Teer, Teerpech, Asphalt und bitumenhaltige Bindemittel!
2) Erläutern Sie die Herstellung von Bitumen!
3) Warum hat Bitumen keinen festen Schmelzpunkt? Wie verhält es sich bei steigender Temperatur?
4) Beschreiben Sie die verschiedenen Verfahren zur Bestimmung der Konsistenz!
5) Was versteht man unter dem Begriff Plastizitätsspanne von Bitumen?
6) Was versteht man unter Alterung von Bitumen?
7) Wie verhält sich Bitumen gegenüber Wasser und chemischen Einflüssen?
8) Beschreiben Sie die verschiedenen Bitumensorten und bitumenhaltigen Bindemittel und ihre Anwendung!
9) Erläutern Sie die verschiedenen Arten von Asphalt und ihre Anwendung!
10) Beschreiben Sie den Einbau von Asphalt im Straßenbau!
11) In welcher Weise kann Asphalt wiederverwendet werden?

14 Holz und Holzbaustoffe

14.1 Allgemeines

Holz ist ein natürlich gewachsener organischer Baustoff. Es hat als Schnittholz und als Holzwerkstoff (Brettschichtholz, Sperrholz, Holzbauplatten) gute bautechnische Eigenschaften. Seit Mitte der 80-er Jahre nimmt die Zahl der Bauwerke in Holzbauweise sowohl im Wohnungsbau als auch im Ingenieurbau (Hallen etc.) stetig zu.

Als Naturprodukt weisen die **Eigenschaften des Holzes** stärkere Schwankungen auf als z. B. die von Beton und Stahl. Insbesondere die Festigkeit des eingeschnittenen Holzes ist abhängig von der Ästigkeit (Anzahl und Größe der angeschnittenen Äste), vom Faserverlauf (Abweichung von der Längsrichtung, z. B. infolge Drehwuchs), von der Jahrringbreite sowie vom Splint- und Kernholzanteil. Die Holzeigenschaften sind außerdem abhängig von der Richtung, d. h. ob parallel oder senkrecht zur Stammrichtung gemessen. Man spricht von der Anisotropie des Holzes. Und sie sind abhängig von der Holzfeuchte. Diese wiederum hängt ab vom Trocknungszustand des Holzes und vom umgebenden Klima (Luftfeuchte). Holz ist hygroskopisch. Das hat insbesondere Einfluss auf das „Arbeiten" des Holzes, d. h. auf sein Schwinden und Quellen.

Die **Lebensdauer** des Holzes hängt vor allem von der Art ab, wie es bei der Lagerung und im verbauten Zustand geschützt wird. Man rechnet mit einer Lebensdauer ungeschützter Hölzer im Freien von 25 Jahren (Erle) bis 100 Jahre (Eiche), in fließendem Wasser von 50 Jahren (Fichte) bis nahezu unbegrenzt (Eiche). Ungünstig ist ein häufiger Wechsel zwischen nass und trocken. Er führt bei den meisten Hölzern zu Fäulnis. Die Lebensdauer der Hölzer kann man durch Imprägnieren mit öligen, wasserlöslichen oder lösemittelhaltigen Holzschutzmitteln erheblich verlängern.

In Deutschland wird seit etwa 200 Jahren **nachhaltige Holzwirtschaft** betrieben, d. h., es wird dem Wald nicht mehr Holz entnommen als nachwächst. So werden z. Z. pro Jahr dem Wald etwa 40 Mio. m^3 Holz entnommen, in derselben Zeit wachsen etwa 60 Mio. m^3 nach. Die Bäume binden bei ihrem Wachsen das Treibhausgas Kohlendioxid und geben Sauerstoff an die Luft ab. Eine Tonne trockenes Holz ($\approx 1\ m^3$ Frischholz) enthält etwa ½ Tonne Kohlenstoff, das entspricht ca. 1,8 Tonnen gebundenem Kohlendioxid. Insofern trägt die Verwendung von heimischem Holz zusätzlich aktiv zum Umwelt- und Klimaschutz bei.

14.2 Aufbau von Holz

14.2.1 Chemischer Aufbau des Holzes

Holz ist ein organisches Gewebe. Die **chemischen Elemente** des Holzes sind Kohlenstoff (ca. 40-50 %), Sauerstoff (etwa 40 %), Wasserstoff (etwa 6 %) sowie Stickstoff und Mineralstoffe (unter 1 %). Diese Elemente bilden die folgenden **chemischen Verbindungen**:

- **Zellulose** (ca. 40-60 %), besteht aus fadenförmigen Makromolekülen (Grundsubstanz: Glucose) und bildet die Zellwandsubstanz des Holzes („Armierung"), verantwortlich für die Zugfestigkeit und chemische Beständigkeit des Holzes.
- **Lignin** (ca. 18-41 %), ein Benzolderivat, das die Kittsubstanz des Holzes darstellt („Bindemittel"), verantwortlich für die Druckfestigkeit des Holzes.

- **Holzpolyosen** (ca. 6-27 %), bestehen aus Hemizellulose und bilden z. T. Zellwandsubstanz, z. T. Kittsubstanz. Sie sind leicht von Schädlingen angreifbar.
- **Holzinhaltsstoffe** (ca. 2-7 %), umfassen Reservestoffe, Farb-, Gerb- und Imprägnierstoffe, Wachse, Harze. Sie bestimmen vor allem Farbe, Geruch und natürliche Dauerhaftigkeit des Holzes.

14.2.2 Makroskopischer Aufbau des Holzes

Der makroskopische Aufbau des Holzes (siehe Abb. 14.1) ist im **Hirnschnitt** (Querschnitt senkrecht zur Stammachse) zu erkennen. Die ringförmigen Schichten im Stammquerschnitt werden wie folgt bezeichnet (von außen nach innen): Rinde (Borke und Bast), Wachstumsschicht (Kambium, Zuwachsring), Splintholz (jung, oft heller, saftreich und daher leicht verderblich), Kernholz (älter, oft dunkel, saftarm, haltbar), Markröhre mit dem (bei alten Stämmen zusammengeschrumpften) Mark. Durch das jährliche Wachstum des Holzes bildet sich im Frühjahr das Frühholz (helles, lockeres und poröses Holz) und im Sommer das Spätholz (dunkles, festeres und härteres Holz); beide zusammen bilden einen Jahrring. Beim Laubholz ist der farbliche Unterschied zwischen Früh- und Spätholz nicht so deutlich zu erkennen wie beim Nadelholz. Bei tropischen Hölzern sind die Jahrringe wegen des ganzjährigen Wachstums nur schwach oder gar nicht zu erkennen.

Das Wachstum des Baumes geht von der Kambiumschicht aus. Im außen liegenden, etwa 5 bis 8 cm dicken **Splintholz** steigt das von den Wurzeln aufgenommene nährstoffreiche Wasser infolge Kapillarwirkung in den feinen Holzzellen bis zu den Blättern auf. Dort bilden sich durch chemische Reaktion (Assimilation) des Wassers mit dem Kohlendioxid der Luft, das von den Blättern aufgenommen wird, unter Mitwirkung des Chlorophylls (Katalysator) und der Sonne (Energie) und unter Abgabe von Sauerstoff Traubenzucker und Stärke. Diese Stoffe wandern in der Bastschicht nach unten in das Kambium, wo daraus nach innen Holzzellen und nach außen neue Bastzellen gebildet werden.

Das innen liegende, oft dunklere **Kernholz** ist mit Holzinhaltsstoffen (s. o.) angereichert. Seine Holzzellen haben ihre wasserleitende und speichernde Funktion verloren. Kernholz ist trockener, schwerer, härter und dauerhafter als Splintholz, aber auch schwerer imprägnierbar. Bei Kiefer, Lärche, Douglasie, Eiche, Kastanie, Nussbaum und Robinie hebt sich das Kernholz farblich gut vom Splintholz ab, sie heißen Kernholzbäume. Dies ist bei Fichte, Tanne, Rotbuche, Linde und Birnbaum nicht der Fall. Sie haben einen hellen Kern, **Reifholz** oder Trockenkernholz genannt, der sich vom Splintholz farblich nicht abhebt, ansonsten aber die Eigenschaften des Kernholzes hat. Man spricht hier von Reifholzbäumen.

Der **Radialschnitt** geht durch die Achse und einen Halbmesser. Er wird auch als **Spiegelschnitt** bezeichnet, weil er die glänzenden (spiegelnden) Markstrahlen gut erkennen lässt. Der **Tangentialschnitt**, auch Sehnenschnitt genannt, geht parallel zur Achse, also in der Längsrichtung des Stammes, durch eine „Sehne" (Verbindung zweier beliebiger Punkte eines Kreises) des Querschnitts. Er ergibt das Langholz (Fladerholz, Tangentialholz), d. h. Kantholz, Bohlen, Bretter und Latten. Das größte Brett wird aus der Stammitte ausgeschnitten. Es zeigt die Jahrringe als schmale Streifen. Außenbretter zeigen die Jahrringe als schräg geschnittene, pyramidenähnliche Flächen (Fladern). Die Unregelmäßigkeit im Wachstum der Stämme ergibt im Sehnenschnitt die bei jeder Holzart anders geartete Maserung.

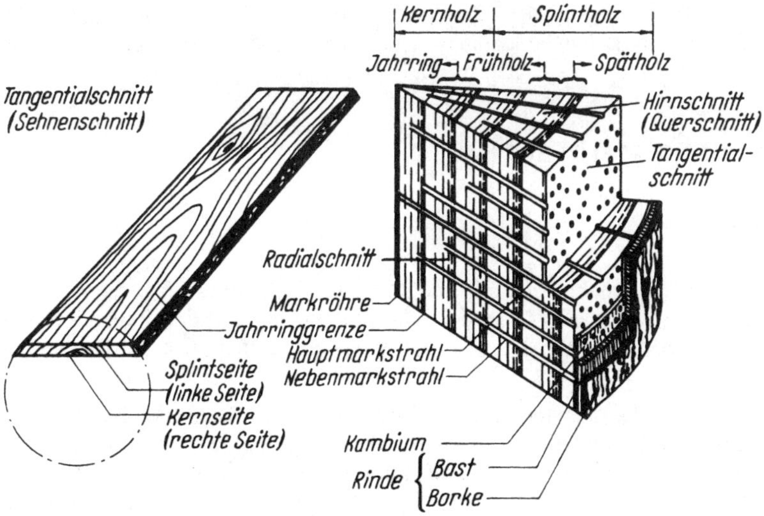

Abb. 14.1 Schnitt durch einen Baumstamm

14.2.3 Mikroskopischer Aufbau des Holzes

Unter dem mikroskopischen Aufbau des Holzes versteht man die **Holzzellen**. Davon gibt es verschiedene Arten. Nadelholz besteht überwiegend aus den sog. **Tracheïden**. Das sind 3 bis 10 mm lange, parallel zur Stammachse verlaufende feine Schläuche, die untereinander an ihren Enden durch Öffnungen, sog. Tüpfel, verbunden sind, durch die im Frühholz der Feuchtigkeitstransport von den Wurzeln zu den Blättern stattfinden kann. Laubholz besteht in seiner Hauptmasse aus den sog. Sklerenchymzellen, 0,5 bis 1,5 mm langen Zellen, die das Stützgewebe des Holzes ausmachen.

Tracheen. Dies sind röhrenförmige Zellen beim Laubholz von 10 cm bis max. 2 m Länge und bis zu 0,5 mm Durchmesser (besonders groß bei Eiche, Esche und Nussbaum), deren Aufgabe die Saftleitung im Splint ist. Außerdem gibt es in beiden Holzarten die sog. **Parenchymzellen**, dünnwandige Zellen von fast prismatischer Form. Sie verlaufen entweder in Stammrichtung axial (Strang-Parenchymzellen) oder radial (Strahlen-Parenchymzellen). Diese werden Mark- oder Holzstrahlen genannt. Die Parenchymzellen dienen der Speicherung der Reservestoffe für die Knospen- und Blütenbildung.

14.2.4 Holzfehler

Risse: Trocknungs- und Schwindrisse mindern die Holzfestigkeit kaum, begünstigen aber das Eindringen von Wasser und Schädlingen. Ringklüfte und Schälrisse (umlaufende Trennung der Jahrringe) sowie Blitz- und Frostrisse machen das Holz als Bauholz praktisch unbrauchbar.

Äste setzen die Festigkeit herab (Güteklasse bzw. Sortierklasse, Tafel 14.4).

Wuchsfehler: Abholzigkeit (starker Winddruck), einseitiger Wuchs (Wind, Waldrand, steile Hänge), Drehwuchs (Kastanie!) haben Einfluss auf die Sortierklasse (siehe Tafel 14.4).

Verfärbungen: Rot- und Braunstreifigkeit (Pilzbefall) begrenzt zulässig (siehe Tafel 14.4); Blaufärbung, sog. „Bläue", ist statisch unbedenklich, erfordert jedoch einen deckenden Anstrich.

14.3 Feuchteverhalten von Holz

14.3.1 Holzfeuchte

Holz ist hygroskopisch. Die Holzfeuchte, die sich allmählich, i. d. R. im Laufe mehrerer Monate, als sog. Ausgleichsfeuchte einstellt, hängt von der relativen Feuchte und der Temperatur der umgebenden Luft ab. Als Faustregel gilt: Die Ausgleichsfeuchte beträgt etwa 1/5 bis 1/4 der relativen Luftfeuchte.

Bei der Holzfeuchte unterscheidet man gebundenes und freies Wasser. Unterhalb 30 % Feuchtigkeit ist das Wasser (physikalisch) an die Fasern der Zellwände gebunden. Bei mehr als 30 % (**Fasersättigungspunkt**) liegt das Wasser frei in den Hohlräumen (Kapillaren) der Zellen. Der Feuchtigkeitsgehalt des Holzes ist bezogen auf das reine Trockengewicht des völlig wasserfreien Holzes. Man rechnet mit folgender Gleichung:

$$\frac{\text{Holzgewicht nass minus Holzgewicht trocken}}{\text{Holzgewicht trocken}} \cdot 100 = \text{Feuchtegehalt in \%}$$

Man unterscheidet nach DIN 4074-1 (2003-06) folgende Feuchtegehalte:

- **trocken:** bis 20 % mittlerer Feuchtegehalt
- **halbtrocken:** mittlerer Feuchtegehalt 20 bis 30 %, bei Querschnitten über 200 cm^2 bis 35 %
- **frisch:** über 30 % Feuchtegehalt, bei Querschnitten über 200 cm^2 über 35 %.

Eingebaut werden sollen nur trockene Hölzer, halbtrockene müssen nach dem Einbau austrocknen können!

Für eingebautes Holz gelten nach DIN 1052-1 (1988-04) folgende Ausgleichsfeuchten:

- allseitig geschlossene Bauwerke
  - mit Heizung 9 ± 3 Masse-%
  - ohne Heizung 12 ± 3 Masse-%
- Bauwerke offen, überdeckt 15 ± 3 Masse-%
- Konstruktion der Witterung ausgesetzt 18 ± 6 Masse-%

14.3.2 Holztrocknung

Das Trocknen von Holz geschah früher ausschließlich in natürlichen Freiluftanlagen durch besondere Stapelung und durch Schutz gegen Bodenfeuchtigkeit, Regen und Sonne (Dauer bei Weichholz 1 bis 2 Jahre, bei Hartholz 3 bis 4 Jahre). Heute wird zunehmend die technische Trocknung in Trockenkammern angewendet (Dauer 2 bis 4 Tage, Temperatur 50 bis 90 °C, Luftgeschwindigkeit ca. 2 m/s). Dabei hat die Einschnittart einen entscheidenden Einfluss auf die Bildung von Trocknungsrissen, die in Querschnitten mit Markröhre häufiger auftreten und auf die Bildung von Verkrümmungen, Verwerfungen. Vorzuziehen ist der herzgetrennte zwei- oder mehrstielige Einschnitt (siehe Abb. 14.2). Durch Trocknung können sich die Holzquerschnitte je nach ihrer ursprünglichen Lage im Baum verwerfen und verziehen (siehe Abb. 14.3).

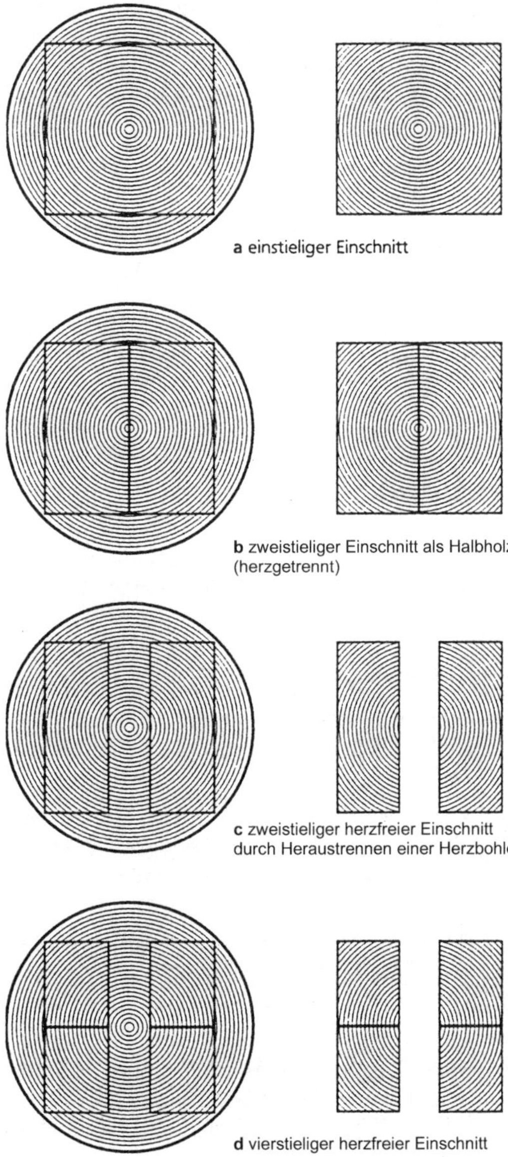

a einstieliger Einschnitt

b zweistieliger Einschnitt als Halbholz (herzgetrennt)

c zweistieliger herzfreier Einschnitt durch Heraustrennen einer Herzbohle

d vierstieliger herzfreier Einschnitt

Abb. 14.2 Einschnittarten von Vollholz [35]

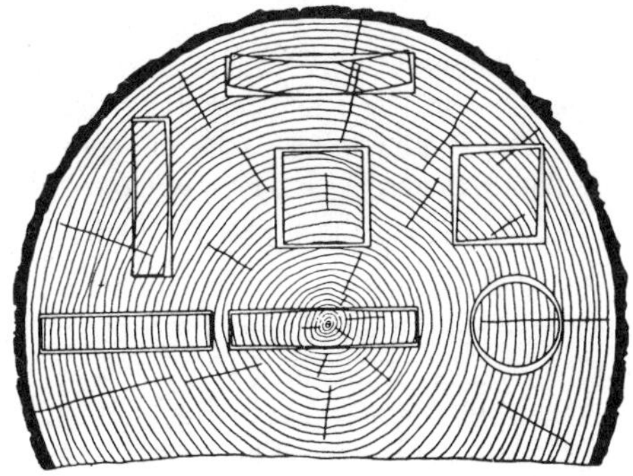

Abb. 14.3 Verformung von Holzquerschnitten infolge Trocknungsschwindung [2]

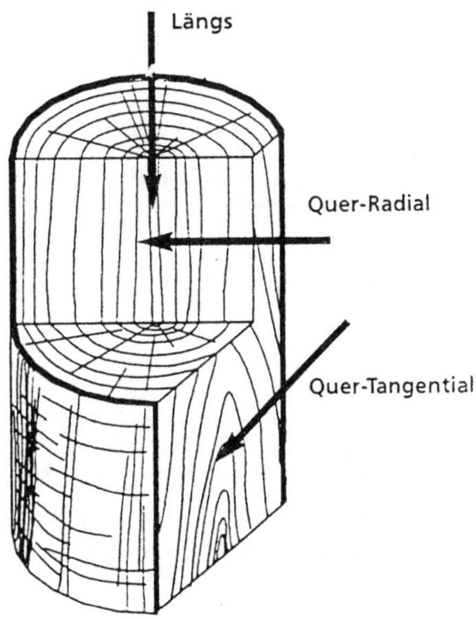

Abb. 14.4 Die Hauptschwindrichtungen im Holz [35]

14.3.3 Schwinden und Quellen

Mit der Feuchtigkeitsabgabe und -aufnahme ist das Schwinden und Quellen, das sog. „Arbeiten" des Holzes verbunden. In den verschiedenen Hauptrichtungen (siehe Abb. 14.4) beträgt das Schwinden infolge Trocknung: in der Längsrichtung (parallel zur Faser) etwa 0,1 %, quer zur Faser in Radialrichtung 3 bis 6 %, quer zur Faser in Tangentialrichtung 6 bis 12 %. Laubholz schwindet stärker als Nadelholz, weil es dickere Zellwände besitzt und weil Schwinden erst dann einsetzt, wenn die Feuchtigkeit aus den Zellwänden zu verdunsten beginnt, d. h. unter 30 % sinkt. Oberhalb des Fasersättigungspunktes und nach Erreichen der Ausgleichsfeuchte sind die Maßänderungen infolge Feuchtigkeitsschwankungen gering.

Die DIN 1052-1 gibt folgende Schwind- und Quellmaße quer zur Längsrichtung an (in % pro 1 % Feuchteänderung unterhalb des Fasersättigungspunktes):

- Nadelholz, Brettschichtholz, Eiche 0,24
- Buche/Teak/Bongossi 0,3/0,2/0,36
- Bau-Furniersperrholz in Plattenebene 0,02
- Flachpressplatten in Plattenebene 0,035.

Schwinden oder Quellen parallel zu Faser oder in Plattenebene können bei statischen Berechnungen unberücksichtigt bleiben.

14.4 Holzarten und ihre Anwendung

Die wichtigsten **europäischen Bauhölzer** sind Fichte, Kiefer, Tanne, Lärche und Eiche, Rotbuche und Rüster (Ulme). Anwendungsbereiche s. a. Tafel 14.1, natürliche Dauerhaftigkeit (Resistenz) siehe Tafel 14.2.

Tafel 14.1 Hölzer für bestimmte Anwendungsbereiche (Auswahl) nach [37]

Konstruktionshölzer für mittlere bis hohe (und sehr hohe: >) mechanische Beanspruchungen	Douglasie, Eiche, Fichte, Greenheart (>), Kiefer (Föhre), Lärche, Tanne (Weißtanne), Teak
Harte Hölzer mit großer Verchleißfestigkeit und Härte	Ahorn, Birke, Birnbaum, Buche (Rotbuche), Eberesche, Eiche, Esche, Greenheart, Mahagoni, Makoré, Nussbaum, Robinie, Teak, Ulme
Hölzer mit großer Widerstandsfähigkeit gegen Organismen (Kernholz) für Außenbau (auch Erdbodenkontakt) und Wasserbau	Edelkastanie, Eiche, Greenheart, Makoré, Pockholz, Robinie, Teak, Zeder
Besonders gut imprägnierbare Hölzer für den Außenbau (auch Erdbodenkontakt)	Ahorn, Aspe, Birke, Buche, Douglasie, Eiche, Erle, Fichte (nur saftfrischer Splint), Hainbuche, Hickory, Kiefer (Splint), Lärche (Splint), Limba, Pappel, Rosskastanie, Tanne, Weymouthkiefer
Hölzer für Fenster, Fensterläden und andere maßhaltige Bauteile mit Wetterbeanspruchung	Douglasie, Eiche, Fichte, Kiefer (Föhre) ohne Splint, Lärche, Makoré, Tanne (Weißtanne), Teak
Industriehölzer für Furniersperrholz, Span- und Faserplatten	Abachi, Aspe, Buche, Douglasie, Erle, Fichte, Kiefer (Föhre), Limba, Makoré, Pappel, Pinie, Tanne (Weißtanne), Weide, Weymouthkiefer

Tafel 14.2 Natürliche Dauerhaftigkeit[1)], Tränkbarkeit [2)] mit Holzschutzmitteln und Splintholzbreite von Holz nach DIN EN 350-2 (1994-10) [37]

	Natürliche Dauerhaftigkeit		Tränkbarkeit mit Holzschutzmitteln		Splintholzbreite in cm
	Kernholz gegen Pilze	Splintholz gegen Insekten [3)]	Kernholz	Splintholz	
Douglasie	3-4	S (Splint bläueempfindlich)	4	2-3	2-5
Fichte	4	S, SH	3-4	3, v	Splint nicht deutlich unterschieden
Kiefer (Föhre)	3-4	S (Splint sehr bläueempfindlich)	3-4	1	2-8
Lärche	3-4	S	4	2, v	2-5
Tanne (Weißtanne)	4	S, SH	2-3	2, v	Splint nicht deutlich unterschieden
Buche	5	S	1[4)]	1	Splint nicht deutlich unterschieden
Eiche	2	S	4	1	2-5
Erle	5	S	1	1	Splint nicht deutlich unterschieden

[1)] Dauerhaftigkeit (= Resistenz nach DIN 68 364, 1979-11) bedeutet:
a) Kernholz gegen Pilze bei lang andauernder Holzfeuchte ≥ 20 %:
Klasse 1 = sehr dauerhaft bzw. resistent; 2 = dauerhaft; 3 = mäßig dauerhaft; 4 = wenig dauerhaft; 5 = nicht dauerhaft.
b) Splintholz gegen Insekten (Hausbock, Holzwurm = Anobium, Splintholzkäfer):
D = dauerhaft; S = anfällig; SH = auch Kernholz anfällig.
[2)] Tränkbarkeit beim Kesseldruck-Verfahren
Klasse 1 = gut tränkbar; 2 = mäßig tränkbar; 3 = schwer tränkbar; 4 = sehr schwer tränkbar (praktisch unmöglich); v = Tränkbarkeit sehr variabel.
[3)] Bei den meisten Holzarten ist Kernholz gegen Insekten dauerhaft.
[4)] Rotkerniges Holz: 4.

1. **Die Kiefer** (Föhre) ist auf sandigen Böden weit verbreitet, oft fast astfrei bis zur schirmartigen Krone. Das gelbrötliche Holz ist im Kern dunkler als im Splint, harzreich und mittelhart, elastisch, leicht rissig. Es neigt zum Harzfluss. Geringe Schwindung beim Austrocknen. Jahrringe und Harzkanäle sind sichtbar; Kiengeruch.

   Anwendung vor allem im Hochbau (z. B. zu frei tragenden Konstruktionen mit nicht zu großen Stützweiten), zu Bauten im Freien (mit Holzschutz), für Leitungsmaste (der Harzreichtum verhindert Schäden durch Wechsel von Feuchtigkeit und Trockenheit) und im Tiefbau (z. B. als Rostpfähle, Beläge, Grubenholz, Eisenbahnschwellen); Möbelholz, Bodenbeläge.

2. **Die Fichte (Rottanne)**: In Hügel- und Mittelgebirgslandschaften verbreitet. Das Holz ist gelblich-rötlich, leicht, gut zu verarbeiten, aber im Freien nicht so haltbar wie Kiefer, weil weniger harzhaltig. Im Stamm sitzen oft abgestorbene Äste, die beim Austrocknen leicht herausfallen. Sehr geringe Schwindung, Kern und Splint haben ziemlich gleiche Färbung, sind also schwer voneinander zu unterscheiden. Die kurzen, spitzen Nadeln sind nach oben und nach den Seiten gerichtet. Die Unterseiten der Zweige sind stets glatt und nadellos. Die Zapfen hängen abwärts.
   Verwendung ähnlich wie bei Kiefer, wichtigstes europäisches Konstruktionsholz für innen und außen (mit Holzschutz). Die Fichte liefert den Holzschliff für Papier- und Zellulosefabriken.

3. **Die Tanne (Weißtanne, Edeltanne)**: Vor allem in Gebirgsgegenden anzutreffen. Gerader Wuchs mit wenigen, fast waagerechten Ästen. Die Rinde ist glatt und silbergrau, das Holz weißlich (im Kern und Splint), weich, elastisch, harzarm, wenig wetterbeständig, leicht zu bearbeiten. Die Nadeln sind kurz, flach, unten heller als oben und stehen zweizeilig. Die Jahrringe sind gut sichtbar. Die Zapfen stehen aufrecht. Geringe Schwindung. Verwendung wie Fichte, gelegentlich (im Wasserbau) nur im Wasser, keinesfalls im Wechsel! Für Deckenbalken, Säulen, Sparren, Dielungen, Leitungsmaste usw.; Möbelholz, Grubenholz, Kistenholz.

4. **Die Lärche** ist eines der besten Bauhölzer, harzreicher als Kiefer, zäher und härter als Kiefer, Fichte und Tanne. Wurmsicher, wetterbeständig, polierbar, leicht spaltbar. Schön gewachsene Stämme. Farben des Holzes im Kern rötlich, im Splint gelb. Mittelstarke Schwindung. Die Nadeln sind büschelartig angeordnet und fallen im Herbst ab.
   Verwendung für hochbeanspruchte Konstruktionen innen und außen, Wasserbau, Schiffbau, zu Holzdecken, Eisenbahnschwellen, Fußböden, Täfelungen, Holzpflaster, Schindeln, Möbelholz; wegen der Widerstandsfähigkeit gegen Säuren und Laugen auch für Fässer und Bottiche.

5. **Die Eiche:** Das Holz der Sommerreiche (Stieleiche) wird im Bau dem der Wintereiche (Steineiche) vorgezogen. Ein vorzügliches Bauholz wie Lärche, aber heute nur noch so wenig vorhanden, dass es meist durch harzreiche Hölzer, z. B. Kiefer und Lärche, ersetzt wird. Das Eichenholz ist gelb-bräunlich (Kern dunkler als Splint), schwer, hart, zäh, leicht spaltbar, imprägnierbar und polierbar, grobporig, mittelstarke Schwindung.
   Verwendung im Trockenen, im Nassen und im Wechsel; grundsätzlich für Hoch- und Tiefbau, Wasser- und Brückenbau geeignet; heute meist nur noch im Ausbau verwendet für Trittstufen, Schwellen, Schindeln, Parkett und Riemenböden. Eichensplintholz wird nicht verwendet, weil es stets wurmanfällig ist.

6. **Die Buche (Rotbuche)**: Das Buchenholz ist gelblich bis rötlich gefärbt, ziemlich hart, schwer, druck- und abnutzungsfest, feinporig, leicht zu bearbeiten; zeigt viele Markstrahlen. Stark wurmgefährdet. Starke Schwindung; wirft sich leicht; neigt zum Verstocken.
   Verwendung für mittlere bis hohe Beanspruchungen nur innen oder nur unter Wasser (hier getränkt), nicht im Wechsel; zu Treppenstufen, Riemenfußböden, Parkettstäben; getränkt vor allem zu Eisenbahnschwellen, Brückenbelag, Holzpflaster, Schindeln; Möbelholz, Sperrholz, Furniere.
   Die Weißbuche wird nicht als Bauholz verwendet, sie ist mit der Rotbuche botanisch nicht verwandt.

7. **Die Rüster (Ulme)** hat rötlich-braunen Kern und gelblichen Splint (oft geflammt), deutlich sichtbare Jahrringe und Markstrahlen. Ihr Holz ist ähnlich wie Eichenholz, fest, ziemlich hart, wurmsicher (jedoch empfindlich gegen Ulmensplintkäfer!), schwer zu bearbeiten, polierfähig, abnutzungsfest. Mittelstarke Schwindung, Verwendung ähnlich wie bei Eiche, nass, trocken und im Wechsel, im Hoch- und Tiefbau, im Wasserbau (Rostpfähle usw.), für Fußböden, Möbelholz, Stellmacherholz, Schiffbau.

8. **Die Erle (Schwarzerle)** wächst auf sumpfigem Boden. Ihr Holz ist rötlich-braun, ziemlich weich, gut spaltbar und beizbar, wird im Wasser sehr hart; erkennbare Jahrringe und Markstrahlen. Geringe Schwindung.
   Verwendung vor allem im Wasser, zu Wasser- und Grundbauten (Rostpfähle); Treppengeländer, Möbelholz, Sperrholz.

Außereuropäische Bauhölzer sind u. a. Pitchpine (nordamerikanische Pechkiefer), Yellowpine, amerikanische Pappel; Mahagoni; Palisander; die australischen Harthölzer Tallowood, Moaholz, Sarra-Jarrah- und Karri-Holz; das sehr harte und feste ostindische Teakholz. Wegen ihrer vorzüglichen Eignung als Bauholz wurde die schnellwüchsige Douglastanne (Douglasie) in Deutschland eingeführt. Als sehr festes und witterungsbeständiges Bauholz wird das westafrikanische Bongossiholz und Greenheart aus Guayana verwendet.

14.5 Konstruktives Bauholz

Normen

DIN 1052-1	(1988-04)	Holzbauwerke – Berechnung und Ausführung (Neuausgabe 2004 vorgesehen)
DIN 4070-1	(1958-01)	Nadelholz; Querschnittsmaße und statische Werte für Schnittholz
DIN 4071-1	(1977-04)	Ungehobelte Bretter und Bohlen aus Nadelholz; Maße
DIN 4972	(1977-08)	Gespundete Bretter aus Nadelholz
DIN 4073-1	(1977-04)	Gehobelte Bretter und Bohlen aus Nadelholz
DIN 4074-1	(2003-06)	Sortierung von Holz nach der Tragfähigkeit; Nadelschnittholz
-2	(1958-12)	Gütebedingungen für Baurundholz (Nadelholz)
-3	(2003-06)	Sortiermaschinen für Schnittholz; Anforderungen und Prüfung
-4	(2003-06)	Nachweis der Eignung zur maschinellen Schnittholzsortierung
-5	(2003-06)	Laubschnittholz
DIN 4076-1	(1985-10)	Benennungen und Kurzzeichen auf dem Holzgebiet; Holzarten
DIN 68 122	(1977-08)	Fasebretter aus Nadelholz
DIN 68 123	(1977-08)	Stülpschalungsbretter aus Nadelholz
DIN 68 126-1	(1983-07)	Profilbretter mit Schattennut; Maße
DIN 68 252-1	(1978-01)	Begriffe für Schnittholz; Form und Maße
DIN 68 365	(1957-11)	Bauholz für Zimmerarbeiten; Gütebedingungen
DIN EN 338	(2003-09)	Bauholz für tragende Zwecke; Festigkeitsklassen
DIN EN 386	(2002-04)	Brettschichtholz; Anforderungen
DIN EN 390	(1995-03)	–; Maße, Grenzabmaße
DIN EN 519	(1996-07)	–; Anforderungen an maschinell sortiertes Bauholz

14.5.1 Bauschnittholz

a) Bei den **Querschnitten von Nadelholz** wird unterschieden zwischen Latten, Brettern, Bohlen und Kantholz (siehe Tafel 14.3). Die wichtigsten Maße von Vorratsholz und Dachlatten aus Nadelholz nach DIN 4070-1 sind:

   - Dachlatten (mm/mm) 24/28, 30/50, 40/60
   - Kantholz (cm/cm) 6/6 bis 6/12; 8/8 bis 8/16; 10/10, 10/12; 12/12 bis 12/16; 14/14, 14/16; 16/16, 16/18
   - Balken (cm/cm) 10/20, 10/22; 12/20, 12/24; 16/20; 18/22; 20/20, 20/24.

   Größere Querschnitte sind in DIN 4070-2 aufgeführt. Die dort fett gedruckten Querschnitte ergeben eine günstige Rundholzausnutzung. In DIN 4071-1 sind die Maße für ungehobeltes Nadelholz angegeben: Dicken 16 bis 38 mm (Bretter) bzw. 44 bis 75 mm (Bohlen); Breiten 75 bis 300 mm; Längen 1500 bis 6000 mm. Die Querschnittsformen weiterer genormter Bretter siehe Abb. 14.5.

Tafel 14.3 Einteilung von Nadelschnittholz nach DIN 4074-1 (2003-06)

	Dicke d [2)] bzw. Höhe h *in mm*	Breite b in mm
Latte	$d \leq 40$	$b < 80$
Brett	$d \leq 40$	$b \geq 80$
Bohle	$d > 40$	$b > 3\,d$
Kantholz einschließlich Kreuzholz (Rahmen)[1)] und Balken[3)]	$b \leq h \leq 3\,b$	$b > 40$

1) Querschnittsfläche ≥ 32 cm^2. Aus einem Rundholz werden 4 Stück herzgetrennt (Kreuzholz) oder mind. 4 Stück (Rahmen) eingeschnitten (s. a. Abb. 14.2).
2) Mindestdicke von Bauschnittholz: 6 mm.
3) Balken = Kantholz, dessen größere Querschnittseite ≥ 200 mm und dessen kleinste Seite ≥ 100 mm.

b) Nach der Tragfähigkeit von Nadelschnittholz unterscheidet man bei visueller Sortierung drei **Sortierklassen S** nach DIN 4074-1 (siehe Tafel 14.4a):

Klasse S 7: geringe Tragfähigkeit
Klasse S 10: übliche Tragfähigkeit
Klasse S 13: überdurchschnittliche Tragfähigkeit

Diese Klassen entsprechen den früheren Güteklassen I (S 13), II (S 10) und III (S 7).

Bei maschineller Sortierung nach DIN 4074-3 lauten die Klassen MS 7, MS 10 und MS 13. Hier kommt noch die Klasse MS 17 (besonders hohe Tragfähigkeit) hinzu, und es gelten zusätzliche Sortierkriterien.

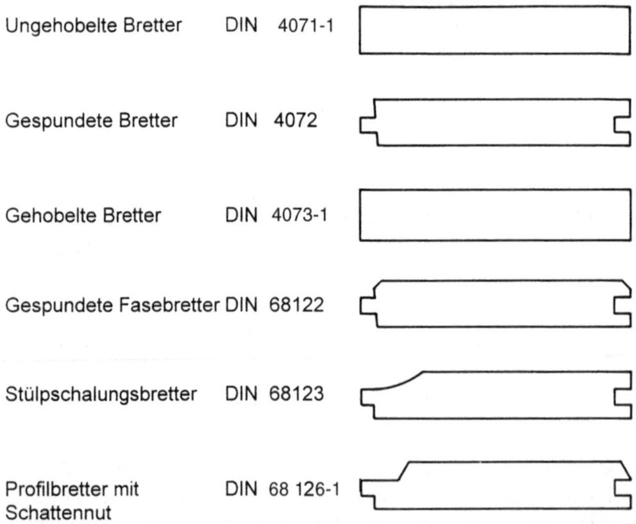

Abb. 14.5 Querschnittsformen genormter Bretter. Die Maße sind in den genannten Normen festgelegt.

Bei Kanthölzern erfolgt die Einordnung nach Tafel 14.4 a und b, bei Brettern, Bohlen und Latten in ähnlicher Weise. Die Baumkante wird nach Abb. 14.9, die Ästigkeit nach Abb. 14.10 bestimmt.

Die **Sortierung nach DIN EN 338** (1996-07) geschieht nach Festigkeitsklassen von C 14 bis C 40 (Pappelholz und Nadelhölzer) bzw. von D 30 bis D 70 (Laubhölzer). Die Zahlen bedeuten die charakteristischen (= Mindest-) Biegefestigkeiten (s. a. Tafel 14.4 b).

14.5.2 Baurundholz

(Norm siehe Abschn. 14.5.)

Abgelängte, entästete und entrindete Baumstämme werden als Baurundholz (Nadelholz) bezeichnet. Sie werden meist ohne weitere Bearbeitung für Gerüste, im landwirtschaftlichen Bauwesen, als Träger und Stützen für Behelfsbrücken, als Rammpfähle im Grundbau sowie Palisaden im Landschaftsbau verwendet.

Nach DIN 4074-2 werden 3 Güteklassen unterschieden. Die Qualitätsanforderungen bezüglich Beschaffenheit, Ästigkeit und Krümmung sind ähnlich wie bei Bauschnittholz.

14.5.3 Brettschichtholz BSH, Balkenschichtholz, Kreuzbalken

(Normen siehe Abschn. 14.5).

Um für große Holzkonstruktionen größere Holzquerschnitte, als sie bei normalem Bauschnittholz möglich sind (siehe Abschn. 14.5.1), zu erzeugen, wird Brettschicht- und Balkenschichtholz hergestellt.

a) **Brettschichtholz** (siehe Abb. 14.6) wird durch Verleimen unter Druck von gehobelten Vollholzbohlen oder -brettern hergestellt. Die Einzelbretter aus Nadelholz, meist Fichte, haben Dicken von 6 bis 42 mm, bei geraden Bauteilen bis max. 45 mm, Holzfeuchte etwa 10 %. Als Leime werden je nach gewünschter Farbe der Leimfuge Harnstoffharze (sehr helle Leimfuge), Melaminharze (hell bis kakaobraun), Phenolresorcinharze (rötlich-braun) oder Einkomponenten-Polyurethankleber (hell-transparent) verwendet. Nach dem Aushärten des Leims werden die BSH-Bauteile auf das endgültige Maß gehobelt.

   Abmessungen der BSH-Bauteile: Längen bis 20 m, Höhe 50 bis 230 cm, Dicken 8 bis 24 cm. Alle Querschnittsformen und auch Längsformen (gerade, geknickt, gebogen) sind möglich. Anwendung: konstruktive tragende Bauteile für Dächer (Hallenbinder), Decken, Wände und Böden unter Dach und im Freien (bei ausreichender natürlicher Resistenz der Einzelbretter oder bei Verwendung von Holzschutzmitteln). **Festigkeitsklassen:** BS 11, BS 14, BS 16 und BS 18 (die Zahlen bedeuten die zulässigen Biegezugspannungen in N/mm^2).

b) Ähnlich wie gerade BSH-Bauteile findet **Balkenschichtholz** (siehe Abb. 14.7) Verwendung. Es besteht aus 2 oder 3 (Duo- oder Triobalken) miteinander verleimten Lamellen (Höhe ≤ 8 cm, Breite ≤ 24 cm, Fläche ≤ 150 cm^2) aus Nadelholz, vorwiegend Fichte, Holzfeuchte ≤ 15 %. Abmessungen der fertigen Balken: Duobalken Höhe 10 bis 24 cm, Breite 8 bis 16 cm; Triobalken Höhe 10 bis 24 cm, Breite 18 bis 24 cm. Sortierklasse üblicherweise S 10 mit Allgemeiner bauaufsichtlicher Zulassung.

c) **Kreuzbalken** werden aus 4 viertelholzähnlichen Rundholzsegmenten aus Nadelholz mit PUR-Klebstoff so zusammengeklebt, dass in der Mitte des fertigen Balkens eine durchlaufende Röhre entsteht (siehe Abb.14.8). Holzart: üblich Fichte oder Tanne. Querschnitt

$h \times b = 8 \times 10$ bis 20×26 cm, Längen ≤ 12 m. Oberfläche ungehobelt oder gehobelt und gefast. Sortierklassen S 10 und S 13. Feuchte ≤ 15 %.

14.5.4 Konstruktionsvollholz (KVH®), Massivholz (MH®)

Konstruktionsvollholz ist ein Nadelschnittholz der Sortierklasse S 10, für das von der Vereinigung deutscher Sägewerksverbände e. V. (VDS) und vom Bund Deutscher Zimmermeister (BDZ) zusätzliche Qualitätsmerkmale garantiert sind. Man unterscheidet KVH-Si für sichtbare und KVH-NSi für nichtsichtbare Konstruktionen.

Massivholz ist ein Nadelschnittholz geringer Holzfeuchte (≤ 15 %) der Sortierklasse S 10, das aufgrund zusätzlicher und schärferer Sortierkriterien eine hohe Formstabilität und geringe Rissbildung ausweist. Man unterscheidet die Oberflächenqualitäten MH-Plus (vierseitig gehobelt und gefast, Verfärbungen und Insektenfraß nicht erlaubt), MH-Fix (egalisiert und gefast) und MH-natur (sägerau).

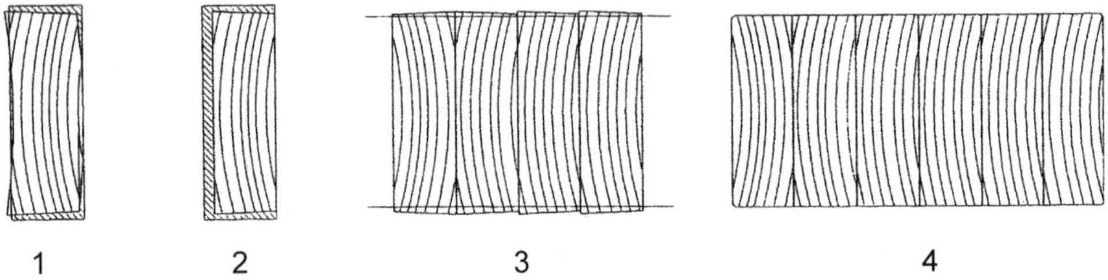

Abb. 14.6 Vergütung von Massivholz zu Brettschichtholz (BSH) [35]
1 und 2: Formänderung der Rohlamellen, die bei der Trocknung bis auf ca. 11 % Holzfeuchte entstehen (werden vor der Verleimung abgehobelt)
3: wasserfeste Verleimung der Lamellen zum BS-Holz-Rohling
4: BS-Holz nach 4-seitiger Hobelung und Fasung

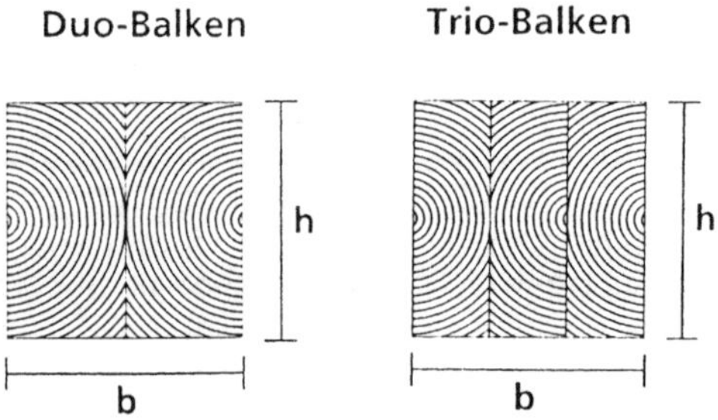

Abb. 14.7 Aufbau von Balkenschichtholz [36]

Abb. 14.8 Kreuzbalken-Querschnitt [35]

Tafel 14.4a Sortierkriterien[1)] für Kanthölzer und vorwiegend hochkant (K) biegebeanspruchte Bretter und Bohlen bei der visuellen Sortierung nach DIN 4074-1 (2003-06)

Sortiermerkmale	Sortierklassen		
	S 7, S 7 K	S 10, S 10 K	S 13, S 13 K
1. Äste	bis 3/5	bis 2/5	bis 1/5
2. Faserneigung	bis 16 %	bis 12 %	bis 7 %
3. Markröhre	zulässig	zulässig	nicht zulässig [2)]
4. Jahrringbreite – im Allgemeinen – bei Douglasie	 bis 6 mm bis 8 mm	 bis 6 mm bis 8 mm	 bis 4 mm bis 6 mm
5. Risse – Schwindrisse[4)] – Blitzrisse, Ringschäle	 bis 3/5 nicht zulässig	 bis1/2 nicht zulässig	 bis 2/5 nicht zulässig
6. Baumkante	bis 1/3	bis 1/3	bis 1/4
7. Krümmung – Längskrümmung – Verdrehung	 bis 12 mm 2 mm/25 mm Breite	 bis 8 mm 1 mm/25 mm Breite	 bis 8 mm 1 mm/25 mm Breite
8. Verfärbungen, Fäule – Bläue – nagelfeste, braune und rote Streifen – Braunfäule/Weißfäule	 zulässig bis 3/5 nicht zulässig	 zulässig bis 2/5 nicht zulässig	 zulässig bis 1/5 nicht zulässig
9. Druckholz	bis 3/5	bis 2/5	bis 1/5
10. Insektenfraß durch Frischholzinsekten	Fraßgänge bis 2 mm Durchmesser: zulässig		
11. Sonstige Merkmale	sind in Anlehnung an die übrigen Sortiermerkmale sinngemäß zu berücksichtigen		

[1)] Die Sortierkriterien sind auf eine mittlere Holzfeuchte von 20 % bezogen. Die Sortierkriterien für nicht vorwiegend hochkant beanspruchte Bretter und Bohlen sowie für Latten sind in der DIN 4074 in gesonderten Tabellen aufgeführt.
[2)] Bei Kantholz mit einer Breite < 120 mm zulässig.
[3)] Diese Sortiermerkmale bleiben bei nicht trockensortierten Hölzern unberücksichtigt.
[4)] Schwindrisse in Brettern und Bohlen, sofern nicht übermäßig hochkant beansprucht, sind zulässig.

Tafel 14.4b Zusätzliche visuelle Sortierkriterien[1] für Schnittholz bei der maschinellen Sortierung nach DIN 4074-1 (2003-06)

Sortiermerkmale	Festigkeitsklassen [4] nach DIN EN 338		
	unter C 24	C 24 bis C 35	über C 35
Risse – Schwindrisse [2] [3] – Blitzrisse/Ringschäle	 bis 1/2 nicht zulässig	 bis 2/5 nicht zulässig	 bis 1/5 nicht zulässig
Baumkante	bis 1/4	bis 1/8	nicht zulässig
Krümmung[3] – Längskrümmung – Verdrehung – Querkrümmung	bis 12 mm 2 mm/25 mm Breite bis 1/20	bis 8 mm 1 mm/25 mm Breite bis 1/30	bis 8 mm 1 mm/25 mm Breite bis 1/50
Verfärbungen, Fäule – Bläue – nagelfeste braune und rote Streifen – Braunfäule/Weißfäule	zulässig bis 3/5 nicht zulässig	zulässig bis 2/5 nicht zulässig	zulässig bis 1/5 nicht zulässig
– Insektenfraß durch Frischholzinsekten	Fraßgänge bis 2 mm Durchmesser: zulässig		
sonstige Merkmale	sind in Anlehnung an die übrigen Sortiermerkmale sinngemäß zu berücksichtigen		

[1] Die Sortierkritieren sind auf eine mittlere Holzfeuchte von 20 % bezogen.
Die Zahlen der Festigkeitsklassen bedeuten die charakteristischen Biegezugfestigkeiten.
[2] Schwindrisse in Brettern und Bohlen, sofern nicht überwiegend hochkant beansprucht, sind zulässig.
[3] Diese Sortiermerkmale bleiben bei nicht trockensortierten Hölzern unberücksichtigt.
[4] Die Zahlen bedeuten die charakteristischen Biegezugfestigkeiten.

14.6 Technische Eigenschaften von Holz

a) Die **Reindichte** des Holzes ist der Quotient aus der Masse der reinen Zellwandungssubstanz und dem Volumen dieser Substanz. Sie liegt bei allen Holzarten zwischen 1,50 und 1,56 kg/dm³.

b) Die **Rohdichte** erfasst auch die Hohlräume und deren Inhalt. Sie ist bei stehendem oder frisch gefälltem Holz entsprechend dem wechselnden Wassergehalt sehr verschieden. Sie ist bei lufttrockenem Holz umso geringer, je länger das Holz an der Luft trocknete. Die mittleren Rohdichten für lufttrockene (12 %) Hölzer liegen zwischen $\varrho_{12} = 0{,}46$ bis 0,71 kg/dm³. Balsaholz $\varrho_{12} = 0{,}03$ bis 0,05; Pockholz $\varrho_{12} = 1{,}25$ bis 1,50 kg/dm³.

c) Die **Festigkeit** eines Bauholzes ist von seinem Feuchtegehalt und der Faserrichtung abhängig. Setzt man die Festigkeit von völlig trockenem Holz gleich 100 %, dann beträgt sie bei 10 % Holzfeuchte nur noch etwa 60 %, bei 20 % Holzfeuchte noch 35 % und bei 30 % Holzfeuchte (Fasersättigungspunkt) nur noch etwa 25 %. Bei weiter steigender Holzfeuchte ändert sich die Festigkeit praktisch nicht mehr. Auch die Abhängigkeit der Festigkeit von der Faserrichtung ist groß. Senkrecht zur Faser beträgt sie nur noch etwa 10 bis 20 % der Festigkeit parallel zur Faser (s. a. Tafeln 14.5 und 14.6).

Tafel 14.5 E-Modul und zulässige Spannungen[1] in N/mm² von Vollholz (Holzfeuchte ≤ 20 %) nach DIN 1052-1/A1 (1996-10); Auszug

Eigenschaft		Nadelholz [2]		Laubholz [2] mittlerer Güte (S 10 bzw. S 11)	
		S 7/MS 7	MS 17	Eiche/Buche	Bongossi
Elastizitätsmodul	*E* parallel	8000	12 500	12 500	17 000
	E senkrecht	250	400	600	1 200
Zulässige Spannungen Biegung		7	17	11	25
Zug parallel		0 [3]	12	10	15
Zug senkrecht		0 [3]	0,05	0 bzw. 5	0 bzw. 5
Druck parallel		6	12	10	20
Druck senkrecht		2; 2,5 [4]	2,5; 3,0 [4]	3; 4	8

[1] Bei Bauteilen, die der Witterung ausgesetzt sind, oder bei vorübergehender Durchfeuchtung bzw. bei einer Holzfeuchte < 18 % sind die Werte um $^1/_6$ herabzusetzen, bei dauernder Durchfeuchtung bzw. „ständig unter Wasser" um $^1/_4$ (E, G) bzw. um $^1/_3$ (zulässige Spannungen).
[2] Güteklassen bzw. Sortierklassen siehe Tafeln 14.4 a und b.
[3] Für MS 7 gilt σ (parallel) = 4 N/mm²; σ (senkrecht) = 0,05 N/mm².
[4] Bei Anwendung der höheren Werte ist mit größeren Eindrückungen zu rechnen, die erforderlichenfalls konstruktiv zu berücksichtigen sind.

Tafel 14.6 Festigkeit von Holz [1] in N/mm² nach DIN 68 364 (1979-11)

Holzart	Zugfestigkeit in Faserrichtung	Biegezugfestigkeit	Druckfestigkeit in Faserrichtung	Scherfestigkeit
Kiefer	100	80	45	10
Fichte	80	68	40	7,5
Tanne	80	68	40	7,5
Lärche	105	93	48	9
Eiche	110	95	52	11,5
Buche	135	120	60	10
echtes Mahagoni	100	80	45	11
Makoré	85	103	53	9
Teak	115	100	58	10

[1] Ermittelt an kleinen, fehlerfreien Proben, nicht unmittelbar auf Bauholz übertragbar.

d) Nach der **Härte** des Holzes unterscheidet man

sehr weiche Hölzer:	Espe, Linde, Pappel, Weide
weiche Hölzer:	Erle, Fichte, Kiefer, Tanne, Weymouthkiefer
mittelharte Hölzer:	Birke, Birne, Eberesche, Edelkastanie, Eiche, Rotbuche, Nussbaum
harte Hölzer:	Esche, Hartriegel, Kornelkirsche, Platane, Robinie, Rüster, Weißbuche, Weißdorn.

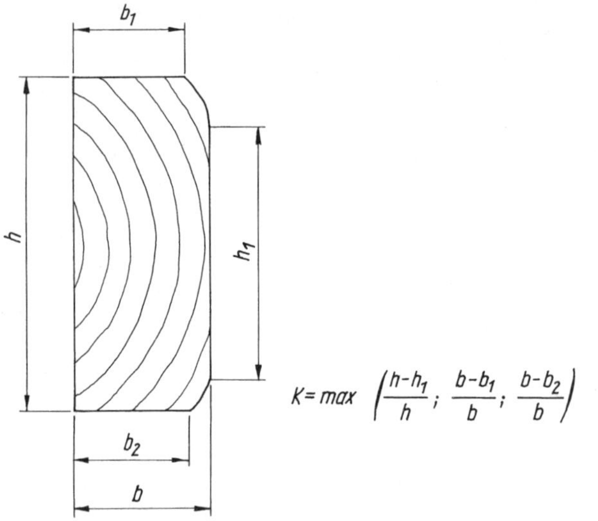

Abb. 14.9 Messung und Berechnung der Baumkante nach DIN 4074-1 (2003-06)

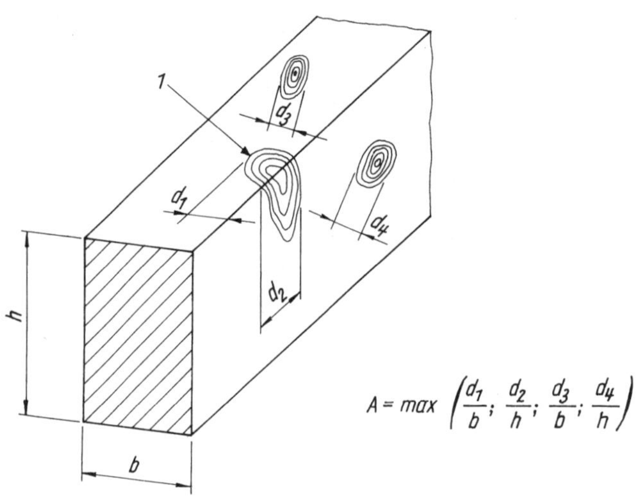

Abb. 14.10 Messung und Berechnung der Ästigkeit *A* von Kantholz nach DIN 4074-1 (2003-06)

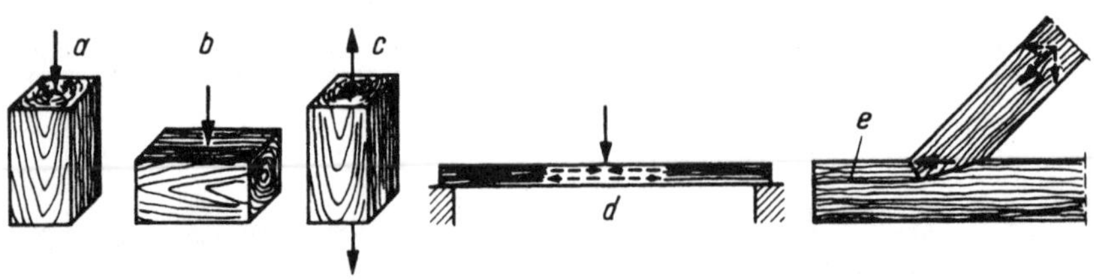

a) Druck in Faserrichtung; b) Druck rechtwinklig zur Faserrichtung; c) Zug;
d) Biegung; e) Abscheren in Faserrichtung

Abb. 14.11 Festigkeitsbeanspruchung von Holz

14.7 Vergütetes Vollholz

DIN 7701-1 und -2 sind ersetzt durch DIN EN 61 061-1 bis -3.

Durch das Vergüten der Hölzer werden Formbeständigkeit, Festigkeit und Aussehen verbessert.

Vergütetes Holz ist ein Vollholz, dessen Gefüge durch Druck oder Tränkung in verschiedenen Verfahren zu Pressvollholz, Tränkvollholz (Isoliervollholz) und Formvollholz mit einer Rohdichte bis 1,45 kg/m^3 verdichtet wurde.

Pressvollholz: Die Faser wird durch sehr hohen Druck und sehr hohe Wärme in einer oder in mehreren Richtungen auf etwa die Hälfte des ursprünglichen Rauminhalts zusammengepresst. Festigkeit und Härte werden ungefähr verdoppelt.

Kunstharz-Pressholz (KP): Dieser Schichtpressstoff wird aus Rotbuchenfurnieren und härtbarem Kunstharz, zumeist Phenol-, Kresol- oder Melaminharz, hergestellt. Rohdichte bis 1,4 kg/dm^3; Anzahl der Furnierschichten mindestens 7 Lagen je cm Erzeugnisdicke. Abmessungen: Dicken bis 100 mm, Breiten von 500 bis 1200 mm, Längen von 1000 bis 2000 mm. KP ist kochfest, witterungsbeständig und weitgehend säurefest.

Isoliervollholz (Tränkvollholz): Das Holz wird vergütet durch Tränken, Imprägnieren und Oberflächenbehandlung. Typen: IVH (Rohdichte 0,6 bis 0,8 kg/dm^3); IVHT (getränkt; Rohdichte 0,6 bis 1,0); IVHP (verdichtet; Rohdichte > 1,3).

Formvollholz (Biegeholz): Laubholz, vor allem Buche, Eiche, Erle, wird nach Bearbeitung durch Kochen oder Dämpfen in Faserrichtung biegsam gemacht. Sitzmöbel, Flugzeugbau.

14.8 Holzwerkstoffe

DIN EN 13 986 (2002-09) Holzwerkstoffe zur Verwendung im Bauwesen – Eigenschaft, Bewertung der Konformität, Kennzeichnung (Entw. 2004-03)

Nach DIN EN 13 986 gehören zu den Holzwerkstoffen im Bauwesen Sperrholz, Spanplatten, OSB-Platten, Furnierschichtholz, Faserplatten und Massivholzplatten.

Massivholzplatten SWP bestehen aus Brettern, Lamellen, Kanteln (= längliche Schnittholzstücke, Dicke > 40 mm, Breite ≤ 80 mm), Stäben oder Bohlen, die an ihren Schmalseiten oder, falls mehrlagig, auch an ihren Breitseiten miteinander verklebt sind. Man unterscheidet SWP/1 (tragend, Trockenbereich), SWP/2 (tragend, Feuchtbereich) und SWP/3 (tragend, Außenbereich).

14.8.1 Holzwerkstoffklassen

Holzwerkstoffe haben gegenüber dem Vollholz günstigere Eigenschaften: geringeres Schwinden und Quellen (Arbeiten) und gleichmäßigere Eigenschaften in den verschiedenen Richtungen.

Der Einsatz der verschiedenen Holzwerkstoffe ist u. a. von der Verleimung abhängig. Die **Feuchtigkeitsbeständigkeit** der Verleimung von Sperrholz wird nach DIN 68 705-2 (s. u.) in 2 Klassen eingeteilt:

IF: Verleimung nur beständig in Räumen mit allg. niedriger Luftfeuchtigkeit (nicht wetterbeständig)

AW: Verleimung auch beständig bei erhöhter Luftfeuchtigkeit (bedingt wetterbeständig).

Die DIN 68 800-2 (Holzschutz; siehe Abschn. 14.12) teilt die Holzwerkstoffe nach der **Wetterbeständigkeit** in die folgenden Holzwerkstoffklassen ein:

Holzwerkstoffklasse 20: Verleimung nicht wetterfest (≘ IF). Kurzfristige Holzfeuchte bis 15 % zulässig, wenn diese wieder entweichen kann. Verwendung: z. B. Beplankung von Innenwänden, auch in Küchen, Bädern und WCs, jedoch nicht im Spritzwasserbereich.

Holzwerkstoffklasse 100: Verleimung wetterbeständig (≘ AW). Kurzfristige Holzfeuchte ist bis 18 % zulässig, wenn diese wieder entweichen kann. Verwendung: z. B. Außenbeplankung von Wandelementen, die durch belüfteten Hohlraum von der Außenhaut getrennt ist.

Holzwerkstoffklasse 100 G: Zusätzlich gegen Pilzbefall geschützt. Verleimung wetterbeständig. Längerfristige Holzfeuchte bis 21 % zulässig, wenn diese wieder entweichen kann. Verwendung: z. B. in belüfteten Hohlräumen über dem Erdboden.

Bei Holzwerkstoffplatten kann eine **Formaldehyd-Abgabe** an die Umgebungsluft auftreten. Die Abgabe ist durch die DIBt-Richtlinie 100 (Formaldehydabgabe von Holzwerkstoffplatten) begrenzt auf einen Wert von ≤ 0,1 ml/m^3 (Emissionsklasse E 1 und E 1b). Nach Herstellerangaben findet bei einer ganzen Reihe von Holzwerkstoffen keine Formaldehyd-Abspaltung mehr statt.

14.8.2 Sperrholz

Normen

DIN 68 705-2	(2003-10)	Sperrholz; Sperrholz für allgemeine Zwecke
-3	(1981-12)	–; Bau-Furniersperrholz
-4	(1981-12)	–; Bau-Stabsperrholz, Bau-Stäbchensperrholz
-5	(1980-10)	–; Bau-Furniersperrholz aus Buche (+ Beiblatt)

Europäische Normen sind DIN EN 313, 314, 315, 635, 636.

Sperrholz besteht aus einer ungeraden Anzahl (mind. 3) miteinander verleimter Holzlagen (siehe Abb. 14.12). Die Faserrichtung aneinander liegender Holzlagen kreuzen sich i. d. R. unter 90°. Dadurch und infolge der Anordnung der innen liegenden Stäbe bzw. Stäbchen (s. u.) ist die Verformung der Sperrholzplatten infolge Schwinden und Quellen geringer („gesperrt“) als bei Vollholz.

Die äußeren Decklagen sind stets Furniere und haben zueinander parallelen Faserverlauf. Die Innenlagen können ebenfalls Furniere sein (Furniersperrholz) oder Stäbe bzw. Stäbchen (Stab- bzw. Stäbchen-Sperrholz). Die Stäbe haben eine Dicke von 24 bis 30 mm, die hochkant stehenden Stäbchen (oder Furnierstreifen) max. 8 mm. Als Leime werden i. d. R. Harnstoffharze (geringere Leimbeständigkeit) oder alkalisch härtende Phenoplaste oder Phenolresorcinharze verwendet. Vorzugsmaße von Sperrholz siehe Tafel 14.8.

Man unterscheidet folgende Plattenarten:

Sperrholz für allgemeine Zwecke nach DIN 68 705-2. Furniersperrholz FU (Furnierplatten) sowie Stab- bzw Stäbchensperrholz ST bzw. STAE (Tischlerplatten). Verleimung IF und AW. Anwendung z. B. für Wand und Deckenbekleidungen von Innenräumen, Möbel.

Bausperrholz nach DIN 68 705-3 bis -5. Bau-Furniersperrholz BFU, Baufurniersperrholz aus Buche BFU-BU sowie Bau-Stab- bzw. Bau-Stäbchensperrholz BST bzw. BSTAE. Holzwerkstoffklassen 20, 100 und 100 G. Anwendung z. B. für die Beplankung von Wänden, Decken und Dächern mit tragender bzw. aussteifender Wirkung.

Mehrschichtplatten aus Nadelholz (bauaufsichtl. Zulassung). Platten aus 3 oder 5 verleimten Brettlagen aus Nadelholz. Holzwerkstoffklassen 20, 100 und 100 G. Anwendung wie Bausperrholz.

Tafel 14.8 Vorzugsmaße von Sperrholz nach DIN 4078 (1979-03; ohne Ersatz zurückgezogen)

	Furniersperrholz	Stab- und Stäbchensperrholz
Dicke in mm	4 5 6 8 10 12 15 18 20 22 25 30 35 40 50	13 16 19 22 25 28 30 38
Länge in mm	1220 1250 1500 1530 1830 2050 2200 2440 2500 3050	1220 1530 1830 2050 2500 4100
Breite in mm	1220 1250 1500 1530 1700 1830 2050 2440 2500 3050	2440 2500 3500 5100 5200 5400

a)

b)

Furnier-Sperrholz (FU): a) dreifach verleimt; b) fünffach verleimt

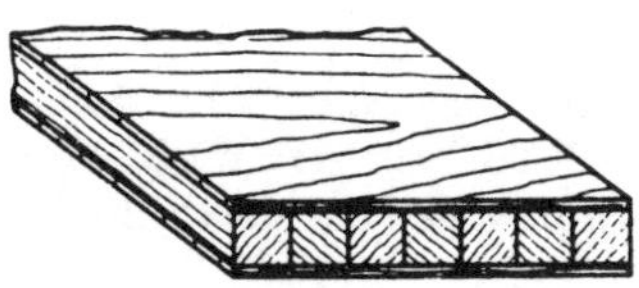

Stabsperrholz (ST)

Stäbchensperrholz (STAE)

Abb. 14.12 Aufbau von Sperrholz

14.8.3 Spanplatten

Normen

DIN 68 762	(1982-03)	Spanplatten für Sonderzwecke im Bauwesen
DIN 68 763	(1990-09)	Spanplatten; Flachpressplatten für das Bauwesen (ersetzt durch DIN EN 312)
DIN 68 764-1	(1973-09)	Spanplatten; Strangpressplatten für das Bauwesen
DIN 68 764-2	(1974-09)	–; –; Beplankte Strangpressplatten
DIN 65 765	(1987-11)	–; kunststoffbeschichtete dekorative Flachpressplatten
DIN EN 300	(1997-06)	OSB-Platten
DIN EN 309	(1992-08)	Spanplatten; Definition und Klassifizierung
DIN EN 312	(1996/97)	Spanplatten – Anforderungen (Teil 1 bis 7)
DIN EN 633	(1993-12)	Zementgebundene Spanplatten; Definition und Klassifizierung
DIN EN 634	(1995/96)	–; Anforderungen (Teil 1 und 2)

Bei der Herstellung von Spanplatten werden grobe und/oder feine Holzspäne mit Kunststoffklebern unter Druck und Wärme miteinander verklebt. Als Kleber werden i. d. R. Aminoplaste (geringere Verleimungsbeständigkeit) sowie alkalisch härtende Phenoplaste oder Phenolresorcinharze verwendet.

Man unterscheidet:

a) **Flachpressplatten**. Die beleimten Späne werden auf eine beheizte Metallplatte geschüttet und miteinander verpresst, wobei sich die Späne parallel zur Plattenebene ausrichten. Flachpressplatten sind i. d. R. nicht wetterbeständig. Sie *können* zur Verbesserung ihrer Festigkeitseigenschaften beidseitig beplankt werden, z. B. mit Furnieren oder Furnierplatten.

Anwendung: Leichte Akustikplatten im Innenausbau, Dicke bis 32 mm (DIN 68 762); tragende und aussteifende Platten im Bauwesen, z. T. begrenzt wetterbeständig, Dicken bis 50 mm (DIN 68 763); beidseitig mit verschiedenfarbigen oder gemusterten Kunststoffbahnen beschichtete dekorative Platten für Möbel- und Innenausbau (sog. KF-Platten), Dicken 13 bis 50 mm (DIN 68 765).

b) **Strangpressplatten**. Hier werden die beleimten Späne in einen beheizten Schacht gestopft und mit einem Kolben zusammengepresst. Dabei richten sich die Späne senkrecht zur Plattenebene aus. Deshalb *müssen* diese Platten beplankt werden. Strangpressplatten können Röhren besitzen, die parallel zur Plattenebene verlaufen. Nicht wetterbeständig.
Anwendung: Leichte Akustikplatten (DIN 68 762) und tragende und aussteifende Platten (DIN 68 764) mit oder ohne Röhren. Dicken bis 25 mm, bei Röhrenplatten bis 70 mm.

c) **Mineralisch gebundene Flachpressplatten**. Bindemittel Portlandzement CEM I 42,5 R.
Anwendung: Tragende und aussteifende Beplankung von Holzhauselementen (Fußböden, Wände, Decken) für Holzwerkstoffklassen 20, 100 und 100 G im Trocken-, Feucht- und Außenbereich (wenn wettergeschützt), Dicken bis 40 mm. Als Bindemittel wird auch Gips oder Anhydrit verwendet (nur für Klassen 20 und 100).

d) **OSB-Flachpressplatten** (OSB = Oriented Strand Board) sind Mehrschichtplatten aus langen, schlanken, ausgerichteten Holzspänen, sog. Strands (Dicke ca. 0,6 mm, Länge 75 bis 130 mm),die mit Phenolharz o.a. verleimt sind. Dicken 6 bis 40 mm, Längen bis 5 m, Breiten bis 2,5 m. **Anwendung** wie Flachpressplatten (s.o.). Klassifizierung nach der Anwendung: OSB/1 (allgemeine Zwecke im Trockenbereich, auch Möbel), OSB/2 (tragend im Trockenbereich), OSB/3 (tragend im Feuchtbereich), OSB/4 (hochbelastbar im Feuchtbereich).

14.8.4 Faserplatten

Normen

DIN 68 751	(1987-11)	Kunststoffbeschichtete dekorative Holzfaserplatten
DIN EN 316	(1999-12)	Holzfaserplatten; Definition, Klassifizierung und Kurzzeichen
DIN EN 622	(1997-06)	Faserplatten – Anforderungen; Teil 1: Allgemeine Anforderungen; Teil 2: an harte Platten; Teil 3: an mittelharte Platten

a) **Herstellung:** Holzspäne werden durch Heißdampf aufgeschlossen und anschließend mechanisch zu sog. Lignozellulosefasern zerkleinert. Beim **Nassverfahren** wird der entstehende Faserbrei auf einem Sieb zu einem flachen Vlies ausgebreitet, entwässert und entweder ohne Druck getrocknet (weiche, poröse Holzfaserdämmplatten) oder durch Heißpressen ohne oder mit geringer Zugabe von Bindemitteln verdichtet (harte oder mittelharte Platten). Die Oberseite ist blank, die Unterseite geriffelt (Abdruck des Entwässerungssiebes). Beim **Trockenverfahren** werden die Holzfasern in einem Luftstrom beleimt (i. d. R. Harnstoff- oder Phenolharze) und anschließend zu Platten mit 2 glatten Oberflächen verpresst und ausgehärtet (mitteldichte Holzfaserplatten).

b) **Anwendung:** Nichttragende Platten für den Möbelbau und Innenausbau; mittragende und aussteifende Platten für die Beplankung von Wand-, Decken- und Dachtafeln im Holzhausbau (DIN 1052-3).

c) **Arten** nach DIN EN 316: harte Platten HB 20 und 100 mit Dichten ≥ 800 kg/m³ (bisher HFH), **mittelharte Platten** HFM 20 und 100 mit Dichten von 350 bis 800 kg/m³ (bisher HFM), beide im Nassverfahren ohne Bindemittel hergestellt; **mitteldichte Platten** MDF 20 und 100 mit Dichten ≥ 600 kg/m³ werden im Trockenverfahren hergestellt; poröse Platten SB mit Dichten von 230 bis 400 kg/m³. Je nach Verwendbarkeit der Platten erhalten die

Bezeichnungen Zusätze, z. B. HB.H (Feuchtbereich), HB.E (Außenbereich) oder HB.LA (tragende Platten).

d) **Kunststoffbeschichtete dekorative Holzfaserplatten** (KH-Platten; DIN 68 751) sind ein- oder zweiseitig beschichtete harte Holzfaserplatten für den Innenausbau (z. B. Möbel). Weiche Holzfaserdämmplatten (DIN 68 755-1) und Bitumen-Holzfaserplatten (Bitumengehalt 10 bis 15 %; DIN 68 752) sind poröse Platten für Wärme- und Schalldämmzwecke.

e) **Zementfaserplatten** aus Portlandzement (CEM I) und mineralischen Zuschlägen (auch Leichtzuschlägen), armiert entweder mit Zellstoff-Fasern oder mit Glasfasern. Dicken bis 20 mm. Holzwerkstoffklassen 20 und 100. Anwendung für mittragende und/oder aussteifende Beplankung von Wandelementen im Holzhäuserbau.

f) **Holzfaserdämmstoffe** siehe Abschn. 12.4.7, auch DIN EN 13 171 (Wärmedämmstoffe für Gebäude aus Holzfasern WF).

14.8.5 Langspanholz Timber Strand™

Langspanholz Timber Strand™ (alte Bezeichnung Spanstreifenholz Intrallam LSL) besteht aus verleimten Pappel-Spanstreifen (0,8 × 25 × 300 mm), die je nach Herstellverfahren mehr parallel oder mehr quer zur Plattenlängsrichtung angeordnet sind. Plattendicken: 32 bis 89 mm. Anwendung wie Brettschichtholz (siehe Abschn. 14.5.3) oder Bau-Furniersperrholz (siehe Abschn. 14.8.2).

14.8.6 Furnierstreifenholz PSL, Furnierschichtholz FSH

Furnierstreifenholz Parallam PSL (Parallel Strand Lumber; strand = Strähne, lumber = Bauholz) besteht aus parallel zur Längsachse ausgerichteten, mit Phenolharz verleimten Schälfurnierstreifen (16 mm breit und ca. 3 mm dick). Balkenabmessungen: Breite 44 bis 280 mm, Höhe 44 bis 483 mm, Länge bis 20 m.

Furnierschichtholz FSH (Kerto, Microffam) besteht aus ca. 3 mm dicken miteinander verleimten Nadelholzfurnieren, die durch Schäftung oder Überlappung miteinander verbunden sind. Abmessungen: Plattendicken 21 bis 89 mm, sehr große Formate bis 23 m Länge. Anwendung wie Brettschichtholz (siehe Abschn. 14.5.3).

14.9 Holzpflaster

DIN 68 702	(2001-04)	Holzpflaster
DIN 18 367	(2002-12)	VOB Teil C: ATV; Holzpflasterarbeiten

Holzpflaster eignet sich als Fußboden für Innenräume. Als Nutzfläche dient die Hirnfläche der Holzklötze. Holzarten: Kiefer, Lärche, Fichte, Eiche oder andere gleichwertige Holzarten. Man unterscheidet:

Holzpflaster GE für gewerbliche oder industrielle Zwecke, auch für schweren Stapler- und Fahrzeugverkehr, zum Feuchtigkeitsschutz imprägniert. Abmessungen der Klötze: Höhe 50 bis 100 mm, Breite 60-80 mm, Länge 60 bis 140 mm.

Holzpflaster RE, nicht imprägniert; für Verwaltungsgebäude, Versammlungsstätten und Wohnbereich; Abmessungen der Klötze: Höhe 22 bis 80 mm, Breite 40 bis 80 mm, Länge 40 bis 120 mm.

Holzpflaster WE für Werk- und ähnliche Räume mit Leichttransportverkehr, ab 40 mm Klotzhöhe auch für normalen Fahrzeug- und Staplerverkehr.

Die **Verlegung** von Holzpflaster RE geschieht im Verband ohne Zwischenräume mit Kunststoffkleber eng aneinander geklebt (Pressverklebung). Als Unterboden dient Verbundestrich ZE 30, zementgebundener schwimmender Estrich oder Gussasphaltestrich, auch Beton B 25.

14.10 Parkett (DIN 280)

Normen

DIN 280-1	(1990-04)	Parkett; Parkettstäbe, Parkettriemen und Tafeln für Tafelparkett
DIN EN 13 226	(2003-05)	Holzfußböden; Parkettstäbe mit Nut und/oder Feder
DIN EN 13 227	(2003-06)	–; Vollholz-Lamparkettprodukte
DIN EN 13 228	(2003-06)	–; Vollholzparkett
DIN EN 13 488	(2003-05)	–; Mosaikparkett
DIN EN 13 489	(2003-05)	–; Mehrschichtparkett

Parkett ist ein Fußboden aus unterschiedlichen Parkettarten (s. u.). Die häufigsten Holzarten in Deutschland (in Klammern die Farbe des versiegelten Parketts) sind Eiche (mittelbraun) und Rotbuche (rotbraun), daneben aber auch Esche (weiß-perlmutt), Ulme (hell- bis mittelbraun), Kiefer (gelb-beige), Ahorn (weiß-gelblich-grau) und andere europäische und überseeische Hölzer.

a) **Arten:**
Parkettstäbe ST, ringsum genutet, werden beim Verlegen mit Holzfedern verbunden, Dicke 22 mm, Breite 45 bis 80 mm, Längen 250 bis 1000 mm; Parkettriemen RI mit angehobelter Feder und Nut, Abmessungen wie ST; Tafeln für Tafelparkett TA, Verlegeeinheiten aus verschiedenen Holzarten und in unterschiedlichen Formen und Abmessungen, ringsum genutet oder mit Nut und Feder; Mosaikparkettlamellen, kleine Parketthölzer, die auf ablösbaren Kunststofffolien oder -netzen zu Verlegeeinheiten zusammengesetzt sind (Dicke 8 mm, Breite 20 bis 25 mm, Länge 120 bis 165 mm).

Größere Verlegeeinheiten sind Fertigparkett-Elemente (neue Bezeichnung: Mehrschichtparkett), die industriell hergestellt und bereits versiegelt sind und aus Holz oder einer Verbindung aus Holz, Holzwerkstoffen oder anderen Stoffen bestehen. Abmessungen: Dicke 7 bis 26 mm, Breite 100 bis 650 mm, Länge 0,20 bis 2,25 m, Dicke der begehbaren Schicht, z. B. aus Eiche, mind. 2 mm.

Daneben gibt es Massivparkett (neue Bezeichnung: Lamparkett) aus gehobelten Parketthölzern in Längen bis 4 m; Hochkantlamellenparkett: vorgefertigte Verlegeeinheiten unterschiedlicher Größe aus hochkant verklebten Holzlamellen; normale Dielenböden aus gespundeten Hobeldielen mit Nut und Feder in Längen bis 6 m.

b) Die **Verlegung** von Parkett geschieht i. d. R. durch Klebung auf schwimmendem Estrich (Wohnbereich; auch Fußbodenheizung). Außer bei Fertigparkett-Elementen ist das Parkett nach der Verlegung abzuschleifen und zu versiegeln. Versiegelungsmittel: Wasserlack, Öl-Kunstharz-Siegel, reine Kunststoff-Versiegelungen (z. B. Urethan-Alkyd-Harz, Polyurethan = DD-Siegel), Öle oder Wachse. Verlegemuster: z. B. Schiffsboden-, Würfel-, Fischgrät- und Flechtmuster.

14.11 Holzzerstörer

Die wichtigsten Holzzerstörer sind Insekten und Pilze. Bakterien spielen als Holzzerstörer eine untergeordnete Rolle.

14.11.1 Holzzerstörende Insekten

Bei den Insekten unterscheidet man die folgenden Entwicklungsstadien: Ei – Larve – Puppe – Käfer. Der eigentliche Holzzerstörer ist die Larve.

Frischholzinsekten, wie der Borkenkäfer und die Holzwespe (siehe Abb. 14.16), greifen nur stehende oder frisch gefällte Bäume an.

Trockenholzinsekten greifen verbautes Holz an, lassen die Holzoberfläche aber, bis auf die Fluglöcher, unzerstört. Die wichtigsten Trockenholzinsekten sind:

Der **Hausbockkäfer** (Holzbock; Hylotrupes bajalus; siehe Abb. 14.13) ist der gefährlichste tierische Holzschädling. Er befällt nur Nadelholz, hauptsächlich den Splint, vor allem in Dachstühlen, Fachwerk, Fußböden, Türen, auch im Freien verbautes oder lagerndes Holz. Die ovalen Fraßgänge, die mit hellem Fraßmehl angefüllt sind, haben oft höhlenartige Erweiterungen. Die Fluglöcher (Flugzeit Juli/August) sind eiförmig, größter Durchmesser 6 bis 10 mm. Meldepflicht siehe Abschn. 14.12.3.

Der **gewöhnliche Nagekäfer** (Anobium punctatum; siehe Abb. 14.14) ist nach dem Holzbock der gefährlichste tierische Holzschädling. Er wird wegen seiner Geräusche auch Poch- oder Klopfkäfer genannt („Totenuhr"). Er befällt alle Holzarten und tritt besonders an feuchten und kühlen Orten auf (Keller, Rückwände und Füße alter Möbel). Aus den Fluglöchern (Flugzeit Mai/Juni) und Fraßgängen, die kreisrund (Durchmesser 1 bis 2 mm) sind, rieselt zur Flugzeit Fraßmehl.

Der **braune Splintholzkäfer** (Lyctus spec.; siehe Abb. 14.15) befällt vor allem den Splint von stärkereichen trockenen Laubhölzern (Eiche, Ulme, Pappel), z. B. Holzverkleidungen, Leisten, Parkett, Möbel). Die Fraßgänge sind fest mit zusammengedrücktem Fraßmehl gefüllt, die Fluglöcher (Flugzeit Mai/Juni) haben Durchmesser von 1 bis 1,5 mm.

14.11.2 Holzzerstörende Pilze

Holzzerstörende Pilze benötigen eine Holzfeuchte von mind. 20 % und Temperaturen zwischen +3 und +40 °C. Wassergesättigtes oder völlig trockenes Holz wird von Pilzen nicht angegriffen. Aus den Pilzsporen entwickeln sich Zellfäden (Hyphen), die als feines Gewebe (Mycel) oder als dickere Stränge das Holz und auch Mauerwerk durchwachsen. Am Mycel bilden sich die Sporen bildenden Fruchtkörper in Form von fladen- oder konsolenförmigen Gebilden von unterschiedlicher Form und Farbe. Greifen die Pilze vorwiegend die Zellulose an, wird das befallene Holz von dem zurückbleibenden Lignin bräunlich gefärbt (**Braunfäule**) und reißt würfelförmig auf. Greifen die Pilze Zellulose *und* Lignin zu gleichen Teilen an, wird das Holz heller (**Weißfäule**) und schwammig.

Die wichtigsten holzzerstörenden Pilze sind:

Der **echte Hausschwamm** (Serpula lacrymans; siehe Abb. 14.17 und 14.18) ist der am meisten gefürchtete pflanzliche Holzzerstörer in Gebäuden. Er greift vorwiegend Nadelholz an (Braunfäule) und durchwächst auch holzfreie und trockene Bereiche, z. B. Mauerwerk. Er überdauert lange Trockenzeiten. Die bis zu 1m großen Fruchtkörper sind gelegentlich mit Flüssigkeitströpfchen bedeckt. Meldepflicht siehe Abschn. 14.12.3.

Der **Kellerschwamm** (Coniophora puteana; siehe Abb. 14.19) greift nur sehr feuchtes Holz an, meist in Kellern und am Boden (Nassfäule), stirbt aber bei Austrocknung ab. Die Fruchtkörper besitzen warzenförmige Erhebungen („Warzenschwamm“).

Der **Porenschwamm** (Poria spec; siehe Abb. 14.20) zeigt ein schneeweißes feines Oberflächenmycel. Er benötigt ebenfalls viel Feuchte, kann auch Mauerwerk durchwachsen und übersteht lange Trockenzeiten.

Weitere Pilzarten sind der Tannenblättling (bevorzugt feuchtes Nadelholz, z. B. Fensterrahmen), die Moderfäule (bevorzugt feuchtes Laubholz, wie Maste und Schwellen) und der Bläuepilz (befällt nur sehr feuchtes Nadelholz, beeinträchtigt aber nicht die Holzfestigkeit).

Abb. 14.13 Hausbockkäfer (Hylotrupes bajalus), Weibchen [2]

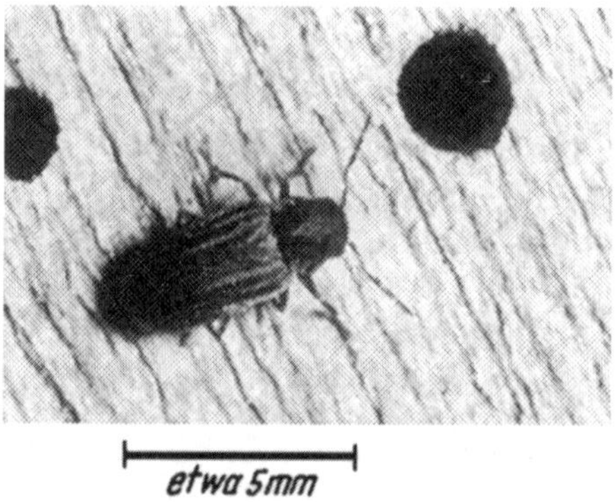

Abb. 14.14 Gewöhnlicher Nagekäfer, Pochkäfer (Anobium punctatum; Länge 2,5 bis 4,5 mm) [2]

Abb. 14.15 Brauner Splintholzkäfer (Lyctus spec.) [2]

Abb. 14.16 Holzwespe (Siricidae; Länge 15 bis 30 mm) [2]

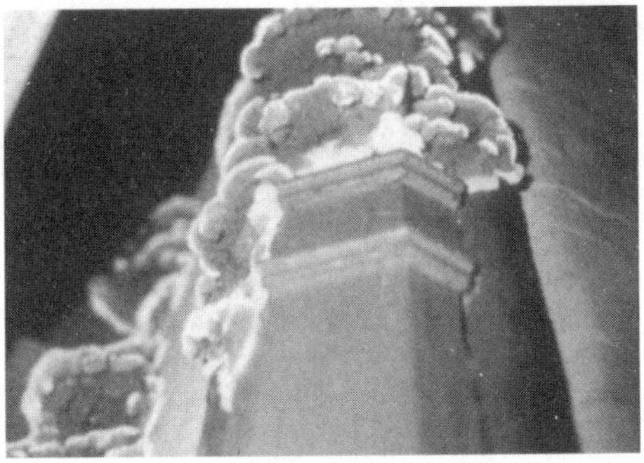

Abb. 14.17 Echter Hausschwamm (Fruchtkörper) [2]

Abb. 14.18 Echter Hausschwamm (Holzzerstörung) [2]

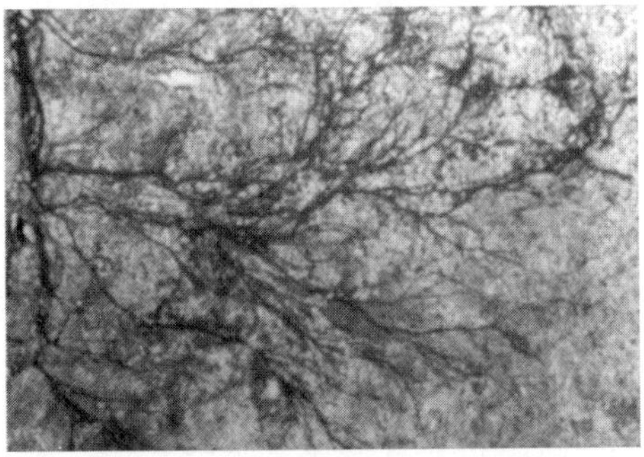

Abb. 14.19 Kellerschwamm (Mycel) [2]

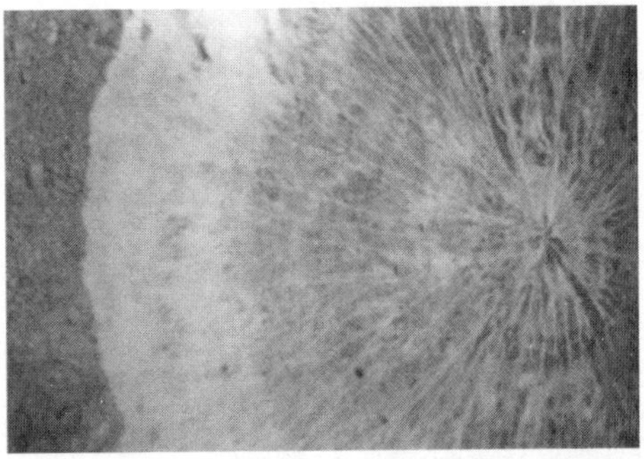

Abb. 14.20 Weißer Porenschwamm (Mycel) [2]

14.12 Holzschutz

Normen

DIN 52 160	(1972-09)	Prüfung von Holzschutzmitteln
DIN 52 175	(1975-01)	Holzschutz; Begriffe, Grundlagen
DIN 68 800-1	(1974-05)	Holzschutz im Hochbau; Allgemeines
DIN 68 800-2	(1996-05)	–; Vorbeugende bauliche Maßnahmen
DIN 68 800-3	(1990-04)	–; Vorbeugender chemischer Holzschutz
DIN 68 800-4	(1992-11)	–; Bekämpfungsmaßnahmen gegen holzzerstörende Pilze und Insekten
DIN 68 800-5	(1978-05)	–; Vorbeugender chem. Holzschutz von Holzwerkstoffen (Entw. 1990-01)

Die folgenden DIN EN-Normen gehören zu einem europäischen Normenpaket, das bei vollständigem Vorliegen die DIN 68 800-3 ersetzen soll:

DIN EN 335-1 bis -3	(1992/95)	Dauerhaftigkeit von Holz und Holzprodukten; Gefährdungsklassen für einen biologischen Befall (Pilzbefall)
DIN EN 351-1, -2	(1995-08)	–; Mit Holzschutzmitteln behandeltes Vollholz
DIN EN 460	(1994-10)	–; Natürliche Dauerhaftigkeit von Vollholz; Anforderungen
DIN EN 599-1, -2	(1995/97)	–; Anforderungen an Holzschutzmittel

14.12.1 Vorbeugende bauliche Holzsschutzmaßnahmen

Vorbeugende Maßnahmen nach DIN 68 800-2 sind zusätzlich zu dem i. d. R. erforderlichen chemischen Holzschutz *immer* vorzusehen.

a) **Allgemeine bauliche Maßnahmen:**

- Holz mit der vorgeschriebenen Holzfeuchte einbauen (siehe Abschn. 14.3.1).
- Chemisch nicht vorbehandeltes Holz muss im verbauten Holz die über 20 % hinausgehende Feuchtigkeit abgeben können.
- Niederschläge müssen möglichst abgehalten werden oder schnell abfließen können (Abschrägungen und Abrundungen der Bauteile, ausreichend große Dachüberstände).
- Holzbalken auf Massivwänden (Mauerwerk) müssen auf Zwischenlagen aus Dachpappe aufliegen. Vor den Stirnflächen der Balken muss eine Luftschicht von 2 bis 3 cm vorgesehen werden.

b) **Besondere bauliche Maßnahmen** haben das Ziel, chemisch nicht behandeltes Holz in einem Maße vor Feuchtigkeit zu schützen bzw. die Abgabe von Feuchtigkeit durch Verdunstung so zu ermöglichen, dass die Gefährdungsklasse verringert werden kann (siehe Abb. 14.21 und 14.22).

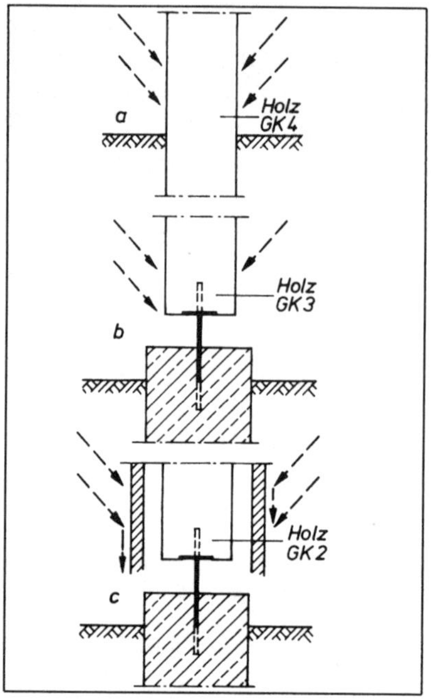

Abb. 14.21 Holzstütze im Freien [38] nach [2]

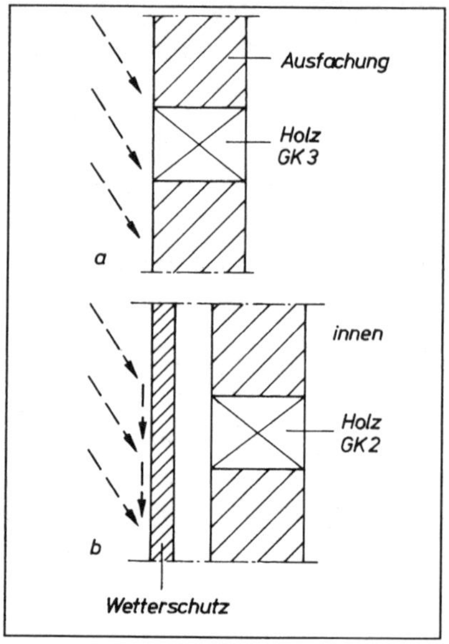

Abb. 14.22 Fachwerkaußenwand [38] nach [2]

14.12.2 Vorbeugende chemische Holzschutzmaßnahmen

a) **Holzschutzmittel (HSM)** sind zum vorbeugenden chemischen Holzschutz nach DIN 68 800-3 immer dann erforderlich, wenn die Holzfeuchte langfristig 20 % und der Splintholzanteil 10 % übersteigen, da nur dann Pilze gefährlich werden können. Die DIN 68 800-3 definiert Gefährdungsklassen von Holz und gibt die dafür erforderlichen HSM an (siehe Tafel 14.10). Holzwerkstoffe der Klassen 20, 100 und 100 G dürfen Holzfeuchten von 15, 18 bzw. 21 % nicht überschreiten (siehe Abschn. 14.8.1).

b) Die **Kennzeichnung von HSM** hinsichtlich ihrer Wirksamkeit geschieht durch die folgenden Buchstaben:

IV gegen Insekten vorbeugend wirksam
P gegen Pilze vorbeugend wirksam
W auch für Holz, das der Witterung ausgesetzt ist, jedoch nicht im ständigen Erdkontakt und nicht im ständigen Kontakt mit Wasser
E auch für Holz, das extremer Beanspruchung ausgesetzt ist (im ständigen Erdkontakt und/oder im ständigen Kontakt mit Wasser sowie bei Schmutzablagerungen in Rissen und Fugen).

c) Bei den verschiedenen **Arten von HSM** wird unterschieden zwischen wässrigen HSM, lösemittelhaltigen HSM, Emulsionen und öligen HSM. Siehe Tafel 14.9 sowie Abb. 14.23 und 14.24.

d) Die **Anwendungsbereiche von HSM** sind unterschiedlich (s. a. Tafel 14.11):

B-Salze, SF-Salze	für alle witterungsgeschützten Bauteile
CBF-Salze, Quat-Präparate	für alle Holzbauteile innen und außen, vorzugsweise für geringe bis mittlere Auswaschbeanspruchung
CK-, CKA-,CKB-, CKF-Salze	für alle Hochbauteile innen und außen, vorzugsweise für starke Auswaschbeanspruchung
Lösungsmittelhaltige HSM	für innen und außen, ggf. Anwendungsbeschränkungen, z. B. in Aufenthaltsräumen
Ölige HSM	nur für außen
Betain- und Cu-HDO-Präparate	je nach Art für innen und außen, ohne oder mit Erdkontakt.

e) Bei den **Einbringverfahren von HSM** unterscheidet man je nach der Eindringtiefe e Oberflächenschutz (keine Eindringtiefe gefordert), Randschutz (e = einige mm), Tiefschutz (e = einige cm, mind. 1 cm) und Teilschutz (Tiefschutz an gefährdeten Stellen). Die wichtigsten Verfahren sind:

- **Streichen oder Sprühen** (mind. zweimal satt);
- **Kurztauchen** (mind. 10 Minuten) bzw. **Tauchen** (mind. 30 Min.)
- **Trog- und Einstelltränkung**, 4 bis 6 Tage, Tiefschutz ist erreichbar
- **Saftverdrängungsverfahren** (Boucherieverfahren), Dauer 2 bis 3 Wochen. HSM dringt aus einem Hochbehälter in das Stammende eines geneigten, frisch gefällten und ungeschälten Stammes ein.
- **Trogsaugverfahren**. Frische geschälte Stämme lagern in Bottichen mit HSM-Lösung. Über die beiden Stammenden wird in dem Stamm Unterdruck erzeugt. In Druckkesseln kann abwechselnd Unter- und Überdruck erzeugt werden.
- **Kesseldrucktränkung**. Halbtrockenes bis trockenes Holz wird in Kesseln Unter- und Überdruck ausgesetzt. Dadurch wird das HSM angesogen bzw. in die Holzporen des Splints hineingedrückt. Man unterscheidet Volltränkung (besonders bei Fichte und Tanne), Spartränkung (Eisenbahnschwellen mit Teerölen), Wechseldrucktränkung, Vakuumtränkung.

- **Osmoseverfahren**. Frisch geschlagenes und entrindetes Rundholz wird mit HSM-Salzpaste bestrichen und mit Ölpapier abgedeckt. Durch Austausch von Zellsaft und Salzlösung dringt das HSM durch die Zellwände hindurch in die Holzporen. Dauer etwa 3 Monate, gute Tiefenwirkung.

Tafel 14.9 Vorbeugend wirksame Holzschutzmittel gegen Pilze und Insekten [23] nach [2]

A) Wasserbasierte (wasserlösliche) vorbeugende Holzschutzmittel (HSM) gegen Pilze und Insekten				
Art des HSM Gefährdungsklasse	Hauptbestandteile [1)]	Prüfprädikate [2)]	Einstufung und Kennzeichnung nach der Gefahrstoff-VO (s. a. Abb. 14.24)	Einbringverfahren [3)]
B-Salze 1, 2	Anorganische Borverbindungen	Iv, P	nicht kennzeichnungspflichtig	Tr, S, T, Spr; teilweise K
SF-Salze 1, 2	Silicofluoride	Iv, P	Xn, mindergiftig	K, Tr, S, T, Spr
CFB-Salze 1, 2, 3	Bor- und Fluorverbindungen, Chromate	Iv, P, W	C, ätzend	K, Tr
CK-Salze 1 bis 4	Kupfersalze, Chromate	Iv, P, W, E	T, giftig, oder Xn, mindergiftig	K
CKA-Salze 3, 4	Kupfersalze und Arsenverbindungen, Chromate	Iv, P, W, E	Herstellerangaben	K
CKB-Salze 1 bis 4	Kupfersalze und Borverbindungen, Chromate	Iv, P, W, E	Xn, mindergiftig	K, Tr
CKF-Salze 1 bis 4	Kupfersalze und Fluorverbindungen, Chromate	Iv, P, W, E	Xn, mindergiftig, oder T, giftig	K
Quat-Präparate 1 bis 3	Quatäre Ammoniumverbindungen	Iv, P, W	C, ätzend	K, Tr
Quat-Bor-Präparate 1, 2, (3)	Quatäre Ammonium-Borverbindungen	Iv, P, (W)	C, ätzend	K, Tr; teilweise S, Spr, T
Chromfreie Kupfer-Präparate: 1 bis 3, (4)	Cu-HDO, Cu-Quat, Cu-Triazol, Cu-Bor, Cu	Iv, P, W, (E)	C, ätzend	K, Tr
HSM mit anderen als den vorgenannten Hauptbestandteilen 1, 2, 3		Iv, P, W	C, ätzend	siehe bauaufsichtl. Zulassg.

1) Bei der Verwendung und Neuzulassung **chromathaltiger** Holzschutzmittel können zukünftig Änderungen eintreten.
2) Abkürzungen siehe Abschn. 14.12.2 b.
3) S = Streichen; Spr = Spritzen oder Sprühen (nur in stationären Anlagen zulässig); T = Tauchen; Tr = Trogtränkung; V = Vakuumtränkung; K = Kesseldruckverfahren, z. B. Volltränkung oder Wechseldrucktränkung, s. a. Abschn. 14.12.2e.

(Fortsetzung nächste Seite)

Tafel 14.9 (Fortsetzung)

B) Lösemittelhaltige vorbeugende HSM gegen Pilze und Insekten	
Hauptbestandteile: Prüfprädikate: Anwendungsverfahren: Besonderheiten: Eigenschaften:	Organische Fungizide und Insektizide in organischen Lösemitteln Iv, P, W, teilweise mit erhöhter Wirksamkeit Teilweise nur Doppel-V, Tr, S, T, Spr Flammpunkt über 55 °C Nur für halbtrockene und trockene Hölzer geeignet; z. T. intensiver Eigengeruch, nach Abdunsten der Lösungsmittel überwiegend geruchsfrei; Flammpunkt unmittelbar nach Anwendung ggf. niedriger als 55 °C; Mittel unverdünnt anwenden
C) Lösemittelhaltige vorbeugende HSM nur gegen Insekten	
Hauptbestandteile: Prüfprädikate: Anwendungsverfahren: Besonderheiten: Eigenschaften:	Organische Insektizide in organischen Lösemitteln bzw. in wässriger Emulsion Iv, teilweise mit erhöhter Wirksamkeit K, Tr, S, T, Spr Flammpunkt überwiegend über 55 °C wie B) bzw. HSM
D) Vorbeugende Sonderpräparate nur gegen Pilze für Holzwerkstoffe	
Hauptbestandteile: Prüfprädikate: Anwendungsverfahren:	Anorganische Borverbindungen, Kaliumfluoride oder Kalium-HDO (P) Holzschutzmittel für Holzwerkstoffe Ausschließlich zur Anwendung im Werk für Plattentypen der Holzwerkstoffklasse 100 G gemäß den „Besonderen Bestimmungen" des Zulassungsbescheides
E) Ölige HSM gegen Pilze und Insekten (Teerölpräparate = Steinkohlenteer-Imprägnieröle)	
Hauptbestandteile: Prüfprädikate: Anwendungsverfahren: Besonderheiten: Eigenschaften:	Steinkohlenteeröl WEI Typ B oder C, Iv, P, W, E nur spezielle K; nur für Außenbauteile Die Chemikalienverbotsordnung ist zu beachten. Nur für halbtrockene und trockene tränkreife Hölzer geeignet; z. T. lang anhaltender intensiver Eigengeruch; unverdünnt anwenden
F) Betain-Präparate[1)]	
Hauptbestandteile: Prüfprädikate: Anwendungsverfahren:	polymeres Betain, z. T. zusätzlich Bor- und Kupferverbindungen Iv, P, W, E je nach Zusammensetzung der Präparate K, Tr

[1)] Gesprochen: Be-ta-in.

Tafel 14.10 Gefährdungsklassen von Holz und Anforderungen an anzuwendende Holzschutzmittel nach DIN 68 800-3 (1990-04) [2]

Gefährdungsklasse	Beanspruchung	Gefährdung durch				Anforderungen an das Holzschutzmittel	erforderliche Prüfprädikate für tragende Bauteile
		Insekten	Pilze	Auswaschung	Moderfäule		
0[1)]	Innen verbautes Holz, ständig trocken	nein	nein	nein	nein	keine Holzschutzmittel erforderlich	
1		ja	nein	nein	nein	insektenvorbeugend	Iv
2	Holz, das weder dem Erdkontakt noch direkt der Witterung oder Auswaschung ausgesetzt ist, vorübergehende Befeuchtung möglich	ja	ja	nein	nein	insektenvorbeugend, pilzwidrig	Iv, P
3	Holz der Witterung oder Kondensation ausgesetzt, aber nicht in Erdkontakt	ja	ja	ja	nein	insektenvorbeugend, pilzwidrig, witterungsbeständig	Iv, P, W
4	Holz in dauerndem Erdkontakt oder ständiger starker Befeuchtung ausgesetzt	ja	ja	ja	ja	insektenvorbeugend, pilzwidrig, witterungsbeständig, moderfäulewidrig	Iv, P, W, E

1) Chemische Holzschutzmaßnahmen sind **nicht erforderlich im Bereich der Gefährdungsklasse 0.**
Die Gefährdungsklasse 0 liegt vor, wenn
- im Bereich der **Gefährdungsklasse 1**
  Farbkernhölzer verwendet werden, die einen Splintholzanteil unter 10 % aufweisen, *oder*
  Holz in Räumen mit üblichem Wohnklima oder vergleichbaren Räumen verbaut ist *und*
  a) gegen Insektenbefall allseitig durch eine geschlossene Bekleidung abgedeckt ist *oder*
  b) Holz zum Raum hin so offen angeordnet ist, dass es kontrollierbar bleibt,
- im Bereich der **Gefährdungsklasse 2** splintfreie Farbkernhölzer der Resistenzklassen 1, 2 oder 3 verwendet werden,
- im Bereich der **Gefährdungsklasse 3** splintfreie Farbkernhölzer der Resistenzklassen 1 oder 2 verwendet werden,
- im Bereich der **Gefährdungsklasse 4** splintfreie Farbkernhölzer der Resistenzklasse 1 verwendet werden.

Tafel 14.11 Anwendung von Holzschutzmitteln (Empfehlungen) nach [25]

Bauteile mit Beispielen	Anzuwendende Holzschutzmittel[1] zum Schutz gegen
Nichttragende Innenbauteile: Bekleidungen und Einbauten im Spritzwasserbereich von Bädern	Pilze, Insekten, Bläuepilze; farbige oder farblose Holzlasuren (Streichen)
Tragende Innenbauteite: Dachkonstruktionen, Balkenlagen, Unterzüge, Stützen	Insekten, bei hoher Luftfeuchte auch Pilze, ggf. Bläuepilze; ölige Holzschutzmittel, ggf. zusätzlich Lasuren (Streichen, Spritzen, Tränken, Tauchen); wasserlösliche fixierende Holzschutzmittel (Salze; Streichen, Spritzen; Kesseldruck- und Trogtränkung; Tauchen)
Nichttragende Außenbauteile ohne Erdkontakt: Fenster, Türen, Außenbekleidungen, Dachüberstandsschalungen, Balkonbrüstungen	Pilze, Insekten, Bläuepilze; farbige Holzschutzlasuren, ggf. zusätzlich wasserabweisender Schutzanstrich (Streichen)
Tragende Außenbauteile ohne Erdkontakt: Träger, Stützen	Pilze, Insekten, ggf. Bläuepilze; farblose ölige Holzschutzmittel, möglichst zusätzlich farbige Lasuren (Streichen, Spritzen; Trogtränkung, Tauchen); wasserlösliche fixierende Holzschutzmittel (Salze; Kesseldruck- oder Trogtränkung)
Tragende und nichttragende Außenbauteile mit Erd- und/ oder Wasserkontakt: Pfähle, Zäune, Pergolen, Kinderspielplatz-Geräte, Brücken, Bootsstege	Pilze, insbesondere Moderfäulepilze [2], Insekten; chromat-kupferhaltige wasserlösliche fixierende Holzschutzmittel (Salze) mit Prüfprädikat E, zusätzlich farbige Lasuren möglich; (Kesseldrucktränkung, bei leichter tränkbaren Hölzern wie Kiefer auch Trogtränkung), ggf. zusätzlich farbige Lasuren

[1] Verarbeitung der Holzschutzmittel, außer bei nichttragenden Innenbauteilen, nur durch Handwerk oder Industrie.
[2] Moderfäule tritt hauptsächlich bei ständigem Erd- und/oder Wasserkontakt auf. Holz wird außen weich, im feuchten Zustand schmierig, ausgetrocknet feinrissig.

14.12.3 Bekämpfende Holzschutzmaßnahmen

Bekämpfungsmaßnahmen an befallenem Holz nach DIN 68 800-4 müssen durch qualifizierte Fachleute und/oder Fachfirmen durchgeführt werden und an sichtbar bleibenden Stellen des Bauwerks nachlesbar sein. Verbleibende und neu eingebaute Bauteile, falls nach DIN erforderlich, chemisch schützen (M-Mittel gegen Pilze, Ib-Mittel gegen Insekten). Entferntes Material kontrolliert entsorgen. Bei Befall von Holz durch Holzbock und echten Hausschwamm besteht nach der Bauordnung einiger Bundesländer (LBO) Meldepflicht bei der Bauaufsichtsbehörde.

Folgende Maßnahmen sind erforderlich:

- Bei **Pilzbefall** (Schwammschäden) pilzbefallene Holzteile, durchwachsene Schüttungen, Putz, Fugenmörtel und Mauerwerk absengen oder abbrennen und gänzlich entfernen. Ur-

sachen erhöhter Feuchtigkeit beseitigen und für Austrocknung der sanierten Bereiche sorgen.
- Bei **Insektenbefall** vermulmtes Vollholz entfernen, Fraßgänge ausbürsten, ggf. Heißluftverfahren (Temperaturen ≥ 55 °C, mind. 60 Min.) oder Begasungsverfahren (GefStoffV beachten!) anwenden.

a) Prüfzeichen der Gütegemeinschaft Holzschutzmittel e. V. in Frankfurt/M.

b) Prüfzeichen des DIBt Berlin für HSM

c) Umweltzeichen des RAL, sog. „Blauer Engel“

Abb. 14.23 Kennzeichnung von Holzschutzmitteln hinsichtlich der Wirkung
a) Schutz vor Bläue, Fäulnis, Holzwürmern, Nässe und Sonne, daher für nichttragende Außenbauteile geeignet
b) Vorgeschriebener vorbeugender Holzschutz für tragende Bauteile
c) Kein Holzschutz! Schadstoffarme Anstriche. Wird vom Deutschen Institut für Gütesicherung und Kennzeichnung e. V. St. Augustin vergeben. RAL = frühere Bezeichnung des **R**eichs**a**usschusses für **L**ieferbedingungen

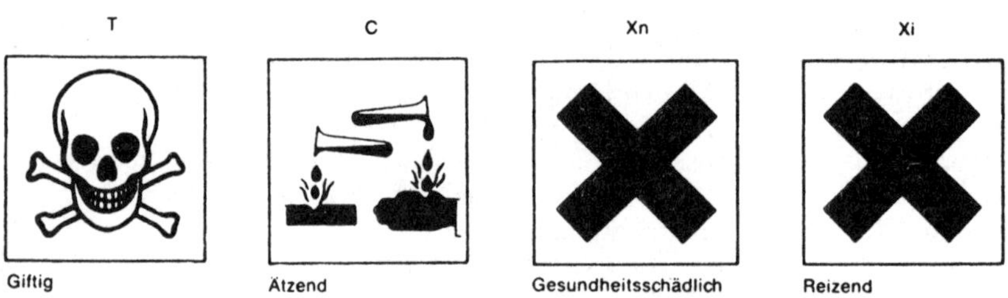

Abb. 14.24 Kennzeichnung von Holzschutzmitteln durch Gefahrensymbole gemäß Gefahrstoff-Verordnung
T = giftige Stoffe (toxisch); C ätzende Stoffe;
Xn = mindergiftige Stoffe; Xi reizende Stoffe

14.12.4 Arbeitsschutzmaßnahmen

Alle Holzschutzmittel sind für Menschen, Tiere und Pflanzen schädlich. Sie müssen nach Vorschrift verarbeitet und aufbewahrt werden! Dabei sind die Vorschriften der Gefahrstoff-Verordnung (GefStoffV) und das „Merkblatt über den Umgang mit Holzschutzmitteln“ des Verbandes „Deutsche Bauchemie e. V.“ zu beachten. Wichtige Maßnahmen sind:

a) Arbeitskleidung tragen, die Körperhaut, Atmungsorgane und Augen schützen!

b) Gebrauchsanweisung mit Angaben über die besonderen Arbeitsschutzvorschriften genau einhalten!

c) Holzschutzmittel nicht in Räumen zubereiten, in denen Lebensmittel oder Futtermittel lagern!

d) Leere Verpackungen von Holzschutzmitteln verbrennen oder vergraben!

e) Spritzgeräte vor der Verwendung prüfen (Wasserprobe)! Verstopfte Düsen nicht durch Blasen mit dem Mund reinigen!

f) Bei Erkrankungen durch den Umgang mit Holzschutzmitteln sofort den Arzt aufsuchen und ihm das verarbeitete Holzschutzmittel angeben! (Milch ist bei Vergiftungen **kein** Allheilmittel!)

g) Vorsicht vor Giftstoffen in Hölzern, z. B. Roterle (Hautausschlag!).

14.13 Brandverhalten und Brandschutz von Holz

a) **Brandverhalten**: Bei Erwärmung von Holz setzt ab etwa 150 °C eine chemische Zersetzung ein. Bei ca. 400 °C entstehen verstärkt brennbare Kohlenwasserstoffe, wie Essigsäure, Holzgeist (Methanol), Teer, Paraffin, oberhalb 500 °C tritt vermehrt Holzkohlebildung auf. Die **Entzündungstemperatur** (ab 150 °C) hängt vom Feuchtigkeitsgehalt, der Erwärmungsdauer und von der Rohdichte ab. Am schnellsten entzündet sich das leichte Balsaholz, am schwersten Bongossiholz. Die **Abbrandgeschwindigkeit** hängt ebenfalls von der Rohdichte und von der Holzfeuchte ab, außerdem vom Verhältnis Oberfläche zu Volumen sowie von der Beschaffenheit des Holzes (Risse, Äste). DIN 4102 (1994-03) gibt folgende Werte für die Abbrandgeschwindigkeit an:

BSH aus Nadelholz und Buche	0,7 mm/min
Vollholz aus Nadelholz und Buche	0,8 mm/min
Vollholz aus Laubholz ($\varrho \geq 600$ kg/m^3) außer Buche	0,56 mm/min

b) **Brandschutz**: Holz kann durch **Brandschutzbeschichtungen** geschützt werden. Diese bestehen entweder aus wasserlöslichen Mitteln ohne Lösungsmittelemissionen oder aus Schutzlacken, die auch Lösungsmittel enthalten. Sie entwickeln bei Erwärmung eine 2 bis 3 cm dicke mikroporöse nichtbrennbare Schaumschicht, die bei ihrer Bildung Wärme verbraucht, als Dämmschicht die Aufheizung des Holzes verlangsamt und den Sauerstoffzutritt erschwert. Eine Dämmwirkung hat übrigens auch die sich beim Brand bildende äußere Holzkohleschicht. Die Entflammbarkeit von Holz kann durch **Feuerschutzmittel**, die durch Kesseldruckimprägnierung eingebracht werden, von Baustoffklasse B 2 (normal entflammbar) in B 1 (schwer entflammbar) verbessert werden.

14.14 Fragen und Aufgaben zu Holz

1) Welches sind die Vor- und Nachteile von Holz als Baustoff?

2) Was versteht man unter nachhaltiger Holzwirtschaft? Wie wird sie in Deutschland betrieben?

3) Inwiefern trägt die Verwendung von Holz als Baustoff zum Umwelt- und Klimaschutz bei?

4) Beschreiben Sie den chemischen und mikroskopischen Aufbau von Holz! Welche verschiedenen Arten von Holzzellen gibt es und welche Aufgaben erfüllen sie?

5) Beschreiben Sie den Hirnschnitt eines Baumstamms! Was versteht man unter Splint und Kern eines Baums, was unter Kernholz- und Reifholzbäumen? Nennen Sie Beispiele!

6) Zählen Sie die verschiedenen Holzfehler auf! Welchen Einfluss haben sie auf die Güte des Bauholzes?

7) Mit welcher Holzfeuchte darf Holz in Bauwerken eingebaut werden? Wie groß etwa ist die Ausgleichsfeuchte von Holz? Was versteht man unter dem Begriff „Fasersättigungspunkt“?

8) Tragen Sie in der Skizze eines Holzhirnschnittes die Verformungen von Holzprofilen durch Austrocknung ein! Wie groß sind die Verformungen des Holzes in den verschiedenen Richtungen infolge Austrocknung?

9) Welche verschiedenen Einschnittarten von Vollholz gibt es und welche sind zu bevorzugen?

10) Geben Sie die verschiedenen Holzarten, ihre Anwendungsbereiche und ihre natürliche Dauerhaftigkeit an! Welches sind die als Bauholz in Deutschland am häufigsten verwendeten Arten?

11) Wie wird Nadelschnittholz nach Querschnittsgröße eingeteilt?

12) Nach welchen Gesichtspunkten wird Bauschnittholz in die verschiedenen Sortierklassen (Güteklassen) eingeteilt? Wie werden die Klassen bezeichnet?

13) Fertigen Sie eine Skizze der verschiedenen Querschnittsformen genormter Bretter an!

14) Wie wird die Baumkante und die Ästigkeit gemessen? Welche Bedingungen werden an die verschiedenen Schnittklassen gestellt?

15) Was versteht man unter Brettschichtholz? Machen Sie eine Skizze, wie es hergestellt wird!

16) Skizzieren Sie die Querschnitte von Balkenschichtholz und Kreuzbalken!

17) Warum sind die an kleinen fehlerfreien Proben ermittelten Festigkeiten nicht ohne weiteres auf Bauholz übertragbar?

18) Beschreiben Sie die verschiedenen Arten von vergütetem Vollholz!

19) Was versteht man unter Holzwerkstoffen? Beschreiben Sie die verschiedenen Arten und ihre Anwendungsbereiche!

20) Machen Sie eine Skizze von den verschiedenen Sperrholzarten!

21) Erläutern sie die verschiedenen Holzwerkstoffklassen!

22) Welche verschiedenen Arten von Holzpflaster gibt es? Wie wird Holzpflaster verlegt?

23) Beschreiben Sie die verschiedenen Arten von Parkett! Wie wird Parkett verlegt?

24) Welche beiden großen Gruppen von Holzzerstörern gibt es? Beschreiben Sie die verschiedenen Arten!

25) Unter welchen Bedingungen wird verbautes Holz von Pilzen befallen? Wie greifen sie das Holz an? Erläutern Sie die Begriffe Braun- und Weißfäule!

26) Beschreiben Sie die drei Möglichkeiten des Holzschutzes!

27 Machen Sie eine Skizze einer im Freien verbauten Holzstütze!

28) Welche verschiedenen Arten von Holzschutzmitteln gibt es? Wie werden sie eingesetzt und gekennzeichnet?

29) Beschreiben Sie die verschiedenen Gefährdungsklassen von verbautem Holz und erläutern Sie die dabei anzuwendenden Holzschutzmittel!

30) Beschreiben Sie verschiedenen Einbringverfahren von Holzschutzmitteln!

31) Was muss unternommen werden, wenn Holz von Pilzen oder Insekten befallen ist?

32) Was muss beim Arbeiten mit Holzschutzmitteln beachtet werden?

33) Erläutern Sie das Brandverhalten von Holz und Maßnahmen des Brandschutzes!

15 Glas

(Siehe auch [16].)

Normen

Flachglas allgemein (Kalk-Natronglas):

DIN 1249-10	(1990-08)	Flachglas im Bauwesen; Chemische und physikalische Eigenschaften
DIN 1259-1	(2001-09)	Glas; Begriffe für Glasarten und Glasgruppen
-2	(2001-09)	–; Begriffe für Glaserzegnisse
DIN 11 525	(1992-06)	Gartenbauglas; Gartenblank- und Gartenklarglas
DIN 18 361	(2002-12)	Verglasungsarbeiten (VOB Teil C, ATV)
DIN EN 572	(1995-01)	Glas im Bauwesen; Basiserzeugnisse aus Kalk-Natronglas Teil 1: Definitionen und allgemeine Eigenschaften; Teil 2: Floatglas; Teil 3: Poliertes Drahtglas; Teil 4: Gezogenes Flachglas; Teil 5: Ornamentglas; Teil 6: Drahtornamentglas; Teil 7: Profilbauglas mit und ohne Drahteinlage; Teil 8: Liefermaße und Festmaße (E. 2002); Teil 9: Konformitätsbewertung (E. 2002)
DIN EN 1748-1-1	(1998-04)	–; Spezielle Basiserzeugnisse; Borosilikatgläser (E 2004-02)
-2-1	(E 2004-02)	–; –; Glaskeramik

Sicherheitsglas:

DIN EN 356	(2000-02)	Sicherheitssonderverglasung; Widerstand gegen manuellen Angriff
DIN EN 1063	(2000-01)	–; Widerstand gegen Beschuss
DIN EN 13 541	(2001-02)	–; Widerstand gegen Sprengwirkung
DIN EN 1863-1	(2000-03)	Teilvorgespanntes Kalk-Natronglas
DIN EN 12 150-1	(2000-11)	Thermisch vorgespanntes Kalknatron-Einscheibensicherheitsglas
DIN EN 12 600	(2003-04)	Glas im Bauwesen – Pendelschlagversuch
DIN EN 14 179-1	(E 2002-03)	Heißgelagertes, thermisch vorgespanntes Kalknatron-Einscheibensicherheitsglas
DIN EN ISO 12 543	(1998-08)	Glas im Bauwesen; Verbundglas und Verbundsicherheitsglas (Teile 1 bis 6)
TRAV	(2003-01)	Technische Regeln für die Verwendung von absturzsichernden Verglasungen (www. glaserhandwerk.de)

Isolierglas:

DIN EN 1279		Glas im Bauwesen; Mehrscheiben-Isolierglas
-1	(E 1995-09)	–; –; Allgemeines und Maßtoleranzen
-2	(2003-06)	–; –; Luftgefülltes Mehrscheiben Isolierglas
-3	(2002-05)	–; –; Gasgefülltes Mehrscheiben-Isolierglas
-4	(2002-10)	–; –; Randverbund
-5	(E 2001-10)	–; –; Konformität

15.1 Herstellung von Flachglas

15.1.1 Rohstoffe

Der wichtigste Rohstoff ist das Siliciumdioxid (SiO_2) in Gestalt des reinen Quarzsandes feinster Körnung (≤ 1 mm). Dazu kommen Soda (Natriumcarbonat Na_2CO_3), Pottasche (Kaliumcarbonat K_2CO_3), Glaubersalz (Natriumsulfat Na_2SO_4), Dolomit ($CaCO_3 \cdot MgCO_3$) und Kalkstein (Calciumcarbonat $CaCO_3$). Oft werden auch bestimmte Feldspate, die neben SiO_2 und Na_2O auch Al_2O_3 enthalten, dazugegeben. Geringe Mengen an bestimmten Zusätzen verbessern das Schmelzen (Flussmittel), beschleunigen die Läuterung (Entfernen von Gasbläschen in der Schmelze) und vermindern die Entglasung (Trübung der Glasscheiben durch örtliche Kristallbildung beim Abkühlen).

Chemische Zusammensetzung von Bauglas (Kalk-Natronglas nach DIN EN 572-1) in Masse-%:
SiO_2: 69 bis 74; CaO: 5 bis 12; Na_2O: 12 bis 16; MgO: 0 bis 6; Al_2O_3: 0 bis 3.

15.1.2 Schmelzen und Formen

Die Rohstoffe müssen fein gekörnt und eisenoxidarm sein. Geringe Mengen (Spuren) Eisenoxid verleihen dem Glas eine grünliche Färbung. Die Stoffe werden im vorgeschriebenen Verhältnis zueinander gemischt, und das Gemenge wird in Schmelzwannen zusammen mit sortiertem Altglas geschmolzen.

Eine **Schmelzwanne** ist ein Bassin aus hoch feuerfestem Schamottematerial mit einem Fassungsvermögen von etwa 1000 Tonnen, das i. d. R. mit Erdgas beheizt wird. Die Schmelztemperatur beträgt etwa 1550 °C. Aus der Schmelzwanne wurde bei den früher üblichen Flachglas-Ziehverfahren (Fourcault- oder Libbey-Owens-Verfahren) die Glasschmelze als Endlosband herausgezogen. Nach dem Erkalten mussten die Scheiben zur Herstellung des verzerrungsfreien Spiegelglases geschliffen werden. Die chemische Umsetzung bei der Bildung des gewöhnlichen Silicatglases verläuft etwa folgendermaßen:

$$SiO_2 + Na_2CO_3 \rightarrow Na_2SiO_3 + CO_2 \uparrow$$
$$SiO_2 + Ca_2CO_3 \rightarrow Ca_2SiO_3 \quad + CO_2 \uparrow$$

Flachglas wird heute nur noch nach dem Floatverfahren (Abb. 15.1) hergestellt (**Floatglas**). Dabei wird die heiße Glasschmelze (Temperatur 1560 °C) auf die ebene Oberfläche von geschmolzenem Zinn gegossen und erhält dabei eine so gute Oberfläche, dass nachträgliches Schleifen und Polieren nicht mehr erforderlich sind. Dicke und Breite des über die Zinnoberfläche fließenden Glasbandes hängen von der einlaufenden Glasmenge, der Viskosität der Glasschmelze und der Bandgeschwindigkeit ab. Hinter dem Zinnbad befindet sich ein Kühlofen, in dem das Glas gleichmäßig und langsam abgekühlt wird, damit im Glas keine inneren Spannungen auftreten.

Bei der Herstellung von **Gussglas (Ornamentglas)** wird die zähe Glasschmelze zwischen einer oder mehreren hintereinander geschalteten Walzenpaaren geformt. Je nach der Oberflächenbeschaffenheit der Walzen kann Glas mit glatten und/oder ornamentierten Oberflächen hergestellt werden. Außerdem kann in die flüssige Glasmasse eine Drahteinlage eingewalzt werden.

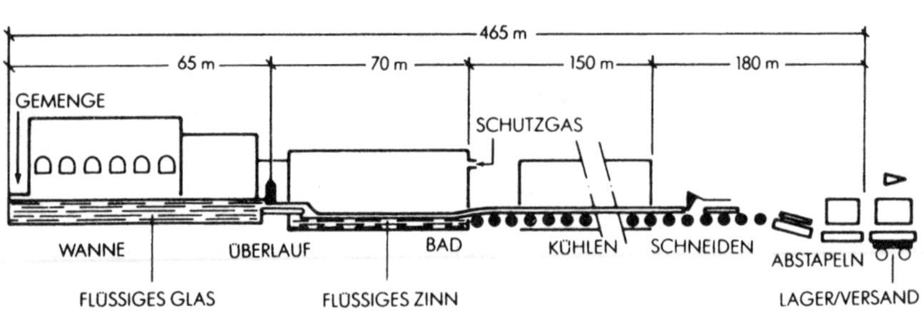

Abb. 15.1 Flachglasherstellung im Floatverfahren (Längsschnitt) [2]

15.1.3 Glasstruktur

Bei den beschriebenen Glas-Herstellungsverfahren erstarrt die Glasschmelze glasig-amorph (griech., gestaltlos), d. h. ohne Kristallbildung. Die Glasstruktur besteht daher aus einem unregelmäßigen Netzwerk aus SiO_4-Tetraedern (siehe auch Abschn. 3.1.1), in das beim Kalk-Natronglas Na- und Ca-Ionen eingelagert sind (sog. Netzwerkverzerrer). Wenn sich beim Erstarren kristalline Bereiche bilden, wird das Glas an diesen Stellen undurchsichtig und trüb (Entglasung). Glas hat keinen festen Schmelzpunkt. Beim Abkühlen wird es immer zäher, unterhalb des sog. **Transformationsbereiches** (520 bis 550 °C) ist es nicht mehr plastisch verformbar. Dazu sind Temperaturen von ca. 620 bis 650 °C erforderlich **(Erweichungsbereich)**.

Reines **Quarzglas**, das nur aus SiO_2, d. h. ohne die in Abschn. 15.1.1 genannten Zusätze hergestellt wird, schmilzt erst bei ca. 1750 °C und bleibt bis nahe 1000 °C gebrauchsfähig. Es ist UV-durchlässig und besitzt eine geringere Wärmedehnung als normales Kalk-Natronglas.

Wasserglas ist eine wässrige Lösung von Alkalisilikaten, die aus geschmolzenem Quarzpulver SiO_2 und Pottasche (K_2CO_3; Kaliwasserglas) oder Soda (Na_2CO_3; Natronwasserglas) gewonnen wird. Wasserglas wird als anorganisches Bindemittel verwendet, z. B. für Außenanstriche, säurefeste und/oder feuerfeste Kitte und Mörtel, als Injektionsmittel zur Abdichtung und Verfestigung von Sanden im Tief- und Wasserbau.

Glaskeramik ist ein undurchsichtiges, meist farbiges Glas, dem bei der Herstellung Kristallisationskeime zugegeben werden. **Emaille** ist ein niedrigschmelzendes Alkali-Borsäure-Glas, das in Form von Suspensionen (Emaille-Schlicker; Korngröße ca. 0,05 mm) und durch Brennen auf Oberflächen aufgebracht wird, z. B. als Korrosionsschutz von Stahl, Herstellung von Fliesen oder von sog. Überfangglas.

Die **Glasfarbe** kann durch Zugabe geringer Mengen von Metall-Ionen beeinflusst werden:
S + Fe braun; Fe blau-grün bzw. braun, gelb; Cu blau; Co blau, rosa, grün, Cr grün, gelb,
Cd + Cu + Ag rotes Rubinglas.

15.2 Eigenschaften und Arten von Flachglas

15.2.1 Allgemeine Eigenschaften DIN EN 572-1

Die allgemeinen Eigenschaften von Bauglas sind in Tafel 15.1 zusammengefasst. Kurzfristige Temperaturdifferenzen über die Scheibenfläche von ± 40 K gegenüber der normalen Raumtemperatur führen innerhalb der Scheibe zu keinen gefährlichen Spannungen und nicht zum Bruch. Der Abstand von Heizkörpern sollte jedoch mindestens 30 cm betragen, oder es muss bei kleineren Entfernungen (15 cm) ein Strahlenschutz aus ESG (siehe Abschn. 15.3.1) angebracht werden.

Das Bruchverhalten von Glas wird nach DIN EN 12 600 (Stoßprüfung) geprüft und beurteilt. Man unterscheidet folgende Bruchtypen:

- Typ A Zahlreiche Risse entstehen, es bilden sich viele einzelne z. T. große Bruchstücke mit scharfen Kanten; typisch für normal gekühltes Kalk-Natronglas.
- Typ B Zahlreiche Risse entstehen, aber die Bruchstücke werden zusammengehalten und zerfallen nicht; typisch für Verbundglas.
- Typ C Es findet ein Zerfall in eine große Anzahl von kleinen, relativ harmlosen Bruchstücken statt; typisch für thermisch vergespanntes Glas.

Tafel 15.1 Allgemeine Eigenschaften von Bauglas (Kalk-Natronglas) nach DIN EN 572-1 (1995-01) und DIN 1249-10

Eigenschaft		DIN 1249-10	DIN EN 572-1
Dichte ϱ (bei 18 °C) Härtegrad nach Mohs	kg/dm³ –	2,5 5-6	2,5 6
Elastizitätsmodul E Querdehnzahl ε	N/mm² –	73 000 0,23	70 000 0,2
Spezifische Wärmekapazität c Lineare Wärmedehnzahl α_T zwischen 20 und 300 °C	J/(kg · K) mm/(m · K)	800 $9 \cdot 10^{-3}$	720 $9 \cdot 10^{-3}$
Wärmeleitfähigkeit λ_R	W/(m · K)	0,8	1,0
Biegefestigkeit (Glas mit Drahteinlage) Druckfestigkeit Zugfestigkeit	N/mm² N/mm² N/mm²	45 (25) 700-900 30-90[2]	–[1] –[1] –[1]

[1] In der DIN EN 572-1 sind Festigkeitswerte nicht mehr angegeben. Auch nicht die für Berechnung der Glasdicke nach der *Bach*schen Plattenformel angegebenen Biegespannungen von 30 N/mm² für Floatglas, 50 N/mm² für ESG bzw. 20 N/mm² für Ornamentglas.

[2] Der große Schwankungsbereich von 30–90 N/mm² hängt mit mikroskopisch feinen Rissen und Kerben zusammen, die in allen normalen Gläsern beim Abkühlungsprozess entstehen.

15.2.2 Gartenbauglas DIN 11 525

a) **Gartenblankglas** ist ein fast farbloses, beiderseitig ebenes und feuerblankes Tafelglas mit freier Durchsicht; für Gartenbau und Landwirtschaft bestimmt. Es darf erhebliche Herstellungsfehler aufweisen, die seine Verwendung in Wohnungen ausschließen. Dicken in mm: 1,8 (ED), 2,8 (MD), 3,8 (DD); Breiten zwischen 30 und 73 cm; Längen zwischen 30 und 200 cm.

b) **Gartenklarglas** hat eine glatt gewalzte und eine durch Nörpelung lichtstreuende Oberfläche. Es ist ein Gussglas. Bläschen, Schlieren, Kratzer und Ungleichmäßigkeiten auf der Oberfläche oder im Kern sind zulässig; sie dürfen jedoch Festigkeit und Lichtdurchlässigkeit nicht verringern. Dicken: 3, 3,8 und 5 mm; Breiten zwischen 30 und 73 cm; Längen zwischen 120 und 200 cm.

15.2.3 Floatglas DIN EN 572-2

Floatglas (früher Spiegelglas nach DIN 1249-3) ist ein absolut planes, durchsichtiges klares oder gefärbtes Kalk-Natronglas, das als Basisglas zur Weiterverarbeitung zu Funktionsgläsern (Mehrscheiben-Isolierglas, Schallschutz-, Brandschutz- und Sicherheitsgläser) dient.

Liefermaße:

Breite:	3210 mm (nicht unter 3150 mm) ± 5 mm
Längen (in Ziehrichtung):	 ungeteilte Bänder 4500, 5100, 6000 mm ± 5 mm; geteilte Bänder 1000 bis 2550 mm ± 5 mm.
Dicken:	2, 3, 4, 5, 6, 8, 10, 12, 15, 19, 25 mm ± 0,2 mm (bei kleinen Dicken) bis ± 1,0 mm (bei den Dicken 19 und 25 mm).

Rechtwinkligkeit: Die geschnittene Scheibenfläche muss in ein um je 5 mm *größeres* Rechteck hineinpassen, und ein um je 5 mm *kleineres* Rechteck voll überdecken.

Qualitätsanforderungen:

Optische Fehler sind störende Verzerrungen, die sich beim Durchsehen durch die Scheibe bemerkbar machen. Man prüft dies gemäß Abb. 15.2 mit Hilfe eines Rasters und misst, bei welchem Winkel α keine störenden Verzerrungen mehr feststellbar sind. Dieser Winkel muss bei Floatglas bei Glasdicken ≥ 3 mm im mittleren Scheibenbereich ≥ 50° und in den Randbereichen ≥ 45° sein.

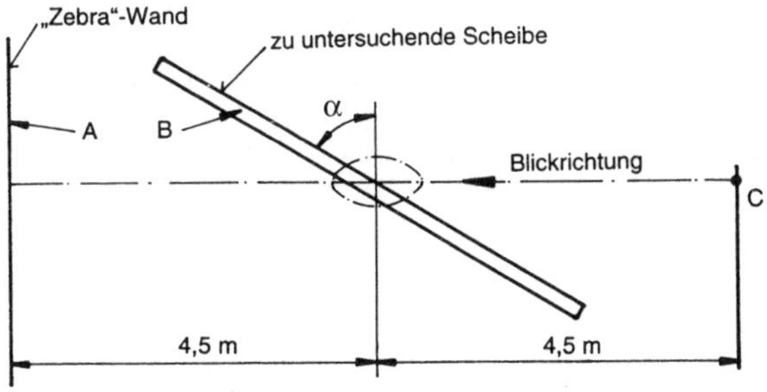

A = Raster mit weißen und schwarzen Streifen („Zebra")
B = Um eine vertikale Achse drehbare Scheibe
C = Beobachter

Abb. 15.2
Bestimmung des optischen Fehlers von Floatglas („Zebra"-Test nach DIN EN 572-2); Draufsicht

Sichtbare Fehler sind punktförmige oder längliche Störungen im Glas, wie z. B. Blasen, Knötchen, Steinchen, Schlieren oder Ziehstreifen. Sie werden mit einer Lupe ausgemessen und ausgezählt und dürfen je nach ihrer Größe bestimmte Grenzwerte nicht überschreiten: Störungen ≤ 0,5 mm sind zulässig, ≥ 3 mm nicht mehr.

Bezeichnung einer geschnittenen Floatglasscheibe (Beispiel):
Floatglas, klar, 3 mm, 6000 mm × 3210 mm, DIN EN 572-2

15.2.4 Poliertes Drahtglas DIN EN 572-3

Planes, durchsichtiges, klares Kalk-Natronglas mit parallelen Oberflächen, das durch Schleifen und Polieren aus Drahtornamentglas (siehe Abschn. 15.2.7) hergestellt wird.

Liefermaße:

Breiten: 1980 bis 2540 mm ± 4 mm
Längen: 1650 bis 3820 mm ± 4 mm
Dicken: 6 mm (+1,4 mm; – 0 mm) und 10 mm ± 0,9 mm
Rechtwinkligkeit: entsprechend Floatglas
Drahtnetz: quadratische Maschen, Maschenweite ca. 12,5 mm, Drahtdurchmesser ≥ 0,42 mm.

Qualitätsanforderungen:

Optische Fehler: Beim Betrachten einer Reihe von Leuchtstoffröhren durch das Drahtglas dürfen keine störenden Verzerrungen feststellbar sein.

Sichtbare Fehler: Ähnlich Floatglas. Fehler im Drahtnetz sind Nichtparallelität zu den Scheibenkanten sowie Welligkeit und Bögen in den Drähten. Die Abweichungen müssen ≤ 15 mm je Meter sein.

15.2.5 Gezogenes Flachglas DIN EN 572-4

Früher Fensterglas; planes, durchsichtiges, klares oder gefärbtes Kalk-Natronglas, im Ziehverfahren hergestellt, beidseitig feuerpolierte Oberfläche.

Liefermaße:

Breiten:	2440 bis 2880 mm ± 5 mm
Längen:	1600 bis 2160 mm ± 5 mm
Dicken:	2, 3, 4, 5, 6, 8, 10, 12 mm ± 0,2 bis 0,6 mm
Rechtwinkligkeit:	entsprechend Floatglas.

Qualitätsanforderungen:

Optische Fehler:	Beim Betrachten eines Rasters aus waagerechten und senkrechten Linien durch die Scheibe dürfen bei einem Winkel unter 45° keine störenden Verzerrungen auftreten (siehe Abb. 15.3).
Sichtbare Fehler:	Wird nach Anzahl und Art der Fehler in 2 Klassen eingeteilt.

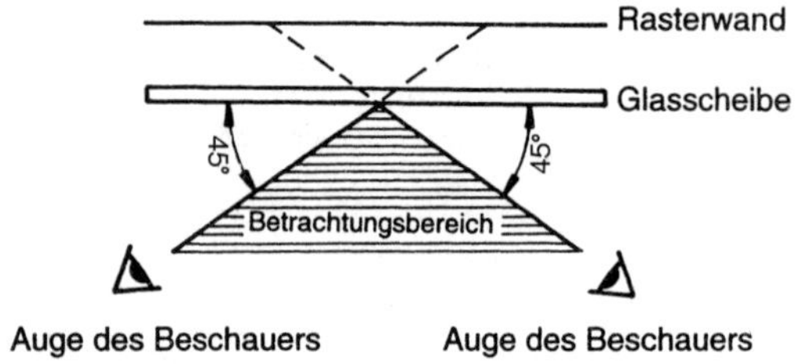

Abb. 15.3 Bestimmung des optischen Fehlers von gezogenem Flachglas (Fensterglas)

15.2.6 Ornamentglas DIN EN 572-5

Früher Gussglas nach DIN 1249-4, Herstellung siehe Abschn. 15.1.2; planes, durchscheinendes, auch gefärbtes Kalk-Natronglas, eine oder beide Oberflächen ornamentiert (siehe Abb. 15.4). Anwendung für Fenster, Türen, Trennwände usw., auch als Einscheiben-Sicherheitsglas, Isolierglas und Verbundsicherheitsglas hergestellt.

Liefermaße:

Breiten:	1260 bis 2520 mm
Längen:	2100 bis 4500 mm
Toleranzen bei beiden:	± 3 mm bei Dicken von 3 bis 6 mm bzw. ± 4 mm bei den Dicken 8 und 10 mm
Dicken:	3, 4, 5, 6, 8, 10 mm ± 0,5 bis 1,0 mm
Rechtwinkligkeit:	entsprechend Floatglas.

Qualitätsanforderungen:

Optische Fehler:	keine Anforderungen
Sichtbare Fehler:	ähnlich Floatglas; außerdem: das Muster darf keine zu großen Abweichungen aufweisen.

15.2.7 Drahtornamentglas DIN EN 572-6

Früher Gussglas mit Drahteinlage, bei der Herstellung (siehe Abschn. 15.1.2) wird ein an den Kreuzungspunkten verschweißtes Drahtnetz eingelegt (Maschenweite ca. 12,5 bis 25 mm, Draht∅ ≥ 0,42 mm); glatte oder ornamentierte Oberfläche. Anwendung: Brüstungen und Geländer (siehe TRAV unter Normen), Trennwände, Brandschutzverglasungen bis G 60 (siehe Abschn. 15.5.2). Bruchverhalten Typ B (siehe Abschn. 15.2.1).

Liefermaße:

Breiten:	1500 bis 2520 mm ± 4 mm
Längen:	1380 bis 4500 mm ± 4 mm
Dicken:	6, 7, 8, 9 mm ± 0,6 bis 1,5 mm
Rechtwinkligkeit:	entsprechend Floatglas
Drahtnetz:	Maschenweite ca. 12,5 oder 25 mm; Drahtdurchmesser ≥ 0,42 mm

Qualitätsanforderungen:

Optische Fehler:	keine Anforderungen
Sichtbare Fehler:	ähnlich Float- und Ornamentglas, außerdem Abweichung der Drähte von ≤ 15 mm.

15.2.8 Profilbauglas DIN EN 572-7

U-förmig abgewinkeltes Kalk-Natronglas, mit oder ohne Drahtnetz, klar oder gefärbt, auch durchscheinend, auch mit ornamentierten Oberflächen, früher Profilglas nach DIN 1249-5.

Liefermaße:

Breiten:	232 bis 498 mm ± 2,0 mm
Längen:	Vielfache von 250 mm bis max. 7000 mm ± 3 mm
Flanschhöhe:	41 bzw. 60 mm ± 1 mm
Dicken:	6 und 7 mm ± 0,2 mm
Rechtwinkligkeit des Schnitts:	≤ 3 mm
Abweichung der Flansche:	≤ 1 mm
Drahtabstand:	Abweichung vom Sollmaß ± 6 mm
Drahtdurchmesser:	0,3 bis 0,7 mm.

Qualitätsanforderungen:

Optische Fehler:	keine Anforderungen
Sichtbare Fehler:	ähnlich Float- und Ornamentglas.

15.2.9 Borosilicatglas DIN EN 1748-1

Durchsichtiges, klares oder eingefärbtes Flachglas mit 7 bis 15 % Boroxid. Herstellung als Floatglas oder gezogen, gewalzt bzw. gegossen (dann nicht klar). Besitzt hohe Temperaturwechselbeständigkeit sowie hydrolytische und Säure-Beständigkeit.

Liefermaße:

Breiten:	500 bis 2 300 mm
Längen:	500 bis 3 300 mm
Dicken:	3 bis 15 mm, Grenzabmaße – 0,4/+0,5 bis – 0,9/+1,0 mm

Kathedralglas

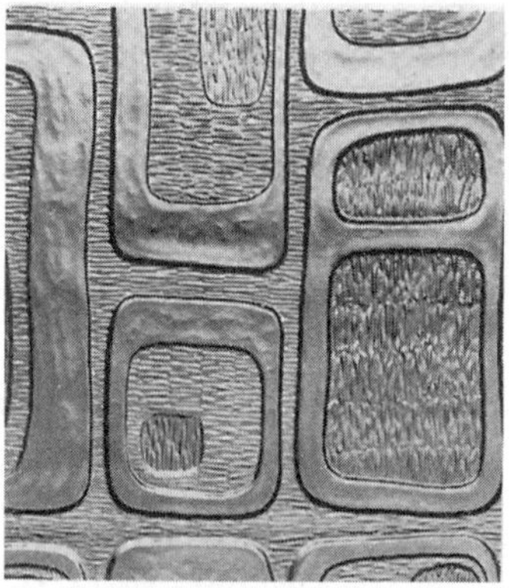

Ornamentglas

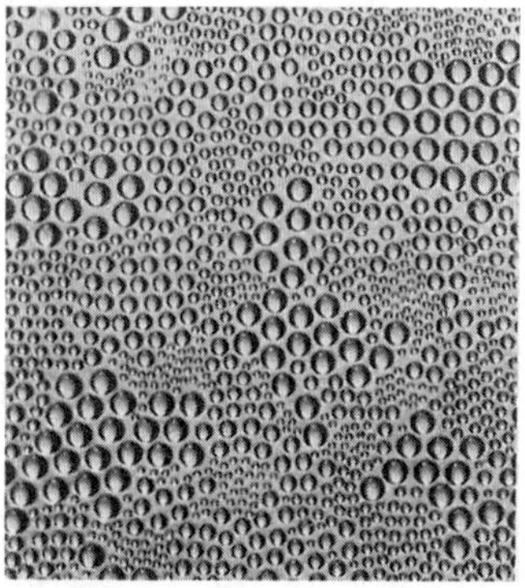

Ornamentglas

Ornamentglas

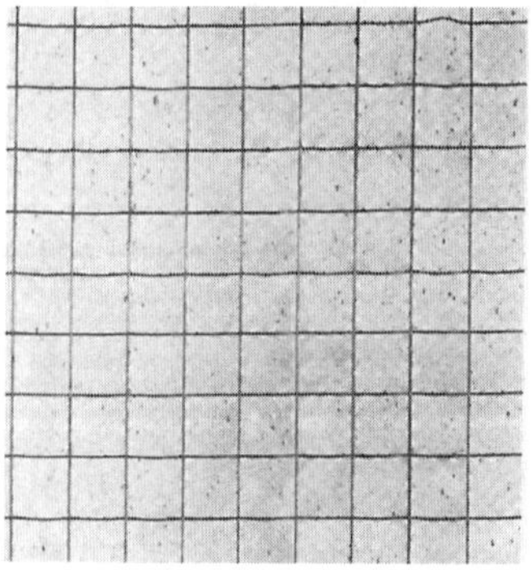

Drahtglas, beidseitig glatt

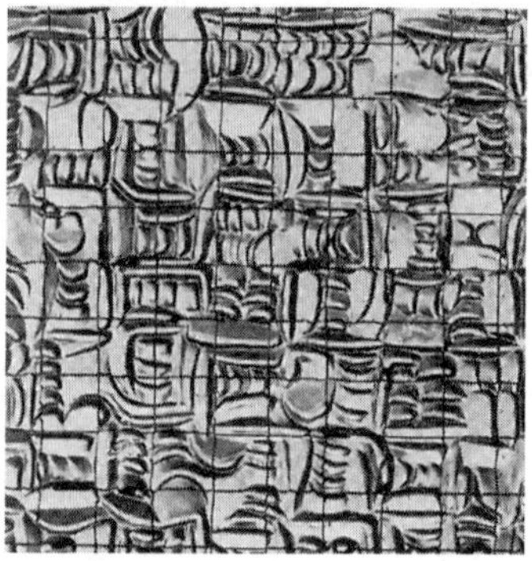

Drahtornamentglas

Abb. 15.4 Beispiele für Oberflächenstrukturen von Ornament- und Drahtglas (Gussglas)

15.3 Sicherheitsgläser

15.3.1 Einscheiben-Sicherheitsglas ESG

a) **Normales Einscheiben-Sicherheitsglas ESG** (DIN EN 1863-1) ist ein thermisch vorgespanntes Flachglas. Das einbaufertige Glas (es kann später nicht mehr geschnitten werden!) wird bis ca. 600 °C erhitzt und auf beiden Seiten mit kalter Luft abgeblasen. Die Oberflächen erhalten dadurch eine Druckvorspannung, die bei Biegebeanspruchung erst überwunden werden muss. ESG ist widerstandsfähiger gegen Temperaturerhöhung (kurzfristig bis 300 °C) und Temperaturdifferenzen (bis 150 K) sowie gegen Schlag, Stoß und Biegebeanspruchung (bis 120 N/mm^2, zulässiger Rechenwert 50 N/mm^2). Bei Zerstörung (Verletzung der Oberflächenspannung) zerkrümelt es schlagartig (Bruchverhalten Typ C; siehe Abschn. 15.2.1). Hauptanwendungsgebiete sind z. B.: Treppengeländerausfachungen, Balkonbrüstungen, Glasinnentüren (auch eingefärbt oder emaille-beschichtet), ballwurfsichere Turnhallenverglasungen, Lärmschutzwände an Straßen, Ausgangsmaterial für Isolier- und Verbundsicherheitsgläser.

b) **Heißgelagertes Einscheiben-Sicherheitsglas ESG-H** wird aus ESG durch vierstündige Heißlagerung bei 280 bis 320 °C (sog. Soak-Test) hergestellt, wodurch die Gefahr von Spontanbrüchen verringert wird. ESG-H ist für Ganzglasfassaden vorgeschrieben.

c) **Teilvorgespanntes Glas TVG,** auch als thermisch verfestigtes Glas bezeichnet, wird verhaltener mit Luft abgeblasen als das normale ESG. Die Eigenschaften liegen zwischen normalem Floatglas und ESG. Wird z. B. für Trennwände und für die Herstellung von Verbundsicherheitsglas und begehbarem Glas verwendet.

15.3.2 Verbundsicherheitsglas VSG, Verbundglas VG

DIN EN ISO 12 543

VSG besteht aus zwei Glasscheiben (Floatglas, gezogenes Glas, Ornamentglas, ESG, TVG), die mit hochelastischen Polyvinylbutyral (PVB)-Folien (Dicke 0,38 bis 0,76 mm) unter Druck und Hitze miteinander verbunden werden. Dabei können Heiz- oder Alarmdrähte eingelegt werden. Bei VG werden anstelle der PVB-Folien Gießharz oder spezielle Schallschutzfolien verwendet. Bei Stoß, Schlag oder Beschuss bricht das Glas zwar an, wird aber durch die zähplastische Folie zusammengehalten (Bruchverhalten Typ B; siehe Abschn. 15.2.1).

Je nach Angriffsart unterscheidet man durchwurf-, durchbruch-, durchschuss- und sprengwirkungshemmende VSG-Verglasungen. Gesamtdicke von zweischaligen VSG-Verglasungen zwischen 21 und 52 mm, Einzelscheibendicke 10 bis 40 mm. Durchschusshemmende Verglasungen (sog. Panzerglas) hat Dicken von 10 bis 70 mm (einschalig) bzw. 10 bis 50 mm (zweischalig). Sprengwirkungshemmende VSG-Verglasungen haben Dicken von 10 bis 30 mm, Bankenglas einschalig 24 mm, zweischalig (außen / SZR/innen), z. B. 13/10/10,5 oder 24/10/6 mm.

15.4 Isoliergläser

15.4.1 Allgemeines

Isoliergläser dienen dem Wärme-, Sonnen- und Schallschutz. Es sind Verglasungseinheiten aus zwei oder mehreren Scheiben, heute i. d. R. aus Float- oder Ornamentglas. Zwischen den Scheiben befindet sich ein Scheibenzwischenraum (SZR) , der mit entfeuchteter Luft oder mit Gas gefüllt ist. Die Scheiben sind verbunden mit am äußeren Rand umlaufenden Abstandhaltern, i. d. R. aus Aluminium oder verzinktem Stahl, aber auch aus Edelstahl oder Kunststoff. Sie sind hohl und perforiert. Im Hohlraum befindet sich ein hochaktiver Trockenstoff aus Zeolith (Silikat, dessen weitmaschiges Kristallgitter die Feuchtigkeit absorbiert). Er verhindert, dass sich im SZR oberhalb einer Temperatur von – 60 °C (Taupunkttemperatur) Kondenswasser bildet. Der Abstandhalter ist mit den Scheiben doppelt verklebt (sog. Doppelter Randverbund; siehe Abb. 15.5) und schützt den SZR vor dem Eindringen der Luftfeuchtigkeit. Die heute üblichen Isoliergläser sind meistens so aufgebaut, dass sie die Aufgaben des Wärme-, Sonnen- und Schallschutzes zugleich erfüllen und u. U. auch die Funktion eines Sicherheitsglases besitzen.

15.4.2 Wärme- und Sonnenschutzgläser

Der **Aufbau** der Wärme- und Sonnenschutzgläser bestand früher aus zwei unbeschichteten Glasscheiben (Dicke 4, 5 oder 6 mm) und einem SZR von 12 mm, der mit entfeuchteter Luft gefüllt war. Der Wärmedurchgangskoeffizient *U* (siehe Abschn.12.2.5) betrug 3,0 W/(K · m^2), die Lichtdurchlässigkeit ≈ 80 %. Heute werden beschichtete Isoliergläser verwendet, sog. Warmgläser, die wie folgt aufgebaut sind: Scheibendicken 4 oder 6 mm; SZR 12 bis 16 mm; Gasfüllung Luft, Argon oder Krypton (siehe Abb. 15.7). Die Beschichtung befindet sich im Inneren des SZR, zum Wärmeschutz auf der Innenscheibe, zum Sonnenschutz auf der Außenscheibe. Es können auch beide Scheiben beschichtet sein. Die Beschichtung besteht aus Edelmetall, i. d. R. aus Silber, Dicke ca. 10 nm (nm = Nanometer = 10^{-9} m).

Der **Wärmedurchgangkoeffizient** *U* in W/(K · m^2) beträgt bei Wärmeschutzgläsern ca. 0,5 bis 1,0 bzw. bei Sonnenschutzgläsern ca.1,0 bis 1,6, der Gesamtenergiedurchgang in % entsprechend ca. 50 bis 65 bzw. 25 bis 40, die Lichtdurchlässigkeit in % ca. 70 bis 80 bzw. 55 bis 65. Der **Wärmefluss** eines beschichteten Zweischeiben-Isolierglases setzt sich aus Wärmestrahlung und Wärmeleitung zusammen. Durch die Beschichtung wird die Wärmestrahlung einer Scheibe fast bis auf null herabgesetzt (siehe Abb. 15.7) und dadurch der Wärmedurchgangskoeffizient *U* verringert. Der **Sonnenenergiedurchgang** durch ein beschichtetes Wärmeschutzglas setzt sich aus Transmission, Reflexion und Absorption zusammen. Der Strahlungsanteil, der vom Glas durch Absorption aufgenommen wird, geht als sekundäre Wärmestrahlung nach beiden Seiten wieder ab (siehe Abb. 15.8).

Sonnenschutz kann auch durch **Faserschichtgläser** erreicht werden. Sie bestehen aus mindestens zwei Scheiben aus klarem oder eingefärbtem Floatglas, Drahtornamentglas oder auch aus ESG, VSG oder VG. Zwischen den Scheiben liegt ein Glasseiden-Gespinst oder -Vlies und/oder eine Glaskapillarplatte, die zusätzlich die Wärmedämmung erhöht. Die Scheiben sind durchscheinend, aber undurchsichtig.

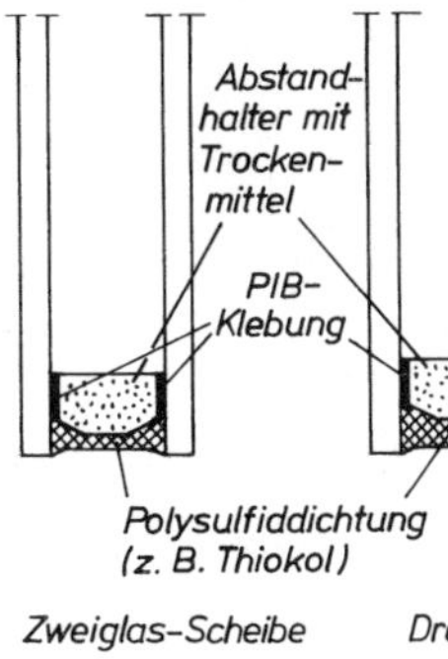

Abb. 15.5 Randverbund von Isolierglasscheiben [2]
(PIB Polyisobutylen-Kleber; anstelle Dichtung aus Polysulfid wird auch Polyurethan oder Silikon verwendet)

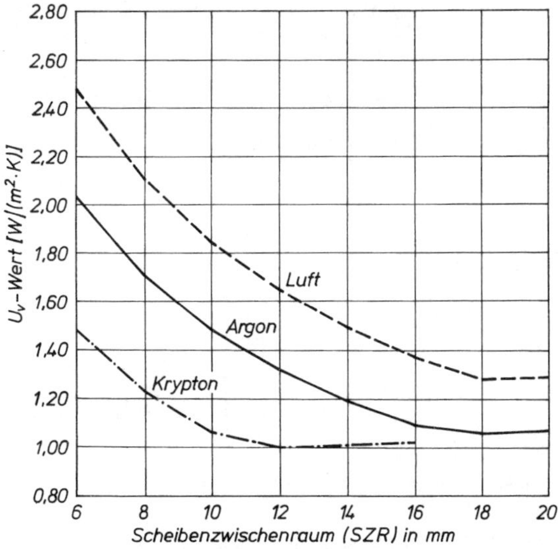

Abb. 15.6 U_v-Wert von beschichtetem Zweischeiben-Isolierglas; Gasfüllgrad 90 %, Silberbeschichtung nach [16]
(U_v Wärmedurchgangskoeffizient U der Verglasung, neue Bezeichnung U_g)

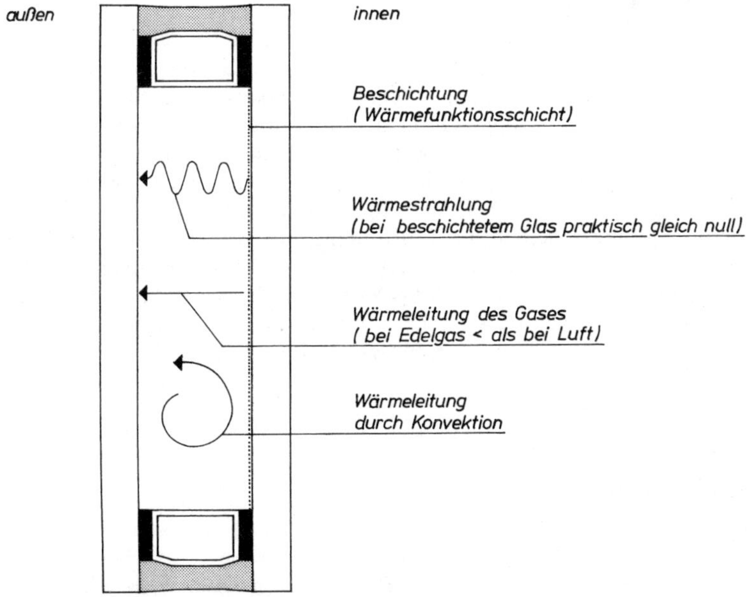

Abb. 15.7 Aufbau und Wärmefluss von beschichtetem Zweischeiben-Isolierglas nach [16]

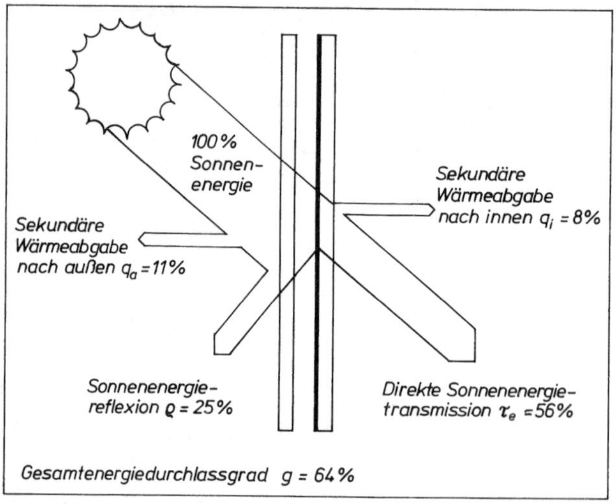

Abb. 15.8 Sonnenenergiedurchgang durch ein beschichtetes Wärmeschutzglas (Beispiel) nach [16] (Die sekundäre Wärmeabgabe ist die Wärmestrahlung der durch Absorption erwärmten Scheibe; s. a. Abb. 15.7)

15.4.3 Schallschutzgläser

Auch Schallschutzgläser werden wegen des geforderten Wärme- und Sonnenschutzes als beschichtete Zweischeiben-Isoliergläser hergestellt. Wegen des Schallschutzes haben sie jedoch einen asymmetrischen Aufbau, d. h. ungleich dicke Außen- und Innenscheiben, einen größeren SZR bis zu 24 mm und im SZR stets eine Gasfüllung aus Argon, Krypton oder Mischgas. Das Gas Schwefelhexafluorid SF_6 wird aus Umweltschutzgründen nicht mehr angewendet. Die Scheiben sind aus ESG, VSG, VG mit Gießharz oder VG mit spezieller Schallschutzfolie. Normale Zweiglasscheiben mit Luftfüllung, gleich dicken Scheiben und dem üblichem SZR von 12 mm haben R_w-Werte von nur 36 bis 37 dB. Die heutigen Schallschutzgläser erreichen dagegen R_w-Werte von ca. 40 bis 55 dB. Für die Schalldämmung einer Fensterkonstruktion spielen auch Aufbau und Material des Rahmens sowie die Dichtheit der Fensterfugen und des Baukörperanschlusses eine wesentliche Rolle.

15.5 Brandschutzgläser

Normen

DIN 4102-13	(1990-05)	Brandverhalten von Baustoffen und Bauteilen; Brandschutzverglasungen
DIN EN 357	(2000-12)	Glas im Bauwesen; Brandschutzverglasungen; Klassifizierung des Feuerwiderstandes

Brandschutzgläser sind Teil von Brandschutzverglasungen, zu denen auch der Rahmen sowie die Befestigungsmittel und Dichtungen gehören. Einschließlich der Wand, in die eine Brandschutzverglasung eingebaut wird, erhält die Gesamtkonstruktion vom DIBt Berlin eine Allgemeine bauaufsichtliche Zulassung.

15.5.1 Brandschutzgläser der F-Klassen (F-Gläser)

F-Gläser müssen die gleichen Anforderungen wie die entsprechenden massiven Baueile erfüllen, d. h., den Durchtritt von Flammen und Brandgasen verhindern (s.a. Abschn. 12.5.3). Beim Brandversuch darf sich ein hinter die Verglasung geführter Wattebauch nicht selbst entzünden und es dürfen dort keine Flammen auftreten. Außerdem darf auf der dem Feuer abgewandten Scheibenseite die Temperatur im Mittel um nicht mehr als 140 K, im Maximum um nicht mehr als 180 K ansteigen. Je nach der Feuerwiderstandsdauer erfolgt die Einordnung in die Klassen F 30, F 60, F 90 und F 120 (s. a. Tafel 12.18).

Als Gläser werden speziell vorgespannte Brandschutz-Doppelgläser (SZR 12 bis 50 mm) mit einer transparenten Gelfüllung oder mehrscheibige Verbundgläser (VG) mit Brandschutz-Zwischenschichten verwendet. Die im Kalten transparente Gelfüllung schäumt bei Hitzeeinwirkung auf und wirkt als Wärmeisolierung , die Brandschutz-Zwischenschichten schäumen nach dem Zerspringen der dem Brand zugewandten Scheibe auf und verbrauchen dabei Wärmeenergie.

15.5.2 Brandschutzgläser der G-Klassen (G-Gläser)

G-Gläser verhindern zwar den Durchtritt von Flammen und Brandgasen, nicht aber der Brandhitze. Dadurch besteht die Gefahr, dass sich Möbel, Textilien oder Holzverkleidungen, die sich hinter der Verglasung befinden, entzünden und der Bereich sich daher nicht als Fluchtweg eignet. Als Gläser werden speziell vorgespannte VSG-Scheiben, vorgespannte Borosilicatgläser und mehrscheibige Verbundgläser (VG) mit Brandschutz-Zwischenschichten (s.o.) verwendet. Die Klassifizierungen lauten wie bei den F-Gläsern G 30, G 60, G 90 und G 120. Drahtornamentglas ist bis zur Klasse G 60, Glassteinwände sind bis zur Klasse G 120 und Glaskeramik sogar bis G 180 bauaufsichtlich zugelassen.

15.6 Pressglas

Normen

DIN 4242	(1979-01)	Glasbaustein-Wände; Ausführung und Bemessung
DIN EN 1501-1	(2003-04)	Glassteine und Betongläser
DIN EN 12 725	(E 1997-04)	Glas im Bauwesen; Wände mit Glassteinen

15.6.1 Glasbausteine

Man unterscheidet **Glas-Hohlsteine** und **Glas-Vollsteine**. Sie werden im Press- oder im Blasverfahren hergestellt. Sie haben eine Lichtdurchlässigkeit von etwa 80 %, sind aber nicht klar durchsichtig.

Vollständig geschlossene Hohlsteine verwendet man, wenn man in einen Raum Licht hereinlassen, aber einen Wärmedurchgang möglichst vermeiden will, z. B. in Kühlräumen. Der Hohlraum im Glasbaustein wirkt wärme- und schalldämmend. Man unterscheidet grundsätzlich zwei Arten von Glas-Hohlsteinen: die auf dem Halbautomaten geblasenen (sie zeigen meist an der Schmalseite eine Öffnung, die vom Einblasen herrührt) und die durch Zusammenschmelzen zweier gepresster Hälften gewonnenen. Zusammengeschmolzen wird zu einem

Zeitpunkt, an dem die gepressten Hälften noch rotwarm sind; infolgedessen entsteht beim Abkühlen des Steins ein stark luftverdünnter, daher besonders stark wärmedämmender und schalldämmender Hohlraum. Die Schmalseiten sind profiliert, um eine bessere Verbindung mit dem Mörtel zu erreichen. Der Mörtel darf nicht zu weich sein, weil Glasbausteine kein Wasser aufnehmen. Als Verglasung in feuerbeständigen Bauteilen bis Klasse G 120 zugelassen.

Glasdachsteine aus Pressglas dienen der Belichtung unausgebauter Dachräume und werden einzeln oder zu mehreren nebeneinander wie Dachziegel verlegt.

15.6.2 Betongläser

Betongläser sind Glaskörper, die in einem Stück oder aus zwei durch Verschmelzen fest verbundenen Teilen hergestellt sind. Sie dienen zur Herstellung von Bauteilen aus Glasstahlbeton nach DIN 1045. Die runden (∅ = 117 mm) oder quadratischen (Kantenlänge 117 bis 220 mm) durchscheinenden Betongläser, die als Vollgläser, meist jedoch als allseitig geschlossene oder einseitig offene Hohlgläser ausgebildet sind, werden in tragende Stahlbetonrippendecken eingelegt (zulässige Verkehrslast max. 5 kN/m^2; nur für *nicht* befahrene Decken!) und dienen z. B. als Oberlicht (siehe Abb. 15.9).

15.6.3 Glasfliesen

Glasfliesen sind Flachglasstücke bestimmter Form und Größe aus in der Masse gefärbtem, meist getrübtem Glas. Die Ansichtsfläche ist im Allgemeinen feuerpoliert glatt, feuerpoliert gemustert oder nachträglich bearbeitet (z. B. geschliffen und poliert, mattiert). Sie werden als hygienischer Wandbelag für Lebensmittelbetriebe und sanitäre Räume in weiß und verschiedenen Farben verwendet. Die Plattengröße ist unterschiedlich, z. B. 20 cm × 30 cm, 15 cm × 30 cm, 15 cm × 20 cm und 15 cm × 15 cm.

15.7 Glasfasern

Normen

DIN 61 850	(1976-05)	Textilglas und Verarbeitungshilfsmittel; Begriffe
DIN EN 12 654	(1998-12)	Textilglas-Garne; Teil 1: Bezeichnung; Teil 2 u. 3: Prüfverfahren und allgemeine Anforderungen

a) **Herstellung:** Feine Glasfäden werden im Düsenziehverfahren aus einer Platinwanne ausgezogen (Durchmesser bis 2 µm), dann zusammengefasst und aufgespult. Andere Verfahren benutzen den Gasstrom von Dampf- und Verbrennungsgasen, um die Glasschmelze zu dünnen Fäden auszuziehen (TEL-Verfahren bzw. TOR-Verfahren; siehe Abb. 15.10). Die Fasern haben hierbei Durchmesser von 5 bis 30 µm. Textilglasfasern werden zu Garnen, Glaswolle als kurze Faser zu Dämmplatten oder -matten weiterverarbeitet.

b) **Textilglas** (DIN 61 850 und DIN EN 12 654) wird verwendet in folgenden Formen:

- Roving (Schnüre) für Einlagen in glasfaserverstärkten Kunststoffen (GFK)
- Gewebe oder Matten für Einlagen in GFK, Dekorationsstoffen, Tapeten
- Vlies für Einlagen in Dichtungsbahnen oder für Zwischenschichten.

c) **Glaswolle** besteht aus verfilzten Glasfasern, sie wird wegen ihres hohen Luftanteils im verarbeiteten Zustand als Wärme- und Schalldämmstoff in folgenden Formen verwendet:

- Lose Glaswolle
- Glaswollmatten versteppt auf Wellpappe oder Drahtgeflecht (mit Drahtgarn Baustoffklasse A 1)
- Glasfilzmatten mit Bitumenpapier oder Alu-Folie kaschiert, in Rollen 1,0 bis 1,2 m breit
- Glasfilzplatten mit Kunstharz zu weichen bis steifen Platten verarbeitet
- Glasfaserschalen als Ummantelung von Rohren, geschlitzt
- Glasfaserzöpfe zur Dämmung von Fugen und Umwicklung von gekrümmten Rohren
- Glasvliese als Einlagen von Dichtungsbahnen und Dachbahnen.

15.8 Schaumglas DIN 18 174 (1981-01)

a) **Herstellung:** Glas besonderer Zusammensetzung (Aluminium-Silicat) wird zu Pulver gemahlen, mit Kohlenstoffpulver versetzt und in Formen auf ca. 1 000 °C erhitzt. Der Kohlenstoff oxidiert und bildet in der Schmelze kleine Gasblasen, die eine *geschlossene* Zellstruktur ohne Kapillarverbindung bilden. Schaumglas besteht zu etwa 92 % aus Poren, nur 8 % sind Glas. Die langsam abgekühlten Blöcke werden zu Platten geschnitten. Die dunkle Farbe von Schaumglas beruht auf überschüssigem Kohlenstoff.

b) **Eigenschaften:** Chemikalienbeständig; anwendbar von –260 bis + 430 °C; unbrennbar (Baustoffklasse A1); frostbeständig und feuchtigkeitsbeständig, da durch die geschlossene Zellstruktur keine Dampfdiffusion stattfindet. Weitere Eigenschaften siehe Tafel 15.2. Handelsnamen: Foamglas®-Glas, Coriglas®.

Tafel 15.2 Technische Daten Foamglas®-Platten und -Boards (Übersicht, nach www.foamglas.de)

Rohdichte	100 - 155 kg/m³
Rechenwert der Wärmeleitfähigkeit, nach DIN 4108	0,040 - 0,050 W/(m · K)
Anwendungstyp nach DIN 18 174 (siehe Tafel 12.14)	WDS, WDH
Druckfestigkeit (Werkstandard), DIN 53 421 (stauchungsfrei)	0,70 - 1,70 N/mm²
Nennwert der Kurzzeit-Druckfestigkeit fremdgütegesichert	0,50 - 1,20 N/mm²
Wärmeausdehnungskoeffizient	$8{,}5 \cdot 10^{-6}\ K^{-1}$
Wasserdampfdiffusionswiderstand	$\mu = \infty$ (praktisch diffusionsdicht)
Wärmespeicherkapazität	0,84 kJ/(kg · K)

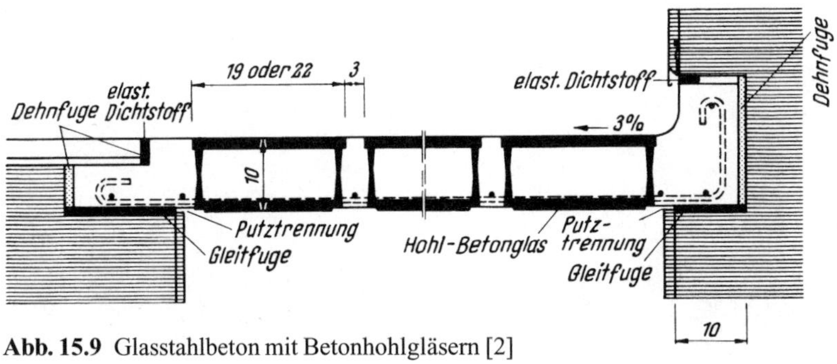

Abb. 15.9 Glasstahlbeton mit Betonhohlgläsern [2]

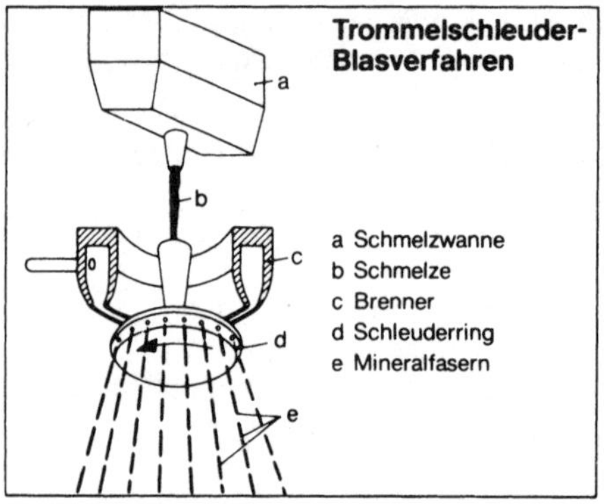

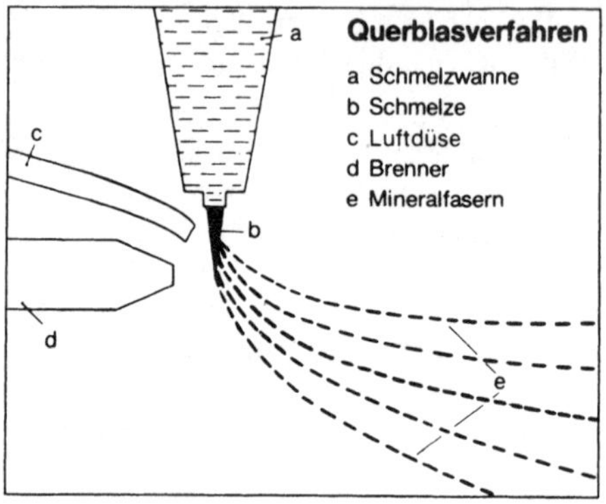

Abb. 15.10 Glasfaserherstellung (schematisch) [2]
links: TEL-Verfahren rechts: TOR-Verfahren

15.9 Fragen und Aufgaben zu Glas

1) Beschreiben Sie Zusammensetzung, Herstellung und Struktur von Flachglas!
2) Weshalb besitzt Glas trotz seiner hohen Druckfestigkeit nur eine geringe Bruchfestigkeit?
3) Erläutern Sie die Begriffe Transformations- und Erweichungsbereich!
4) Beschreiben Sie die verschiedenen Flachglasarten und ihre Qualitätsanforderungen!
5) Welche Aufgabe hat die Drahteinlage im Drahtglas?
6) Beschreiben Sie Aufbau, Wirkungsweise und Anwendungsgebiete von Sicherheitsgläsern!
7) Von Isoliergläsern!
8) Von Brandschutzgläsern!
9) Wodurch kann man bei Mehrschichtgläsern die Wärmeschutz- und Sonnenschutzwirkung erhöhen?
10) Durch welche Maßnahmen erreiche ich bei Mehrschichtgläsern die Verbesserung des Schallschutzes?
11) Welche weiteren Arten von Glas gibt es? Nennen Sie ihre Einsatzgebiete!
12) Wie kommt der Unterdruck in Glashohlsteinen zustande und welchen Vorteil hat er?
13) Wie wirken Glasfasereinlagen in Kunststoff- und Porengipsplatten?
14) Welches ist der besondere Vorteil von Schaumglas als Dämmstoff?

16 Vorschriften zur Verwendung von Baustoffen

16.1 Allgemeines

In den vorangegangenen Abschnitten sind die Eigenschaften und Verwendungsmöglichkeiten der im Bauwesen verwendeten Werkstoffe, der Baustoffe, beschrieben worden. Baustoffe und Bauverfahren müssen den anerkannten Regeln der Technik entsprechen. Das sind vor allem Normen, aber auch verbindlich eingeführte Richtlinien oder besondere technische Regeln. Bei erheblichen Abweichungen hiervon kann die Verwendbarkeit eines Baustoffs auch durch eine Allgemeine bauaufsichtliche Zulassung oder gegebenenfalls durch ein Allgemeines bauaufsichtliches Prüfzeugnis erbracht werden (sog. Verwendbarkeitsnachweis). Auf jeden Fall muss der Hersteller den Nachweis der Übereinstimmung seines Produktes mit den zugrunde liegenden technischen Regeln führen (sog. Übereinstimmungsnachweis). Zu den verschiedenen Arten von Verwendbarkeits- und Übereinstimmungsnachweisen siehe Abschn. 16.4.

Im Rahmen der Europäischen Union (EU) werden Normen und andere technische Bestimmungen europäisiert. Im Folgenden werden die heute gültigen Regelwerke für Baustoffe beschrieben.

16.2 Bauprodukte

Baustoffe werden in den heute gültigen Vorschriften zu den Bauprodukten gezählt.

Nach § 2 Abs. 9 der Musterbauordnung (MBO), Fassung Nov. 2002, sind Bauprodukte

- Baustoffe, Bauteile und Anlagen, die hergestellt werden, um dauerhaft in bauliche Anlagen eingebaut zu werden, sowie
- aus Baustoffen und Bauteilen vorgefertigte Anlagen, die hergestellt werden, um mit dem Erdboden verbunden zu werden, wie Fertighäuser, Fertiggaragen und Silos.

Nach Artikel 1 Absatz 2 der Bauproduktenrichtlinie (BPR)[1)] ist unter Bauprodukt jedes Produkt zu verstehen, das hergestellt wird, um dauerhaft in Bauwerke des Hoch- und Tiefbaus eingebaut zu werden. Dazu gehören auch Anlagen und Einrichtungen (und ihre Teile) für Heizung, Lüftung, Klima, sanitäre Zwecke, elektrische Versorgung und Lagerung umweltgefährdender Stoffe.

Die Musterbauordnung (MBO) und die Bauproduktenrichtlinie (BPR) beziehen sich auf solche Baustoffe und Bauteile, die Bedeutung haben für die Erfüllung der an Bauwerke gestellten *wesentlichen* Anforderungen. Dies sind gemäß Art. 3 Abs. 1 und Anhang 1 der BPR:

- mechanische Festigkeit und Standsicherheit von Gebäuden,
- Brandschutz,
- Hygiene, Gesundheit und Umweltschutz,
- Nutzungssicherheit,
- Schallschutz sowie
- Energieeinsparung und Wärmeschutz.

[1)] Richtlinie des Rates vom 21. 12. 1988 zur Angleichung der Rechts- und Verwaltungsvorschriften der Mitgliedstaaten über Bauprodukte Nr. 89/106/EWG (Bauproduktenrichtlinie); Amtsblatt der EG Nr. L 40 vom 11. 2. 1989; dazu gibt es eine Änderungs-Richtlinie 93/68/EWG vom 22. 7. 1993, Amtsblatt der EG Nr. L 220.

16.3 Regelwerke für Bauprodukte

Bauprodukte, die den o. a. Bauwerksanforderungen genügen sollen, müssen hinsichtlich ihrer Verwendbarkeit bzw. Brauchbarkeit überprüft werden. Die Nachweise, die für die verschiedenen Baustoffe zu diesem Zweck erbracht werden müssen, sind in den folgenden Regelwerken festgelegt.

a) **Nationale Regelung**
Die Verwendung von Bauprodukten ist in § 20 der MBO (s. o.) geregelt. Danach richten sich die erforderlichen Verwendbarkeits- und Übereinstimmungsnachweise von Bauprodukten nach sog. Bauregellisten: Bauregelliste A Teil 1 und 2 und Liste C. Diese Listen werden zentral für alle Bundesländer vom Deutschen Institut für Bautechnik in Berlin (DIBt) veröffentlicht im Einvernehmen mit den obersten Bauaufsichtsbehörden (zuständige Landesminister, i. d. R. Innenminister und Bauminister). Diese Listen sind auch in der Sammlung bauaufsichtlich eingeführter Technischer Baubestimmungen enthalten, einem im Beuth Verlag in Berlin erscheinenden Loseblattwerk, das ständig aktualisiert wird.

b) **Europäische Regelung**
Die Verwendung von Bauprodukten, für die es bereits *harmonisierte* europäische Spezifikationen gibt, ist im Bauproduktengesetz (BauPG)[1)] vom 10. 8. 1992 geregelt. Danach ist ein sog. Brauchbarkeits- und Konformitätsnachweis zu erbringen. Für diese Bauprodukte gilt die Bauregelliste B, die ebenfalls vom DIBt veröffentlicht wird.

Harmonisierte europäische Spezifikationen sind

- harmonisierte europäische Normen,
- europäische technische Zulassungen und
- europäisch anerkannte nationale technische Spezifikationen.

Sie werden im Auftrag der EG-Kommission vom Europäischen Komitee für Normung (CEN = Comité Européen de Normalisation) nach einem bestimmten Verfahren (gemäß Richtlinie 83/189/EWG vom 28. 3. 1993), an dem die Normungsinstitute der seinerzeit 18 europäischen Mitgliedstaaten[2)] beteiligt sind, erarbeitet. Harmonisierte europäische Spezifikationen im Bauwesen gibt es z. Z. ebenso wie Festlegungen in der Bauregelliste B noch nicht. Sollte dies demnächst der Fall sein, dürfen solche Bauprodukte die CE-Konformitätskennzeichnung (Communauté Européenne = Europäische Gemeinschaft, EU) tragen (siehe Abb. 16.4).

16.4 Bauregellisten

16.4.1 Allgemeines

Die Landesbauordnungen (LBO) unterscheiden zwischen geregelten, nichtgeregelten und sonstigen Bauprodukten.

Geregelte Bauprodukte entsprechen den in der Bauregelliste A Teil 1 bekannt gemachten technischen Regeln oder weichen von ihnen nicht wesentlich ab.

1) Gesetz über das Inverkehrbringen von und den freien Warenverkehr mit Bauprodukten zur Umsetzung der Richtlinie 89/106/EWG (s. o.) vom 10. 8. 1992 (Bauproduktengesetz; BauPG), Bundesgesetzblatt Teil I S. 812 vom 28. 4. 1998.

2) Deutschland, Frankreich, Italien, Großbritannien, Spanien, Belgien, Griechenland, Niederlande, Portugal, Österreich, Schweden, Schweiz, Dänemark, Finnland, Irland, Norwegen, Luxemburg, Island.

Nichtgeregelte Bauprodukte sind Bauprodukte, die wesentlich von den in der Bauregelliste A Teil 1 bekannt gemachten technischen Regeln abweichen oder für die es keine Technischen Baubestimmungen oder allgemein anerkannten Regeln der Technik gibt.

Die **Verwendbarkeit** ergibt sich

a) für geregelte Bauprodukte aus der Übereinstimmung mit den bekannt gemachten technischen Regeln

b) für nichtgeregelte Bauprodukte aus der Übereinstimmung mit

- der Allgemeinen bauaufsichtlichen Zulassung oder
- dem Allgemeinen bauaufsichtlichen Prüfzeugnis

oder

- der Zustimmung im Einzelfall.

Geregelte und nicht geregelte Bauprodukte dürfen verwendet werden, wenn ihre Verwendbarkeit in dem für sie geforderten **Übereinstimmungsnachweis** bestätigt ist und sie deshalb das Übereinstimmungszeichen (*Ü-Zeichen*) tragen (siehe Abb. 16.1).

Sonstige Bauprodukte sind Produkte, für die es allgemein anerkannte Regeln der Technik gibt, die jedoch nicht in der Bauregelliste A enthalten sind. An diese Bauprodukte stellt die Bauordnung zwar die gleichen materiellen Anforderungen, sie verlangt aber weder Verwendbarkeits- noch Übereinstimmungsnachweise. Beispiele: Tapeten, Tür- und Fensterbeschläge.

Die Landesbauordnungen bezeichnen das Zusammenfügen von Bauprodukten zu baulichen Anlagen oder Teilen von baulichen Anlagen als **Bauart**. Nichtgeregelte Bauarten sind Bauarten, die von Technischen Baubestimmungen wesentlich abweichen oder für die es allgemein anerkannte Regeln der Technik nicht gibt. Die Anwendbarkeit nichtgeregelter Bau*arten* ist die gleiche wie für nichtgeregelte Bau*produkte* (s. o.)

Die **Bauregelliste A** gilt nur für Bauprodukte und Bauarten im Sinne der Begriffsbestimmung der Landesbauordnungen. Die für die Bemessung und Ausführung der baulichen Anlagen zu beachtenden technischen Regeln, die als Technische Baubestimmungen öffentlich bekannt gemacht sind, bleiben hiervon unberührt.

In die **Bauregelliste B** werden Bauprodukte aufgenommen, für die es bereits harmonisierte europäische Spezifikationen gibt, die in allen Mitgliedstaaten der EU gelten und die die CE-Kennzeichnung tragen (s. a. Abschn. 16.4.4 und Abb. 16.4).

Bauregelliste C: siehe Abschnitt 16.4.5.

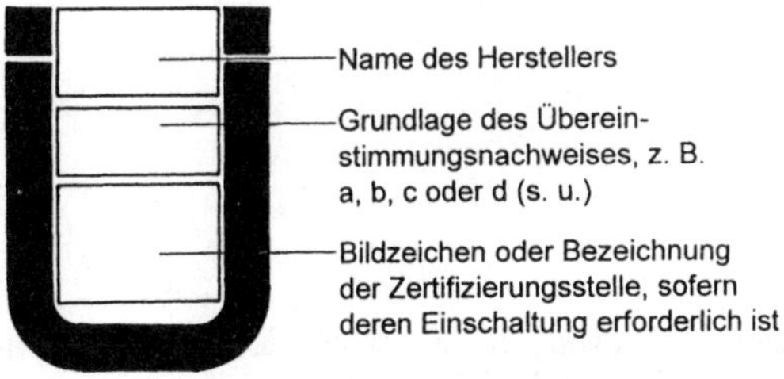

Abb. 16.1 Allgemeines Muster für das Übereinstimmungszeichen, sog. Ü-Zeichen (nach der Übereinstimmungszeichen-Verordnung ÜZVO, Fassung April 1994, gemäß § 81 Abs. 6 Nr. 1 MBO)

Grundlage des Übereinstimmungsnachweises kann sein:

a) Kurzbezeichnung der technischen Regel, z. B. Norm, oder
b) Nummer der Allg. bauaufsichtl. Zulassung „Z ..." oder
c) Nummer des Allg. bauaufsichtl. Prüfzeugnisses „P, Bezeichnung der Prüfstelle, ..." oder
d) die Bezeichnung „Zustimmung im Einzelfall" und die Behörde

Abb. 16.2 Beispiele für Bildzeichen von Zertifizierungsstellen
links: Bundesanstalt für Materialforschung und -prüfung / Berlin
rechts: Materialprüfungsamt NW/Dortmund

Abb. 16.3 Beispiele für Bildzeichen von Überwachungsgemeinschaften
links: Güteüberwachung Kies-Sand-Splitt
rechts: Güteüberwachungsgemeinschaft des Vereins Deutsche Zementwerke / Düsseldorf

Abb. 16.4 CE-Konformitätskennzeichnung
(Bei Verkleinerung oder Vergrößerung der CE-Kennzeichnung müssen die sich aus dem oben abgebildeten Raster ergebenden Proportionen eingehalten werden.)

16.4.2 Bauregelliste A Teil 1 (2003-01)

Bauprodukte, die in der Bauregelliste A Teil 1 aufgeführt sind, dürfen verwendet werden, wenn sie mit den dort angegebenen technischen Regeln (siehe Tafel 16.1, Spalte 3) übereinstimmen. Die hierfür erforderlichen Übereinstimmungsnachweise können sein (siehe Tafel 16.1, Spalte 4):

- Übereinstimmungserklärung des Herstellers ohne Einschaltung einer anerkannten Prüfstelle (ÜH),
- Übereinstimmungserklärung des Herstellers nach vorheriger Prüfung durch eine anerkannte Prüfstelle (ÜHP),
- Übereinstimmungszertifikat durch eine anerkannte Zertifizierungsstelle (ÜZ).

Bauprodukte, die in der Bauregelliste A Teil 1 aufgeführt sind, aber von den dort angegebenen technischen Regeln wesentlich abweichen, dürfen ebenfalls verwendet werden, wenn sie als Verwendbarkeitsnachweis eine Allgemeine bauaufsichtliche Zulassung (Z) oder ggf. ein Allgemeines bauaufsichtliches Prüfzeugnis (P) besitzen (siehe Tafel 16.1, Spalte 5).

Tafel 16.1 Bauregelliste A Teil 1 (Auszug aus Ausgabe 2003/1) [26]

lfd. Nr.	Bauprodukt	Technische Regeln	Übereinstimmungsnachweis	Verwendbarkeitsnachweis bei wesentl. Abweichung von den Technischen Regeln
1.1.1	Zement	DIN 1164-1 (1994-10) DIN 1164-1/A1 (1999-01) Zusätzlich gilt u. a.: – Angaben zur Art des Siloblatts – DIN 1164-2 (1996-11)	ÜZ	Z
1.4.1	Betonstabstahl	DIN 488-02, -06 (1986-06)	ÜZ	Z
1.5.9	Beton nach Eigenschaften, Beton nach Zusammensetzung	DIN EN 206-1 (2001-07) DIN 1045-2 (2001-07) Zusätzlich gilt u. a. DIN 1045-3 (2001-07), DAfStb-Richtlinien	ÜH	Z
2.1.2	Wärmedämmziegel und Hochlochziegel der Rohdichteklassen ≤ 1,0	DIN V 105-2 (2002-06) Zusätzlich gilt: Angaben zur Festlegung eines alternativen Rechenwerts für λ_R	ÜZ	Z
3.1.1.1 3.1.2.1	Normal entflammbares Vollholz und Brettschichtholz BS 11	DIN 1052-1 (1988-04), DIN 1052-1/A1 (1996-10) Zusätzlich gilt u. a.: DIN 4102-4 (1994-03) in Verbindung mit den Baustoffklassen nach DIN 4102-01 (1998-05)	ÜH	Z

Tafel 16.1 (Fortsetzung)

lfd. Nr.	Bauprodukt	Technische Regeln	Übereinstimmungsnachweis	Verwendbarkeitsnachweis bei wesentl. Abweichung von den Technischen Regeln
4.1.1.1	Warmgewalzte schmale I-Träger mit geneigten inneren Flanschflächen, Typ E	DIN 1025-01 (1995-05) Zusätzlich gilt u. a.: DIN EN 10 025 (1994-03) und Angaben zu den Werkstoffnummern	ÜH	Z
4.7.4	Rohre aus Al und Al-Knetlegierungen	DIN 1746-2 (1983-02) Zusätzlich gilt u. a.: DIN EN 573-3 (1994-12) und Angaben zu Werkstoffnummern	ÜHP	Z
5.4	Polyurethan-Ortschaum mit CO_2 als Treibmittel	DIN 18 159-02 (1991-12) Zusätzlich gilt u. a.: Weitere Angaben über die Art des Ortschaums und zu den Baustoffklassen nach DIN 4102-01 (1998-05)	ÜZ	Z
6.1	Feuerschutzabschlüsse: Stahltüren T 30-1; Bauart A	DIN 18 082-01 (1991-12)	ÜZ gilt auch für Nichtserienfertigung	Z
10.1	Normal entflammbare Elastomerbahnen für Abdichtungen	DIN 7864-01 (1984-04) mit Ausnahme der Bestimmungen für die Fremdüberwachung. Zusätzlich gilt u. a.: DIN 4102-01 (1998-05)	ÜH	P
11.1	Spiegelglas	DIN 1249-03 (1980-02) Zusätzlich gilt: DIN 1249-10 (1990-08), DIN 1249-11 (1986-09)	ÜH	Z

Anerkannte Prüf- oder Zertifizierungsstellen sind in einem Verzeichnis aufgeführt, das ebenfalls vom DIBt veröffentlicht wird.

Die Bauregelliste A Teil 1 ist nach folgenden Gesichtspunkten gegliedert (s. a. Tafel 16.1):

1. Bauprodukte für den Beton- und Stahlbetonbau
2. Bauprodukte für den Mauerwerksbau
3. Bauprodukte für den Holzbau
4. Bauprodukte für den Metallbau

5. Dämmstoffe für den Wärme- und Schallschutz
6. Türen und Tore
7. Lager
8. Sonderkonstruktionen
9. Bauprodukte für Wand- und Deckenbekleidungen und nichttragende Innenwände
10. Bauprodukte für die Bauwerks- und Dachabdichtung
11. Bauprodukte aus Glas
12. Bauprodukte der Grundstücksentwässerung
13. Abwasserbehandlungsanlagen
14. Feuerungsanlagen
15. Bauprodukte für Anlagen zum Lagern, Abfüllen und Umschlagen wassergefährdender Stoffe
16. Gerüstbauteile.

16.4.3 Bauregelliste A Teil 2 und 3 (2003-01)

Die **Bauregelliste A Teil 2** enthält nichtgeregelte

- Bauprodukte, für die es Technische Baubestimmungen oder allgemein anerkannte Regeln der Technik *nicht* gibt und deren Verwendung *nicht* der Erfüllung erheblicher Anforderungen an die Sicherheit baulicher Anlagen dient, wie z. B.
  1.3 Normal entflammbare Bahnen für Dach- und Bauwerksabdichtung. Übereinstimmungsnachweis: ÜHP, Verwendbarkeitsnachweis P
- Bauprodukte, für die es Technische Baubestimmungen oder allgemein anerkannte Regeln der Technik *nicht* oder *nicht für alle Anforderungen* gibt, die aber hinsichtlich dieser Anforderungen nach allgemein anerkannten Prüfverfahren beurteilt werden können (ausgenommen die in Liste C aufgenommenen Produkte), wie z. B.
  2.4 Vorgefertigte Lüftungsleitungen, an die Anforderungen an die Feuerwiderstandsdauer oder an den Schallschutz gestellt werden, ausgenommen Brandschutzklappen. Verwendbarkeitsnachweis P; anerkanntes Prüfverfahren: DIN 4102-6 (1977-09) oder DIN EN 20 140-10 (1992-09), DIN EN ISO 717-1 (1997-01); Übereinstimmungsnachweis: ÜH.

Der Verwendbarkeitsnachweis ist stets P (Allgemeines bauaufsichtliches Prüfzeugnis), der Übereinstimmungsnachweis kann ÜH, ÜHP oder ÜZ sein (siehe Abschn. 16.4.2).

Die **Bauregelliste A Teil 3** enthält nichtgeregelte Bau*arten*. Für sie gelten die gleichen Vorschriften wie für nichtgeregelte Bau*produkte* (s. o.)

16.4.4 Bauregelliste B

a) Teil 1 enthält insgesamt etwa 25 Bauprodukte, für die es harmonisierte EG-Normen gibt, wie z. B. für Zement (DIN EN 197-1, -2 (2000-06)), Baukalk (DIN EN 459-1 und -3 (2002-02)) und werkmäßig hergestellte Dämmstoffe aus Mineralwolle (MW; DIN EN 12 162 (2001-10)).

b) Teil 2 enthält Vorschriften zu Umsetzung zu entsprechenden EG-Richtlinien für
   - Technische Gebäudeausrüstungen, wie z. B. Kleinkläranlagen, Brandschutzklappen, Lüftungsgeräte, öl- und gasbefeuerte Feuerungsstellen, Solarkollektoren

– Bauprodukte für ortsfeste Anlagen zum Lagern, Abfüllen und Umschlagen von wassergefährdenden Stoffen, z. B. Leckanzeigegeräte, Rohre, Zapfventile
– Zubehörteile für den Brandschutz, wie z. B. Feuerschutzabschlüsse, elektrische Kabelanlagen.

16.4.5 Bauregelliste C (2003-01)

Die Liste C enthält Angaben zu Bauprodukten für Rohbau, Ausbau und Haustechnik, für ortsfest verwendete Anlagen zum Lagern, Abfüllen und Umschlagen von wassergefährdenden Stoffen, für Deponien und für Instandsetzung. Von diesen Baustoffen werden Normalentflammbarkeit (Klasse B 2 nach DIN 4102) und keine Grenzwerte für den Schall- und Wärmeschutz gefordert.

Es handelt sich dabei um Bauprodukte, für die es technische Baubestimmungen oder anerkannte Regeln der Technik *nicht* gibt und die nur untergeordnete Bedeutung haben. Für sie entfallen Verwendbarkeits- und Übereinstimmungsnachweise. Sie dürfen auch kein Übereinstimmungszeichen (Ü-Zeichen) tragen. Trotzdem können für sie Anforderungen gelten insbesondere bezüglich des Brandschutzes sowie des Gesundheits- und Umweltschutzes, z. B. auf Grund des Chemikaliengesetzes, des Wasserhaushaltsgesetzes oder der Gefahrstoffverordnung (GefStoffV).

Beispiele für Baustoffe der Liste C:

– Kellerlichtschächte mit Öffnungsmaßen bis 1,5 × 1,0 m,
– Fassaden- und Dachelemente einschließlich ihrer Befestigungen mit ≤ 0,4 m² Fläche und ≤ 5,0 kg Eigenlast,
– Türen, Tore und Fenster (sofern nicht in Bauregelliste A Teil 1), an die keine Anforderungen hinsichtlich Schall-, Wärme- oder Brandschutz gestellt werden,
– Zubehörteile für Putz, wie z. B. Eckschienen, Putzträger o. Ä.,
– Lüftungsleitungen, an die keine Anforderungen hinsichtlich Brand- und Schallschutz gestellt werden,
– Entwässerungsrohre für Deponieabdichtungen,
– Betonsteine und -platten für Tankstellenflächen,
– Beschichtungsmaterial für Stahl, Instandsetzungsbetone und -mörtel.

16.5 Fragen und Aufgaben zu Bauprodukten

1) Wo sind die für Bauprodukte geltenden „anerkannten Regeln der Technik" schriftlich niedergelegt?
2) Wie ist in der Musterbauordnung (MBO) bzw. in der Bauproduktenrichtlinie (BPR) der Begriff „Bauprodukt" festgelegt und welche wesentlichen Anforderungen werden danach an Baustoffe und Bauteile gestellt?
3) Was versteht man unter „harmonisierten europäischen Spezifikationen" für Bauprodukte?
4) Was bedeutet das CE-Zeichen für Bauprodukte? Fertigen Sie eine Skizze des Zeichens an!
5) Was versteht man unter geregelten, nichtgeregelten und sonstigen Bauprodukten? Wo sind sie beschrieben?

6) Welche Arten von Verwendbarkeits- und Übereinstimmungsnachweisen von Bauprodukten gibt es und wo sind sie festgelegt? Skizzieren sie das allgemeine Muster eines Übereinstimmungszeichens!
7) Was versteht man unter dem Begriff „Bauregelliste“ und welche Arten von Bauprodukten enthalten die verschiedenen Listen?
8) Nach welchen Gesichtspunkten ist die Bauregelliste A Teil 1 gegliedert?

17 Quellenangaben

[1] Berg, Chr., Grundlagen der Wägetechnik, Sonderdruck der Fa. Sartorius, Göttingen

[2] Scholz, Baustoffkenntnis, 15. Aufl. 2003, Werner Verlag, Düsseldorf, auch ältere Auflagen

[3] Technisches Handbuch FBS Kanalsysteme 1999; Hrsg.: Fachvereinigung Betonrohre und Stahlbetonrohre (s. a. Abschn. 18.3.3)

[4] Steinzeug-Information 2003; Hrsg.: Steinzeug Abwasser GmbH (s. a. Abschn. 18.3.2)

[5] Kalksandstein – Planung, Konstruktion, Ausführung, 4., überarbeitete Auflage, Stand Januar 2003; Hrsg.: KS-Info GmbH, Hannover (s. a. Abschn. 18.3.3); Verlag Bau + Technik GmbH, Düsseldorf, 2003

[6] Weber, H., Hullmann, H., Porenbeton-Handbuch; Planen und Bauen mit System, 5. Aufl. 2002, Bertelsmann Springer Bauverlag, Gütersloh

[7] Claytec-Architektenmappe „Anleitung zum modernen Lehmbau“, 1999, Fa. Lehmbau Peter Breidenbach, Nettetaler Straße 113, 41751 Viersen-Boisheim, (s. a. Abschn. 18.3.2)

[8] Dachplanungsordner, Stand Jan. 1999; Hrsg.: Eternit AG (s. a. Abschn. 18.3.3)

[9a] Das ABC vom guten Ton, Ausgabe 2002, Produktprogramm der Ruppkeramik; Lafarge Dachsysteme GmbH (s. a. Abschn. 18.3.2)

[9b] Handbuch Geneigte Dächer, Ausgabe 2001; Hrsg.: Braas Dachsysteme GmbH (Adresse siehe Abschn. 18.3.3)

[10] Informationsstelle Betonbauteile (Hrsg.), Betonbauteile für Umwelt und Versorgung; Rohrleitungen, Kanäle, Behälter; 53157 Bonn, Postfach 21 02 67

[11] Bauteile und Rohrsysteme aus Faserzement und Produktinformation Haustechnik; Hrsg.: Eternit AG (s. a. Abschn. 18.3.3)

[12] fermacell Planungsordner Trockenbau; Hrsgb. Xella Baustoffe GmbH (s. a. Abschn. 18.3.3)

[13] Betontechnische Daten, 18. Aufl. (10/2002), Readymix Beton AG, 40880 Ratingen

[14] Stahlfibel; Hrsg.: Verein Deutscher Eisenhüttenleute, Verlag Stahleisen GmbH, Düsseldorf, 1999 und 2002

[15] Gieck, K. + R., Technische Formelsammlung, 29. dtsch. Aufl. 1989, Gieck-Verlag, 82110 Germering

[16] Handbücher der Firmen Interpane (Gestalten mit Glas), Flachglas Markenkreis (Glashandbuch), Pilkington (Basisgläser); siehe Abschn. 18.15

[17] Technische Informationen der Wienerberger Ziegelindustrie / Poroton (Adresse siehe Abschn. 18.3.2)

[18] Technische Informationen der Unipor (Adresse siehe Abschn. 18.3.2)

[19] Technisches Informationsblatt 004, Verlag Europa-Lehrmittel, Haan-Gruiten, 1996

[20] Rußwurm, D., Fabritius, E., Bewehren von Stahlbeton-Tragwerken nach DIN 1045-1 (2001-07), Hrsg.: Institut für Stahlbetonbewehrung (Adresse siehe Abschn. 18.9b)

[21] Betontechnische Daten Sika Addiment GmbH, Ausgabe (12/2003) (s. a. Abschn. 18.7/8)

[22] Schneider-Bürger, M., Stahlbau-Profile, 23. Aufl., 2001, Verlag Stahleisen, Düsseldorf

[23] Holzschutzmittel-Verzeichnis (2001); Hrsg.: DIBt Berlin; Erich Schmidt Verlag, Berlin/Bielefeld/München

[24] Beton-Informationen; Hrsg.: Beton Marketing Nord (Adresse siehe Abschn. 18.7/8)

[25] Informationsdienst Holz; Hrsg.: Holzabsatzfonds (Adresse siehe Abschn. 18.14)

[26] Sammlung bauaufsichtlich eingeführter Technischer Baubestimmungen; Hrsg.: Deutsches Institut für Bautechnik Berlin, Beuth Verlag, Berlin/Wien/Zürich

[27] Frommhold/Hasenjäger, Wohnungsbau-Normen, 23. Aufl. 2003, Werner Verlag, Düsseldorf

[28] Wandkonstruktionen mit Mauerziegeln, in: Sonderheft – Bauen mit Ziegeln, Febr. 1998, Ziegel-Informations GmbH, Schaumburg-Lippe-Straße 4, 53113 Bonn

[29] Bautechnische Information Naturwerkstein 1.1 (1996) und 1.5 (1996); Hrsg.: Deutscher Naturwerkstein-Verband e. V., 97070 Würzburg, Sanderstraße 4

[30] Katzer, G. u. F., Chemisches Grundwissen für technische Berufe, Verlag Handwerk und Technik, Hamburg, 1996

[31] Fachregel für Dachdeckungen mit Dachziegeln und Dachsteinen 1997/2000/2003 des Zentralverbands des Deutschen Dachdeckerhandwerks (siehe Abschn. 18.13)

[32] Klinkerpflaster (Stand April 1998); Hrsg.: Arbeitsgemeinschaft Pflasterklinker, Adresse wie Deutsche Ziegelindustrie (siehe Abschn. 18.3.2)

[33] Zement-Taschenbuch, 50. Ausgabe 2002; Hrsg.: Verein Deutscher Zementwerke e. V.; Verlag Bau + Technik GmbH, Düsseldorf, 2002

[34] Lohmeyer, G., Weiße Wannen – einfach und sicher, Verlag Bau + Technik, Düsseldorf, 1999

[35] Konstruktive Vollholzprodukte, in: holzbau handbuch, Reihe 4, Teil 2, Folge 3; Hrsg.: siehe [25]

[36] Informationsdienst Holz, Duo- und Triobalken (12/1999); Hrsg.: siehe [25]

[37] Sell, Jürgen, Eigenschaften und Kenngrößen von Holzarten, Baufachverlag AG Zürich, Dietikon, 1997

[38] Informationsdienst Holz – Holzhandbuch R.3, T.5, F.1 (03/1997) und F.2 (09/1997): Baulicher Holzschutz; Hrsg.: siehe [25]

[39] Schneider, K.-J., (Hrsg.), Bautabellen für Ingenieure, 16. Aufl. 2004, Werner Verlag, Düsseldorf

[40] Walz, K., Herstellung von Beton nach DIN 1045, 2. Aufl. 1972, Beton-Verlag, Düsseldorf

18 Weiterführende Literatur, Adressen von Verbänden

(Literatur findet man auch unter *www.buchhandel.de* oder *www.buchkatalog.de*, z. B. unter dem Stichwort „Baustoffe".)

18.0 Allgemeines

a) Adressen

- AGI, Arbeitsgemeinschaft Industriebau e. V.
  Schiffgraben 37, 30175 Hannover, Tel. 05 11-99 10-3 40/41; *www.agi-online.de*
- Beuth Verlag GmbH, Tel. 0 30-26 01-22 60; Adresse wie DIN
- BAM, Bundesanstalt für Materialprüfung,
  Unter den Eichen 87, 12205 Berlin, Tel. 0 30-8 10 40; *www.bam.de*
- Bundesminister für Verkehr . . .,
  Invalidenstr. 40, 10115 Berlin, Tel. 0 30-20 08-0; *www.bmvbw.de*
- Bundesverband Deutscher Baustofffachhandel e. V.,
  Edelsbergstr. 8, 80686 München, Tel. 0 89-57 83 67 34
- Bundesverband der Deutschen Recycling-Baustoff-Industrie e. V.,
  Düsseldorfer Str. 50, 47051 Duisburg, Tel. 02 03-9 92 39-0; *www.recycling-baustoffe.de*
- CEN; Comité Européen de coordination des Normes, European Committee for Standardization, Europäisches Komitee für Normung, Zentralsekretariat,
  Rue de Stassart, B-1050 Bruxelles; Tel. 00 32-25 50 08 11
- DIBt, Deutsches Institut für Bautechnik,
  Kolonnenstr. 30L, 10829 Berlin, Tel. 0 30-7 87 30-0; *www.dibt.de*
- DIN, Deutsches Institut für Normung e. V.,
  Burggrafenstr. 6, 10787 Berlin, Tel. 0 30-26 01-0; *www.din.de*
- FNR, Fachagentur Nachwachsende Rohstoffe e. V.,
  Hofplatz 1, 18276 Gülzow; *www.fnr.de*
- Fraunhofer irb Verlag und Informationszentrum,
  Nobelstr. 12, 70569 Stuttgart; Tel. 07 11-9 70-25 00; *www.irb.fraunhofer.de*
- Hauptverband der Deutschen Bauindustrie e. V.,
  Kurfürstenstr. 129, 10785 Berlin, Tel. 0 30-2 12 86-0
- Zentralverband Deutsches Baugewerbe,
  Kronenstr. 55-58, 10117 Berlin, Tel. 0 30-2 03 14-0

b) Literatur

- Baustoffkunde für den Praktiker, 11. Aufl., Wohlfarth & Mercator, 2004 (geplant)
- Bruckner, H., Schneider, U.: Naturbaustoffe, Werner Verlag, Düsseldorf, 1998
- Dehn, F., u. a.: Konstruktionswerkstoffe im Bauwesen, Ernst und Sohn, 2003

- Geißler u. a., Umweltbewusste Bauteil- und Baustoffauswahl – ökologischer Baustoffratgeber; Hrsg.: Landesinstitut für Bauwesen und angewandte Bauschadensforschung, Theaterplatz 14, 52062 Aachen, 1. Nachdruck Januar 1993
- Härig, S., u. a.: Technologie der Baustoffe, 14. Aufl., C.F. Müller, Heidelberg, 2003
- Hiese, W., Knoblauch, H.: Baustoffprüfungen, Werner, Düsseldorf, 1988
- Kohler, G. (Hrsg.): Recyclingpraxis Baustoffe, TÜV-Verlag, 1997
- Kroiss, J., Bammer, A.: Biologisch natürlich Bauen, Hirzel, Stuttgart, 2000
- Peter, Gustav, u. a., Baustofflehre; Teil 3 der Reihe „Bau und Energie, Leitfaden für Planung und Praxis"; Hrsg.: Zürcher, Christoph, Verlag B. G. Teubner, Stuttgart, 1995
- Schäffler, H., u. a.: Baustoffkunde, 8. Aufl., Vogel, Würzburg, 2000
- Scholz, W., u. a. (Hrsg.: Hiese, W.): Baustoffkenntnis, 15. Aufl., Werner, Düsseldorf, 2003
- Schrader, M. (Hrsg.): Auf der Suche nach historischen Baumaterialien, Edition: Anderwelt, 2002
- Schrader, M., Voigt, J.: Bauhistorisches Lexikon, Edition: Anderwelt, 2003
- Stark, J., Wicht, B.: Geschichte der Baustoffe, Vieweg / Bauverlag, 1998
- Wendehorst, R.: Baustoffkunde, 25. Aufl., C. R. Vincentz, Hannover, 1998
- Wesche, K.: Baustoffe für tragende Bauteile, Bd. 1 bis 4, Vieweg, 1985 bis 1996
- Zwiener, Lehmann u. a.: Ökologisches Baustoff-Lexikon, C. F. Müller, Heidelberg, 2004 (geplant)

18.1 Baustoffphysik

- Dobrinski, P., u. a.: Physik für Ingenieure, 10. Aufl., Teubner, Stuttgart, 2003

18.2 Baustoffchemie

- Henning, O., Knöfel, D.: Baustoffchemie, 6. Aufl., Verlag Bauwesen, Berlin, 2002
- Karsten, R.: Bauchemie, 11. Aufl., C.F. Müller, Heidelberg, 2003
- Katzer, G., u. a.: Chemisches Grundwissen für technische Berufe, Handwerk und Technik, Hamburg, 1995
- Knoblauch, H., Schneider, U.: Bauchemie, 5. Aufl., Werner, Düsseldorf, 2001

18.3 Bausteine

18.3.1 Natürliche Bausteine

a) Adressen

- Bundesverband Steine und Erden e. V.,
  Friedrich-Ebert-Anlage 38, 60325 Frankfurt/M., Tel. 0 69-7 56 08 20

- Bundesverband Naturstein-Industrie e. V.,
  Annastr. 67-71, 50968 Köln, Tel. 02 21/9 34 67 46-0; *www.bv-naturstein.org.de*
- Deutscher Naturwerkstein-Verband,
  Sanderstr. 4, 97070 Würzburg, Tel. 09 31/1 20 61; *www.dnv.naturstein-netz.de*

b) Literatur

- Duda, R., Rejl, L.: Der Kosmos-Mineralienführer, 2. Aufl., Franckh-Kosmos, 2003
- Ramdohr, P., Strunz, H.: Klockmanns Lehrbuch der Mineralogie, 16. Aufl., Enke, Stuttgart, 1978
- Schumann, W.: Der neue BLV Steine- und Mineralienführer, BLV-Verlagsges., München, 2002
- Wanetschek, M. u. H. (Hrsg.): Naturstein und Architektur, Callwey, München, 2000

18.3.2 Keramische Baustoffe, Lehmbau

a) Literatur

- Volhard, F.: Leichtlehmbau, 5. Aufl., C.F. Müller, Heidelberg, 1995
- Volhard, F., Röhlen, U.: Lehmbau-Regeln; Hrsg. Dachverband Lehm e. V. (s. u.)

b) Adressen

- Bundesverband der Deutschen Ziegelindustrie e. V.,
  Schaumburg-Lippe-Str. 4, 53113 Bonn, Tel. 02 28-91 49 30; *www.ziegel.de*
- Bundesverband Keramische Baustoffe e. V.,
  Bahnhofstr. 6, 56068 Köln, Tel. 02 61-1 24 28
- Claytec-Baustoffe aus Lehm, Lehmbau Peter Breidenbach,
  Nettetaler Str. 113, 41751 Viersen, Tel. 0 21 53-9 18-0; *www.claytec.com*
- Dachverband Lehm e. V.,
  Postfach 1172, 99409 Weimar; *www.dachverband-lehm.de*
- Initiative Zweischalige Wand – Bauen mit Backstein,
  Mecklenbecker Str. 451, 48163 Münster, Tel. 02 51-7 47 77-11; *www.backstein.com*
- Institut für Ziegelforschung e. V.,
  Am Zehnthof 197-203, 45307 Essen, Tel. 02 01-5 92 13 01
- Lafarge Dachsysteme GmbH,
  Frankfurter Landstraße 2-4, 61440 Oberursel, Tel. 0 61 71-61-014;
  www.lafarge-dachsysteme.de
- Steinzeug Abwassersysteme GmbH,
  Max-Planck-Str. 6, 50858 Köln, Tel. 0 22 34-5 07-0; *www.steinzeug.com*
- Unipor: siehe Xella
- Wienerberger Ziegelindustrie GmbH,
  Oldenburger Allee 26, 30659 Hannover, Tel. 05 11-6 10 70-0; *www.wienerberger.de*
- Xella Baustoffe GmbH,
  Franz-Haniel-Platz 6-8, 47119 Duisburg; www.xella.com
- Xella Trockenbausysteme GmbH,
  Postfach 1460, 38604 Goslar,
  Tel. 0 53 21-7 03-0; *www.xella.de*
- Zentralverband des Deutschen Dachdecker-Handwerks, siehe Abschn. 18.13

18.3.3 Mineralisch gebundene Baustoffe

a) Literatur

- Bisotherm-Handbuch (Leichtbeton, Leichtbetonsteine); Hrsg.: Bisotherm GmbH, 56218 Mühlheim-Klärlich
- Cordes, R., u. a.: Kalksandstein – Planung, Konstruktion, Ausführung, 4. Aufl., Bau + Technik, Düsseldorf, 2003
- Liapor – Baustoff aus Ton: Planung, Konstruktion, Anwendung (Leichtbeton, Leichtbetonsteine); Hrsg. Liapor-Werke, 91352 Hallerndorf; Ausg. 04.2000
- Wessig, J., u. a.: KS-Maurerfibel, 6. Aufl., Bau + Technik, Düsseldorf, 1998

b) Adressen

- ATV, Abwassertechnische Vereinigung, siehe GFA
- Braas Dachsysteme GmbH
  Frankfurter Landstraße 2-4, 61440 Oberursel, Tel. 0 61 71-61-014;
  www.lafarge-dachsysteme.de
- Bundesverband Deutsche Beton- und Fertigteilindustrie e. V.,
  Schlossallee 10, 53179 Bonn, Tel. 02 28-9 54 56-0; *www.betoninfo.de*
- Bundesverband Porenbetonindustrie e. V.,
  Dostojewskistraße 10, 65187 Wiesbaden, Tel. 06 11-98 50 44-0; *www.bv-porenbeton.de*
- Eternit AG (Faserzement),
  Ernst-Reuter-Platz 8, 10587 Berlin, Tel. 0 30-34 85-0;
  www.eternit.de
- Fachvereinigung Leichtbeton e. V.,
  Sandkauler Weg 1, 56564 Neuwied, Tel. 0 26 31-3 55 55-0
- Fachvereinigung Betonrohre und Stahlbetonrohre e. V.,
  Schlossallee 10, 53179 Bonn, Tel. 02 28-95 45-54; *www.fbsrohre.de*
- Fachvereinigung der Bimsbeton- und Leichtbeton-Industrie e. V.,
  Sandkauler Weg 1, 56564 Neuwied, Tel. 0 26 31-2 22 27
- Fermacell: siehe Xella Trockenbausysteme (Abschn. 18.3.2)
- GFA, Gesellschaft zur Förderung der Abwassertechnik,
  Theodor-Heuss-Allee 17, 53773 Hennef; Tel. 0 22 42-8 72-0; *www.atv.de*
- Hebel-Emmering GmbH, siehe Xella (Abschn. 18.3.2)
- Hebel: siehe Xella (Abschn. 18.3.2)
- KS-Info GmbH
  Entenfangweg 15, 30419 Hannover, Tel. 05 11-2 79 54-0; *www.kalksandstein.de*
- Lafarge Dachsysteme GmbH,
  Frankfurter Landstraße 2-4, 61440 Oberursel, Tel. 0 61 71-61-014; *www.braas.de*
- Leichtbauplatten-Industrie e. V.,
  Kurpfalzring 100 A, 69123 Heidelberg, Tel. 0 62 21-70 75 07; *www.leichtbauplatten.de*
- Ytong: siehe Xella (Abschn. 18.3.2)

18.4 Anorganische Bindemittel

a) Literatur

- *Czernin, W.:* Zementchemie für Bauingenieure, 3. Aufl.; Bauverlag, Wiesbaden/Berlin, 1977
- Zement-Taschenbuch, 50. Ausgabe 2002; Hrsg.: Verein Deutscher Zementwerke; Verlag Bau + Technik, Düsseldorf

b) Adressen

- Beton Marketing Nord,
  Hannoversche Str. 21, 31319 Sehnde, Tel. 0 51 32-87 96-0
- Bundesverband der Deutschen Kalkindustrie e. V.,
  Annastraße 67-71, 50969 Köln, Tel. 02 21-93 46 74-0; *www.kalk.de*
- Bundesverband der Gipsindustrie e. V.,
  Birkenweg 13, 64295 Darmstadt, Tel. 0 61 51-3 66 82-0; *www.gipsindustrie.de*
- Bundesverband Kraftwerksnebenprodukte e. V. (Flugasche),
  Niederkasseler Kirchweg 97, 40547 Düsseldorf, Tel. 02 11-57 91 95;
  www.bvk-online.com.de
- Knauf Gips KG,
  Am Bahnhof 7, 97346 Iphofen, Tel. 0 93 23-31-0; *www.knauf.de*
- Rigips GmbH,
  Schanzenstraße 84, 40549 Düsseldorf, Tel. 02 11-55 03-0; *www.rigips.de*
- VDZ, Bundesverband der Deutschen Zementindustrie,
  Pferdmengesstraße 7, 50968 Köln, Tel. 02 21-3 76 56-0; *www.BDZement.de*

18.5 Zuschläge für Mörtel und Beton

- Bundesverband der Deutschen Kies- und Sandindustrie e. V. (BKS),
  Düsseldorfer Straße 50, 47051 Duisburg, Tel. 02 03-99 23 90; *www.bks-info.de*
- Bundesverband der Deutschen Recycling-Baustoff-Industrie; siehe Abschn. 18.0
- Bundesverband Kraftwerksnebenprodukte: siehe Abschn. 18.4
- Bundesverband Leichtzuschlag-Industrie e. V.,
  Zeppelinstr. 44/1, 73760 Ostfildern, Tel. 07 11-3 48 37-0; *www.leichtzuschlag.de*
- Fachverband und Forschungsgemeinschaft Eisenhüttenschlacken e. V.,
  Bliersheimer Str. 62, 47229 Duisburg, Tel. 0 20 65-4 92 20; *www.fehs.de*

18.6 Mörtel

- Bresch, C.-M.: Außen- und Innenputze – Produktsysteme, Hilfsmittel in der Praxis, Bauverlag, Wiesbaden/Berlin, 1992
- Bundesverband der Deutschen Mörtelindustrie e. V.,
  Düsseldorfer Str. 50, 47051 Duisburg, Tel. 02 03-99 23 90

- Industrieverband Werkmörtel e. V.,
  Düsseldorfer Straße 50, 47051 Duisburg, Tel. 02 03-99 23 90; *www.iwm-info.de*
- quick-mix (Werkmörtel),
  Mühleneschweg 7, 49090 Osnabrück, Tel. 05 41-6 01 01
- Sakret Produktionsgesellschaft (Werkmörtel),
  Postfach 4480, 48025 Münster, Tel. 02 51-93 28-135

18.7/18.8 Beton, Stahlbeton, Spannbeton

(s. a. Abschn. 18.4 und 18.5)

a) Literatur

- Bayer, E., Kampen, R., Beton-Praxis – Ein Leitfaden für die Baustelle, 7. Aufl., Beton-Verlag, Düsseldorf, 1997
- Beton-Herstellung nach Norm, 15. Aufl., Verlag Bau + Technik, Düsseldorf, 2003
- Beton-Lexikon; Hrsg.: Lamprecht, H.-O., u. a., Beton-Verlag, Düsseldorf, 1990
- Beton-Prüfung nach Norm, 10. Aufl., Verlag Bau + Technik, Düsseldorf, 1996
- Betontechnische Daten, 18. Aufl.; Hrsg.: Readymix AG, 2002
  40880 Ratingen, Tel. 0 21 02-40 13 72; *www.readymix.de*
- Betontechnische Daten, Ausgabe Dez. 2003; Hrsg.: Sika Addiment GmbH,
  (s. u.)
- DBV-Merkblätter-Sammlung (s. u. DBV)
- Iken, W., u. a.: Handbuch der Betonprüfung, 5. Aufl., Verlag Bau + Technik, 2003
- Schriftenreihe des VDZ (s. u.)
- Weber, R., u. a.: Guter Beton – Ratschläge für die richtige Betonherstellung, 20. Aufl.; Verlag Bau + Technik, Düsseldorf, 2001

b) Adressen

- BetonMarketing Nord (siehe Abschn. 18.4)
- Bundesverband der Deutschen Transportbetonindustrie e. V.,
  Düsseldorfer Straße 50, 47051 Duisburg, Tel. 02 03-99 23 90
- DAfStb, Deutscher Ausschuss für Stahlbeton im DIN (siehe Abschn. 18.0); *www.dafstb.de*
- DBV, Deutscher Beton- und Bautechnikverein e. V.,
  Kurfürstenstr. 129, 10758 Berlin, Tel. 0 30-23 60 96-0; *www.betonverein.de*
- Informationszentrum Beton GmbH des VDZ,
  Pferdmengesstraße 7, 50968 Köln, Tel. 02 21-37 65 60
- Readymix AG,
  Daniel-Goldbach-Str. 25, 40880 Ratingen; *www.readymix.de*
- Sika Addiment GmbH,
  Peter-Schuhmacher-Str. 8, 69181 Leimen, Tel. 0 62 24-9 88-04; *www.sika-addiment.de*
- VDZ (siehe Abschn. 18.4)

18.9 Eisen und Stahl

a) Literatur

- Handbuch Gussrohrtechnik, 1996; Hrsg. Fachgemeinschaft Gusseiserne Rohre (s. u.)
- Herbst, F., Wärmebehandlung des Stahls, Verlag Europa-Lehrmittel, Haan-Gruiten, 1993
- Rußwurm, D., u. a., Bewehren von Stahlbetontragwerken nach DIN 1045-1 (2001-07) – Arbeitsblätter; Hrsg.: Institut für Stahlbetonbewehrung (s. u.)
- Scheipers, P. (Hrsg.), Handbuch der Metallbearbeitung, Verlag Europa-Lehrmittel, Haan-Gruiten, 1997
- Schneider-Bürger, M., Stahlbau-Profile, 23. Aufl., Verlag Stahleisen, Düsseldorf, 2001
- Stahlfibel; Hrsg.: Verein Deutscher Eisenhüttenleute,
  Verlag Stahleisen mbH, Düsseldorf, 2002

b) Adressen

- DASt, Deutscher Ausschuss für Stahlbau, (Adresse wie DStV)
- DStV, Deutscher Stahlbau-Verband,
  Sohnstr. 65, 40237 Düsseldorf, Tel. 02 11-67 07-8 00; *www.deutscherstahlbau.de*
- Fachgemeinschaft Gusseiserne Rohre,
  Sachsenring 2-4, 50667 Köln, Tel. 02 21-31 80 65
- Informationsstelle Edelstahl Rostfrei, (Adresse wie DStV); *www.edelstahl-rostfrei.de*
- Institut Feuerverzinken,
  Sohnstraße 70, 40237 Düsseldorf, Tel. 02 11-69 07 65-0; *www.feuerverzinken.com*
- Institut für Stahlbetonbewehrung e. V.,
  Kaiserswerther Str. 137, 40474 Düsseldorf, Tel. 02 11-45 64-2 56; *www.isb-ev.de*
- Stahl-Informations-Zentrum, (Adresse wie DStV); *www.stahl-info.de*
- ThyssenKruppStahl AG,
  Kaiser-Wilhelm-Str. 100, 47166 Duisburg, Tel. 02 03-52-1; *www.thyssen-krupp-stahl.com*
- VDEh, Verein Deutscher Eisenhüttenleute mit Informationszentrum Stahl,
  (Adresse wie DStV), Tel. 02 11-67 07-4 64; *www.stahl-bibliothek.vdeh.de*

18.10 NE-Metalle

- Haus der Metalle (außer Eisen und Stahl),
  Am Bonneshof 5, 40474 Düsseldorf, Tel. 02 11-47 96-0, mit:
  - Wirtschaftsvereinigung Metalle (WVM), Tel. 02 11-47 96-1 67; *www.wvmetalle.de*
  - Gesamtverband der Aluminiumindustrie
  - Gesamtverband der Deutschen Buntmetallindustrie
  - Gesamtverband Deutscher Gießereien
  - Fachvereinigung Edelmetalle
  - Deutsches Kupferinstitut, Tel. 02 11-47 96-3 13; *www.kupferinstitut.de*
- Institut Feuerverzinken (siehe Abschn. 18.9)

18.11 Kunststoffe

- DKI, Deutsches Kunststoff-Institut,
  Schlossgartenstraße 6, 64289 Darmstadt, Tel. 0 6151-16 21 04
- Hellerich, W., u. a.: Werkstoff-Führer Kunststoffe, 6. Aufl., Carl-Hanser-Verlag, München, 1992
- IBK, Institut für das Bauen mit Kunststoffen e. V.,
  Osannstraße 37, 64285 Darmstadt, Tel. 0 61 51-4 80 97
- Saechtling, H.: Kunststoff-Taschenbuch, 26. Ausgabe, Carl-Hanser-Verlag, München, 1995
- Woebken, W. (Hrsg.): Kunststoff-Lexikon, 9. Aufl., Carl-Hanser-Verlag, München, 1998

18.12 Grundlagen des Bautenschutzes – Dämmstoffe

a) Literatur

- Gösele, K. und Schüle, W.: Schall, Wärme, Feuchte, 10. Aufl., Bauverlag, Wiesbaden/Berlin, 1997
- Gösele, K.: Schallschutz im Mauerwerksbau, in: Mauerwerk-Kalender, Ernst & Sohn, Berlin, 1998 und 1999
- Lohmeyer, G.: Praktische Bauphysik, 4. Aufl.; Teubner/WA, 2001
- Lutz, P., u. a.: Lehrbuch der Bauphysik – Schall, Wärme, Feuchte, Licht, Brand, Klima, 5. Aufl., Teubner, Wiesbaden, 2002

b) Adressen

- BAKT, Bundesarbeitskreis Trockenbau im Zentralverband Deutsches Baugewerbe, (siehe Abschn. 18.0)
- Deutsche Heraklith GmbH,
  Heraklithstr. 8, 84359 Simbach am Inn, Tel. 0 85 71-40-2 07
- FMI, Fachvereinigung Mineralfaserindustrie e. V.,
  (Adresse wie GDI), Tel. 0 69-42 12 60; *www.fmi-mineralfaser.de*
- GDI, Gesamtverband Dämmstoffindustrie,
  Karl-Benz-Str. 7, 60314 Frankfurt/M, Tel. 0 69-40 89 39 95; *www.g-d-i.de*
- Isofloc-Ökologische Bautechnik GmbH (Wärmedämmtechnik),
  Diesel-Str. 3-5, 37325 Hessisch Lichtenau, Tel. 0 56 02-93 63-0
- Promat GmbH (Brandschutz-Systeme),
  Postfach 10 15 64, 40835 Ratingen; Tel. 0 21 01-4 93-0; *www.promat.de*

18.13 Bitumen und Asphalt

a) Literatur

- ARBIT-Schriftenreihe; Hrsg.: ARBIT (s. u.)
- Asphalt-Kalender, Bitumenwerkstoffe und ihre Anwendungen; Hrsg. Bga (s. u.), Verlag Ernst und Sohn, Berlin, 2003
- Braun, E.: Bitumen, 2. Aufl., Verlagsgesells. Rudolf Müller GmbH, Köln-Braunsfeld, 1991
- Velske, S., u. a.: Straßenbautechnik, 5. Aufl., Werner Verlag, Düsseldorf, 2002

b) Adressen

- ARBIT, Arbeitsgemeinschaft der Bitumenindustrie e. V.,
  Steindamm 55, 20099 Hamburg, Tel. 0 40-2 80 29 39; *www.arbit.de*
- BASt, Bundesanstalt für Straßenwesen,
  Brüderstr. 53, 51427 Bergisch Gladbach, Tel. 02 22-4 30; *www.bast.de*
- Beratungsstelle für Gussasphaltverwendung e. V.,
  Dottendorfer Str. 86, 23129 Bonn, Tel. 02 28-23 98 99; *www.gussasphalt.de*
- FGSV, Forschungsgesellschaft für Straßen- und Verkehrswesen,
  Konrad-Adenauer-Str. 13, 50996 Köln, Tel. 02 21-93 58 30; *www.fgsv.de*
- Zentralverband des Deutschen Dachdeckerhandwerks e. V. – Fachverband Dach-, Wand- und Abdichtungstechnik,
  Fritz-Reuter-Str. 1, 50968 Köln, Tel. 02 21-3 98 03 80; *www.dachdecker.de*

18.14 Holz und Holzbaustoffe

a) Literatur

- holzbau handbuch; Hrsg.: Holzabsatzfonds (s. u.)
- Holz-Lexikon, 4. Aufl., DRW-Verlag, 2003
- Kollmann, F.: Technologie des Holzes und der Holzwerkstoffe, 2. Aufl., Springer Verlag, Berlin/Göttingen/Heidelberg
- Leiße, B.: Holzbauteile richtig geschützt, 1. Aufl., DRW-Verlag, 2002
- Lohmann, U.: Holz-Handbuch, 5. Aufl., DRW-Verlag, Leinfelden-Echterdingen, 1998
- Niemz, P.: Physik des Holzes und der Holzwerkstoffe, DRW-Verlag, 1993
- Nutsch, W. (Hrsg.): Holztechnik – Fachkunde, 19. Aufl., Verlag Europa-Lehrmittel, Haan-Gruiten
- Wagenführ, R.: Anatomie des Holzes, 5. Aufl., DRW-Verlag, 2000
- Wagenführ, R.: Bildlexikon Holz, 1. Aufl., Carl Hanser Verlag, München, 2001

b) Adressen

- BDZ, Bund Deutscher Zimmermeister, Berlin,
  Kronenstraße 55-58, 10117 Berlin, Tel. 0 30-2 03 14-0; *www.bdz-holzbau.de*
- Güteschutzgemeinschaft Holzschutzmittelindustrie e. V.,
  Postfach 11 29, 63487 Seligenstadt, Tel. 0 61 82-82-94-46; *www.holz-schuetzen.de*

- Holzabsatzfonds, Absatzfonds der Deutschen Forst- und Holzwirtschaft,
  Godesberger Allee 142-148, 53175 Bonn, Tel. 02 28-3 08 38-0; *www.infoholz.de; www.holzabsatzfonds.de*
- Deutsche Bauchemie e. V., Fachbereich Holzschutz,
  Karlstr. 21, 60329 Frankfurt/M., Tel. 069-25 56 13 18; *www.deutsche-bauchemie.de*
- VHI, Verband der Deutschen Holzwerkstoffindustrie e. V.,
  Ursulum 18, 35396 Gießen, Tel. 06 41-9 75 47-0; *www.vhi.de*

18.15 Glas

a) Literatur

- Basisgläser 2003; Hrsg.: Pilkington AG (s. u.)
- Gestalten mit Glas, 6. Aufl. 2002; Hrsg. Interpane Glasindustrie AG (s. u.)
- Glashandbuch 2003; Hrsg. Flachglas Markenkreis GmbH (s. u.)
- Klindt, L., u. a.: Glas als Baustoff – Eigenschaften, Anwendung, Bemessung, Verlagsgesellschaft Rudolf Müller GmbH, Köln-Braunsfeld, 1977
- Petzold, A., u. a.: Der Baustoff Glas, 3. Aufl., Karl Hoffmann Verlag, 1990
- Wörner, J., u. a.: Glasbau – Grundlagen, Berechnung, Konstruktion, Springer Verlag, Berlin, 2001

b) Adressen

- Bundesinnungsverband des Glaserhandwerks und Institut für Verglasungstechnik und Fensterbau,
  An der Glasfachschule 6, 65589 Hadamar, Tel. 0 64 33-91 33-15; *www.glaserhandwerk.de,*
- Bundesverband der Glasindustrie und Mineralfaserindustrie e. V.,
  Am Bonneshof 5, 40474 Düsseldorf, Tel. 02 11-47 91 34; *www.bvglas.de*
- Flachglas Markenkreis GmbH,
  Auf der Reihe 2, 45884 Gelsenkirchen, Tel. 02 09-9 13 29-0; *www.flachglas-markenkreis.de*
- ift, Institut für Fenstertechnik e. V.,
  Theodor-Gietl-Str. 7-9, 83026 Rosenheim, Tel. 0 80 31-2 61-0; *www.ift-rosenheim.de*
- Interpane Glasindustrie AG,
  Sohnreystr. 21, 37697 Lauenförde, Tel. 0 52 7-8 09-0; *www.interpane.net*
- Pilkington Deutschland AG,
  Alfredstr. 236, 45133 Essen, Tel. 01 80-3 02 01 00; *www.pilkington.com*

18.16 Vorschriften zur Verwendung von Baustoffen

- DIBt-Mitteilungen; Hrsg.: DIBt (siehe Abschn. 18.0), Verlag Ernst & Sohn, Berlin; erscheint 6-mal im Jahr, enthält u. a. Forschungskurzberichte, Änderungen der Bauregelliste und 2-mal die gesamte Bauregelliste selbst
- DIN-Taschenbücher und EC-Taschenbücher (EC = Eurocode 1 bis 9); Hrsg.: DIN (siehe Abschn. 18.0), Beuth Verlag, Berlin, enthält DIN-Normen und EC-Normen nach Sachgebieten geordnet

- Gottsch, Hasenjäger: Technische Baubestimmungen Hochbau – Tiefbau – Bauordnungswesen, Verlagsges. Rudolf Müller, enthält Vorschriften aller deutschen Bundesländer, Richtlinien des DASt (siehe Abschn. 18.9) und des DAfStb (siehe Abschn. 18.7/18.8), ETB-Richtlinien (ETB = Einheitliche Technische Baubestimmungen des Normenausschusses Bauwesen (Fachbereich II))
- Planen und Bauen – Gesetze, Verordnungen, Richtlinien und Normen für Architekten; Hrsg.: Ahrens, H. u. a., Loseblattsammlung, Verlagsgesellschaft Rudolf Müller, Köln-Braunsfeld und Beuth Verlag, Berlin/Köln
- Sammlung bauaufsichtlich eingeführter Technischer Baubestimmungen, Loseblattsammlung; Hrsg.: DIBt Berlin, Beuth Verlag, Berlin
- VOB-Materialsammlung, Loseblattsammlung zur Verdingungsordnung für Bauleistungen, Hrsg. Lindemann, G., Verlagsges. Rudolf Müller, Köln und Beuth Verlag, Berlin

19 Lösungen zu den Aufgaben

Baustoffphysik (Abschn. 1.12)

Aufgabe 4

Bestimmen Sie an Hand des Gravitationsgesetzes das Gewicht der Masse 1 kg auf der Erde und auf dem Mond!

a) Gravitationsgesetz: $F_g = G \cdot m_1 \cdot m_2/r^2$

b) Auf der Erde: $F_g = 6{,}672 \cdot 10^{-11} \cdot 1 \cdot 5{,}97 \cdot 10^{24}/(6{,}37 \cdot 10^6)^2 = 9{,}81$ N

c) Auf dem Mond: $F_g = 6{,}672 \cdot 10^{-11} \cdot 1 \cdot 7{,}35 \cdot 10^{22}/(1{,}74 \cdot 10^6)^2 = 1{,}62\ \text{N} \approx 1/6 \cdot 9{,}81$

Aufgabe 6

Statistische Auswertung von $n = 40$ Betondruckfestigkeiten

(mit dem Statistikprogramm des HP-Taschenrechners 32SII auf Zehntel gerechnet; alle Werte in N/mm²)

$n = 40$; $f_{cm} = 33{,}0$; $s = 2{,}9$; $f_{c5\%} = 33 - 1{,}64 \cdot 2{,}9 = 33{,}2$;

Vertrauensbereich des Mittelwertes f_{cm}: $33{,}0 \pm (1{,}684/\sqrt{40}) \cdot 2{,}9 = 33{,}0 \pm 0{,}8$

Aufgabe 8b

Kornrohdichte ρ_k von Kies mit dem Pyknometer

$$\rho_k = \frac{m_2 - m_1}{V_P - (m_3 - m_2)/\rho_W} = \frac{1516{,}4 - 716{,}7}{1313{,}2 - (2510{,}0 - 1516{,}4)/0{,}99819} = 2{,}52\ \text{g/cm}^2$$

Baustoffchemie (Abschn. 2.8)

Aufgabe 6

Massendefekt des Kohlenstoffisotops ^{12}C

Atommasse von 12 g ^{12}C = 12,000 g;
Massensumme von je 6 Protonen und Neutronen = 12,096 g

Massendefekt = 0,096 g; Einsteinsche Gleichung: $E = m \cdot c^2 = 0{,}096 \cdot (3 \cdot 10^{10})^2 = 8{,}64 \cdot 10^{19}\ g \cdot cm^2/s^2 = 8{,}64 \cdot 10^{12}$ Joule; 1 g cm²/s² = 10^7 Joule

Aufgabe 7

Stöchiometrische Berechnung mit 25 kg Branntkalk CaO

Chemische Gleichungen

- Löschen $CaO + H_2O \rightarrow Ca(OH)_2$
- Erhärten $Ca(OH)_2 + H_2O + CO_2 \rightarrow CaCO_3 + 2H_2O$

Relative Atommassen

Ca = 40; O = 16; H = 1; C = 12

Wassermenge H_2O: x kg H_2O / 25 kg CaO = 18/56 → x = 25 · 18/56 = 8 kg Wasser

Löschkalkmenge $Ca(OH)_2$: 25 + 8 = 33 kg Löschkalk

CO_2-Menge:	y kg CO_2 / 33 kg $Ca(OH)_2$ = 44/74 → y = 33 · 44/74 = 20 kg CO_2
Kalksteinmenge $CaCO_3$:	25 + 20 = 45 kg Kalkstein
Baufeuchte:	z kg H_2O/22,5 kg $CaCO_3$ = 18/50 → z = 22,5 · 18/50 = 8,1 kg H_2O
Kontrollen:	a) Löschen: 25 + 8 = 33 b) Erhärten: 33 + 8 + 20 = 45 + 16 61 = 61

Anorganische Bindemittel (Abschn. 4.9)

Aufgabe 18

Saulscher Reifegrad

a) Festigkeitsverlust in %

Reifegrad für T = 20 °C: $R_{20} = 28 \cdot (20 + 10) = 840$

Reifegrad für T = 15 °C: $R_{15} = 28 \cdot (15 + 10) = 700$

$R_{15} / R_{20} = 700/840 = 0{,}83$

Festigkeitsverlust = 17 %

b) Wirksames Betonalter a_w

$700 = a_w \cdot (20 + 10) \rightarrow a_w = 700/30 = 23$ Tage

Zuschläge für Mörtel und Beton (Abschn. 5.9)

Aufgabe 13

Siebversuch

Sieb	0,25	0,5	1	2	4	8	16	32
Durchgang %	1,3	11,4	20,9	23,8	30,4	47,4	70,4	99,1

D_{32} = 304,7 %; D_{63} = 404,7 %; k = 4,95; F = 173 cm^2

Aufgabe 14

Mischkreuzverfahren

Korngruppe	0,25	0,5	1	2	4	8	16	32	Körnungsziffer
0/2	12	37	64	93	100				1,94
2/8			1	3	43	90	100		4,63
8/16				1	4	10	92	100	5,93
16/32							5	97	6,98
SL B 32	8	18	28	37	47	62	80	100	4,20
0/8	13	29	45	60	76	100			2,77
0/16	10	23	35	46	59	76	100		3,51

1. Schritt

16/32	6,98		0,69 · 100/3,47 =	19,9 %	16/32
0/32		4,20			
0/16	3,51		2,78 · 100/3,47 =	80,1 %	0/16
	3,47		3,47	100,0 %	

2. Schritt

8/16	5,93		0,74 · 80,1/3,16 =	18,8 %	8/16
0/16		3,51			
0/8	2,77		2,42 · 80,1/3,16 =	61,3 %	0/8
	3,16		3,16	80,1	

3. Schritt

2/8	4,63		0,83 · 61,3/2,69 =	18,9 %	2/8
0/8		2,77			
0/2	1,94		1,86 · 61,3/2,69 =	42,4 %	0/2
	2,69		2,69	61,3 %	
				18,8 %	8/16
				19,9 %	16/32
				100,0 %	

Berechnung der Sieblinie

Korngruppe	Anteil in %	0,25	0,5	1	2	4	8	16	32
0/2	42,4	5,1	15,7	27,1	39,4	42,4	42,4	42,4	42,4
2/8	18,9			0,2	0,6	8,1	17,0	18,9	18,9
8/16	18,8				0,2	0,8	1,9	17,3	18,8
16/32	19,9							1,0	19,3
0/32	100,0	5,1	15,7	27,3	40,2	51,3	61,3	79,6	99,4

Körnungsziffer der zuammengesetzten Sieblinie: $k_{0/16} = 4{,}20$

Körnungsziffer der angestrebten Sieblinie B 32: $k_{B\,32} = 4{,}20$

Beton (Abschn. 7.16)

Aufgabe 25

Mischungsberechnung nach der Zementleim-Methode

1) Beton der Expositionsklasse XC 1, C 20/25: $f_{ck,cube,28} = 25$ N/mm² (siehe Tafel 7.6); max $\omega = 0{,}75$ (siehe Tafel 7.11)
2) Zement CEM I 32,5 R: $N_{28} = 45$ N/mm² (siehe Tafel 4.6)

3) Wasserzementwert: $f_{ck,cube,28} / N_{28} = 25/45 = 0{,}56$ (siehe Abb. 7.1) → $\omega = 0{,}8$;
gewählt $\omega = 0{,}75$ (Expos.-Klasse XC 1)

4) Gemessene Frischbetonrohdichte $\rho_{bf} = 2340\,kg/m^3$

5) Zusammensetzung der Probemischung (Zementleimzugabe)
Zuschlag $g = 60\,kg$; Zementleimmenge $zl = 14{,}5\,kg$; $\omega = 0{,}75$;
$zl = w + z = 0{,}75\,z + z = 1{,}75\,z = 14{,}5\,kg \rightarrow z = 8{,}3\,kg$; $w = zl - z = 14{,}5 - 8{,}3 = 6{,}2\,kg$

6) Zusammensetzung von 1 m^3 verdichteten Beton

Zement:	$Z/2340 =$	$z/(z+g+w) = 8{,}3/(8{,}3+60+6{,}2) = 8{,}3/74{,}5 \rightarrow Z =$	$261\,kg/m^3$
Zuschlag:	$G/2340 =$	$= 60/74{,}5 \rightarrow G =$	$1885\,kg/m^3$
Wasser:	$W/2340 =$	$= 6{,}2/74{,}5 \rightarrow W =$	$195\,kg/m^3$
		Summe =	$2341\,kg/m^3$

7) Mischungsverhältnis

$MV = 1 : G/Z : W/Z = 1 : k : \omega = 1 : 1885/261 : 195/261 = 1 : 7{,}22 : 0{,}75$

Aufgabe 26

Mischungsberechnung nach der Stoffraumrechnung

1) Beton: Expositionsklasse XC 4 → max $\omega = 0{,}60$ (siehe Tafel 7.11);
C 25/30 → $f_{ck,cube,28} = 30\,N/mm^2$ (siehe Tafel 7.6)

2) Frischbeton: Konsistenz weich, LP-Gehalt = 1,5 Vol.-% (siehe Abschn. 7.3.3)

3) Zement: CEM I → Dichte $\rho_z = 3{,}1\,kg/dm^3$ (siehe Tafel 4.4 und 4.7);
Festigkeitsklasse Z 32,5 R → $N_{28} = 45\,N/mm^2$ (siehe Tafel 4.6)

4) Wasserzementwert: $f_{ck,cube,28}/N_{28} = 0{,}67 \rightarrow \omega = 0{,}63$ (siehe Abb. 7.1); gewählt $\omega = 0{,}60$ (Expos. Kl. XC 4)

5) Zuschlag: Kiessand der SL A/B 32 mit mittlerem Wasseranspruch, Eigenfeuchte
$f = 3{,}8$ Masse-% (bezogen auf trocken), Rohdichte $\rho_g = 2{,}65\,kg/dm^3$ (siehe Abschn. 5.2a)

6) Wasseranspruch W: $(185 + 177{,}5)/2 = 181$ (siehe Tafel 7.15) $W = 181\,kg/m^3$

7) Zementgehalt Z: $W/\omega = 181/0{,}6 = 302$ $Z = 302\,kg/m^3$

8) Stoffraumrechnung

– Gesamtwasser	$w = W/1{,}0 = 181/1{,}0$	$w = 181\,dm^3/m^3$	
– Zement	$z = Z/3{,}1 = 97$	$z = 97\,dm^3/m^3$	
– LP-Gehalt		$LP = 15\,dm^3/m^3$	
		Summe = $293\,dm^3/m^3$	
Zuschlag (trocken)	$g = 1000 - 293 = 707$	$g = 707\,dm^3/m^3$	
	$G = 707 \cdot \rho_g = 707 \cdot 2{,}65 = 1874$		$G = 1874\,kg/m^3$

Mischungsverhältnis MV = 1 : 1874/302 : 181/302 = 1 : 6,21 : 0,60

9) Baustoffanteile für 1 m^3 verdichteten Frischbeton bei trockenem Zuschlag: Zement $Z = 302\,kg/m^3$; Zuschlag (trocken) $G = 1874\,kg/m^3$; Gesamtwasser $W = 181\,kg/m^3$;
Summe = $302 + 1874 + 181 = 2357\,kg/m^3$

10) Baustoffanteile bei feuchtem Zuschlag
f_g = 3,8 Masse-% (bezogen auf trocken); Zuschlag (feucht) = 1874 · 1,038 = 1945 kg/m³, Oberflächenwasser = 1945 – 1874 = 71 kg/m³, Zugabewasser = 181 – 71 = 110 kg/m³, Summe = 302 + 1945 + 110 = 2357 kg/m³

11) Baustoffanteile für einen 2,0-m³-Mischer, Nenninhalt des Mischers = 2,0 m³ für steifen Beton C 1 (Verdichtungsmaß c = 1,45)
Umrechnungsfaktor u für weichen Beton C 3 (mittleres Verdichtungsmaß c = 1,07):
u = 1,45/1,07 = 1,36 (siehe Abschn. 7.7.1) → Nutzinhalt des Mischers = 1,36 · 2,0 = 2,72 m³;
Baustoffanteile: Z = 302 · 2,72 = 821 kg; G (feucht) = 1945 · 2,72 = 5290 kg; Zugabewasser = 110 · 2,72 = 299 kg; Summe (Kontrolle): 821 + 5290 + 299 = 6410 ≈ 2357 · 2,72 = 6411

Wärmeschutz (Abschn. 12.2.9)

Aufgabe 7

a) Wärmedurchlasswiderstand R in (m² · K)/W
$R = \Sigma d_i/\lambda_i + R_g$ (R_g siehe Tafel 12.1)
R = 0,115/0,68 + 0,18 + 0,08/0,035 + 0,24/0,16 + 0,015/0,70 = 4,16 (m² · K) / W > 1,2 (siehe Tafel 12.6)

b) Wärmedurchgangskoeffizient U in W/(m² · K)
$U = 1/(R + R_{si} + R_{se})$ (R_{si}, R_{se} siehe Tafel 12.2)
U = 1/(4,16 + 0,13 + 0,04) = 0,23 W/(m² · K)

Stichwortverzeichnis

F

H

L